응용지질 암반공학

제2판

2014년도 대한민국학술원 선정
우수학술도서

Geological & Rock Engineering

응용지질 암반공학

제2판

Kim Young Geun
김영근

씨아이알

서문

암석과의 만남 그리고 선택

처음 대학에 들어가 38동 과 건물에 들어서면서 가장 먼저 눈에 띈 것은 가지런히 전시되어 있던 암석들이었습니다. 그것으로 암석과의 첫 인연이 맺어지게 되었고, 10년 간의 학교생활 그리고 다시 20년 간의 현업생활을 지내면서 30년이라는 시간이 흘러갔습니다. 암석(암반)역학이라는 학문분야를 전공으로 선택해서 그것을 업으로 살아왔으니 대단한 인연이라 하지 않을 수 없습니다.

학교에서 배운 기본지식을 바탕으로 보다 체계적으로 암반에 대하여 공부할 수 있었던 것은 현장경험을 통해서라고 생각됩니다. 현업에 발을 들인지 처음으로 터널막장에 들어섰을 때의 그 느낌을 지금도 잊을 수 없습니다. 제대로 아는 것이 없다는 그 절망감으로 오히려 막장이 두렵게만 생각되었습니다. 특히 지반을 대상으로 하는 엔지니어는 현장경험이 얼마나 중요한지를 알게 되었으며, 오래전에 자연현상을 공학적으로 파악하기 위해 산정상을 직접 올라가 둘러봤던 Terazgi의 위대함을 공감하게 만든 시간들이었습니다.

현장에서 고민하던 많은 기술적 문제들이 결국에는 지질적인 문제와 깊은 관련이 있다는 것을 이해하게 되었을 때, 지질과 암반의 상호 공감대를 형성하여야 할 필요성을 절감하게 되었습니다. 이를 가능하게 만들어준 것이 바로 암반역학위원회라는 학회 모임이었고, 이를 통하여 많은 훌륭한 선배들과 경험있는 좋은 엔지니어를 만날 수 있게 되었으며, 암반과 지질분야에 대한 보다 깊은 현장지식들을 체계적으로 쌓아갈 수 있는 소중한 기회가 되었습니다. 엔지니어링의 궁극적 목표는 문제를 해결하여 합리적인 대책을 만드는 것이기에, 이를 위해 여러 분야의 전문가들이 서로 소통하고 교류하는 것이야말로 진정한 엔지니어의 길임을 절실히 깨닫게 되었습니다.

지질과 공학의 소통과 응용

본 책의 목적은 지반기술자들에게 지질과 암반공학에 대한 폭넓은 지식을 제공하고 다양한 현장 사례를 통하여 지질과 암반공학이 서로 소통하여 현장에서 어떻게 적용되고 응용되는지를 보여주기 위함입니다. 공학도들에게 지질은 왠지 접근하기 어려운 타 분야로 인식되는 경우가 많은데, 지질적인 문제에 대한 공학적 대책이야말로 가장 실제적인 엔지니어링이라고 인식한다면, 상호분야에 대한 이해가 가장 중요한 해결과제라 할 수 있습니다. 본 책은 이러한 소통과정을 상세히 기술하고 있으며, 다음과 같이 구성되어 있습니다.

I장 지질과 암반 : 지질에 대한 기초적인 지식과 암반에 대한 기초적인 특성을 기술하였으며, 한국의 지질에 대한 개략적인 설명을 포함하였습니다.

II장 암반역학 기초 : 암석과 불연속면의 역학적 특성과 암반의 공학적 거동에 대하여 기술하였으며, 암반분류, 암반응력 및 수리적 특성에 대한 설명을 포함하였습니다. 또한 지하굴착 및 암반사면 굴착에 대한 개념을 기술하였습니다.

III장 지질리스크 공학 : 암반에 대한 문제를 지질리스크로 정의하고 이를 지질특성에 따라 구분하여 각각의 암반에 대한 지질적 문제 및 공학적 대책에 대하여 사례를 중심으로 기술하였습니다.

IV장 암반공학 응용 : 암반터널과 암반사면에 대한 문제 사례를 통하여 응용지질 및 암반역학의 응용 과정을 기술하고 중요 대표 사례를 통하여 지질리스크에 대한 종합적 대책에 대하여 설명하였습니다.

본 책은 응용지질 및 암반공학적 접근을 통하여 실제 현장에서 발생 가능한 지질리스크와 이에 대한 공학적 대책을 기술함으로써 지질 및 암반분야에 관심이 있는 지반공학 엔지니어들에게 실제적인 도움이 될 수 있도록 하였습니다.

엔지니어로서의 길 그리고 감사

엔지니어는 길은 참 멀고 험한 듯합니다. 하지만 그 과정 속에서 중요한 경험으로 단련되고 체계적인 공부로 더욱 거듭나는 것이라 생각됩니다. 때론 힘들고 지치고, 큰 벽에 부딪쳐도 결국에는 그 속에서 해답을 찾고 그 속에서 즐거움을 누리며, 그 속에서 보람을 느끼는 것이야말로 한 길을 꾸준히 걸어가는 진정한 엔지니어의 길이 아닐까 합니다.

오늘 한 권의 책이 만들어졌습니다. 과연 이 책이 나에게 그리고 모두에게 어떤 의미를 가지는지 생각해봅니다. 진정으로 바라는 것은 암반을 전공하는 그리고 사랑하는 모두에게 도움이 되고 밑거름이 되었으면 하는 바람입니다. 아무리 살펴봐도 부족함투성이지만, 앞으로도 보다 나은 책이 만들어지도록 노력해야겠습니다. 물론 그 속에는 우리 일에 대한 진실함과 우리 분야가 더 잘되기를 바라는 진정성이 변함없이 자리하고 있을 것입니다.

어느 날 문득 지난 30년의 시간을 돌아보는 시간에, 호주 시드니의 한 대학의 연구실에서 있습니다. 늦은 밤에 공부하고 돌아가는 시간이 참 좋았습니다. 나를 돌아볼 수 있었고, 지금까지의 경험을 다시 리뷰하면서 엔지니어로서의 길을 다져볼 수 있는 소중한 시간들이었습니다. 낯선 곳 이방인에게 따뜻함을 베풀어준 Paul 교수와 Bruce 학장, 동고동락한 대학원생들과 즐겁게 함께한 한국 학생들, 항상 믿어주고 응원해준 가족과 언제나 기도하고 기대해준 모든 분들에게 감사의 말씀을 전합니다.

2013년 6월
호주 UNSW대학에서
김 영 근

제2판을 발간하며

[책 발간과 제2판 발간]에 대하여

2013년 호주 UNSW 대학에서 연구하며 책을 집필하던 기억이 새롭습니다. 다니던 직장을 그만두고 새로운 세계로의 도전은 돌이켜 보면 소중한 경험으로 자리하게 되었고, 보다 나는 엔지니어로 성장하는 중요한 계기가 되었습니다. 지금이면 과연 그러한 결정을 할 수 있을까 생각해 봅니다만 그 당시에는 항상 부족하다고 생각하였고, 뭔가를 더 채우기 위한 갈증과도 같은 굶주림이 있었습니다. 영어도 그렇고, 전공에 대한 깊이도 그렇고, 업에 대한 생각도 그렇고, 모든 것이 다 그랬습니다.

[응용지질 암반공학]은 처음으로 제 이름을 걸고 우리 전공에 대한 단행본으로 만들어 보자는 생각으로 시작했던 것 같습니다. 10년간의 대학에서의 전공공부를 바탕으로 20년간의 업에서 배운 다양한 경험들을 하나로 묶어내면 후배들에게 좋은 참고도서가 될 것으로 생각하여 시작한 작업은 꽤나 고난한 작업이었지만, 학회 활동 통해 얻는 자료와 교류 활동을 통해 얻은 지식이 많은 도움이 되었으며, 수많은 현장에서의 다양한 경험은 중요한 밑거름이 되었습니다.

막상 한 권의 책이 만들어지니 대단하다는 생각과 함께 부끄러움이 밀려들었습니다. 그렇게 노력했음에도 불구하고 여기저기의 오타와 매끄럽지 못한 문장은 항상 마음의 짐으로 남곤 하였습니다. 다행히도 많은 분들의 도움과 성원으로 본 책이 우수학술도서에 선정되는 기쁨을 누리기도 하였으며, 현장실무자들이 쓴 후기를 보면서 엔지니어로서의 보람을 느끼기도 하였습니다. 그리하여 몇 년의 세월이 흘렀습니다. 2020년 어느날 출판사로부터 초판이 다 소진되어 제2판을 발행할 때가 되었다는 연락을 받았습니다. 그 많은 발행 부수가 다 나갔다는 뿌듯함과 함께 부족한 내용을 수정할 기회가 주어졌음에 즐겁게 다시 교정 및 보완작업을 임하게 됩니다.

[암반인 그리고 엔지니어의 길]에 대하여

하나의 전공을 택하고, 그것을 업으로 해서 엔지니어의 길을 걸어왔습니다. 고민과 갈등의 시간들과 함께 항상 배우고 경험하고 성장하는 시간으로 기억됩니다. 어느덧 우리 분야의 전문가로 자리매김하게 되었고, 우리 업에 대한 생각들을 보다 잘 다듬어서 엔지니어로서 어떻게 살아야 하고, 무엇을 해야 하는지에 대한 나름의 인식과 철학이 만들어지게 되었고, 우리 길에 대한 자긍심과 자부심을 기반으로 진짜 엔니지어로서의 길을 만들어가고 있습니다.

최근 [G벤져스를 꿈꾸는 터널맨 이야기]라는 책을 만들었습니다. 우리 전공을 바탕으로 문학과 미학이 어우러진 내용으로 지금까지 열심히 뛰어온 시간들을 정리해보았습니다. 최근 지하라는 공간이 중요해짐에 따라 땅을 전공한 터널 엔지니어들의 책임과 역할이 더욱 요구되는 지금, 우리 엔지니어들이 앞으로 해결해야 할 많은 것들에 대한 고민과 이를 지속적으로 서포트해줄어야 할 기술적 과제들을 우리 엔지니어가 중심이 되어 모두에게 이로운 G공간을 만들어가야 한다고 믿습니다.

2020년 한여름의 장마를 거쳐 시원한 바람이 느껴지는 지금 아름다운 선정릉에 있습니다. 언제나처럼 열심히 일하고, 꾸준히 공부하고, 계속 글을 쓰면서 보내는 지금의 시간이 참 좋습니다. 시간과 과정을 을 거쳐 진짜 엔지니어로서 성장하고 자리매김할 수 있는 지금 이 자리에 정말 감사드립니다. 그리고 항상 믿어주고 힘이 되어준 가족들과 언제나 도움이 되어준 모든 분들께 진심으로 감사의 말씀을 전하면서 앞으로 더 멋진, 더 알찬, 더 좋은 책을 만들 것을 약속드립니다.

2020년 10월
선정릉에서
김 영 근

응용지질 암반공학 30강

Geological and Rock Engineering 30 Subjects

목차

II. 암반역학 기초 Fundamentals of Rock Mechanics

III. 지질리스크 공학 Geo-Risk Engineering

Ⅳ. 암반공학 응용 Rock Engineering Application

암반공학 개론

Introduction to Rock Engineering

Geological & Rock Engineering

응용지질 암반공학

응용지질과 암반공학

Geological and Rock Engineering

암반역학의 역사 1950년대 후반에 들어서서 대규모 댐이 건설되고 교량이나 지하발전소 등의 대형 구조물이 계속 건설됨에 따라 암반의 역학적 성질에 대한 관심이 높아지게 되었다. 1959년 프랑스의 Malpasset댐 파괴를 계기로 댐기초 암반의 안정성이 중요하게 인식되었으며, 미국이나 유럽에서는 암석의 역학적 특성에 관한 연구가 활발하게 진행되었고 1962년 국제암반역학회(ISRM)가 창설되었다.

암반역학의 발전 초기 연구분야로는 암석의 응력–변형률 관계, 강도에 미치는 치수효과, 정적 및 동적 하중에 대한 암석의 거동특성, 인장 및 굴곡파괴의 메커니즘, 그리고 삼축응력 하의 역학적 거동 등에 관한 재료적인 연구가 많았으나, 이후로 불연속면을 포함한 암반의 역학적 성질이나 초기응력상태의 현장 측정에 관한 각종 방법 및 그 결과에 대한 평가문제가 암반을 대상으로 한 토목공학이나 광산분야에서 활발히 수행되었다. 댐, 교량, 터널 및 지하발전소 등의 구조물 설계나 채광에 있어서 지압의 합리적인 제어 및 지표침하현상의 해석 등에 암반역학의 개념이 도입되게 되었다.

암반공학의 정립 초기에는 탄성론이나 소성론을 포함한 연속체역학을 적용한다든지, 종래의 토질역학적 해석방법이 많이 이용되었다. 따라서 절리 등의 불연속면을 포함한 암반을 연속체로써 모델화하는 것과 불연속면의 역학적 특성의 평가에 주로 중점을 두고 연구를 수행하였다. 그 후 불연속면을 포함한 암반의 변형거동과 강도특성을 해석이나 설계에 그대로 도입하는 시도를 해왔다.

지금까지의 암반공학은 시험/계측장비의 개발과 수치해석법의 개발, 그리고 그의 이용에 의하여 발전되었다. 앞으로도 이와 같은 조사 및 시험, 해석, 계측이 조직적이고 유기적으로 결합됨으로써 암반공학이 더욱 발전하게 될 것이고 이렇게 함으로써 합리적이고 안전한 암반구조물의 설계 및 시공이 가능하게 될 것이다.

1.1 암반공학의 정의

암석과 불연속면 그리고 암반

암석(rock material) 여러 광물의 집합체로서 구성입자들의 결합물질에 의해 강하게 결합되어 있어 일정한 강도를 갖는다. 자연재료로서의 물리적, 역학적 특성을 가지며 무결암(Intact rock)이라고도 한다.

불연속면(rock discontinuity) 암반 내에 나타나는 모든 연약면을 총칭하는 것으로서, 암석은 이면을 경계로 불연속적이며, 지질학적 성인으로 다양한 형태와 크기로 존재한다.

암반(rock mass) 현지상태(In-situ)에 있는 암석의 집합체로서 다양한 형태의 불연속면을 포함하고 있다. 실험실 차원의 소규모의 암석과 구별되어 사용된다.

[사진] 암반(암석+불연속면)

지질과 암반역학 그리고 암반공학

지질 지각을 구성한 암석과 그 분포, 이들 암석이 지각변동을 받아 굴곡되거나 절단된 지각의 구조를 총칭하여 부르는 말로서 지질공학은 주로 공학적인 활동에 영향을 주는 지질학적인 요소들을 고려하고 적절하게 분석하며 지질 및 환경재해들을 경감시키고자 하는 것이다.

암반역학 암석과 암반의 역학적 거동에 관한 이론 및 응용분야로서 물리적 환경에서 발생하는 응력장에 대한 암석과 암반의 반응(변형, 파괴)에 관련된 역학의 한 분야이다. 또한 현지암반의 응력조건 및 지하수 상태에 따라 불연속면을 포함한 암반의 거동특성을 공학적으로 검토한다.

암반공학 암반역학을 공학적으로 응용한 분야이다. 터널, 사면, 지하발전소, 지하저장시설, 기초 등의 설계, 시공 및 공학적 암반구조물의 특성 등을 다룬다.

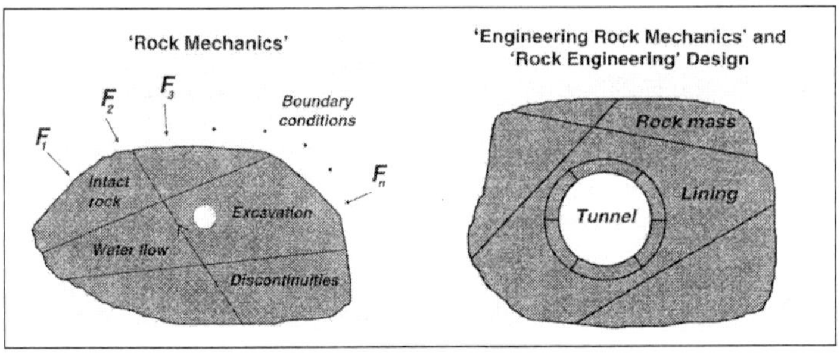

[그림] 암반역학과 암반공학(Harrison & Hudson, 2000)

1.2 암반공학의 주요 내용

암반공학의 특징

지질 특성 암석 및 불연속면의 형성 그리고 암반의 특성은 지질적인 요소와 매우 밀접한 관련이 있으므로 이에 대한 기본적인 이해가 필수적이며, 특히 불연속 암반에 대한 현장조사 시 지질적인 특성을 파악하는 것이 매우 중요하다.

암석 특징–자연재료 철, 콘크리트와 같은 인공재료와 달리 자연재료인 암석은 비균질성, 이방성 및 비선형적 특성을 보이며, 이러한 이유로 인하여 암석의 물성을 파악하기가 어려우며(unknown), 임의로 조절할 수 없다(uncontrolled).

불연속면 특징–불연속성 암반 내 존재하는 불연속면으로 인하여 불연속성을 보이며, 불연속면이 암반의 거동을 지배하기 때문에 불연속면의 공학적 특징과 기하학적 요소(간격, 연장성, 블록, 방향성)를 파악한다.

암반 특징–암반분류 암반의 변형 및 파괴특성을 파악하기 위해서는 여러 현장시험이 요구되나 그 한계성으로 인하여 암반분류를 이용하는데, 그 사용 목적에 따라 분류요소별로 평가하게 된다.

암반 특징–암반응력 현지암반에서는 지구조력에 의해 유발되는 암반응력이 존재하므로 주응력의 크기나 방향을 파악하는 것이 중요하다. 특히 대심도 암반에서는 이에 대한 측정이나 평가를 통하여 공학적 응용이 요구된다.

[표] 암반공학의 주요특성

<table>
<tr><th></th><th>암 석
(Rock material)</th><th>불연속면
(Rock discontinuity)</th><th>암 반
(Rock mass)</th></tr>
<tr><td rowspan="2">지질
Geology</td><td>암석의 생성과 구분
암석학적 특징</td><td>불연속면의 종류/분류
지질구조(단층, 습곡 등)</td><td>암반의 정성적 분류
한국의 지질연대/특성</td></tr>
<tr><td colspan="3">기본적인 기초(basic foundation)</td></tr>
<tr><td rowspan="5">역학
Mechanics</td><td>암석의 강도와 변형
암석의 파괴특성
(Mohr–Coulomb 기준)
암석 실험</td><td>불연속면의 특성
불연속면의 전단거동
(Barton의 경험식)
불연속면 조사/실험</td><td>암반의 강도와 변형성
암반의 파괴특성
(Hoek–Brown 기준)
현장조사 및 암반시험</td></tr>
<tr><td rowspan="3"></td><td rowspan="2"></td><td>현지 암반응력</td></tr>
<tr><td>지하수</td></tr>
<tr><td>불연속면의 기하학적 특성
(평사투영해석)</td><td>암반의 공학적 분류
(분류요소 평가)</td></tr>
<tr><td colspan="3">체계적인 필수내용(main contents)</td></tr>
<tr><td rowspan="2">공학
Engineering</td><td>암종별 공학적 문제
(geo–risks)</td><td>구조물과의 상관관계
(암반사면 등)</td><td>암반구조물 특성
(터널/사면/지하공동 등)</td></tr>
<tr><td colspan="3">합리적인 대책수립(practical application)</td></tr>
</table>

Ⅰ. 지질과 암반

Geology and Rock Mass

Geological & Rock Engineering
응용지질 암반공학

암석의 분류

Rock Type

암석 지질학적으로 여러 광물의 집합체로서 지각을 구성하는 모든 물질을 가리킨다. 흙도 역시 광물질로 이루어진 지각 구성물질이지만 이는 암석의 풍화 산물로서 암석과 구분한다. 일반적으로 공학적인 관점에서 암석이란 구성입자들이 결합물질들에 의해 강하게 결합되어 있어서 일정 이상의 강도를 갖는 지각 구성물질을 말한다. 암석을 구성하는 광물의 종류는 약 2,000여 가지에 달하지만 석영, 장석, 운모, 각섬석, 휘석, 감람석, 방해석, 고령석, 백운석 등의 9가지 조암광물이 암석 구성의 대부분을 차지한다.

암식의 구분 지질학적으로 암석은 그 성인에 따라 크게 화성암(igneous rock), 퇴적암(sedimentary rock), 변성암(metamorphic rock)으로 구분할 수 있다.

화성암 암석 성분과 가스의 혼합 용융체인 마그마로부터 고결된 암석으로, 고결된 위치에 따라, 심성암, 반심성암, 및 화산암으로 다시 구분된다.

퇴적암 암석의 침식 및 풍화산물, 침전물, 생물의 유해 등이 쌓여 형성된 암석으로 퇴적물의 종류에 따라 쇄설성퇴적암, 화학적퇴적암, 및 유기적퇴적암으로 구분한다.

변성암 기존의 암석이 열과 압력 그리고 기타 다른 지질작용을 받아 그 성질이 변화된 암석으로 변성작용의 유형에 따라 파쇄암, 광역변성암 및 접촉변성암으로 나뉜다.

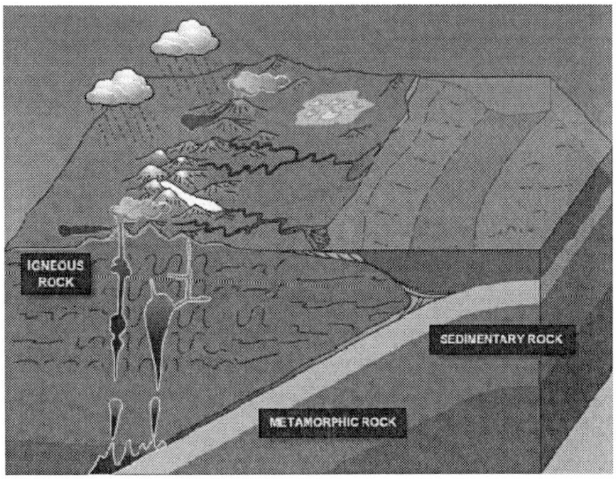

[그림 1-1] 암석의 구분

1.1 화성암

화성암의 생성과 구분

마그마와 화산분출

마그마 지각 내부 상부맨틀과 하부지각에서 부분적으로 열이 발생하여 암석이 용융되는 경우 생성되며, 대부분 지표면 아래 50~200km의 깊이에서 기원된다. 마그마는 일찍 생성된 결정들과 용해되어 있는 가스를 포함한 녹은 규산염물질로서 액체, 고체, 기체의 복잡한 혼합물이다. 또한 규산(SiO_2)과 물(H_2O)의 두 성분이 마그마의 성질을 거의 좌우하는데 규산은 마그마의 37~75%를 차지한다.

화산분출 점성의 마그마가 높은 기체압력을 지니고 있을 경우 분출작용은 폭발적일 수 있으며, 마그마가 매우 유동적이라면 그 분출작용은 매우 조용하게 진행되기도 한다.

분출암과 관입암

화성암 마그마가 지표면으로 분출되어 고결된 것으로 화산이 형성되는 곳에서 만들어지는 분출암(extrusive rock)과 마그마가 지표면 아래 지각 내에서 고결된 관입암(intrusive rock)으로 구분할 수 있다.

분출암 화산의 화구나 지각의 틈을 따라 분출되는 것으로, 마그마가 지표에서 고결한 것을 가리킨다. 이는 용암류(lava flow)와 화산쇄설암(pyroclassic rock)으로 구분되는데, 용암류는 마그마가 지표로 흘러 고결된 것으로 유동성이 높은 현무암질 용암은 쉽게 흘러나와 수평의 판구조를 만든다. 화산쇄설암은 화산폭발에 의해서 분출된 화산재, 화산탄 등이 공중에 떠 있다가 낙하하여 쌓인 암체로 응회암류가 이에 속하며, 퇴적암과 같은 성질을 가진다.

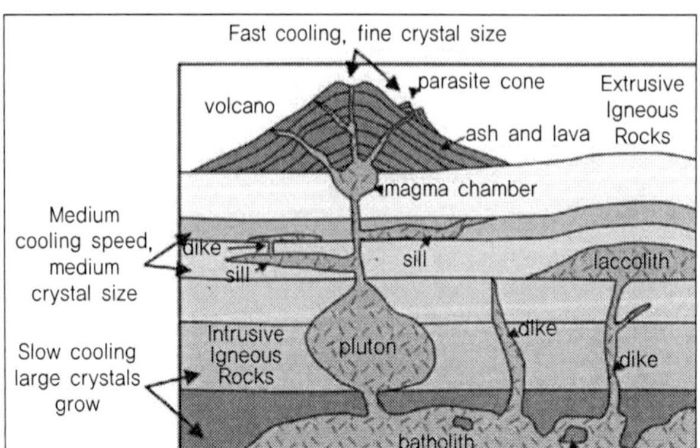

[그림 1-2] 화성암의 형태

[사진 1-1] 화산활동과 용암

관입암 마그마가 지표면 아래의 땅 속에서 굳어서 만들어진 것으로, 나중에 지표를 덮고 있는 암반이 풍화로 제거될 때 지표에 노출되게 된다. 암체의 형성에 따라 저반, 병반, 암주, 암맥, 암상 등으로 구별하는데, 암맥(dyke)은 지반의 갈라진 틈을 따라 마그마가 흘러간 곳에 더 작은 판상의 관입체로 형성된 것을 말한다.

[사진 1-2] 지표에 노출된 관입암

[표 1-1] 화성암의 주요 구성광물

광물	색상	경도	밀도	특징
석영	투명	7	2.7	모자이크 형태, 쪼개짐 없음, 유리와 같은 광택
장석	백색	6	2.6	모자이크 또는 홀쭉한 형태 - 정장석과 사장석
백운모	투명	2.5	2.8	완벽한 벽개구조로 얇은 판상으로 쪼개짐 운모(mica) 광물군의 한 종류
흑운모	흑색	2.5	2.9	
유색광물	흑색	5~6	3.0 이상	길거나 짧은 기둥형태 - 각섬석, 휘석, 감람석

화성암의 분류

중요한 기준은 조암광물의 함량이다. 조암광물은 유색광물인 감람석, 휘석, 각섬석 및 흑운모와 무색광물인 사장석, 정장석, 백운모 및 석영이다. 일반적으로 고철질암(mafic rock)은 유색광물의 함량이 많아 짙은 색을 띠고, 규장질암(felsic rock)은 무색광물의 함량이 많아 밝은 색깔을 나타낸다. 이와 같이 화성암을 구성하는 조암광물의 비를 색지수(color index)라고 하는데 색깔의 변화를 이용하여 암석을 분류하는 정성적 기준으로 삼을 수 있다.

화학성분에 따른 분류는 SiO_2의 함량을 기준으로 심성암(66% 이상), 중성암(52~66%), 염기성암(45~52%) 및 초염기성암(45% 이하)으로 분류한다.

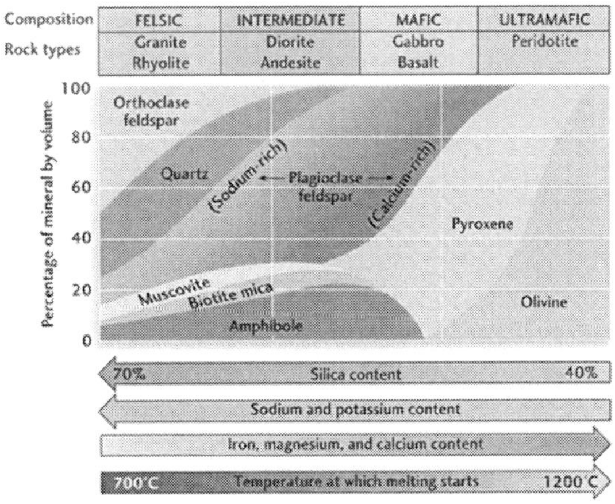

[그림 1-3] 화성암의 분류차트

화성암의 조직

조립질 광물의 입자가 비교적 굵은 결정질 암석이나 그 조직을 일컫는 말로 화성암의 경우 입자의 크기가 5mm 이상의 광물 입자로 구성된 것을 말한다.

세립질 / 유리질 세립질은 1mm 이하의 작은 결정의 조직으로, 이보다 더 작은 결정은 유리질이라고 한다. 마그마가 급격히 냉각되어 생긴 것으로, 결정이 보이지 않는다. 세립질 또는 유리질 부분이 화산암의 석기를 이룬다.

반상조직(porphyritic texture) 큰 결정들과 그들 사이를 매우는 작은 결정들이나 유리질조직으로 되어 있는 것을 말하며, 이때 큰 결정들을 반정(phenocryst), 유리질로 되어 있는 부분을 석기(ground mass)라고 한다.

주요 화성암의 특징

화강암 주구성 광물은 석영, 칼리장석, 사장석, 운모 및 각섬석이다. 석영은 보통 타형이고 장석류는 정장석과 미사장석 및 사장석으로 구성되어 있으며, 전체 구성광물의 60% 전후를 차지한다. 화강암의 색깔은 유색광물의 함량이 10% 전후이므로 담색, 유백색 및 담홍색을 띤다. 유색광물의 함량에 따라 흑운모화강암, 각섬석화강암, 홍색장석화강암 등으로 분류한다.

[사진 1-3] 화강암

안산암 광물성분과 화학성분이 섬록암과 비슷한 담회색, 회색 및 갈색을 띠는 흔한 암석이다. 반상석리를 갖는 경우의 반정은 장석과 유색광물이고, 석기는 유리질 내지 미정질이다. 유색광물의 함량에 따라 흑운모안산암, 각섬석안산암 및 휘석안산암 등으로 구분한다.

[사진 1-4] 안산암

현무암 주구성 광물은 사장석, 휘석, 감람석 및 자철석으로 흑색 내지 아회색을 띠는 고철질 화산암이다. 반정은 주로 사장석과 휘석인 경우가 많고, 석기는 미정질 내지 유리질이며 조직이 치밀하다. 때로는 기공이 많고, 행인상 구조를 보이는 것도 있고, 용암대지를 이룬 것도 있다.

[사진 1-5] 현무암

화성암의 분류특성

화성암의 분류표 간단하지만 거의 대부분의 화성암을 나타낸다. 쉽게 파악할 수 있는 중요한 두 가지 변수에 근거하여 작성된 것인데, 색과 광물입자의 크기만으로 화성암을 구분할 수 있다. 산출방식에 따라 암석의 조직이 결정되는데, 저반은 결정화되는데 100만 년 이상이 걸리는 반면 용암은 수일 사이에 식을 수 있기 때문에 냉각속도로 인해 광물입자(암석조직)의 크기가 정해진다. 또한 규산염이 많이 함유된 마그마는 일반적으로 유색광물의 함량이 적어 밝은 색을 띠게 되므로 산성암이 염기성암에 비해서 더 밝은 색을 띠게 된다.

[표 1-2] 화성암의 분류

	색	어둡다 ← → 밝다		
광물입자	SiO_2 함량	염기성암 (52%) 중성암 (66%) 산성암		
세립질	화산암	현무암	안산암	유문암
중립질	반심성암	휘록암	섬록반암	석영반암
조립질	심성암	반려암	섬록암	화강암

[표 1-3] 화성암의 분류특성

조직	유색광물함량	구성광물		암석
조립질 조 직	유색광물함량 40% 미만	정장석과 석영이 풍부함		화강암
		정장석과 석영이 적거나 존재하지 않음		섬록암
	유색광물함량 40% 이상	사장석이 존재함		반려암
		사장석이 거의 존재하지 않음		감람암
비조립질 조 직	세립질 또는 반정질 조직	밝은색	반정이 드물거나 없음	유문암
			석영, 각섬석, 흑운모 반정존재	
		중간색	반정 없음	안산암
			사장석, 각섬석, 흑운모 반정존재	
		어두운색	반정 없음	현무암
			사장석, 휘석, 감람석 반정존재	
	유리질 조직	치밀하면서 검은색		흑요석
		물에 뜨고 밝은 색		부석
		기공이 많고 어두운 색		스코리아
	화산쇄설 조직	세립질 입자로만 구성		응회암
		세립질 바탕에 큰 입자 존재		집괴암

1.2 퇴적암

퇴적물의 운반과 침전

[사진 1-6] 퇴적암

퇴적물 대부분 지구표면에 존재하는 암석이 풍화되어 만들어진다. 모든 암석은 공기와 물에 노출된 상태에서 풍화과정을 겪게 되고 서서히 붕괴되어 흙을 형성하게 되며, 이러한 흙이 이동하게 되면서 퇴적물이 되는 것이다. 모든 퇴적물은 어딘가 느슨한 형태로 쌓이게 되는데 그 대부분이 길게 층을 이루거나 입자크기별로 구분된 층을 이루고, 계속해서 쌓이면서 암석화과정을 거치면서 퇴적암으로 변하게 된다. **퇴적물의 운반물** 퇴적물을 운반하는 중요한 매체로서, 물의 속도에 따라 퇴적물의 운반속도가 달라진다. 바람, 중력, 빙하 등과 같은 다른 운반과정은 제한된 범위에서만 발생한다. **퇴적물의 침전** 지표에서의 물은 주로 모래와 점토를 분류해 층을 만든다. 바다는 대부분 쇄설성 퇴적물의 종착지이다.

퇴적암의 분류

퇴적암의 구성물질의 기원, 입자의 크기, 화학 성분 등에 따라 쇄설성, 화학적, 유기적 퇴적암 등으로 분류한다. 쇄설성 퇴적암은 풍화 작용에 의해 부서진 암석의 알갱이들이 운반, 퇴적되어 만들어진 암석이다. 유기적 퇴적암은 산호나 조개껍질 등의 석회질 몸을 가진 생물의 유해로부터 만들어진 것이 대부분이며, 규조류, 유공충의 유해로부터 만들어진 것도 있다. 화학적 퇴적암은 물속에 녹아 있는 광물질이 증발 또는 침전되어 만들어진 것이다.

속성작용(Diagenesis) 퇴적물이 쌓이고 암석화되는 과정 동안 받는 모든 형태의 화학적, 물리적, 생물학적 변화를 이르는 것으로, 암석화 작용, 재결정작용, 압축작용과 교결작용을 포함한다.
암석화작용(lithification) 무르고 느슨하게 결합되어 있는 퇴적물이 더욱 단단한 퇴적암으로 변하게 되는 과정이다. 상부에서 작용하는 압력과 1km 이상의 두께로 쌓여있는 퇴적층 아래에서 점차로 증가하는 열의 작용으로 발생한다.
교결작용(cementation) 입자들 사이의 공극이 지하수 흐름을 통해 공급된 교결성 광물의 침천으로 메워지는 과정이다.

재결정화작용(recrystallization) 광물이 약간 녹거나 다시 침전되는 과정으로 어떤 입자는 작아지기도 하고, 어떤 입자는 더욱 커지기도 한다. 다짐작용은 상부퇴적물의 하중으로 인해 부피가 감소하면서 입자 간의 틈이 좁아지고 입자배열구조가 재구성되며 공극수가 빠져나간다.

다짐작용(compaction) 상부퇴적물의 하중으로 인해 부피가 감소함과 더불어 입자 간의 틈이 좁혀지고 입자배열구조가 재구성되며, 공극이 빠져나감에 따라 공극률이 감소한다. 점토암에서 주로 일어난다.

[표 1-4] 퇴적암의 주요 구성광물

광물	색상	경도	밀도	특징
석영	투명	7	2.7	알갱이 모양, 벽개는 없음, 유리와 같은 광택
백운모	투명	2.5	2.8	완벽한 벽개구조가진 얇은 판상의 조각
고령토	백색	점토광물 최대 결정크기폭 수um		안정한 형태, 고령토 포함
일라이트	백색			지배적 형태, 세립질 백운모와 유사
녹점토	백색			불안정한 형태(수분함량변화), 몬모릴로나이트
방해석	백색	3	2.7	모자이크와 같은 형태
백운석	백색	3.5	2.8	모자이크와 같은 형태이고, 능방형
석고	백색	2	2.3	칼날모양, 덩어리 모양, 섬유모양
적철석	적색	6	5.1	안료로 많이 사용
갈철석	갈색	5	3.6	안료로 많이 사용, 녹슬 경우 노란색도 가능
황철석	노란색	6	5.0	금속성 황동광택, 주로 정육면체 모양

퇴적암의 구조

층리(bedding plane) 퇴적환경과 퇴적물질이 시간에 따라 변화하면서 생기는 수평방향의 줄무늬이다. 층리들 간의 차이는 시간에 따라 환경이 변했고 그에 따라 퇴적되는 물질이나 퇴적되는 양태가 변화했음을 의미한다.

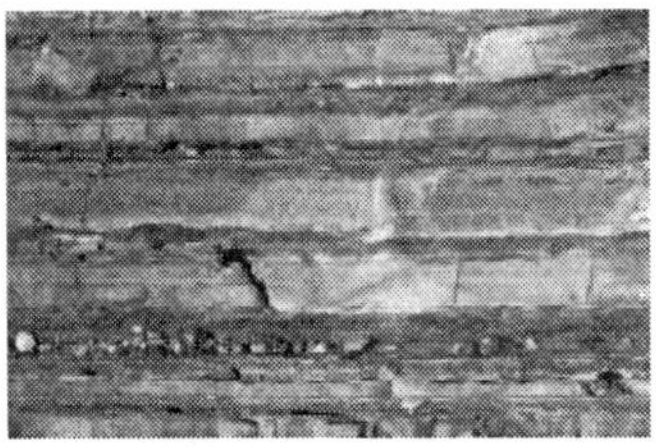

[사진 1-7] 층리

퇴적구조 퇴적암은 퇴적되는 당시 환경이 기록된 퇴적구조라는 특별한 형태가 발견되는 경우가 있다. 유수나 바람에 의해 퇴적될 때 유체의 방향에 따라 생기는 사층리, 얕은 물 아래에서 물결무늬가 보존되어 있는 연흔, 건조한 시기에 표면이 갈라진 적이 있음을 보여주는 건열 등이 중요하게 취급되는 퇴적구조들이다.

[사진 1-8] 점이층리

퇴적암의 조직

쇄설성 퇴적암조직 쇄설성 조직으로서 암편과 석영과 같은 광물입자 그리고 점토광물 등으로 구성되며, 입자의 크기(grain size), 분급도(sorting), 마모도(roundness)와 성숙도(maturiy) 등에 따라 구분된다.

화학적 퇴적암조직 결정질(chemical or crystalline) 형태의 조직으로서 화학성분으로 기초로 fine과 coarse로 나누어진다.

주요 퇴적암의 특징

사암 이들 광물은 주로 석영이며, 이 밖에 장석, 운모 방해석 등도 자주 관찰된다. 그 양이 많지는 않지만, 중광물이 대부분의 경우 관찰된다. 구성입자의 크기는 1/16 내지 2mm 정도이다. 사암의 색은 흰색에서부터 녹색, 노란색, 갈색 등 다양하게 나타나며, 평행한 층리를 비교적 잘 나타낸다. 또한 유수의 흐름을 지시하는 사층리도 흔히 관찰된다.

[사진 1-9] 사암

이암/셰일 이암은 점토광물과 석영 장석 등의 혼합물로 구성되어 있는 것이 보통이다. 이암 내에는 유기 잔류물이나, 철산화물 및 탄산염 광물의 결핵체가 자주 발견되고, 때에 따라서는 석고 및 황철석의 결핵체도 관찰된다. 이암의 구성입자의 크기는 1/256mm 이하이다. 이암의 색은 밝은 색부터 검은색에 가까운 어두운 색까지 다양하게 나타나며, flat layers가 관찰되면 셰일로 구분한다.

[사진 1-10] 이암

석회암 대부분 방해석으로 구성되어 있으며, 여기에 약간의 돌로마이트, 점토광물 및 석영 등이 존재한다. 야외에서의 색은 밝은 색부터 어두운 색까지 다양하다. 유기적 석회암의 경우도 주로 방해석으로 이루어져 있으나, 여기에 돌로마이트, 석영, 황철석 및 기타 점토광물, 그리고 유기 잔류물 등이 불순물로 존재한다.

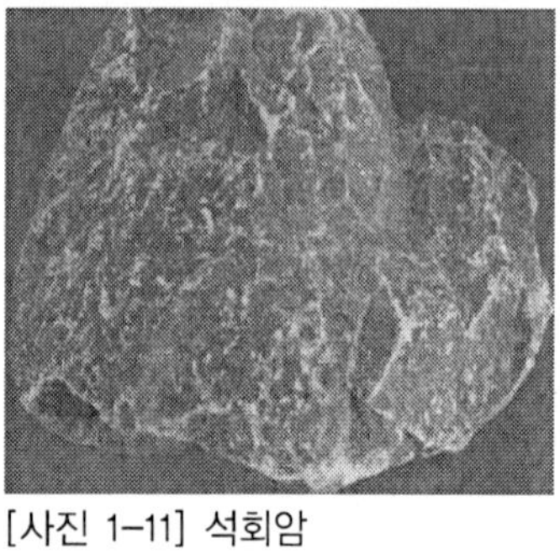

[사진 1-11] 석회암

퇴적암의 분류와 특성

쇄설성 퇴적암 입자의 크기에 따라 역암, 사암, 이암으로 분류된다. 역암 중에 자갈이 둥글지 않은 것은 각력암이라고 한다. 사암은 크게 아레나이트(arenite)와 왜커(wacke)로 구분되는데, 아레나이트는 모래가 85% 이상, 왜커는 모래가 85% 미만이며 점토가 15% 이상 들어 있는 사암이다. 우리나라에서는 보통 아레나이트를 사암, 왜커를 이질사암이라고 한다. 사암은 모래의 성분에 따라 석영사암, 장석사암, 암편사암 등으로 분류된다. 이암 중에서 층리가 잘 발달한 것은 셰일이라고 한다.

유기적 퇴적암 생물의 유해와 생물의 유해로부터 유래된 물질이 쌓여서 만들어진 암석이며, 석회암, 인산암, 규조토, 석탄 등이 있다. 석회암은 산호초, 조개, 해백합 등의 석회질 몸을 가진 생물의 유해가 쌓여서 만들어진다. 인산암은 동물의 뼈와 배설물에 포함된 인이 쌓여서 만들어진 것이다. 규조토는 현미경으로 볼 수 있는 작은 미생물인 규조류의 유해가 쌓여서 만들어진 것이다. 석탄은 주로 고생대의 양치식물과 중생대의 겉씨식물, 신생대의 속씨식물의 유해가 탄화되어 만들어진 것이다.

화학적 퇴적암 주로 증발 및 침전 작용에 의해 만들어진 것으로 암염, 석고, 경석고, 칼륨암염, 철광층 등이 있다.

[표 1-5] 퇴적암의 분류와 특징

<table>
<tr><th>성인</th><th colspan="3">구성물질</th><th colspan="2">암석</th><th>특징</th></tr>
<tr><td rowspan="7">쇄설성 퇴적암</td><td rowspan="2">자갈류 (granule 등)</td><td rowspan="2">>2</td><td>angular</td><td colspan="2">각력암(breccia)</td><td>모가난 암편, 괴상</td></tr>
<tr><td>rounded</td><td colspan="2">역암(conglomerate)</td><td>둥근자갈 함유</td></tr>
<tr><td rowspan="2">모래(sand)</td><td rowspan="2">1/16~2</td><td>모래>85%</td><td rowspan="2">사암 (sandstone)</td><td>arenite</td><td>단단하고, 표면거침</td></tr>
<tr><td>점토>15%</td><td>wreke</td><td>이질사암</td></tr>
<tr><td>실트(silt)</td><td colspan="2">1/256~1/16</td><td colspan="2">실트암(siltstone)</td><td>석영, 장석, 운모로 구성</td></tr>
<tr><td rowspan="2">점토(clay)</td><td rowspan="2"><1/256</td><td>massive</td><td colspan="2">이암(mudstone)</td><td>층리가 없어 괴상</td></tr>
<tr><td>flat layers</td><td colspan="2">세일(shale)</td><td>얇게 잘 쪼개짐</td></tr>
<tr><td rowspan="3">유기적 퇴적암</td><td colspan="3">석회질 생물체(calicite)</td><td colspan="2">석회암/돌로마이트</td><td>치밀한 조직, 괴상</td></tr>
<tr><td colspan="3">규질생물체(silica)</td><td colspan="2">규조토/처트(churt)</td><td>층상, 괴상</td></tr>
<tr><td colspan="3">식물체(탄질)</td><td colspan="2">석탄(coal)</td><td>탄화작용</td></tr>
<tr><td rowspan="4">화학적 퇴적암</td><td colspan="3">탄산칼슘($CaCO_3$, calcite)</td><td colspan="2">석회암(limestone)</td><td>회색~흑색, 염산반</td></tr>
<tr><td colspan="3">돌로마이트[$CaMg(Co_3)_2$]</td><td colspan="2">돌로마이트(dolomite)</td><td>치밀한 조직, 괴상</td></tr>
<tr><td colspan="3">염화나트륨(NaCl)/Helcite</td><td colspan="2">암염(rock salt)</td><td>결정질 암석</td></tr>
<tr><td colspan="3">황산칼슘($CaSO_4 \cdot 2H_2O$)</td><td colspan="2">석고(rock gypsum)</td><td>결정질 암석 백색투명</td></tr>
</table>

1.3 변성암

변성암 암석이 생성 당시와 다른 환경에 놓이게 되면, 그 구성 광물과 조직이 변화를 받게 된다. 이러한 변화를 일으키는 작용을 변성작용(metamorphism)이라 하며, 변성작용에 의해 새로이 생성된 암석을 변성암이라 한다.

변성작용 변성작용의 유형에 따라 광역변성암, 접촉변성암 및 파쇄암으로 구분된다. 광역변성암은 넓은 지역에 걸친 온도와 압력의 영향으로 그 성질이 변한 암석이며, 접촉변성암은 기존의 암석이 화성암의 관입으로 인한 열에 의해 그 성질이 변한 암석이다.

광역변성작용 고온, 고압의 환경에서 발생하며 판 경계부의 대륙충돌에 의해 산맥 내부에서 생긴다.

접촉변성작용 고온의 환경에서만 작용할 경우 나타난다. 변성환에서 발생하며 각각 1~2km의 폭으로 화성암이 관입된 주위에서 일어나는데, 이때 암석이 열을 받게 된다. 높은 압력만이 작용하는 동력변성작용은 드문 편이다. **변성도**는 전체적인 변화 정도를 점판암부터 편마암까지의 분명한 연속적인 형태를 보인다.

[사진 1-12] 편마암 노두

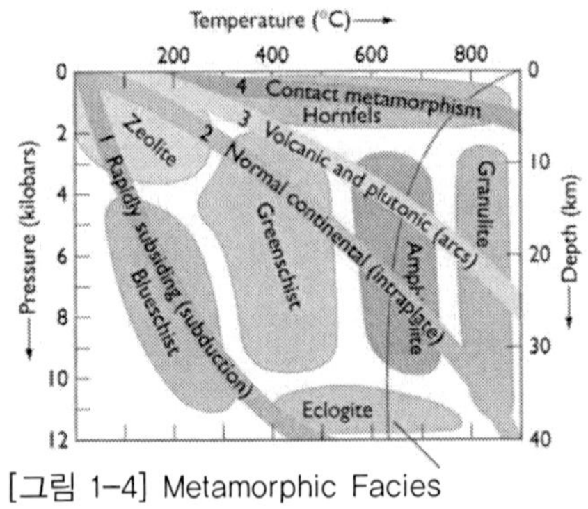

[그림 1-4] Metamorphic Facies

변성작용에 의한 암석의 변화

재결정화 모자이크와 같은 단단한 광물형태를 만드는데, 대리석에서 뚜렷하게 나타난다.

새로운 광물생성 기존의 안정적인 광물을 대신하여 고온과 고압의 새로운 환경에서 새로운 광물이 만들어진다. 대부분의 변화는 점토광물→운모류→장석류와 유색광물의 순서를 따른다. 운모류는 변성암에 있어서 가장 중요한 광물이며 높은 등급의 변성과정에서만 장석류로 변한다. 녹색은 녹니석과 녹렴석이 많이 함유된 낮은 등급의 변성암에서 전형적으로 나타난다.

[표 1-6] 변성암의 주요 구성광물

광물	색상	경도	밀도	특징
석영	투명	7	2.7	모자이크 형태, 쪼개짐 없음, 유리와 같은 광택
장석	백색	6	2.6	모자이크 또는 짧은 기둥 형태의 석
백운모	투명	2.5	2.8	완벽한 벽개구조로 얇은 판상으로 쪼개짐 운모(mica) 광물군의 한 종류
흑운모	흑색	2.5	2.9	
녹니석	청록색	2	2.7	작은 조각, 완벽한 벽개를 가짐
녹렴석	녹색	6	3.3	작고 홀쭉한 가지 형태
방해석	백색	3	2.7	모자이크 형태, 3개 평면의 능방형 벽개 발달
고령토	백색	2	2.6	미세한 분말상의 점토광물
갈철석	갈색	5	3.6	녹슨 얼룩, 노란색도 가능
각섬석, 석류석, 홍주석과 같은 변성광물이 나타날 수 있으나, 암석의 성질에는 거의 영향을 미치지 못한다.				

변성암의 조직

엽리(foliation) 방향성을 가진 압력이 고체 상태에서 작용하게 되므로 광역적으로 변성을 받는 암석내부에서는 광물입자의 방향이 특정한 방향을 띠게 된다. 새로운 광물입자는 최소한의 압력이 가해지는 선상을 따라 성장하게 되어 엽리와 호상구조가 내부에서 나타난다. 엽리는 운모나 녹니석과 같은 층상광물이 배열될 경우 가장 잘 나타난다. 엽리구조가 없는 변성암은 좀 더 단단한 등방성 구조를 띠며, 점토가 높은 압력 없이 열변성작용만을 받아 형성된 혼펠스 등이 여기에 속한다.

편리(schistosity) 평면형태의 연약면은 엽리구조를 가진 변성암의 내부에서 평행하게 발달한 운모류의 벽개 때문에 암석 내부의 벽개구조나 편리가 발달하게 된다.

편마구조(gneissic texture) 조립질 암석이 압력을 받아 광물이 재결정되면서 압력에 수직인 방향으로 길게 재배열되어 있는 편리의 간격이 수 mm 또는 수 cm 크기로 배열될 때 이를 편마구조라고 하며, 편마암에 잘 발달되어 있다.

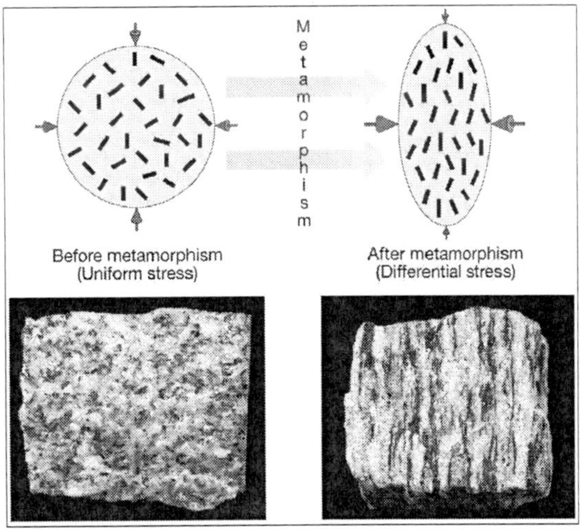

[그림 1-5] 엽리 형성

변성암의 조직변화 광역변성암의 경우 변성도가 증가함에 따라 변성암 내 조직이 변화하게 되는데, 초기변성과정의 벽개는 편리와 편마구조로 변화하고 호상구조를 띠게 된다.

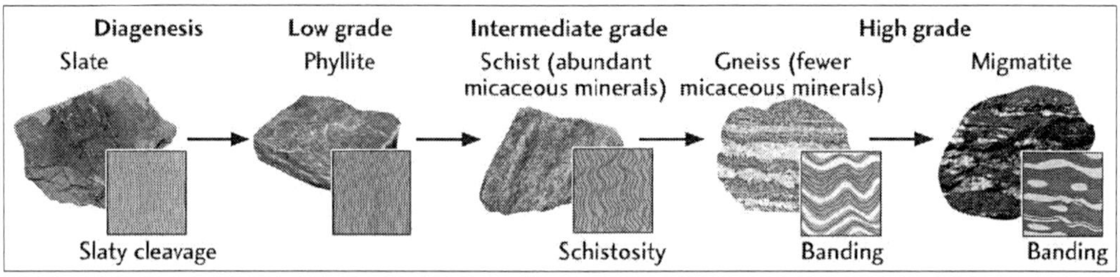

[그림 1-6] 광역변성암의 조직변화

변성암의 특징

점판암(slate) 세일이나 이암 등이 변질된 것으로 판상으로 쪼개지는 성질을 갖는 대부분 암회색을 띠는 암석으로 광역변성작용 초기에 형성되었다. 주성분은 석영, 장석 외에 녹니석, 견운모 등이며 세일이나 이암에 비하여 풍화가 매우 늦으며, 적색풍화토는 점질로 수분통기성 등 물리적 성질이 불량하다.

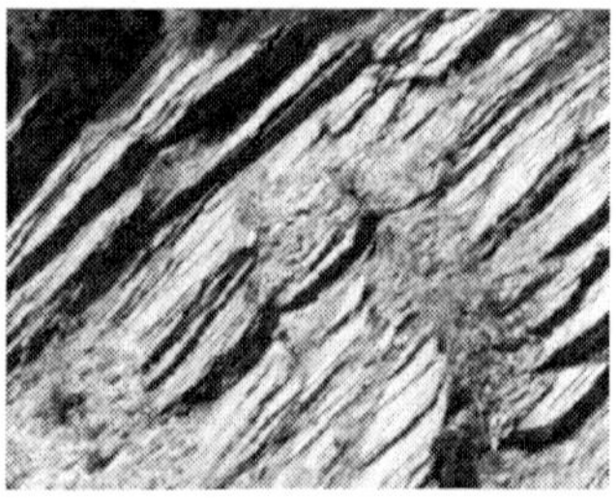
[사진 1-13] 점판암

편마암(gneiss) 화강암 내지 정사암으로부터 형성된 것은 밝은 색을 띠나, 이질 성분이 증가할수록 흑운모 양의 증가로 어두운 색을 띤다. 편암이 광역 변성작용을 더 받아 형성된 것으로 편마구조를 잘 보인다. 장석과 석영이 풍부한 편마암은 조립질인 경향이 있으며 엽리가 다소 불명확하게 나타난다. 일반적으로 장석과 흑운모가 많은 것은 분해가 빠르며 조직이 거칠다.

[사진 1-14] 편마암

대리석(marble) 탄산염암이 광역 변성작용을 받아 형성된다. 광물질의 조성 성분에 따라 여러 종류로 나누어진다. 주로 방해석 및 돌로마이트 등의 탄산염 광물로 구성되어 있으나, 석영, 투각섬석, 양기석, 금운모, 투휘석 등이 존재하기도 한다. 색깔은 불순물의 종류에 따라 다르지만 밝은 회색 내지 황색을 띤다.

[사진 1-15] 대리석

변성암의 분류와 특성

변성암의 분류 광역변성암의 엽리구조와 접촉변성암의 비엽리구조를 구분되는데, 광역변성암은 변성도에 따라 점판암, 천매암, 편암, 편마암으로 나누어진다. 접촉변성암은 모암의 성분에 따라 결정되는데 크게 사암→규암, 석회암→대리암, 이암→호온펠스 등으로 구분된다.

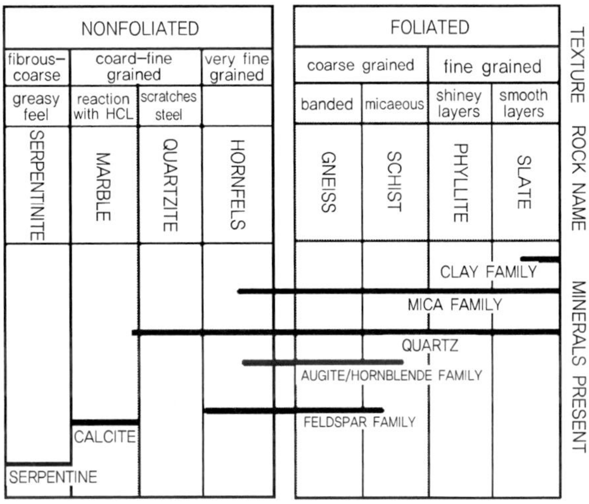

[그림 1-7] 변성암의 분류

접촉변성작용 시에는 압력이 상대적으로 낮아서 고압광물은 생성되지 않는다. 또 온도가 낮을 때에는 암석의 재구성작용이 일어나지 않으며, 따라서 녹색편암 등에 해당하는 혼펠스가 생기지 않는 것이 보통이다. 관입암체 가까이의 온도가 높은 곳에서는 흑운모, 홍주석, 근청석, 혼블렌드, 휘석 등이 생기고, 이들을 주성분으로 포함하는 각종 혼펠스가 형성된다.

[표 1-7] 변성암의 분류와 특성

구분		조 직	특 징	암석 특징		원암석	암석명
광역 변성	압력 ∨ 온도	일정 방향으로 엽리 또는 선모양의 무늬 배열 있음 (모암의 원래 무늬는 사라짐 버림)	fine Grained 육안식별 ×	치밀하고, 흐린 광택	얇은 판으로 잘 쪼개짐	쇄설성 퇴적암	점판암
				비단광택	녹니석, 백운모가 겨우 보임		천매암
			coarse grained 육안식별 ○	얇게 부서짐(1-10mm), 가는 알갱이	석영, 운모 잘 보임, 석류석이 출현, 파동구조		편 암
				검고 밝은 색 띠로 배열, 굵은 알갱이	밝은 색: 석영, 장석, 검은색: 운모와 각섬석	화강암	편마암
접촉 변성	온도	알갱이 무늬가 있음 (모암의 원래 무늬는 나타남)	유리보다 단단함	석영우세, 다양한 밝은 색 계통		사 암	규 암
				어둡고 치밀, 가는 알갱이		이 암	호온펠스
			유리와 손톱 사이	산에 반응, 희고 검은 색		석회암	대리암
			손톱보다 약하다	청색 혹은 녹회색 계통, 미끄러운 촉감, 활석과 기타 물질		퇴적암	비누암

지질구조

Structural Geology

지질구조 지각변동에 의해 암층이 변형 또는 변위되어 이루어진 구조를 총칭한다. 어떤 지역의 지질특징을 결정하는 구조형태로서 지각 내에 작용하는 힘으로부터 변형되어 생기는 암석이나 퇴적물의 배열이나 패턴구조를 말한다. 따라서 지질구조를 이루는 주요 요소는 습곡, 단층, 부정합, 절리 및 기타 지각운동에 의한 선구조 등과 기반암석의 특징 등으로 나타낼 수 있다.

지질구조의 구분 일반적으로 습곡구조와 단열구조를 기준으로 구분한다. 습곡구조는 연성 변형에 의해 생긴 구조를, 단열구조는 암석의 파괴에 의해서 생긴 구조를 일컫는다.

지각변동 지반의 융기와 침하는 물론, 소성 변형인 습곡작용과 암석의 취성 변형인 균열(fracture)을 포함한다.

[사진 2-1] 습곡구조

습곡구조 수평으로 퇴적된 지층이 횡압력을 받으면 물결처럼 굴곡된 단면이 나타나는 구조를 말한다. 높은 온도와 압축응력을 동반하는 일종의 연성변형이다. 습곡은 습곡축의 기울기, 습곡축면의 기울기, 날개 사이의 각도 등에 따라서 여러 가지 형태로 구분된다.

[사진 2-2] 파쇄구조

파쇄구조 대부분의 암석은 수 km 깊이의 높은 압력하에서, 오랜 기간의 조산운동과정에 걸치면서 소성변형을 보여주는데, 소성한계를 초과할 경우 균열이 발생하며, 단열구조에서 복잡하게 된 습곡구조를 형성하게 되는 경우 파쇄구조를 나타내게 된다.

주요 지질구조(불연속면)

단층(fault) 암괴, 지괴, 지층 등이 지각에 미치는 압력에 의하여 단열을 중심으로 깨어져서 상대적으로 어긋나거나 미끄러지는 현상 또는 이러한 현상에 의해서 만들어진 모습을 말한다. 단층은 지구 내부의 에너지와 내부 물질의 운동, 그 결과가 지표상으로 표출되면서 지표면에 일차적으로 나타나는 현상이다. 지진과 화산에 수반되어 나타나기도 하며, 지형 형성에도 많은 영향을 미친다. 깨진 면을 따라 움직인 변위가 발생했을 경우를 가리킨다.

[사진 2-3] 단층

절리(joint) 변위가 일어나지 않은 암반의 균열을 지칭하는 용어다. 지각구조 응력에 의해 형성되며, 거의 모든 암석에서 발달된다. 절리의 밀도와 절리 길이는 매우 다양하게 나타나며, 서로 거의 평행인 절리군들이 모여 절리계(joint system)를 이룬다. 모든 절리는 구조적으로 취약한 부분이며, 절리의 밀도, 연장성, 방향성이 암반 강도에 영향을 미치는 주요 요소가 된다. 특히 덩어리 형태의 괴암에서는 균열, 절리, 또는 구조적 연약면이 상대적으로 적게 나타난다.

[사진 2-4] 절리

부정합(unconformity) 서로 다른 경사를 가지는 2개의 연속된 암석층 사이에서 경계가 되는 면이다. 이것을 통해 각 퇴적층이 퇴적한 시기 사이에 존재하는 지각변동 또는 구조적 변형의 발생이 얼마나 오랫동안 지속되었는지를 알 수 있다. 부정합은 구조적으로 볼 때 뚜렷한 불연속면이다. 즉 오래된 암석층이 부정합 위에 놓인 젊은 층에 비해서 좀 더 많은 암석화와 습곡작용의 영향을 받았음에 틀림없고, 아마 좀 더 많은 변성작용을 받았음을 의미한다.

[사진 2-5] 부정합

2.1 절리

절리 지층이나 암석이 갈라지거나 쪼개져 있는 구조를 총칭하는 용어로서 단층과 비교하여 상당한 운동(변위)이 발생하지 않는 단열을 말한다. 즉 깨진 면에 평행한 변위가 없는 평탄한 불연속면을 말한다. 절리는 비교적 낮은 응력 하에서 생성되기 때문에 지각을 구성하는 거의 모든 암석에서 발견되는 가장 흔한 취성 지질구조이다.

[사진 2-6] 절리의 형태

[사진 2-7] 절리의 모습

절리의 형성

암반에 큰 응력이 작용하면 소성변형 및 취성파괴가 일어나며, 취성파괴가 일어나는 조건은 응력조건, 구속조건, 지하수의 존재, 온도, 변형속도 등에 따라 결정된다. 일반적으로 저온 구속 하에서 항복점 이상의 응력이 작용하면 취성파괴가 일어나고 이때 응력조건에 따라 규칙적인 파괴면이 형성되는 것을 절리라 한다.

절리의 형성에 관계되는 힘 암석의 자중, 지각구조의 운동력, 지진력, 마그마의 냉각에 의한 수축력, 퇴적암의 건조에 의한 수축력, 온도경사에 의한 열응력 등과 같이 매우 다양하며, 힘의 작용상태는 오랜 지질연대를 거쳐 연속적으로 또는 단속적으로 작용하여, 힘의 크기, 방향, 속도 등의 변화를 겪었으므로 한 암반에서는 성인을 달리하는 여러 계통의 절리가 복잡하게 혼재하는 것이 일반적이다. 절리는 지하 깊은 곳보다는 지표 부근에서 많이 나타나며 지형형성작용에 직접적인 역할은 크지 않지만 침식의 모든 작용을 돕고 있어 지형에 대한 간접적인 영향이 매우 크다고 볼 수 있다.

지표면에 평행한 절리 대체로 풍화에 의한 것이며 암편이 두꺼우면 풍화만으로 설명이 곤란하고 그 위에 놓여 있던 두꺼운 암괴가 침식으로 제거되어 압력의 감소로 인하여 굽은 절리가 생성되기도 한다.

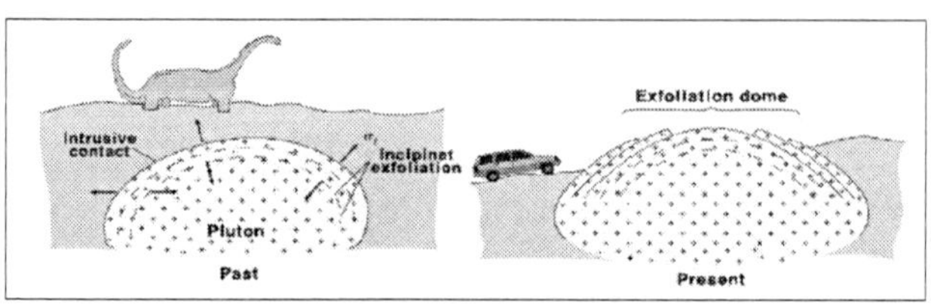

[그림 2-1] 지표면에 형성되는 절리와 박리

절리의 구분과 특성

절리는 그 면이 평탄하고 인접한 절리끼리 평행한 배향과 규칙적인 간격을 가질 때 규칙절리라 하고 절리면이 굴곡되고 불규칙한 기하를 나타낼 때 불규칙 절리라 한다. 또한 절리를 성인에 따라 냉각 및 건조수축으로 인한 수축절리, 신장절리, 전단절리 등으로, 형태적으로는 주상절리, 판상절리로 구분할 수 있다.

주상절리(cloumar joint) 암괴나 지층에 있어서 기둥모양의 절리가 지표에 대해 수직으로 형성되어 있는 형태를 말하고 용암이 분출되어 굳어진 화산암 지역에서 많이 나타나는 현상이다. 뜨거운 용암의 평탄면이 동시에 냉각될 경우, 수축은 그 표면에서 여러 방향으로 동질적으로 일어나고, 다각형의 주상절리를 형성한다.

[사진 2-8] 주상절리

판상절리(sheeting joint) 하중의 제거로 인하여 지표면과 평행하게 동심원으로 발달되는 절리로서 얇게 쪼개지는 특성을 가진다. 판상절리의 간격은 팽창률의 차이로 인하여 지표에 가까울수록 좁게, 깊을수록 넓게 나타난다. 판상절리가 잘 발달되어 있으면 기반암에서 양파 껍질처럼 떨어져 나오는데 이러한 현상을 박리(exfoliation)라고 한다.

[사진 2-9] 판상절리

절리의 특징 절리는 단층이나 파쇄대 같이 공학적으로 중대한 문제를 일으키지는 않지만, 절리의 성인은 단층에 비하여 매우 다양하고 복잡하여 거의 모든 암반에 여러 계통의 절리군이 존재하고 이에 따라 암반 전체의 물리적 성질과 역학적 거동에 크게 영향을 미친다.

[표 2-1] 절리의 분류특성

암 종		절리형성 및 형태		절리특성
화성암	화강암	수축절리	괴상절리 (blocky)	비교적 규칙적(3sets)으로 암반블록형성 직선적 발달, 연장성은 수십 cm~수 m
	안산암		판상절리 (sheeting)	하중제거로 지표면과 동심원상으로 평행 발달 얇게 쪼개지는 특성
	현무암		주상절리 (columnar)	지표면에서 용암이 식어서 수축되면서 생성 다면체의 주상절리로 주로 수직절리형태
퇴적암	셰일	층리	판상절리 (planar)	층리면에 수직으로 수직절리 발달(연속성 적음) 매우 잘 쪼개지며, 이방성을 가짐
변성암	점판암	엽리(벽개)	판상절리 (planar)	벽개나 엽리면에 수직절리가 형성 잘 쪼개지며, 이방성을 가짐

2.2 단층

단층 지각변동에 따른 내부응력에 의하여 암반 중에 파괴면이 형성되어 상대적 변위를 일으킨 것을 말한다. 단층면을 따라 암석이 파쇄되어 지하수 등으로 풍화된 띠를 형성한 것을 파쇄대라고 한다. 단층은 지각의 습곡작용으로 지층이 수평방향의 압축력을 받을 때 또는 기반암의 융기 및 침강으로 인장력을 받을 때 형성되는 경우가 많다.

[사진 2-10] 단층의 모습

단층의 분류 단층은 단층면의 경사 및 상하반의 이동상태를 기준으로 구분한다.

경사이동단층(dip · slip fault) 단층면이 경사면을 이루는 단층으로 상반이 아래로 미끄러지는 경우를 정단층(normal fault)이라 하고 하단이 위로 움직이는 경우를 역단층(reverse fault)이라 한다. 정단층은 인장환경에서, 역단층은 압축환경에서 생성된다. 충상단층(thrust fault)은 경사각이 45도 이하로 작은 역단층을 말한다.

주향이동단층(stlike · slip fault) 상하반이 상하이동 없이 수평으로만 이동한 단층으로 단층면이 수직이며, 분리된 지각이 주향과 평행하게 움직이는 것이다.

사교단층(oblique · slip fault) 경사이동단층과 주향이동단층이 복합된 단층을 말한다.

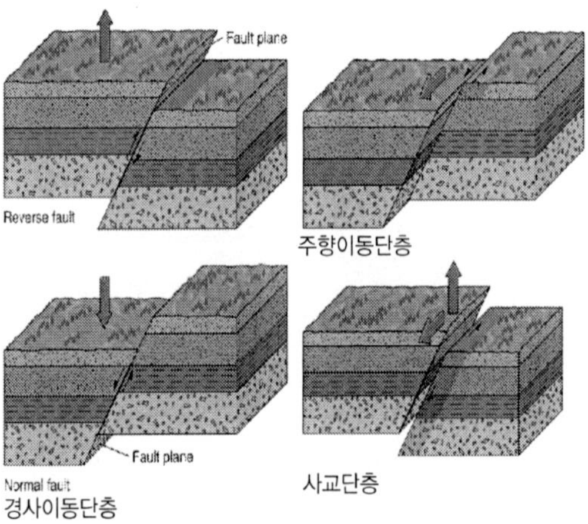

[그림 2-2] 단층의 분류

[사진 2-11] 정단층

[사진 2-12] 역단층

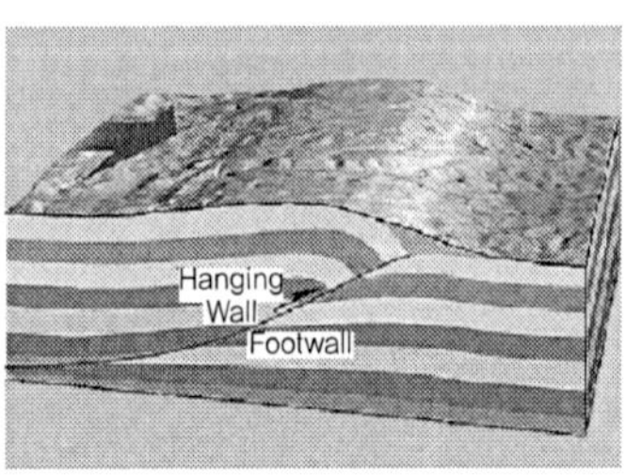

[사진 2-13] 스러스트

단층의 구성

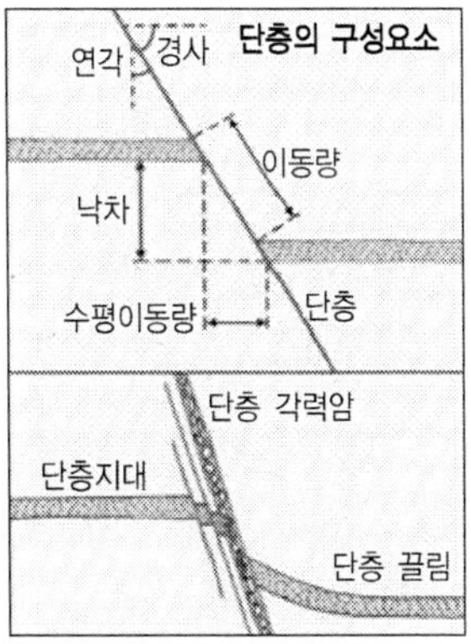

[그림 2-3] 단층 구성요소

단층이 발생하면서 틈으로 분리되는 면을 단층면(fault plane)이라 하고, 지표면에 선형으로 표시되는 선을 단층선(fault line)이라 한다. 단층면을 기준으로 위에 있는 지각을 상반(hanging wall), 아래에 있는 지각을 하반(foot wall)이라 한다. 낙차(throw)란 단층변위량의 수직성분을 가리킨다.

[사진 2-14] 단층경면

[사진 2-15] 단층대

단층점토(fault gouge) 단층면 사이에 끼워져 있는 얇은 점토로서, 단층운동으로 암석이 으깨져 분말화되어 점토로 변질된 것이다. **단층각력암(fault breccia)** 각지고 부서진 조립질 암석 조각들이 단층을 따라 구역(폭 0.1~100m)을 형성한 것이다.

단층끌림(fault drag) 단층 움직임으로 인해 암석 모양이 변형되거나 습곡을 받은 것이다.

단층경면(slickenside) 단층면에 나타나는 긁히고 마모된 면이다. 또한 밀착된 습곡 내의 층리면의 단층면에서도 나타난다.

단층대(fault zone) 여러 단층들이 밀집해서 발달되어 있을 때, 그 부분에 있는 파쇄된 지역을 단층대 또는 단층파쇄대라고 부른다. 일반적으로 단층대는 풍화가 매우 심한 경우가 많으며, 인근 암반과 비교하여 더 연약하고 불안정하므로 기초의 지지력, 사면 안정성, 터널의 안정성이 달라질 수 있다.

단층지형 단층운동으로 생긴 지형들을 일컫는다.

단층애(faultscarp) 단층면을 따라 급사면으로, 단층 발생의 가장 대표적인 증거이며, 시간이 흐를수록 풍화와 침식에 의하여 사면이 완만해지면서 변형되고 사라진다.

단층선곡(fault·line valley) 단층이 발달한 곳은 파쇄대를 형성하고 풍화에 약하여 차별적인 침식에 의해 형성된다.

단층선애(fault·line scarp) 단층선을 따라서 차별적인 풍화와 침식이 일어나서 지하에 묻혀 있던 단층면들이 노출되면 단층선애가 된다.

지구(graban) 단층선이 계곡의 양쪽에 형성되어 가운데가 상대적으로 낮아져 형성된 계곡을 말한다.

2.3 습곡

습곡 수평으로 퇴적된 지층이 외부로부터 힘을 받아 휘어진 구조로 수평방향으로 미는 횡압력을 받아 생성된다. 지층이 동일한 힘을 받는다 하더라도, 그 힘의 크기와 지층의 상대적인 강도에 따라 단층이 되기도 하고 습곡이 되기도 한다. 일반적으로 깊이 약 10km 이내의 낮은 압력 하에서는 단층이 발생하고, 이보다 깊은 지각 내부에서는 습곡이 발생한다. 습곡에는 층 사이의 거리가 작은 것으로부터 수 km 이상에 이르는 것까지 다양하다. 지층이 강한 압력을 받게 되면 비슷한 규모의 주름이 많이 잡히는 습곡대가 형성된다.

[사진 2-16] 습곡의 형태

습곡의 생성구조와 구성

습곡의 생성구조

Flexture folding 압축력에 의해서 형성되는데 균질한 암석으로 된 지층이 압축력에 의해 휘어지게 되면 위로 볼록한 쪽은 인장력을 받게 되고, 아래로 오목한 쪽은 압축력을 받게 된다. **Flow folding** 가소성이 큰 높은 온도의 압력을 받을 때 형성되는데 고온고압에 의해 상대적으로 약해진 얇은 층의 조산대 중심에 형성된다. **Slip folding** 밀착된 균열을 따라 발생하는 소규모 이동에 의해 형성된다. 균열을 수반하지 않은 수직력에 의해 형성되기도 한다.

습곡의 구성 습곡은 위 방향으로 향한 배사(anticline)와 아랫방향을 향하는 향사(syncline)가 있다. 배사와 향사 사이의 기울어진 부분을 날개(limb), 배사나 향사의 봉우리 또는 골짜기를 지나는 면을 축면(axial plane)이라고 한다. 배사구조가 침식되었을 경우, 습곡축면에 가까울수록 오래된 지층이, 습곡축면에서 멀어질수록 새 지층이 나타나는 반면에, 향사구조가 침식되었을 경우에는 이와 반대 현상이 나타난다. 즉, 습곡축면에 가까울수록 새 지층이, 습곡축면에서 멀어질수록 오래된 지층이 나타난다.

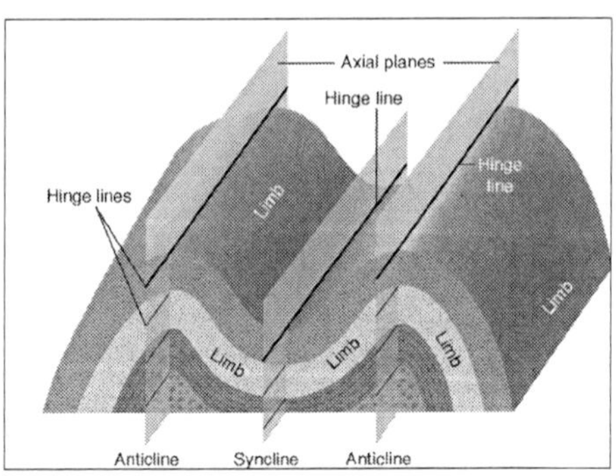

[그림 2-4] 습곡의 구성요소

습곡의 종류

[사진 2-17] 습곡의 모습

습곡 습곡축의 기울기, 습곡축면의 기울기, 날개 사이의 각도 등에 따라서 여러 가지 형태로 구분될 수 있다. 습곡은 완만하게 휘어진 경우, 중간 정도, 강하게 휘어진 경우 등이 존재한다. 습곡은 둥근 형태로 나타나거나 각진 형태로 나타나기도 한다. 지층이 불균질할 경우, 습곡의 좌우 익부 중 한쪽의 익부가 다른 쪽의 익부보다 더 급하게 경사지게 된다. 변형작용이 더욱 강해지면 급하게 경사진 한쪽의 익부가 더욱 경사져 90°를 초과하여 오래된 지층이 새 지층보다 위로 올라와 역전된 모습을 보인다. 변형작용이 더욱 강해지면 역전습곡구조는 횡와습곡구조로 된다.

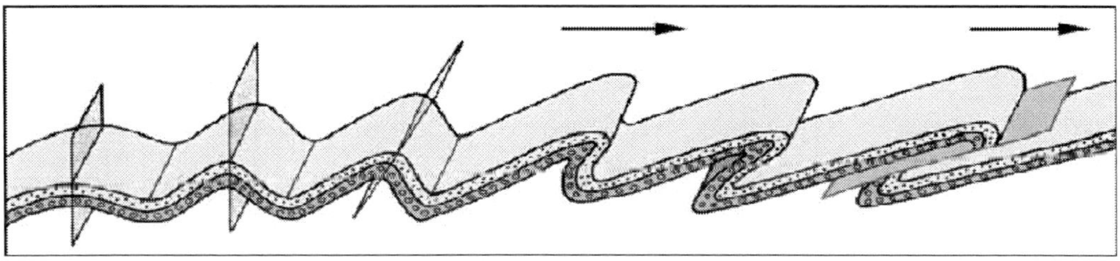
[그림 2-5] 습곡작용에 따른 습곡형태의 변화

과습곡과 **횡와습곡** 축면의 각이 직각을 넘어선 경우이다. **등사습곡**(isocline) 양쪽 면에서 평행의 경사각을 가진다. **내프**(nappe)는 횡와습곡이 중앙의 선을 따라서 전단파괴를 일으킨 경우로, 스러스트 단층이 발생하게 되고, 대개 큰 규모의 변위가 발생하는 경우가 많다.

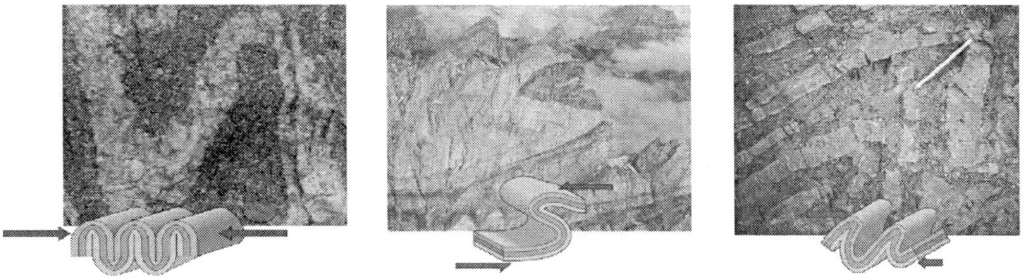
[그림 2-6] 습곡의 종류

불연속면과 암반

Rock Discontinuity and Rock Mass

불연속면 암반에서 나타나는 모든 연약면을 총괄적으로 나타내며 불연속면은 그 크기 면에서 작은 열극에서 큰 단층까지 다양하다. 이 면을 경계로 암석은 구조적으로 불연속적이다. 불연속면이 반드시 분리면은 아니지만 실제로 대부분의 불연속면은 분리면이고 매우 작은 인장강도를 갖거나 인장강도가 없다. 가장 흔한 불연속면은 절리나 층리면, 단층 등이며 이밖에 중요한 불연속면으로는 벽개, 편리, 열극 등이다. 지표로부터 수백 m 내에 있는 대부분의 암반은 역학적 거동을 결정하는 불연속면들을 내포함으로써 불연속체의 거동을 하게 된다. 그러므로 암반의 구조와 불연속면의 성질을 암석의 종류에 대한 역학적인 서술과 함께 주의 깊게 언급되어야 한다.

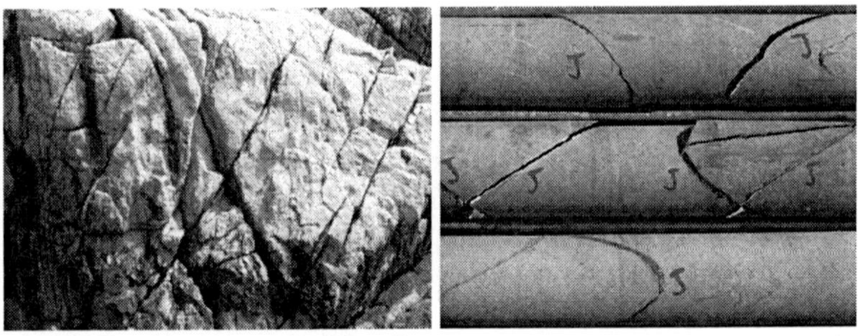

[사진 3-1] 불연속면(노두와 시추코어)

불연속면 평가 암반 불연속면의 특성에 대한 평가는 암반 분류를 위한 기초가 될 수 있도록 상세하게 이루어져야 한다. 또한 그 평가가 보다 객관화, 정량화되고, 현장시험결과와 비교·분석되어진다면 최소한의 현장시험으로부터 공학적인 암반구조물의 설계가 가능할 수 있을 것이다.

[사진 3-2] 암반 불연속면과 암반

3.1 불연속면의 특징

불연속면 분류 성인에 따라 절리, 단열, 층리, 벽개, 엽리, 전단대, 단층 등을 모두 일컫는 말로서 크게 다음과 같은 범주로 구분할 수 있다.

[표 3-1] 불연속면의 성인적 분류

층리	퇴적지층의 주요 불연속면, 이방성 및 지하수 흐름에 큰 영향
엽리(벽개 포함)	변성작용에 의해 생긴 불연속면, 잘 쪼개지지며, 이방성
절리	다양한 기원의 응력에 의해 생긴 불연속면, 다양한 형태 존재
단층(대)	단층작용에 이해 깨진 불연속면으로 파쇄대를 형성
기타	부정합면, 암종경계부, 관입접촉면

불연속면의 특성 불연속면은 수 mm의 작은 열극에서 수백 m의 단층까지 다양한 크기로 존재한다. 불연속면은 성인으로서의 지질적인 특성, 공간 내의 면으로서 기하학적 특성 그리고 끊어진 면으로서 역학적 특성을 동시에 갖는다. 또한 암반 내 존재하는 불연속면이 암반의 거동을 지배하는 경우가 많기 때문에 암반구조물의 안정성 평가 시 불연속면에 조사와 분석이 매우 중요하다.

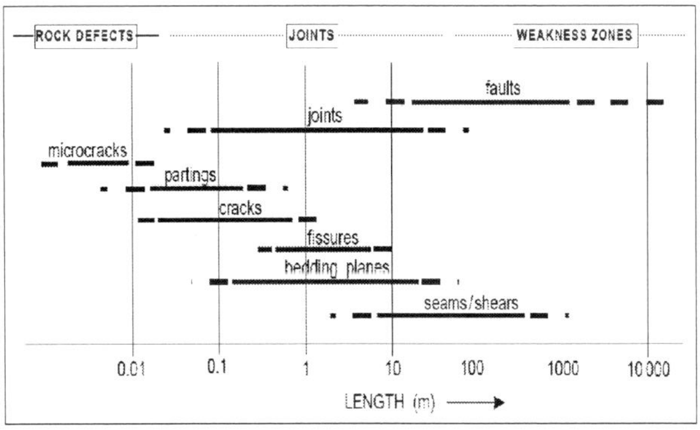

[그림 3-1] 불연속면의 크기 범위

불연속면의 요소 암반의 공학적 거동에 영향을 주는 불연속면 요소들은 방향성, 간격, 연속성, 거칠기, 벽면강도, 간극, 충전물, 용출수, 불연속면군의 수, 블록크기 등이 있다.

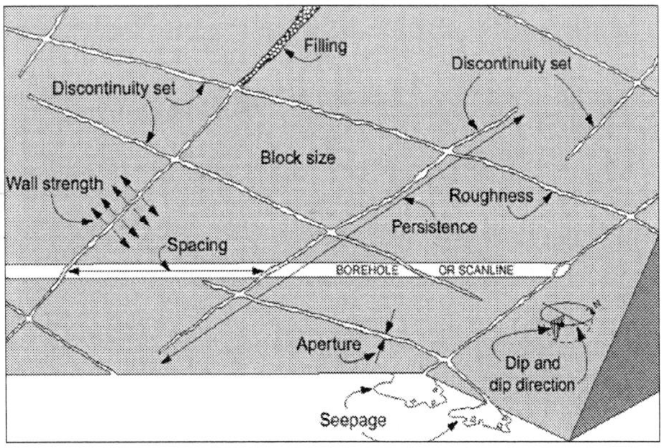

[그림 3-2] 불연속면의 요소

3.2 불연속면의 정량적 기재

방향성(orientation) 주향과 경사로 나타낸다. 방향성에 대한 표현은 주향/경사 또는 경사방향/경사로 나타낸다. 불연속면의 특성 중 가장 중요한 요소 중의 하나인 방향성은 공간에서의 불연속면의 경향을 나타내는 것으로 공학적 구조물과 관계가 있는 불연속면의 방향은 불안정한 조건이나 과대한 변형이 일어날 수 있는 가능성을 크게 지배한다.

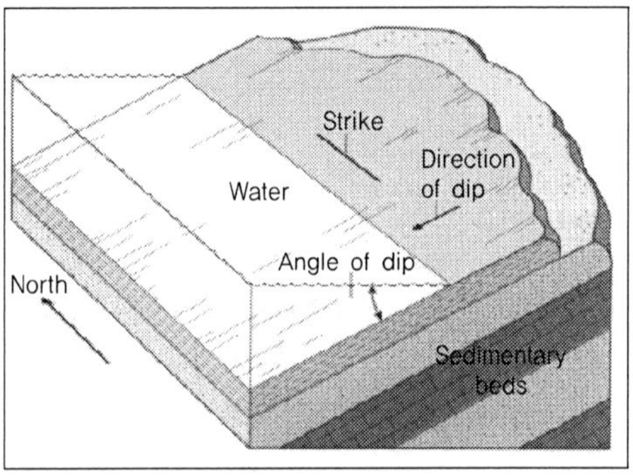

[그림 3-3] 주향과 경사, 경사방향

간격(spacing) 인접한 불연속면 간의 직선거리로서 일반적으로 같은 군에 속하는 불연속면의 평균 거리로 표시된다. 간격은 암반을 구성하고 있는 블록의 크기를 결정하며, 암반의 투수율이나 용출특성에 상당한 영향을 미친다.

[표 3-2] 불연속면 간격

간격 등급	간격(m)
very close	〈0.06
close	0.06~0.2
moderate	0.2~0.6
wide	0.6~2.0
very wide	〉2.0

연장성(persistance) 불연속면의 크기나 면적의 정도로서, 노두에서 나타나는 불연속면의 길이로 표시된다. 노두에서의 불연속면의 길이를 관찰함으로써 정량화될 수 있다. 노두크기에 제한을 받기 때문에 가장 결정하기 힘든 요소중의 하나이다.

[표 3-3] 불연속면 연장성

연장성 등급	길이(m)
very low	〈1
low	1~3
medium	3~10
high	10~20
very high	〉20

거칠기(roughness) 불연속면에 나타나는 작은 규모의 요철이나 큰 규모의 만곡으로 정의되며, 특히 충전되지 않은 불연속면에서의 전단응력에 중요한 영향을 미친다. 그러나 충전물 두껍우면 거칠기의 중요성은 감소된다.

[표 3-4] 불연속면 거칠기

거칠기 분류			JRC
I	Stepped	Rough	18
II		Smoooth	15
III		Slickensided	9
IV	Undulate	Rough	13
V		Smoooth	9
VI		Slickensided	4
VII	Planar	Rough	7
VIII		Smoooth	4
IX		Slickensided	1

벽면강도(wall strength) 불연속면의 평균압축강도로서, 벽면의 풍화나 변질정도에 따라 암석강도보다 작으며, 전단강도에 중요한 요소이다. 일반적으로 슈미트 햄머반발치(Schmidt Hardness)를 압축강도로 보정하여 사용한다.

간극(aperture) 하나의 불연속면에 서로 분리되어 인접한 벽면의 수직거리를 나타내며 그 공간은 물이나 공기와 같은 것으로 채워져 있어 충전된 불연속면의 폭과는 구분된다. 간극은 암반의 이완과 수리전도도에 영향을 미친다.

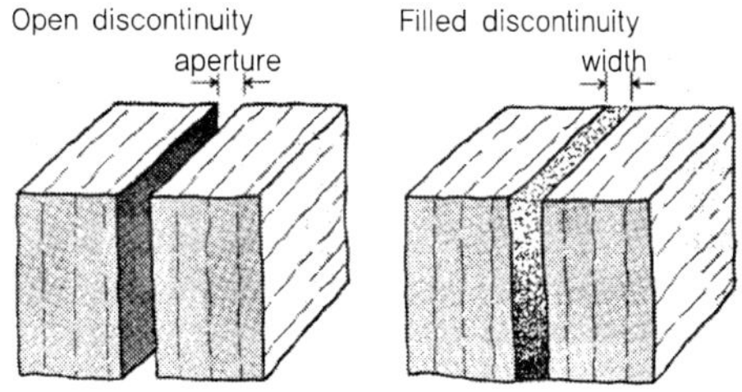

[그림 3-4] 충전물의 간극과 폭

충전물(filling material) 한 불연속면에서 서로 인접한 암석벽면 사이를 충전하고 있는 물질을 말하며, 모암보다는 일반적으로 강도가 약한 경우가 많다. 일반적으로 충전물은 점토, 녹니석, 실트, 단층점토, 압쇄암, 단층각력암 등이며, 깨끗한 면의 불연속면 보다는 전단강도가 낮다. 그리고 충전된 불연속면의 거동은 충전물질의 광범위한 성질에 의해 좌우된다.

[표 3-5] 용출

용출상태 분류
완전 건조(completely dry)
습함(damp)
젖음(wet)
떨어짐(dropping)
흐름(flowing)

용출(seepage) 불연속면에 나타나는 물의 흐름 또는 습윤 정도로서, 암반을 통한 투수는 불연속면을 통해 이루어진다. 용출과 관계되는 지하수위, 침투수, 수압 등은 암반의 유효응력을 감소시킴으로써 암반의 안정성을 감소시킬 수 있다. 용출에 대한 평가는 충전과 충전되지 않는 경우로 나누어서 침투수의 흐름과 정도에 따라 구분한다.

[표 3-6] 절리군의 수

절리군 분류	
I	괴상암반
II	절리군 1개t
III	절리군 1개+랜덤
IV	절리군 2개
V	절리군 2개+랜덤
VI	절리군 3개s
VII	절리군 3개+랜덤
VIII	절리군 4개
IX	파쇄암반

절리군의 수(number of joint set) 동일한 방향성을 같은 절리군의 수로써, 절리군이 수가 많아지면 파쇄의 단위가 작아지게 되어 암반의 전단저항 감소시키게 된다. 절리군의 수가 3개 혹은 그 이상이면, 3차원적 블록구조를 형성할 것이다.

[표 3-7] 블록 크기

블록 분류
괴상(massive)
판상(tabular)
기둥상(columnar)
불규칙상(irregular)
블록상(blocky)
파쇄상(crushed)

블록크기(block size) 상호 교차하는 절리군의 수와 간격으로부터 정해지는데 암반 거동에서의 가장 중요한 요소이다. 절리군의 수와 방향성은 블록의 형태를 결정짓게 되며, 블록크기에 의한 분류는 블록의 평균크기에 의한 방법(block size index : I b)과 암괴의 단위 부피를 절단하는 절리의 수(volumetric joint count : Jv)에 의한 두 가지 방법이 있다.

3.3 불연속면 방향의 표현

주향과 경사 주향은 성층면과 수평면의 교선방향을 말하며, 이 방향은 북을 기준으로 하여 나타낸다. 경사는 성층면이 주향선과 직각을 이루며 수평면과 이루는 각이 최대인 각을 나타낸다. 이것이 가리키는 방향을 경사방향이라 한다. 주향에 직각이 아닌 선과 수평면 사이의 각도는 경사보다도 작은 각을 가지며 이러한 경사를 위경사라 한다. 방향성에 대한 공학적인 표시방법은 경사방향과 경사로 표시하는 방법을 많이 채택하고 있으며 표시방법은 경사방향/경사의 형태로 표시한다.

측정 콤파스나 클리노메타를 사용한다. 콤파스나 클리노메타에 의한 방향측정의 정확도는 관찰하고자 하는 면에 도달할 수 있는 접근의 난이도, 노출면의 범위, 편평도, 자성의 이상대 그리고 사람의 측정오차 등에 따라 변할 수 있다.

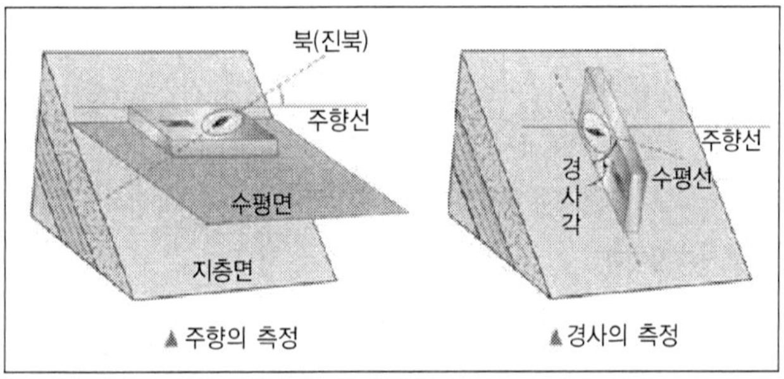

[그림 3-5] 주향과 경사의 측정

Block diagram 불연속면과 암반구조물과의 관계에 대한 개략적인 윤곽을 나타낸 것으로 절리군의 수나 북쪽에 대한 상대적인 방향을 알 수 있다.

Rose diagram 많은 측정자료를 정량적으로 표시하는 방법으로 일반적으로 10도 간격으로 0-360도 방향에 대해 측정량을 원주상으로 표시하여 우세한 불연속면군을 식별할 수 있다. 빈도가 높은 그룹은 과장되어 표시되고 낮은 빈도의 그룹은 축소되어 표시된다. 측정의 수는 방사상의 축을 따라 표시된다.

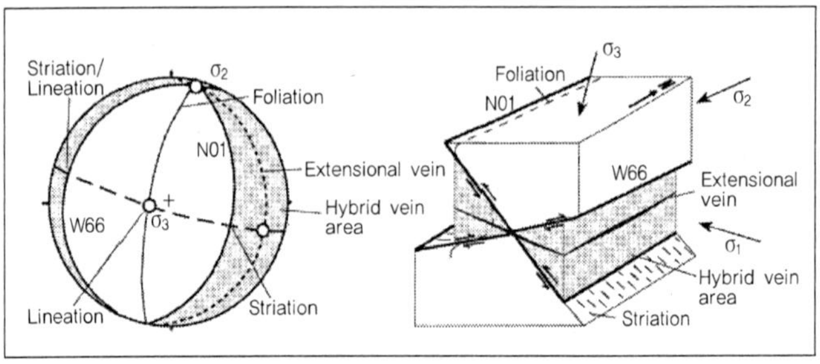

[그림 3-6] 평사투영과 Block diagram

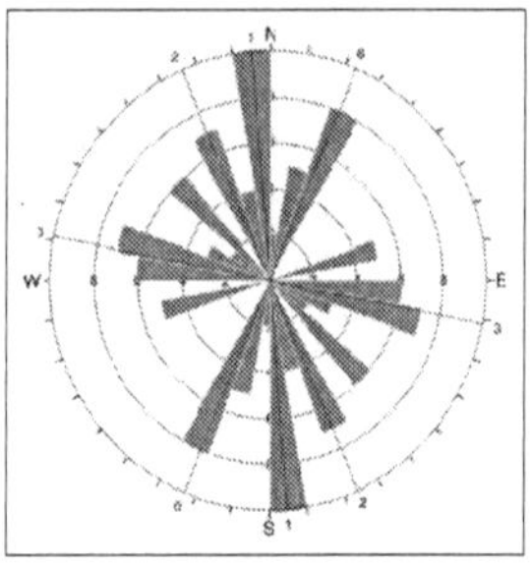

[그림 3-7] Rose Diagram

평사투영해석

평사투영법(stereo graphic projection) 평사투영은 2차원 도면에 면과 선 사이의 3차원 관계를 분석하고 표시하는 방법이다. 불연속면을 기준구를 이용하여 평면상에 투영하여 대원이나 극점으로 표시하며 평사투영법에는 등면적 투영법과 등각 투영법이 있다. 공학적인 면에서는 공간적인 분포가 정확하게 나타나는 등면적 투영법과 하반구투영법을 사용한다.

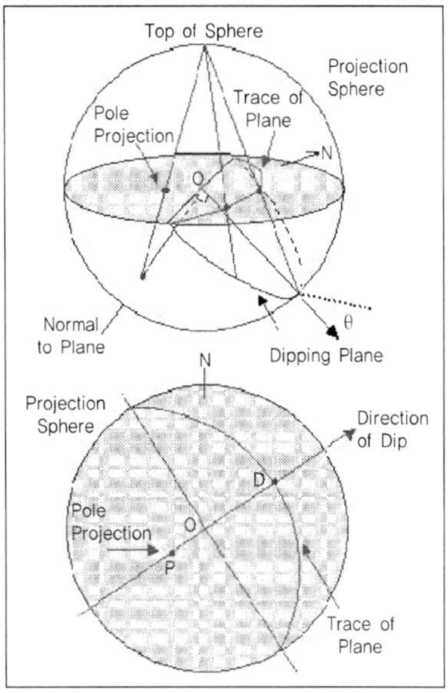

[그림 3-8] 평사투영법

대원(great circle)과 극점(pole) 구의 표면과 평면이 교차하는 선이 대원이고 평면에 수직이고 구의 중심을 지나 구와 교차하여 서로 대칭하는 두 점을 극점이라 부른다. 평면을 나타내는 대원이나 극점이 구의 상반구와 하반구 두 곳에 모두 나타나기 때문에 자료를 해석하고 도식화하기 위해서는 한쪽 반구만을 사용해야 한다. 극점의 등밀도선을 작도함으로써 나타나는 극점의 최대 집중점의 값이 주어진 불연속면군의 평균각도를 분석할 수 있다. 평면이나 극점의 도식은 stereonet를 이용하여 작성한다.

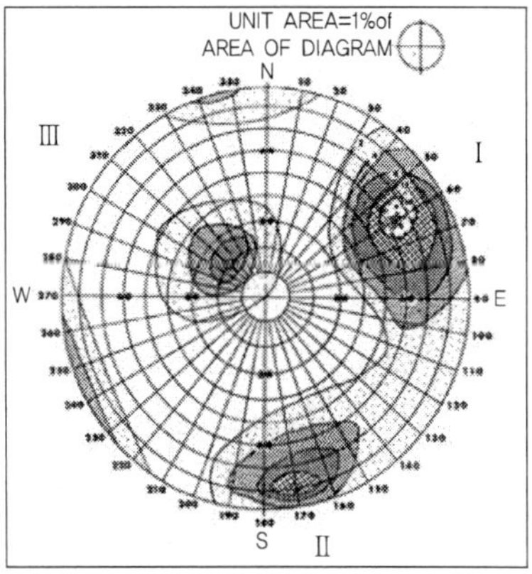

[그림 3-9] 등밀도망의 작성

등밀도망(contour) 대원보다 극점을 도시한다면 많은 수의 불연속면자료를 한 도표상에 빨리 작도할 수 있고 이 극점들의 분포에 대한 등밀도망을 작도함으로써 불연속면들의 평균방향과 분산정도 그리고 측정지역에서 우세한 방향의 불연속면의 군(set)들을 구할 수 있다. 극점들 중에서 가장 높은 집중도를 보이는 중앙값이 주어진 불연속면군의 평균방향으로 취할 수 있다.

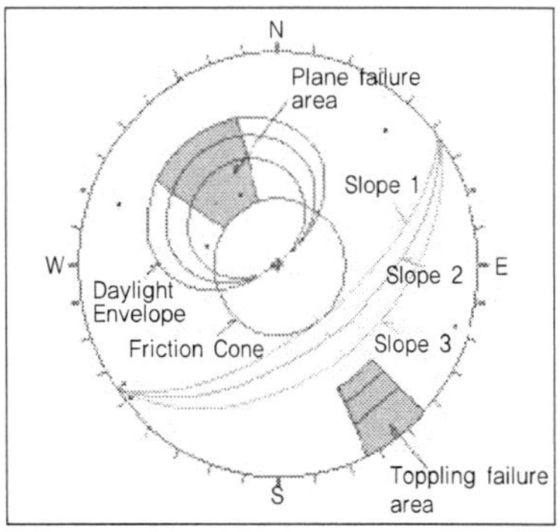

[그림 3-10] 평사투영해석

평사투영해석 암반구조물의 안정성 분석시에 현장에서 조사된 불연속면 자료의 상관관계로부터 암반사면의 파괴가능성 및 암반블록의 거동 등을 평사투영해석으로부터 구할 수 있다.

3.4 암반

암석 여러 광물의 집합체로서 지각을 구성하는 모든 물질을 가리킨다. 흙도 역시 광물질로 이루어진 지각 구성물질이지만 이는 암석의 풍화 산물로서, 암석과 구분한다. 일반적으로 공학적인 관점에서 암석이란 구성입자들이 결합물질들에 의해 강하게 결합되어 있어서 어느 정도 이상의 초기 항복 강도를 갖는 지각 구성물질을 말한다.

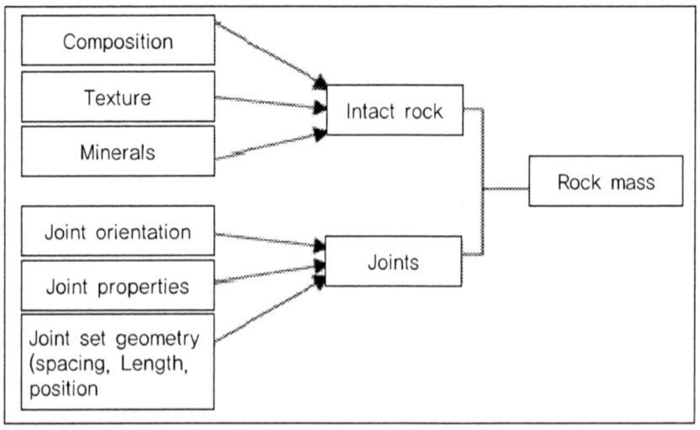

[그림 3-11] 암석과 암반

암반 현지상태(in-situ)에 있는 암석의 집합체(rock mass)를 가리키며, 이 덩어리 내에는 단층, 절리와 같은 불연속면을 포함하고 있다. 따라서 암반은 구조적인 불연속성, 불균질성(heterogeneity), 이방성(anisotropy)을 보이며, 이러한 특징들이 암반의 공학적인 거동을 좌우한다. 또한 암반과 구별지어서 실험실 차원의 소규모 암석을 무결암(intact rock) 또는 암석재료(rock material)라고 부른다.

불연속면 암반사면 안정성의 경우 불연속면의 특성은 한계평형분석에 직접적으로 사용될 수 있다. 가장 영향을 미치는 불연속면의 방향, 위치, 연속성, 절리의 수압, 전단응력 등은 분석에 사용될 직접적인 자료가 된다. 거칠기, 벽면의 강도, 풍화정도, 충전물의 형태, 지하수의 용출흔적 등은 공학적인 문제에서 중요한 간접적인 자료가 될 수 있다. 터널의 안정성 문제나 지보의 산정에서는 안정성에 대한 불연속면의 영향에 대한 해석방법이 한계가 있기 때문에 불연속면의 특성은 간접적인 자료가 될 수 있다. 지질구조나 불연속면의 특성에 대한 평가는 암반환경에 대한 지보성능의 경험을 유추할 수 있는 중요한 자료가 된다.

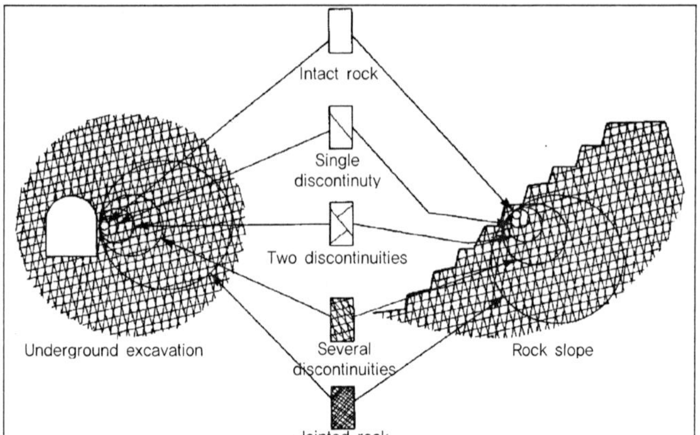

[그림 3-12] 암석, 불연속면 그리고 암반

암반구분 Barton 등(2001)은 암반을 불연속면의 발달상태 등을 고려하여 5개의 범주(I, IIa, IIb, IIIa, IIIb)로 구분하였다. 각각에 대하여 절리군의 수, 절리간격, 암반분류치인 Q값, 암반의 파괴모드와 해석방법 등에 대하여 가이드라인을 제시하여 현장측정결과로부터 쉽게 암반을 구분하여 반영할 수 있도록 하였다.

[표 3-8] 암반구분(Barton 등, 2002)

암반특성		파괴	해석	절리군/Q값	절리간격/Span
Massive/Intact					
I Extremely massive rock mass high strength, rough joints strong dilution	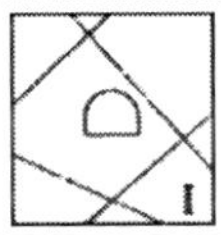	개별절리 sliding	연속체 FEM FDM	– 100~1000	〉2m 〈5
Jointed					
IIa Massive-low jointed rock mass unaltered rough joints medium dilution		일부절리 sliding	불연속체 DEM	1~3 10~100	0.5~2m 5~20
IIb Medium-high jointed weathered rock mass smooth undulating joints medium dilution	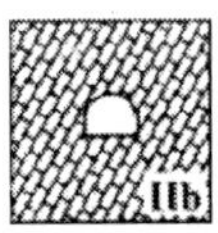	다수절리 sliding	불연속체 DEM	2~4 1~10	10~50cm 20~100
Moderately disturbed-heavily jointed					
IIIa Heavily jointed weathered, weak rock mass light dilution	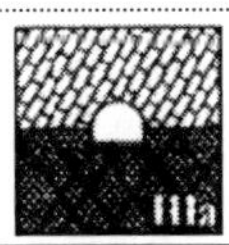	회전전단	불연속체 DEM	〉4 0.1~1	5~10cm 100~500
Very disturbed(techtonically)					
IIIb Very weak, altered, squeezing rock mass no dilution (Fault zone)		연약대 전단대 점토	연속체 FEM FDM	– 〈0.1	– 〉500

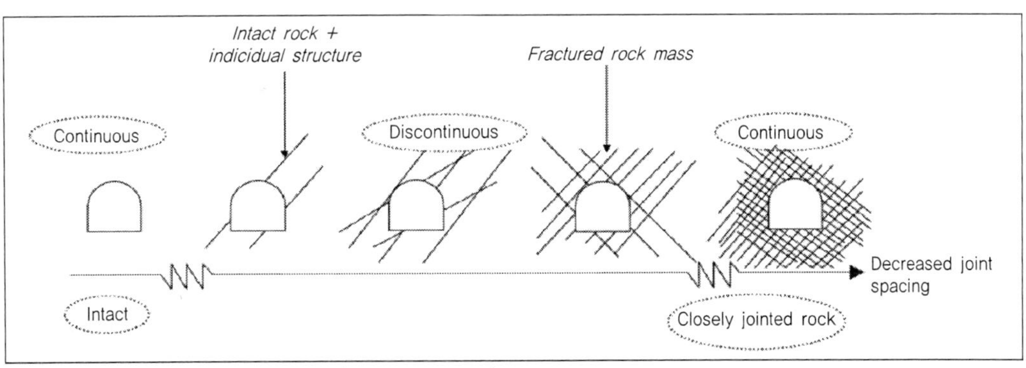

[그림 3-13] 불연속면과 암반구조물(Edelbro, 2003)

한국의 지질과 암석

Geology and Rock of Korea

한국의 지질 선캄브리아누대의 지층에서 신대 지층에 이르기까지 다양한 지층과 암석이 분포한다. 이들 중 선캄브리아누대의 변성암류와 고생대 퇴적암류 및 중생대의 심성암류는 여러 번에 걸친 지각변동과 백악기 이후에 일어난 융기와 삭박 작용에 의하여 크게 노출되었다. 선캄브리아누대의 변성암류와 중생대의 심성암류는 분포면적에 있어서 우리나라 지질의 반 이상을 차지한다. 우리나라 지질은 추가령열곡을 경계로 남과 북이 현저한 차이를 나타낸다. 북쪽에는 선캄브리아누대의 변성암류와 고생대 지층이 우세하게 분포하고 있는 데 반해, 남쪽에는 이들과 함께 중생대 지층이 넓게 분포한다.

지질구조 형성 지체구조적 위치로 보아 유라시아판의 동쪽 연변부에 속하며, 한중지괴에 속하고, 소위 환태평양 화산대보다는 서쪽으로 벗어나 위치한다. 이로 말미암아 한반도는 선캄브리아시대의 편마암에서부터 제4기의 현생퇴적층에 이르기까지 다양한 지질시대의 암석들이 분포하며 오랜 지질시대를 거치며 곳에 따라서는 수차례의 변성 및 변형 작용을 겪으면서 습곡 단층 등의 지질구조를 형성하고 있다. 북쪽에는 송림변동에 의하여 형성된 남북방향이 지배적으로 같은 종류의 암상이 방향성이 없이 산재하며, 남쪽에는 주라기 말의 대보조산운동에 의한 지나방향(북북동–남남서방향)이 우위를 차지하여 그 방향으로 지질이 분포함을 알 수 있다.

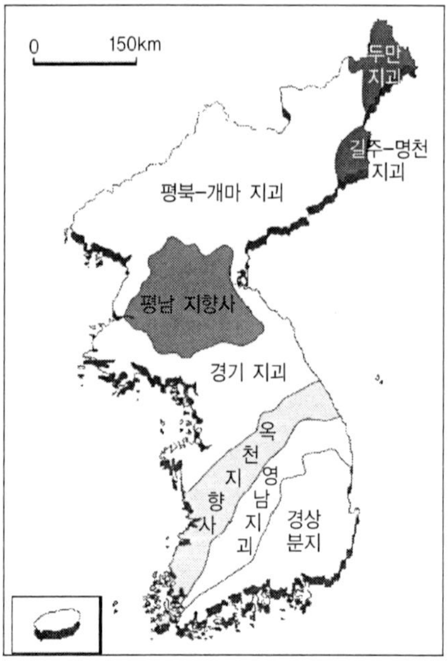

[그림 4-1] 한국의 지체구조

4.1 한국의 지질특성

선캄브리아누대층 경기육괴와 영남육괴, 단천 탁상지-평북육괴와 연백탁상지에 넓게 분포한다. 한반도의 선캄브리아 시대 지층은 절대연령측정과 암상의 특징 및 층서적인 면을 고려해 볼 때, 중국의 화북대지에 분포하는 선캄브리아누대의 지층과 대비되는 것으로 추정된다.

- **경기육괴** 선캄브리아대의 기저를 형성하고 있다. 경기육괴의 구성암석은 대부분 편마암류와 이에 협재된 편암과 규암으로 이루어진 변성암 복합체이며, 하부로부터 경기편마암복합체, 춘천계 및 연천계로 구분된다.
- **영남육괴** 주로 편마암류와 편암류로 구성된 변성퇴적암으로서 지리산을 중심으로 서남부는 화강암질 편마암류 및 반상변정질 편마암 등의 준편마암류와 화강편마암을 주로 한 편마암으로 구성되어 있고, 북동부는 주로 화강편마암, 마그마타이트질 편마암 및 편암으로 구성되어 있다. 동남부는 층서적으로 세분되어 있으며, 조선누층군에 의해 부정합으로 덮인다.

고생대층 강원도 태백, 영월, 평창, 정선, 삼척, 경북 문경, 평양, 평남 황주 등 여러 곳에 분포한다. 하부 고생대층은 주로 석회암, 백운암과 같은 탄산염암으로 구성되며, 쇄설성 퇴적암을 협재한다. 상부 고생층은 하부 고생대층을 평행부정합으로 덮는다. 상부 고생대층의 하부는 해성층으로 석회암을 협재하며, 상부 고생대층은 모두 육성환경에서 쌓인 퇴적암으로 구성된다.

중생대층 중생대에 들어와 고생대의 퇴적분지를 완전히 육화시킨 송림변동에 의해 소규모의 호수들이 한반도 곳곳에 출현하였다. 이들 호수에 퇴적물이 쌓인 후 한반도에서는 가장 큰 규모의 대보 조산운동이 일어나 반송층군을 비롯하여 그 이전의 고생대층을 심하게 변형시킴으로써 한반도에는 새로운 구조호들이 생성되었다. 이들 새로운 호수에는 묘곡층과 자성계가 퇴적되었다. 묘곡층과 자성계가 퇴적된 후 제2차 대보 조산운동이 일어나 이들을 변형시키고 한반도 동남부의 경상 호수를 비롯하여 한반도 곳곳에 소규모 호수 분지를 형성하였다. 우리나라 중생대층은 하부 주라계(또는 트라이아스계 상부)에서 중부 주라계로 알려진 반송층군과 상부 주라계에서 하부백악계로 알려진 후-선경상의 묘곡층 및 백악계의 경상누층군으로 구성된다.

신생대층 동해안과 서해안을 따라 여러 지역에 소규모로 분포한다. 서해안 지역에는 안주 분지와 봉산 분지가 위치하며, 동해안 지역에는 길주-명천, 통진, 북평, 영해, 포항, 울진 퇴적 분지가 분포한다. 이들 분지의 신생대층은 미고결 사암과 이암, 화산암류 및 응회암으로 구성되며, 다양한 화석이 풍부하게 산출된다.

화성활동 선캄브리아 누대의 화강암류, 트라이아스기의 송림 변동에 수반된 송림화강암류, 주라기의 대보조산운동에 수반된 대보화강암류, 그 밖에 백악기 중기에서 제3기초에 이르러 있었던 불국사 화강암류로 크게 4분류된다.

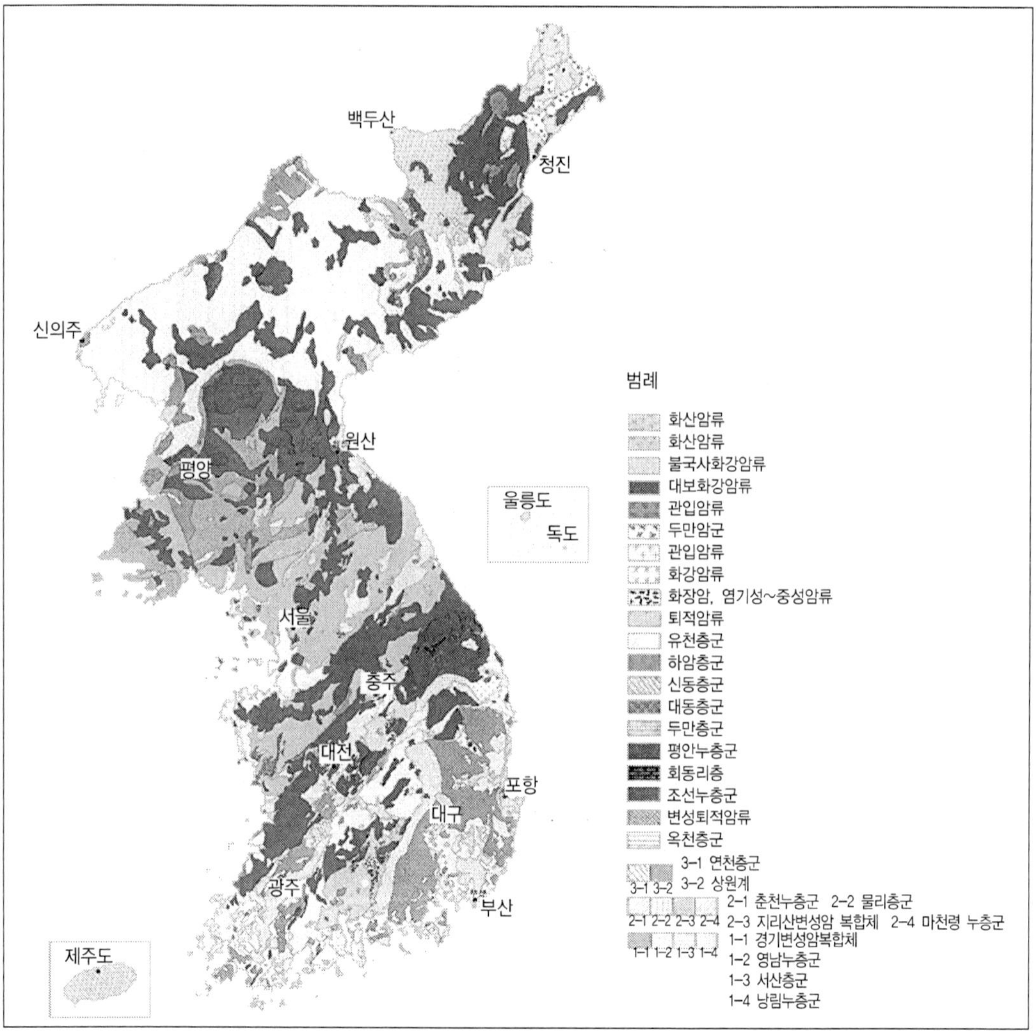

[그림 4-2] 한국의 지질도(한국지질자원연구원)

지질계통 지각변동의 영향은 중생대에 가장 활발하였으며, 트라이아스기 말에 시작하여 주라기말에 걸쳐 일어난 송림변동과 대보조산운동이 크게 작용하였다. 따라서 대보조산운동 이전의 지층들이 크게 요곡되어 복잡한 지층을 이루고 있다.

[표 4-1] 한국지질계통표

대	기	누층군	층	층	비고
신생대	제4기	충적층 신양리층(제주도)			
	신제3기	서귀포층			
		연일층군			
		장기층군			
		양북층군			
	고제3기				불국사화강암 관입
		경상누층군	유천층군		
중생대	백악기		하양층군		
			신동층군		
	쥐라기				대보조산운동, 대보화강암 관입
		대동층군(남포층군, 반송층군)			
	트라이아스기				송림지변, 송림화강암 관입
		평안누층군	동고층		
고생대	페름기		고한층		
			도사곡층		
			함백산층		
			장성층		
	석탄기		금천층		
			만항층		
	데본기	(두위봉형)			
	사일루리아기	(영월형)			
	오르도비스기	조선누층군	두위봉층	영흥층	옥천층군
			직운산층		
			막골층		
			두무골층	문곡층	
			동점층		
	캄브리아기		화절층	와곡층	
			풍촌층	마차리층	
			묘봉층	삼방산층	
			장산층		
원생대	후기				
		상원계			
	중기	연천계			화성활동, 광역변성작용
	전기	서산층군			지변,화성활동,광역변성작용
시생대		경기편마암복합체			
		지리산편마암복합체			선캄브리아기 화강암 관입
		소백산편마암복합체			
		마천령편마암복합체			
		낭림육괴			
		관모육괴			

4.2 한국의 암석

우리나라의 암석의 분포특성을 살펴보면 복잡한 지질시대와 연관되어 화성암, 변성암 및 퇴적암이 다양하게 분포하고 있으며, 주로 편마암과 화성암, 화강암이 많이 분포하고 있으며, 퇴적암층은 일부 지역에서 한정적으로 나타난다.

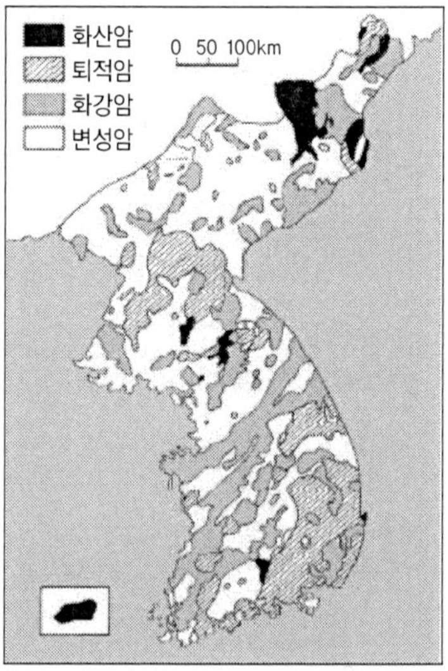

[그림 4-3] 한국의 암석분포

화성암 전국토의 35% 차지한다. 심성암의 주종을 이루는 것은 중생대 화강암류로서, 영동-광주함몰대와 경상분지에 분포하는 불국사 화강암류를 제외하고는 대부분이 대보화강암류에 속하며, 경기육괴, 영남육괴, 옥천대에 집중적으로 분포하고 나머지는 전국적으로 골고루 분포하여 한반도의 주요 암석중의 하나이다. 화산암은 개마고원일대, 길주-명천지구대, 추가령 열곡, 제주도 및 울릉도 일대에 국한되어 있으며, 모두가 제4기의 현무암층이 주종을 이룬다.

[그림 4-4] 화강암의 분포

퇴적암 옥천대, 두만분지, 평남분지 일대의 고생대층, 경상분지일대의 백악기층, 일부 제3기층으로 구분되는데 변성암류 및 화성암류에 비하여 분포면적이나 지역이 한정되어 있는 편이다. 고생대 퇴적암층은 석회질암으로 이루어진 조선누층군과 그 일부를 하위층으로 하여 무연탄을 협재하는 평안누층군이 부정합으로 덮고 있는 구조구를 형성하는 것이 특징이다. 백악기의 퇴적암에 해당하는 경상누층군은 후기 화산활동을 동반한 퇴적분지로서 거의가 녹색, 적색, 회색의 역암, 사암, 이암, 셰일 등이 호층을 이룬다. 제3기 퇴적암층은 미고결된 역암, 사암, 셰일 및 응회암 등이 호층을 이루고, 융기와 침강이 반복되어 해성층과 육성층이 번갈아 부정합관계를 이루는 경우도 있다.

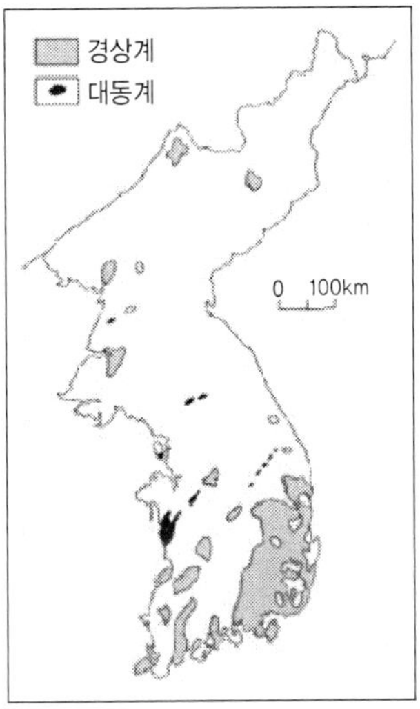

[그림 4-5] 중생대 퇴적암

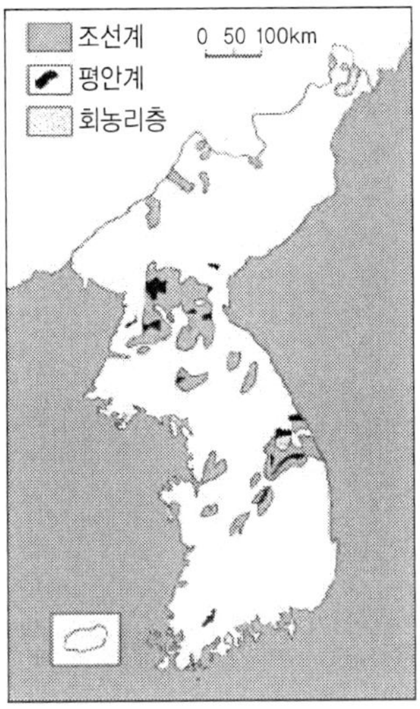

[그림 4-6] 고생대 퇴적암

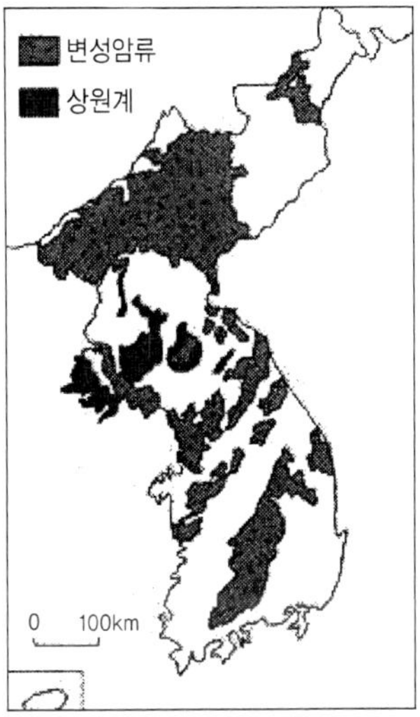

[그림 4-7] 변성암류

변성암 개마고원 일대와 경상분지를 제외한 모든 지역에 골고루 넓게 분포하며, 전체의 42%를 차지하며, 지질연대, 구성암질이 매우 다양하여 매우 복잡한 지질학적 계통을 갖고 있다. 국내에서 가장 많은 변성암은 편마암이다. 화강편마암의 대표적인 지층은 경기육괴일대에 분포하는 경기편마암 복합체, 영남육괴일대에 분포하는 지리산편마암 복합체로서 준편마암, 화강암질 편마암, 호상편마암, 반상변정질편마암, 운모편암 등으로 구성되어 암상의 변화가 심하고, 여러 차례의 광역변성작용을 받아 변성암의 복합체를 형성하며, 긴 지질연대에 걸쳐 관입된 지층이다. 또한 변성암의 대표적인 지층은 옥천대 일대에 분포하는 옥천층군으로서의 점판암, 천매암, 운모편암, 각섬암 등으로 구성된 저온중압상의 광역변성암이며, 서남쪽으로 갈수록 변성도가 높다. 경상분지 내의 퇴적암류는 불국사화강암의 관입에 수반한 접촉변성작용을 받아서 호른펠스로 변성된 곳이 많다.

암석 분포비율 한국의 지질계통별 암석의 분포비율을 보면 편마암계가 가장 많고 다음으로 화강암계와 편암계가 많다.

[표 4-2] 한국의 지질계통별 분포비율

암석계층	분포비율
편마암계	32.4
화강암계	22.3
편 암 계	10.3
조 선 계	10.1
경 상 계	8.0
현 무 암	5.2
충 적 층	4.8
평 안 계	2.2
반암 및 응회암	2.2
기타	2.5

암석, 불연속면 그리고 암반

Rock, Discontinuity and Rock Mass

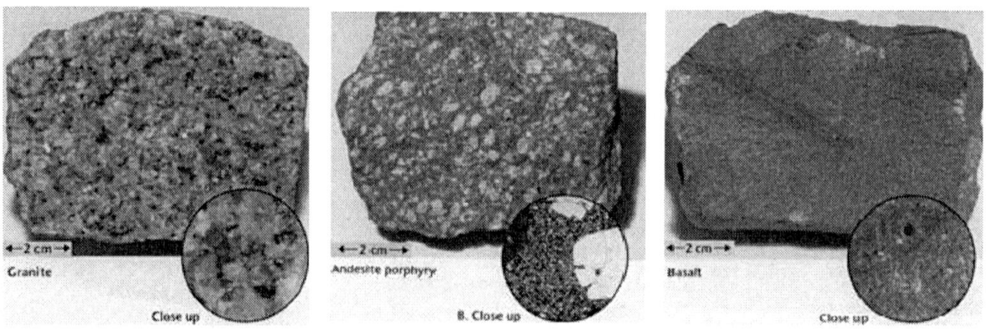

암석(Rock Material)

불연속면(Rock Discontnuity)

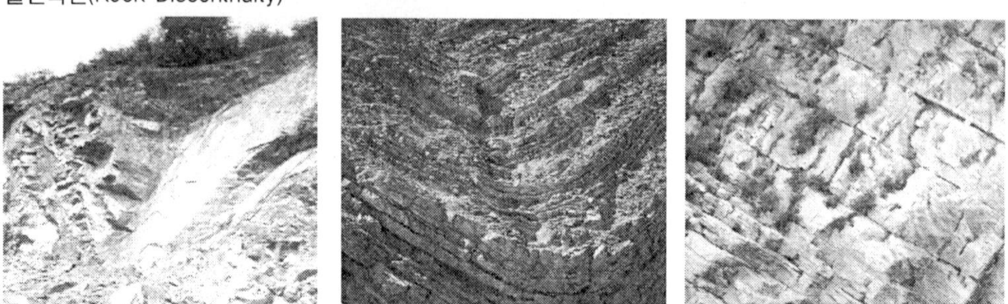

암반(Rock Mass)

AI.1 국내 주요암석 – 화성암

흑운모 화강암(포천)

흑운모 화강암(익산)

반상 조립질 흑운모 화강암(충북)

흑운모 화강섬록암(강원)

섬록암

반려암

유문암

유문암질암(부산)

반상 안산암(부산)

안산암(부산)

현무암(제주)

조립질 현무암(연천)

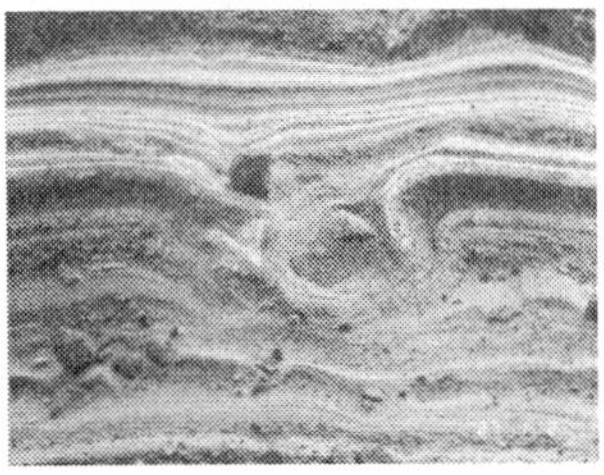
응회암(제주도)

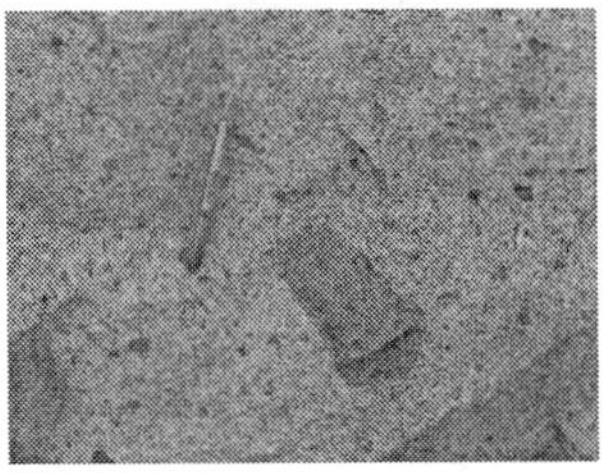
라필리 응회암(군외)

응회암(부산)

AI.1 국내 주요암석 - 퇴적암

역암(동강)

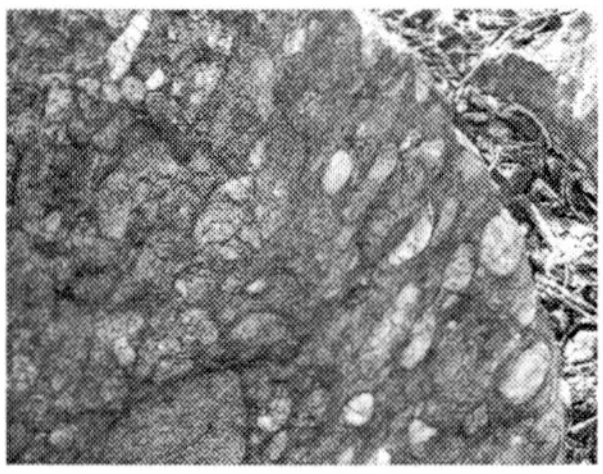
역암(부여)

역암(적성산)

조립질 사암(보령)

사암(영동)

세립질 사암(영천)

실트스톤(공주)

이암(포항)

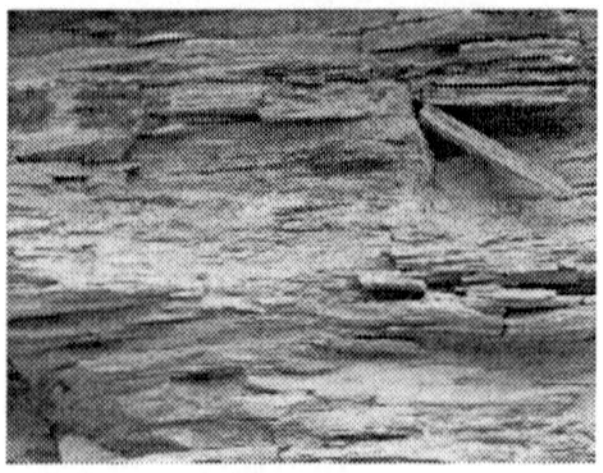
셰일(포항)

적색셰일(안동)

적색셰일(안동)

탄질셰일(보은)

석회암(영월)

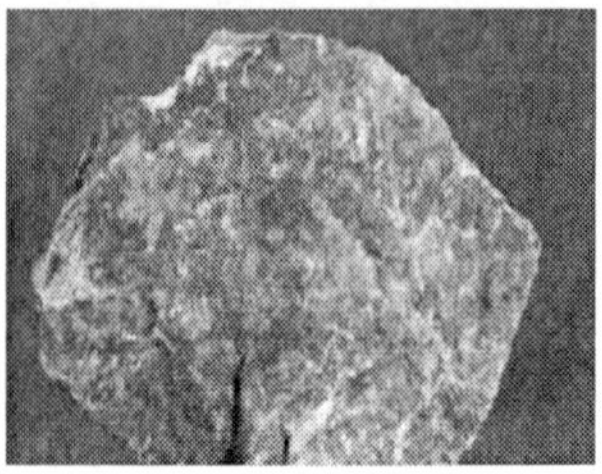
석회암(제천)

돌로마이트(강원도)

AI.1 국내 주요암석 - 변성암

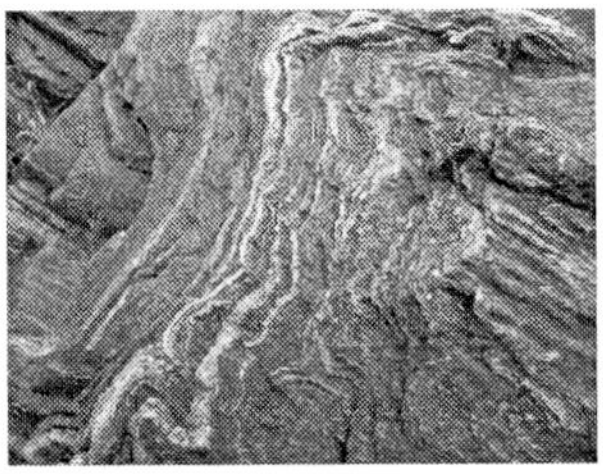
호상 편마암(화성)

안구상 편마암(경기)

흑운모 편마암(경기)

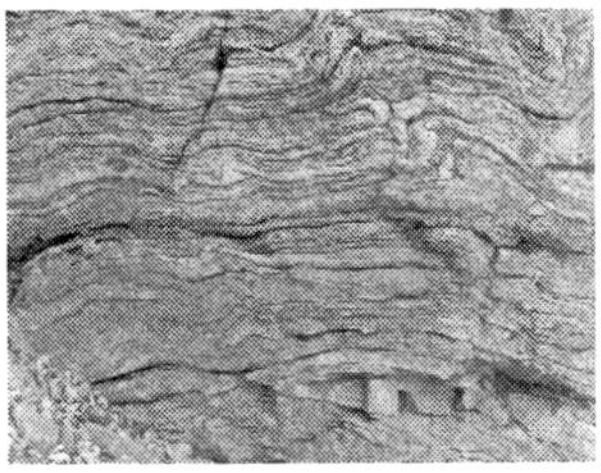
화강 편마암(백마산)

화강암질 편마암(강원)

석영편암(봉화)

흑운모 편암(경기)

각섬석 편암(충북)

운모편암(충주)

천매암(옥천)

천매암(괴산)

천매암(보은)

점판암(단양)

점판암(정선)

호온펠스(상주)

AI.2 불연속면

Joint sets

Sheeting joint(Yosemite National Park)

S-shaped columnar joint(Hong Kong)

Bedding planes and joints

Bedding planes

Bedding planes

Bedding planes and joints

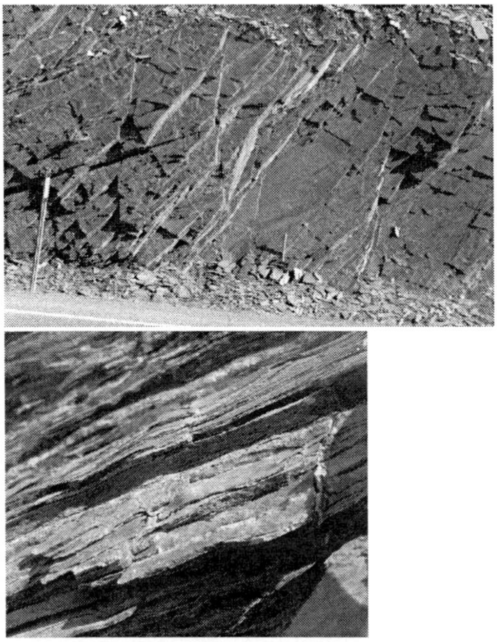

Slaty cleavage(점판암)

Schistosity(편암)

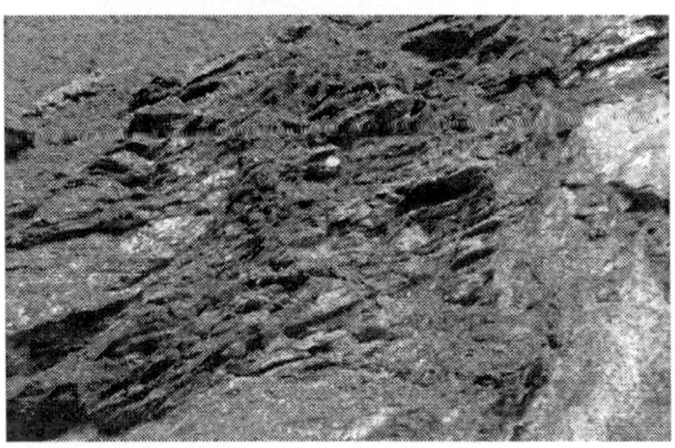

Foliation(운모편암)

Foliation(천매암)

Gneissosity(편마암)

Gneissosity(편마암)

A I.3 지질구조

Faults in volcanic rock

Faults in shale

Faults in sedimentary rock

Fault in sandstone

Faults in sedimentary rock

Faults in sedimentary rock

Faults and faulted rock

Folding(syncline)

Bedding/Folding(Sedimentary Rock)

Fault gouge within the fault zone

Slickenside

Basalt dyke

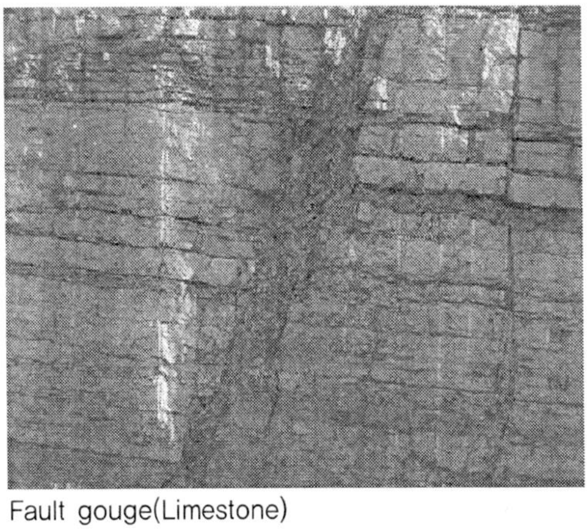
Fault gouge(Limestone)

Dyke

II. 암반역학 기초

Fundamentals of Rock Mechanics

암석의 특성

Properties of Rock Material

암석의 물성 암석의 고유 성질 중 화학적 변화를 동반하지 않는 것을 의미하며, 암석을 조성하고 있는 광물의 종류, 교결물질, 결합상태에 따라 좌우된다. 암석의 역학적 성질은 암석의 물리적 성질의 하나로 암석에 힘을 작용하였을 때 그 힘에 대하여 암석이 나타내는 성질을 의미한다. 암석의 주요 물리적 특성으로는 비중, 공극률, 투수계수와 수리전도도, 탄성파 속도, 강도, 경도, 내구성, 탄성계수, 포아송비, 강성률, 압축률 등이 있다.

역학적 특성 암석의 물성, 특히 역학적 특성은 표준 시료, 즉 암석 시험편의 크기나 형상에 따라 강도 등의 특성치가 달라진다. 또한 시료가 갖는 등방성(isotropy), 이방성(anisotropy) 및 균질성(homogeneity), 불균질성(heterogeneity)도 고려하여야 한다.

- **등방성** 물체가 모든 방향에서 같은 물리, 화학적 특성을 가짐
- **이방성** 물체가 방향에 따라 다른 물리, 화학적 특성을 가짐
- **균질성** 한 물체 내의 어느 부분을 다루어도 물리, 화학적으로 동일함
- **불균질성** 한 물체 내에서 부분에 따라 물리, 화학적 성질이 다름

표준시험법 암석의 고유한 물리적 성질들을 측정하기 위해서는 일관성 있는 시험절차 및 방법이 요구된다. 현재 각종 재료시험에 사용되고 있는 시험법으로는 미국 시험재료학회(ASTM)의 표준시험법이 많이 알려져 있으며, 암석에 대한 시험법의 경우 국제암반역학회(ISRM)에서 제안하고 있는 방법이 널리 사용되고 있다. 국내 시험법의 경우 한국암반공학회(KSRM)에서 발표한 암석표준시험법과 KS표준이 사용되고 있다.

1.1 암석의 물리적 특성

암석의 기본 물성

암석의 구조 암석은 광물들의 집합체로서 광물입자(고체)와 광물입자 사이의 간극에 물(액체)과 공기(기체)로 채워진 3상 구조를 이루고 있다.

암석의 물리적 특성, 역학적 특성, 수리학적 특성은 암성의 구조에 크게 의존한다. 특히 암석의 풍화 및 투수성은 암석의 내부구조 특성에 따라 크게 영향을 받는다. 즉 암석의 내부의 공극 등의 양적 정도에 따라 풍화가 빨리 진행하기도 한다.

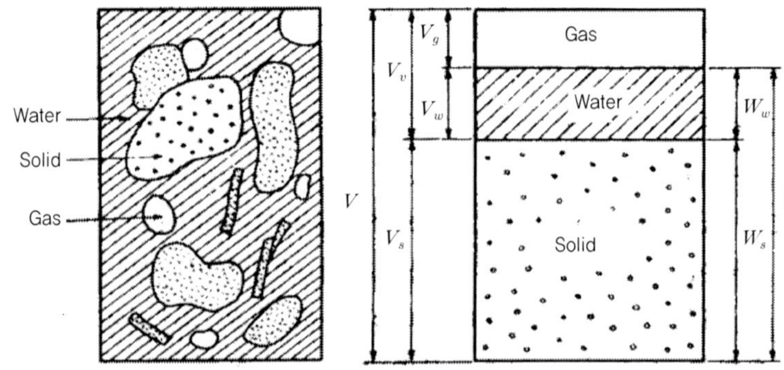

[그림 1-1] 암석의 구조

비중(specific gravity) 물체의 중량을 그 물체의 부피와 같은 부피를 갖는 4℃ 물의 단위중량($1g/cm^3$)에 대한 비로 나타낸 것이다. 먼저 암석시료를 105℃에서 24시간 동안 건조·냉각시킨 후 무게를 잰 후(W_s), 다음으로 48시간 동안 물에 완전히 담가 포화상태에서의 무게(W_{sat})와 완전포화된 상태를 유지하면서 물에 담근 상태에서의 무게(W_{sub})를 재서 비중을 구할 수 있다.

$$\text{비중}(G) = \frac{W_s}{W_{sat} - W_{sub}}$$

[표 1-1] 주요 암석의 비중

구분	건조단위중량	비중
사 암	23.0~27.0	
세 일	22.1~25.7	
석회암	20.9	
대리석	27.0	
화강암	26.0	
유문암	23.	
현무암	27.1	
반려암	29.4	
물	9.8	1

단위중량(unit Weight) 단위 부피당 무게(중량, weight)로서 중력장 내에서 밀도 ρ인 단위 체적의 물체를 지지하기 위해 필요한 힘으로 정의된다(γ=ρg). 일반적으로 높은 단위중량을 갖는 암석은 낮은 공극률과, 낮은 흡수율, 높은 비중을 갖으며, 대부분 암석의 단위중량은 2.5~2.8 kg/m^3의 값을 가진다.

공극률(porosity) 전 체적에 대한 공극체적의 비를 말한다. 일정한 단면의 시료를 준비하고 치수를 측정, 진공오븐에서 포화시킨 후, 표면의 물기를 제거한 시료의 질량(M_{sat})을 잰다. 다시 오븐에서 약 105℃로 적어도 24시간 이상 건조시킨 후, 식혀서 입자질량(M_s)을 측정하여 구할 수 있다.

$$\text{공극률}(n) = \frac{V_v}{V} \times 100(\%) \quad V_v = \frac{M_{sat} - M_s}{\rho_w}$$

흡수율(asorption ratio) 물로 포화된 상태의 함수율로서 공극의 비율 또는 풍화 및 변질의 척도가 되므로 공극지수 또는 변질지수로 표현되기도 한다.

$$\text{흡수율}(w) = \frac{W_w}{W_s} \times 100(\%)$$

함수비(water content) 암석공극에 자연 상태에서 물이 얼마만큼 들어 있는가를 나타낸다.

$$\text{함수비}(W) = \frac{W_w}{W_s} = \frac{W_1 - W_2}{W_2}$$

투수율(permeability) 유체특성에 관계없이 암석자체의 투수특성을 나타내는 물리적 성질이다. 단위는 m^2이나 cm^2을 사용한다. 투수율은 암석시편이나 시료를 재킷으로 측면을 봉한 후 한쪽 끝에서 일정한 압력으로 유체를 흘려보내 반대편으로 추출되는 유체의 양을 측정하여 Darcy법칙을 이용해 계산된다. 수리선도도(K)는 암석이 얼마나 물을 잘 흐르게 하는가를 나타내는 척도가 되며, 투수율(k)로부터 구할 수 있으며, 단위는 m/sec이다.

$$q = -\frac{\rho g k}{\mu}\frac{dh}{dl} = -\frac{k}{\mu}\frac{dp}{dl} \quad (k\text{: 투수율})$$

$$\text{수리전도도}(K) = \frac{\rho g k}{\mu}$$

여기서 μ는 점성도이고, ρ는 밀도, g는 중력가속도이며, p는 압력이다. 일반적으로 유체로 물을 사용한 경우 수리전도도 1m/sec는 대략 투수율 $10^{-7}m^2$ 또는 10^{-1}mD에 해당한다. 사암, 모래 등에서 높은 투수율을 갖고, 화강암, 셰일 등의 치밀한 암석은 투수율이 낮으며, 같은 암종이라 하더라도 투수율이 10,000배 이상의 매우 큰 범위를 갖고, 암종이 다를 경우 투수율의 차이는 10^{12}배에 이를 수 있다.

[표 1-2] 암석의 투수율

구 분	투수율(m^2)
모래, 자갈	$10^{-12} \sim 10^{-9}$
세립질 모래, 실트	$10^{-16} \sim 10^{-12}$
점토, 셰일	$10^{-23} \sim 10^{-16}$
돌로마이트	$10^{-12} \sim 10^{-10}$
석회암	$10^{-22} \sim 10^{-12}$
사암	$10^{-17} \sim 10^{-11}$
화강암, 편마암	$10^{-20} \sim 10^{-16}$
현무암	$10^{-19} \sim 10^{-13}$

경도 보통 암석표면의 특성을 나타내는 개념으로서 '암석의 경도는 표면에 접선방향의 마찰력(abrasive force)에 의한 표면입자의 변위에 대한 저항력 또는 정적 또는 동적인 관통력(penetrating force)에 대한 저항력'으로 정의된다(Deere and Miller, 1966). 그 자체로는 물리적인 특성으로서의 수치를 제시하기보다는 수행된 시험에 의존하는 지수(index)를 제시한다.

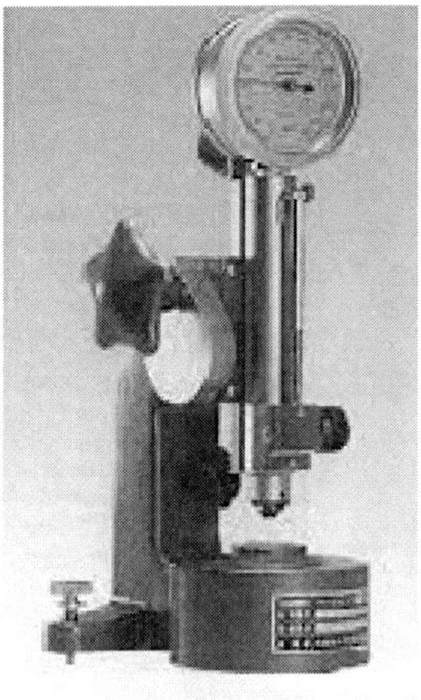

[사진 1-1] 쇼어 경도기

쇼어 경도 첨단에 다이아몬드를 붙인 약 4g의 추를 약 25cm 높이에서 수평으로 놓인 시험편의 평평한 면에 낙하시켜 튀어 돌아오는 높이로 경도를 나타내는 것이다. 쇼어 경도는 반발경도이며 다이아몬드 첨단을 사용해서 튀어 돌아오는 높이를 140 눈금으로 분할된 스케일로 측정한다.

슈미트 경도 슈미트해머시험은 스프링의 힘, 즉 미리 압축한 스프링에 축적된 힘을 해방시킴으로써 해머가 암석표면에 부딪칠 때 그 반발력을 측정함으로써 반발경도로 암석의 강도를 추정하고자 하는 것으로 신선하고 단단한 암석일수록 해머의 튀어오르는 거리는 크게 된다. 측정된 슈미트해머의 반발치(Rebound value, R)로부터 도표를 이용하여 암석의 강도를 추정할 수 있다(Deere & Miller). R와 암석의 체적단위 중량의 곱한 값을 산술축적으로 나타내고 일축압축강도 값을 대수 축적으로 할 때 매우 뚜렷한 직선관계가 있다는 것을 보여준다.

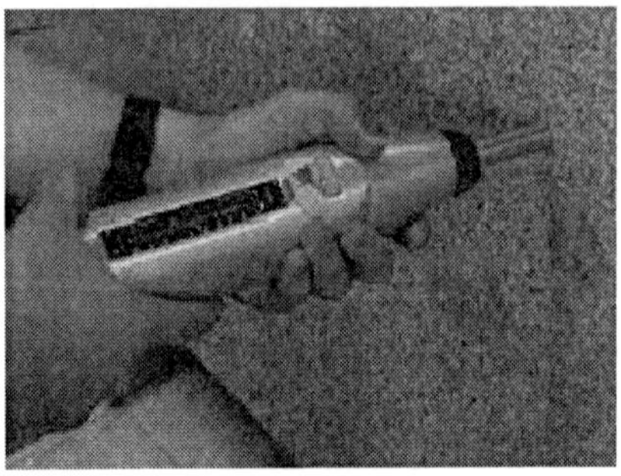

[사진 1-2] 슈미트해머 시험

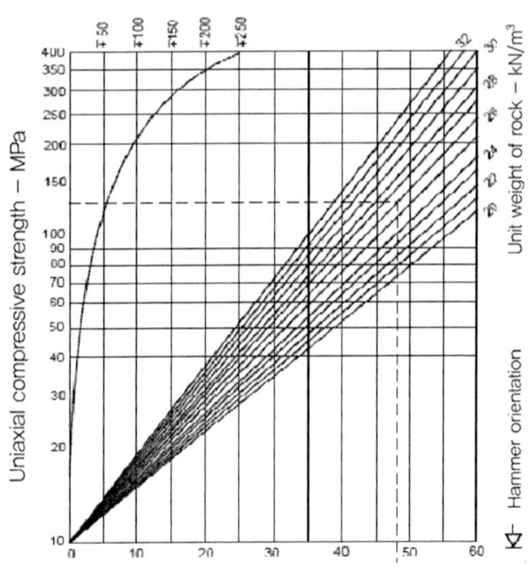

[그림 1-2] R과 단축압축강도(Deere, 1984)

탄성파 속도 암석 내부를 전파하는 탄성파인 체적파(body wave) P파와 S파의 속도를 측정함으로써 암석의 내부구조, 강도 및 동탄성계수 등 암석의 동적 성질을 추정한다. 즉 탄성파가 시험편을 통과하는 데 소요된 시간을 측정하여 탄성파인 P파와 S파의 전파속도를 구하는 비파괴시험을 통해 결정될 수 있다. 시험편을 본체에 연결된 송신자와 수신자 사이에 끼우고 적당한 힘으로 가압하여 탄성파가 송신자로부터 시험편을 거쳐서 수진자에 이르는 데 소요된 시간을 오실로스코프상의 파형으로부터 계측하여 시험편의 길이를 소요된 시간으로 나눔으로써 탄성파 전파속도를 결정한다. 탄성파 속도에 영향을 미치는 요소로는 광물조성, 밀도, 공극률, 탄성계수, 균열, 이방성, 구속압, 함수상태, 온도 등이 있다. 일반적으로 화성암은 5000m/s, 변성암은 3500m/s 이상의 값을 가지며, 퇴적암의 경우는 1500~ 4500m/s의 값을 갖는다. 이러한 탄성파 속도 값으로부터 동탄성계수와 동포아송비를 구할 수 있으며 이는 균열의 발달 정도와도 상관관계를 나타낸다.

[표 1-3] 암석의 탄성파 속도

구분	Vp	Vs
사암	2.0~5.5	1.2~3.6
돌로마이트	3.4~7.1	2.0~3.7
석회암	3.4~6.8	1.6~3.0
암염	4.6	2.6
석영	6.1	4.1
장석	5.6~7.1	3.1~3.7
물	1.5	0

[표 1-4] 암석의 물리적 특성의 예

Rock	Dry Density (g/cm^3)	Porosity (%)	Schmidt Hardness Index	Cerchar Abrasivitiy Index	P-Wave Velocity (m/s)	S-Wave Velocity (m/s)	Coefficient of Permeability (m/s)
Igneous							
Granite	2.53~2.62	1.02~2.87	54~59	4.5~5.3	4500~6500	3500~3800	10^{-14}~10^{-12}
Diorite	2.80~3.00	0.10~0.50		4.2~5.0	4500~6700		10^{-14}~10^{-12}
Gabbro	2.72~3.00	1.00~3.57		3.7~4.6	4500~7000		10^{-14}~10^{-12}
Rhyolite	2.40~2.60	0.40~4.00					10^{-14}~10^{-12}
Andesite	2.50~2.80	0.20~8.00	67	2.7~3.8	4500~6500		10^{-14}~10^{-12}
Basalt	2.21~2.77	0.22~22.1	61	2.0~3.5	5000~7000	3660~3700	10^{-14}~10^{-12}
Sedimentary							
Conglomerate	2.47~2.76			1.5~3.8			10^{-10}~10^{-8}
Sandstone	1.91~2.58	1.62~26.4	10~37	1.5~4.2	1500~4600		10^{-10}~10^{-8}
Shale	2.00~2.40	20.0~50.0		0.6~1.8	2000~4600		
Mudstone	1.82~2.72		27				10^{-11}~10^{-9}
Dolomite	2.20~2.70	0.20~4.00			5500		10^{-12}~10^{-11}
Limestone	2.67~2.72	0.27~4.10	35~51	1.0~2.5	3500~6500		10^{-13}~10^{-10}
Metamorphic							
Gneiss	2.61~3.12	0.32~1.16	49	3.5~5.3	5000~7500		10^{-14}~10^{-12}
Schist	2.60~2.85	10.0~30.0	31	2.2~4.2	6100~6700	3460~4000	10^{-11}~10^{-8}
Phyllite	2.18~3.30						
Slate	2.71~2.78	1.84~3.64		2.3~4.2	3500~4500		10^{-14}~10^{-12}
Marble	2.51~2.86	0.65~0.81			5000~6000		10^{-14}~10^{-11}
Quartzite	2.61~2.67	0.40~0.65		4.3~5.9			10^{-14}~10^{-13}

1.2 암석의 역학적 특성

암석의 파괴

암석에 가해지는 면적당 힘의 세기인 응력(stress)이 일정 한계값을 초과하면 파괴가 일어나는데 이때의 값을 암석의 강도라 한다. 즉, 암석이 지지(지탱)할 수 있는 응력의 크기를 말하는 것으로 파괴응력(failure stress)라고도 한다. 암석의 파괴는 크게 취성파괴(brittle failure)와 연성파괴(ductile failure)로 구분된다. 암석은 일반적인 온도, 구속압 하에서는 취성적 성질을 갖는 경우가 보통이며, 구속압과 온도의 증가에 따라 연성적 성질을 나타낸다.

- **취성파괴** 암석의 하중을 지지하는 능력이 응력에 대한 암석변형이 증가함에 따라 감소할 때 일어난다. 이러한 취성파괴는 보통 파괴 전에 영구변형을 거의 또는 전혀 동반하지 않는다.
- **연성파괴** 암석이 가해지는 응력(하중)에 대한 지지력을 잃지 않고 영구변형을 계속할 수 있는 경우를 의미한다.

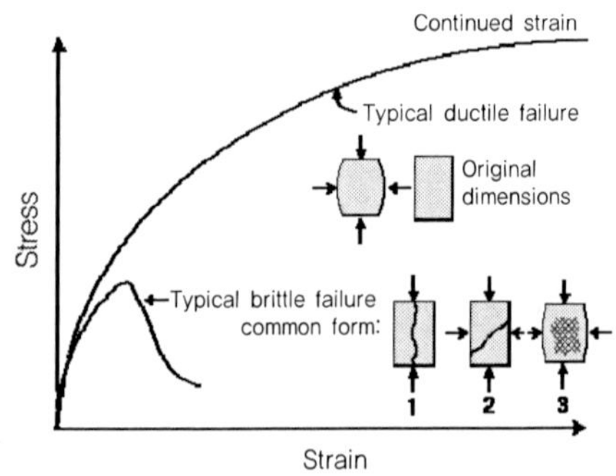

[그림 1-3] 암석의 파괴형태

암석의 취성파괴 격심하고 제어 불가능한 상태로 되는 경우와 암석이 제어당한 상태로 파괴되어 피크 내하력을 초과한 영역까지 변형하는 경우가 있다. 이 경우 암석의 진행성 파괴가 관찰되어 피크 후의 응력-변형곡선 기록을 얻을 수 있다.

이러한 취성 암반 또는 암석에 대한 완전응력-변형곡선은 필라(pillar)나 지하공동 주변에서 높은 응력을 받는 암석(암체)의 거동의 이해 또는 해석에 매우 유용하다. 이러한 유형의 변형거동은 하중이 가해지는 시료와 재하시스템의 강성의 상대적 관계에 의존하므로 강성시험기(stiff machine) 또는 서보컨트롤의 시험기를 사용할 것이 추천된다. 실내시험을 통한 암석 강도의 측정에 영향을 미치는 요소로는 시험편의 모양과 크기, 실험방법과 온도와 수분 등이 있다.

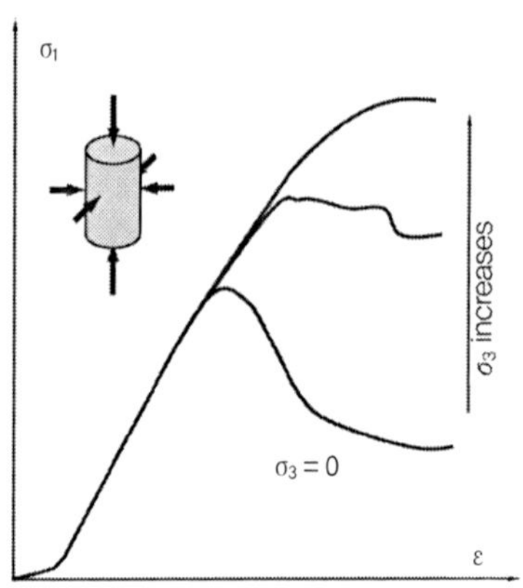

[그림 1-4] 구속압 증가와 강도특성

암석의 강도특성

압축강도(S_c) 암석시료에 한 방향의 압축응력을 가하여 일축압축강도 및 영률과 포아송비를 구할 수 있다. 일축압축강도(S_c=P/A)는 시료가 파괴될 때의 최대하중(P)을 단면적(A)로 나누어 주면 된다. 시료는 원주상 또는 각주상의 형태를 사용하고, 그 높이는 직경의 2~3배가 되도록 하고 시료의 상하면이 평행이 되도록 시료를 성형한다. 시험 시에는 시료의 표면에 재하방향과 직교하는 방향에 변형률 게이지를 부착하여 변형률을 구하고, 재하한 응력과 축변형률 ε_L과의 비율로부터 탄성계수를 구한다.

[사진 1-3] 단축압축시험

삼축압축시험 삼축압축응력 하의 암석의 응력-변형률 관계를 파악하거나 암석의 점착력(C) 및 내부마찰각(Φ)을 구할 수 있다. 원주형 시편의 주위에 유압을 가하고 양끝에 축방향으로 압축응력을 증가시켜 파괴시킨 후, 여기서 구한 파괴응력으로 Mohr의 파괴응력과 파괴포락선을 그려서 $\tau=f(\sigma)$의 관계식(직선인 경우, $\tau=C+\sigma\cdot\tan\Phi$)을 얻는다.

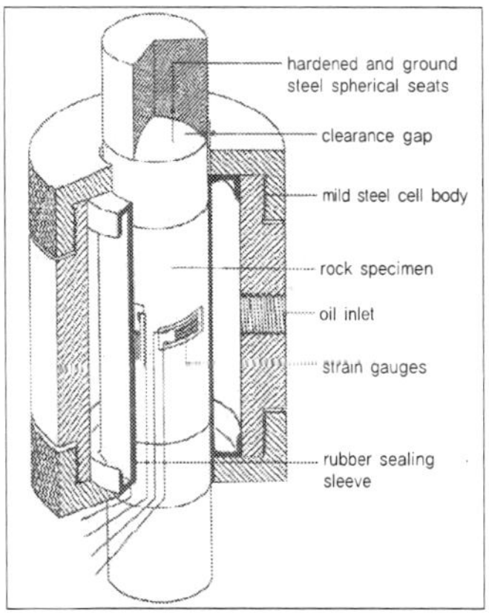

[그림 1-5] 삼축압축시험

인장강도(S_t) 암석의 인장강도를 구하기 위해서는 직접인장시험을 실시하여야 하나, 일반적으로 간접인장강도시험인 압열인장시험(Brazilian Test)을 실시하여 구한다. 시험편은 코어를 직경 대 길이의 비가 1:0.5의 디스크형이 되도록 절단한 후 시험편에 대한 가압방법은 디스크 절단면에 평행한 방향으로 즉 코어의 원주곡면부에 가압한다. 시험편에서 구한 파단하중(P)과 시험편의 규격(D, L)으로부터 인장강도($S_c=2P/(\pi DL)$)를 구한다.

[사진 1-4] 압열인장시험

암석의 파괴기준

암석의 파괴기준 암석이 파괴에 이르도록 하기 위한 응력조건을 함수화한 것으로 여기에는 파괴에 관련된 적절한 가정으로부터 출발하여 유도한 이론식과 암석 강도시험결과에 대한 추세곡선으로 구한 경험식으로 나누어볼 수 있다. 전자에는 최대전단응력설(Tresca 이론), Mohr–Coulomb 파괴기준, Griffith 이론, 전단변형에너지설, Drucker–Prager 이론 등이 있으며 후자에는 Mohr 파괴포락선(응력포락선), Hoek–Brown 파괴조건, Bieniawski의 강도기준 등이 있다.

Mohr–Coulomb 파괴기준 암석 내 임의의 면에 작용하는 수직응력(σ_n)과 전단응력(τ_f)이 다음 조건을 만족할 때 그 면을 따라 전단파괴가 발생한다는 이론이다.

$$\tau_f = c + \sigma_n \tan\phi$$

여기서 c는 점착력(점착강도)이고 ϕ는 내부마찰각이다. 내부마찰각은 암석이 전단파괴될 때 파괴면에서의 수직응력과 전단응력의 비와 관련된 것으로 암석 내 이미 존재하는 불연속면의 전단거동 시 불연속면의 마찰각과는 구분된다. 파괴조건식을 도시하면 그림과 같이 직선으로 도시된다. 암석 내 임의방향으로 작용하는 응력은 모어원을 이용하여 표현할 수 있는데, 예를 들어 삼축압축시험의 경우 봉압과 가압축을 따른 연직응력이 각각 주응력 σ_3와 σ_1이므로 가압축방향에서 반시계방향으로 β만큼 기울어진 방향을 법선으로 하는 내부면에서의 수직응력과 전단응력을 모어원상에서 구할 수 있다.

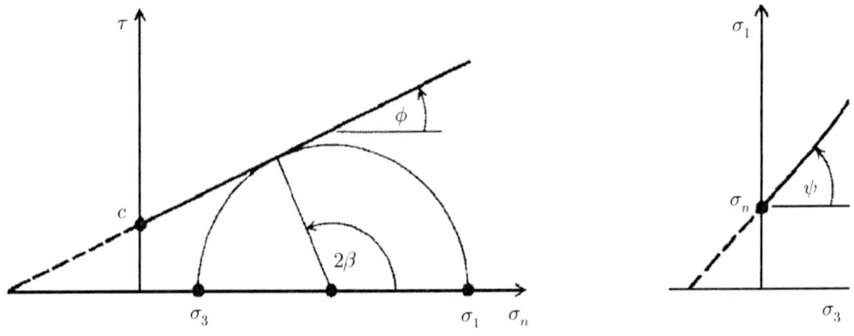

[그림 1-6] Mohr–Coulomb의 파괴기준

모어원은 두 주응력 사이의 크기차가 클수록 그 반경이 커지는데 축압력의 상대적인 증가에 따라 모어원이 커지다가 전단강도기준선에 접하는 순간 접점에 해당하는 방향의 면을 따라 파괴가 발생한다.

Mohr–Coulumb 파괴포락선 실험적으로는 보통 봉압을 달리하여 3회 이상의 삼축압축실험으로 실시한 후 각 모어원의 좌상부에 접하는 포락선을 구하면 그 포락선의 기울기와 절점으로부터 내부마찰각과 점착력을 각각 구할 수 있다. 실제의 경우 동일 현장의 동일 암종 시료에 대해 많은 수의 삼축시험자료를 도시하면 수직응력수준이 증가할수록 파괴포락선이 직선으로부터 아래쪽으로 떨어지는 곡선형태를 보인다. 모어원과 파괴 포락선의 접점에 해당하는 수직응력과 전단응력을 주응력으로 표현하면 다음과 같다.

$$\sigma_n = \frac{\sigma_1 + \sigma_3}{2} + \frac{\sigma_1 - \sigma_3}{2}\cos 2\beta \qquad \tau = \frac{\sigma_1 - \sigma_3}{2}\sin 2\beta$$

다음과 같이 σ_3와 σ_1 영역에서의 표현으로 바꿀 수 있다.

$$\sigma_1 = \frac{2c\cos\phi}{1-\sin\phi} + \frac{1+\sin\phi}{1-\sin\phi}\sigma_3$$

이 식은 다음과 도시된다. 이 그림에서 파괴포락선의 최대주응력축 절편이 일축압축강도에 해당하므로 점착력과 내부마찰각을 이용해 일축압축강도를 표현할 수 있음을 알 수 있다. Mohr–Coulomb의 파괴기준은 인장파괴영역에서는 잘 맞지 않는다. 따라서 인장파괴도 포함시키고자 할 경우에는 인장강도에서 그래프가 수직으로 꺾여(인장강도를 포함하는 모어원을 그릴 경우) 모어원에 접하도록 한다.

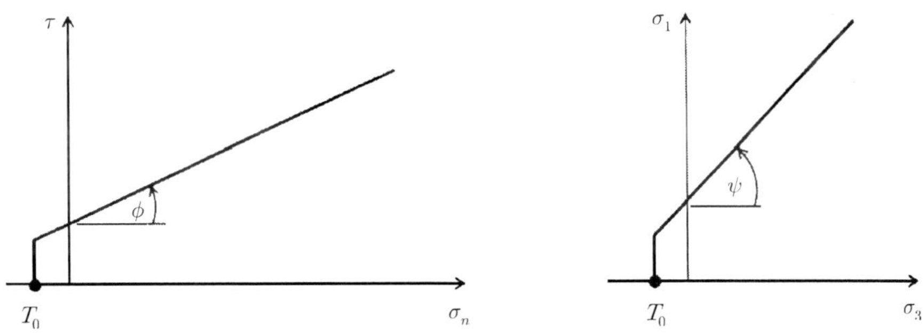

[그림 1–7] 인장강도를 고려한 Mohr–Coulomb의 파괴기준

Mohr–Coulomb의 파괴기준은 파괴포락선이 직선형태이고 파괴면의 방향이 암종에 상관없이 내부마찰각에 따라 일정하게 결정된다는 점에서 실제의 경우와 차이가 있으나 파괴조건식의 단순한 형태로 인한 편리성 때문에 자주 이용된다.

암석의 변형특성

응력–변형률 곡선 암석의 강도, 탄성정수(영률) 및 포아송비를 파악할 수 있는 중요한 특성으로서 암반의 거동특성을 파악하는 데 있어서도 반드시 필요하다. 일반적으로 원주형(암석코어모양)의 시료에 서보컨트롤이 가능한 압축시험기를 이용한 단축압축시험으로부터 응력과 변형률을 측정하여 구할 수 있다. 암석의 변형파괴거동은 6단계로 구분하여 특성지을 수 있다.

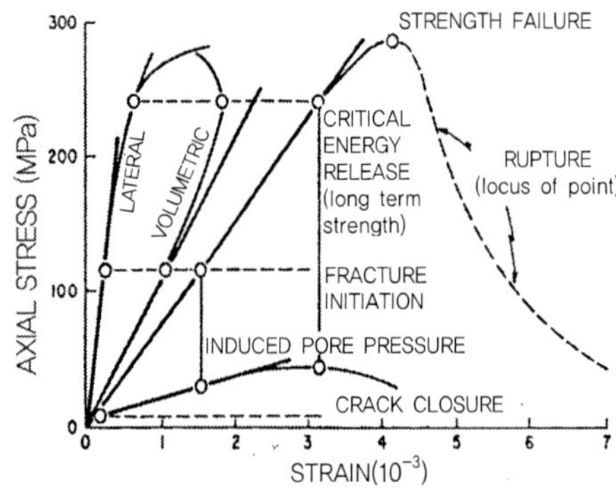

[그림 1-8] 암석 응력–변형률곡선

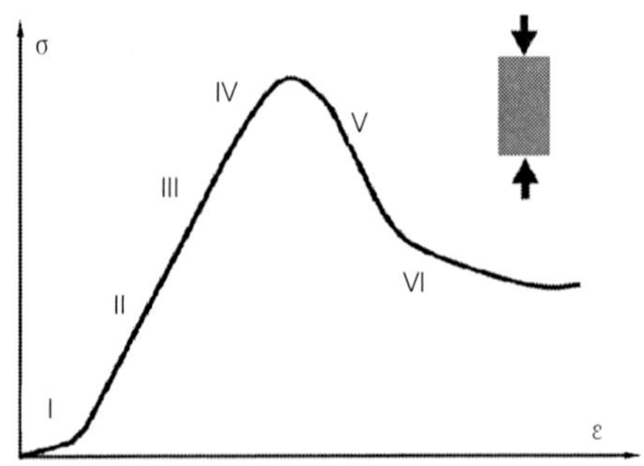

[그림 1-9] 암석의 변형거동

- **I단계** 응력이 가해진 초기 단계로 응력방향에 따라 암석 내에 존재하는 공극/미세균열이 닫혀진다.
- **II단계** 하중의 증가에 따른 공극/미세균열의 닫힘으로 암석강도는 더욱 커지고, 선형에 가까운 응력–변형률 곡선으로 탄성거동을 보인다.
- **III단계** 지속적인 압축으로부터 선형적인 체적의 증가에 의한 팽창이 시작되는 단계로서 거의 선형적인 응력–변형률 곡선을 나타낸다.
- **IV단계** 미세균열의 급속한 확장과 체적 증가가 특징이다. 암석 내 인장응력이 가해지는 지역에서 균열이 집중적으로 발생되어 서로 연결되어 암석의 강도 또는 구속압의 크기에 따라 인장균열이나, 전단면을 형성한다.
- **V단계** 균열은 분기하고 서로 연결되어 거대균열을 형성하고, 변형률 연화(strain softening)가 일어난다. 즉 최대응력하의 시료는 변형의 증가에 따라 약화되며, 계속적인 변형은 기형성된 내부 약대에 집중되어 변형대 또는 전단면을 형성한다.
- **VI단계** 암석은 분리되어 일련의 블록을 형성한다. 이 단계에서의 주요 변형기구는 서로 미끄러지는 블록간의 마찰이다. 축방향의 응력은 더욱 떨어져 어느 한계에서 일정한 값을 유지한다. 이때의 강도를 잔류강도(residual strength)라 하며, 미끄러지는 블록 간의 마찰저항력과 같은 값을 갖는다.

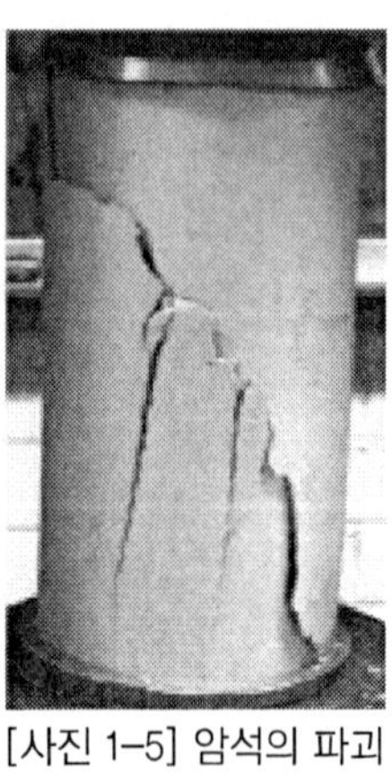

[사진 1-5] 암석의 파괴

암석의 탄성정수

영률(Young's modulus, modulus of elasticity) 수직변형에 대한 수직응력의 비로서 후크의 법칙(Hoek's law)이 적용되는 영역, 즉 탄성한계를 넘지 않는 영역에서 상수로 표현 가능하다 ($\sigma_y = E\epsilon_y$). 따라서 탄성한계 내에서 어떤 물질의 강성률은 상수이고 물질의 특성에만 관계된다. 변형은 단순히 수이므로 영률의 단위는 변형력의 단위, 즉 단위면적당 힘으로 표시된다. **포아송비**(Poisson's ratio, υ)는 물질이 인장변형력을 받아서 늘어나게 되면 변형력에 수직한 방향의 크기는 길이변형에 비례한 양만큼 감소하게 된다. 이러한 수축에 대한 팽창의 비를 포아송비($\nu = -\epsilon_x/\epsilon_y$)라 한다.

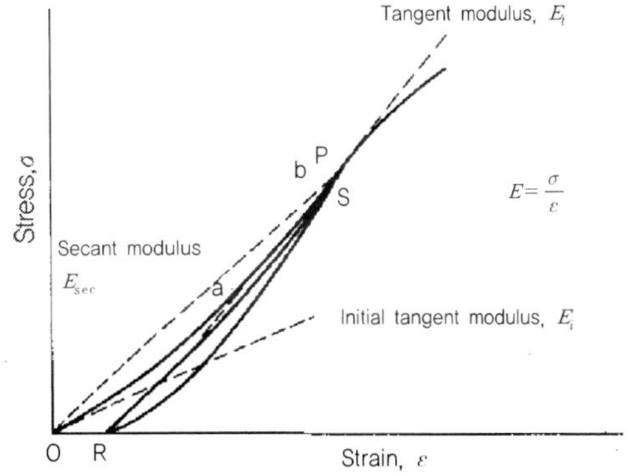

[그림 1-10] 암석의 영률

암석의 영률(E) 암석의 비선형적인 응력-변형률 관계에 의해 암석의 물질상수로서 유일하게 정의되지 않는다.

- **초기탄성계수(E_i)** 낮은 응력 하에서 위로 오목하게 형성되는 응력-변형률 곡선에 대한 원점으로부터의 접선의 기울기로 정의된다.
- **접선탄성계수(E_t)** 응력이 증가함에 따라 응력-변형률 곡선은 선형으로 변화하며 이 단계에서의 영률은 선형구간의 접선의 기울기로 정의된다. 보통 접선 및 할선 영률은 응력-변형률 곡선에서 특정 응력 수준에서의 기울기로 정의하며, 최대압축강도의 50% 수준을 선택하는 경우가 많다.
- **할선탄성계수(E_{sec})** E_t와 마찬가지의 선형구간에 대해 원점으로부터 특정 응력 수준까지의 분할선의 기울기로 구해진다.
- **평균탄성계수(E_{av})** 평균 영률은 응력-변형률 곡선에서 다소 직선인 구간의 평균기울기로 결정한다.

암석이 일축압축 하에 놓이면 응력이 증가함에 따라 영률과 포아송비가 다소 일정한 값으로 증가하는 경향을 보인다. 압축응력이 파괴한계에 접근할수록 영률은 감소하여 0에 달하며, 반면에 포아송비는 증가하여 비압축성 고체에 대한 이론적인 최댓값인 0.5에 근사한 값을 보인다. 이와는 반대되는 현상이 일축인장상태에서 관찰된다. 즉, 최초에 영률과 포아송비는 높은 값을 나타내지만 응력이 증가하여 파괴점에 이를 때까지 연속적으로 감소한다.

점하중강도지수(I_s) 점하중강도시험(Pont load test)은 암석의 강도와의 상관관계를 가지는 지수를 구하는 시험으로, 시험의 간편함과 시험기계의 운반가능성으로 현장에서 암석의 개략적인 물성을 측정하기 위해 사용되는 시험이며, 실험실에서도 시험이 가능하다. 특히 시험편성형에 있어서 정밀도를 요하지 않기 때문에 시험과정이 용이하다. 점하중강도지수(I_s)는 주로 일축압축강도를 구하는 데 이용되며, 일반적으로 단축압축강도는 보정 점하중강도지수($I_s(50)$)의 20~25배이다.

[사진 1-6] 점하중강도시험

$$점하중강도지수(Is) = P/De^2 (De : 등가직경)$$
$$일축압축강도(S_c) = 20 \sim 25\, I_{s(50)}$$

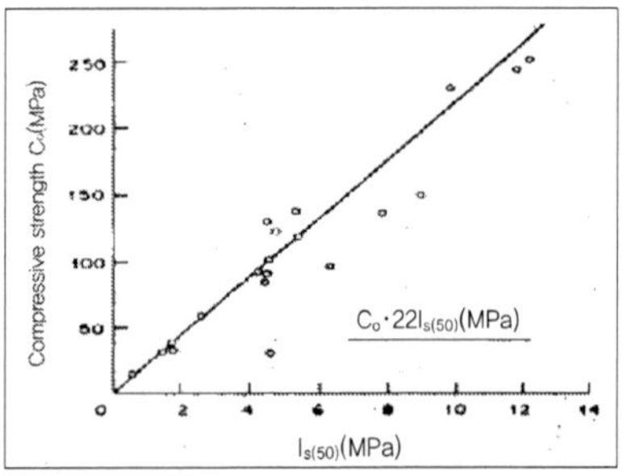

[그림 1-11] I_s와 S_c의 관계

암석의 분류

일축압축강도 암석 및 암반분류에 있어 가장 기본이 되는 요소이다. 강도에 의한 암석분류는 사용자와 사용기관에 따라 여러 가지로 분류되고 있다. 국제암반역학회(ISRM)에서는 6등급으로 분류하고 암석의 강도하한치를 1MPa로 제시하였다. 1MPa 이하의 강도값을 갖는 경우에는 토질역학적인 방법으로 처리해야 함을 나타내는 것이다.

[표 1-5] 암석의 분류

일축압축강도	점하중지수	ISRM	Deere&Miller	암석의 종류
>250	>10	Extremely Strong	Very High	규암, 돌로마이트, 반려암, 현무암
100~250	4~10	Very Strong	High	대리석, 화강암, 편마암
50~100	2~4	Strong	Medium	사암, 점판암, 셰일
25~50	1~2	Moderately Strong	Low	석탄, 실트스톤, 편암
5~25	-	Weak	Very Low	쵸크, 암염
1~5	-	Very Weak		
<1MPa	-	Extremely Weak		토질

변형계수비(modulus ratio) 암석의 단축압축강도(Sc)에 대한 영률(E)의 비를 나타낸 것으로 변형계수비에 따라 High, Midium, Low로 구분하며, 암석에 따라 변형계수비의 분포특성이 다르게 나타나는데, 대체적으로 퇴적암이 낮은 변형계수비를 변성암이 높은 변형계수비를 보인다.

[표 1-6] 암석의 변형계수비

변형계수비			영률(E) : 단축압축강도(Sc)
H	high modulus ratio	높음	〉500:1
M	medium modulus ratio	중간	500:1~200:1
L	low modulus ratio	낮음	〈 200:1

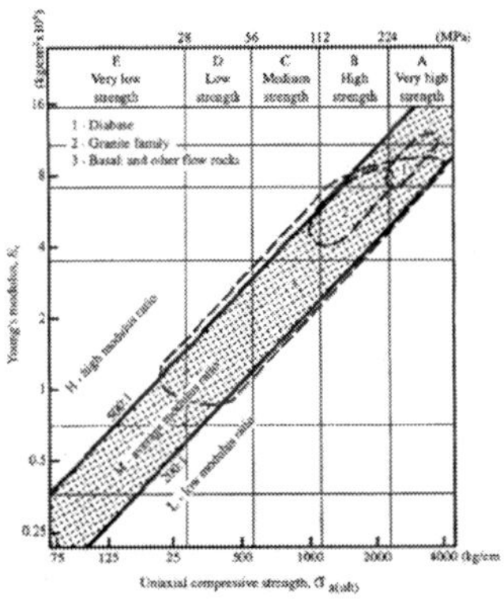
화성암

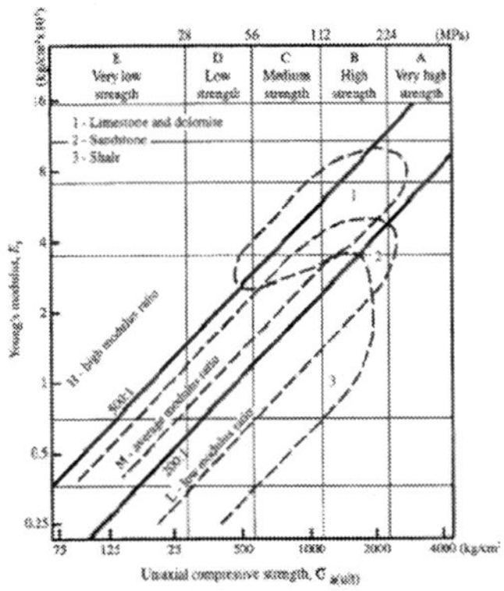
퇴적암

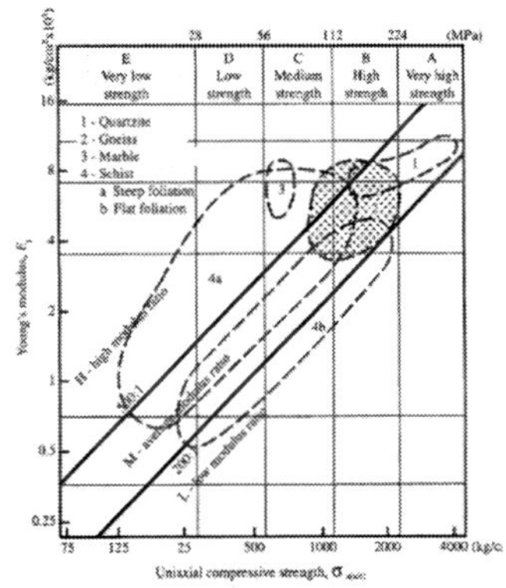
변성암

[표 1-7] 암석의 역학적 특성

Rock	UC Strength (MPa)	Tensile Strength (MPa)	Elastic Modulus (GPa)	Poisson's Ratio	Strain at Failure (%)	Point Load Index Is(50) (MPa)	Fracture Mode I Toughness
Igneous							
Granite	100-300	7-25	30-70	0.17	0.25	5-15	0.11-0.41
Dolerite	100-350	7-30	30-100	0.10-0.20	0.30		>0.41
Gabbro	150-250	7-30	40-100	0.20-0.35	0.30	6-15	>0.41
Rhyolite	80-160	5-10	10-50	0.2-0.4			
Andesite	100-300	5-15	10-70	0.2		10-15	
Basalt	100-350	10-30	40-80	0.1-0.2	0.35	9-15	>0.41
Sedimentary							
Conglomerate	30-230	3-10	10-90	0.10-0.15	0.16		
Sandstone	20-170	4-25	15-50	0.14	0.20	1-8	0.027-0.041
Shale	5-100	2-10	5-30	0.10			0.027-0.041
Mudstone	10-100	5-30	5-70	0.15	0.15	0.1-6	
Dolomite	20-120	6-15	30-70	0.15	0.17		
Limestone	30-250	6-25	20-70	0.30		3-7	0.027-0.041
Metamorphic							
Gneiss	100-250	7-20	30-80	0.24	0.12	5-15	0.11-0.41
Schist	70-150	4-10	5-60	0.15-0.25		5-10	0.005-0.027
Phyllite	5-150	6-20	10-85	0.26			
Slate	50-180	7-20	20-90	0.20-0.30	0.35	1-9	0.027-0.041
Marble	50-200	7-20	30-70	0.15-0.30	0.40	4-12	0.11-0.41
Quartzite	150-300	5-20	50-90	0.17	0.20	5-15	>0.41

불연속면의 특성

Characteristics of Discontinuity

불연속면의 변형특성 수직변형과 전단변형으로 구분된다. 수직변형거동은 불연속면에 수직한 방향으로 하중을 가하여 불연속면 간극의 닫힘, 즉 수직변위와 가해진 하중과의 관계로 나타낸다. 전단변형거동은 수직방향으로 일정한 하중이 가해진 상태에서 불연속면을 포함한 시료에 전단력을 가하여 상부 블록과 하부 블록 사이에 상대적인 전단변위를 유발시켰을 때의 전단력과 전단변위와의 관계로 나타낸다. 불연속면의 변형특성은 원칙적으로 힘과 변위와의 관계를 나타내지만, 시료의 크기에 따라 접촉면에 작용하는 평균 압력이 다르게 되므로 보통 평균압력과 변위의 관계로 나타낸다. 평균압력의 단위는 응력과 마찬가지로 힘/면적이므로 불연속면의 변형거동을 응력과 변위와의 관계로 표현하는 것이 일반적이나, 이때의 응력은 원칙적으로는 평균압력임을 주의해야 한다. 수직하중-수직변형 곡선은 아래로 볼록한 형태(concave)이며, 전단하중-전단변형은 위로 볼록한 형태(convex)이다.

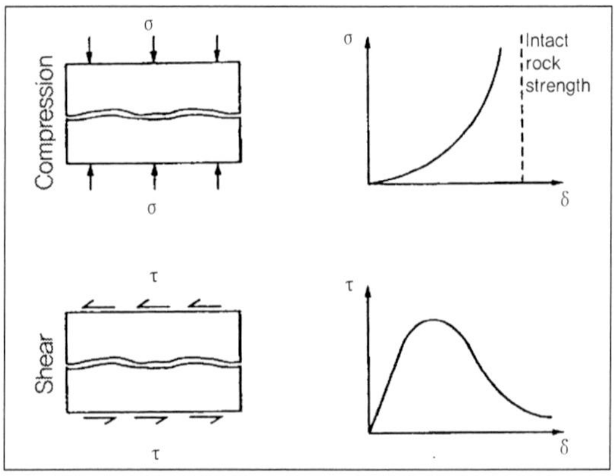

[그림 2-1] 불연속면의 변형특성

절리의 거동 자연에서 존재하는 절리는 여러 가지 형태로 존재한다. 완전히 닫혀 있는 절리(fully closed joint)는 암반의 응력분포와 탄성 영역에서의 변형에 영향을 미치지 않는다. 그러나 거친 절리는 완전히 닫혀 있지 않으며 응력은 한정된 크기의 접촉면에서 전달된다. 압축이나 전단하중에서 국부적인 응력 집중을 유발시켜 돌출부는 깎여 없어지고 결국 접촉 면적은 증가하게 된다. 이 소성 영역은 매우 국부적이고, 영구 변형이 발생하지만 순간적인 탄성거동을 보인다.

2.1 불연속면의 수직거동

불연속면의 수직변형 수직하중이 증가함에 따라 변형이 일어나 접촉되는 면들을 확장시키는 동안 탄성 변형이나 부스러짐, 인장 균열 등에 의해 접촉점들이 늘어나게 되며 최종정적으로 완전 밀착하게 된다. 이러한 절리 압착량(joint closure)은 절리의 간극보다 작다.

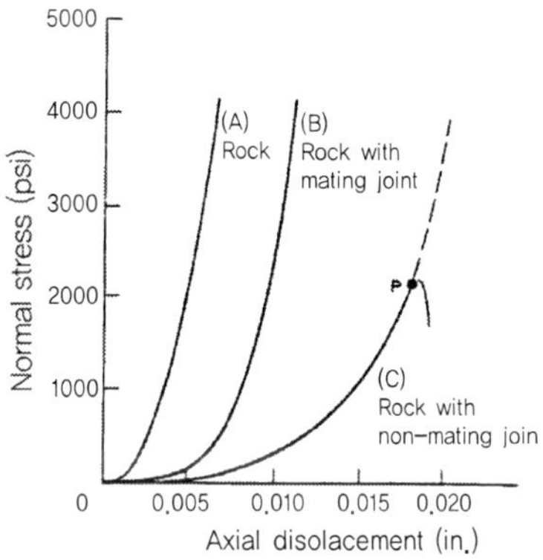

[그림 2-2] 절리의 수직변형

절리압축시험 무결암에 대한 암축시험을 실시하여 하중 증가에 따른 변형곡선(A)를 구하고, 그 다음 절리를 포함한 시험편에 대한 변형곡선(B)를 구한다. 이 두 변형곡선의 차(B–A)가 절리의 순수압착곡선이 된다. 절리압착곡선으로부터 절리의 최대 압착량 및 절리의 수직강성을 구하게 된다.

절리수직강성 불연속면의 수직변형거동은 보통 쌍곡선 함수로서 평균 수직압력(σ_n)과 불연속면 간극의 폐쇄(δ_n)와의 관계를 나타낸다.

$$\sigma_n = \frac{\delta_n}{a - b\delta_n}$$

여기서 a는 초기 수직강성의 역수로 $1/K_{ni}$이며, b는 초기 수직강성과 간극 완전 폐쇄시의 값으로 결정되는 상수이다. 평균 수직압력과 수직변위인 간극 폐쇄와의 관계를 연결시켜주는 비례상수를 불연속면의 수직 강성(stiffness)라 하며 보통 K_n으로 표기한다. K_n은 수직거동이 선형적이지 않으므로 가해진 평균 수직압력 수준에 따라 달라지게 된다.

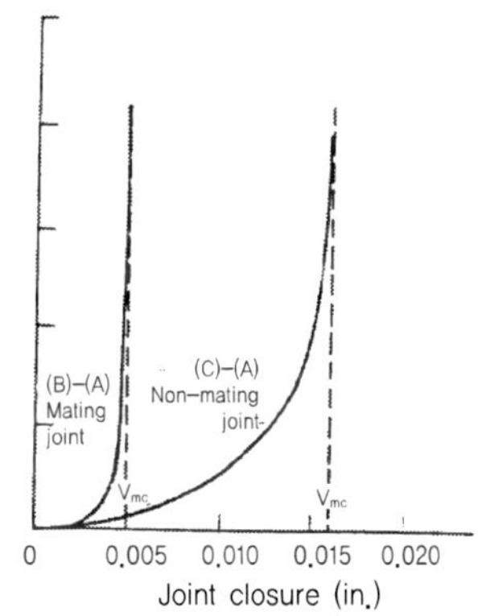

[그림 2-3] 절리압착곡선

$$K_n = \frac{a}{(a - b\delta_n)^2}$$

접선의 기울기는 평균 수직 압력이 증가할수록 커지다가 간극이 완전 폐쇄될 때에는 ∞의 값을 가지게 된다. 이는 불연속면에 가해지는 평균 수직 압력이 증가함에 따라 불연속면 양쪽 면의 실질적인 접촉 면적이 증가하기 때문이다. 간극이 완전히 폐쇄될 때 $\delta_{n-mc} = a/b$이 됨을 알 수 있다.

2.2 불연속면의 전단거동

일정한 수직응력(σ)을 받고 있는 시험편에 전단변위(u)를 일으키는 데 필요한 전단응력(τ)을 가하게 되면, 전단변위에 따른 전단응력을 그래프로 나타낼 수 있다. 아주 작은 변위에서는 탄성거동을 하며, 전단응력은 변위에 대하여 선형적으로 증가한다. 변위에 저항하는 힘들이 극복됨에 따라 곡선은 비선형으로 되며, 그 후 전단응력이 최댓값에 이르는 정점(최대전단강도)에 도달한다. 이후에 더 이상의 전단변위를 일으키는 데 필요한 전단응력은 급격히 떨어지며, 잔류전단강도라고 하는 일정한 값에서 전단응력이 유지된다.

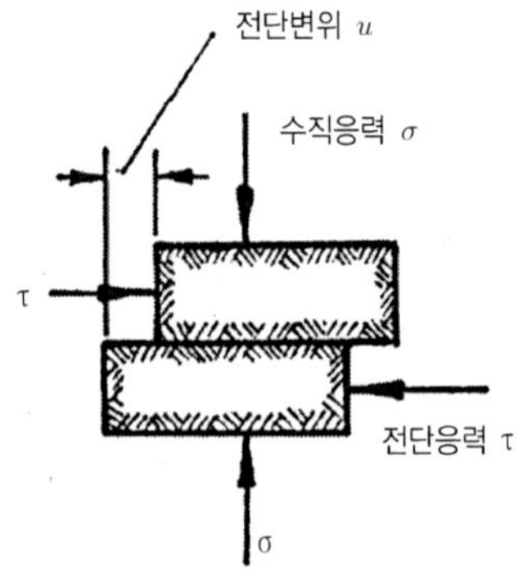

[그림 2-4] 절리전단시험

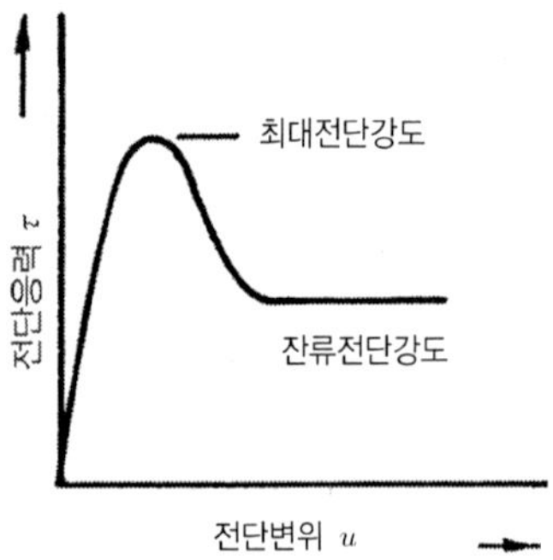

[그림 2-5] 절리전단 곡선

절리전단시험 그림은 절리면 직접 전단 시험장치의 개략도이다. 이 시험장치는 만능시험기를 이용할 수 있도록 제작된 일면 전단시험기로서, 시험편에 대한 수직하중은 압축기로 가하고 전단하중은 시험기에 장착된 유압램에 의해 가압된다. 수직변위의 측정은 다이얼 게이지 또는 LVDT에 의해 이루어진다.

대표적인 절리면 전단시험결과로서 일정한 수직하중 하에서의 절리면의 전단거동 특성을 파악할 수 있다.

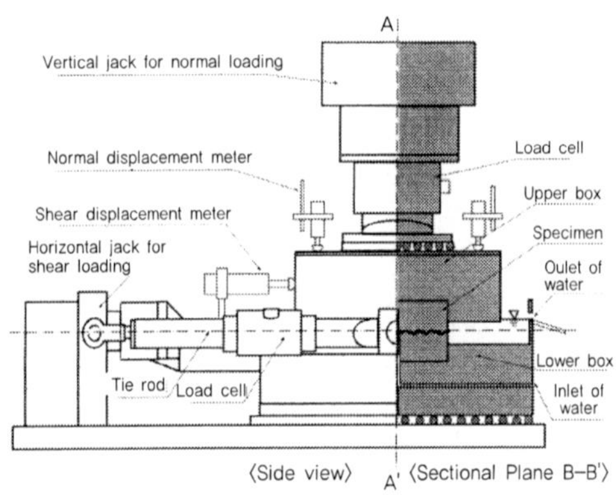

[그림 2-6] 직접 전단시험장치

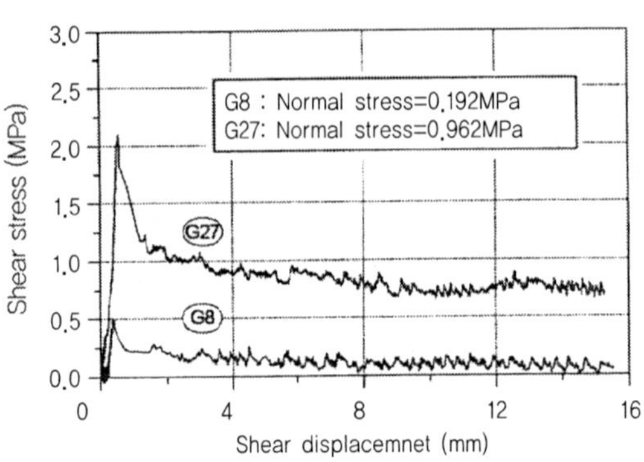

[그림 2-7] 절리전단시험 결과

불연속면의 전단강도

서로 다른 수직응력 하에서 수행한 시험들로부터 얻은 최대전단강도값들을 그래프로 나타내고, 이 곡선의 기울기는 최대마찰각(ϕ_p)과 같고, 전단응력축상의 절편은 불연속면의 점착강도(c_p)가 된다. 최대전단강도는 다음 식으로 정의된다.

$$\text{최대전단강도}(\tau_p) = c_p + \sigma \tan\phi_p$$

$$\text{잔류전단강도}(\tau_r) = \sigma \tan\phi_r$$

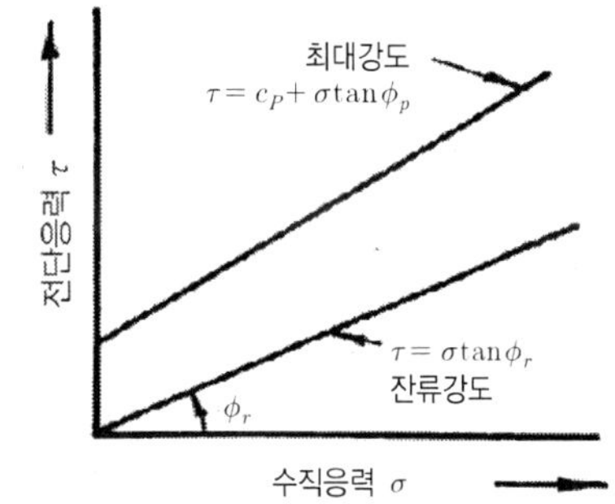

[그림 2-8] τ_p와 τ_r

마찰각(ϕ, friction angle) 불연속면의 전단강도를 이해할 있는 기본적인 값으로 절단면 또는 암석표면에 대한 전단시험으로부터 구한 직선식으로부터 구할 수 있다($\tau_r = \sigma\tan\phi_b$). 대부분의 절리면 전단강도는 기본마찰각에 표면 거칠기(roughness)를 보정하여 구할 수 있다.

[사진 2-1] 절리면 전단박스

Patton의 전단강도식 Patton은 거친 절리에 대한 전단강도 관계식을 수직응력 수준을 구분하여 두 개의 직선식으로 구분하여 나타내었다.

$$\tau = \sigma_n \tan(\phi_b + i), \quad \sigma_n < \sigma_T$$

$$\tau = c + \sigma_n \tan\phi_r, \quad \sigma_n > \sigma_T$$

ϕ_b는 기본마찰각이며, i는 절리면의 거칠각(roughness angle)으로 거칠기를 거침면의 경사각으로 정의하고 있다. 즉 낮은 수직응력 하에서는 거침면을 미끄러지고, 높은 수직응력에서는 절리면의 전단강도보다는 무결암의 전단거동과 유사한 거동을 보이는 특성을 나타낸 것으로 작은 수직응력에서는 절리면의 거칠기가 중요한 역할을 함을 나타내고 있다. 이 식은 간단하긴 하지만 갑작스런 변곡점이 있다는 점에서 절리면의 실제거동을 제대로 반영하지 못하고 있다.

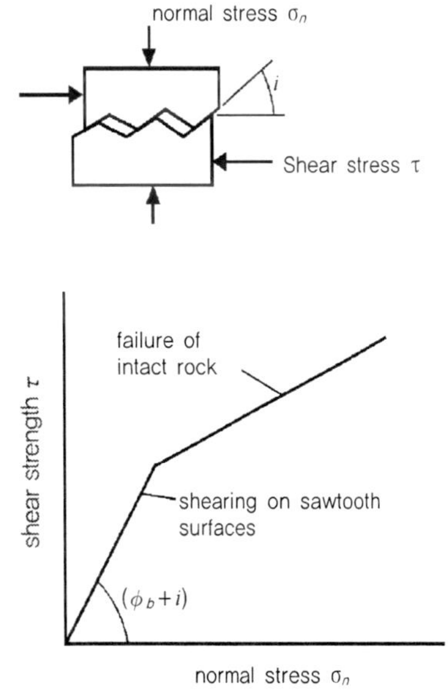

[그림 2-9] Patton의 전단강도

Barton의 경험식 인공적으로 제작된 인장절리에 대한 직접전단시험 결과를 이용하여 절리면의 전단강도를 쉽게 구할 수 있는 경험식을 제안하였는데, 이것은 Patton식에 있는 거칠각을 수직응력의 함수로 변화시킨 것이다.

$$\tau = \sigma_n \tan\left(JRC\ \log_{10}(JCS/\sigma_n) + \phi_b \text{ or } \phi_r\right)$$

여기서 JRC는 절리거칠계수(Joint Roughness Coefficient)이고, JCS는 절리벽면의 압축강도(Joint Wall Compressive strength)이다. 즉 현장에서의 간단한 시험을 통하여 구할 수 있는 상수 JRC와 JCS 그리고 ϕ_b 이용하여 절리면의 전단강도를 쉽게 구할 수 있게 한 것이다. 또한 절리면이 풍화되어 있거나 충전물이 있는 경우에는 기본마찰각 대신에 잔류마찰각을 사용하도록 하였다. 그림에서 보는 바와 같이 JCS와 JRC의 변화에 따라 절리면의 전단특성을 보여준다. Barton의 경험식은 절리면의 거칠기와 재료 자체의 마찰각, 수직응력 및 절리벽면 압축강도를 모두 고려할 수 있고 현재 가장 널리 이용되고 있다.

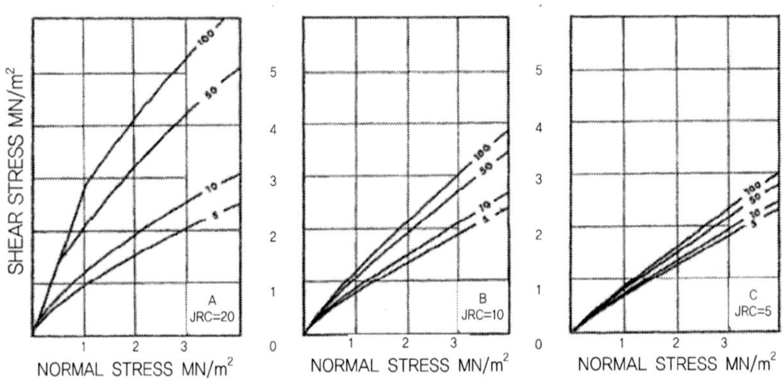

[그림 2-10] 절리면의 전단강도 경험식(JCS, JRC, φ_b)

JCS(절리벽면 압축강도) 절리면이 전혀 풍화변질을 받지 않았다면 JCS는 암석의 단축압축강도(σ_c)와 같다. 그러나 대부분의 절리면은 풍화변질을 받기 쉬우므로 σ_c보다 작은 값을 갖게 되므로 JCS/σ_c는 절리면의 상대적인 풍화 정도(relative alteration)를 나타내는 지수를 의미하며, 최대 4까지의 값을 갖는다. JCS를 구하는 일반적인 방법은 슈미트해머시험이다. 이 방법은 슈미트해머반발치(R)와 단축압축강도(σ_c)의 관계식($\log_{10}(\sigma_c) = 0.00088\ \gamma R + 1.01$) 또는 도표를 이용하여 쉽게 구할 수 있다.

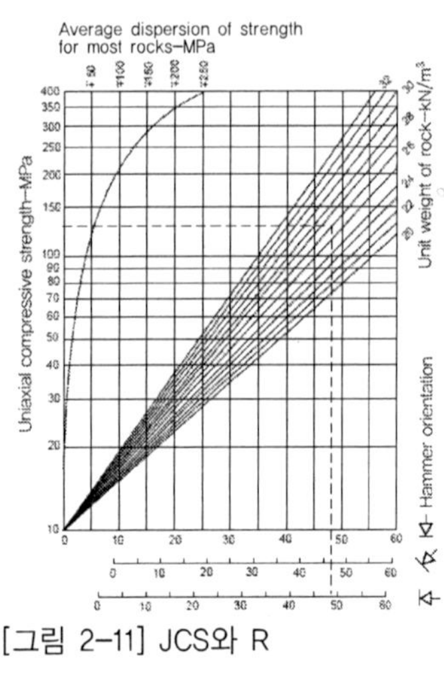

[그림 2-11] JCS와 R

[사진 2-2] Joint Profile

JRC(절리거칠계수) 절리면의 상대적인 거칠기를 나타내는 값으로 0~20의 범위로 나타낸다. 즉 JRC=0은 평면한 면을 JRC=20은 매우 거친 면을 의미하는데, Barton은 JRC에 대한 전형적인 값들을 제시하였다. 또한 절리거칠기 프로파일게이지를 이용하여 그래픽화하여 정량적인 거칠기를 구할 수 있다. Barton은 프로파일길이와 돌출 정도부터 JRC를 평가할 수 있도록 하였다.

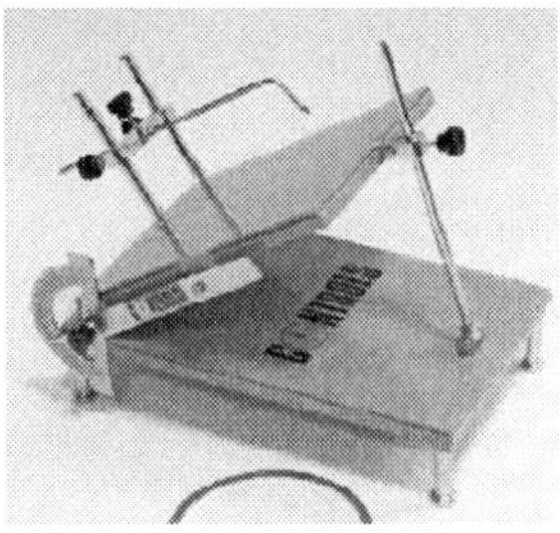

[사진 2-3] JRC 측정

기본마찰각(ϕ_b)과 잔류마찰각(ϕ_b) 기본마찰각은 풍화가 되지 않은 평면한 면(flat unweathered), 즉 암석 절단면에 대한 마찰각을 말하며 전단시험 또는 tilt test로부터 구할 수 있다. 일반적으로 암석에 따라 또는 습윤상태에 따라 차이가 있으며, 25~35° 값을 보인다. 잔류마찰각은 기본마찰각보다 작은 값을 나타내며, 슈미트햄머를 이용한 현장시험으로부터 $\phi_r = (\phi_b - 20) + 20(r/R)$를 이용하여 구할 수 있다. 여기서 r은 습윤상태 절리면의 반발치이며, R은 건조상태의 신선한 암석절단면의 반발치이다.

충전된 불연속면의 전단강도 절리면이 밀착되어 있지 않고, 점토 가우지(gouge) 같은 충전물이 있을 경우 절리면의 전단강도는 급격하게 감소될 수 있다. 또한 퇴적암에 있는 층리면과 같은 평면적인 거칠기를 가진 경우, 얇은 점토막(coating)은 확실하게 전단강도를 감소시킨다.

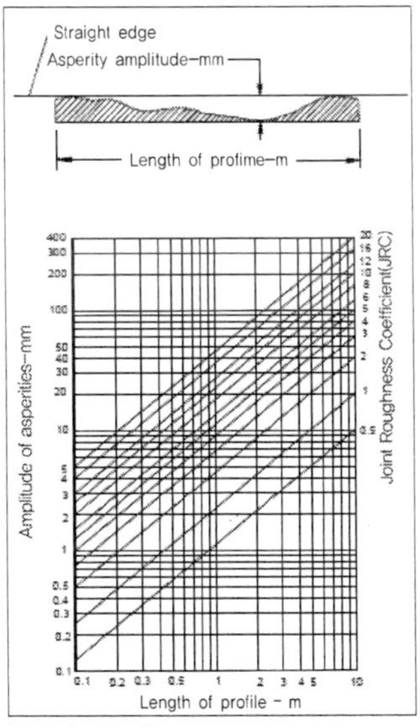

[그림 2-12] JRC 도표

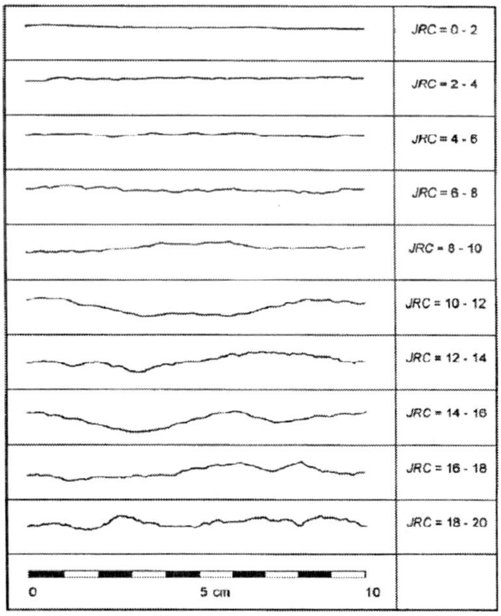

[그림 2-13] 대표적인 JRC

2.3 불연속면을 포함한 암석의 강도특성

불연속면을 포함한 암석의 강도 이론식

불연속면을 포함한 암석의 경우 불연속면의 방향과 가압방향에 따라 강도가 다르게 나타나게 된다. 무결암과 불연속면이 Mohr-Coulomb의 파괴조건식을 따르는 경우, 무결암과 불연속면에 대하여 각각의 파괴식이 성립한다.

$$\tau = c_j + \sigma\tan\phi_j \quad (\text{불연속면})$$

$$\tau = c_m + \sigma\tan\phi_m \quad (\text{무결암})$$

무결암의 파괴 시 최대주응력 σ_1과 최소주응력 σ_3의 관계는 다음과 같다. 즉 내부마찰각이 ϕ_m이고 점착력이 c_m인 무결암에 구속압 σ_3가 가해진 경우의 압축강도 σ_1을 예측할 수 있다.

$$\sigma_1 = \frac{\sigma_3(1+\sin\phi_m)}{1-\sin\phi_m} + \frac{2c_m\cos\phi_m}{1-\sin\phi_m} \quad (\text{무결암})$$

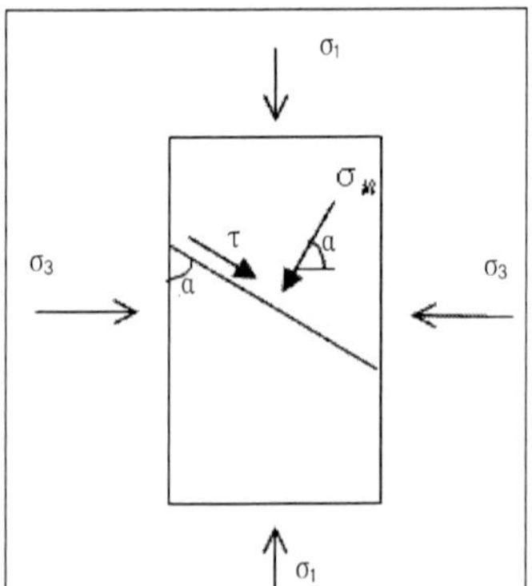

[그림 2-14] 단일 불연속면

불연속면의 경우, 최대주응력 방향과 α의 각도로 경사진 불연속면에 작용하는 수직응력과 전단응력의 관계로부터 불연속면의 마찰각이 ϕ_j이고 점착력이 c_j인 불연속면을 가진 암석에 구속압 σ_3가 가해진 경우, 불연속면을 따라 전단파괴가 발생할 때의 암반강도 σ_1을 예측할 수 있다.

$$\sigma_1 = \frac{c_j\cos\phi_j + \sigma_3\sin(\alpha+\phi_j)\cos\alpha}{\cos(\alpha+\phi_j)\sin\alpha} \quad (\text{불연속면})$$

여기서 α가 0에 가까워지거나 $\alpha+\phi_j \to \pi/2$로 가까워지면 분모가 0으로 수렴하여 σ_1이 ∞로 커지게 됨을 알 수 있다. 이는 α가 작을 때 및 $\alpha > \pi/2-\phi_j$일 때는 불연속면에서 전단파괴가 발생하지 않고 무결암이 파괴됨을 의미한다. 따라서 단일 불연속면을 가진 암석강도는 $\alpha = \pi/4-\phi_j/2$일 때 최소가 됨을 알 수 있다. 불연속면을 포함한 암석의 강도가 불연속면의 각도에 따라 변화하는 양상을 보인다.

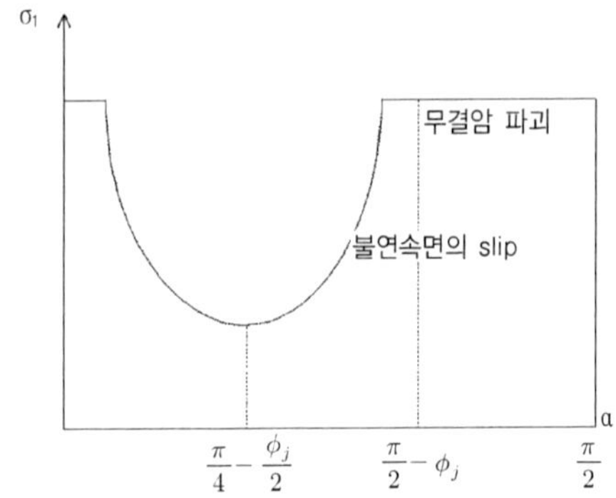

[그림 2-15] 단일불연속면의 강도변화

단일 불연속면을 포함한 암석강도 천매암과 점판암 및 셰일에 대한 불연속면 방향에 대한 강도 변화를 보여준다. 최저강도방향이 불연속면의 마찰각에 따라 결정되는 함수이므로 암종에 따라 서로 다른 양상을 보임을 확인할 수 있다. 불연속면을 포함한 암석에 대한 삼축압축시험결과는 무결암의 파괴와 불연속면의 파괴가 명확하게 구분되지는 않으나, 불연속면의 파괴에 의하여 뚜렷이 강도의 이방성을 나타낸다. 암석 내에 여러 조의 불연속면군이 존재하는 경우에는 단일 불연속면의 효과를 중첩함으로써 암석의 강도를 추정할 수 있다.

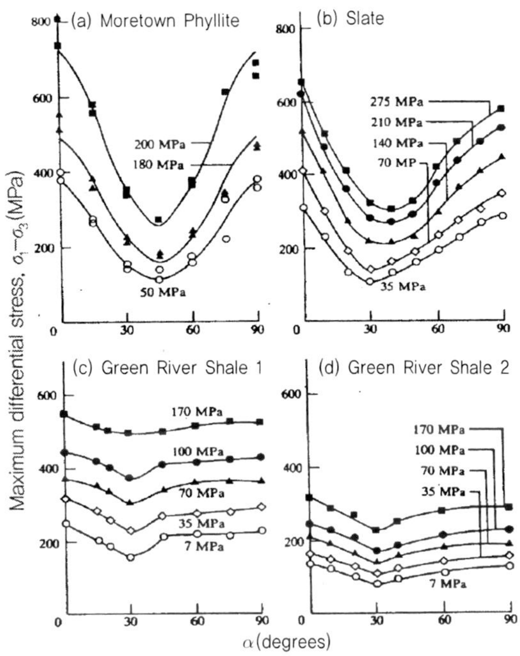

[그림 2-16] 불연속면에 따른 강도변화

여러 개의 불연속면을 포함한 암석강도 불연속면 4조가 45° 간격으로 발달한 암석에 대하여 시료를 회전시키가며 각각의 강도를 구한 후, 중첩의 원리를 적용하여 최저 강도점들을 이어 암석강도를 추정한 것이다. 4조의 불연속에 의해 암석의 강도는 등방에 가까운 양상을 보이며, 강도는 단일 불연속면에 의한 최소강도에 유사한 값임을 알 수 있다. 이로부터 4조 이상의 불연속면을 포함한 암석은 강도 및 변형성에 있어서 이방성을 상실하게 됨을 알 수 있으며, 이와 같이 불연속면이 발달한 암반은 암반분류 결과를 이용하여 불연속면들에 의한 강도와 변형성의 감소 효과를 체계적으로 반영하여야 할 것이다.

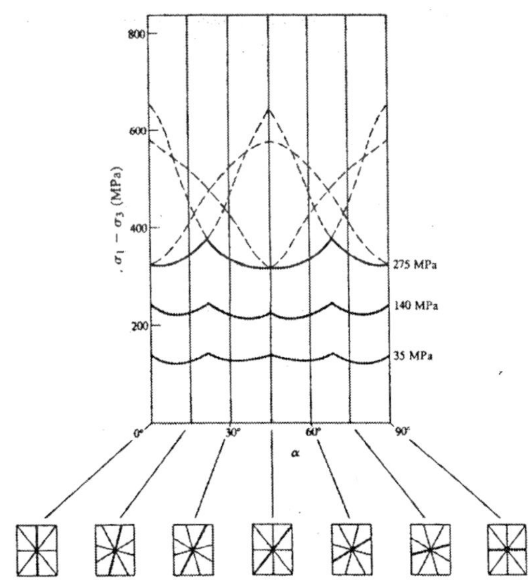

[그림 2-17] 4개 불연속면을 포함한 강도변화

암반의 거동

Behaviours of Rock Mass

암반의 거동 암반은 불연속면을 포함하기 때문에 무결암과는 완전히 다른 거동을 보이며, 불연속면의 발달상태에 따라 암반의 공학적 거동은 차이를 나타낸다. 암반은 암석과 불연속면의 집합체이다. 따라서 암반의 거동특성은 암석의 재료적 성질와 불연속면의 특성에 의해 좌우된다. 암반의 거동을 지배하는 주된 요소로는 암석의 재료적 특성요소와 불연속면의 특성요소 그리고 암반주변의 경계요소로 구분할 수 있으며, 표에 나타난 바와 같이 암석의 압축강도와 변형계수, 절리군 수, 절리 방향성, 절리 간격, 절리 거칠기, 절리벽면의 풍화변질상태, 지하수 및 현지암반 응력상태 등이 있다.

[표 3-1] 암반거동을 지배하는 주요 요소

암석의 재료특성	불연석면의 특성	경계 조건
압축강도	절리군의 수	지하수
탄성정수	절리 방향	현지응력
	절리 간격	
	절리 간극	
	절리 거칠기	
	풍화와 변질상태	

암반에서의 크기개념 무결암의 경우 암석 내 미세균열와 엽리 등을 포함하고 있지만 그 크기가 증가하여 암반블록(rock block)을 형성하면 블록 내 불연속적인 균열과 암맥 등을 포함하게 되어 거동에 영향을 받게 된다. 또한 암반 크기가 더욱 커지게 되면 면 절리와 단층 등을 포함하게 되어 암반거동에 중요한 영향을 미치게 된다. 따라서 암반거동은 암반의 크기에 따라 블록크기와 절리발달정도가 달라지므로 거동 평가 시 이에 대한 고려가 매우 중요하다.

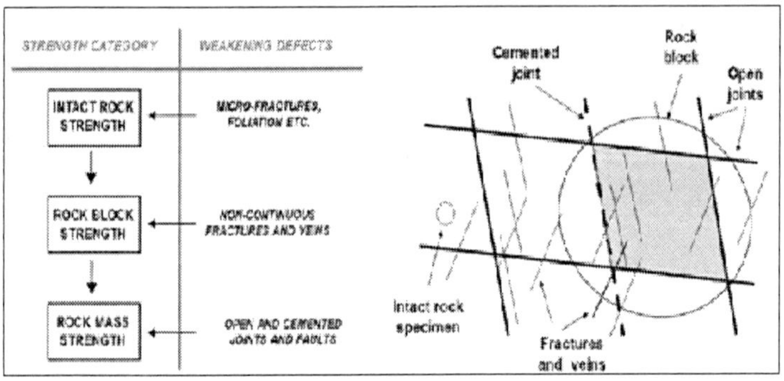

[그림 3-1] 암반에서의 Scale concept(Laubscher, 2001)

3.1 암반의 특성

암반은 불연속면을 포함하기 때문에 무결암과는 완전히 다른 거동을 보이며, 불연속면의 발달 상태에 따라 암반의 공학적 거동은 차이를 나타낸다. 따라서 암반 내 불연속면의 정도 및 상태에 따라 암반을 구분하고 암반의 거동을 평가하는 게 필요하다고 할 수 있다.

Terzaghi의 암반분류 터널에 작용하는 암반하중을 평가하기 위하여 암반을 총 9등급으로 구분하였는데, 즉 절리간격 및 풍화변질상태에 따라 암반을 무결암과 같은 성질을 갖는 경암(Ⅰ)부터 완전히 파쇄된 암반(Ⅵ)까지 6단계로 구분함을 알 수 있다.

[표 3-2] Terzaghi의 암반분류(1946)

분류		정의
Ⅰ	Hard and intact	절리나 균열 없음
Ⅱ	Hard stratified and schistose	두꺼운 층을 형성하고, 잘 결합됨, 절리는 상호결합
Ⅲ	Massive, moderately jointed	넓은 간격의 절리, 블록사이즈 크며, 절리 상호결합
Ⅳ	Moderately block and seamy	적당한 간격의 절리, 풍화나 변질 안 됨, 작은 간극
Ⅴ	Very blocky and seamy	좁은 간격이 절리, 풍화가 안 되고, 큰 간극으로 분리됨
Ⅵ	Completely crushed	작은 암편으로 심하게 파쇄되어 느슨하고 분리됨
Ⅶ	Squeezing rock at moderate depth	암반응력에 의한 스퀴징 150~1000m
Ⅷ	Squeezing rock at great depth	암반응력에 의한 스퀴징 1000m 이상
Ⅸ	Swelling rock	점도광물로 인한 암반제석 팽장

Hoek & Brown의 암반분류 지질강도지수(GSI)를 구하기 위하여 암반의 구조특성으로부터 암반을 6등급으로 세분화하여 괴상(massive), 블록상(blocky), 심한 블록상(very blocky), 교란상(blocky/disturbed/seamy), 분해된(disintegrated), 전단상(laminated/sheared)으로 구분하였다. 즉 암반 내 절리의 발달 정도와 상태(절리군수과 간격)에 따라 암반을 구분하고 괴상암반은 무결암과 같은 등급으로 하였다.

[표 3-3] Hoek & Brown의 암반분류(1980)

구분		특징
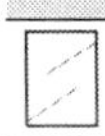	massive/intact rock	절리가 거의 없거나 간격 넓음
	blocky	3개 절리군에 의한 육면체 블록형성 잘 결합되고 불교란 상태
	very blocky	4개 이상의 절리군에 의한 각블록 형성잘 결합되어있으나 부분적 교란
	blocky/disturbed/seamy	많은 절리군에 의한 각블록들이 습곡되고 층리나 편리
	disintegrated	각상 또는 원형의 암편으로 심하게 파쇄되어 완전히 교란
	laminated/sheared	약한 편리 또는 전단면이 매우 조밀하여 블록화가 안 됨

3.2 암반의 강도

Hoek–Brown의 암반 파괴기준

Hoek과 Brown은 절리암반(joined rockmass)을 적용할 수 있는 파괴기준식을 제안하였다.

$$\sigma_1' = \sigma_3' + \sigma_{ci}\left(m_b \frac{\sigma_3}{\sigma_{ci}} + s\right)^a$$

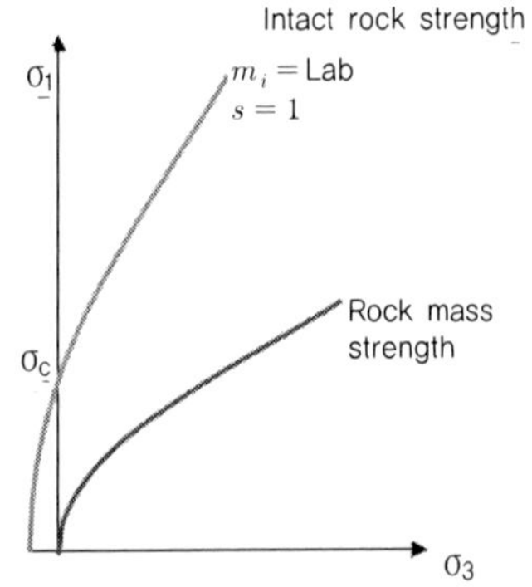

[그림 3–2] Hoek–Brown파괴기준

여기서 σ_1'는 파괴시의 유효 최대주응력, σ_3'는 파괴시의 유효최소주응력, σ_{ci}는 무결암에 대한 단축압축강도, m_b는 암반에 상수, s와 a는 암반특성에 따른 상수이다. 이 파괴기준을 암반에 적용하기 위해서는 무결암에 대한 상수 m_i 그리고 암반에 대한 지질강도지수(GSI, Geo-logical Strength Index)가 필요하다. 무결암의 상수 m_i에는 암종 및 암석특성에 따라 결정되며($m_b < m_i$), s는 파쇄 정도와 관련된 상수로서 무결암의 경우 1, 심하게 파쇄된 경우 0이 된다($0 < s \le 1$). a는 무결암과 교란되지 않은 암반에 대해서는 0.5를 갖는다. 따라서 무결암의 파괴기준은 다음과 같다.

$$\sigma_1' = \sigma_3' + \sigma_{ci}\left(m_i \frac{\sigma_3}{\sigma_{ci}} + 1\right)^{0.5}$$

여기서 무결암에 대한 상수 m_i는 5번 이상의 다른 봉압 하에 삼축압축실험을 수행하고 그 결과를 다음 식과 같이 회귀분석하여 구할 수 있다.

$$(\sigma'_1 - \sigma'_3)^2 = m\sigma_{ci}(\sigma'_3) + \sigma_{ci}$$

또한 암반에 대한 상수 m_b, s, a를 GSI와 D(교란지수)를 이용하여 구하는 식을 제시하였다.

$$\frac{m_b}{m_i} = \exp\left(\frac{GSI - 100}{28 - 14D}\right) \quad s = \exp\left(\frac{GSI - 100}{9 - 3D}\right) \quad a = 0.5 + \frac{1}{6}\left(e^{-GSI/15} - e^{-20/3}\right)$$

여기서 D는 교란되지 않은 암반의 경우 0, 심하게 교란된 경우 1이며, Hoek와 Brown(2002)는 D를 평가할 수 있는 가이드라인을 제시하였다.

수정 Hoek–Brown 암반파괴기준 Hoek–Brown 기준은 이론적 기초부족과 제한된 실험자료에도 불구하고 암반의 강도를 평가하는 파괴기준으로서 가장 광범위하게 사용되고 있다. 이는 실내에서의 삼축압축실험과 현장에서의 암반분류치를 이용하여 비교적 간단하게 평가할 수 있기 때문이다. 또한 1980년에 제안된 이후에 지속적인 수정을 통하여 경험적 현장자료를 확보하였으며, 2002년에 최종적으로 보다 일반화된 수정된 파괴기준을 확립하였다.

[그림 3-3] 암종별 상수 m(Hoek and Brown, 1995)

Rock type	Class	Group	Texture			
			Coarse	Medium	Fine	Very fine
Sedimentary	Clastic		Conglomerate (22) Breccia (20)	Sandstone 19 Greywacke (18)	Siltstone 9	Claystone 4
	Non-clastic	Organic		Chalk 7 Coal (8 to 21)		
		Carbonate		Sparitic (10)	Micritic 8	
		Chemical		Gypstone 16	Anhydrite 13	
Metamorphic	Non foliated		Marble 9	Hornfels (19)	Quartzite 24	
	Slightly foliated		Migmatite (30)	Amphibolite 25 to 31	Mylonite (6)	
	Foliated*		Gneiss 33	Schist 4 to 8	Phyllite (10)	Slate 9
Igneous	Light		Granite 33 Granodiorite (30) Diorite (28)	Rhyolite (16)	Obsidian (19) Dacite (17) Andesite 19	
	Dark		Gabbro 27 Norite 22	Dolerite (19)	Basalt 17	
	Extrusive pyroclastic type		Agglomerate (20)	Breccia (18)	Tuff (15)	

[표 3-4] 교란지수 D에 대한 평가지침(Hoek와 Brown, 2002)

암 반	암반 특성	교란지수 D
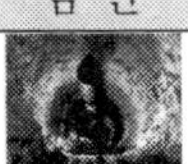	최상의 조절발파 또는 TBM 굴착 터널주변 암반교란 최소	D=0
	불량암반의 기계굴착 – 암반교란 최소 스퀴징암반 – 무인버트 시 교란 심함	D=0 D=0.5 (no invert)
	경암반에서 불량한 발파로 인한 부분적으로 심한 암반교란	D=0.8
	암반사면에서의 소규모발파 – 일정한 암반교란 응력이완	D=0.7(양호한 발파) D=1.0(불량한 발파)
	대규모 노천채굴에서의 대발파 – 심각한 암반교란 연암반에서의 기계굴착 – 손상 정도보다 작음	D=1.0(발파) D=0.7(기계굴착)

GSI(지질강도지수) 현장에서 육안 관측으로 쉽게 사용할 수 있는 실용적인 분류시스템으로 크게 두 가지 요소로 구성된다. 암반의 강도를 추정할 수 있는 암반의 구조와 절리의 거칠기와 변형 정도로 표시되는 불연속면의 표면 조건으로 구성된다. 세로축을 6등급으로 세분화하여 괴상, 블록상, 심한 블록상, 블록상/교란된, 분해된, 편리상/전단된 암반으로 구분하고 있다. 가로축은 불연속면들이 5개의 표면 조건 즉 매우 양호(매우 거칠고 신선한 풍화되지 않은 표면), 양호(거칠고 약간 풍화, 철분의 변색 표면), 보통(평활하고 약간 풍화 및 변질된 표면), 불량(slickenside가 있거나 단단한 피복물이나 각진 파편들의 충전물을 가지며 심하게 풍화된 표면), 매우 불량(slickenside, 연한 점토 피복물이나 충전물이 있으며 심하게 풍화된 표면)으로 분류된다. GSI 값은 하나의 단일 값보다는 오히려 범위를 가지는 영역으로 표시되는 값을 나타낸다. 암반의 형태에 따라서 GSI값은 0에서 100까지의 값을 가질 수 있다. GSI의 측정값은 Hoek & Brown의 파괴기준과 연계되어 사용되며, 암반의 강도(σ_{cm})와 Hoek-Brown 상수 m_b와 s뿐만 아니라 암반의 탄성계수 E_m과 같은 암반의 역학적 성질을 추정할 수 있다.

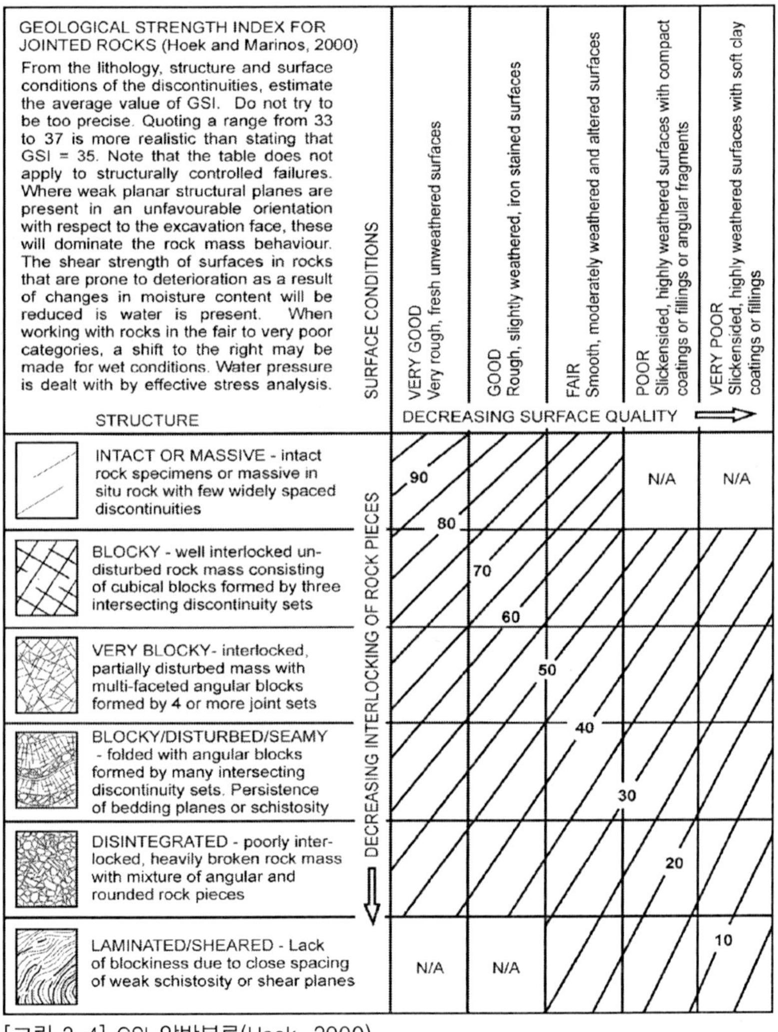

[그림 3-4] GSI 암반분류(Hoek, 2000)

GSI와 RMR 25보다 더 큰 GSI의 모든 값은 Bieniawski의 1976년 RMR법의 값과 정확하게 같다. Bieniawski의 1979년 RMR법이 사용된다면, GSI값은 $RMR_{1979} - 5$가 된다.

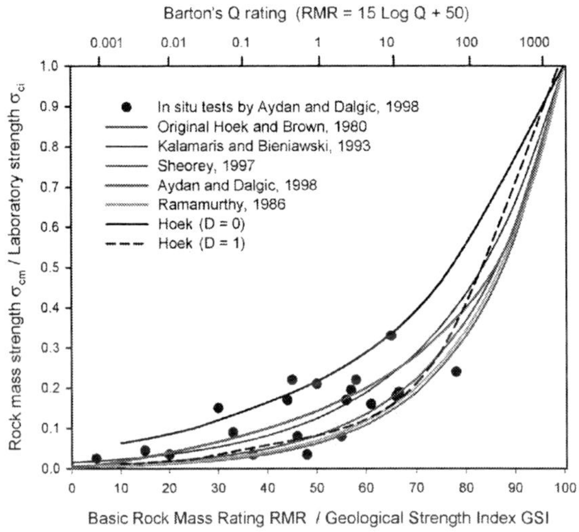

[그림 3-5] GSI와 암반강도(Hoek, 2003)

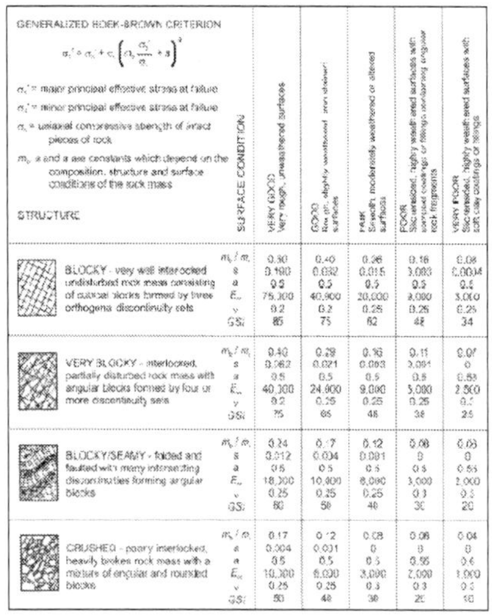

GENERALIZED HOEK-BROWN CRITERION

$$\sigma_1' = \sigma_3' + \sigma_c\left(m_b\frac{\sigma_3'}{\sigma_c} + s\right)^a$$

σ_1' = major principal effective stress at failure
σ_3' = minor principal effective stress at failure
σ_c = uniaxial compressive strength of intact pieces of rock
m_b, s and a are constants which depend on the composition, structure and surface conditions of the rock mass

STRUCTURE	SURFACE CONDITION	VERY GOOD Very rough, unweathered surfaces	GOOD Rough, slightly weathered, iron stained surfaces	FAIR Smooth, moderately weathered or altered surfaces	POOR Slickensided, highly weathered surfaces with compact coatings or fillings containing angular rock fragments	VERY POOR Slickensided, highly weathered surfaces with soft clay coatings or fillings
BLOCKY - very well interlocked undisturbed rock mass consisting of cubical blocks formed by three orthogonal discontinuity sets	m_b/m_i	0.60	0.40	0.26	0.16	0.08
	s	0.190	0.062	0.015	0.003	0.0004
	a	0.5	0.5	0.5	0.5	0.5
	E_m	75,000	40,000	20,000	9,000	3,000
	ν	0.2	0.2	0.25	0.25	0.25
	GSI	85	75	62	48	34
VERY BLOCKY - interlocked, partially disturbed rock mass with angular blocks formed by four or more discontinuity sets	m_b/m_i	0.40	0.29	0.16	0.11	0.07
	s	0.062	0.021	0.003	0.001	0
	a	0.5	0.5	0.5	0.5	0.53
	E_m	40,000	24,000	9,000	5,000	2,500
	ν	0.2	0.25	0.25	0.25	0.3
	GSI	75	65	48	38	25
BLOCKY/SEAMY - folded and faulted with many intersecting discontinuities forming angular blocks	m_b/m_i	0.24	0.17	0.12	0.08	0.06
	s	0.012	0.004	0.001	0	0
	a	0.5	0.5	0.5	0.5	0.55
	E_m	18,000	10,000	6,000	3,000	2,000
	ν	0.25	0.25	0.25	0.3	0.3
	GSI	60	50	40	30	20
CRUSHED - poorly interlocked, heavily broken rock mass with a mixture of angular and rounded blocks	m_b/m_i	0.17	0.12	0.08	0.06	0.04
	s	0.004	0.001	0	0	0
	a	0.5	0.5	0.5	0.55	0.6
	E_m	10,000	6,000	3,000	2,000	1,000
	ν	0.25	0.25	0.3	0.3	0.3
	GSI	50	40	30	20	10

[그림 3-6] GSI와 상수(Hoek, 1995)

H-B파괴기준과 M-C파괴기준과의 관계

선형적인 Mohr-Coulomb파괴기준과 비선형적인 Hoek-Brown 파괴기준사이에는 직접적인 상관성은 없다. 암반에 대한 수치모델링의 입력자료로서 Mohr-Coulomb 상수 c와 φ가 사용되며, H-B 파괴기준식으로부터 c와 φ를 평가할 수 있지만 상당한 주의가 요구된다. 암반에 대한 일련의 실험을 수행하여 얻은 모어포락선으로부터 c와 φ를 구할 수 있지만, 문제는 암반에 대한 이러한 실험결과가 없거나 매우 제한적이라는 것이다. 따라서 암반에 대한 M-C 상수 c와 φ를 Hoek과 Brown(2002)은 그림에서 보는 바와 같이 비선형 H-B 파괴포락선으로부터 선형의 M-C 포락선을 근사시켜 그 관계식으로부터 c와 φ를 구할 수 있음을 제시하였는데, 이를 등가(equivalent) M-C 상수라고 하였다.

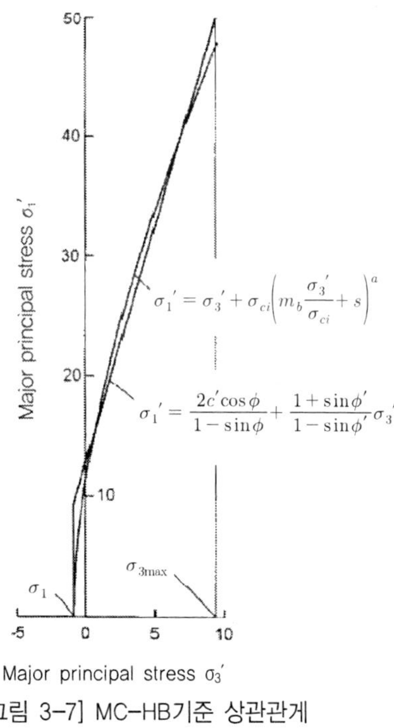

[그림 3-7] MC-HB기준 상관관계

3.3 암반의 변형성

암반의 변형계수는 암반의 역학적 거동을 나타내는 요소로서, 지하공동주위의 응력과 변위를 검토하기 위한 수치해석에 있어서 중요한 입력상수로서 암반역학의 핵심이라 할 수 있다.

암반 변형계수(E_m)정의 불연속면을 포함한 암반은 탄성적인 거동을 나타내지 않으므로 암반의 변령성(deformability)은 암석의 영율(E) 또는 암반 탄성계수(E_{em})보다는 암반 변형계수(E_m)으로 나타내어야 하며, 그림에서 보는 바와 같이 탄성영역과 비탄성영역을 포함한 구간(W_d)에서의 일정하중에서의 변형률에 대한 응력의 비로 정의된다 (ISRM, 1975).

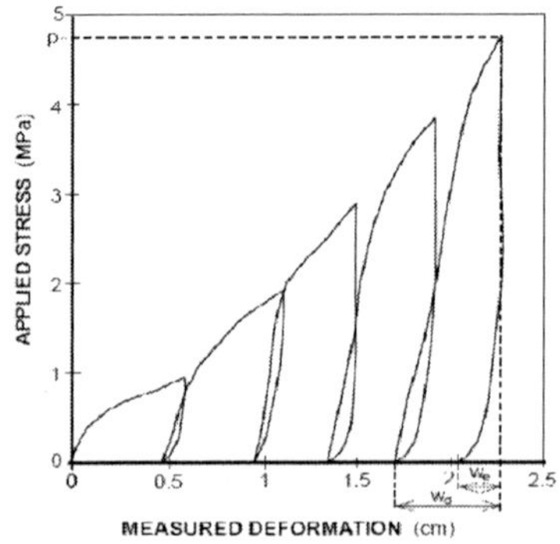

[그림 3-8] 암반 하중-변형곡선

현장시험에 의한 측정 일반적으로 발파굴착에 의해 만들어진 2×2.5 크기의 시험용 갱도에서 수행되며, 평판재킹시험(PJT, Plate jacking test), 평판재하시험(PLT, Plate Loading test), 원주형재킹시험(Radial jacking test 또는 Goodman jack test)이 많이 사용된다. 그러나 현장시험은 비용이 매우 비싸고 수행하기 어렵다는 단점이 있으며, 초기 시험준비에 시간이 많이 소요되고 측정된 현장결과를 해석에 많은 경험을 필요로 한다. 그리고 측정과정에서 작용하중이 커짐에 따라 변형계수는 증가하게 되는데, 이는 암반 내 절리나 균열이 닫히기 때문이다. 따라서 암반변형계수 결정시 첫 번째 하중단계는 고려하지 않아야 한다.

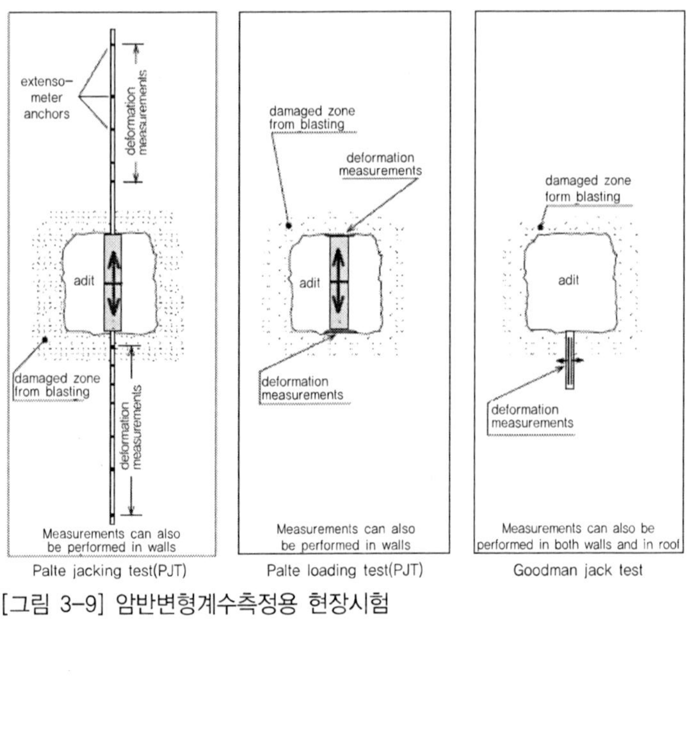

Palte jacking test(PJT) Palte loading test(PJT) Goodman jack test

[그림 3-9] 암반변형계수측정용 현장시험

간접평가 방법 암반변형계수 평가 시 현장시험의 여러 가지 단점 때문에 간접평가에 의한 방법이 많이 사용되고 있다. Serafim과 Pereira(1983)는 현지암반의 변형계수(Em)와 Bieniawski의 RMR과의 상관식을 제시하였다. 이 관계는 양호한 암반에서 수행한 댐 기초 현장시험결과에 역해석으로 구해졌다. 이후 많은 사람들에 의하여 암반분류치와 암반변형계수와의 상관식이 제시되었다.

$$E_m = 2R - 100 \ (R > 50)$$

$$E_m = 10^{(R-10)/40} \ (R < 50)$$

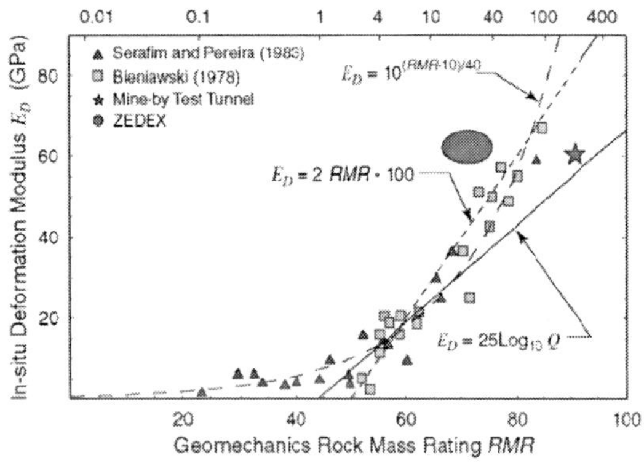

[그림 3-10] RMR과 E_m의 상관관계

또한 Barton 등(1993)은 Q값으로부터 암반변형계수(E_m)를 구하는 식을 제시하였다.

$$E_m = 25 \log_{10} Q$$

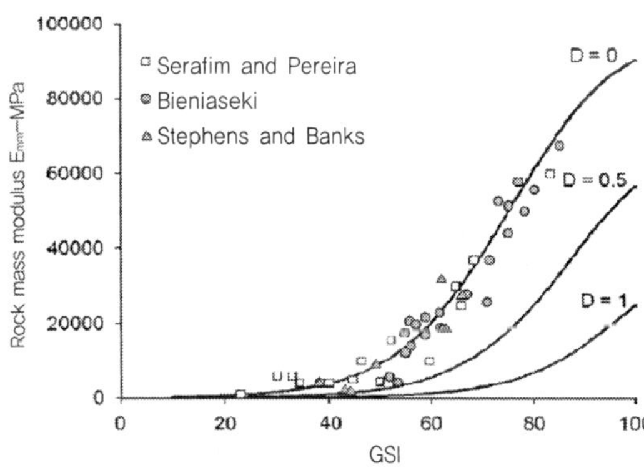

[그림 3-11] GSI과 E_m와의 상관관계

그리고 Hoek 등(1995)은 GSI값으로부터 암반변형계수(E_m)를 구하는 식을 제시하고, Q값 등과 비교하여 그래프로 나타내었다.

$$E_m = \sqrt{\frac{\sigma_c}{100}} \, 10^{(GSI-10)/40}$$

이와 같이 암반의 변형계수를 구하기 위한 간접평가방법은 현장시험에 비해 간단하고 비용을 절감할 수 있어 그 적용성에 대한 제한에도 불구하고 매우 유용한 도구로서 많이 사용되고 있다.

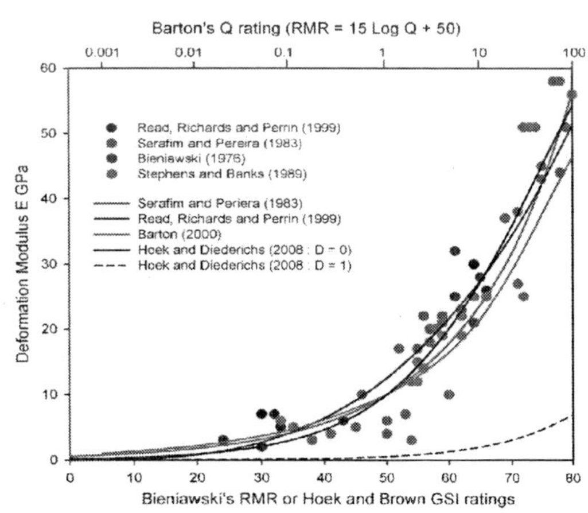

[그림 3-12] Basic RMR, GSI, Q와 E_m

암반의 공학적 분류

Engineering Classification of Rock Mass

암반분류의 목적 암반의 불균질성과 불연속성 등으로 인하여 암반시험결과를 반의 공학적 성질과 직접 연결시킬 수 없는 경우가 많기 때문에 암반을 특성하는 여러 가지 요소로부터 암반분류를 실시한다. 암반의 성질을 관찰하고, 또 시추에 의한 샘플링이나 여러 가지의 원위치 시험을 실시함으로써 복잡한 암반을 비슷한 거동의 그룹으로 그룹화하거나 또는 평점화하여 암반의 특성과 그 특성을 이해할 수 있는 기준을 마련하고, 그 결과를 기본으로 하여 구조물의 해석, 설계 그리고 시공의 효율성을 높여 주며, 공사와 관련된 기술자들이 대상 암반에 대한 이해를 높여주는 수단으로도 사용된다.

암반에 대한 공학적 평가 조사, 시공경험 및 암반역학적인 판단을 기초로 하여 암반조건을 수치로 표시함으로써 경제적이고 능률적인 굴착과 지보설계에 필요로 하는 자료를 제공하는 주요한 작업이다. 암반분류는 초기에는 단순히 암석의 여러 가지 성질로 분류하다가, 설계나 시공과 관련된 지표 분류로 발전하였으며, 지금은 여러 가지 요소를 고려하여 사용목적에 따라 요소마다 서로 다른 가중치를 부여하는 종합적인 분류방법이 이루어지고 있다. 암반분류 등급은 분리할 수 있는 지반공학적 지역이나 단위를 결정하기 위하여 암반의 특수한 속성에 대한 주관적인 평점에 기초를 두고 있으며, 공학적인 설계를 위한 정량적인 자료와 지침을 제공한다.

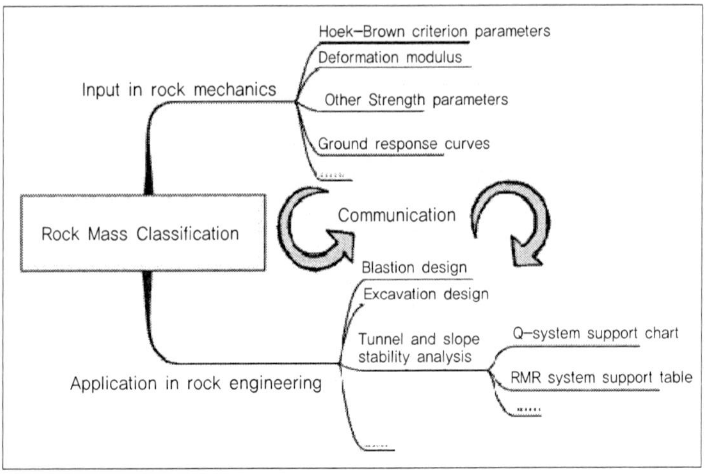

[그림 4-1] 암반공학에서의 암반분류적용(Cai, 2004)

4.1 암반특성화와 분류요소

분류요소 암석의 특성을 나타내는 요소, 불연속면의 특성을 나타내는 요소 그리고 외부 환경적인 요소로 구분된다. 표에서 보는 바와 같이 분류방법에 따라 분류요소가 선택되고 각각의 요소에 대한 배점(rating)을 부여하고 가중치(weighting)를 정하고 적용대상에 따라 특성치를 반영하여 암반분류가 성립된다. 최근 가장 많이 사용되는 암반분류법은 RMR과 Q-System으로 주로 터널에서 적용되고 있으며, 암반구조물의 특성에 따라 SMR, MRMR 등으로 수정되어 적용되기도 한다.

[표 4-1] 암반분류요소

암 반				적용대상 (암반구조물)
암석	불연속면		외부환경	
암석 강도	절리 밀도	RQD	암반응력	구조물 종류
암석 영율		절리간격	지 하 수	굴착 크기
	절리 거칠기/간극/충전물			굴착 모양
	절리 풍화변질			시공 방법
	절리 크기/길이			발파 손상
	절리 방향			
	절리군의 수			
RMR(터널)				MRMR(광산)
	Q-system(터널)			SMR(사면)

암반특성화 암반분류는 암반구조물에 요구되는 적정대책을 제공하기 위하여 암반의 구성과 특징을 나타내기 위하여 사용되어야 한다. 따라서 단순하게 분류요소만을 평가하기보다는 분류요소와 관계된 암반의 전체적인 특징을 정확하게 특성화는 것이 필요하다. 이는 암반에 대한 완벽한 거동을 평가에 도움을 줄 수 있도록 분류지수(index)로 쉽게 표현할 수 있어야 하며, 평가된 분류지수와 암반특성과의 상관성을 검증해야 한다. 그림은 암반특성화와 암반분류의 관계를 나타낸 것이다.

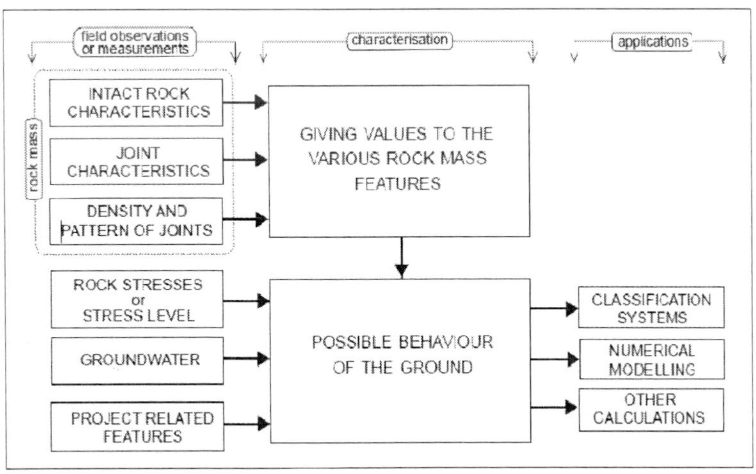

[그림 4-2] 암반특성화와 암반분류(GeoEng, 2000)

4.2 RQD

RQD(암질지수) Deere(1967)에 의해 제안된 RQD(Rock Quality Designation)는 시추코어 회수율(TCR, Total Core Recovery)을 발전시킨 것으로 총 시추길이에 대한 채취된 코어 중 길이가 10cm 이상인 코어들의 길이의 합의 백분율로 정의된다. 당초 RQD는 양호한 터널링 조건을 제시하기 위하여 개발되었으나, 이제는 대부분의 암반분류시스템의 중요한 기본 요소로 사용되고 있다. Deere는 제안한 RQD값으로부터 암질을 매우 불량으로부터 매우 양호까지 5개로 구분하여 나타내었으며, 암질이 양호할수록 RQD값은 커지며, 심하게 풍화된 암석의 경우는 0의 값을 갖는다.

[표 4-2] RQD 분류

RQD(%)	암질 평가	
0 ~ 25	매우 불량	very poor
25 ~ 50	불량	poor
50 ~ 75	보통	fair
75 ~ 90	양호	good
90 ~ 100	매우 양호	excellent

$$RQD = \frac{10\,cm\text{ 이상의 코어길이의 합}}{\text{시추코어의 총 길이}(core\,run)} \times 100$$

$$RQD = \frac{38+17+20+43}{200} \times 100 = 59\%$$

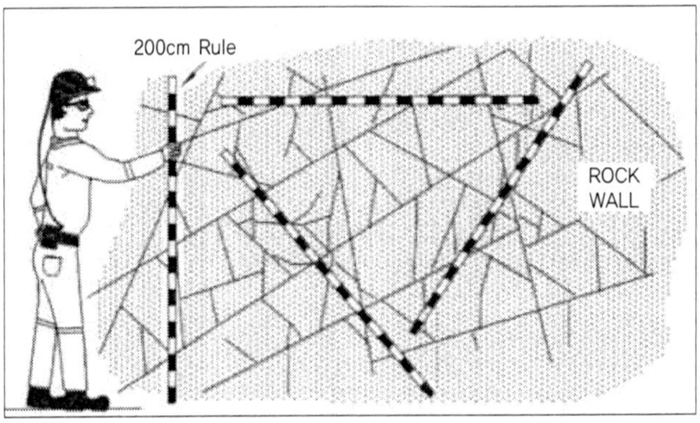

[그림 4-3] 노두에서의 RQD 측정

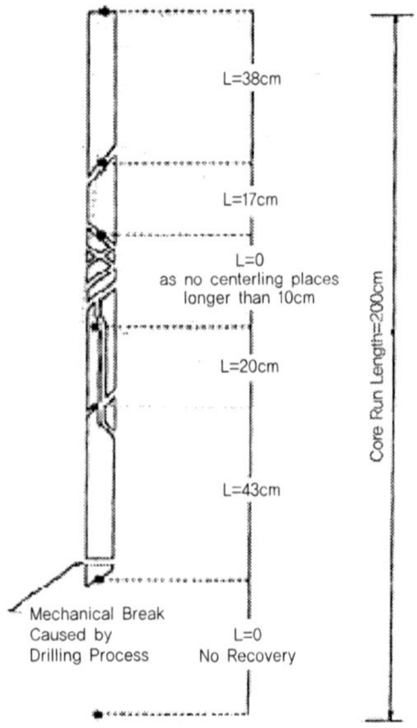

[그림 4-4] RQD 측정

RQD는 코어런의 길이에 따라 다른 값을 가지므로 주의해야 한다. 실제 현장암질이 불량하면 코어의 회수율이 낮고 RQD값도 작아지며 시추장비가 노후화되고 기능공의 숙련이 미숙하여도 코어의 회수율이 나빠지므로 국제암반역학회에서는 코어의 직경이 적어도 NX 크기(54.7mm)인 2중관 시료채취기(Double tube core barrel)의 사용을 권장하고 있다.

RQD의 추정 Priest and Hudson(1976)은 노두에서 측정한 절리간격(λ)으로 부터 RQD를 추정하도록 하였다.

$$RQD = 100e^{-0.1\lambda}(0.1\lambda + 1) \quad (\text{여기서 } \lambda = 1/\text{절리빈도})$$

또한 Palmstrome(1982)은 코어를 얻기가 곤란한 경우에는 체적당 절리의 수(J_v)로부터 RQD 값을 구할 수 있는 경험식을 제안하였다.

$$RQD = 115 - 3.3\ J_v \quad (\text{여기서 } J_v = \sum 1/S_j\ ,\ S_j \text{ 는 절리간격})$$

RQD의 응용

- **터널지보** Peck(1969), Cecil(1970), Merrit(1972) 등은 RQD에 따라 무지보 또는 부분볼팅, 패턴볼팅 그리고 강지보와 같은 터널지보 지침을 제시하기도 하였다.
- **암반변형계수** 다양한 현장자료를 바탕으로 RQD와 암반변형계수 간의 상관관계를 구할 수 있도록 하였다. 균열과 변질이 클수록 RQD 값은 작아지고 변형계수도 작아지게 된다. 그러나 RQD가 작은 경우에는 그 신뢰성이 매우 적음을 유의해야 한다.

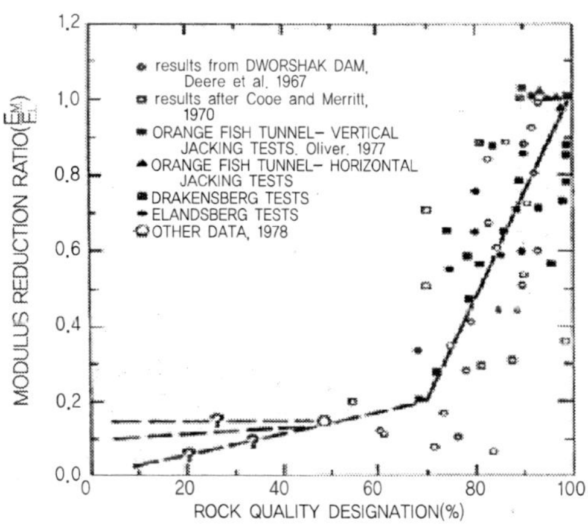

[그림 4-5] RQD와 암반변형

- **RQD 장단점** RQD는 시추코어 로깅의 표준요소로 사용되고 있으며, 주요 암반분류 시스템인 RMR과 Q시스템에서 사용되는 기본 요소이다. RQD가 간단하며 저렴한 지수임에도 불구하고 암반을 적절하게 묘사하는 것이 충분하지 못한 것은 절리의 방향이나 견고성, 충전물질 등을 고려하지 않고 단지 시추공 내 절리간격 요소 하나만으로 암반을 평가하기 때문에 한계가 있고, 절리가 얇은 점토 충전물 또는 풍화물질을 함유하는 지역에서도 제한을 갖는다. 이는 점토가 절리 경계면을 따라 마찰저항을 감소시키므로 절리간격이 넓고 RQD가 높더라도 불안정을 초래하기 때문이다. RQD는 불연속면의 간격과 대비되는 특성으로 인하여 블록의 규모를 나타내는 지수로 활용될 수 있지만, 대상 암반을 적절하게 묘사하지는 못하는 단점을 갖고 있다. 그러나 이 항목 하나만으로도 경암터널의 지보설계에 이용될 만큼 적용성이 뛰어나다. 또한 설계 및 시공에서의 RQD 사용 시 전단대와 같은 연약대에 대한 특성과 지질학적인 관찰에 분리해서 생각하지 않도록 해야 한다.

4.3 RMR 분류법

RMR 분류법 Bieniawski(1973)에 의해 제안되었으며 암석의 일축 압축강도, RQD, 불연속면의 간격, 불연속면의 상태, 지하수의 상태 등 5개의 요소로 구성되며, 5개 구성요소 각각에 대해 다시 5등급으로 분류되어 각 요소들은 값을 가지게 된다. 각 요소의 중요도에 따라 가중치가 주어지며, 이 요소들의 합산한 값이 기본 RMR값이 되고 0~100까지 범위의 값을 갖는다. 그리고 불연속면의 방향성이 암반구조물에 따라 달라지기 때문에 불연속면의 방향과 구조물의 방향에 따른 값을 보정하여 최종 RMR값을 구한다.

[표 4-3] RMR 분류

RMR		암반 평가	
I	100~81	Very good	매우 양호
II	80~61	Good	양호
III	60~41	Fair	보통
IV	40~21	Poor	불량
V	<21	Very poor	매우 불량

- 기본 RMR=암석압축강도+RQD+불연속면 간격+불연속면 조건+지하수 상태
- 최종 RMR=기본 RMR−절리방향보정

RMR 분류요소 특성

[표 4-4] RMR 분류요소

분류요소			점수
1	암석 압축강도	점하중/단축압축강도	15
2	RQD	%	20
3	불연속면 간격	절리간격	20
4	불연속면 상태	길이/간극/거칠기/충전물/풍화	30
5	지하수 상태	유입량, 수압, 상태	15
6	불연속면 방향	터널/광산, 기초, 사면	-

암석의 압축강도 실내암석시험에 의해 결정되지만, 암반분류의 목적상 현장에서 시추코어의 간편시험으로 얻을 수 있는 점하중강도 지수가 이용되기도 한다.

불연속면의 간격 불연속면에서 수직방향으로의 평균 거리를 말하며, 불연속면의 존재는 암반의 전체 강도를 감소시키고 그것들의 간격은 그러한 감소량을 지배한다.

불연속면의 상태 절리의 거칠기, 절리의 간극, 연장성, 절리벽면의 풍화 정도, 충진물 등을 포함한다. 불연속면의 상태 또한 간격만큼이나 중요하다.

지하수 상태 굴착 중 분당 지하수 유입량이나, 완전건조, 습윤, 젖음, 물방울 떨어짐, 물이 흐름과 같은 일반적인 상태, 또는 최대주응력에 대한 불연속면 수압으로 표현될 수 있다.

불연속면의 방향 불연속면의 주향/경사방향의 영향을 평가하는 것으로 터널/광산, 사면, 기초와 같은 적용사례에 따라 구분되어 있다. 터널에서 주향과 경사의 방향이 유리한지 그렇지 않은지를 결정하기 위해 표를 참조한다.

[표 4-5] RMR 분류표(Bienawski, 1989)

A. CLASSIFICATION PARAMETERS AND THEIR RATINGS

	Parameter		Range of values				
1	Strength of intact rock material	Point-load strength index	>10 MPa	4 - 10 MPa	2 - 4 MPa	1 - 2 MPa	For this low range - uniaxial compressive test is preferred
		Uniaxial comp. strength	>250 MPa	100 - 250 MPa	50 - 100 MPa	25 - 50 MPa	5 - 25 MPa / 1 - 5 MPa / < 1 MPa
	Rating		15	12	7	4	2 / 1 / 0
2	Drill core Quality *RQD*		90% - 100%	75% - 90%	50% - 75%	25% - 50%	< 25%
	Rating		20	17	13	8	3
3	Spacing of discontinuities		> 2 m	0.6 - 2 . m	200 - 600 mm	60 - 200 mm	< 60 mm
	Rating		20	15	10	8	5
4	Condition of discontinuities (See E)		Very rough surfaces Not continuous No separation Unweathered wall rock	Slightly rough surfaces Separation < 1 mm Slightly weathered walls	Slightly rough surfaces Separation < 1 mm Highly weathered walls	Slickensided surfaces or Gouge < 5 mm thick or Separation 1-5 mm Continuous	Soft gouge >5 mm thick or Separation > 5 mm Continuous
	Rating		30	25	20	10	0
5	Ground water	Inflow per 10 m tunnel length (l/m)	None	< 10	10 - 25	25 - 125	> 125
		(Joint water press)/(Major principal σ)	0	< 0.1	0.1, - 0.2	0.2 - 0.5	> 0.5
		General conditions	Completely dry	Damp	Wet	Dripping	Flowing
	Rating		15	10	7	4	0

B. RATING ADJUSTMENT FOR DISCONTINUITY ORIENTATIONS (See F)

Strike and dip orientations		Very favourable	Favourable	Fair	Unfavourable	Very Unfavourable
Ratings	Tunnels & mines	0	-2	-5	-10	-12
	Foundations	0	-2	-7	-15	-25
	Slopes	0	-5	-25	-50	

C. ROCK MASS CLASSES DETERMINED FROM TOTAL RATINGS

Rating	100 ← 81	80 ← 61	60 ← 41	40 ← 21	< 21
Class number	I	II	III	IV	V
Description	Very good rock	Good rock	Fair rock	Poor rock	Very poor rock

D. MEANING OF ROCK CLASSES

Class number	I	II	III	IV	V
Average stand-up time	20 yrs for 15 m span	1 year for 10 m span	1 week for 5 m span	10 hrs for 2.5 m span	30 min for 1 m span
Cohesion of rock mass (kPa)	> 400	300 - 400	200 - 300	100 - 200	< 100
Friction angle of rock mass (deg)	> 45	35 - 45	25 - 35	15 - 25	< 15

E. GUIDELINES FOR CLASSIFICATION OF DISCONTINUITY conditions

Discontinuity length (persistence)	< 1 m	1 - 3 m	3 - 10 m	10 - 20 m	> 20 m
Rating	6	4	2	1	0
Separation (aperture)	None	< 0.1 mm	0.1 - 1.0 mm	1 - 5 mm	> 5 mm
Rating	6	5	4	1	0
Roughness	Very rough	Rough	Slightly rough	Smooth	Slickensided
Rating	6	5	3	1	0
Infilling (gouge)	None	Hard filling < 5 mm	Hard filling > 5 mm	Soft filling < 5 mm	Soft filling > 5 mm
Rating	6	4	2	2	0
Weathering	Unweathered	Slightly weathered	Moderately weathered	Highly weathered	Decomposed
Ratings	6	5	3	1	0

F. EFFECT OF DISCONTINUITY STRIKE AND DIP ORIENTATION IN TUNNELLING**

Strike perpendicular to tunnel axis		Strike parallel to tunnel axis	
Drive with dip - Dip 45 - 90°	Drive with dip - Dip 20 - 45°	Dip 45 - 90°	Dip 20 - 45°
Very favourable	Favourable	Very unfavourable	Fair
Drive against dip - Dip 45-90°	Drive against dip - Dip 20-45°	Dip 0-20 - Irrespective of strike°	
Fair	Unfavourable	Fair	

RMR 응용

RMR 분류로부터 조사 암반에 대한 암반등급뿐만 아니라 터널의 유지 시간, 반압, 터널 최대폭, 암반의 변형계수, 암반의 점착력과 내부 마찰각 등 암반의 물리적 성질에 대한 값도 경험식에 의해 유도될 수 있으며 다른 암반분류법과도 비교할 수 있다.

굴착 안정성 평가 터널과 공동의 경우에 RMR 분류결과는 암반평점에 따른 터널과 공동의 무지보 유지시간과 최대 안정폭을 추정할 수 있다.

지보하중 RMR으로부터 지보하중을 구할 수 있음이 Unal(1983)에 의해 제안되었다. Unal은 석탄광에서 RMR을 천반 폭, 지보 압력, 시간, 변형과 통합시켜서 천반의 안정성을 평가하는 통합적 접근법을 와 같이 제안하였다.

$$P = \frac{100 - R}{100}\gamma B$$

여기서 P=지보하중(kN), B=터널폭(m), γ=암반밀도(kg/m^3)

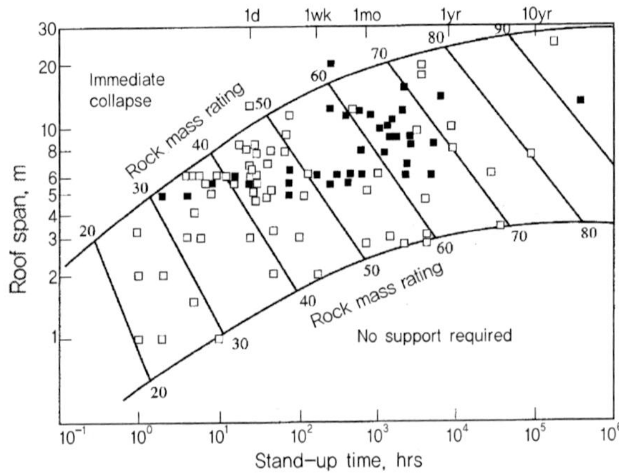

[그림 4-6] 무지보 자립시간과 굴착폭과의 관계(Bieniawski, 1976)

암반물성 평가 RMR 암반등급으로부터 개략적인 암반의 점착력과 내부마찰각을 추정할 수 있다. 또한 RMR값으로부터 암반의 변형계수를 평가할 수 있는데, Bieniawski는 RMR과 암반변형계수 사이의 관계를 제시하였으며, Serafim 등(1983)은 RMR<50인 범위의 많은 결과들을 제공하고 새로운 상관관계를 제안하였다.

[표 4-6] RMR 등급과 암반물성

등 급	I	II	III	IV	V
암반점착력(kPa)	>400	300-400	200-300	100-200	<100
암반 마찰각(φ)	<45°	35-45°	25-35°	15-25°	<15°

$$E_M = 2R - 100 \quad (R > 50) \qquad E_M = 10^{\frac{(R-10)}{40}} \quad (R > 50)$$

Hoek와 Brown(1980)은 RMR분류를 사용하여 암반 강도를 추정하는 방법을 제안하였다. 암반의 경우에 상수m과 s는 보정하지 않은 RMR과 다음의 관계를 가진다.

$$\frac{\sigma_1}{\sigma_c} = \frac{\sigma_3}{\sigma_c} + \sqrt{m\frac{\sigma_3}{\sigma_c} + s} \qquad m = m_i \exp\left(\frac{R - 100}{28}\right) \quad s = \exp\left(\frac{RMR - 100}{6}\right)$$

터널 지보지침 RMR 분류법은 터널에서 암반 보강의 선택에 지침을 제공한다. 발파에 의해 굴착되는 10m 폭의 마제형 터널이 수직압 25MPa 이하인 조건에서 굴착될 때의 암반등급별 지보지침 예를 보인 것이다. RMR 분류는 암반등급별로 장기간의 안정성 확보를 위한 천반지보 선택에 대한 지침을 제공한다. 이 지침은 지하심도(현장응력), 터널 크기와 형태, 굴착방법과 같은 요인들에 따라 달라진다.

[표 4-7] RMR에 대한 터널지보량 결정(Bineniawski, 1989)

암반 등급	굴착	지 보		
		록볼트	숏크리트	강지보재
I. 매우 우수	전단면 굴착 굴진장 3m	일반적으로 무지보, 경우에 따라 랜덤 록볼트		
II. 우수	전단면 굴착 굴진장 1.0-1.5m 막장에서 20m까지 완전지보	철망. 길이 3m, 간격 2.5m 스폿 볼트	경우에 따라 천단부 50mm	없음
III. 양호	상하단면 분할굴착 상반 굴진 1.5-3.0m 단계별 발파 후 지보 막장에서 10m까지 완전지보	철망. 길이 4m, 간격 1.5-2m 시스템 볼트(천단 및 벽면)	천단부 50-100mm 벽면 30mm	없음
IV. 불량	상하단면 분할굴착 상반굴진 1.0-1.5m 굴착 동시 지보 막장에서 10m까지 완전지보	철망. 길이4-5m, 간격 1-1.5m 시스템 볼트(천단 및 벽면)	천단부 100-150mm 벽면 100mm	1.5m 간격설치
V. 매우 불량	분할굴착 상단 굴진 0.5-1.5m 굴착 동시 지보 발파후 조기에 숏크리트	철망. 길이 5-6m/간격 1-1.5m 시스템 볼트(천단 및 벽면)	천단부 150-200mm 벽면 150mm 막장면 50mm	0.5m 간격 forepoling설치 인버트 폐합

터널형상: 마제형, 폭: 10m, 수직응력 25MPa 이하, 굴착방법: 천공발파

RMR 분류법의 장단점

RMR은 여러 분야에서 적용되어왔고, 각 요소들에 대한 평가가 비교적 쉬우며, 터널의 유지시간, 최대 가능 폭 및 최대 무지보 폭 등의 예측이 가능하고, 암반의 물리적 성질, 즉 내부마찰각, 변형계수, 지보압 그리고 암반의 점착력의 값들에 대한 예측이 가능하며, 터널과 불연속면의 방향성을 명백하게 고려할 수 있고 또한 여러 사례들이 출판되어 검증이 가능하다는 장점이 있다. 반면에 지보량의 결정에 있어서 개별 요소의 영향이 Q 시스템처럼 세밀하지 않고, 불연속면의 간격 평가에 있어서 불연속면의 군이 3개 이하인 경우는 보수적인 평가가 되고, 5개의 등급으로 분류하고 있지만 실제로는 영역 간에 뚜렷한 경계가 없으며, 터널의 폭에 대한 연구가 충분하지 못하여 지보량을 결정하는 데 있어 적용범위가 국한된다는 점이다.

4.4 Q 시스템

Q 시스템 노르웨이 NGI(Norwegian Geotechnical Institute)의 Barton 외(1974)에 의해 개발되었으며, 스칸디나비아의 212개 터널 사례연구를 근거로 제안된 정량적인 분류법으로 터널 지보의 설계를 용이하게 해주는 공학적인 분류체계이다. Q분류법은 암반을 정량적으로 평가하기 위해 6개의 요소를 사용하며 그 요소들은 RQD, 절리군의 수(J_n), 가장 상태가 나쁜 절리나 불연속면의 거칠기(J_r, 절리의 거칠기 계수), 취약 절리면의 충전물 또는 변질정도(J_a, 절리의 풍화·변질계수), 지하수의 유입 상태(J_w, 지하수에 의한 저감 계수), 그리고 응력조건(SRF, 응력저감계수)이다.

$$Q = \frac{RQD}{J_n} \cdot \frac{J_r}{J_a} \cdot \frac{J_w}{SRF}$$

[표 4-8] Q 분류요소

분류요소				평점
1	암질지수	RQD	블록 크기	10~100
2	절리군의 수	J_n		0.5~20
3	절리 거칠기계수	J_r	마찰 강도	0.5~4
4	절리 변질계수	J_a		0.75~20
5	절리 지하수저감계수	J_w	작용 응력	0.05~1
6	응력저감계수	SRF		0.5~20

이 요소들은 RQD/J_n은 상대적인 암괴의 크기(괴상의 rock burst 경향이 있는 암반을 구분하는 데 유용), J_r/J_a은 상대적인 마찰강도(가장 나쁜 절리군이나 불연속면의 충전물) 그리고 J_w/SRF은 지하수, 강도/응력의 비, 팽창성이나 압축성, 단층작용의 상대적인 효과(작용응력)를 나타내는 3개의 항으로 나누어 곱으로 표현한 것이 암반등급 Q값이다. Q-시스템에서는 불연속면의 방향성을 고려하지 않는데, 이는 터널설계 시 그 방향이 이미 주요 방향성에 영향을 받지 않도록 고려되고 있기 때문이다. 또한 암석의 특징(강도)을 전혀 고려하지 않고 있다.

암반평가 Q분류법의 각 요소의 최소 및 최댓값을 조합했을 때 10^{-3}~10^{3}(0.001~1,000) 사이의 값으로 표시되며, 이 값은 9개 등급으로 예외적으로 양호한 Ⅰ등급으로부터 예외적으로 불량한 Ⅸ 등급으로 구분된다.

[표 4-9] Q 분류와 암반평가

Q		암반 평가	
Ⅰ	400~1000	Exceptionally good	예외적으로 양호
Ⅱ	100~400	Extremely good	극히 양호
Ⅲ	40~100	Very good	매우 양호
Ⅳ	10~40	Good	양호
Ⅴ	4~10	Fair	보통
Ⅵ	1~4	Poor	불량
Ⅶ	0.1~1	Very poor	매우 불량
Ⅷ	0.1~0.01	Extremely poor	극히 불량
Ⅸ	0.01~0.001	Exceptionally poor	예외적으로 불량

분류요소와 평가

1. RQD 암질지수로서 RQD가 0인 경우에 Q값이 0이 되기 때문에 RQD가 10보다 적은 경우에 그 값을 10으로 하여 계산한다. 100, 95, 90과 같이 RQD 간격 5는 충분히 정확하다.

2. 절리군의 수(J_n) 불연속면 군의 수를 표시하는 요소로 터널의 교차부나 갱구부에서는 가중치를 두어 고려한다.

3. 절리 거칠기계수(J_r) 불연속면의 거칠기를 나타내는 요소로 불연속면의 거칠기나 불연속면의 풍화상태가 암반 블록 간의 전단강도에 영향을 준다. 암체는 암석이나 암반으로 불리는 물체가 불규칙적으로 합쳐져 구성되어 있는 불연속면체이므로, 이와 같은 물체에 외력이 작용할 경우에는 그 힘은 암석, 암괴 등의 요소들을 변형시키거나 그 요소 자체를 파괴시키기 전에 우선 요소들의 상대적인 변위를 따르는 것이다.

4. 절리 변질계수(J_a) 불연속면의 변질도나 불연속면벽의 성질을 나타내는 요소이다. 암반의 전단강도는 거칠기 외에도 암반 내 불연속면의 풍화진행 정도, 풍화점토가 형성된 정도 및 물체의 종류에 따라 좌우된다. 불연속면의 풍화가 진행되어 점토화가 진행되면 암석, 암반의 요소들이 활동하기가 쉬워져 전단강도가 감소하게 된다. 또한 불연속면에 얇게라도 점토광물이 피복하고 있다든지 충전물이 존재하는 경우 암반의 강도는 현저히 저하된다.

5. 절리 지하수저감계수(J_w) 불연속면에 있어서 물의 상태에 대한 요소이다. 이 값의 경우는 계획되고 있는 터널 내의 단층파쇄대의 존재 등이 예지되는 경우에는 상세한 용수 등의 조사를 실시하여 이 값을 추정할 필요가 있지만, 시추보고서에 특별한 사항의 기재가 없을 경우에는 표의 B항인 보통정도의 용수로 추정하여 암반평가를 할 수밖에 없다.

6. 응력저감계수(SRF) 불연속면의 응력감소상태를 나타내는 요소로서, 이 값이 나타내는 요소의 의미들은 암반이 압력을 받을 때 그 암반이 어떻게 변형하는가는 그 암반의 상태와 관계된다. 즉 그 암반이 정확하게 잘 맞물려 안정되어 있는 것인지, 아니면 이미 느슨하게 이완되어 있는지 또는 파쇄대가 없는지, 그 규모는 어떻게 되어 있는지, 굴착심도는 어느 정도인지, 팽윤하는 암반인지 등을 암반평가에 부가하여 이 값을 결정하는 것이다. 결국 이미 설명된 불연속면에 대한 각종 요소, J_n, J_r, J_a 등이 이 SRF값과 관계를 가진다.

[표 4-10] Q 시스템 분류표(Barton, 1993)

1. RQD		평점
A. 매우 불량		0~25
B. 불량		25~50
C. 보통		50~75
D. 양호		75~90
E. 매우 양호		90~100
2. 절리군의 수(J_n)		**평점**
A. 괴상, 절리가 없음		0.5-1
B. 하나의 절리군		2
C. 하나의 절리군과 부분적인 절리		3
D. 두 개의 절리군		4
E. 두 개의 절리군과 부분적인 절리		6
F. 세 개의 절리군		9
G. 세 개의 절리군과 부분적인 절리		12
H. 네 개 이상의 절리군과 불규칙적인 절리		15
J. 흙과 같이 파쇄된 암석		20
주) 터널 교차부 J_n x 3.0 터널 입구부 J_n x 2.0		
3. 절리의 거칠계수(J_r)		**평점**
a) 절리면 간의 접촉과 b) 10cm 이내의 전단으로 절리면 양쪽이 접촉		
A. 불연속적인 절리		4
B. 거칠고, 불류칙, 파상		3
C. 부드럽고, 파상		2
D. 매끄럽고, 파상		1.5
E. 거칠고, 불규칙, 평면적		1.5
F. 부드럽고, 평면적		1.0
G. 매끄럽고, 평면적		0.5
c) 전단 시에도 절리면의 접촉이 없음		
H. 절리의 벽면이 접촉할 수 없을 정도로 점토광물이 충전		1.0
J. 절리의 벽면이 접촉할 수 없을 정도의 모래, 자갈, 파쇄대가 존재		1.0
4. 절리 풍화변질지수(J_a)	**ϕ_r(대략)**	**평점**
a) 절리면 간의 접촉(충전물이 없는 경우)		
A. 변질이 없고 완전히 밀착, 단단한 불투수 충전물		0.75
B. 변질되지 않은 절리벽면, 표면에 얼룩	25~35	1.0
C. 약간 변질된 절리벽면, 사질 입자, 점토성이 없는 풍화암 등	25~30	2.0
D. 실트질 혹은 사질 점토의 피복, 연화되지 않은 작은 점토의 파편	20~25	3.0
E. 연화되었거나 마찰력이 적은 점토성 광물의 피복, 소량의 팽창성 점토(연속적인 피복, 1-2mm나 그 이하의 두께)	8~16	4.0
b) 10cm 이내의 전단으로 절리면 양쪽이 접촉		
F. 사질 입자, 무점토성 풍화암 등	25~30	4.0
G. 심하게 과압밀화된 불연화성 점토광물의 충전(연속적, 5mm 미만)	16~24	6.0
H. 보통/약간 과압밀화된 불연화성 점토광물의 충전(연속적, 5mm 미만)	12~16	8.0
J. 몬모릴로나이트 같은 팽창성 점토의 충전(연속적, 5mm 미만) 팽창성 점토 입자의 크기, 수분의 혼입량의 비율에 따라 변화	6~12	8-12

c) 전단 시에도 절리면의 접촉이 없음		
K.L.M 풍화 또는 파쇄된 암석의 대상 분포 및 구역(점토조건 G. H. J. 참조)	6~24	6, 8 or 8-12
L. 실트나 사질점토가 대상으로 분포, 작은 점토파편(불연성)	-	5.0
O.P.R 두껍고 연속적인 점토의 대상 분포나 구역(점토조건 G. H. J. 참조)	6~24	10, 13 or 13-20
5. 지하수에 의한 저감 계수(J_w)	**수압**	**평점**
A. 건조 혹은 소량의 용수(국부적 5L/분 미만)	<1(kg/cm^2)	1.0
B. 보통 정도의 용수와 수압, 때때로는 절리 내 충전물이 유출	1.0~2.5	0.66
C. 충전물이 없는 절리를 갖는 견고한 암석에서의 대량의 용수와 높은 수압	2.5~10.0	0.5
D. 대규모 용수와 압력, 상당량의 절리 내 충전물이 유출	2.5~10.0	0.33
E. 발파 시 극히 많은 용수와 높은 수압이 작용하나 시간의 경과와 함께 감소	>10.0	0.2~0.1
F. 시간의 경과와 관계없이 계속적인 극히 많은 양과 높은 수압의 용수	>10.0	0.1~0.05

주) 1. 요소 C-F는 대강의 추정치. 만약 배수시설이 설치된 경우는 J_w의 값이 증가된다.
2. 결빙과 관련된 특별한 문제는 고려하지 않는다.

6. 응력저감계수(SRF)			**평점**
a) 굴착 시 터널과 교차할 경우 암반을 이완시킬 수 있는 정도의 연약대			
A. 점토나 화학적으로 풍화된 암석을 포함하는 연약대의 빈도가 잦은 경우, 이완이 심한 주변 암반(임의 심도)			10
B. 점토나 화학적으로 풍화된 암석을 포함하는 연약대의 빈도가 한 번인 경우, 이완이 심한 주변 암반(굴착 심도 50m 이하)			5
C. 점토나 화학적으로 풍화된 암석을 포함하는 연약대의 빈도가 한 번인 경우, 이완이 심한 주변 암반(굴착 심도 50m 이상)			2.5
D. 견고한 암반에서의 전단대의 빈도가 잦은 경우(무점토), 이완된 주변암석(임의의 심도)			7.5
E. 견고한 암반에서의 전단대가 하나인 경우(무점토), (채굴심도 50m 이하)			5.0
F. 견고한 암반에서의 전단대가 하나인 경우(무점토), (채굴심도 50m 이상)			2.5
G. 느슨한 절리, 절리가 심한 경우(임의 심도)			5.0

주) i) 전단대가 공동과 교차하지 않고 영향만 준다면 SRF를 25-50% 감소시킨다.

b) 견고한 암석에서의 응력문제	σ_c / σ_1	σ_t / σ_1	
H. 낮은 응력, 지표부근	> 200	> 13	2.5
J. 중간 응력	200~10	13~0.66	1.0
K. 높은 응력, 매우 견고한 구조	10~5	0.66~0.33	0.5~2.0
L. 완만한 암반파열(괴상 암반)	5~2.5	0.33~0.16	5~10
M. 심한 암반 파열(괴상 암반)	< 2.5	< 0.16	10~20

주) ii) 심한 이방성을 보이는 응력장의 경우(측정 시) : $5 \le \sigma1/\sigma3 \le 10$일 때 σc와 σt는 0.8σc, 0.8σt가 된다.
σ1/σ3>10일 때 σc와 σt는 0.6σc, 0.6σt가 된다.
σ1 : 최대 주응력, σ3 : 최소 주응력, σc : 단축 압축 강도, σt : 인장 강도
iii) 지표로부터 터널 천단 부분의 심도가 터널 폭보다 작은 경우 자료는 거의 없다.
이러한 경우는 SRF값을 2.5에서 5로 증가시킨다(H 참조).

c) 압착성 암반 : 높은 반압의 영향으로 소성변형 발생	
N. 완만한 압착 반압	5~10
O. 심한 압착 반압	10~20
d) 팽창 암반 : 수압에 의한 화학적 팽창	
P. 완만한 팽창 반압	5~10
R. 심한 팽창 반압	10~15

Q 시스템 응용

지보하중과 터널지보 터널폭과 Q값에 따라 터널 지보방법이 제시되고 있다. Q값이 이용가치가 높은 것은 등가 굴착크기((De, Equivalent Dimension)를 이용하여 암반을 여러 개의 범주로 구분하여 각각의 범주에 대한 구체적인 지보형식 등을 제시하고 있기 때문이다. 등가 굴착크기는 공동의 높이나 직경 또는 폭을 터널의 용도에 의해 결정되는 굴착 지보지수(ESR, Excavation Support Ratio)라 불리는 값으로 나눈 값으로 다음 식에 의해 구한다.

$$D_e = \frac{\text{터널 폭 또는 높이}}{ESR}$$

[표 4-11] 굴착 지보지수(ESR)

지하공동의 용도	ESR
a) 일시적인 광산갱도 등	3~5
b) 수갱 : 원형단면 / 사각단면	2.5 / 2.0
c) 광산의 영구갱도, 대규모 공동의 시험 갱도, 운반 갱도 및 막장 수력 발전소의 수로 터널(고압의 수압 터널 제외)	1.6
d) 비축공동, 수처리 공장, 소형 도로 및 철도 터널, 완충 공동 출입용 터널 등	1.3
e) 발전소, 대형 도로/철도터널, 민방위용 공동, 터널입구, 터널교차부	1.0
f) 지하 원자력 발전소, 기차역, 스포츠 및 공공 기관, 공장	0.8

Q-지보 차트 Barton(1993)은 NMT의 본질적 요소인 습식 강섬유 보강 숏크리트를 적용하기 적합하도록 Q 시스템의 분류기준을 수정하여 개선된 Q-지보 차트를 제시하였다. 그림에서 보는 바와 같이 지보시스템을 Q값과 등가굴착 크기에 따라 9개의 범위로 구분하고 각 범위에서의 적정지보방법을 제시함으로써 터널설계에 직접 적용할 수 있도록 하였다.

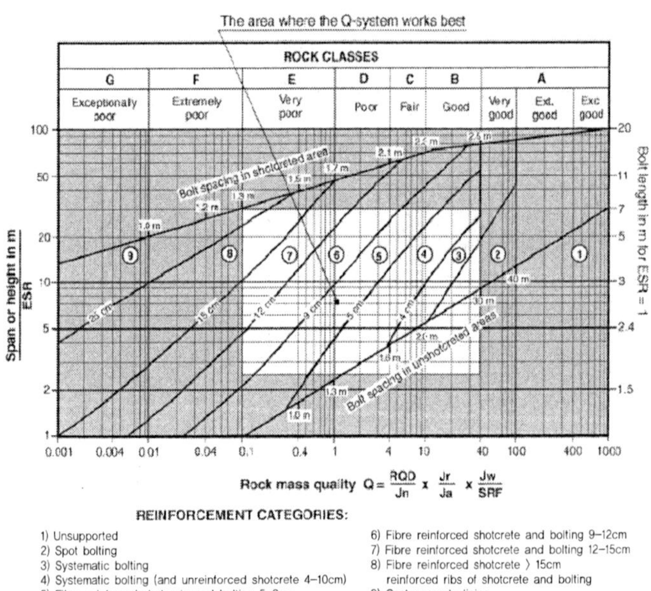

[그림 4-7] Q-지보 차트(Barton, 1994)

지보하중 사례연구를 바탕으로 Grimstad and Barton (1993)은 Q값과 영구지보하중(permanent roof support pressure, Proof) 사이의 관계식을 다음과 같이 제시하였다.

$$P_{roof} = \frac{2.0}{J_r} Q^{-\frac{1}{3}} \qquad P_{roof} = \frac{2\sqrt{J_n}\, Q^{-\frac{1}{3}}}{3J_r} \ (J_n < 3)$$

Q값 추정 현장에서 노두가 부족하여 Q값을 조사하기가 제한되는 경우에는 설계단계에서 시추공 사이나 터널막장에서 굴착방향으로 수평시추하여 탄성파탐사에 의한 탄성파속도(seismic velocity, V_p)를 측정하여 Q값을 추정할 수 있다.

$$V_p = 3.5 + \log Q_c \text{ , 여기서 } Q_c = Q \frac{\sigma_c}{100}$$

암반물성 평가 Barrton(1992)은 Q값과 암반 변형계수(E_m) 사이의 관계식을 제시하여 Q값으로부터 암반변형계수를 평가할 수 있도록 하였다.

$$E_m = 10\, Q_c^{1/3}\,(GPa)$$

그림은 Q값과 탄성파속도, 암반변형계수 및 지보압의 범위를 나타내고 있다.

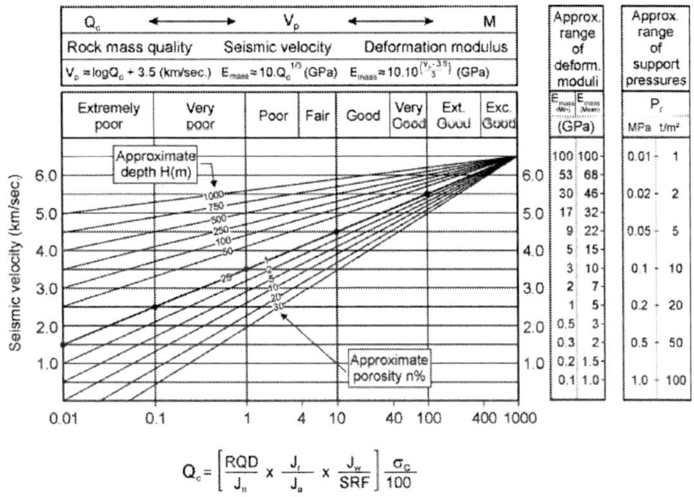

[그림 4-8] Q_c와 V_P 관계(Barton, 1993)

Q 시스템의 장단점 장점은 값의 범위가 넓기 때문에 변수의 선택에 따른 오차가 적고, 터널의 폭과 높이의 범위가 넓고 지보의 선택범위가 상세하다는 것이다. 또한 굴착 지보 계수(ESR)에 의해 터널의 목적이 반영되며, 팽창 또는 압착성 지반 조건에 적용성이 양호하고, 여러 현장에서 성공적으로 적용된 사례가 많아 이러한 사례들을 충분히 검토할 수 있다는 것이다. 단점은 다소 복잡하다는 점과 북구유럽의 자료를 중심으로 작업이 이루어졌기 때문에 북구편중 현상이 있으며, 극히 불량한 지역에 대한 사례가 거의 없다는 것이다.

4.5 암반분류 응용

RMR 시스템은 많은 사례 연구를 통해 수정되었고, 국제적인 규격과 절차를 따라 변형되어왔다. 광산에서의 적용성을 위한 RMR수정방법을 제시하였으며, 사면 안정성 검토 및 설계에 적용하기 위해 사면 암반분류법(SMR)을 제안하였다.

MRMR(Mining Rock Mass Rationg) Laubscher와 Taylor(1976)는 깊은 심도의 탄광에서 암반분류를 응용한 경험을 바탕으로 RMR 분류 및 지보지침을 수정하였다. 즉 RMR 분류요소 들에 대한 풍화, 현지암반응력, 응력변화, 주향과 경사, 발파영향을 고려할 수 있도록 하였다.

$$MRMR = RMR \times (A_b \times A_s \times S)$$

여기서 A_b : 발파손상에 보정 보정(0.8~1.0)

A_s : 현지암반응력과 응력변화에 대한 보정(0.6~1.2)

S : 주요 단층과 균열에 대한 보정(0.7~1.0)

SMR(Slope Rock Mass Rating) 사면에서의 암반분류법으로 사용되는 SMR 분류법은 우선 RMR을 근거로 하여 사면에 대한 요소들을 보정하는 방법으로 Romana(1988)에 의해 제안되었다. SMR 분류에서 고려되는 요소들은 암반의 일반적인 특성 외에 사면과 불연속면의 주향 방향의 차이, 사면의 경사방향과 불연속면의 경사각 차이, 불연속면의 경사, 사면의 굴착방법 등이다. 이러한 보정요소들은 다음 식에 의해 SMR값을 결정한다.

$$SMR = RMR_{basic} + (F1 \times F2 \times F3) + F4$$

여기서 F_1 : 절리과 비탈면 주향 사이의 평행성

F_2 : 평면파괴형태에서 절리경사각

F_3 : 비탈면과 절리경사각 사이의 관계를 반영

F_4 : 발파 등의 굴착방법에 따른 경험적 계수 참조)

[표 4-12] SMR분류에 의한 사면의 안정성 평가 및 붕괴유형

분류	SMR	암반상태	안정성	붕 괴	보 강
Ⅰ	81~100	매우 좋음	매우 안정	없 음	필요 없음
Ⅱ	61~80	좋 음	안 정	일부 블록	때때로 필요
Ⅲ	41~60	보 통	부분적 안정	일부 절리 혹은 많은 쐐기파괴	체계적인 보강
Ⅳ	21~40	나 쁨	불안정	평면 또는 대규모 쐐기파괴	중요/보수차원
Ⅴ	0~20	매우 나쁨	매우 불안정	대규모 평면파괴 또는 원호파괴	재굴착

4.6 암반분류 상관관계

서로 다른 암반분류값 간의 상관관계에 대한 많은 연구가 수행되었는데, 이와 같은 상관관계는 현장상황에 따라 적용 가능한 암반분류법을 선정하여 작업이 수행되지만 암반물성 등과 같은 값을 추정하기 위하여 상관관계를 참조하게 된다.

RMR과 Q-시스템 RMR과 Q-시스템간의 상관관계에 대한 연구가 많은 학자들에 의해 이루어졌다. Bieniawski(1976)는 RMR과 Q-값 사이의 상관관계를 분석하였는데, 이를 위해 전 세계의 111개 사례(스칸디나비아 62개, 남아프리카 28개, 미국, 캐나다, 호주 유럽 21개)를 통하여 터널에 대해 다음과 같은 상관식을 제시하였다.

$$RMR = 9\ln Q + 44$$

$$RMR = 9\ln Q + 62$$

(상한 한계선, 90% 신뢰도)

$$RMR = 9\ln Q + 26$$

(하한 한계선, 90% 신뢰도)

이후 많은 연구자들에 의해서 각국의 지역특성과 적용 대상에 따라 RMR-Q 상관식을 제시하였다.

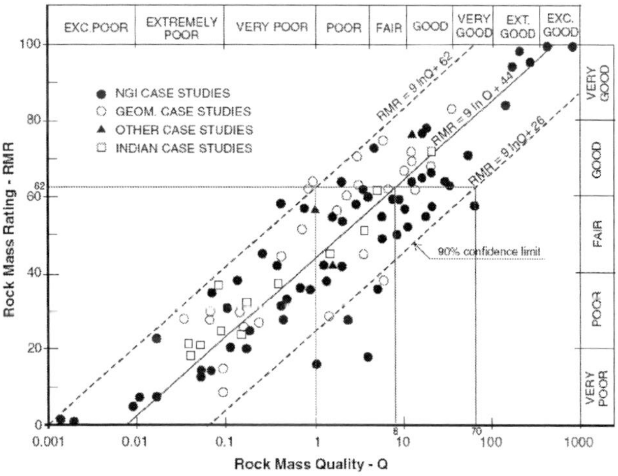

[그림 4-9] RMR-Q 상관관계(Bieniawski, 1976)

GSI와 RMR, Q GSI(지질강도지수)는 일반적으로 양호한 암반인 경우에는 RMR로부터 직접 평가할 수 있다. 하지만 불량한 암반의 경우에는 RMR값과 GSI 사이에 신뢰할 만한 직접적인 상관성이 없기 때문에 RMR값으로부터 GSI를 평가하지 않아야 한다. Hoek and Brown(1995)은 RMR_{89}(Bieniawski, 1989)로부터 다음 식을 제시하였는데 여기서 RMR은 절리방향에 대한 보정이 없는 기본 RMR이다.

$$GSI = RMR_{89} - 5 \qquad (GSI \geq 18)$$

$$GSI = 9\ln Q' + 44 \qquad \left(Q' = \frac{RQD}{J_n} \cdot \frac{J_r}{J_a} \right)$$

현지 암반응력

In-situ Rock Stress

암반응력 암반공학의 원리와 응용에 있어 가장 기본이 되는 개념이다. 암반공학에서 암반응력을 이해해야 하는 이유는 자연상태의 암반에 이미 존재하는 응력(현지응력 또는 초기응력)이 있으며, 설계나 분석을 위해서 이 응력의 상태와 방향을 파악해야만 한다. 또한 암반을 굴착하게 되면 이전의 응력장이 심하게 변하게 되며 하중이 재분배되게 되는 것이다. 따라서 암반의 현지응력을 측정하여 응력성분의 크기와 작용 방향을 알게 되면 이러한 응력조건에 적합한 암반구조물의 규모, 배치, 방향, 단면형태 등을 결정할 수 있다. 따라서 지하심부와 같이 암반응력이 구조물의 안정성에 큰 영향을 미칠 수 있는 환경에서는 반드시 해당 지역에서의 초기응력을 측정할 필요가 있다. 모든 방향에서 동일한 크기의 수직압축응력만이 작용하는 수압과는 달리 지압은 일반적으로 3차원 응력텐서를 구성하는 6개의 응력성분이 모두 존재하게 된다. 그러므로 암반 내의 한 지점에서 응력상태를 완전히 결정하기 위해서는 6개의 응력성분이 측정되어야 하는 어려움이 따른다. 여러 가지 측정방법에 의해 6개의 응력성분이 결정되면 이를 이용하여 주응력 방향을 찾을 수 있으며, 주응력 방향에서는 3개 주응력 성분만으로 그 지점의 응력상태를 완전하게 표현할 수 있다. 암반 내의 응력상태를 이와 같이 주응력 방향에서 표시하면 여러 가지 편리한 점이 있다.

[사진 5-1] 현지암반응력 측정(스위스, 2002)

5.1 응력의 개념

응력(stress) 힘의 강도(intensity of force)로서, 단위면적당 힘을 의미한다. 수직력의 강도는 수직응력(normal stress), 전단력의 강도는 전단응력(shear stress)이 된다. 응력은 크기와 더불어 작용면의 (법선)방향과 응력방향을 갖는 2차 텐서(tensor)량이다.

$$\sigma(\text{응력}) = \frac{F(\text{힘})}{A(\text{단면적})}$$

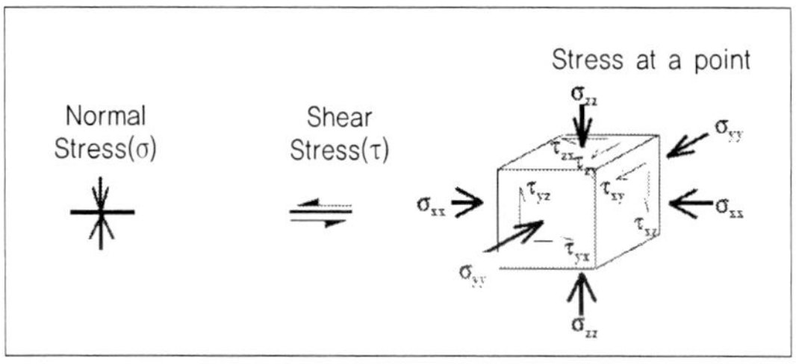

[그림 5-1] 응력상태

응력상태 임의 물체 내 미소체(점)에 작용하는 응력을 좌표축에 평행 또는 수직한 면에 나타낸 것이다. 보통 수직응력을 σ, 전단응력을 τ로 표기한다. σ 또는 τ의 첫 번째 아래첨자는 응력이 작용하는 면의 방향을, 두 번째 첨자는 응력의 방향을 나타낸다. 3차원 응력상태(state of stress)는 3×3 행렬식으로 표현되며, 대칭(symmetric)성분을 고려하면 총 6개의 응력성분으로 구성된다. 암석역학에서는 주로 압축응력을 대상으로 하므로 압축응력과 인장응력을 각각 +와 −로 표현한다.

$$[\sigma] = \begin{bmatrix} \sigma_x & \tau_{xy} & \tau_{xz} \\ \tau_{xy} & \sigma_y & \tau_{yz} \\ \tau_{xz} & \tau_{yz} & \sigma_z \end{bmatrix} = \begin{bmatrix} \sigma_x & \tau_{xy} & \tau_{xz} \\ - & \sigma_y & \tau_{yz} \\ - & - & \sigma_z \end{bmatrix} \qquad \text{주응력}[\sigma] = \begin{bmatrix} \sigma_1 & 0 & 0 \\ & \sigma_2 & 0 \\ & & \sigma_3 \end{bmatrix}$$

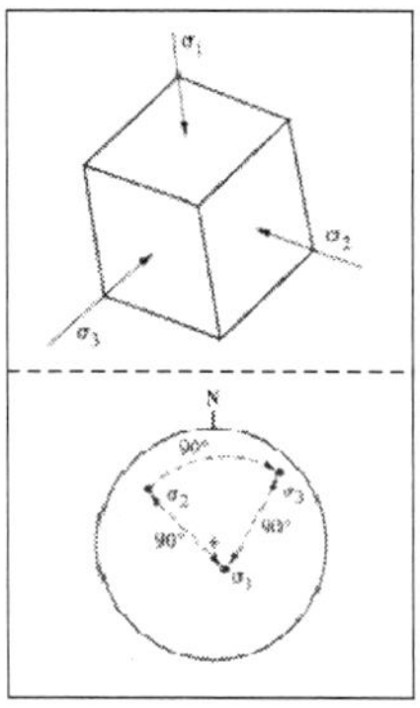
[그림 5-2] 주응력

주응력(principal stresses) 임의의 응력이 작용하는 정육면체를 회전하면 수직응력성분이 최대가 되는 방향을 찾을 수 있으며, 이 방향에서 모든 면의 전단응력성분은 0이 된다. 주응력은 전단응력성분의 크기가 0인 면에 작용하는 수직응력의 성분으로 정의되며, 각각 서로 수직을 이룬다.

암반 내 현지응력은 그림에서 보는 바와 같이 세 개의 주응력으로 표시되며 각각의 크기와 방향자료를 표시할 수 있다.

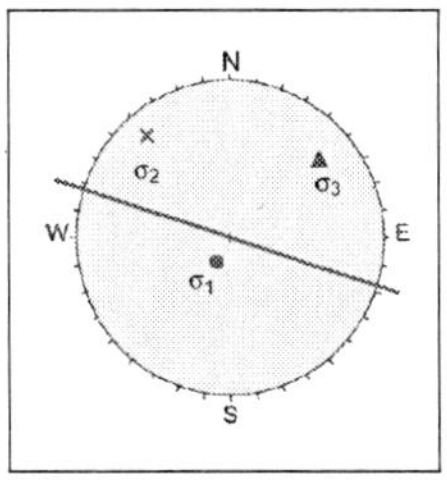

Stress	MPa	Trend(°)	Plunge(°)
σ_1	10	210	70
σ_1	8	220	10
σ_1	5	50	15

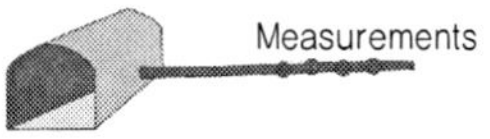

[그림 5-3] 응력성분의 방향과 크기 표현

5.2 암반응력

현지응력(in-situ stress) 자연상태의 암반에 작용하고 있는 지압을 말하며, 초기 응력이라고도 한다. 깊이에 따라 증가하는 경향을 보인다. 초기응력의 방향과 크기는 피복암(overburden)의 두께, 지형, 지질구조, 판구조운동, 지열 등과 같은 다양한 지질학적 요인들에 의해 영향을 받지만 어느 정도 합리적인 가정을 통하여 이론적으로 예측이 가능한 경우도 있다.

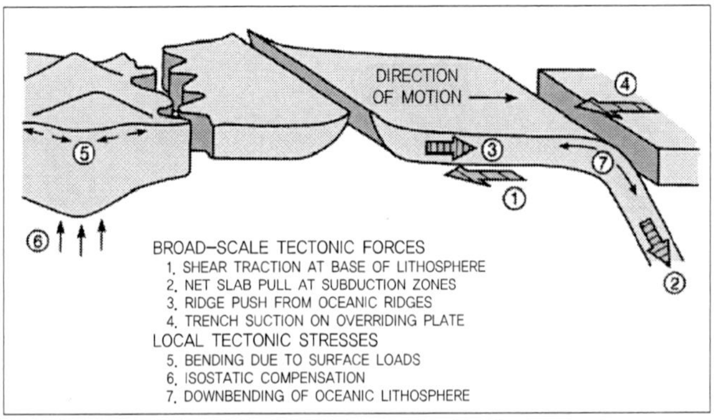

[그림 5-4] 판구조력의 원천(Zoback 등, 1989)

[표 5-1] 암반응력의 구분

<table>
<tr><td rowspan="8">암반응력</td><td rowspan="7">현지응력</td><td>gravitational stresses</td><td colspan="3">flat ground surface / topography effect</td></tr>
<tr><td rowspan="4">tectonic stresses</td><td rowspan="2">active</td><td>broad</td><td>shear traction, slab pull, ridge push
trench suction, membrane stress</td></tr>
<tr><td>local</td><td>bending, isostatic compensation
downgending of lithosphere
volcanics and heat flow</td></tr>
<tr><td colspan="2" rowspan="2">remnant</td><td rowspan="2">folding, faulting, jointing, boundinage와 같은 tectonic activity와 간련</td></tr>
<tr></tr>
<tr><td>residual stresses</td><td colspan="3">diagenesis, metasomatism, metamorphism
magma cooling, changes in pore pressure</td></tr>
<tr><td>terrestrial stresses</td><td colspan="3">seasonal tp variation, moon pull(tidal stresses)
coriolis force, diumal stresses</td></tr>
<tr><td>유도응력</td><td colspan="4">mining, excavation, drilling, pumping, injection, energy extraction
applied loads, swelling</td></tr>
</table>

유도응력(induced stress) 암반의 굴착에 의해 굴착면 주위의 초기응력장이 교란되어 새로운 평형상태에 도달해 있는 것을 말한다. 정수압응력 상태의 초기응력이 작용하고 있는 탄성지반에 원형터널을 굴착하는 경우 터널벽면에서는 접선방향으로 초기응력값의 2배가 되는 유도압축응력이 작용하게 된다. 지하구조물의 응력에 의한 안정성은 구조물 벽면부근에 작용하고 있는 유도응력의 상태에 의해 좌우된다. 유도응력의 상태는 초기응력과 직접적으로 관련이 되기 때문에 초기응력의 측정은 암반구조물 설계에 있어서 중요한 설계변수가 된다.

연직응력 연직방향을 주응력 방향이라 가정할 경우, 초기연직응력(σ_v)은 상부피복암에 중력이 작용하여 발생되는 것으로 생각하여 다음과 같이 깊이(z)에 따라 선형적으로 증가하는 것으로 추정할 수 있다.

$$\sigma_v = \rho g z = \gamma z$$

여기서 ρ는 암반의 밀도, g는 중력가속도, γ는 단위중량을 나타낸다.
연직응력을 직접 측정하지 않는 암반응력 측정법에서는 식을 이용하여 추정하는 것이 보통이다. 지금까지 수행된 수많은 초기지압 측정결과들은 신뢰성을 뒷받침하고 있다.

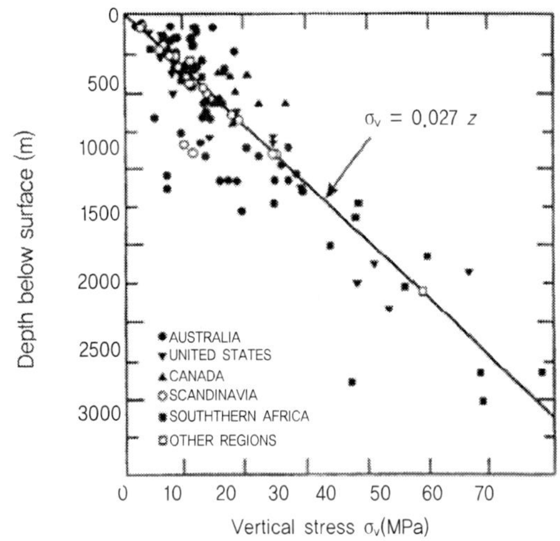

[그림 5-5] 연직응력(Brown,1980)

수평응력 수평방향 초기응력은 연직방향 초기응력에 대한 비($K = \sigma_h / \sigma_v$)로 나타내는 경우가 일반적이며, 이 K를 측압계수라 부른다. 수평방향 응력이 연직방향 응력의 작용으로 유도되었다고 가정한다면, 탄성이론에 의해 수평방향 응력의 크기를 다음과 같이 계산할 수 있다.

$$\sigma_h = \frac{\nu}{1-\nu}\sigma_v \quad (\text{여기서 } K = \nu/(1-\nu))$$

이는 토질역학 관련 문헌에서 K_0로 표시하는 정지토압계수에 해당한다. 포아송비 ν가 0과 0.5 사이의 값을 가져야 하므로 측압계수 K는 0과 1사이의 값을 가져야 하지만 실제 측정결과는 1을 넘는 경우도 많다. Terzaghi(1952)에 의하면 윗식은 대부분의 암반조건에는 적합하지 않은 것으로 알려져 있다. 측압계수K는 암반의 지질구조, 지질학적 시간 등을 포함한 다양한 지질학적 요인들에 의해 영향을 받기 때문에 보통 깊이에 따라 변화가 있고 또 수평방향에 따라서도 차이를 보인다. 연직응력과는 달리 수평 초기지압을 이론적으로 추정하는 합리적인 방법이 제시되어 있지 않기 때문에 암반구조물의 설계 시에는 반드시 측정을 통하여 초기지압의 수평방향성분을 결정하는 것이 필요하다. 상부층의 자중과 함께 지각운동과 국부적 지형 등의 영향으로 인해 단순한 탄성학적인 예측이나 탄성-정열역학적 모델을 현장에 직접적으로 적용하기 어렵다.

측압계수 수평응력을 연직응력으로 나눈 값을 측압계수(k)라 하여 현장의 응력상황을 나타내는 데 사용한다.

$$K = \frac{\sigma_h}{\sigma_v}$$

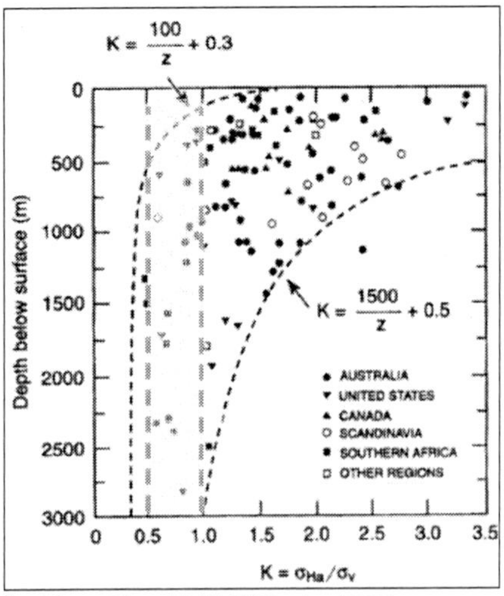

[그림 5-6] K의 범위(Hoek, 1997)

Brown과 Hoek(1978)의 의하면 천부에서 측압계수의 분산이 매우 심하고 큰 값을 보이다가 심부로 갈수록 그 값과 분산이 작아지는 것으로 나타났다. 수평방향 응력의 평균을 연직응력로 나누어 구한 측압계수의 분포이다. 심도를 z(m)라 할 때 이 그림에서의 측압계수 범위는 다음의 식으로 표현된다.

$$\frac{100}{z} + 0.3 < K_{avg} < \frac{1500}{z} + 0.5$$

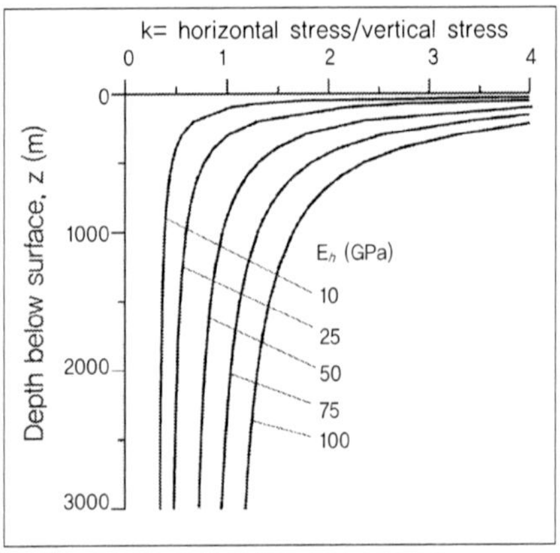

[그림 5-7] K와 E_h(Sheorey,1994)

Sheorey(1994)는 지각의 탄성-열응력 모델을 개발하고 암반변형성에 따른 측압계수를 평가할 수 있는 간단식을 제시하였다.

$$K = 0.25 + 7E_h\left(0.001 + \frac{1}{z}\right)$$

여기서 E_h는 수평방향의 평균변형계수이다.

또한 Martin 등(1993)은 최대 및 최소 수평응력에 대한 수직응력의 변화양상을 응력비로 제시하였다. 세계적으로도 심도 500m 이내에서는 대체적으로 K값이 1.0 이상인 것으로 보고되고 있으며, 지형학적 또는 구조지질학적 영향을 받는 조건에서는 인근지역에서라도 상당히 차이가 나는 것으로 보고되고 있기 때문에, 측압계수는 반드시 대상지역에 대한 실측값이 적용되어야 하며, 이를 바탕으로 가능한 한 주위 암반에 비슷한 응력분포를 유지하도록 조화공동의 개념을 고려하여 지하구조물의 설계가 이루어져야 할 것이다.

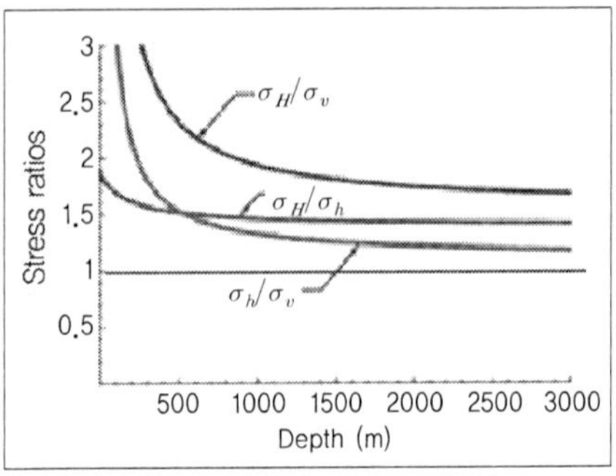

[그림 5-8] K의 변화(Martin, 1993)

현지암반 응력의 분포특성

Amadei & Stephansson(1997)은 한국의 자료를 포함한 세계 여러 지역에서 측정되어 여러 문헌에 보고된 깊이에 따른 수평 및 수직응력의 변화 관계식을 정리하여 보고하였다. 특히 천부에서 수평응력의 측정값은 그 변화가 매우 크기 때문에 이론적으로 예측한 값은 불확실성이 매우 높다. 그러므로 중요한 구조물의 설계를 위해서는 초기응력의 크기를 직접 측정하는 것이 필수적이다.

세계응력도 그림은 World Stress Map Project에서 2008년에 발표한 세계응력 지도이다. 지진분석(63%), 보어홀과 시추자료(23%), 현지응력측정(9%), 단층면 분석(5%) 등 다양한 측정 방법들을 적용하여 수평 방향 최대응력을 표시한 것으로 그 길이가 길수록 측정치의 신뢰도가 높은 것을 의미한다.

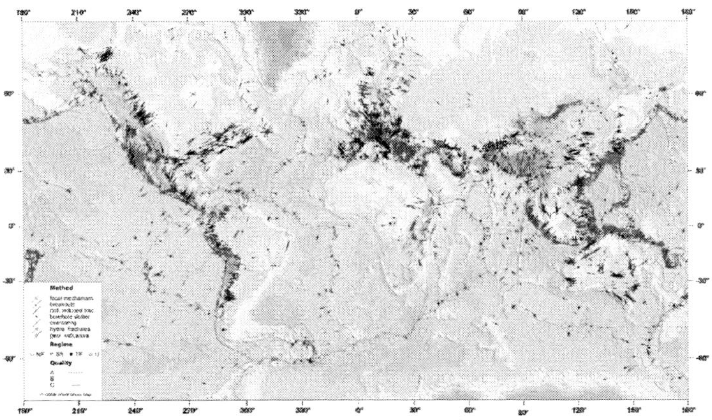
[그림 5-9] World Stress Map(Heidbach, 2008)

국내 응력도 국내에서 조사한 최대 수평응력의 분포도(회색 십자로 표시)이다. 지배적인 경향은 아니지만 선주향이 70°~90°인 최대 수평응력의 빈도가 가장 높게 나타났다. 이는 한반도의 지형학적 특성으로 예측할 수 있는 결과와 부합한다. 측정 현장 가운데는 측압계수가 3.0 이상으로 높은 수준의 수평응력을 나타낸 곳도 있었다. 이 그림에는 최대수평응력이 무결암 일축압축강도의 15% 이상 되는 지역도 표시되어 있다(원으로 표시). 이러한 지역들은 갑작스러운 강도 저하를 보이는 취성파괴 가능성이 높은 곳으로 지하 구조물 건설 시 현지응력에 대한 세심한 주의가 필요하다.

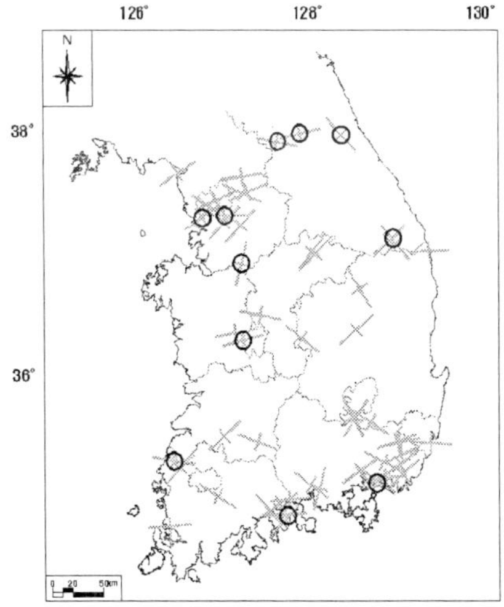

[그림 5-10] 국내 측정결과(Bae 등, 2010)

5.3 암반응력의 측정

암반의 응력은 다른 여러 가지 암반 물성값과 비교해 볼 때, 측정이 여의치 않은 것 중의 하나이다. 이는 응력은 2차 텐서에 의해 표현되는 양이기 때문에, 최소한 6개 이상의 서로 다른 정보로부터 완전한 현지암반응력을 구할 수 있다. 일반적으로, 모든 현지암반응력 측정법은 암반을 파쇄시키는 수순을 가지고 있는데, 이러한 작업에 수반되는 반응이 변형률, 변위, 수압 등의 형태로 측정되며, 이들은 암반의 거동에 대한 몇 가지 가정을 수립함으로써 해석된다. 암반의 초기응력은 일반적으로 굴착면으로부터 떨어진 지점에서 측정되어야 불교란 상태의 값을 얻을 수 있는데, 지하공동일 경우 최소한 공동 폭의 1.5~2배 지점 이상의 거리에서 측정되는 것이 바람직하다.

측정방법 단일 또는 복합적인 방법을 이용하여 단계별로 응력측정이 이루어질 수도 있는 바, Enever(1993)는 초기계획단계에서는 수압파쇄법을 적용하고, 보다 자세한 자료를 획득하기 위해 시공단계에서 응력해방법을 적용할 것을 제안한 바 있다. 이러한 복합적인 응력측정법의 여러 가지 장점들은 이미 Haimson(1988) 등에 의해서도 토의된 바가 있다. 현재까지 ISRM (1987)에서는 암반의 초기응력 측정법으로서 플랫잭법, 응력해방법, 수압파쇄법 등을 제안하고 있다. 이들 중에서, 플랫잭법의 경우 불교란 상태의 응력측정에는 다소 무리가 있으나, 터널라이닝내의 응력 측정 등에 유리하며, 응력해방법의 경우 측정방법이 다소 까다로우나 완전한 응력성분을 구할 수 있다는 장점이 있다. 또한 수압파쇄법의 경우에는 시추공 축 방향을 하나의 주응력 축으로 가정하는 단점은 있으나, 시공단계 이전에 적용이 가능하고 적용심도에 제한이 없다는 장점 때문에 최근 각 분야에서 널리 활용되고 있는 방법이다.

[표 5-2] 대표적인 현지암반 측정방법

<table>
<tr><th colspan="4">방 법</th><th>적용범위(m^3)</th></tr>
<tr><td rowspan="4">직접법</td><td>응력보상법</td><td colspan="2">플랫잭법(Flat Jack method)</td><td>0.5~2</td></tr>
<tr><td>수압법</td><td colspan="2">수압파쇄법(Hydraulic Fracturing)</td><td>0.5~50</td></tr>
<tr><td rowspan="2">응력개방법</td><td rowspan="2">오버코어링
(Overcoring)</td><td>USBM method</td><td rowspan="2">10^{-3}~10^{-2}</td></tr>
<tr><td>CSIRO-HI cell</td></tr>
<tr><td rowspan="3">간접법</td><td rowspan="2">코어 이용
(변형률회복법)</td><td colspan="2">Anelastic Strain Recovery(ASR)</td><td>10^{-3}</td></tr>
<tr><td colspan="2">Differencial Strain Curve Analysis(DSCA)</td><td>10^{-4}</td></tr>
<tr><td>시추공 이용</td><td colspan="2">Breakout법(시추공 텔레뷰어 해석)</td><td>10^{-2}~10^{2}</td></tr>
</table>

응력보상법(Flat jack Method)

플랫잭을 이용하는 방법으로 플랫잭은 두 개의 금속 판을 용접하여 가압할 수 있도록 만든 것이다.

[그림 5-11] Flat jack

측정원리 굴착면에 원형 다이아몬드 톱을 이용하여 슬롯(slot)을 형성시키면 응력이 개방되어 슬롯 상하에 위치한 기준점 사이에 변위가 발생된다. 그런 다음 슬롯에 플랫잭을 삽입하고 시멘트 등을 주입하여 암반에 완전히 밀착시킨 후 압력을 가하여 두 기준점 사이에 발생된 변위를 회복시킨다. 슬롯형성 이전상태(d_0)로 변위를 회복시키는 데 필요한 압력(P_c)이 슬롯면에 수직한 방향으로 작용하는 수직응력(σ_{xx})이 된다. 그러나 슬롯면에 수직한 방향의 응력성분만을 측정할 수 있기 때문에 최소 6개의 다른 방향에서 측정하여야만 정확한 응력성분을 알 수 있다.

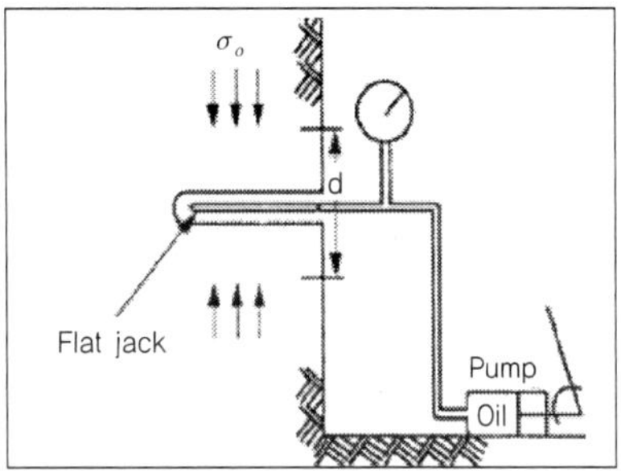

[그림 5-12] Flat Jack method

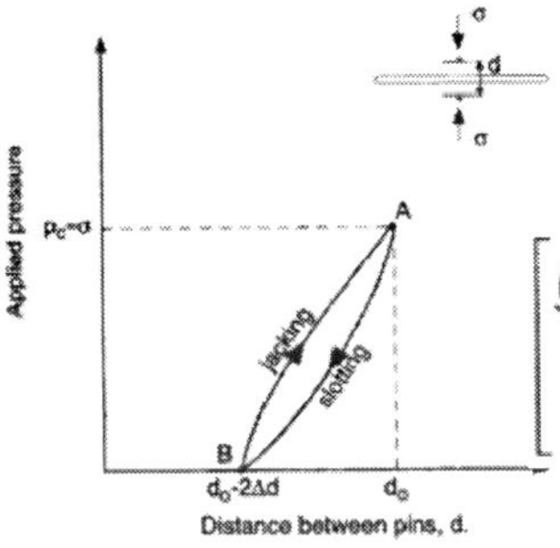

[그림 5-13] d와 P의 관계

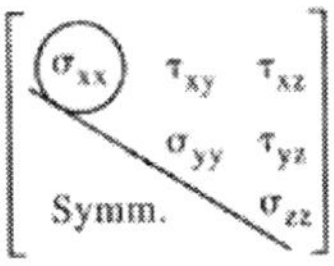

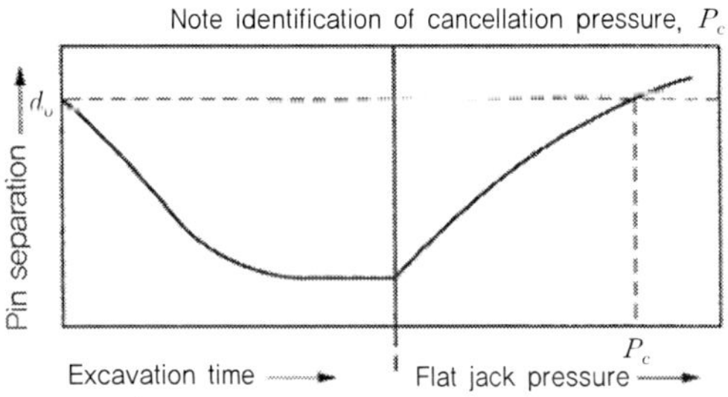

[그림 5-14] P_c와 d_o의 관계

플랫잭 방법은 응력성분이 직접 측정되기 때문에 암석의 탄성정수들을 미리 알아야 할 필요가 없고, 시험장치가 비교적 간단하며 시험비용이 저렴하다는 장점이 있는 반면에 굴착에 의해 응력이 교란된 굴착면 부근에서 측정이 이루어진다는 것이 단점이 되고 있다.

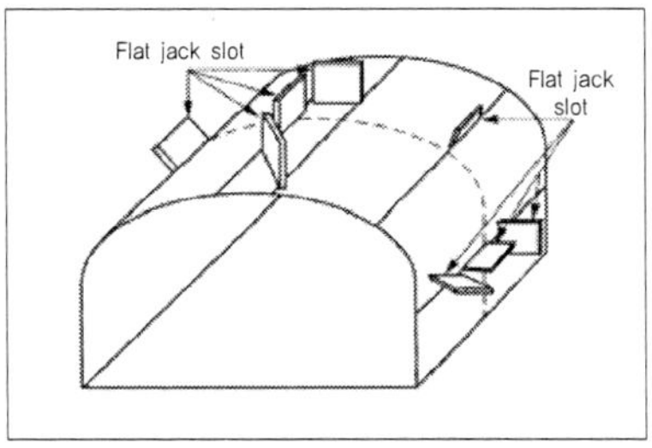

[그림 5-15] 터널에서의 적용

수압파쇄법(Hydraulic fracturing)

Fairhurst(1964)에 의해 처음으로 제안된 이 방법은 연직 및 수평응력은 주응력이라고 가정되며, 특히 연직응력은 상부 암반의 무게로 주어지는 것으로 가정한다. 물을 주입함으로써 파쇄된 암반의 균열은 텔레뷰어나 균열압인 패커로 측정되는데, 대부분 종균열이 발생할 경우 수압파쇄에 의한 응력결정이 이루어져 왔다.

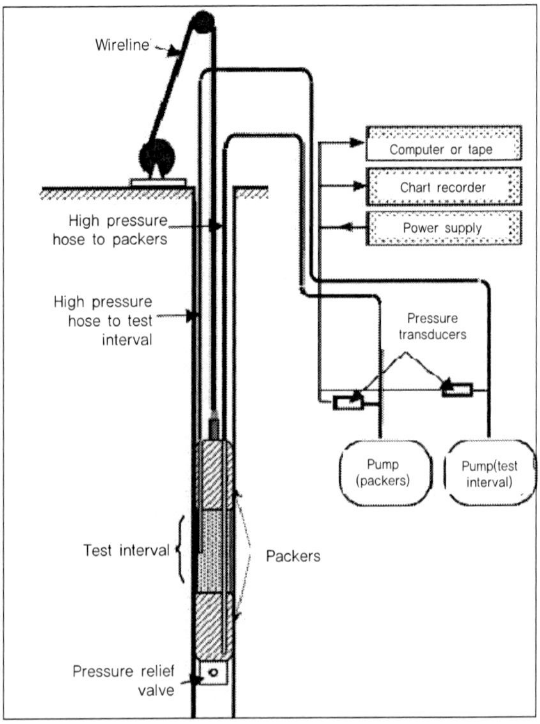

[그림 5-16] 수압파쇄장치(Amadei,1997)

측정방법 시추공의 일부 구간을 패커로 격리시키고 격리된 구간에 물을 주입하여 수압에 의해 공벽에 균열을 발생시킨다. 균열의 발생, 전파, 재벌어짐 및 벌어짐 유지에 필요한 수압을 측정하여 초기지압의 크기 및 방향을 추정한다. 수압파쇄 장치는 패커를 정위치에 장착시키기 위한 장치, 수압펌프, 기록장치, 발생된 균열의 방향을 탐지하기 위한 장치들로 구성된다. 수압파쇄 결과를 해석하기 위해서는 시험에서 발생된 균열의 방향을 탐지하는 것이 필요하고, 이러한 목적으로 보어홀 카메라와 impression packer 등이 이용된다.

HTPF법 이미 방향을 알고 있는 기존의 균열을 상하 패커를 이용하여 고립시킨 뒤, 균열 개구(reopening)를 실시하는 것인데, 이런 점에서 수압파쇄법과 다소 상이하다. 현지암반응력장의 횡방향 및 종방향에 대한 변화양상을 설명할 수 있으며, 암반의 인장강도를 결정할 필요가 없고 또한 공극압의 효과와도 무관하다. 이 방법에서는 수압파쇄법에서와 동일한 장비를 사용하나, 단지 균열면에 작용하는 수직응력이 균일하다고 가정하고 그 형태가 판상이라고 가정하기 때문에 균열 자체에 대하여 보다 더 신중해야 하며, 경사와 주향이 서로 다른 여러 개의 균열에 대한 시험이 필요하므로 암반 내 균열이 많으면 곤란하다.

측정원리 수압파쇄시험에서 얻어지는 압력-시간 곡선으로 수평방향의 응력을 구할 수 있다. 최소수평주응력(σ_h)은 균열이 닫힐 때의 압력으로부터 구해지며, 최대수평주응력(σ_H)은 등방성 매질 내의 원형공동 주위에 발생하는 응력집중현상과 암반의 인장강도로부터 구해진다. 공벽에서 응력이 암석의 인장강도 $-\sigma_t$에 도달할 때 균열이 발생하며 이때 수압이 초기파쇄압력 P_c' (breakdown pressure)이다. 균열이 진전됨에 따라 압력도 떨어져 안정된 값 P_s(shut-in pressure)에 도달한다. 이때 수평방향의 주응력은 다음 식을 이용하여 결정된다. 또한 닫힌 균열을 다시 열기 위해 필요한 수압(균열재개압력) P_c''를 이용하면 암석의 인장강도를 추정할 수 있다.

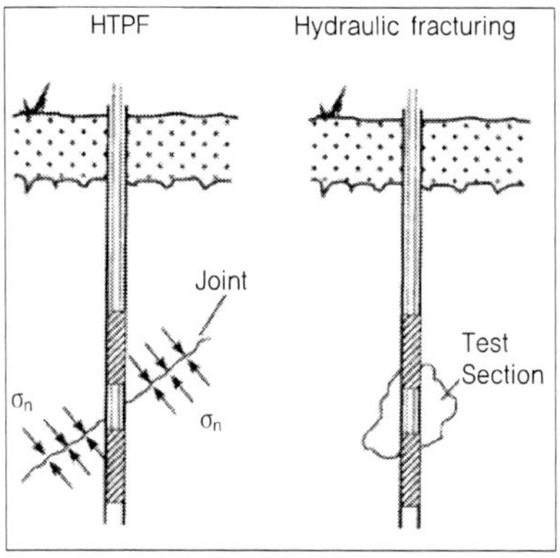

[그림 5-17] HTPF

$$\sigma_H = 3\sigma_h - P_r - P_0$$

$$\sigma_h = P_s$$

$$\sigma_t = P_c' - P_c''$$

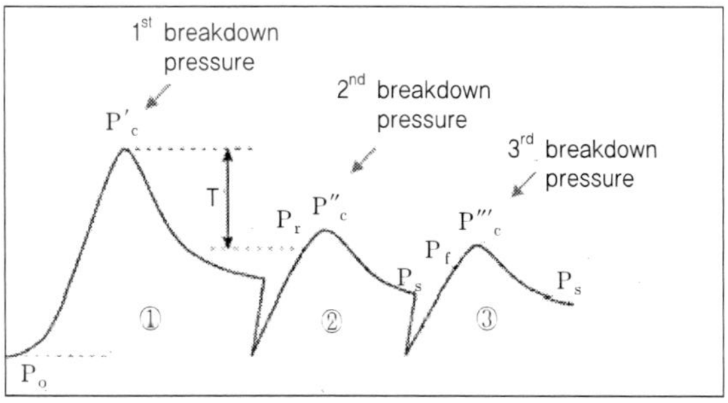

[그림 5-18] 수압파쇄시험결과(Amadei, 1997)

특징 심부까지 선공된 수식시추공 및 다양한 암반조건에 적용되었으며, 현재까지 가장 깊게는 6~9km 사이에서 측정된 바가 있다. 수압파쇄법은 암반의 변형계수와 같은 역학적 상수를 미리 알 필요가 없고 지하수면 아래에서도 큰 어려움 없이 시험을 수행할 수 있다는 장점이 있다. 또한 심도 50m 이상의 대심도 시추공에서 초기지압을 성공적으로 측정할 수 있는 유일한 방법이라고도 할 수 있다. 하지만 투수성이 높은 암반에서 실시된 수압파쇄시험의 경우 해석이 쉽지 않으며, 또한 퇴적층에서 수압파쇄시험이 실시될 경우, 최소한 2~3m 이상의 두께를 가지는 층에서 실시되는 것이 바람직한 것으로 알려져 있다. 고온 및 고압 조건인 심부 암반에서는 특별한 장비가 요구될 뿐만 아니라 시추공의 파열현상, 암반의 연성 및 비선형거동 등이 발생할 수 있으므로 상당히 제한적이다.

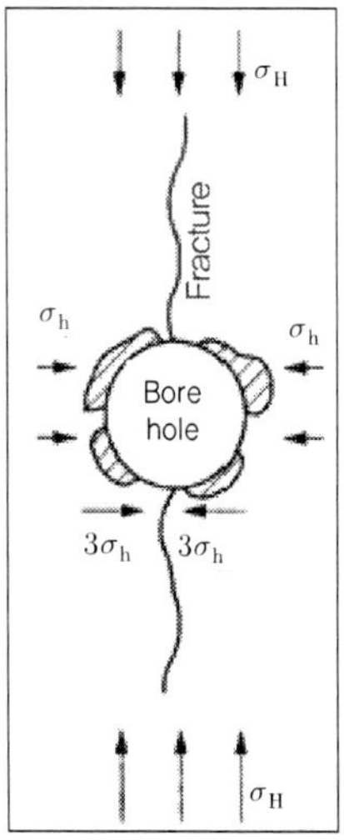

[그림 5-19] 균열발생

응력해방법(stress relief method)

암반의 일부분을 암반의 응력장으로부터 격리시킨 후 격리된 암반에서 발생되는 변화를 측정한 후 이로부터 응력을 산정하는 것이다. 굴착면에서 변형을 측정하는 경우도 있지만 오버코어링 방법을 이용한 공내측정법이 널리 이용되고 있다.

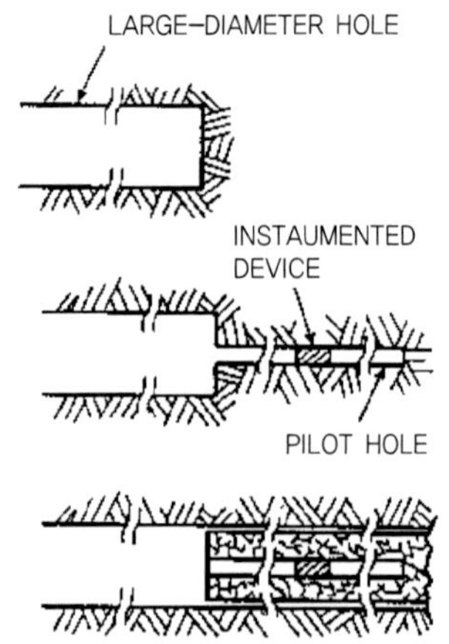

[그림 5-20] 오버코어링

오버코어링 방법(Overcoring method) 시추공의 오버코어링 전후 변형률/변위차이와 시추공주변 암석의 탄성계수를 이용하여 응력을 계산하는 방법이다. 오버코어링의 특성상 굴착표면으로부터 50m 이내의 심도를 대상으로 하므로 굴착면 주변의 응력교란 영향을 최소화하는 것이 중요하다. 변형률게이지나 변위계를 설치하는 위치와 방법에 따라 공경변형법과 공저변형법, 공벽변형법 등으로 분류할 수 있다.

- **측정방법** 응력을 측정하고자 하는 지점에 먼저 대구경(60~220mm) 비트를 이용한 천공이 실시된다. 대략 천공장은 공동 직경의 1.5~2.5배 이상이 되어야 한다. 다음으로 공저로부터 소형 측정 공을 천공한 후 측정장치가 삽입된다. 측정공은 바깥쪽 대규경 공과 동심원이 되도록 세심한 주의가 필요하며 공 길이는 300~500mm 정도이다. 마지막 단계로서 대구경 비트로 측정공 주위를 다시 천공하여 측정공을 주위의 응력장으로부터 격리시키면서 변위나 변형률의 변화를 측정한다. 측정이 완료된 후, 측정 공 천공시 얻어진 암심이나 오버코어링된 암석시편을 회수하여 암석의 탄성상수 측정에 이용한다.
- **공저변형법** 응력을 측정하고자 하는 지점까지 천공후 공저에 3개 혹은 4개의 변형률게이지로 이루어진 변형률 로제트를 부착한 다음 코어링을 재개하면 로제트가 부착된 코어는 주위 암반과 격리된다. 공저에 부착되는 변형률 측정장치는 doorstopper라 불린다(Leeman, 1971). 이때 발생한 변형률의 변화량을 측정하면 공축에 수직한 평면에 작용하는 암반의 초기응력을 계산할 수 있다.
- **공벽변형법** Leeman 등(1966)은 EX 크기의 단일 보어홀에서 3차원 초기응력을 측정할 수 있는 삼축변형률셀을 개발하였다. 3개의 변형률게이지로 구성된 3개의 로제티를 공벽 3지점에 부착시킨 후 오버코어링 전후의 변형률을 측정한다. 단일 측정공에서 3차원 초기응력을 측정할 수 있다는 점이 큰 장점이다.

공경변형법(USBM 게이지) 미광무국(1967)에서 제안한 방법으로 굴착면으로부터 30m이내의 깊이에서 보통 사용하지만 수직공의 경우 70m 깊이까지도 적용이 가능하다. ASTM과 ISRM은 USBM 게이지를 이용한 초기응력 측정법의 표준을 제안하고 있다. 그림은 지름 38mm의 EW측정공에 삽입되는 USBM 게이지의 주요부분을 보여주는 모식도이다. 공벽에 밀착되는 반경방향 피스톤의 움직임이 양쪽면에 변형률 게이지가 부착된 켄티레버에 전달되어 전기적인 신호로 변환되게 된다.

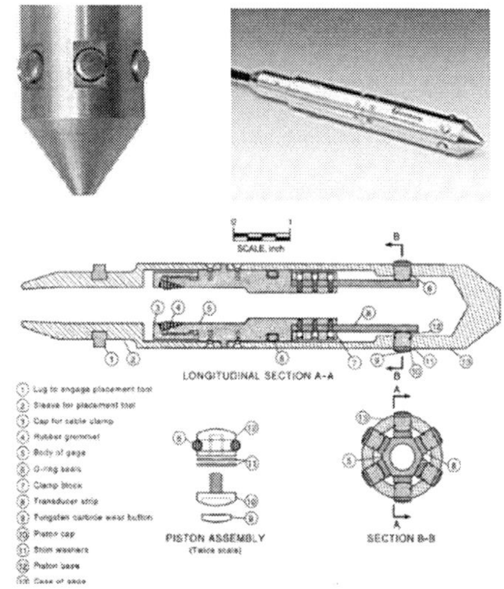

[그림 5-21] USBM 측정장치

- **측정원리** 측정공 축에 수직한 평면에서 오버코어링 전 후의 측정공의 반경방향 변위 변화를 60° 간격으로 측정하여 공 축에 수직한 평면에 작용하는 2차원 초기응력 상태를 계산하게 된다. 일반적으로 평면변형률이 적용되기 위해서는 측정공 입구로부터 측정공 지름의 3~4배 거리에서 측정이 이루어져야 한다(Amadei & Stephansson, 1997). 따라서 38mm 측정공을 이용하는 경우 최소 거리는 114~152mm이므로 오버코어의 길이는 적어도 300mm 이상은 되어야 한다. 3개의 평행하지 않은 측정공에 대해 USBM 게이지를 이용한 측정이 이루어지면 3차원 응력상태도 계산이 가능하다.

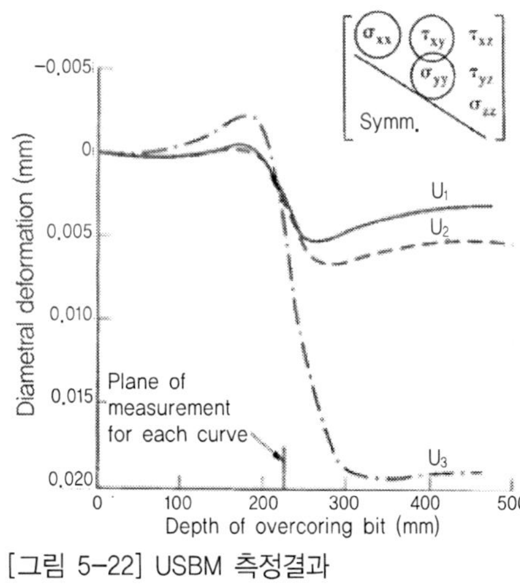

[그림 5-22] USBM 측정결과

- **특징** 이 방법의 유용한 측면은 코어를 이용하여 암석의 탄성계수를 구할 수 있다는 점이다. 또한 USBM 측정장치는 재사용이 가능하기 때문에 매우 효율적이며 한 보어홀 내에서 여러 번 측정이 가능하므로 상대적으로 싼 장점이 있다. 그러나 초기 암반응력상태를 교란시킬 수 있는 보어홀의 존재로 인해 응력성분에 대한 분석이 어려울 수 있다.

CSIRI HI셀 방법 1970년대 초반에 개발된 CSIRO HI셀은 지금까지 여러 차례 개량되었으나 근본 원리에는 변함이 없다. 그림은 CSIRO HI셀과 설치장비를 보여주고 있다. 셀은 내경 32 mm, 외경 36mm인 얇은 에폭시 파이프로 되어있으며, 셀의 바깥 둘레에 120° 간격으로 로제트가 0.5mm 깊이로 에폭시에 묻혀 있다. 셀은 1mm 두께의 에폭시 시멘트를 주입하여 EX측정공(38mm) 벽에 부착된다. 에폭시 시멘트로 채워진 셀 파이프 내로 피스톤을 밀어넣으면 시멘트가 외부로 흘러나와 셀을 공벽에 부착시킨다. ISRM(Kim & Franklin, 1987)에서도 CSIRO HI 셀을 이용한 표준시험법을 제안하고 있다.

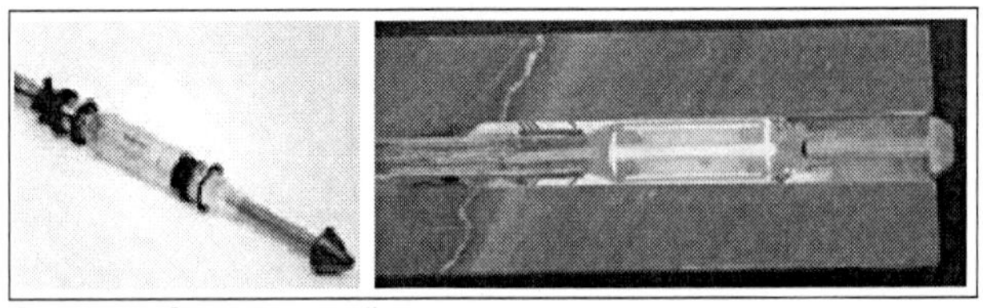

[사진 5-2] CSIRO HI셀

- **측정원리** 3개의 로제트에 의해 셀 둘레에 배치된 9개의 변형률 게이지의 방향을 보여준다. 2개의 게이지는 공축과 평행하다. 3개의 게이지는 공 단면에 접선방향이고 나머지 4개는 공축방향과 ±45°를 이룬다. 이 셀에서는 변형률 게이지들이 에폭시에 완전히 묻혀 있기 때문에 수분이나 먼지에 영향을 받지 않는다는 장점을 가지고 있다. 4-게이지 로제트를 사용할 경우 12개의 변형률 성분을 얻을 수 있다. 측정결과를 해석하는 방법은 공벽변형법과 비슷해 보이지만, 변형률 게이지가 공벽에 직접 붙는 것이 아니라 에폭시 내에 묻혀 있기 때문에 해석이 훨씬 복잡해진다.
- **특징** CSIRO HI셀을 이용한 측정법은 일종의 공벽 변형법이라 할 수 있다. 그러나 표준 CSIR 삼축 변형률셀을 이용하는 공벽변형법과의 주된 차이점은 오버코어링을 실시하는 동안에도 셀에 측정장치가 계속 연결되어 있어 연속적인 변형률 측정이 가능하다는 것이다. 또한 셀 전체가 공벽에 부착되므로 층상암반의 경우에도 파손되지 않은 오버코어링 코어를 회수할 수 있다.

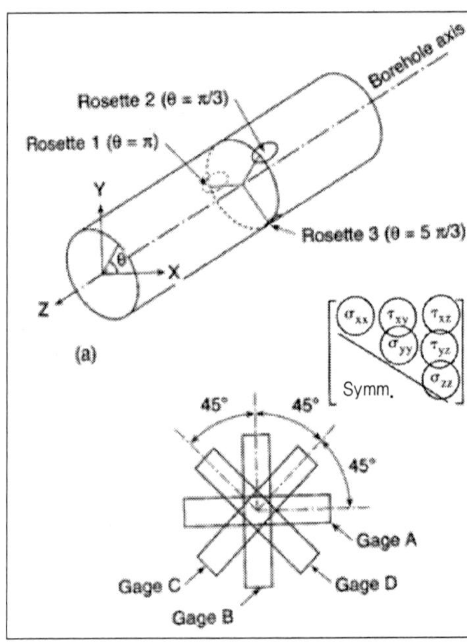

[그림 5-23] 측정원리

시추코어 이용법

변형률 회복법(strain recovery method) 드릴링을 통해 코어 시료에서의 변형률 변화양상으로부터 응력을 측정하는 방법이라 할 수 있다. ASR(anelastic strain recovery) 방법과 DSCA(differential strain curve analysis) 방법이 있는데, ASR 방법은 방향성 시추코어를 시추공으로부터 회수하면서 변형률의 변화양상을 측정하는 것이고, DSCA 방법은 방향성 시추코어로부터 큐빅 형태의 시험편을 제작한 뒤 정수압 조건을 가하면서 미세한 균열의 닫힘 또는 확장 상태를 스트레인 게이지를 통하여 측정하는 것이다. 일반적으로 변형률 회복법은 다른 암반응력측정법이 적용될 수 없는 심부 암반에 대해 효과적인 것으로 알려져 있으며, 수압법과 함께 적용될 경우 매우 긍정적인 결과값을 보여주는 것으로 알려져 있다.

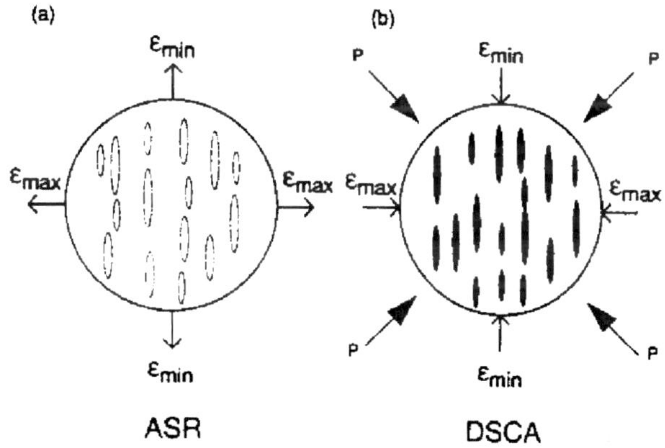

[그림 5-24] ASR/DSCA 원리(Amadei, 1997)

AE법 Kaiser 효과에 의해 암석이 과거에 받던 응력 이상의 응력을 받을 경우 미소파괴음이 증가하는 현상을 이용하여 초기응력을 추정하는 방법이다. 이러한 미소파괴음은 암석 내 존재하는 미세균열이 성장하거나 새로이 생성되는 과정에서 발생한다. 시험편에 AE센서를 부착하고 일정한 하중속도로 가압하면서 시간에 따른 하중과 누적AE회수의 관계를 기록하면 그림과 같은 형태의 결과를 얻을 수 있다. AE 곡선을 두 개의 직선으로 최적화시킨 후 두 직선의 교점을 찾으면 대응되는 시간-하중 곡선으로부터 시료가 받았던 초기지압의 크기를 추정할 수 있다. 암석시편의 방향이 고정된 경우 특정 방향의 초기응력만을 추정하게 되므로 초기응력상태의 주응력을 알아내기 위해서는 암석시편의 축방향을 달리하여 다수의 시험을 실시하여야 한다.

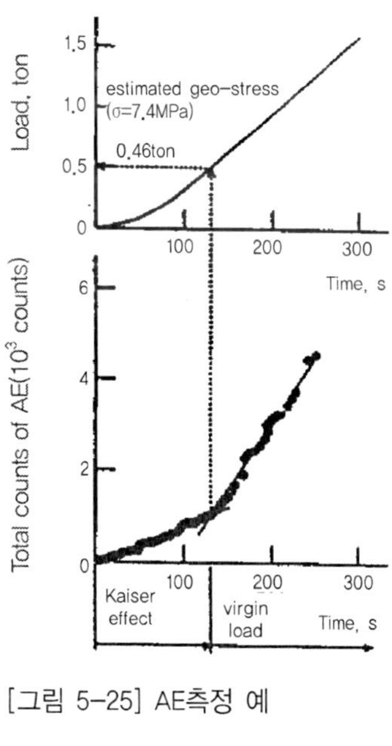

[그림 5-25] AE측정 예

암반의 수리특성
Hydrogeological Characterization in Rock Mass

암반의 수리특성 수많은 토목지질 사업분야에서 설계와 건설에 이용되고 있을 뿐만 아니라 유전탐사, 지열탐사, 지하수자원 개발 및 기타 환경·산업 분야에서 취급되고 있다. 암반의 투수성에 대한 정보는 지하수 흐름의 평가, 천부 및 지하공동에서의 누수형태, 수압 및 유량의 결정, 그리고 각종 토목공사의 기초에서의 배수와 그라우팅 요건을 평가하는데 이용된다. 근래에는 주로 물질의 저장·처분) 등을 위한 공동 굴착이 활발하게 이루어지고 있기 때문에 지하시설 주변에서의 지하수체계의 거동에 대한 해석 및 평가 분야가 관심을 끌고 있다. 암반에 분포하는 단열체계는 지하수의 주요 유동경로 및 저류체의 역할을 하게 되므로, 단열암반의 수리지질학적 특성의 규명은 매우 중요하다고 할 수 있다.

또한 암반 내에는 균열(fracture), 단층 등과 같은 2차 공극이 발달되어 대수층내 지하수 유동은 2차 공극의 발달 상태에 지배된다. 균열 암반 내 지하수 유동은 프렉탈 형태를 가지는 균열망에 지배를 받는다. 균열 암반 내 지하수 유동은 공간적으로 불규칙하게 분포되어 있는 균열의 특성에 많은 영향을 받는다.

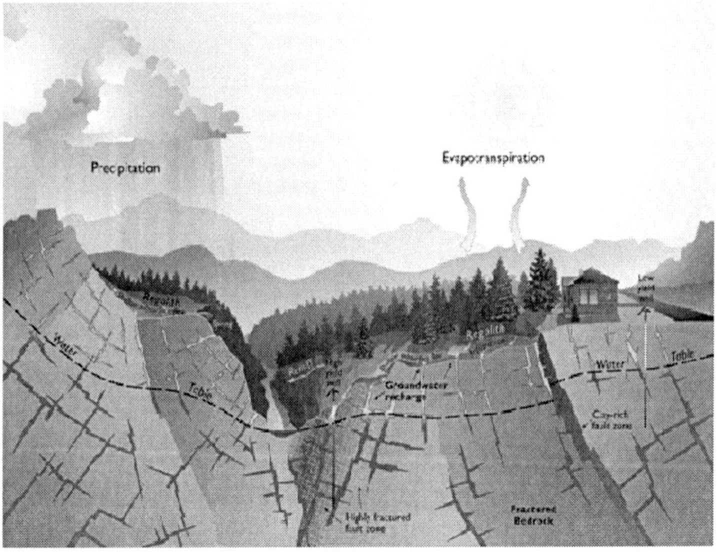

[그림 6-1] 암반 지하수 개념모델(CGS, 2002)

6.1 지하수

지하수(groundwater) 땅 속의 암반, 토양 속으로 흐르거나 그 안에 저장된 모든 물을 일컫는다. 침투작용을 통해 형성되며, 샘을 통해 지표상으로 해저층을 통해 바다로 유출된다. **지하수위/지하수면**(water table) 그 아래로는 암반의 모든 공동이 물로 가득 차 있는 지점을 뜻한다. 일반적으로 지표면의 지형의 모양을 따르는데 기복은 완화되어 나타난다.

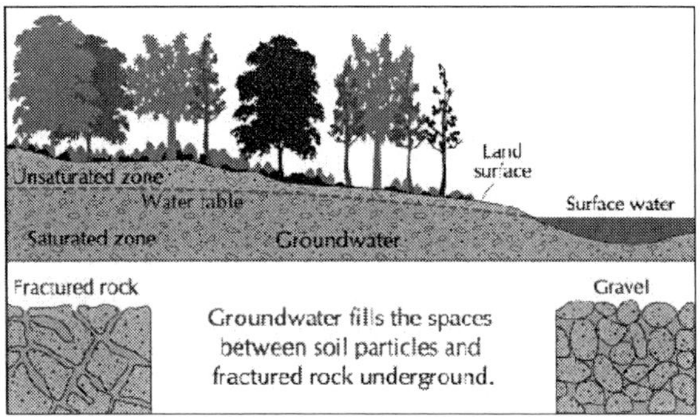

[그림 6-2] 지하수(USGS, 1989)

지하수와 공극 입자 사이에 빈 공간을 **1차 공극**(primary pore)이라 한다. 1차 공극의 예로서 강이나 하천지역에서 볼 수 있는 모래나 자갈층의 공극을 들 수 있다. 기반암내 가지고 있는 빈 공간은 용해나 균열(fracture)에 의한 것이며 이들을 **2차 공극**(secondary pore)으로 지하수 생성에 중요한 역할을 한다.

대수층 공극이 풍부하여 많은 양의 물을 저류할 수 있고, 지하수가 비교적 쉽게 유동할 수 있기 때문에 우물이나 샘을 통해 지하수를 공급할 수 있는 간극체(porous media)를 밀한다.

피압대수층(confined aquifer) 두 개의 불투수층사이에 존재하는 대수층. **비피압대수층**(unconfined aquifer) 상부에 지하수위가 존재하는 대수층. **누수대수층** 불투수층으로부터 물이 새어나오거나 들어가는 대수층.

가압층 어떤 지층이 투수성이 아주 낮아서 이와 인접하고 있는 대수층으로부터 물이 흘러나오거나 대수층으로 흘러들어가는 것을 저지하는 지층을 말한다.

난대수층(aquiclude) 공극이 연결되어 있지 않아 물이 정체되어 이동이 거의 없는 불투수성 암반(점토층).

불투수층 공극이 전혀 없는 불투수성 암반(균열이 없는 화강암)

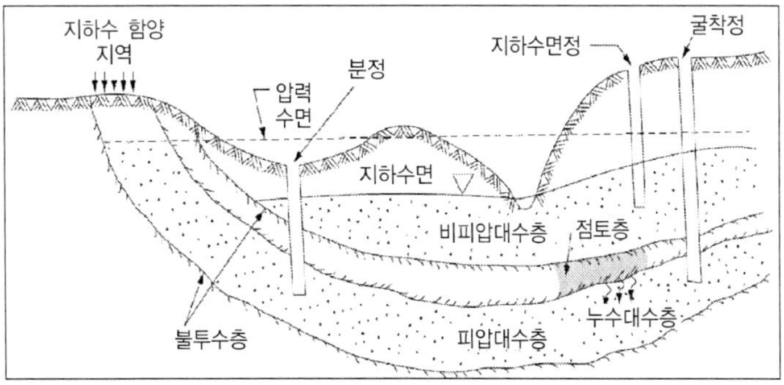

[그림 6-3] 대수층

6.2 암반의 투수성

투수성/투수율(permeability) 단위시간에 단위수두차의 조건에서 어떤 매질의 단위 면적을 지나는 유체의 흐름이다. **수리전도도/투수계수**(K)값은 속도로 표현되며 일반적으로 m/day 또는 m/sec로 표현한다. 고유투수계수(k)는 darcy 단위로 표현되며 유체점성의 함수로 암반 내 기름이나 가스의 흐름에 중요한 개념이다.

$$K = \frac{\rho g}{\mu} c d^2 = \frac{\rho g}{\mu} k \qquad k = c d^2 \text{ (여기서 } d = \text{평균입자크기)}$$

암반의 투수성은 모래 및 자갈층과 투수성 사암, 다공성 석회암 등에서와 같이 입자사이로 흐르는 형태인 입자 간 투수성과 거의 모든 암반에서 발생하는 암반 내 균열을 통해 흐르는 형태인 투수성으로 구분할 수 있다.

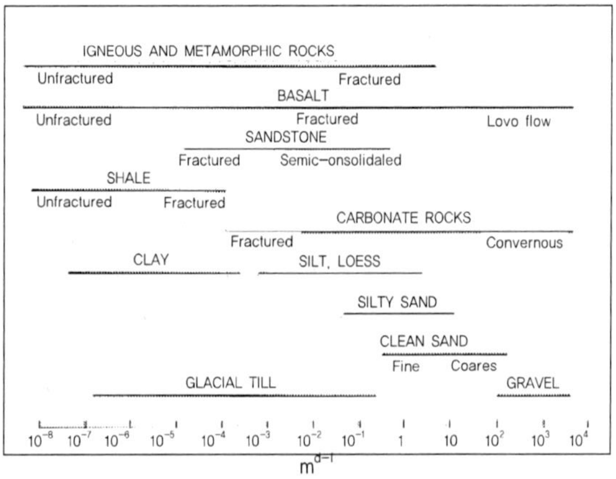

[그림 6-4] 암종별 수리전도도(Hearth,1983)

투수량계수 T (transmissivity) 단위체적 하에서 지하수의 전두께가 단위폭으로 이루어진 단면을 1일 동안 투수되는 양 $T = Kb$ (여기서 b=대수층의 두께)

저류계수 S (storage coefficient) 단위수두 변화에 의한 단위면적의 대수층의 저장량의 변화로 수두가 변하면 지하수저장량도 변하게 된다.

$$S = S_S b \quad \text{(여기서 } S_s = \text{비저류계수)}$$

비산출률(specific yield) 암반에서 자연스럽게 배수될 수 있는 물의 양을 백분율로 투수계수와 연관되어 있는 계수에 의해 공극률보다 작은 값을 가지게 된다. 대수층의 지하수 생산성을 나타낸다.

[표 6-1] 암석의 일반적인 수리상수

암 종	투수계수(m/day)	공극률(%)	비산출량(%)
화강암	0.0001	1	0.5
셰일	0.0001	3	1
점토암	0.0002	50	3
사암(균열발달)	5	15	8
모래	20	30	28
자갈층	300	25	22
석회암(공동발달)	일정하지 않음	5	4
백악	20	20	4
균열대	50	10	-
K<0.01m/day 불투수암반, K>1m/day 개발 가능한 대수층암반			

6.3 지하수 유동

지하수 흐름 중력, 압력 그리고 마찰작용에 의해 지배된다. 따라서 수두경사 가 있는 한 지하수는 계속 유동하고 언제나 수두가 높은 곳에서 낮은 곳으로 흐르게 된다. **동수구배**는 지하수위의 경사로, 마찰저항을 극복하고 대수층내의 삼출흐름을 만들어 낸 압력구배에 의해 발생한다. 지하수는 지하수의 경사방향으로 흐르며, 양수되지 않은 관정에서 파악할 수 있다.

$Q = Kbwi$ (여기서 w=대수층의 폭, i=동수경사)

지질구조가 단순한 경우에 개략적인 지침으로 쉽게 계산할 수 있다. 대수층의 단면적이 줄어들어 지하수위가 가파르게 발달하는 경우 이보다 복잡한 식을 이용해야한다.

지하수 유동 시스템 어느 지역이든 대수층과 가압층이 있으면 그 지역의 유통계를 이룬다. 수리지질학적으로 이 유통계는 두 가지 역할을 하는데 공극이 허용하는 한도 내에서 물을 저류하고, 물을 함양지역으로부터 유출지역으로 유통시키는 일이다. 다시 말해서 지하수 유통계는 지하수의 저수지 역할과 통로 역할을 동시에 하고 있는 셈이다. 석회암의 동굴, 용암, 또는 아주 큰 자갈층 같이 그 안에서 물이 비교적 빠르게 흐를 수 있는 특별한 대수층을 제외하고 지하수 유통계는 일반적으로 효율 있는 통로라기보다는 효율 있는 저수지로 보는 것이 더 정확하다. 그림에서 보는 바와 같이 물이 함양지역에서 지하수 유통계로 들어가 수두경사와 투수계수에 의해 유출지역으로 흐르게 된다.

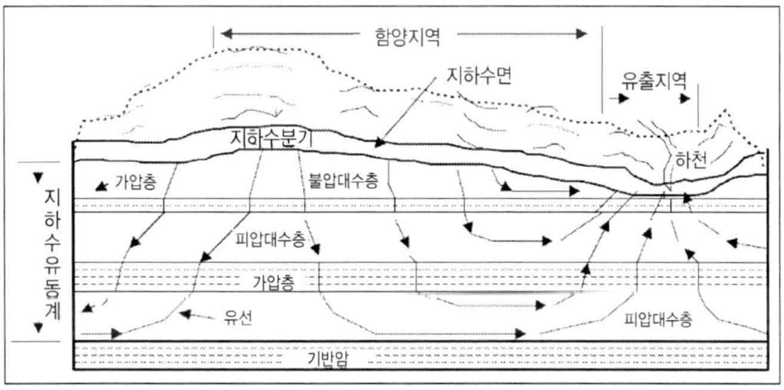

[그림 6-5] 지하수 유동 시스템(Flow system)

지하수 흐름속도 지하수의 흐름속도는 Darcy법칙과 유체역학의 속도를 기술하는 방정식을 결합하여 아래와 같은 수식으로 표현한다.

$v_d = K\,[dh/dl]$ (여기서 dh/dl= 수두경사)

지하수 흐름속도는 투수계수로 표현되기에는 매우 작은 값으로서 1m/day부터 1m/year로 다양하지만 석회암 공동을 지나는 속도는 이보다 훨씬 크다.

6.4 암반의 수리특성

암반 내 지하수 유동에 대한 접근방법에는 암반을 연속체로 보는 경우와 불연속체로 보는 경우가 있다. 균열암반을 연속체로 보면 암반은 수리지질학적으로 균등하면서 다공질로 해석할 수 있으며, 불연속체로 보면 지하수 흐름은 여러 조의 균열을 따라서 일어나며, 균열의 특성이 지하수 흐름을 좌우할 것이다.

균열 내 지하수 유동 화강암, 셰일 등에서는 투수율이 매우 낮아 암반 내로의 지하수 유동을 거의 기대할 수 없으나, 이것이 가능한 경우가 바로 암반 내에 자연적으로 존재하는 혹은 인위적으로 발생한 균열로의 지하수 유동이다. 특히 우리나라와 같이 화강암, 편마암과 같은 결정질암반이 많이 존재할 경우에 암반 내의 유체유동을 결정짓는 것은 균열의 수리특성이라 할 수 있다. 원래 균열 내의 지하수 유동은 거친 균열 내로 유동이 발생하므로 매우 복잡한 양상을 띠지만, 균열 면을 평평하게 가정하고, 수식을 정식화하여도 그리 큰 차이가 나지 않는다. 통상 균열 내의 지하수 유동은 삼승법칙(Cubic's law)에 의해서 정식화시킨다. 삼승법칙은 단위 수두와 단위 폭을 가진 균열을 통하는 지하수의 유동량(Q)은 균열 간극의 삼승에 비례한다는 것이다. 즉 균열의 간극(aperture)이 지하수 유동특성에서 결정적인 역할을 한다는 것이다.

$$Q = -\frac{\rho e^3}{12\mu}\frac{dh}{dx} = -\frac{e^3}{12\mu}\frac{dp}{dx} \quad \text{(e : 균열 간극의 크기)}$$

위 식을 다공성매질에서의 Darcy의 법칙에 적용할 경우, 균열이 일정한 간격으로 존재한다면 균열암반의 지하수 유동을 등가다공성매질로 간주하여 아래와 같은 등가수리전도도(K)와 등가투수율(k)을 계산할 수 있다.

$$K = \frac{\rho e^3}{12\mu b}, \quad k = \frac{e^3}{12b} \quad \text{(b : 균열의 간격)}$$

그림은 암반의 매질 내 유동을 무시할 경우 균열의 간극 및 간격과 등가수리전도도와의 관계를 나타내고 있다. 수리전도도 10^{-4}cm/sec(혹은 10^{-6}m/sec)의 사암은 매질 내로의 지하수 유동을 무시할 경우 간극이 0.05mm이고, 간격이 0.1m로 배열된 균열이 존재하는 암반의 수리전도도와 똑같다고 할 수 있다.

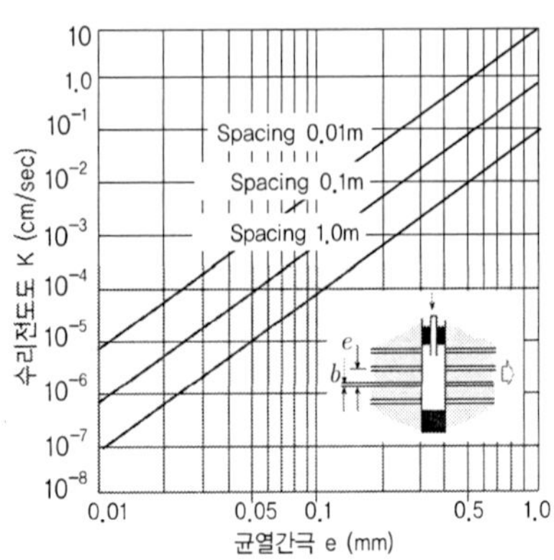

[그림 6-6] e와 k(Wyllie, 2004)

균열 암반에서의 지하수 유동

암반 대수층 풍화대, 균열망 및 주균열대로 대분할 수 있다. 풍화대는 다공질매질로 간주할 수 있으며 이러한 대수층에서의 수리시험 해석은 기존의 많은 해석해 또는 표준곡선법으로 가능하다. 그러나 균열암반 대수층의 경우 기존 해석해에서 전제하는 많은 가정들이 적합하지 않으며 이로 인해 수리시험 자료 해석에 어려운 문제점을 해결하기 위하여 Barker(1988)는 일반 방사상 유동모델(Generalized Radial Flow Model)을 통한 비정수차원에 대한 지하수 유동을 제안하였다. 암반 대수층에는 2차원 방사상 모델인 Theis식이 잘 들어맞지 않는 경우가 많은데 이는 지하수 흐름이 균열이나 단층의 발달상태에 지배를 받기 때문이다. 결정질암으로 되어 있는 암반대수층에서 지하수 유동을 지배하는 중요한 인자는 불연속면의 연장, 빈도, 연결성, 교차성, 방향성, 경사, 불연속면의 성질 등이다. 그러므로 지질구조적 정보를 알고 있을 때는 현장조건에 적합한 모델을 선정하기가 쉬우며, 계산된 수리상수도 실제에 가깝다.

지하수유동 일반적으로 투수성 단열체계의 분포특성에 지배되며, 단열암반의 수리특성을 모사하는 방법으로는 개념적으로 두 가지가 있다. 첫째는 분리단열망 모델(discrete fracture network model)로서 암반을 투수성 단열과 불투수성 매질로 표현하는 개념이다. 이때 수치모델 내에 개개의 단열을 모두 포함할 수 없으므로 수리적으로 중요한 단열만을 고려하는 것이 핵심이다. 둘째는 등연속체 모델(equivalent continuum model)로서 암반을 등방성 또는 이방성의 균질한 연속체 매질로 표현한다. 이 개념에서는 실제 암반의 지하수가 유동하는 것으로 모사되는 연속체 매질에 대한 수리전도도의 대표값을 정의하는 것이 중요하다.

다공성 매질과 균열 암반 수리전도도와 투수량계수간의 차이는 다공성 매질에서는 명확하게 구분되지만 단열암반의 경우에는 혼란을 줄 수 있다. 예를 들어, 불투수성 암반 내에 단일 수평단열을 포함하는 암반을 다공성 매질개념으로 접근해서 계산된 수리전도도는 암반의 투수성을 대표하는 값이 아니다. 왜냐하면, 수리전도도는 시험구간의 거리에 지배되기 때문이다. 시험구간의 거리가 두 배인 경우에 계산된 수리전도도값은 그 절반이 된다. 그러나 투수량계수는 시험구간이 커지더라도 추가적인 투수성 단열이 포함되지 않는 한 시험구간의 거리에 독립적이다. 단일 단열이 하나의 대수층으로 간주되는 한 시험구간의 투수량계수를 단열 투수량계수로 간주하는 것이 유용하다. 따라서, 단열 투수량계수라는 용어의 사용 빈도가 증가하는 추세에 있다.

6.5 암반의 수리시험

암반층의 수리전도도 매우 큰 범위의 값을 갖기 때문에 이의 정확한 측정은 매우 중요하다. 특히 시료채취의 어려움과 함께 균열 암반에서의 지하수 유동은 대부분 균열을 통해 발생하고 실험실에서 암반 내 지하수 유동을 재현해내기가 거의 불가능하므로 수리전도도의 현장측정이 필수적이다. 단열암반에서 수리전도도는 단열빈도와 연결성에 좌우된다. 대부분의 암반에서 수리전도도는 매우 낮은 값을 나타내지만, 높은 단열빈도 구간, 특히, 단열대 주변에서는 오히려 높은 값을 보인다. 이러한 현상은 수리전도도의 크기에 좌우되는 상이한 조사방법이 요구된다. 기본적으로 적용되는 시험방법으로서 일정기간 동안 대수층·함수대를 대상으로 물을 주입하거나 양수하는 방법이 있다.

[표 6-2] 수리시험의 비교

시 험 종 류	시 험 방 법	정상류 해석		부정류 해석	
		방사상유동	구상유동	방사상유동	구상유동
Pumping test 양수 시험	시험구간에 일정량/일정압력으로 양수후 회복단계 압력 변화 측정	균질매질 단일단열	균질매질 단일단열		
Slug test 순간충격시험	시험구간에 일정체적의 물을 순간적으로 주입한후 수위변화 관측	균질매질	-	균질매질	-
Injection test 수압 시험	시험구간에 일정량/일정압력으로 주입하여 압력/유량 변화 측정				균질매질 단일단열
Lugeon test 루젼 시험	다단계 정압상태로 일정시간 동안 주입 및 주입량의 변화 측정	균질매질	-	-	-

양수시험(Pumping Test)

대수층의 수리상수(투수량 계수 T, 저유계수 S)를 구하는 현장시험 방법 중 순간충격시험(slug tests)과 함께 가장 널리 사용되는 방법이다. 일반적으로 장비면에서 복잡하고 시험시간도 길지만 보다 큰 규모를 대표하는 수리상수를 신뢰성 있게 구할 수 있다는 장점이 있다. 양수시험에 필요한 기본적인 장비는 수중펌프(지상펌프도 가능), 수위기, 타이머, 유량계 등이다.

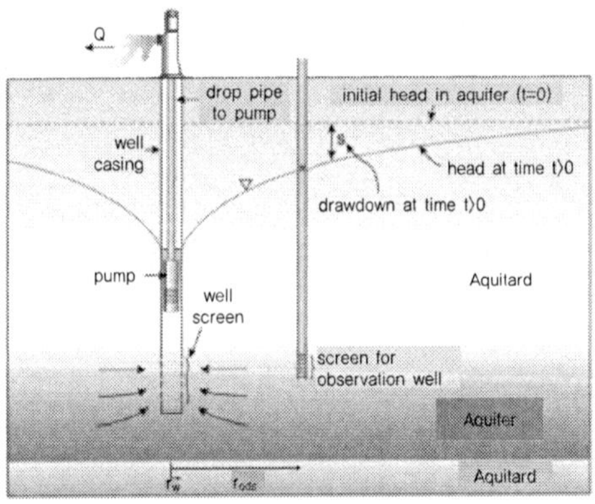

[그림 6-7] 양수시험(대수층)

시험과정 보어홀로부터 일정한 비율로 지하수를 배수하는 과정과 양수정, 관측정 모두에서 지하수위 변화를 측정하는 과정으로 이루어진다. 시험지속시간은 짧게는 8시간에서 길게는 수 주일까지 이루어지며 이는 해당 암반의 투수율에 의해 결정된다. 양수가 끝나면 평형 지하수위에 도달할 때까지 모든 홀에서 지하수위가 측정되며 이것이 시험의 회복단계이다. 시간에 대한 지하수위 회복

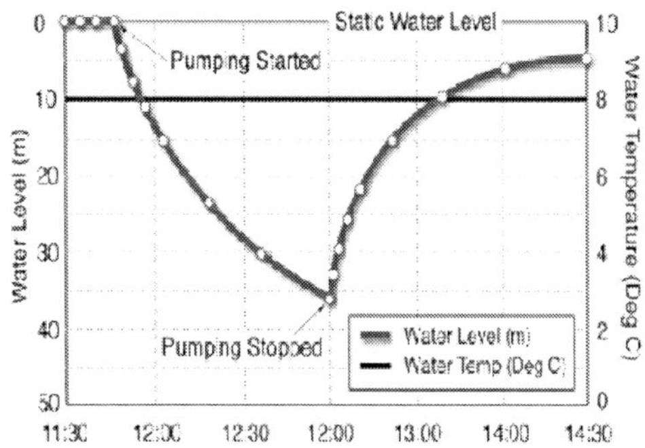

[그림 6-8] 양수시험결과

그래프는 앞서 제시한 Theis의 해를 통해 투수율 계산에 사용될 수 있다. 양수가 끝나더라도 가능하면 수위회복도 관찰하여 양수자료와 함께 해석함으로써 시험해석의 신뢰성을 높일 수 있다.

시험방법 양수량은 안정수위가 형성될 때 까지 일정하게 유지 후 양수량은 적산유량계를 이용·측정한다. 수위강하량과 수위회복량은 시험공 내에 설치한 수위계측기를 사용하여 측정한다. 자동수위측정기는 수압의 변화에 의해 수위의 변화를 정하는 장비로서 센서는 자연수위하 GWL-18.0m에 설치한다. 양수정에서 일정률로 양수하면서 시험정과 관측정에서 시간별 지하수 수위강하율을 측정하고 양수종료 직후부터 양수를 중단하고 회복수위를 측정한다. 별도의 프로그램을 이용하여 양수시험과 회복시험을 해석한다.

시험결과 해석 시험대상 대수층에 대한 개념모델의 설정이 무엇보다 중요하다. 다공성 매질을 대상으로 한 것을 이용하면 잘못된 결과를 낼 수 있다. 그러므로 해석을 위해서는 대상 대수층이 어떤 수리지질학적 조건에 놓여 있는지를 정확히 알아야 한다. 예를 들어 대상 대수층이 피압대수층인지 아니면 비피압 대수층인지 판단하고 또 다공성 매질인지 아니면 단열 대수층인지를 알아야 한다. 우리나라의 많은 부분의 지질은 상부로부터 얇은 토양층, 풍화대, 단열암반으로 구성되어 있는데, 피압대수층의 경우 Theis 등의 해, 자유면 대수층은 Neuman 등의 해, 누수대수층의 경우는 Hantush-Jacob, Hantush의 해, 단열대수층의 경우는 Moench를 이용한다. 우리 암반조건에는 Moench의 해나 Fractal Solution이 적합하고 매력적으로 보이나 사실 이런 해들은 실용성이 떨어진다는 단점이 있다. 보다 현실적이고 실용적인 방안으로 단열매질에 다공성 매질접근법을 적용하기 위해서는 다양한 조건들을 만족시켜야 한다.

순간충격시험(Slug Test)

대수층의 현장 투수계수 산정에 간편하게 적용할 수 있어 여러 분야에서 폭넓게 사용되어지고 있다. 순간충격(변위)시험은 우물 케이싱 내의 수위를 순간적으로 상승 또는 하강시켜 시간에 따른 케이싱 내의 수두 회복을 측정하여 수두변화율을 산정하고 이를 분석하여 현장 투수계수를 산정한다.

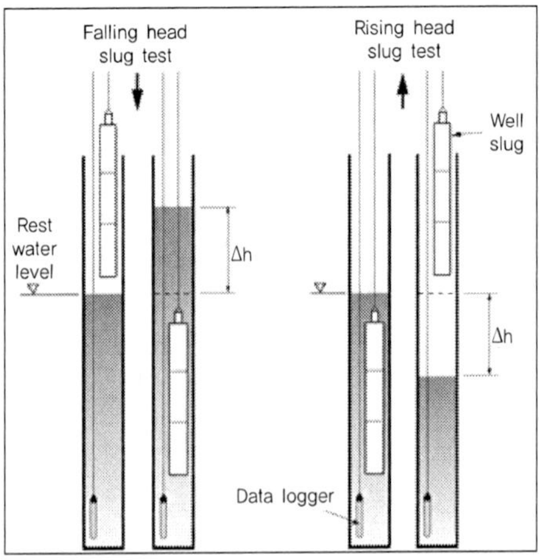

[그림 6-9] Slug test

시험방법 시추공으로 굴착이 종료된 이후 24시간 이상 경과한 상태에서 안정자연수위를 유지한 후 실시한다. 갑작스런 부피의 변화를 주기 위해 더미를 순간 주입하면 수위의 상승이 발생하고 상승한 수위가 원래의 자연수위로 회복하는 수위변화를 측정한다. 순간주입에 의해 발생한 수위변화량은 Data Logger를 이용하여 측정하고 센서는 자연수위 10m 이하에 설치한다. 그림과 같이 Exponential(overdamped) 또는 Oscillatory(undamped) 반응을 나타낸다.

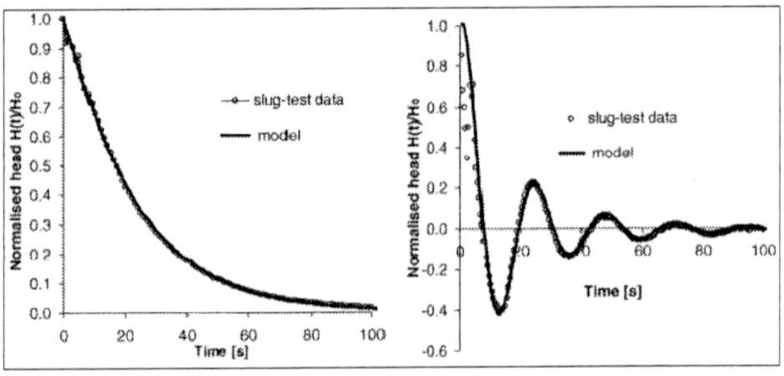

[그림 6-10] Slug test 시험결과

결과해석 순간충격시험에서 물의 흐름은 지반의 압축성 혹은 비저유계수에 기인한 비정상류를 형태를 보인다. 순간변위시험을 해석하는 방법에는 Cooper법과 KGS법과 같이 대수층의 압축성을 고려하여 산정하는 type curve법이 있고, 이와는 대조적으로 단순히 지하수의 흐름을 정상류로 가정한 Thiem Equation에 의존하여 대상지반의 압축성으로 인한 비정상 흐름을 무시한 선형 커브피팅법이 있다.

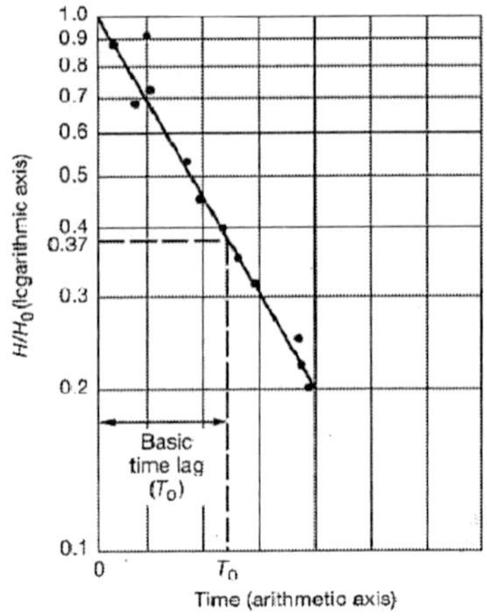

[그림 6-11] 측정결과해석(Freeze, 1979)

수압시험

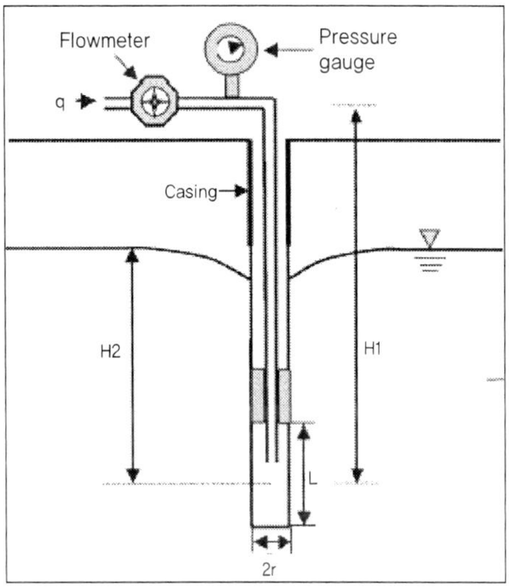

[그림 6-12] 수압시험 개요

수압시험은 지하수의 유동특성을 정량적으로 규명하기 위하여 시추공내의 일정구간에 Packer를 설치, 밀폐한 후 일정압의 압력수를 주입하여 주입압력과 주입량과의 관계로부터 암반의 투수성을 평가하는 현장시험법이다.

시험장비 완벽한 격리기능을 갖춘 이중패커, 주입수에 압력을 유지시켜줄 수 있는 펌프 또는 물탱크, 정확한 유량을 계측할 수 있는 유량계로 구성된다. 정압시험의 경우 시간종속적인 유량율의 변화를 기록할 수 있는 정밀한 유량측정계가 필요하며 안정된 정압 유지를 위해 계획된 수두압 만큼의 상부 고도에 물탱크를 설치하는 것이 바람직하다.

시험방법 높은 수리전도도 구간에서 수두압은 암반 주위로 빠른 속도로 배수주입되지만, 낮은 수리전도도의 암반에서의 주입은 장시간이 소요된다. 정압시험의 경우 펌프를 이용한 주입장비는 시험구간의 투수성에 따라 정압을 유지하기가 쉽지 않으므로 주입수의 위치를 정압수두에 맞게 높은 위치에 설치하는 것이 바람직하다. 실제 계측은 시험구간에서 시험밸브를 여는 것과 동시에 주입상황이 기록되면서 이루어진다. 정압주입은 주입압력, 2~3kg/cm^{2}로 20분 내지 길게는 180분간 유량을 측정한다. 이때 부정류 주입 유량율의 변화는 계속적으로 기록되어야 한다. 정압주입 후 연속하여 압력강하 시험을 수행할 수 있다.

해석방법 정압시험에 의한 부정류 해석법은 유동영역의 형태와 경계면에 대한 정보를 제공한다. Barker(1988)는 유동체적 변화를 기본으로 각 유동상의 일반방정식을 유도하였다. Doe와 Geier(1990)는 공 주변의 매체에서의 지하수유동 영역의 형성에 따라 선형유동, 방사상 유동, 구상 유동으로 구분되는 개념을 도입하여 이를 지하수 유동의 차원으로 정의하였다. 정압시험의 부정류 해석은 유량의 변화가 각 차원에서 직선으로 나타나도록 한 표준좌표를 상정하여, 각 차원에 맞는 수리상수를 도출해 낸다. 정압시험 후 수위강하시험은 공 내 물 주입 후 수위(수압)변화 거동으로부터 무한 경계조건의 방사상 흐름의 부정류 해석에 의한 관계함수로 수리전도도를 산출한다.

Lugeon Test

암반 그라우팅을 위해 소개된 시험법이다. 루전시험으로서 심도 및 지질 상태에 따른 수리전도도의 변화를 결정할 수 있고, 상대적으로 저렴한 비용으로 수행할 수 있는 방법으로 암반을 대상으로 압력 10kg/cm^{2}의 물을 암반 중에 압입하여 그때의 주입량으로 암반의 투수성을 평가하는 방법이다. 단위는 Lugeon으로 표시하며 1Lugeon은 1분간 시험구간 1m당 1L의 물이 압입되는 것을 의미한다. 그러나 이 시험법에서는 공경에 대한 통일된 규격이 없다는 문제점이 있다.

시험방법 루전시험은 시추공 굴착이 끝난 후나 시추과정 동안에 단일 혹은 이중패커를 사용함으로써 수행될 수 있다. 단일 패커 방법은 패커가 시추공 바닥으로부터 시험하고자 하는 위치에 설치된다. 시험이 끝난 후 시추작업은 다시 시작되고, 좀 더 깊은 심도에서 반복적으로 시험이 수행된다. 단일 패커 방법은 암반매질이 약하고 절리 밀도가 높거나 시추공의 붕괴가 예상될 때 효과적이다. 시험구간은 조사 목적에 따라 정해질 수 있으며, 시험은 최대 10kg/cm^2 주입압까지 상향 및 하향 단계별로 각각 5분에서 10분까지 계속된다. 이때 각 시험 단계별로 계측되는 주입량은 일정압력 하에서 계측된 누적 유량이 된다. 10kg/cm^2 정도의 수험 단계에서는 새로운 단열이 발생되거나 기존 단열을 확장시킬 수 있으므로 투수성이 과대평가될 수 있는 문제가 있다.

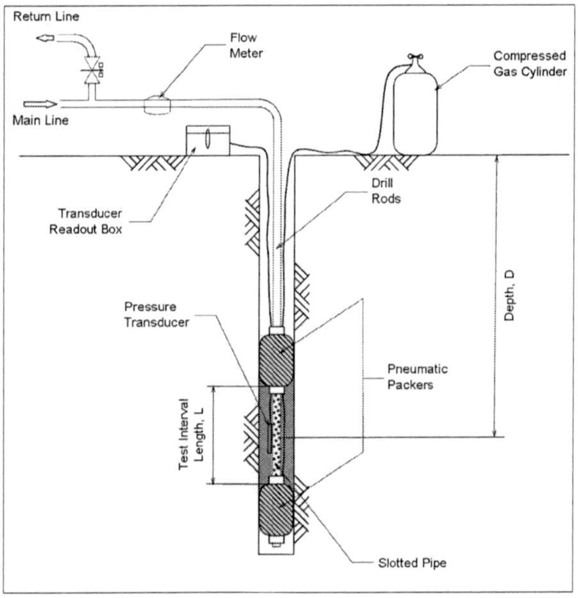

[그림 6-13] Lugeon Test

투수계수 주입압력을 수두로 환산하여 다음 식을 이용 투수계수를 산출한다.

$$K = \frac{2.3Q}{2\pi LH} \cdot \log\frac{L}{r} \quad (L \geq 10r) \quad K = \frac{Q}{2\pi LH} \cdot \sinh^{-1}\frac{L}{r} \quad (10r > L \geq r)$$

K : 투수계수(cm/sec), Q : 주입수량(cm^3/sec), r : 시험공 반경(cm)

L : 시험구간(cm), H : 총 수두(cm) - 유효주입압력을 수두로 환산

Lugeon값 Lugeon값은 유효주입압력이 10kg/cm^{2}일 때를 기준으로 하나 규정압력 이외의 압력에서는 아래의 식으로 환산하여 구한다.

$$Lu = \frac{10Q}{PL} = \frac{10Q_0}{P}$$

Q : 분당 주입량(L/min), Q_0 : 단위 길이에 대한 분당 주입량(L/min/m)

P : 유효주입압력(kgf/cm^2), L : 시험구간(m)

지반을 균질등방투수성으로 가정하여 Darcy의 법칙을 적용하면 Lugeon값 Lu를 투수계수 K(cm/sec)로 환산할 수 있으며 시험공경이 40~80mm의 경우 1Lu ≒ 1×10^{-5}cm/sec 정도이다.

시험결과 해석 유효주입압력 P(kg/cm^2)를 종축에, 주입량 Q(L/min/m)를 횡축에 취하여 그린 그림을 주입압력-주입량 곡선(P-Q 곡선)이라고 한다. 지반의 수리지질특성에 따라 P-Q곡선의 모양이 여러 형태로 나타난다. 유효주입압력 증가에 따라 주입량이 일정하게 증가하는 경우에는 주입압력 10kg/cm^{2}와 만나는 점의 주입량 L_1을 Lugeon값으로 한다. 어느 주입압력이상에서 주입량이 급격히 증가하는 경우에는 직선부분을 연장해서 주입압력 10kg/cm^{2}와 만나는 점의 주입량 L_2 및 L_3를 환산 Lugeon값으로 한다.

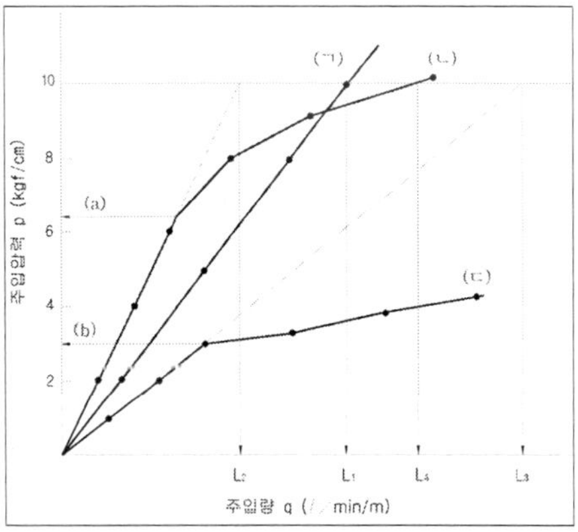

[그림 6-14] P-Q 곡선

Houlsby(1976)는 각각의 유효주입압력에 대한 환산 루젼값의 형태로 지반의 수리지질특성을 5개 그룹(laminar, turbulant, diation, wash-out, void filling)으로 분류, 루젼값을 해석하는 방법을 제시하였다. 또한 루젼시험결과는 Flow loss(q/L) 압력요소(ψ)로 표시하고 그림에서 보는 바와 같이 5단계 압력에 따라 Pressure loof를 형성하게 되며, 그 모양에 따라 암반의 루젼특성을 5개로 분류하여 설명하였다.

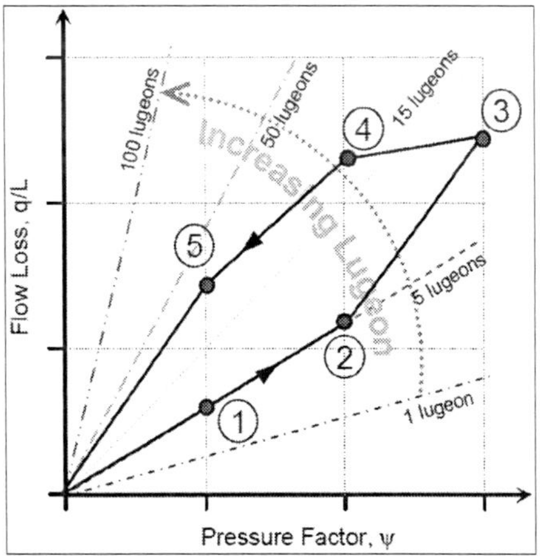

[그림 6-15] Pressure loof

지하굴착과 지하공동

Underground Excavation and Underground Opening

암반 굴착(Rock Excavation) 터널, 댐, 사면 등과 같은 암반구조물을 건설하기 위해서는 암반을 굴착해야 한다. 이와 같은 암반굴착은 현지암반의 응력상태를 교란하는 것으로 응력의 재분배를 통하여 평형상태에 이르고자 하며, 암반강도가 부족한 경우 파괴나 붕락에 이르게 되므로, 암반굴착에 의한 구조물의 안정성 평가는 가장 중요한 요소라 할 수 있다. 이는 암반의 지질학적 요소와 역학적 특성을 기초로 굴착에 따른 공학적 거동평가를 수행함으로써 최종적으로 안정한 구조물을 건설하게 되는 것이다. 암반굴착은 크게 터널, 지하공동, 지하채굴과 같은 지하굴착과 사면, 노천 채굴과 지표 굴착으로 구분할 수 있으며, 굴착 중의 암반거동은 암반의 특성과 현지응력 상태 그리고 구조물의 특성에 따라 좌우되므로 이에 정량적인 평가가 요구된다고 할 수 있다.

지하공동 굴착 공동에 대한 이론적 해는 암반굴착에 의해 발생하는 변형과 응력의 발생 메커니즘을 이해하는 데 있어 매우 중요하다. 이론적 해에 대한 연구는 오래 전부터 많은 연구자들에 의해 진행되어왔다(Lame의 해, Kirshd의 해 등). 또한 지보가 설치된 공동에 대한 연구도 보다 효율적인 지보설계를 위해 진행되어왔다(Einstein와 Schwartz의 해). 최근에는 다양한 수치해석기법을 이용하여 암반에 굴착되는 공동에 대한 역학적 거동을 정량적으로 평가함으로써 보다 안전하고 경제적인 지하공동의 설계 및 시공이 가능해졌다.

[사진 7-1] 지하공동 굴착

7.1 지하공동 응력분포

원형공동 응력분포(탄성) 지하공동은 단면에 수직인 길이 방향으로는 변화가 없으므로 평면 변형률 조건을 만족하는 구조물이다. 또한 등방체의 경우, 평면 변형률 조건과 평면 응력조건은 동일한 미분방정식을 풀게 되므로 응력 분포 또한 같다. 따라서 지하공동 주변의 응력 및 변위를 구하는 문제는 2차원 평면 응력 조건으로부터 구할 수 있다. 반경 a의 원형공동에 연직 응력 p, 수평 응력 Kp를 받고 있는 경우에 대한 2차원 해는 Kirsch (1898)에 의해 구해졌다. 정수압 상태($K=1$)인 경우의 응력성분은 간단해진다.

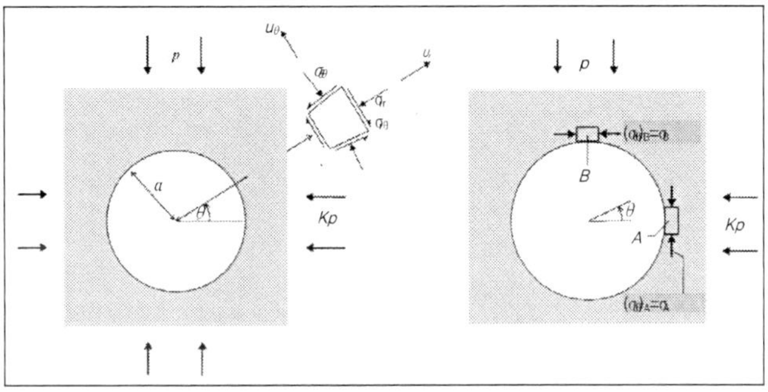

[그림 7-1] 원형공동의 응력과 변위 좌표시스템

$$\sigma_{rr} = p\left(1 - \frac{a^2}{r^2}\right) \qquad \sigma_{\theta\theta} = p\left(1 + \frac{a^2}{r^2}\right)$$

여기서 σ_{rr}은 반경방향의 수직응력이며, $\sigma_{\theta\theta}$는 원주방향의 수직응력이다.

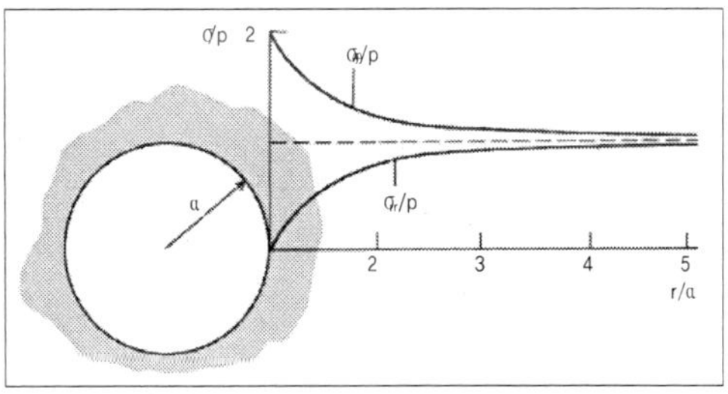

[그림 7-2] 원형공동의 응력분포(정수압상태)

이 경우 σ_{rr}은 원형공동의 벽면에서 발생하며($r=a$), 그 크기는 현지응력 p의 두 배이다. 반면 σ_{rr}은 공동 벽면에서는 0이 된다. 따라서 이 두 응력은 주응력이 되며, 최대 전단응력은 가해진 응력 p와 같고 공동 벽면과 45°를 이루는 면에서 작용한다. 공동굴착에 의한 응력상태는 공동에서 멀어질수록 현지응력에 근접하게 되고, r〉5a이면 현지 응력과 거의 동일하게 된다. 만약 공동이 영향존 내에 굴착되면 역학적 상호작용에 의한 중첩을 고려하여야 하며, 영향존은 공동의 크기와 형태와 현지응력과 관계된다.

지보압과 응력분포 지보압 p가 작용하는 원형공동의 경우 반경반향 응력 σ_r은 거리에 따라 증가하고 접선방향 응력 σ_θ는 거리에 따라 감소하게 된다.

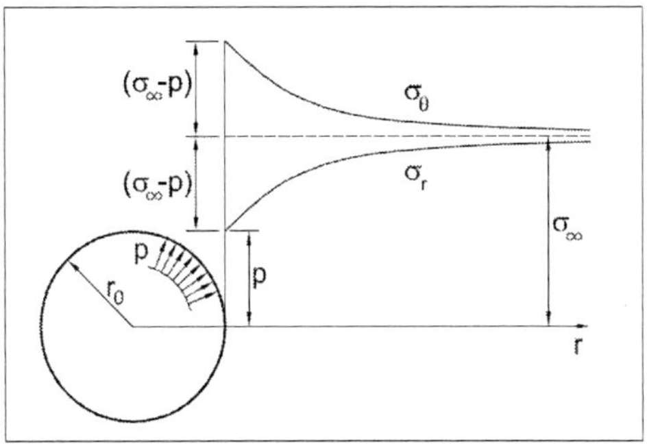

[그림 7-3] 지보압과 응력분포

원형공동의 응력분포(탄소성) 암석은 비교적 높은 강도를 가진 물질이지만 일정 값(강도)보다 높은 하중이 가해지면 파괴되며, 그 강도를 상실한다. 파괴되기 이전의 암석은 탄성적인 거동을 보이나, 파괴된 후에는 그 거동이 달라지므로 암반의 거동을 정확히 예측하려면 탄소성 해석이 수행되어야 한다. 공동 주위의 응력은 완전 탄성체보다 탄소성체에서 훨씬 더 낮지만, 탄소성 경계를 지나면 탄소성체의 $\sigma_{\theta\theta}$가 완전 탄성체의 $\sigma_{\theta\theta}$보다 높게 나타난다. 그 결과 공동 주위에서 영향지역은 완전 탄성체의 경우 보다 탄소성체일 경우에 훨씬 더 넓게 나타난다.

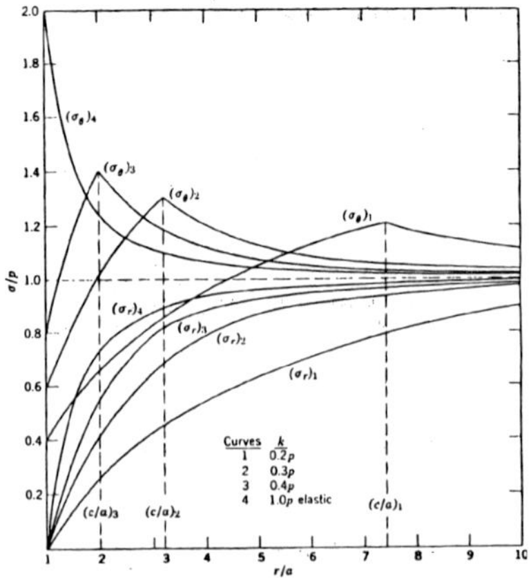

[그림 7-4] 원형공동 응력분포(탄소성)

원형공동의 소성영역(plastic zone) 등방압이 작용하여 전단응력이 존재하지 않아서 내부활동저항이 발휘되지 않은 탄성평형상태의 암반에 원형공동을 굴착하면 반경방향응력은 사라지고 접선응력은 증가하며 그 한계는 암반의 압축강도가 된다. 이 한계를 초과하면 굴착면 주변에 원형으로 소성영역이 형성된다. 즉 암반의 종류에 따라 소성변형이 유지되거나 지반이 파괴된다. 또한 원형공동의 내부지보압(p_i)이 임계지보압(p_{cr})를 초과하면 파괴는 일어나지 않으며, 공동주위 암반은 탄성적으로 거동하여 내공변위가 발생한다. 그러나 지보압이 p_{cr}보다 작으면 공동 주변 암반에 파괴가 발생하여 공동주위에 일정한 거리를 갖은 소성존을 형성하게 된다. 소성존의 크기(r_e)는 암반 강도(σ_{rm})와 현지응력상태(p_0)에 따라 결정된다. 또한 발파에 의한 영향을 고려하는 경우 발파에 의한 손상대(damage zone)가 원형공동 주변에 형성되어 소성영역에 영향을 주게 된다.

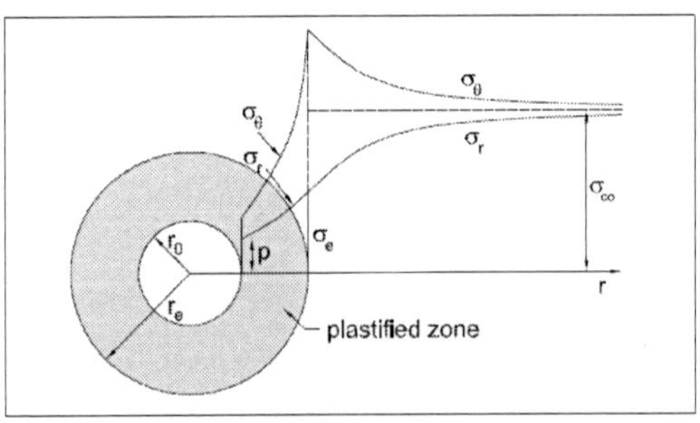

[그림 7-5] 탄소성 암반에서의 응력분포

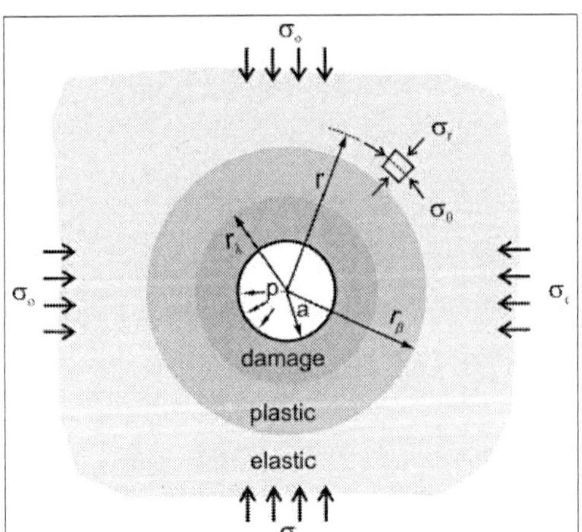

[그림 7-6] 손상대(damage zone)

원형공동의 파괴존(failure/yielding zone) 지하공동 굴착에서 가장 중요하게 고려해야하는 것은 천단상부와 터널바닥에서 발생되는 인장력이다. 접선방향의 응력 σ_t를 계산하면 $\sigma_t = -p(3K-1)$이다. 여기서 접선응력이 인장응력이 되기 위해서는 $(3K-1)\langle 0$ 이어야 한다. 따라서 $K<1/3$이면 인장응력이 발생된다. 인장균열이나 절리의 열림 등에 의해 영향이 없어지는 인장응력이 굴착면에서 멀어짐에 따라 급격히 감소하기 때문에 인장응력 영역은 극히 좁게 나타난다. 암반파괴는 임의의 한 점에서의 최대 및 최소 주응력이 암석 파괴강도에 도달하는지로 평가할 수 있다. 공동 경계응력은 다음과 같다.

$$\sigma_{\theta\theta} = p[1+K+2(1-K)\cos 2\theta]$$

그림에서 보는 바와 수직응력이 수평응력에 비해 큰 경우에는 천단부 일정범위에서 응력분산(destressing)으로 인한 인장파괴가 그리고 측벽 일정 범위에서는 응력집중(concentratin)으로 인한 압축파괴가 발생함을 확인할 수 있다. 수평응력이 수직응력보다 큰 경우에는 반대의 현상이 발생하게 된다. 공동 주변의 파괴존의 발생은 암반 특성과 공동 형태, 현지응력에 관계되며 지보설치나 보강을 필요로 하게 된다.

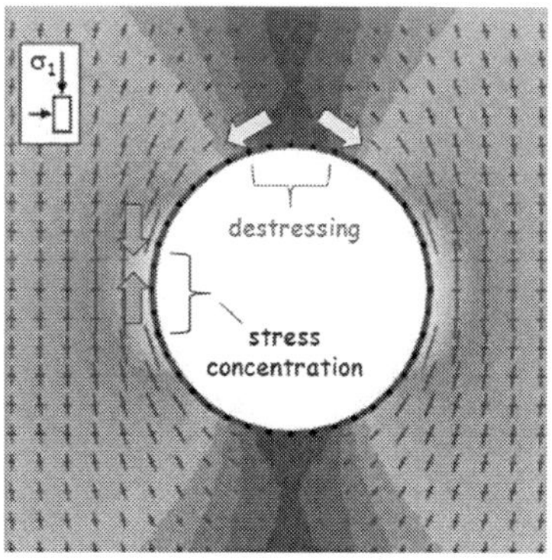

[그림 7-7] 원형공동의 파괴존

Martin 등은 원형 시험공동에서 주응력 크기와 방향과 관련하여 최대압축응력대에서 V형태의 취성파괴와 압축응력에 의해 유발된 큰 규모의 손상대를 관찰하였다. 또한 공동 측벽부의 인장대에서는 균열발생 등과 같은 파괴는 없었지만 손상이 발생하고 있음을 확인하였다.

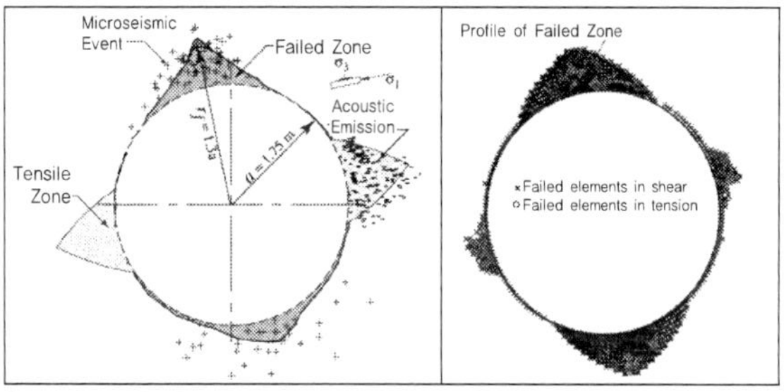

[그림 7-8] 원형공동의 파괴형태(2002, Martin)

수직응력이 수평응력에 비해 큰 경우(σv=60MPa, σh=11MPa)에 공동주변의 파괴존은 인장파괴는 측벽부를 중심으로 전단파괴는 천단부를 중심으로 발생하며, 암반의 강도특성에 따라 발생범위가 달라짐을 확인할 수 있다.

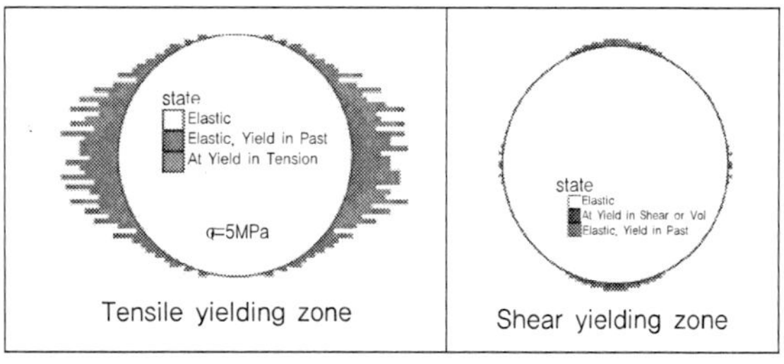

[그림 7-9] 원형공동의 파괴존(2008, Cai)

7.2 지하공동 굴착과 지보

지하공동 유도응력

현지응력 하에서 지하공동이 굴착되면 공동의 형상과 응력조건에 따라 공동주위의 응력은 재분배된다. 이러한 과정에서 공동 주위에 변형이 발생하고 균열 및 파괴가 일어나게 된다.

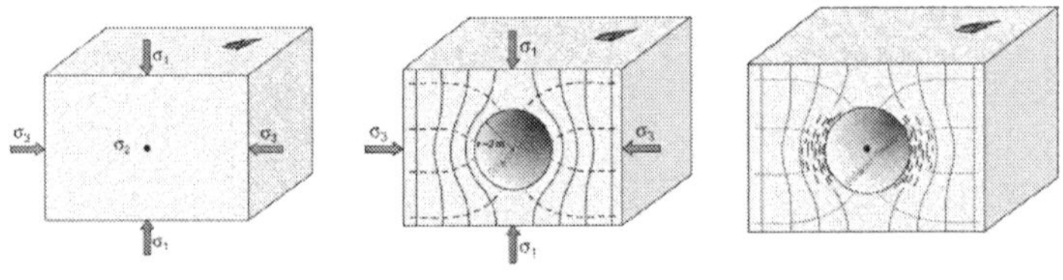

[그림 7-10] 초기응력과 굴착에 응력 재분배(Bossart, 2004)

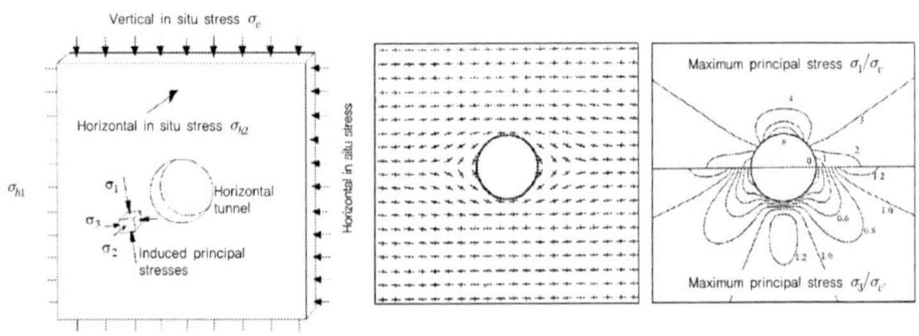

[그림 7-11] 지하공동의 주응력 분포(Hoek, 2000)

그림에 나타난 바와 같이 현지응력(수직응력 σ_v, 수평응력 σ_{h1}/σ_{h2}) 하에서 수평방향으로 공동이 굴착되면 공동주변의 응력은 변화하게 되고 새로운 2차 응력이 유도되어, 암반요소에 작용하는 3개의 주응력(σ_1, σ_2, σ_3)으로 표현된다. 주응력은 서로 수직이지만 현지응력 조건($\sigma_{h1}=3\sigma_v$)에 따라 그 방향이 달라지게 된다. 그림에서 긴 것이 최대주응력(σ_1)이고 짧은 것이 최소주응력(σ_3)으로 공동주변에서 경사지게 나타난다. 또한 σ_1과 σ_3의 크기 분포로부터 응력의 재분배가 공동주변의 암반에 집중되고 멀어짐에 따라 현지암반의 교란은 거의 없음을 보여준다.

EDZ(굴착교란대) 암반이 연약한 경우 지하공동 굴착에 의해 주변암반의 특성이 바뀌게 되는 변질대(altered zone)를 굴착교란대(excavation-disturbed zone, EDZ)라고 한다. 굴착과정에서 응력 재분배와 내공변위 발생으로 인하여 공동주변의 기존 절리가 열리고 전단균열이 발생하게 된다. 또한 균열이 상호연결되고 지하수영향으로 인하여 굴착 교란대가 형성된다.

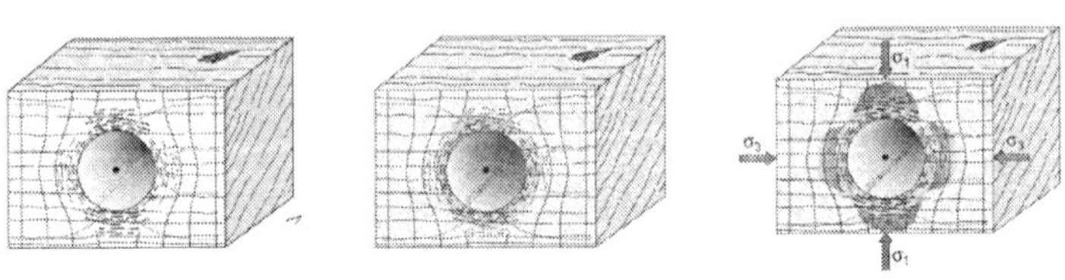

[그림 7-12] 굴착 교란대(EDZ)의 형성(Bossart, 2004)

지하공동 응력해석(stress analysis) 수치해석 기법이 발달함에 따라 종래의 이론해(closed form solution)로 해결할 수 없었던 매우 복잡한 해석조건에 대한 해석이 가능하게 되었다. 또한, 탄소성 모델, 점탄성 모델 등 보다 진보된 지반 구성 모델의 개발과 함께 매우 복잡한 경계조건뿐만 아니라 지반의 이방성, 불균질성, 비선형성, 불연속성 등 재료 특성에 대한 해석도 가능하다. 아울러 시공과정에 대한 모사도 가능하기 때문에 종래에는 예측이 어려웠던 지하공동의 거동특성도 예측이 가능하다는 장점이 있다. 일반적으로 지하공동 수치해석에 적용되는 해석기법은 크게 연속체 모델, 불연속체 모델 등 두 가지로 나누어지는데, 유한요소법(FEM), 유한차분법(FDM), 경계요소법(BEM), 개별요소법(DEM) 등이 여기에 속한다.

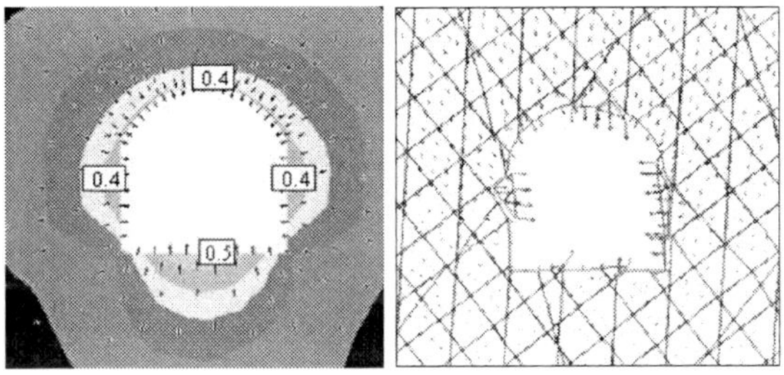

연속체 해석(FEM) 불연속체 해석(DEM)

[그림 7-13] 지하공동 수치해석기법

수치 해석 말굽형(horseshoe)터널은 시공성 등의 이유로 가장 일반적으로 적용되는 가장 단면이다. 하지만 암반조건이 불량하거나 지하심부의 경우 말굽형 단면은 모서리 근처에 응력집중이 발생으로 인하여 파괴가 발생할 수 있다. 따라서 터널주변 암반의 응력분포를 고려하여 파괴를 최소화하기 위해서는 수정 말굽형 단면 또는 원형단면이 적용되어야 한다. 수치해석결과는 이러한 응력분포의 특성을 잘 보여주고 있다. 또한 두 개의 지하공동(큰공동과 작은공동)이 설치되는 경우에 있어 두공동이 근접할 경우(case1), 작은 공동이 큰 공동 쪽으로 변형이 발생하게 되므로 적정한 간격을 확보하도록 하여야 함을 수치해석결과로부터 확인할 수 있다.

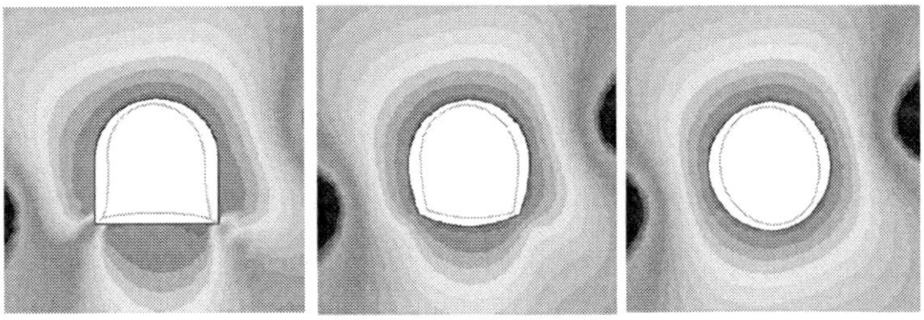
horseshoe Modified horseshoe Cicular

[그림 7-14] 터널 단면변화에 따른 응력분포 비교(Hoek, 2000)

응력 및 변위분포 (case 1) 응력분포(case 2)

[그림 7-15] 지하공동 위치변화에 따른 응력분포 비교(Hoek, 2000)

지반-지보 상호작용 지하공동 내에 지보를 설치되는 경우 암반과 지보의 상호작용을 고려하여야 한다. Einstein 등(1979)은 이에 대한 탄성해를 제시하였다. 공동(직경 R) 굴착 전에 암반은 현지 응력상태(수직응력 P와 수평응력 KP)에 놓여 있으며, 굴착 후 지보(두께 t_s)를 설치하게 되면, 암반과 지보는 함께 변형되어 지보의 변형과 하중으로 나타나게 된다. 그러나 이 방법은 지보설치의 지연효과(delayed effect)를 반영할 수가 없다.

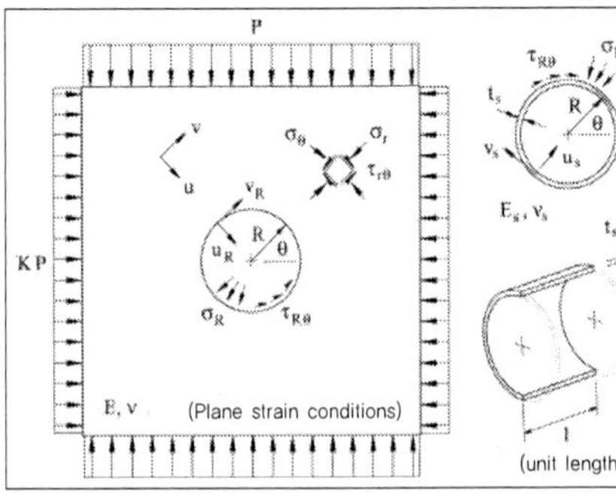

[그림 7-16] 지반-지보 상호작용 (Einstein 등, 1979)

공동거동 분석 지반-지보 상호작용 개념은 Mohr-Coulomb 파괴조건에 기초한 이론해를 정수압상태(σ_o)하의 원형공동(R)에 내부압(p_i) 작용하는 경우에 적용하여 나타낼 수 있다. 공동주위의 파괴는 p_i가 임계지보압(p_i^{cr})보다 작으면 발생한다.

$$p_i^{cr} = \frac{2\sigma_o - \sigma_{cm}}{1+k} \quad (\text{여기서 } \sigma_{cm} \text{ 암반강도})$$

만약 p_i가 p_i^{cr}보다 크면 파괴는 일어나지 않고 공동주위 암반은 탄성적으로 거동하여 안쪽으로 탄성변위를 발생한다. 이후 p_i가 p_i^{cr}보다 작게 되면 파괴가 일어나고 반경(R_p)의 소성존이 생기며, 소성변위가 발생한다.

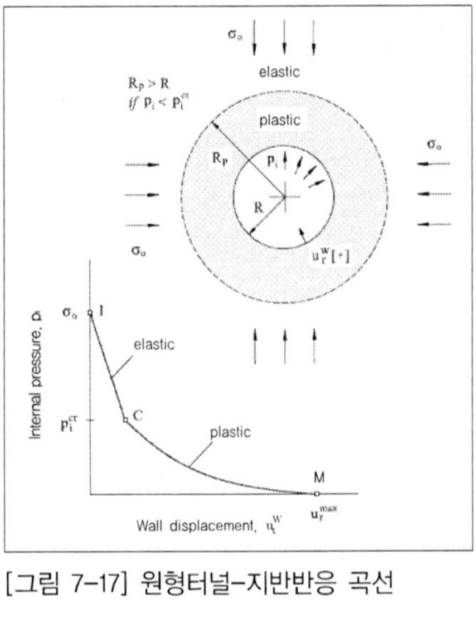

[그림 7-17] 원형터널-지반반응 곡선

Hoek 등(2000)은 원형터널에 대한 내부 지보압(p_i)과 터널 벽면변위(u_i)로부터 특성곡선(Characteristic Curve)로 제시하였다. 이것은 터널막장에서의 암반은 현지응력(σ_o)과 같은 초기 지보압(p_i)과 같고 막장이 진행됨에 따라 p_i는 점차 감소되어 일정한 거리 이후에서는 0에 이르게 된다.

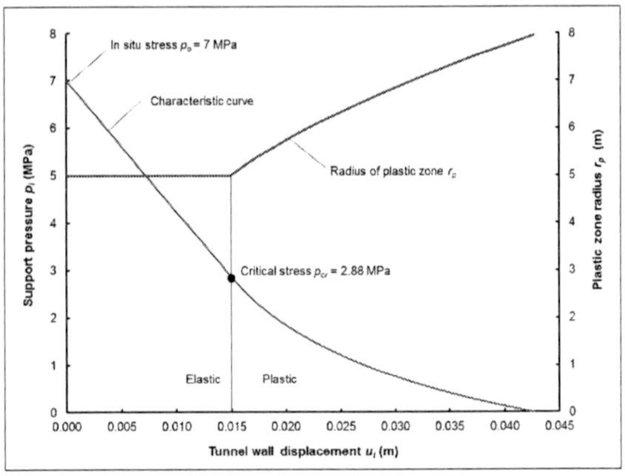

[그림 7-18] 터널 특성 곡선 (Hoek, 1995)

변위수렴법(CCM, convergence confinement method)

터널 주변을 구성하는 암반은 지압에 의해 변형하려고 하며, 반면 지보는 지보압을 지반에 반력의 형태로 가함으로써 변형을 억제, 구속하려고 한다. 터널 내공변위(u)와 지보압(P)의 관계로부터 지보에 작용하는 압력(P_s)를 구하기 위하여 지보반응곡선(Ground Reaction Curve, GRC)와 지보특성곡선(Support Characteristics Curve, SCC)을 함께 나타내는 것이다. 지보설치시기(C)는 굴착 직후 막장과 지보가 설치되는 지점과의 거리(D, 무지보 거리)의 함수 $f(D)$로서 수치모델링 또는 계측결과로부터 얻어진 종방향 변위곡선(longitudinal displacement profile, LDP)으로 구할 수 있다. 지하공동 굴착시 지보에 작용하는 최종 지보압(GRC와 SCC의 교점)을 구할 수 있게 된다.

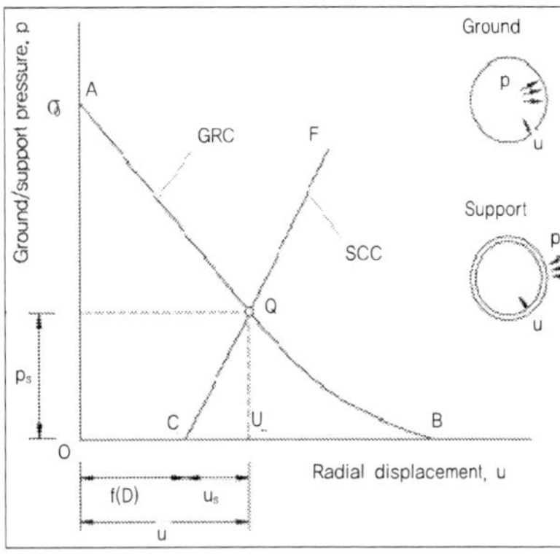

[그림 7-19] CCM 곡선
(Carranza 등, 2000)

GRC 원형공동에 대한 탄소성해로부터 구해지며 내공변위는 탄성영역과 소성영역으로 구분된다. 내공변위는 지보압이 작아짐에 따라 증가하게 된다. 복합적인 암반의 경우에는 수치해석을 통하여 얻을 수 있다.

SCC 원형지보에 작용하는 균등하중과 반경방향 변위사이의 관계식을 그래프로 표현한 것으로 지보재의 탄성해로부터 구하게 된다. 즉 지보재의 강성(Ks)은 탄성영역의 기울기로 표시된다. 강지보, 숏크리트, 록볼트에 대한 다양한 지보시스템에 대한 SCC 곡선이 제시되었다.

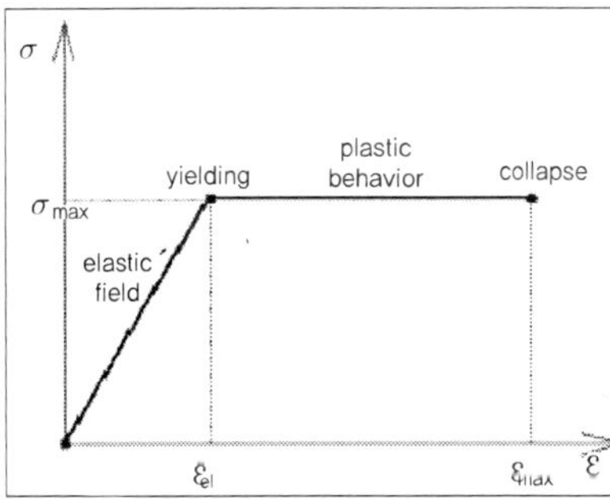

[그림 7-20] 지보 특성 곡선(SCC)

LDP 원형터널의 막장에서 발생하는 반경반향의 변위와 막장으로부터 거리와의 관계를 나타낸 것이다. 일반적으로 막장면에서 굴착 이전에 발생한 변위는 최종변위(u_r^M)의 30% 내외로 평가된다. LDP는 일반적으로 3차원 수치해석을 통하여 구할 수 있다.

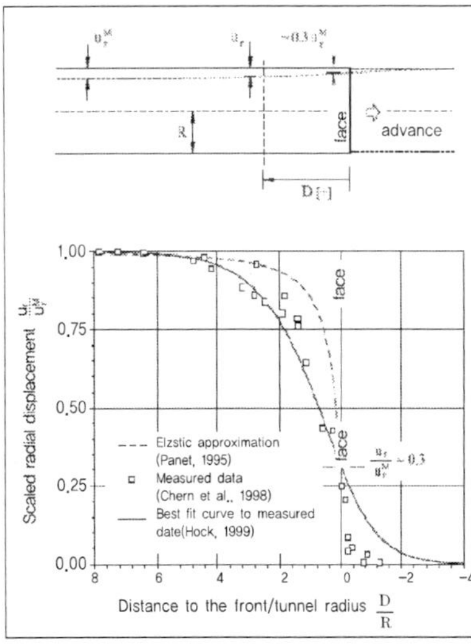

[그림 7-21] 종방향 변위곡선
(Carranza 등, 2000)

지보 시스템(Support system)

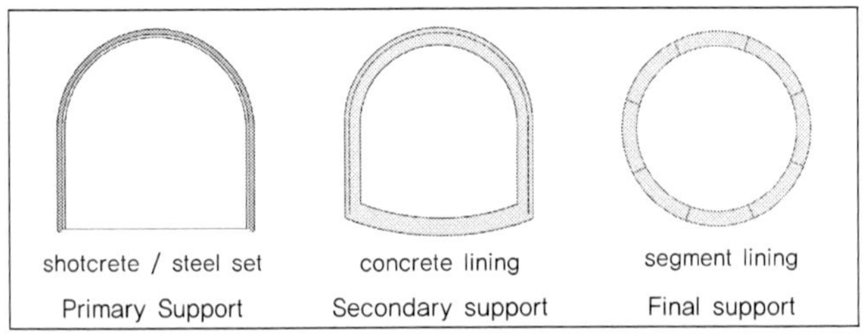

[그림 7-22] 터널 지보

굴착식 터널에서 사용되는 지보는 숏크리트, 록볼트, 강지보와 같은 1차 지보(primary support)와 콘크리트 라이닝과 같은 2차 지보(secondary support) 그리고 기계화 시공에서 사용되는 세크먼트 라이닝과 같은 최종 지보(final support)로 구분되는데 터널공법에 따라 지보방법이 달라지게 된다.

[사진 7-2] 강지보

강지보(steel rib) 현재까지 많이 사용되고 있으며, 주로 지하 심부 광산의 주운반 갱도나 터널 입구부, 교차부 또는 높은 지압이 작용하는 개소 등에 사용되고 있다. 주지보재로 록볼트와 숏크리트를 사용하고 주요 개소에 대한 안전율을 높이기 위하여 사용하기도 한다. 강지보 사이에 철판이나 블레이싱 바를 설치하며, 스퀴징 지반에서는 강지보 내에 슬라이딩 조인트가 설치된 가축성지보를 사용하기도 한다.

[사진 7-3] 숏크리트

숏크리트(shotcrete) 숏크리트 지보는 록볼트와 함께 주요 지보재로 활용되고 있다. 특히 NATM 시공에서는 굴착 후 암반에 변형이 일어나 이완 현상이 일어나면, 원암반이 손상되어 자체 지지력을 잃게 되므로 이를 방지하기 위해 초기 변형을 억제하는 것을 가장 중요한 개념으로 하고 있다. 숏크리트라는 이름은 콘크리트를 뿜어 붙인다는 의미를 가지고 있으며 초기에는 시멘트건(cement gun), 이라고 하였으며 스프레이드 콘크리트(sprayed concrete)라는 이름도 사용되고 있다. 숏크리트의 인장강도를 보강하기 위하여 와이어 메쉬, 강섬유 등을 보강하여 사용하는데, 지금까지는 와이어 메쉬가 많이 사용되었으나 최근에는 강섬유의 사용이 증가하고 있다. 이를 강섬유보강 숏크리트라고 하며, 강섬유는 여러 가지 형태가 개발되어 있으며 와이어메쉬 설치작업을 생략할 수 있어 시공이 용이하다.

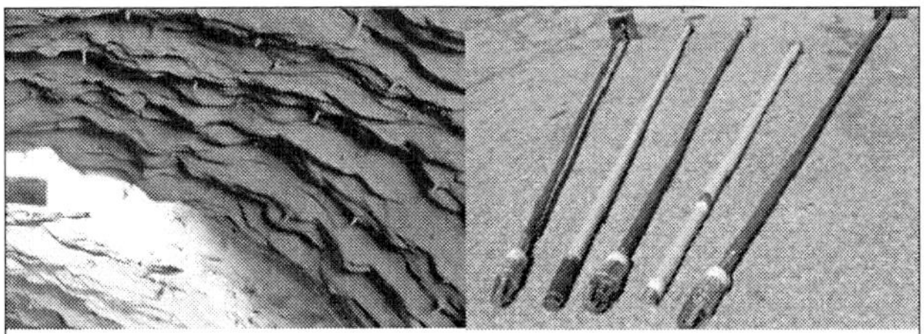

록볼트 설치　　록볼트 종류

[사진 7-4] 록볼트

록볼트(rock bolt) 오랜 역사를 지니고 있는 지보재로서, 굴착된 록볼트 설치공 내에 볼트를 삽입하고 화학적이거나 또는 기계적인 힘으로 공 내에 정착시킴으로써, 볼트에 연결된 암반을 고정시키는 역할을 한다. 록볼트는 세분하여 도웰(dowel)과 록볼트로 나눌 수 있다. 도웰은 단순히 앵커바(anchor bar)를 설치공 속에 그라우팅하여 고정시킨 것으로 초기의 록볼트 형태를 띠고 있으며, 록볼트는 베어링 플레이트(bearing plate)와 너트(nut) 등을 사용하여 암반의 변형을 구속한다. NATM 도입으로 인해 록볼트 지보는 새로운 능동적 지보 개념에 부합되는 지보로 인식되어 터널이나 지하공동의 지보로서 광범위하게 사용되고 있다.

콘크리트 라이닝　　강재 거푸집

[사진 7-5] 현장타설 콘크리트 라이닝

콘크리트 라이닝(concrete lining) 터널 관통된 후 일괄하여 시공되므로 굴착 후 즉시 시공되는 지보와 구별하여 2차 라이닝이라고 한다. 강재거푸집을 이용하여 10m 정도의 전단면 구간을 동시에 타설할 수 있으며 벽면 구배 및 시공오차를 감안하여 힌지와 유압식 잭으로 벽면과 거푸집과의 간격을 조절할 수 있도록 되어 있다. 암반의 이완하중을 고려하여 철근 콘크리트 라이닝을 고려하며 토사터널, 저토피 구간, 터널 갱구부나 단층대 구간에 장기적인 안정성을 고려하여 철근콘크리트 라이닝을 설치한다.

세그먼트 라이닝 조립　　세그먼트 라이닝

[사진 7-6] 세그먼트 라이닝

세그먼트 라이닝(segment lining) 쉴드 TBM 터널에서 굴착과 동시에 미리 제작된 세그먼트 콘크리트를 갱내에서 조립하여 링구조(ring)로 최종 라이닝을 형성한다. 지반특성과 토압을 고려하여 라이닝을 설계하며 보통 5-7개의 세그먼트가 한 링을 구성한다. 특수한 경우에 추가적으로 2차 라이닝을 설치하기도 한다.

7.3 지하공동 파괴특성

파괴 및 거동특성 암반 내 지하공동을 굴착하게 되면 다양한 원인에 의해 변형거동을 일으키게 되고 안정하게 유지되거나 불안정 상태로 파괴에 이르게 된다. 파괴모드(failure mode) 또는 파괴 형태는 암반특성, 응력과 지하수 상태 및 지하공동의 크기와 같은 요소에 의해 결정된다. Shubert 등(2004)은 NATM 터널굴착에 의한 암반파괴 거동을 거동타입(Behaviour Type)으로 정의하여 표현하였다. 또한 Martin등은 파괴모드와 관련하여 지하굴착의 거동특성을 구분하여 나타내었다.

[표 7-1] 터널굴착에 따른 파괴모드/거동타입(Austrian Guideline, 2004)

Behaviour type	Failure mode during tunnel excavation
1. Stable	작은 규모의 failing과 sliding의 가능성을 가진 안정한 암반
2. Stable with block fall	불연석면에 의한 지배되는 상당한 정도의 암반블록의 failing과 sliding, 종종 전단파괴 발생
3. Shallow shear failure	천부 응력이 불연속면과 결합된 전단파괴를 발생시키고 중력이 암반파괴를 지배함
4. Deep seated shear failure	심부 응력이 전단파괴와 과다변형을 유발함
5. Rock burst	과응력상태의 취성암반에서 축적된 에너지의 방출에 의한 암반의 갑작스런 폭발적 파괴
6. Buckling failure	좁은 간격의 불연속면을 가진 암반의 좌굴, 종종 전단파괴와 연관됨
7. Shear failure with low confining pressure	심한 과굴 가능성과 굴뚝모양의 파괴형태의 점진적인 전단파괴로서 측압의 부족으로 발생
8. Ravelling ground	점착력이 없는 완전 파쇄암반 또는 토사지반에서의 유동
9. Flowing ground	함수율이 높은 심하게 파쇄된 암반 또는 토사지반에서의 유동
10. Swelling	물과 결합된 물리화학적 작용에 의한 암반의 시간의존성 부피팽창으로 터널안쪽으로 변형
11. Frequently changing behaviour	불균질성 또는 블록 기질암(Block in matrix rock)에서의 응력과 변형의 급격한 변화

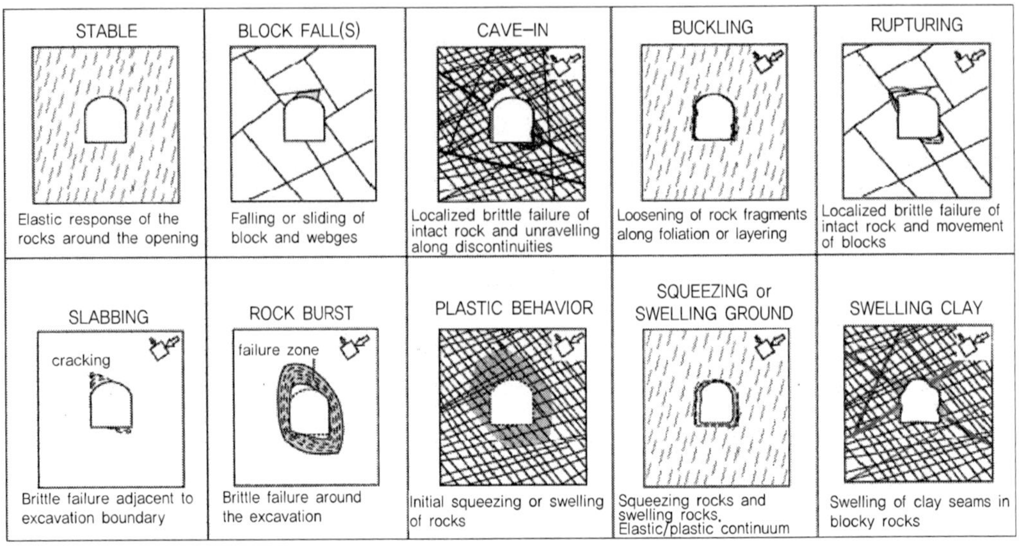

[그림 7-23] 지하공동에서의 거동타입(Martin and Hoek 등, 1995).

지하굴착에서의 거동타입 기본적으로 지하공동에서의 파괴모드는 두 개의 그룹으로 구분되고, 추가적으로 지하수에 의한 영향을 포함하면 다음과 같다.

- **Group 1** 중력으로 인해 발생하는 것으로 대부분 불연속면에 의해 형성된 암반블록이 공동 내부로 이동하면서 파괴(block fall)가 발생한다.
- **Group 2** 공동주변 응력이 암반강도를 초과하게 되는 과지압상태에서 나타나는 파괴로서 취성암반에서 나타나는 buckling, spalling, rock burst와 연성암반에서 나타나는 plastic deformation, creep, squeezing으로 구분된다.
- **Group 3** 지하수로 인해 유도된 파괴로 대량 지하수에 용출과 특정 물질을 포함한 암반에서의 불안정성(슬레이킹과 팽창성)과 석회암과 같은 용해성 암반 등이 해당한다. 또한 지하수는 충전된 절리면의 전단강도를 저하시킨다.

[표 7-2] 지하굴착에서의 거동타입(Terzaghi, 1946과 Schubert 등, 2001)

Behaviour type	definition	comments
Type 1 중력에 의한 거동		
a. Stable	주변 암반이 일정기간 이상 무지보 자립	괴상, 내구성 암반(천부, 적정 깊이)
b. Block fall of single of several	개별 블록의 낙반 가능상태로 안정 여러 블록의 낙반 가능상태로 안정(〈10m^3)	불연속면 거동파괴 불연속면 거동파괴
c. Cave-in	큰 부피의 암편의 붕락(〉10m^3)	심한 절리성 암반
d. Running ground	토사입자의 막장압출, 자립시간 거의 없음	모래나 자갈지반
Type 2 응력에 의한 거동		
e. Buckling	터면벽면에서 암편의 깨짐	취성거동/암반구조 변형으로 인한 높은 하중하 이방성, 강한 취성암반
f. Rupturing from stress	터면벽면에서 작은 암편이나 조작으로 점진적으로 깨짐	취성거동/슬래빙의 시간의존 거동 또는 응력재분배에 의한 록버스트
g. Slabbing	벽면/천정부에서 얇은 암편으로 갑자기 폭발적으로 떨어져 나옴	취성거동/괴상의 강한 추성암반에서의 적당한, 높은 과응력 상태
h. Rock burst	슬래빙보다 더 폭발적으로 발생 상당히 큰 규모(종종 Seismic event 발생)	취성거동/괴상의 강한 추성암반에서의 매우 높은 과응력 상태
i. Plastic behaviour	초기변형은 불연속면과 중력장 암반파괴에 의한 전단파괴에 의해 발생	소성거동/과지압으로 인한 소성변형 발생 종종 스퀴징의 시작
j. Squeezing	시간의존형 거동. 필수적으로 과지압에 의한 creep과 연계. 변형은 굴착 중 또는 오랜 기간 지속됨	소성거동/과지압상태의 소성, 괴상 암반에서 낮은 팽창성을 갖은 점토광물 또는 운모류 비중이 큰 경우
Type 3 물에 의한 거동		
k. Ravelling from slaking	점차적으로 작은 조각으로 완전 부스러짐	수화작용/슬레이킹에 의한 분해작용 이암 또는 점토
l. Swelling of rock of clay seam	물흡착에 의해 주변암반이 터널내부로 팽창 이과정은 때로는 스퀴징으로 잘못 판단 물흡작으로 발생. 블록의 이완 또는 점토의 전단강도 감소를 가져옴	anhydrite, halite, 팽창성 점토를 포함하는 팽창성 암석에서 발생 팽창성 점토광물을 포함하는 seam에서 발생
m. Flowing ground	물과 토사의 혼합물이 터널 내부로 급격하게 밀려 들어옴	용출/지하수위 하 점착력이 없는 토사지반에서 발생
n. Water ingress	암반 내 유수통로를 따라 피압수의 용출이 터널 내부로 발생	용출/다공성 또는 용해성 암반에서 불연속면 균열 등의 유수통로를 따라 발생

지표굴착과 암반사면

Surface Excavation and Rock Slope

지표 굴착(surface mining) 노천 채굴로 불리 우는 지표 굴착은 광산개발에 있어 가장 기본적인 굴착방법으로 지하 갱내굴착과 크게 구분된다. 지표 굴착은 대규모 굴착으로 단기적 안정성을 확보하는 것이 중요하며 광산의 특성상 채굴이후에 장기적인 안정성에 문제가 발생하는 경우가 많으며 대규모 재해로 이어지는 경우가 많기 때문에 이에 대한 기술적 대책이 요구되며, 상당한 정도의 사회적 비용이 소요되기도 한다.

[사진 8-1] Surface Mining(Open pit)

암반사면 굴착(rock slope excavation) 암반 사면굴착은 가장 쉽게 볼 수 있는 굴착으로 도로와 철도와 같은 인프라 시설 건설시 필수적으로 발생하며, 지하굴착에 비하여 경제성이 우수하며 이전에는 많이 선호되는 굴착방법이다.

하지만 암반사면 굴착은 자연 경관과 주변 환경을 훼손하는 문제로 인하여 최근에는 암반사면의 높이와 규모에 대하여 엄격하게 제한하고 있다. 암반 사면은 암반 불연속면의 특성에 따라 다양한 파괴 형태를 가지며, 자연에 장기적으로 노출되는 특성으로 암석의 풍화 및 변질 그리고 우수 및 지하수 등에 의한 영향이 매우 커서 안정성에 매우 취약한 특성을 가지므로 이에 대한 대책이 필요하다.

[사진 8-2] 암반사면 굴착

8.1 암반사면 기본역학

블록의 거동 ψ_p의 각도를 갖는 경사면 위에 놓여 있는 중량 W의 블록에는 중력이 연직 방향으로 작용한다. 경사면의 아랫방향으로 작용하여 블록의 미끄러짐을 유발시키는 중량 W성분은 $W\sin\psi_p$이고, 경사면에 수직으로 작용하여 블록을 안정화시키는 W성분은 $W\cos\psi_p$이다. 경사면 아래로 미끄러지려는 힘이 저항력과 같을 때 블록은 미끄러짐이 일어나려는 순간, 즉 극한평형 상태에 있게 된다.

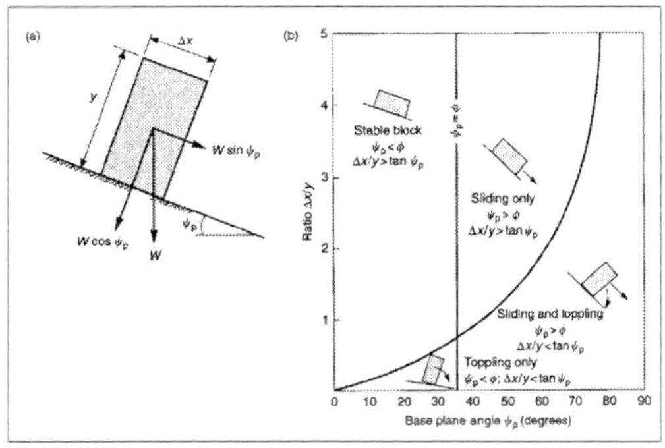

[그림 8-1] 경사면 블록의 거동 (Hoek and Bray, 1991)

$W\sin\psi_p = cA + W\cos\psi_p\tan\phi$ (A:블록의 면적, ϕ:마찰각)이다.

또한 블록의 크기비(Δx/y)와 마찰각에 sliding와 toppling 조건이 달라지게 된다.

수압의 영향 경사면 위에 놓여 있는 블록이 인장균열에 의해 갈라지고 그 틈에 물이 채워진 경우, 인장균열에서의 수압은 깊이에 따라 선형적으로 증가하고, 합력 V는 블록의 뒷면에 작용하는 수압에 의해 경사면의 아랫방향으로 작용한다. 또한 블록 밑면의 접촉부분에 윗방향으로 작용하는 힘인 부양력 U가 생기고 이 힘은 경사면의 수직응력을 감소시킨다. 자중 W와 함께 물에 의해 생긴 힘인 수력 V와 U가 블록에 작용하는 경우에 극한평형 조건은 다음과 같다.

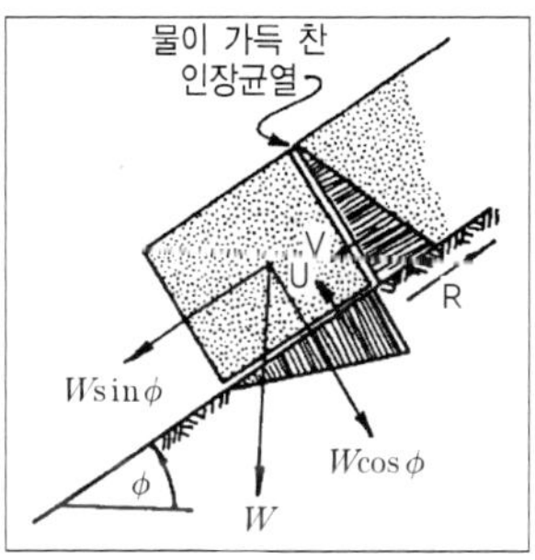

[그림 8-2] 수압의 영향

$W\sin\psi + V = cA + (W\cos\psi - U)\tan\phi$

보강 효과 T의 인장력을 갖는 록볼트가 경사면과 β의 각도로 설치되면, 면에 평행하게 작용하는 록볼트 인장력 T의 분해성분은 $T\cos\beta$이고, 블록이 놓여 있는 표면에 수직으로 작용하는 성분은 $T\sin\beta$이다. 이 경우의 극한평형 조건은 다음과 같다.

$W\sin\psi + V - T\cos\beta = cA + (W\cos\psi - U + T\sin\beta)\tan\phi$

이 식에서 볼트의 인장력은 경사면의 아랫방향으로 작용하는 미끄러짐을 유발하는 힘을 감소시키고 수직응력을 증가시킴으로써 결과적으로 블록 바닥면과 경사면 사이의 마찰저항을 크게 하는 역할을 한다.

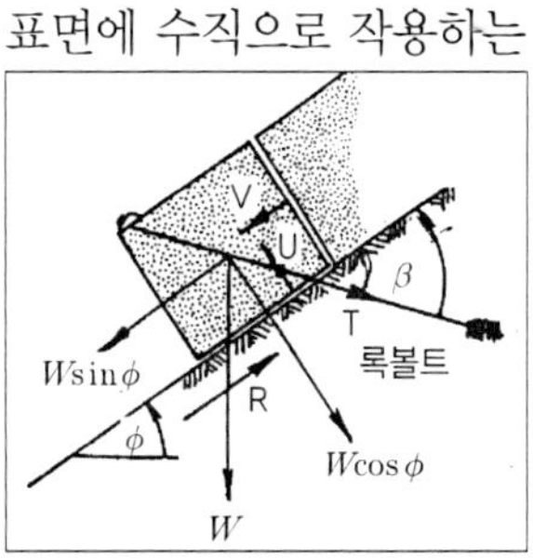

[그림 8-3] 보강 효과

8.2 암반사면 파괴특성

파괴 유형

암반사면에서 발생하는 파괴의 유형은 불연속면에 의해 좌우된다. 따라서 암반사면의 설계나 안정성 해석 시 어떤 종류의 불연속면이 존재하고 있는지를 조사하고 불연속면의 특성을 파악하는 것은 매우 중요하다. 암반사면에서 발생하는 파괴형태의 구분은 주로 Hoek and Bray(1981)에 의해 제안된 분류법이 사용되며, 이 분류법에서는 암반사면 내 파괴 활동면의 기하학적 형상을 중심으로 파괴유형을 분류하여 평면파괴(plane failure), 쐐기파괴(wedge failure), 전도파괴(toppling failure), 원호파괴(circular failure)로 구분하였다.

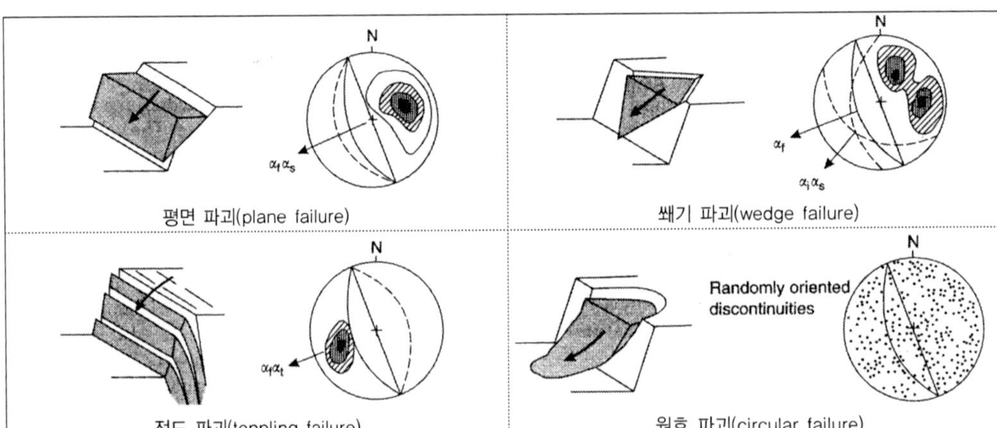

[그림 8-4] 암반사면의 파괴유형((Hoek and Bray, 1981)

평면파괴 층리면과 같은 불연속면이 사면의 경사방향과 동일한 방향을 가지고 있고 마찰각보다 더 큰 각도로 사면방향으로 기울어져 있을 때 발생한다. 평면파괴는 암반사면의 파괴유형 중 상대적으로 드문 유형인데 그 원인은 실제 사면에서 평면파괴가 발생할 수 있는 모든 기하학적 조건들을 충족시키기가 어렵기 때문이다. 평면파괴는 파괴면의 경사가 마찰각보다 크고 사면의 경사보다 작은 경우에 발생한다. 또한 불연속면의 주향이 사면의 주향과 20° 이내의 차이를 보이고, 파괴면의 측면 경계면이 무시할 정도로 작은 저항을 지녀야 한다.

$\Psi_f > \Psi_P > \Phi$ (Φ : 마찰각)

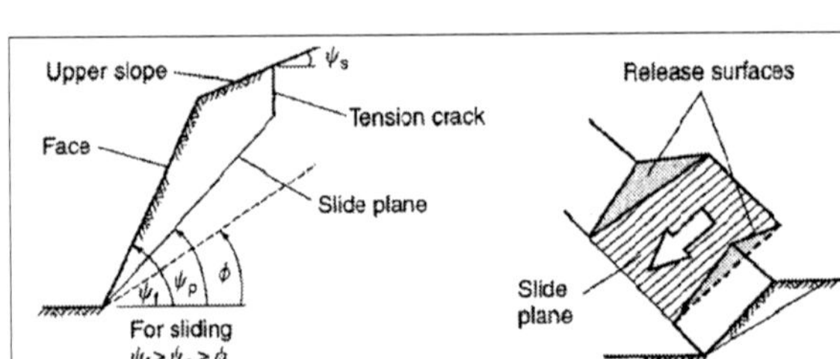

[그림 8-5] 평면파괴 조건(Hoek and Bray, 1981)

쐐기파괴 두 불연속면이 사면을 비스듬하게 가로지르면서 발달하고 그 교차선이 경사면에 드러나 있으며 이 교차선의 경사가 마찰각보다 큰 경우 그 교차선을 따라서 활동면 위의 쐐기형 암반이 미끄러지는 형태의 파괴이다. 쐐기파괴는 평면파괴에 비해 매우 다양한 지질학적 및 기하학적 조건하에서 파괴가 발생할 수 있다. 기본적인 역학 관계는 평면파괴와 유사하다. 쐐기파괴는 사면의 경사가 두 불연속면의 교선의 경사보다 크고 마찰각보다 큰 경우에 발생하며 평사투영해석을 통하여 쉽게 규명할 수 있다.

$\Psi_{f_i} > \Psi_f > \Phi(\Phi_f$: 교선의 경사)

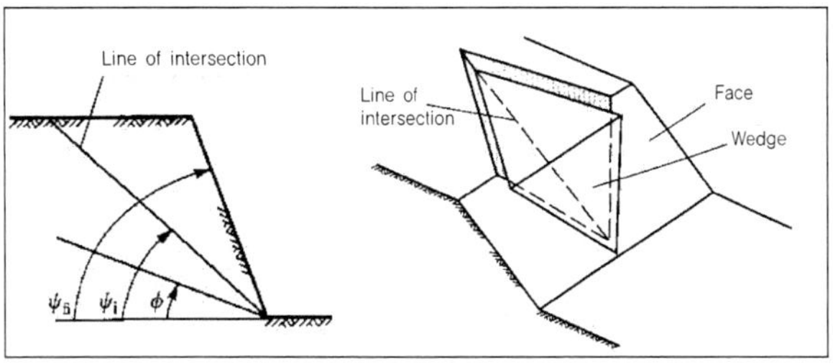

[그림 8-6] 쐐기파괴의 조건(Hoek and Bray, 1981)

전도파괴 암블록이나 암편의 회전에 의해 파괴가 발생하므로 평면, 쐐기, 원호파괴와는 발생하는 메커니즘과는 차이를 보인다. 파괴형태에 따라 굴곡 전도파괴(flexural toppling), 블록형 전도파괴(block toppling), 복합 전도파괴(block flexure toppling)로 구분된다. 전도파괴의 경우 불연속면의 경사방향이 사면의 경사방향으로부터 10° 내의 방향을 가지며 불연속면이 사면의 인쪽 방향으로 기울어져 있을 경우 발생한다. 또한 불연속면의 경사가 불연속면들 사이에서 미끄러짐이 발생할 수 있을 정도로 충분히 커야 한다.

$(90-\Psi_f)+\phi_j < \Psi_p$ (ϕ_j 불연속면 사이 마찰각)

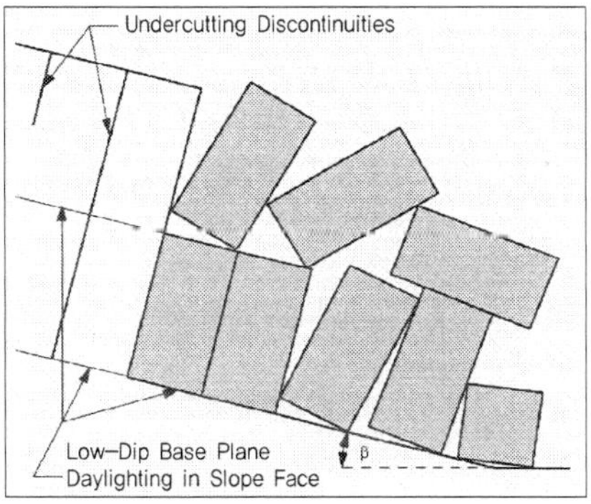

[그림 8-7] 블록형 전도파괴

원호파괴 암반이 심하게 풍화되어 있거나 절리가 매우 조밀하게 발달하여 안정성을 좌우할 뚜렷한 불연속면이 존재하지 않을 경우 또는 사면 내에서 최소 저항면이 자유롭게 발생할 수 있는 경우의 암반사면에서 발생하는 파괴형태이다. 이러한 유형의 파괴는 흙이나 암반 내의 입자 크기가 사면의 크기에 비해 매우 작을 경우 주로 발생하는 데 파쇄된 암석 입자의 크기가 현저히 작을 경우 파쇄된 암석 조각이 흙입자처럼 움직여 흙사면에서 발생하는 원호파괴의 형태를 보이게 된다.

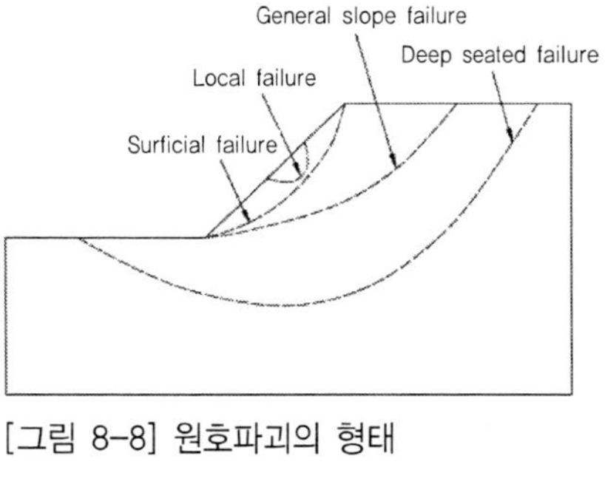

[그림 8-8] 원호파괴의 형태

8.3 암반사면의 안정성 해석

운동학적 해석(Kinematic analysis)

운동학적 해석은 이미 존재하고 있거나 계획되어 있는 암반사면에 대해 암반블록의 기하학적 특성을 이용하여 어떤 종류의 파괴가 발생할 것인가를 파악하는 해석 과정으로 사면과 불연속면의 기하학적 특성에 의하여 결정된다. 즉 운동학적 해석에서는 사면과 상부사면, 그리고 불연속면의 상대적인 방향성 및 그 조합에 의해 사면파괴의 종류와 가능성이 결정된다.

평사투영해석 대상 평면(불연속면과 사면)과 선구조의 평사투영에 의해 수행되며 이를 위하여 평사투영해석기법이 활용된다. 현장지질조사를 통해 획득된 불연속면의 방향에 대한 평사투영 결과를 통해 어떠한 종류의 파괴가 발생할 것인가 하는 것을 판단할 수 있으며 사면 파괴와 무관한 불연속면 자료를 해석으로부터 제외할 수 있다. 평사투영해석을 통해 파괴유형이 결정되면 같은 평사투영망을 이용하여 불연속면의 방향과 사면의 상대적인 방향을 이용하여 암반블록이 미끄러질 수 있는가를 판단하는 과정을 거치게 된다.

Daylight envelope 세 방향의 불연속면(AA, BB, CC)이 암반 내에 분포하고 있다고 가정하면 잠재적으로 불안정한 불연속면은 불연속면 AA이다. AA는 사면의 경사보다 작은 경사를 가지고 있으며($\psi_A < \psi_f$) 사면의 방향으로 daylight하고 있다. 그러나 BB의 경우 사면의 경사보다 높은 경사를 가지고 있어 daylight하지 않으며($\psi_B > \psi_f$), CC는 사면 안쪽 방향으로 경사져 있어 미끄러짐이 발생할 수 없다. 불연속면 극점의 위치로 불연속면의 daylight 여부와 불안정성 여부를 판정할 수 있으며, 불연속면 극점의 위치가 사면의 극점(P_f)보다 안쪽에 있을 경우 daylight가 발생하고 잠재적으로 불안정한 것으로 해석된다. 이러한 영역을 daylight envelope이라 하며 쉽게 불안정한 블록을 판정할 수 있다. 그림에는 평면파괴 및 쐐기파괴의 daylight envelope가 나타나 있다.

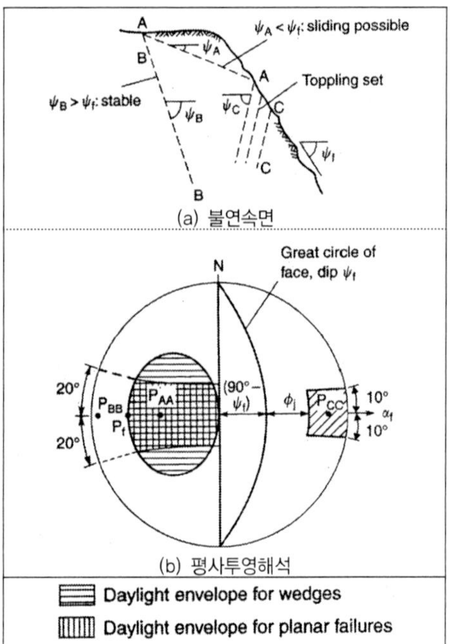

[그림 8-9] 평사투영해석(Wyllie & Mah, 2004)

Friction cone daylight envelope을 통해 암반 내 블록이 운동학적으로 미끄러질 것으로 판단되면 envelope가 표시된 평사투영망과 마찰각(friction angle)을 이용하여 추가 안정성 검토를 수행한다. 암블록과 불연속면 사이의 마찰각 ϕ을 갖는 경사면 위에 블록이 놓여 있다고 가정하면 미끄러짐이 발생하지 않는 상태인 경우 불연속면에 수직인 힘의 벡터는 friction cone 내에 위치한다. 따라서 암블록에 작용하는 힘이 중력만 존재한다면 불연속면의 극점과 수직응력의 방향이 일치하므로 불연속면의 극점이 friction circle 내에 존재할 경우 블록은 안정하다.

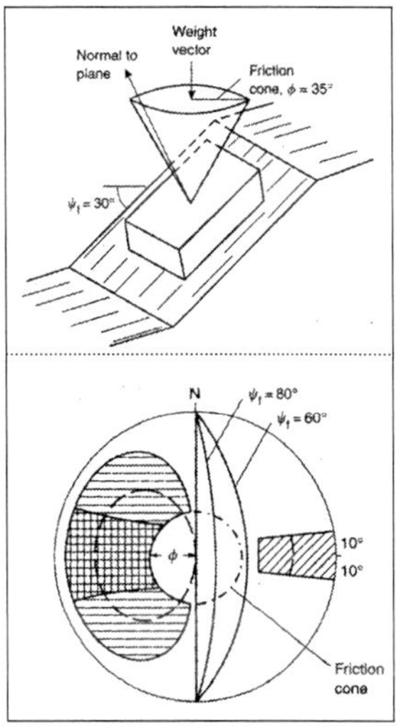

[그림 8-10] Friction Cone

평면파괴 주불연속면의 상대적인 위치에 따라 안정성을 평가한다. 불연속면의 경사방향과 사면의 경사방향의 차이가 20° 이상일 경우 안정한 것으로 해석되는데, 이는 방향의 차이가 20° 이상일 경우 암블록의 한쪽이 두께를 가지며 미끄러짐에 저항하는 전단저항력을 가지게 되기 때문이다.

쐐기파괴 두 불연속면이 교차하는 교차선의 극점과 사면과의 상대적인 위치에 의해 안정성을 판단한다. 즉, 교차선의 극점이 daylight하는 경우 불안정하게 된다. 쐐기파괴의 envelope은 교차선의 경사방향이 사면의 법면 내에 존재하는 모든 교차선의 극점이 그리는 궤적이다.

전도파괴 불연속면의 경사방향이 사면의 경사방향으로부터 10° 내의 방향을 가지며 사면의 안쪽 방향으로의 경사가 불연속면들 사이에서 미끄러짐이 발생할 수 있을 정도로 충분히 커야 발생한다.

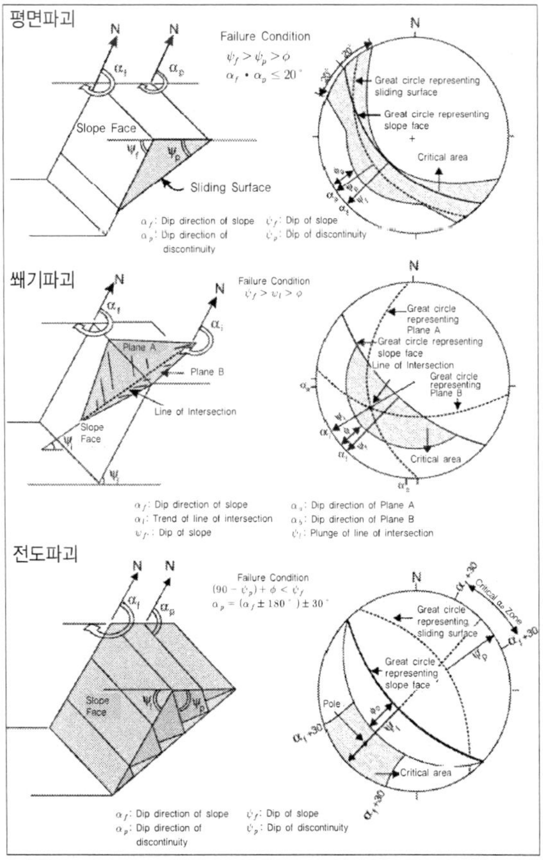

[그림 8-11] 암반사면 파괴 평사투영해석

한계평형해석

암반사면의 파괴가능성에 대해 파괴를 일으키는 힘과 파괴에 저항하는 힘의 관계로 나타내는 안전율을 구하기 위해 한계평형해석을 실시한다. 또한 절리면의 전단강도와 지하수 조건 등을 고려하고, 저항력을 증가시켜 주기 위한 최적의 앵커나 볼트의 인장력, 설치 각도 등을 계산하기 위해서는 이 해석이 필요하다.

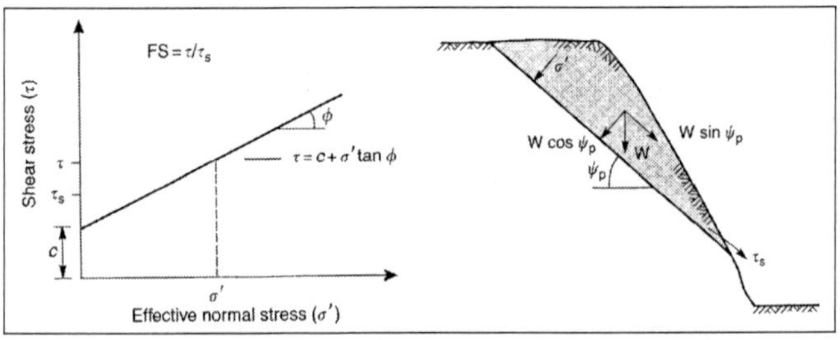

[그림 8-12] 불연속면의 전단강도(Wyllie and Mah, 2004)

안전율(FS) 암반사면의 안정성은 미끄러짐이 발생하는 면을 따라 형성되는 전단강도에 의존한다. 전단파괴가 발생하는 사면 붕괴에서 암석은 Mohr-Coulomb의 전단강도를 갖는 것을 가하며 이에 따라 유효응력이 작용하는 활동면에서 전단강도는 다음과 같다 ($\tau = c + \sigma' \tan\phi$). 또한 연속적이고 사면방향으로 daylight하고 있는 불연속면이 존재한다고 가정하면 이때 불연속면에 의해 형성된 활동면에 작용하는 힘은 면에 수직응력과 전단응력으로 구분되며 이들을 이용하여 안전율을 계산할 수 있다. 즉, 활동면의 경사가 ψ_p, 미끄러짐이 발생하는 면의 면적이 A, 블록에 작용하는 힘이 W라고 하면 수직응력(σ)과 전단응력(τ_s)은 다음과 같이 표현된다.

$$\sigma = \frac{W\cos\psi_p}{A}, \ \tau_s = \frac{W\sin\psi_p}{A}, \ \text{그러므로 } \tau = c + \frac{W\cos\psi_p\tan\phi}{A}$$

안전율((Factor of Safety, FS)은 미끄러지는 면(활동면)에 작용하는 미끄러짐을 발생시키려는 힘(driving force)과 이에 저항하는 힘(resisting force)의 비로 정의된다. 수압이 작용하고 인장볼트를 설치하여 안정시킨 블록의 경우를 고려하면 안전율은 다음과 같이 주어진다.

$$FS = \frac{\tau}{\tau_s} = \frac{cA + W\cos\psi_p\tan\phi}{W\sin\psi_p} \quad FS = \frac{cA + (W\cos\psi_p - U + T\sin\beta)\tan\phi}{(W\sin\psi_p + V - T\cos\beta)}$$

사면 안정화 대책에서 배수를 통해 U와 V값을 모두 감소시키거나, 록볼트 또는 인장케이블을 설치해 T를 증가시킴으로써 안전율을 크게 할 수 있다. 일반적으로 오랜 기간 동안 안정한 상태로 유지할 필요가 없는 광산사면에서는 안전율 1.3을 적용하고 운반도로나 주요 시설물에 인접한 중요한 암반사면의 경우는 보통 1.5의 안전율을 택한다.

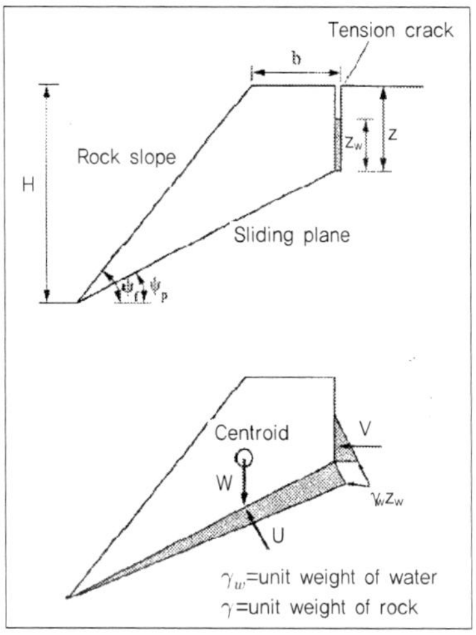

[그림 8-13] 평면파괴 한계평형해석

평면파괴의 한계평형해석 사면의 기하학적 형태와 지하수위를 우선적으로 고려한다. 상부사면이나 사면의 법면 내에 위치하는 인장균열의 위치에 따라 미끄러지는 암반블록의 기하학적인 형태의 변화를 초래하며 이에 따라 안전율 계산상의 하중 조건이 변화하게 된다. 또한 인장균열의 유무와 깊이 또한 암블록의 기하학적 형태 변화에 영향을 미치게 된다. 파괴를 일으키는 힘은 암괴 자중의 활동 방향 성분과 인장균열 내의 수압에 의한 힘이 있으며 파괴에 저항하는 힘은 점착력과 파괴면의 연직 방향으로 작용하는 힘에 비례하는 마찰저항이 있다. 이를 안전율은 다음과 같다.

$$FS = \frac{c(H-z)\operatorname{cosec}\psi_p + (W\cos\psi_p - U - V\sin\psi_p)\tan\phi}{W\sin\psi_p + V\cos\psi_p} \quad \text{(인장균열이 있는 경우)}$$

쐐기파괴의 한계평형해석 두 절리면과 사면의 기하학적 관계는 2차원으로 고려하기 어려운 3차원적 문제이기 때문에 실제의 계산 과정은 평면파괴에 비하여 훨씬 더 복잡하다. 따라서 쐐기파괴의 한계평형 해석은 전산프로그램의 도움 없이 계산하기란 매우 복잡한 과정이 된다. 미끄러짐이 단지 마찰에 의해서만 저항을 받고 두 면의 마찰각이 같다고 가정하면 안전율은 다음과 같다.

$$FS = \frac{(R_A + R_B)\tan\phi}{W\sin\psi_i} \quad (R_A,\ R_B \text{ : 수직반력})$$

$$R_A + R_B = \frac{W\cos\psi_i \sin\beta}{\sin 0.5\xi} \quad (\psi_i \ \text{ 교선의 경사각})$$

$$FS = \frac{\sin\beta}{\sin 0.5\xi} \cdot \frac{\tan\phi}{\tan\psi_i} \quad (\xi,\ \beta \text{ 쐐기의 사이각과 경사각})$$

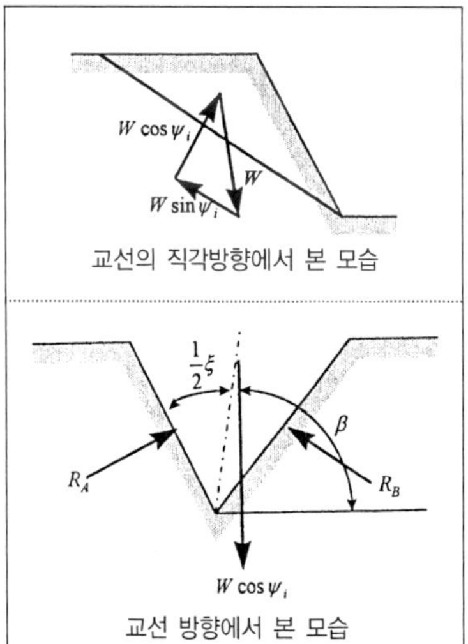

[그림 8-14] 쐐기파괴 한계평형해석

쐐기파괴에서도 안전율은 점착력을 고려하지 않는다면 쐐기나 사면의 기하학적 형상에만 관계하지 규모에는 관계하지 않는다는 것을 알 수 있다. 물론 점착력과 수압을 고려할 경우 위의 식은 훨씬 복잡해지며 쐐기의 형상뿐 아니라 규모에도 관계된다.

한계평형해석에 기초한 프로그램들은 예상되는 몇 개의 파괴면에 대해 안전율을 계산하여 그 중 최소의 안전율을 보이는 활동면에서 파괴가 발생할 것으로 예측한다.

수치 해석

사면의 변형이나 경계조건, 지하수위와 초기응력 같은 초기 조건들에 대해 사면 물질들이 어떤 역학적인 반응을 보이는가를 표현하는 해석법으로 그 결과를 통해 사면의 일정 위치에서 예측된 응력이나 변형을 실제 발생한 값과 비교할 수 있거나 예상되는 파괴형태를 얻을 수 있다. 한계평형해석의 경우는 이미 결정되어진 활동면에 대해 사면의 안정성 해석을 수행하는 반면 수치해석의 경우 결정된 활동면 없이 사면의 전반적인 부분에 걸쳐 해석을 수행할 수 있다. 수치해석모델은 암반을 여러 영역으로 구분하여 각 영역에 구성물질의 모델과 물질의 특성을 부여한다. 이때 구성 모델은 사면 구성물질이 어떻게 반응하는가를 표현하는 응력-변형률 관계를 표현하며 가장 단순한 모델로는 선형탄성모델(linear elastic model)이 사용된다. 수치해석은 해석결과를 도출하는 데 많은 시간을 요구되나 다양한 해석결과를 도출할 수 있다.

연속체 해석 유한요소법이나 유한차분법과 같은 수치해석 기법을 사용하여 암반을 균질한 연속체로 간주하고 해석하는 것으로 토사사면 또는 괴상 암반사면의 경우, 그 거동이 연속적인 조건 또는 대상 사면의 규모에 비해 대단히 작은 구성 입자 간의 불연속적 거동을 보이므로 대부분 이를 연속체로 모사하여 해석한다. 또한 절리의 발달이 매우 심하거나 또는 풍화가 심하여 암석으로서의 성질을 상실하여 토질과의 구분이 모호한 경우에 적용한다.

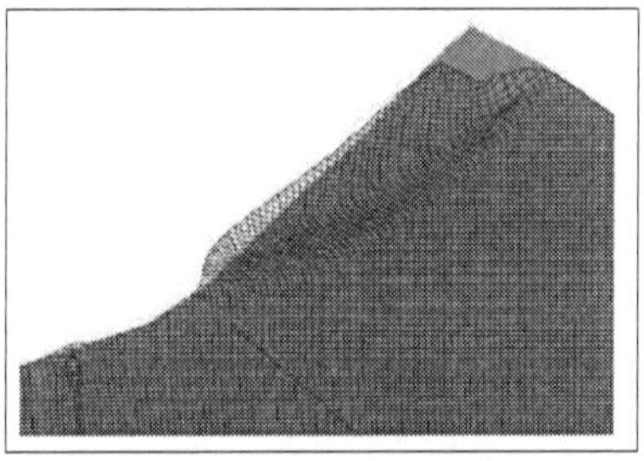

[그림 8-15] 연속체 해석

불연속체 해석 개별요소법과 같은 수치해석기법을 사용하여 암반을 불연속체로 간주하여 해석하는 것으로 암반과 불연속면의 물성 등을 고려하고 파괴 양상과 파괴 거동을 알아내기 위한 것이다. 각 강체 블록을 임의의 요소로 나누고 그 요소를 통해 탄소성 거동을 분석할 수 있으나 사면은 굴착에 의해 구속력이 적으므로 강체 블록들의 운동학적 거동이 주를 이루게 되므로 탄소성 변형을 허용하지 않는 강체 모델을 사용하는 것이 바람직하다. 절리 등 불연속면에 의해 구분된 암반 블록의 불연속적 거동에 의해 사면 안정성이 지배되는 절리 암반은 불연속체 해석을 사용하는 것이 적절하다. 특히 사면에서와 같이 터널에 비해 낮은 응력 조건인 경우, 불연속체 해석을 적용하는 것이 효율적이다.

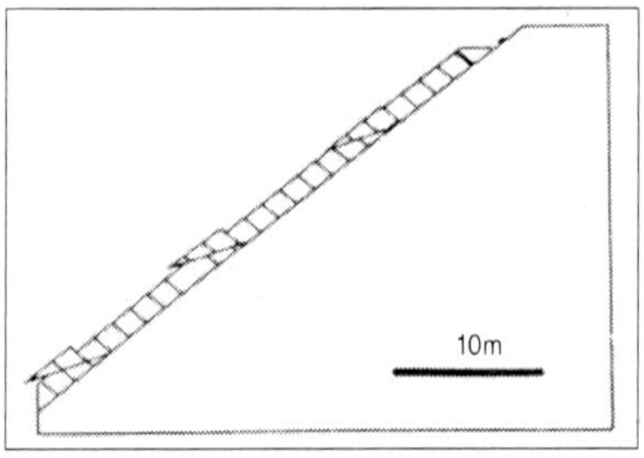

[그림 8-16] 불연속체 해석

복합(Hybrid) 해석 Stead(2005)는 사면 안정성해석에 대한 레벨을 구분하였다. Level I은 불연속면과 지하수 조건 등을 고려할 수 있는 운동학적 해석과 한계평형해석으로 비교적 간단한 이동파괴(translational failure)에 적합하다. Level II는 연속체 및 불연속체 해석으로 단계별 경로 파괴(path failure)를 가진 복잡한 이동파괴에 적합하다. Level III는 내부 파괴모델링이 가능한 복합 연속체-불연속체 해석으로 이동 및 회전파괴(rotational failure)를 수반하는 복합적인 (complex) 사면 파괴 거동평가에 매우 적합하다.

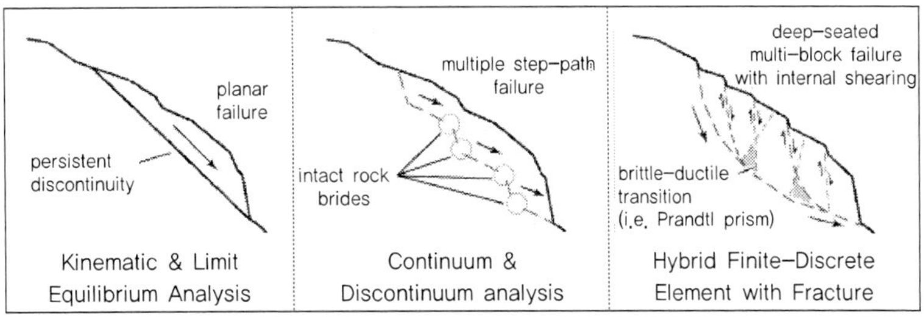

[그림 8-17] 사면 안정성 해석 레벨(Stead, 2005)

복합 유한-개별요소법은 암석거동과 사면 내 불연속면의 거동 그리고 새로운 균열의 생성과 전파를 모델링할 수 있어 연속체 및 불연속체 해석의 장점을 결합한 해석기법으로 연속체로부터 불연속체로의 전이를 평가할 수 있다. 즉 사면파괴가 진행됨에 따라 균열의 확장, 절리암반의 깨짐을 등을 모사할 수 있다.

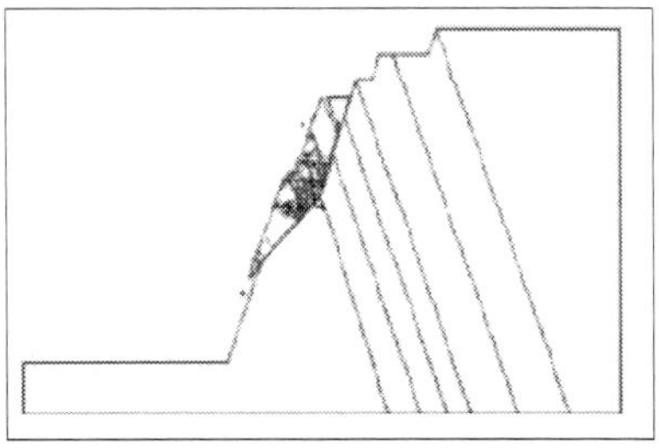

[그림 8-18] 복합해석(total slope failure)

안정성 해석비교 사면안정성 해석기법은 현장메핑과 지반조사결과를 바탕으로 수행되어야 한다. 즉 상세한 지반조사가 보다 정확한 안정성 해석을 만들 수 있다. 운동학적/한계평형해석에서는 불연속면에 대한 조사와 메핑이 포함되어야 하며, 즉 절리 방향뿐만 아니라 절리군의 기하학적 자료(연속성과 간격)가 필수적이다. 연속체/불연속체 해석에서 충분한 자료제공을 위한 현장메핑과 암반특성화(GSI)가 요구된다. 특히 불연속체 해석에서는 블록 크기, 절리간격과 연장성과 같은 기하 특성이 필수적이다. 복합해석에서는 높은 정도의 현장메핑이 요구되며, 특히 사면파괴와 관련하여 암석의 균열특성을 파악하여야 한다.

[표 8-1] 암반사면 안정성 해석 비교

Kinematic & Limit Equilibrium Analysis	Continuum & Discontinuum analysis	Hybrid Finite-Discrete Element with Fracture
Mapping Discontinuity survey (orientation) (persistance, spacing)	Field mapping Discontinuity geometry (block size, persistance spacing) Rock mass (GSI)	Highest field mapping Discontinuity Debris (block size jointing, tensile strength)
Kinemaric : DIPS Limit Equil. : RocPlane	Cont. : FLAC / PHASE Disco. : UDEC / PFC	DEM+FEM (ELFEN)

굴착면 관찰조사
Face Mapping

굴착면 관찰조사(Face mapping) 지질도, 위성사진 판독 등의 자료조사는 광역적인 암종 경계와 구조선 발달양상 파악에는 유리한 측면이 있으나, 대상범위가 넓기 때문에 세부적인 현황파악 및 대책을 제시하는 데 한계가 있다. 지표지질조사는 거시적인 구조 파악에 도움이 되나 노두 발달 상태에 따라 자료조사에 한계가 있다. 또한 수평적인 불연속면 발달 시 노두조사에서 불연속면을 찾기 어려우며, 대형 단층대내에서는 암반이 대부분 토사화되고 식생이 발달하여 지층 구분에 어려움이 있다. 시추조사는 대부분의 조사에서 수행하는 활용성이 매우 큰 조사라 할 수 있다. 시추조사 결과는 암석 및 불연속면의 특성을 파악하는 데 매우 유용하게 활용되고 있으나 시추조사가 점데이터에 해당하므로 시추지점의 지반상태에 따라 차이가 많이 발생할 수 있으며, 불연속면의 방향성 역시 왜곡될 수 있어 다수의 시추공을 분석하여 종합적인 결론을 도출해야 하는 단점이 있다. 또한, 수직적인 불연속면 파악에도 한계가 있다. 암반과 불연속면을 조사하는 데는 위성 및 항공촬영을 비롯하여 지표지질조사, 시추조사, 굴착면 관찰조사, 물리탐사에 이르기까지 다양한 방법을 적용할 수 있다. 그 중 굴착면 관찰조사는 외부에 드러난 굴착면을 관찰하여 암반에 대한 정보를 수집하는 것으로서 시추조사와 함께 매우 광범위하게 활용되는 기법이다. 특히 암반구조물 안정성 확보에 있어 매우 중요하며, 굴착 중 지질 및 암반 특성을 파악하여 합리적인 대책을 수립하여야 한다.

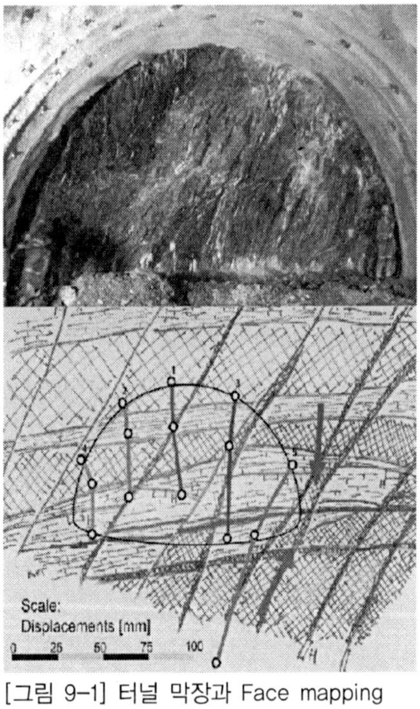

[그림 9-1] 터널 막장과 Face mapping (Shubert 등, 2002)

9.1 Face Mapping

굴착면을 직접 조사함으로써 지반의 불균질성 및 이방성 파악과 지하수 상태 등의 지반환경 파악이 용이하며, 구조물과 불연속면의 상관성을 파악하여 현장상황에 대처할 수 있는 적용성이 뛰어나다. 또한 굴착면 전방의 지반상태 예측도 가능하며, 불연속면의 방향과 틈새, 충전물 및 간극뿐만 아니라 불연속면의 크기와 연속성까지 조사할 수 있어 안정성 평가, 암반분류 및 시공 시에 매우 활용성이 높은 조사방법이라 할 수 있다.

Face Mapping 기법 조사방법에 따라 Line Scanning(조사선 조사)과 Fenster Scanning(조사창 조사)으로 나뉜다. 조사선 조사와 조사창 조사는 편의성과 정보량 면에서 서로 장단점이 있으며, 두 방법 모두 아직 체계적인 규정이 마련된 바가 없으므로 구체적인 조사방법은 주로 조사자 개인의 경험과 판단에 의존하는 상황이다.

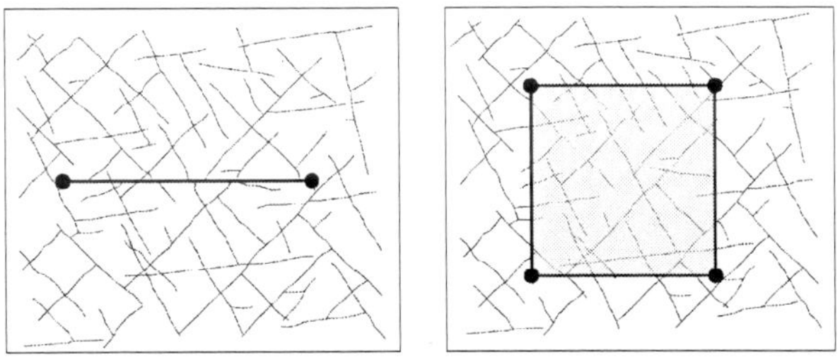

(a) 조사선(Scanline)　　(b) 조사평면(Window sampling)

[그림 9-2] Face Mapping 기법의 구분

Line Scanning 조사선을 이용한 불연속면의 조사는 1960년대에 이미 적용사례가 보고되었으나, 조사목적과 현장상황에 따라 다양한 방식으로 적용되었기 때문에 조사방법에 대한 표준화는 이루어지지 않았다. 표에는 Line Scanning의 항목별 수행내용이 정리되어 있다. 조사선은 조사할 암반표면 위에 설치한 하나의 선을 나타내며, 조사는 이 선을 따라 교차되는 모든 불연속면에 대해 이루어진다.

Fenster Scanning 조사창은 직사각형이 일반적이나 터널막장면 등의 환경에서는 원형조사창이나 기타 다각형의 조사창을 설치할 수도 있다. 이때 각 조사창의 형태에 따라 절리선의 빈도나 길이를 추정하는 방법이 달라지므로 추정방법이 이미 밝혀진 형태의 조사창을 선택하여야 한다. 조사창 조사에서의 조사항목은 절리의 방향과 절리선 종류별 개수 및 길이로서 조사선 조사와 큰 차이점은 없지만 이차원 조사영역에서의 절리선 위치(좌표)를 기록해야 한다. 조사창 조사 자료를 분석하여 얻을 수 있는 정보로는 절리군 방향분포, 절리선 면적빈도(밀도), 절리선 길이분포 등이 있다.

9.2 터널 Face Mapping 적용사례

터널 굴착과정에서 붕락의 위험성을 사전에 감지하고 현재 암반 상태의 즉각적 평가, 굴진 상태 예상 등을 위해서 터널 페이스 매핑은 필수적인 요소이다. 매핑의 과정은 굴찰 중 막장상태 평가하고 굴진상태를 예상하도록 한다. 터널막장관찰시트는 체계적이고 명확하게 암반 특성이 수집되고, 지질학적 자료가 평가되도록 디자인되었다. 또한 페이스 매핑의 매뉴얼은 데이터의 요구사항과 포맷을 일치시켜 데이터의 접근을 용이하게 하며, 불일치성을 축소하도록 하며, 특별한 방법의 매핑 기준을 확보하는 데도 쓰인다.

터널 내부 지질 조사 터널 시공 중 지반 조사의 중심이 되는 조사로서 굴착에 의한 터널 지반의 노출 시간이 후속 공정에 의해 제한적인 관계로 일회의 굴진장 단위의 막장지질조사(face mapping)로 진행되는 것이 일반적이다. 그러나 지반 상태가 양호하여 터널 지반의 노출이 일정 구간 지속적으로 유지될 때에는 벽면 지질 조사(wall mapping)가 병행되는 것이 효과적이다. 터널 지반 기술자는 터널 굴진면 관찰 등 터널 내부 지반 조사를 수행하면서, 설계 시 지반 상태와의 비교와 위험 요인의 존재 여부를 확인하여 설계 변경의 필요성을 현장에서 신속히 파악하여야 한다. 터널 내부 지질 조사는 터널 시공 중 기본 암반 분류법에 의한 기재와 동시에 이루어지며, 노출된 구간(막장면 등)의 암종 및 연약대 등 지질 단위를 구분하고, 그 분포 상태와 특징을 스케치한다. 이 외 주요 불연속면의 특성과 지하수 조건 및 기타 위험 요인에 대한 기재가 포함된다.

Face Mapping sheet 터널공사에서 작성된 매핑자료이며 전단면에서 관찰되는 대표적인 지질 구조 요소의 스케치와 그에 대한 세부 설명, 현재까지의 시공현황 등이 기재된다. 현장에서 전단면 자료를 수집하고 판단하여 보강 방안과 대책에 대하여 신속한 조치를 취할 수 있으며, 터널 굴착과 동반하여 지질 구조선의 파악을 할 수 있도록 측선을 만들어 활용한다. 또한 매막장에서의 자료의 축적으로 터널 지질전개도를 작성하여 전체적인 지질특성을 파악할 수 있다.

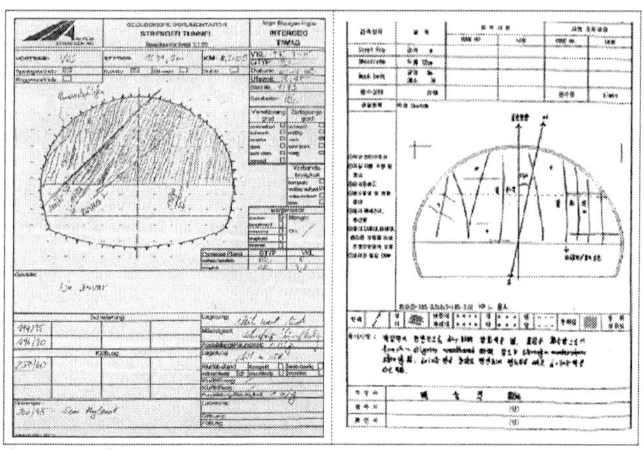

[그림 9-3] 터널 Face Mapping 사례

터널 Face Mapping 사례

서울시 지하철 5호선 구간 중 한강 하저 부분을 통과하는 5-18 공구 하저터널로서, 한강 수면 하 23m에서 굴착 공사를 시행하였다. 굴착공사 당시 하저터널이라는 특수성을 고려하여 시공 중의 철저한 지질조사를 통해 암반 상태에 따른 터널 패턴의 표준을 설정, 시공하여 터널을 성공적으로 굴착한 대표적인 사례이다.

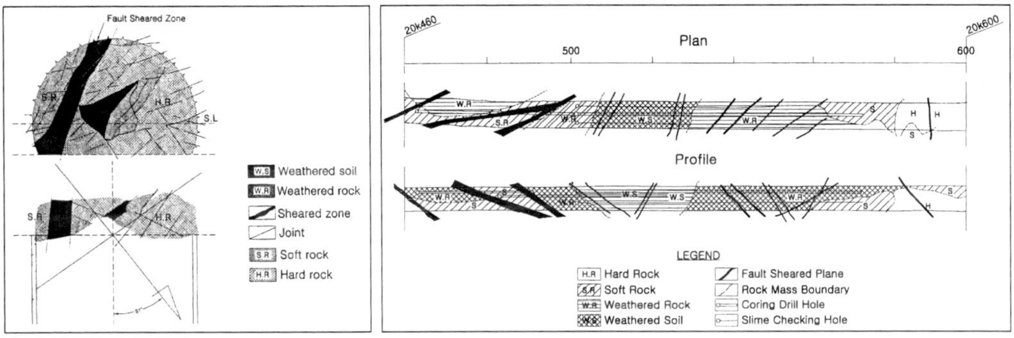

[그림 9-4] Face Mapping에 의한 막장관찰 및 터널 지질단면 예

[표 9-1] 주 불연속면의 방향성

불연속면	방향성	구성비(%)
Fault	N25W(N15~50W)/50NE	23
Sheared plane	N12E(NS~N20E)/57SE	17
Joint	N5W/53NE, N78E/60NW	49
Foliation	NS(N50W~N10E)50E	11

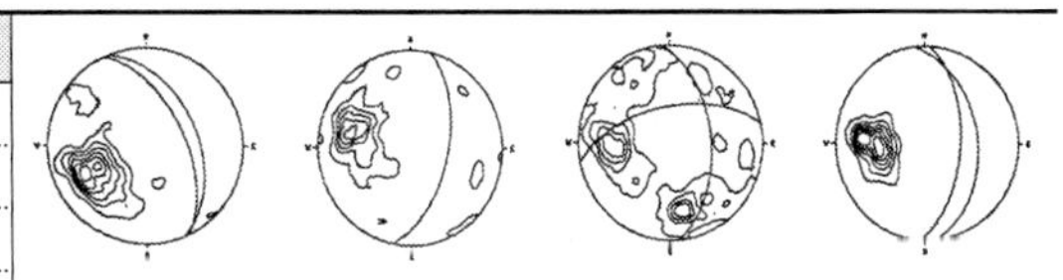

한강하저의 지반은 매우 교란되어 있고 불규칙하며, 암반의 분포상태의 변화가 심하므로 그라우팅 전에 선진수평시추 및 Face Mapping을 통해 불연속면의 분포상태 및 풍화상태 등을 조사하는 방식을 취하였다. 이러한 조사는 터널 굴착 시 발생하는 크고 작은 막장 붕괴사고의 위험성을 인지하고 대처하는 데 필수 불가결한 요소로서, 터널 시공 시 암반상태의 사전예측 및 내재된 암반파괴의 가능성을 사전 예측하여 안전시공을 도모할 수 있는 반드시 필요한 조사라 할 수 있다.

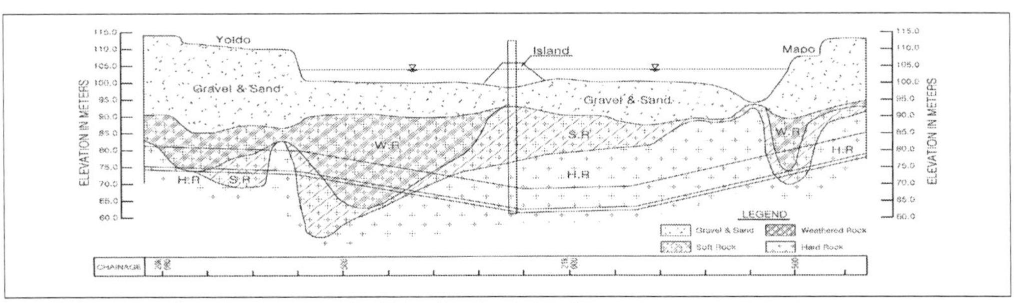

[그림 9-5] Face Mapping에 의한 굴착 후 지질종단도

터널 지질도

터널 시공 중 관찰되는 터널 내 지질 상태에 대한 기록과 도면화는 시공 중 조사의 가장 기본적인 자료이다. 시공의 특성으로 인하여 매막장 노출되는 암반상태에 대한 지질조사와 자료의 통합적 활용은 터널 굴착 중 안정성 확보에 중요하다.

터널 지질도 작성 막장단위로 작성된 터널 내부 지질 조사내용은 조사 즉시 선행 조사결과와 연계하여 연속적인 터널 내부 지질도를 작성한다. 지질 평면 또는 지질종단면도나 터널 지질 전개도의 형태로 지속적으로 기록된 터널 내부 지질 모델은 각 막장 상태의 상호 연관성 분석과 터널 내 지질 재해 위험도의 예측에 중요한 정보를 제공한다. 터널 시공 중 작성되는 지질도는 굴진면 지질도(face map), 지질평면도(geological plan), 지질종단면도(geological section), 지질 전개도(geological development)로 구분할 수 있다.

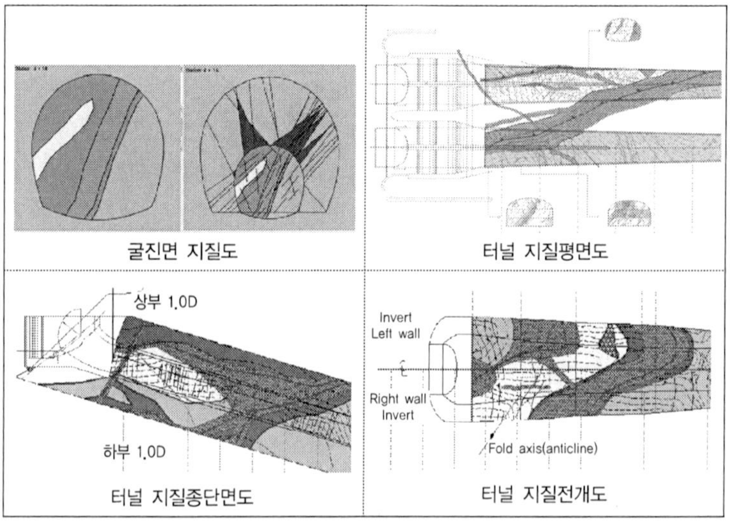

[그림 9-6] 시공 중 터널 지질도의 유형 특성

터널 지질 평면도와 종단면도는 굴진 경과에 따라 각 굴진면 지질 자료를 특정 평면(일반적으로 S.L 평면)과 종단면상에 지속적으로 기록함으로써 굴착 암반의 공간적 분포 특성과 공학적 특성을 쉽게 이해할 수 있다. 터널 지질 전개도는 터널 굴착 벽면을 구성하는 지질 상태를 연속적으로 기록한 것이다.

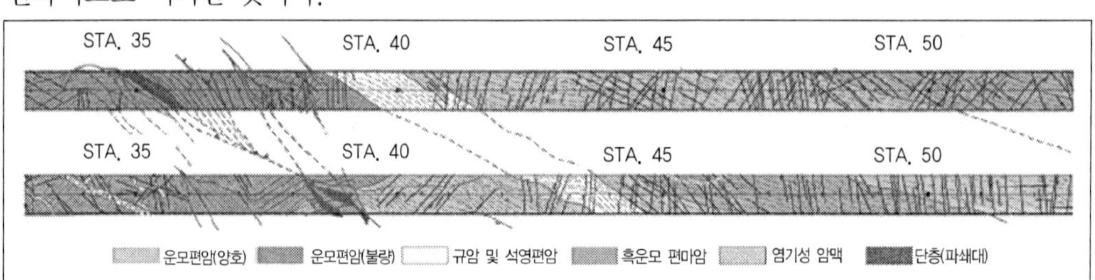

[그림 9-7] 터널 지질 전개도 시례

디지털 막장관찰

육안관찰에만 의존하던 막장 관찰은 디지털 장비의 도움으로 가시화 기능이 결합 형태로 발전해 가고 있다. 터널 굴진면의 디지털 영상은 변위계측뿐만 아니라 터널 굴진면의 이미지 프로세싱을 통해 중요한 정보로 사용될 수 있다. 터널 막장상태를 평가하기 위하여 절리 등의 구조, 암반의 특성 등을 디지털 사진을 통해 분석한 것으로 굴착이 진행됨에 따라 연속적으로 수행될 경우 디지털 이미지의 합성을 통한 3차원 공간상의 지질구조 등에 대한 정량적인 정보를 얻을 수 있다.

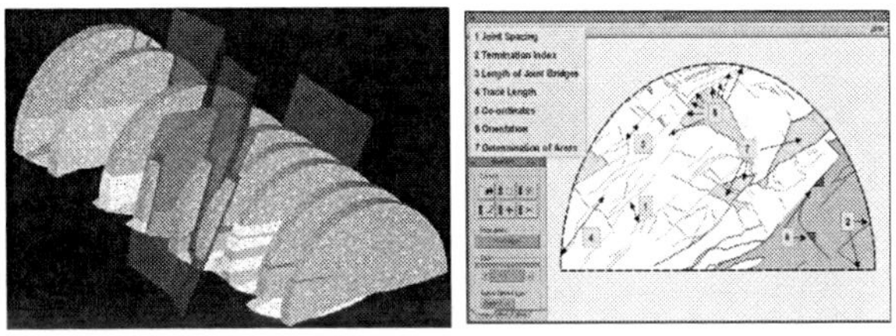

[그림 9-8] 막장면 디지털 정보의 활용

막장관찰 정보화 시스템 막장관찰 자료를 디지털화하고 D/B화하여, 자료를 정리·분석하고 검토를 실시하여 적절한 대책을 수립하는 것이다. 현장 시공에 앞서 유사한 지질 및 시공조건에서 얻은 자료를 D/B로부터 시공상의 문제점 및 실적에 관하여 정리할 수 있으며, 획득한 자료를 바탕으로 예상되는 시공의 문제점에 대하여 사전 검토가 가능하며, 또한 시공 중의 자료는 시공과정에 따라 순차적으로 정리하고 비교해 가면서 현장의 안정성을 검토한다.

[그림 9-9] 막장면 영상화

터널 굴진면에 대한 다양한 자료를 획득단계부터 자료 포맷으로 정보화되어 저장되면 한 번의 입력과정을 통해 자료의 보관, 실시간 분석, 리포팅 등이 가능하게 되어 현장 의사결정에 효과적으로 활용될 수 있다. 디지털 매핑은 DB형태로 저장되며 추후 막장별 암종 및 암질 공간분포를 3D로 조회하거나 지질구조를 가시화하여 전방 지반상태 예측에 활용된다. 또한 막장 매핑시스템을 이용해 입력한 정보는 3차원 공간의 해당 스테이션 위치에 가시화되며, 터널 굴착에 따라 매핑 정보가 축적되면 막장 지질상태의 변화양상을 파악할 수 있다.

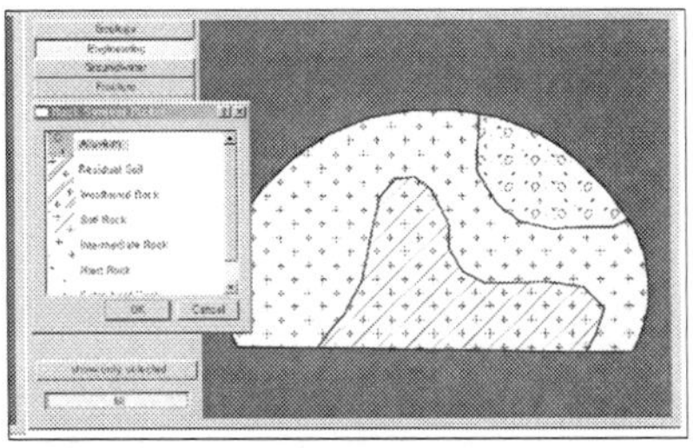

[그림 9-10] 디지털 매핑

[그림 9-11] 3차원 지질구조

9.3 암반사면 Face Mapping 적용사례

암반사면의 현장조사는 우선 사면의 일반적인 현황을 파악하기 위한 현황조사가 이루어지며, 그 다음으로 사면표면에 노출된 지질의 특성을 파악하기 위한 Face Mapping, 즉 지표지질조사가 이루어진다. Face Mapping 시의 조사 항목들은 조사 비탈면의 구성성분(암, 토사, 혼합)에 따라 다르다.

[표 9-2] 사면 Face Mapping 항목

구성성분	항 목
암 반	- 암석의 종류와 풍화 정도 - 불연속면의 종류와 방향성 - 불연속면의 상태(연장, 간격, 틈새, 거칠기, 충전물, 강도, 지하수누수, 암괴의 크기) - 비탈면의 상태(이완암괴, 인장균열 유무 등) - 비탈면의 습한 정도 - 지표수 집수 정도
토 사	- 토질상태 - 비탈면의 습한 정도 - 지표수 집수 정도
혼 합	- 암반 비탈면 조사 항목과 토사 비탈면 조사 항목을 조합 또는 선택

Face Mapping 사례1 퇴적암지대 내에 속한 도로건설 현장에서 비탈면의 높이는 약 20m로 발파암으로 판정되어 1 : 0.5의 급한 경사로 시공이 된 비탈면으로 퇴적암의 가장 특징적인 층리면이 매우 뚜렷이 발달하고 있는 상태로 셰일과 사암이 호층을 이루면서 발달되어 있다. 사암으로 이루어진 곳은 층리면과 층리면과의 간격이 비교적 넓은 분포를 보이며 발달하고 있으나, 셰일구간은 수 cm의 좁은 층리면의 간격을 보이며 발달되어 있다. 사면 조사 중 상부의 암체에 변형이 관찰되었고 하부에 활동을 유발하는 층리면이 발견되었다. 활동면은 셰일과 사암의 경계를 나타내는 층리면으로 활동면 내에 지하수의 흐름이 심하고, 점토가 충전되어 층리면 사이의 전단강도를 저하시켜 변위가 발생한 것으로 안정성 대책을 수립하였다.

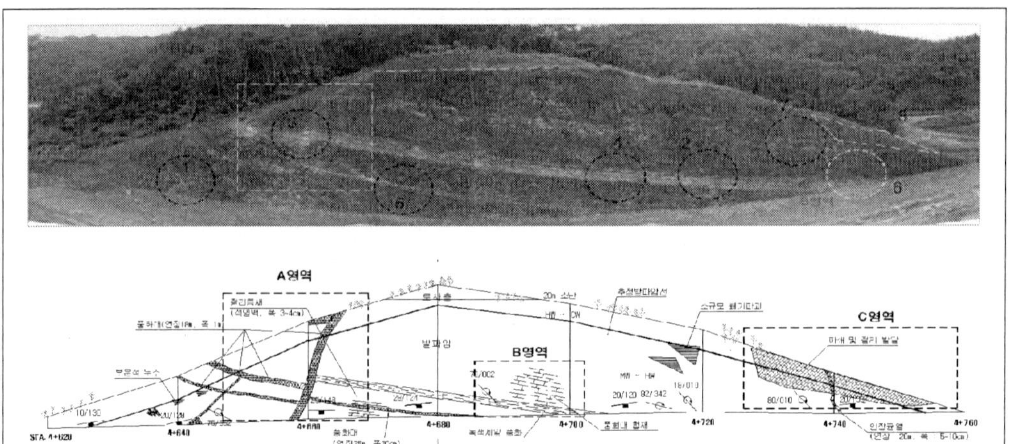

[그림 9-12] 퇴적암 내 비탈면의 페이스 매핑 사례

Face Mapping 사례2 화강편마암 지대로 도로건설 중 30m에 가까운 큰 규모 절토비탈면으로 설계시의 암판정에 따라 사면경사를 결정하여 시공하던 중 사면 배후 지역에서 인장균열이 발생 상부 콘크리트 소단부에 변위가 발생하여 사면에 대한 정확한 Face mapping을 실시한 결과, 점토가 충전된 단층면을 발견하게 되었으며 단층면에 의해 더 이상의 변형을 억제하기 위하여 사면전면부에 압성토를 빠르게 시공하여 추가적인 붕괴를 억제하고 안정대책을 수립한 사례이다.

[그림 9-13] 화강편마암퇴적암 내 암반사면의 Face Mapping 사례

Face Mapping 사례3 흑운모화강암 지대로 높이가 34m이고 연장 100m의 암반사면으로 설계되어 발파암의 기준 비탈면 경사로 급하게 시공 중에 있었으나, 흑운모화강암의 특징상 풍화가 상당히 진행되어 암반의 풍화 정도가 매우 불량한 상태를 보이고 있었다. 화강암의 특징상 불연속면의 발달은 크게 보이지 않았으나, 일부 구간에 단층이 발달하고 단층 내에 지하수의 흐름이 심하였다. 그러나 단층면이 비교적 신선하고, 점토 등 파쇄대나 변질의 모습은 보이지 않아 단층에 의한 붕괴는 발생하지 않았으며, 일부 사면방향과 비슷한 방향의 소규모 불연속면에 의해 계속적인 평면파괴가 발생하여 Face mapping을 통하여 불량한 암질의 암반구간을 설정하고 평면파괴가 발생 가능한 구간에 대하여 안정대책을 수립하여 추가적인 붕괴와 암질불량으로 인한 침하 및 침식을 억제하는 대책을 수립한 사례이다.

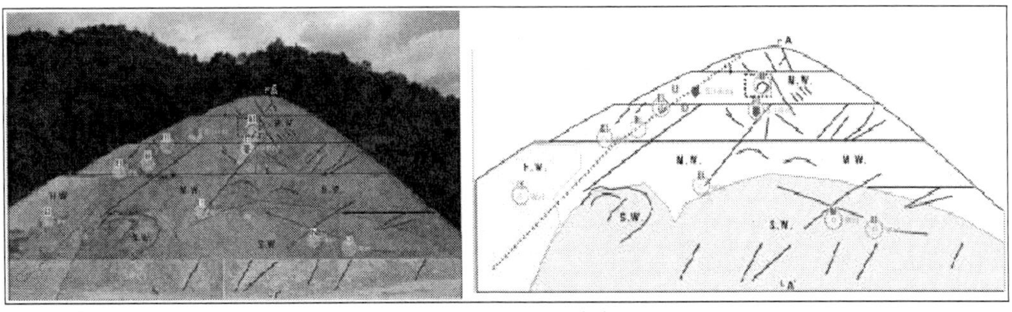

[그림 9-14] 흑운모 화강암 내 암반사면의 Face Mapping 사례

암반의 구분과 분류

Rock Mass Type and Rock Mass Classification

Strong rock mass(jointed rock, 사암)

층상 암반 – 엽리와 습곡

Weak rock mass(crushed rock, 편암)

층상 암반(사암과 셰일, 완도) – 층리발달(층상암반) (단층과 습곡구조)

AII.1 국내 주요암반

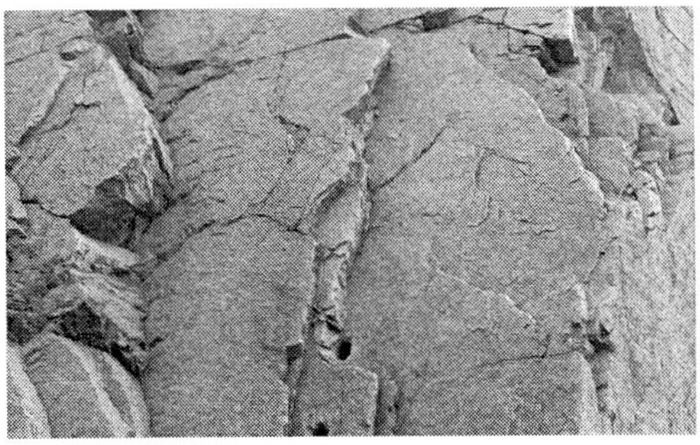
화강암(포천) - 괴상암반

화강암(수원) - 괴상암반

편마암(가평) - 습곡구조와 편마구조

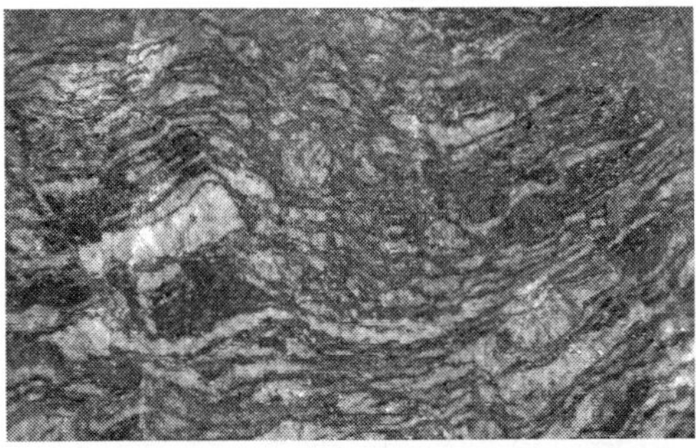
화강편마암층(신갈) - 편마구조

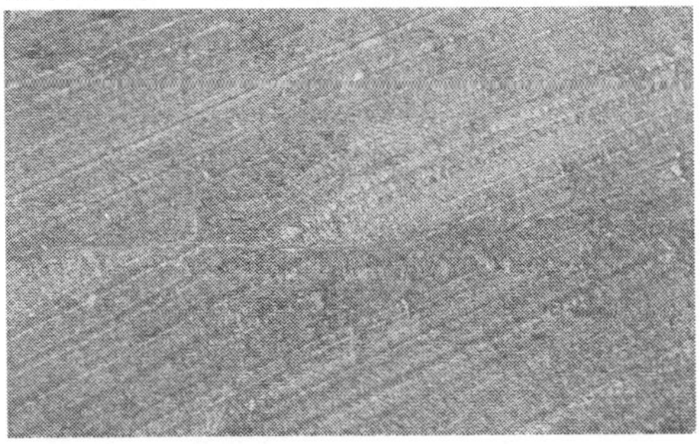
사암(진안) - 층리구조

사암(부산) - 층리구조

현무암(연천) - 주상절리와 판상절리

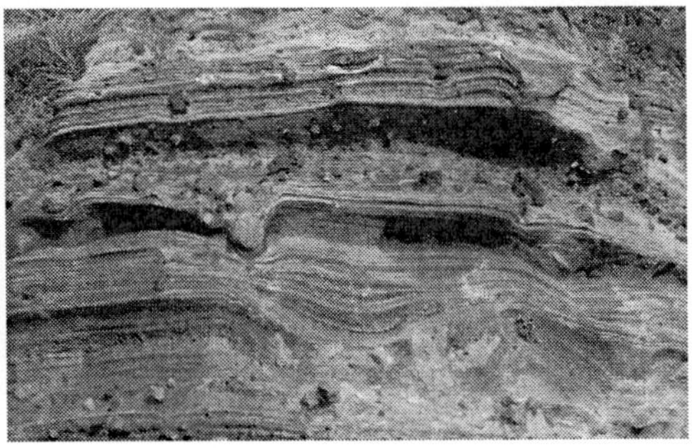
응회암(제주도) - 층리와 탄낭

흑색셰일층(경주) - 층리와 수직절리발달

적색셰일/사암 호층(경산)

셰일/사암 호층(포항) - 층리와 수직절리

응회암(제주도) - 층리

적색셰일층(영천) - 층리면(층상암반)

사암층 - 층리발달(층상암반)

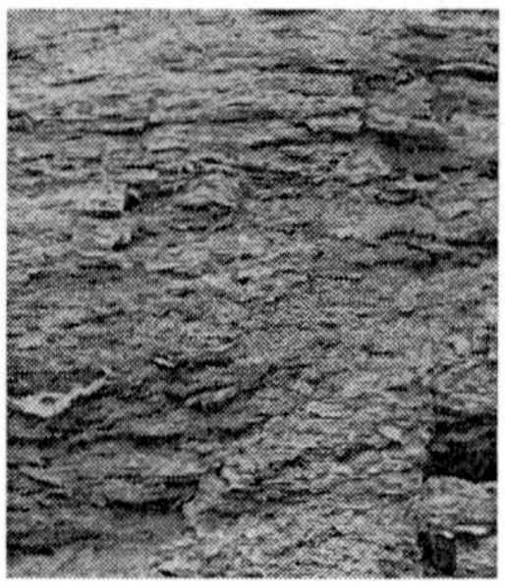

셰일층(포항) - 층리/fissibility발달(층상암반)

사암층(음성) - 층리면(층상암반)

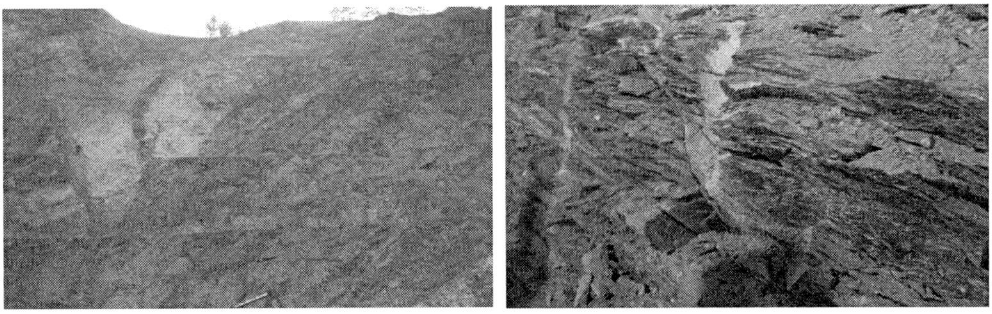

편암층(춘천) – 단층+엽리발달(층상암반)

편암층(인제) – 엽리와 단층(층상암반)

천매암층(보은) – 엽리발달(층상암반+파쇄암반)

편암층(속초) – 엽리와 풍화(층상암반)

천매암층(동이) – 엽리(층상암반)

AII.2 암반분류

Rock Mass Type - GSI

Blocky rock mass in layered marble

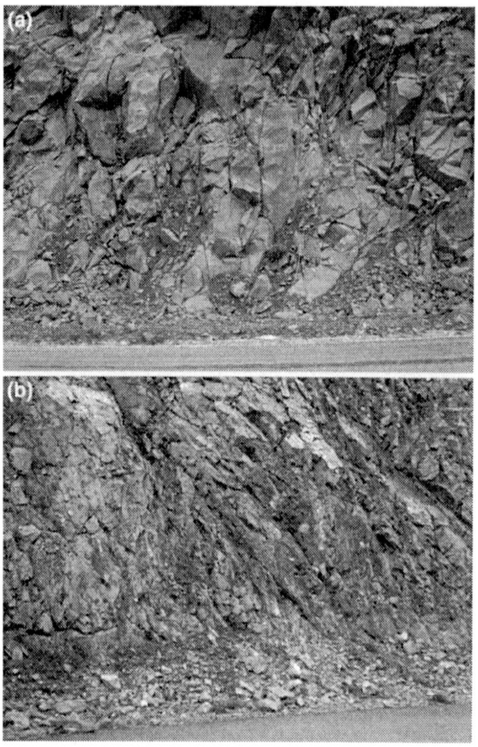

Very blocky rock mass
(a) sandstone (b) limestone

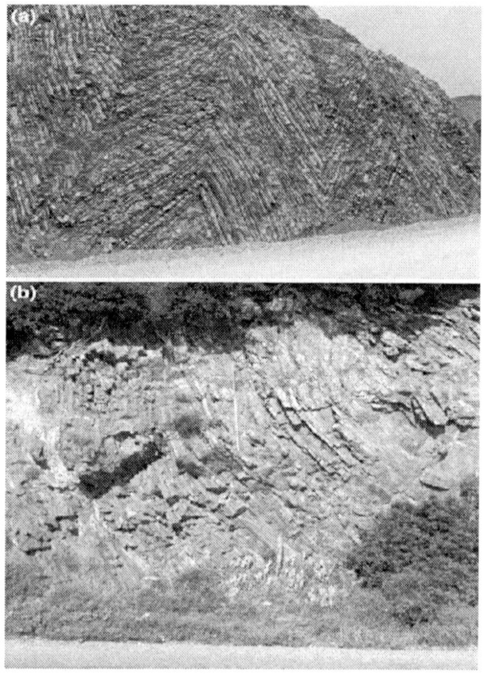

Blocky/disturbed/seamy rock mass
(a) thinly bedded limestone (b) schist

Disintegrated rock mass
– heavily fractured limestone

Jointed rock mass in granite

Blocky and seamy rock mass
(Terzaghi's rock classification)

Massive rock mass
(Terzaghi's rock classification)

Sheared rock mass in schist

Jointed rock mass in granite

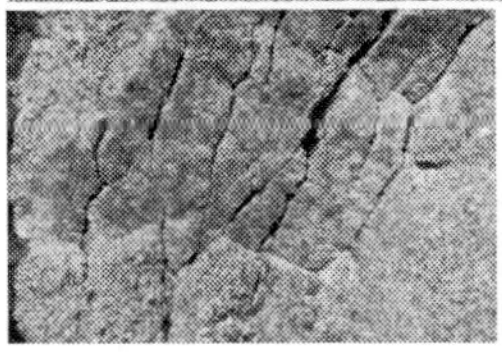

Highly weathered rock mass

Sheared flysch (totally disintegrated)
(GSI, after Evert Hoek)

III. 지질리스크 공학

Geo-Risk Engineering

Geological & Rock Engineering
응용지질 암반공학

지질리스크와 암반

Geo-Risk and Rock Mass

Geo-Risk 지반공학은 기본적으로 지반의 위험도(Risk)를 관리에 관한 것이다. Geo-Risk는 지반공학적 관점에서 지질, 토질, 암반에 관련된 모든 위험도를 총칭하는 것으로 정의된다. 재해(Hazard)란 인간, 재산, 환경에 중대한 손실을 주는 사건(damage event), 위험도(Risk)는 재해에 의한 결과와 재해가 발생할 수 있는 가능성을 결합한 것으로 정의할 수 있다. 위험도평가개념은 위험도 관리에 관한 기본도를 통하여 정리될 수 있다(CSA, 2009). 이 개념도는 각각의 프로젝트에 대하여 수정할 수 있는 일반화된 것이다. 그러나 모든 위험도 평가에 있어서 재해(hazard)의 특성분석과 재해에 관련된 위험도를 정량적으로 분석하는 것이 요구되며, 이를 정량적 위험도 분석(Quantitative Risk Analysis, QRA)이라 하며, 위험도 평가에 있어 중요한 요소이다. 위험도는 예상치 않은 재해가 일어날 확률과 재해에 의한 결과의 결합이라 정의할 수 있으며, 원칙적으로 계산되어야 한다. 따라서 위험도 평가는 수용 가능한 위험도 기준과 특성을 정확히 파악하여야만 의미가 있지만, 암반공학에서 이러한 기준을 확립하는 것은 매우 어려운 문제이다. 따라서 다양한 현장사례와 경험을 바탕으로 Geo-Risk를 정의하고 분석하는 일이 우선적으로 요구된다. 지반공학적 설계에서는 Geo-Risk를 평가하기 위해서는 확률론적 방법(probability-based method)이 사용되어야만 하며, 조사, 설계 및 시공 전 공정에서 적용되어야만 한다.

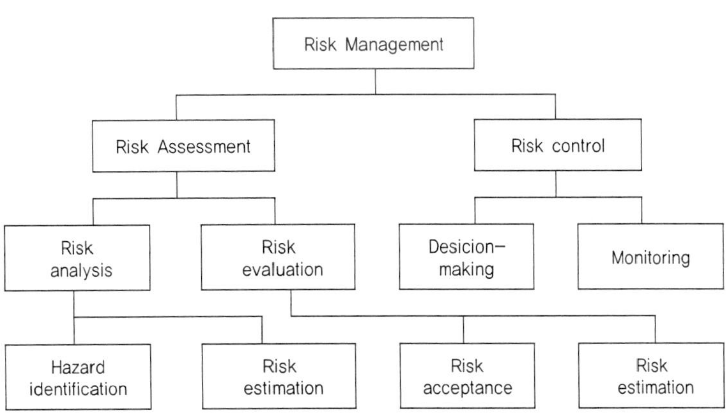

[그림 1-1] Risk Management 기본구성(CSA, 209)

1.1 암반구분과 거동특성

암반 구분

Terzaghi의 암반 구분(1946) 터널 굴착 시 필요한 암반하중(rock load)을 정량적으로 계산하기 위하여 암반을 절리발달 정도 및 암석특성에 따라 분류하였으며, 터널 폭과 높이에 따라 암반 하중계산식을 제시하였다.

[표 1-1] Terzaghi의 암반 구분(1946)

	암반 특징	터널링 리스크
Hard rock	절리나 미세균열이 없음	−
Stratified rock	층 경계에서의 저항력이 거의 없는 층으로 형성 층 내에 수직절리 존재	Spalling
Moderately jointed rock	절리나 미세균열 포함 블록은 부분적으로 형성, 잘 맞물려 있음	Spalling/Popping
Blocky/seamy rock	완전 분리된 암석으로 구성 블록은 불완전하게 맞물려 있음	Rock falling
Crushed rock	완전히 파쇄됨 암편은 모래입자처럼 작고, 재결합은 없음	Failure
Squeezing rock	낮은 팽창력을 가진 운모류나 점토광물을 높은 비율로 포함	Deformation
Swelling rock	높은 팽창력을 가진 점토광물(montmorillonite) 포함	Expansion

Hoek와 Brown의 암반분류(1980) 암반에 대한 GSI(지질강도지수)를 구하기 위하여 암반상태를 절리발달상태 등을 massive rock부터 laminatd/sheared rock까지 총 6개로 분류하였다.

[표 1-2] Hoek & Brown 암반 구분(1980)

구분		특징
	Massive rock	절리가 거의 없거나 간격 넓음
	Blocky rock	3개 절리군에 의한 육면체 블록 형성 잘 결합되고 불교란 상태
	Very blocky rock	4개 이상의 절리군에 의한 각 블록 형성 잘 결합되어 있으나 부분적 교란
	Blocky/disturbed/ seamy rock	많은 절리군에 의한 각 블록들이 습곡되고 층리나 편리
	Disintegrated rock	각상 또는 원형의 암편으로 심하게 파쇄되어 완전히 교란
	Laminated/sheared rock	약한 편리 또는 전단면이 매우 조밀하여 블록화 안 됨

Barton의 암반 구분(2001) 암반을 불연속면의 발달상태 등을 고려하여 5개의 범주(I, IIa, IIb, IIIa, IIIb)로 구분하였다. 각각의 암반에 대하여 절리군의 수, 절리간격, 암반분류 Q값과 암반의 파괴모드 등에 대하여 평가하였다.

[표 1-3] 암반 거동(Barton 등, 2002)

암반특성		리스크
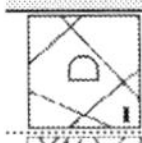	Extremely massive rock mass	개별절리sliding
	Massive-low jointed rock mass	일부절리 sliding
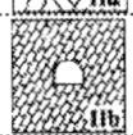	Medium-high jointed weathered rock mass	다수절리 sliding
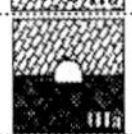	Heavily jointed weathered, weak rock mass	전단파괴
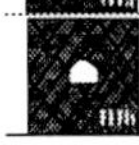	Very weak, altered, squeezing rock mass	연약대/전단대

ÖGG의 암반 구분(2001) 오스트리아에서는 암종, 암석특성 및 불연속면의 특성에 대한 주요요소를 선정하여 암반타입(Rock mass Type, RT)을 구분하였다. 또한 암반거동을 단계굴착이나 지보 없이 전단면 굴착 시의 암반의 반응으로 정의하고, 암반거동타입(Rock mass Behavior Type, BT)구분하여 굴착시의 위험한 파괴모드를 설명하였다. 암반거동타입은 암반타입을 기본으로 하여 현지암반 응력조건, 지하수 상태, 지하구조물의 크기와 모양, 위치 및 방향 등을 고려함으로써 평가된다.

[표 1-4] 암반타입분류 주요 요소(ÖGG, 2001)

		KEY PARAMETERS																		
		INTACT ROCK PROPERTIES													DISCONTINUITIES					
BASIC ROCK TYPES		Mineral Composition	Clay Mineral Composition (qualitative)	Clay Mineral Composition (quantitative)	Cementation	Grain Size	Texture	Ratio Matrix/Fragments	Porosity	Alteration/Weathering	Solution Phenomena	Swelling Properties	Strength Properties	Anisotropy	Block Shape	Block Size	Persistence	Aperture	Shear Strength/Roughness	Infilling
ROCKS	Plutonic Rocks	■				■	■			□			■		■	■	□	■	□	□
	Volcanic Rocks (massive)	□					□		■	■			■		■	■	□	■	□	■
	Volcano-Clastic Rocks	□	□		□	□		■	■	■		□	□							
	Coarse-grained Clastic Rocks (massive)	□		□	■	■	□	■	□	□			■		□	□	□	□		
	Fine-grained Clastic Rocks (massive)		■	■	■	■				□		■	□		□	□				
	Coarse-grained Clastic Rocks (bedded)	□		□	■	■		■	□	□			■	■					■	
	Fine-grained Clastic Rocks (bedded)		■	■	■	■				□		■		■					■	□
	Carbonatic Rocks (massive)	■									■		■		□	■	□	■		□
	Carbonatic Rocks (bedded)	■									■		■		■				□	□
	Sulfatic Rocks	■									■	■	□							
	Metamorphic Rocks (massive)	■				■	■			□			■		■	■	□	■		
	Metamorphic Rocks (bedded)	■				■	■			□			■	■	■	■	□		■	■
	Fault Rocks	□	■	■	■			■		□		■	■							

Rock mass Behavior type (BT)	
1 Stable	Stable ground with the potential of small local gravity induced falling of blocks
2 Discontinuity controlled block failure	Voluminous discontinuity controlled, gravity induced falling and sliding of blocks
3 Shallow stress induced failure	Shallow stress induced failure in combination with discontinuity and failure
4 Deep seated stress induced failure	Stress induced failure involving large ground volumes and large deformation
5 Rock burst	Sudden and violent failure of the rock mass and rapid release of accumulated strain
6 Buckling failure	Buckling of rocks with a narrowly spaced discontinuity set, associated shear failure
7 Shear failure under low confining pressure	Voluminous overbreaks in the crown with progressive shear failure
8 Ravelling ground	Ravelling of dry or moist, intensely fractured, poorly interlocked rocks
9 Flowing ground	Flow of intensely fractured, poorly interlocked rocks and soil with high water content
10 Swelling	Time dependent volume increase of the ground and water
11 Frequently changing behavior	Combination of several behaviours with strong local variations of stress

Nicolson의 암반 구분(2003) 암반사면에 대한 위험도를 평가하기 위하여 암반을 세 종류의 Primary 암반타입, 즉 massive(weak 또는 strong), layered(normal, fissile 또는 composite), blocky(regular 또는 irregular)로 구분하였다. 또한 추가적으로 몇 개의 subsidiary 암반타입을 구분하였는데, 이것은 Primary 암반타입에 부가해서 구조적 또는 암석학적 특징을 나타낸 것이다.

[표 1-5] Rock mass types(Nicholson, 2003)

Rock Mass Type			특성
PRIMARY	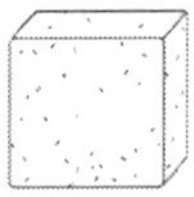	Weak Massive grain ravelling, grainfall	dominant structure나 매우 두꺼운 층이 없는 약한 암반 풍화에 따른 침식 발생
	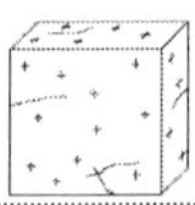	Strong Massive wash erosion contour scaling, stonefall	dominant structure나 매우 넓은 절리간격(1~3m)을 가진 강한 암반 부분적인 낙석 발생
	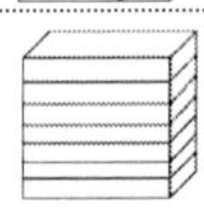	Normal Layered stonefall, stone ravelling wash erosion	반복적인 암석학적 또는 구조적 층상 매우 안정하지만, 습곡이나 수직층인 경우 침식, 낙석, 붕괴 등이 발생
		Fissile Layered flaking, grain ravelling wash erosion	층리, 편리, 벽개, 층구조에 의한 매우 얇은 층상 급속한 풍화, 열화 진행
	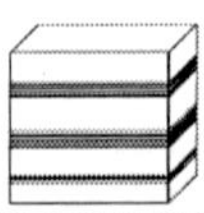	Composite Layered stonefall, stone ravelling	물성이 다른 층의 호층구조를 형성 차별풍화로 인한 세굴 및 낙석 발생 지하수는 약한층에 집중
	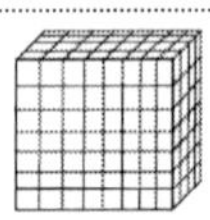	Regular Blocky stone ravelling, stonefall blockfall, rockfall	세 개 이상의 규칙적인 절리군에 의한 정방형의 블록구조 높은 빈도의 낙석 발생
	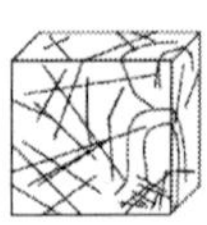	Irregular Blocky stone ravelling, stonefall blockfall, rockfall	절리의 비패턴화된 교차로 불규칙한 모양과 다양한 크기의 블록 드물게 풍화대에서 작은 규모의 debris 발생
SUBSIDARY	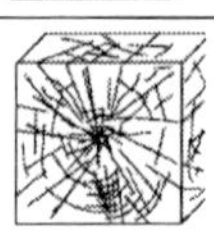	Intensely Fractured Zones (단층)파쇄대	강하게 파쇄된 균열과 부스러진 이완 구조 형성 강한 낙석 발생
	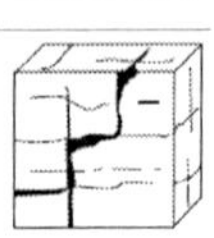	Soluble Rock Masses 석회암지대	암석의 용해로 절리를 확장하고 석회동굴 형성하고 카르스크화 용식동굴의 붕괴로 인한 낙석과 침하 발생
	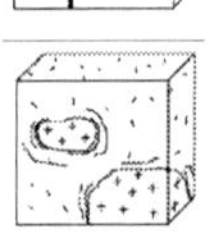	Composite Structure 핵석풍화대	매우 근접하여 전혀 다른 암반구조가 불규칙적으로 형성 차별풍화 발생이 쉽고, overhang 붕괴 발생

Palmstrom의 암반구성분류(2008) 암반구성(rock mass composition)에 대한 분류시스템으로 암석재료와 절리특성과 같은 암반의 특성으로 구분되는데, 특히 지하공동의 거동에 영향을 주는 주요 암반의 구조와 구성에 대한 정성적인 특성화 시스템이다. 주요 특성은 노두관찰에서 쉽게 관찰될 수 있는 것들로서 다양한 종류의 암반타입에 대한 그림을 제시하였다. 또한 hard(strong) rock과 soft(weak) rock의 구분 그리고 homogenous rock과 schistose (flaggy/bedded) rock에 대한 구분이 사용되었다.

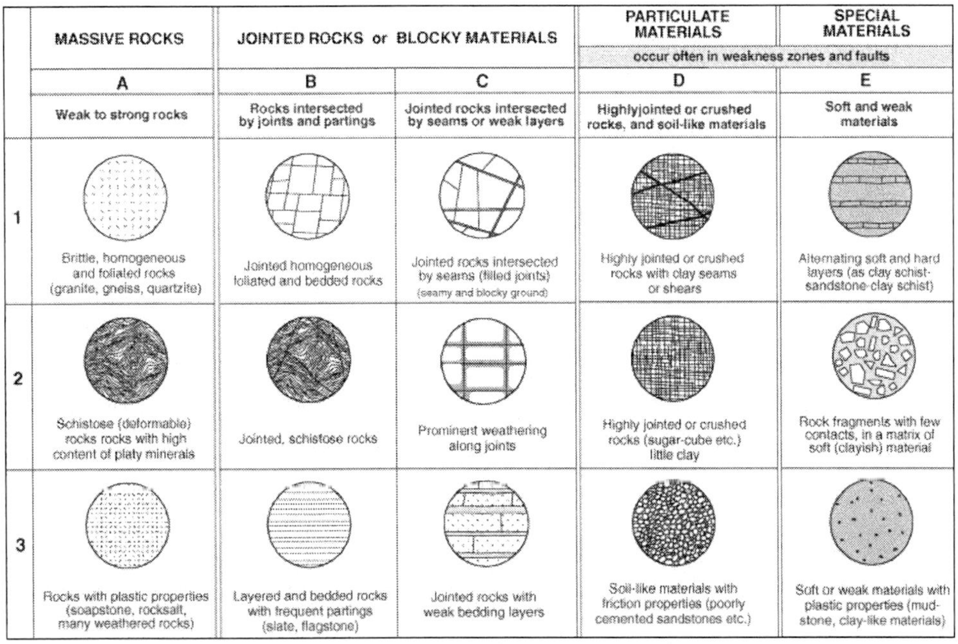

[그림 1-2] Main Type of rock mass composition(Palmstrom, 2008)

그림에서 보는 바와 같이 절리발달 정도로 암반을 총 5그룹으로 구분하였다.

- Classes A : massive – 절리가 거의 없거나 간격이 넓어 암석의 특성이 암반거동을 지배한다.
- Classes B/C : jointed/blocky - 절리가 어느 정도 또는 강하게 발달하여 절리가 암반거동에 주요 영향을 미친다.
- Class D : particulate - 절리가 매우 심하게 발달하거나 파쇄된 상태로 암편들의 결합력이 거의 없어 암반거동은 암편들의 상호작용에 따른다.
- Class E : special - 위의 네 가지 경우와 완전히 다른 특성을 가진다. 풍화암이나 변질암의 중요특징은 부분적으로 Class C, D, E에 속한다.

1.2 Geo-Risk에 의한 암반구분

암석특성, 불연속면 상태 및 지질작용 등을 고려하여 표에서 보는 보와 같이 총 3개의 범주에 10개의 암반으로 구분하였다.

Category I 주로 불연속면 의해 블록 또는 층상형태의 절리암반(jointed rock madd)로 암반의 거동은 불연속면의 거동에 의해 지배(discontinuum)된다. 여러 개의 절리군에 의해 형성된 암반블록의 블록성 암반과 퇴적암의 층리와 변성암의 벽개, 편리의 층구조로 형성된 층상암반으로 구분하였다.

Category II 주로 연약 암반(Weak rock)에서의 파쇄 및 풍화로 인해 연약해진 암반으로 토사와 같은 연속체 거동(continuum)을 보인다. 크게 파쇄 암반, 풍화 암반 그리고 미고결 암반으로 구분하였다.

Category III 특수한 지질 및 지질작용에 의해 구성된 암반으로서 지하수, 현지암반응력, 암석 및 광물특성 등에 의하여 지질리스크를 가지는 경우이다. 석회암지대에서의 용해성 암반, 대심도 암반에서의 과지압 암반, 점토질 암반에서의 팽창성 암반 그리고 화산성 암반에서의 복합 암반으로 구분하였다.

[표 1-6] 암반구분과 GeoRisk

구분		암반			GeoRisk
		암 석	불연속면	지질작용	
I	Massive rock mass 괴상 암반	화성암	랜덤 절리	마그마 냉각	Partial Falling
	Blocky rock mass 블록성 암반	화성암 변성암	절리 절리군(3개 이상)	마그마 냉각 변성작용	Rock falling (key block)
	Stratified rock mass 층상 암반	화성암	sheet절리	마그마 냉각	Sliding/Failure Anisotropy Slaking
		사암/셰일 등	층리	퇴적작용	
		천매암/편암 등	엽리/편리	변성작용	
II	Crushed rock mass 파쇄 암반	셰일 편암	절단대 단층(파쇄)대	지각운동	Gouge(점토화) Groundwater Large deformatin
	Weathered rock mass 풍화 암반	화강암 편암	절리 층리	지하수	Weak Core stone
	Uncemented rock mass 미고결 암반	미고결 퇴적암	층리	제3기 지층	Weak (Soil) Collapse
III	Soluble rock mass 용해성 암반	석회암	층리 절리	용식작용 (공동형성)	Cavity Sinkhole
	Overstressed rock mass 과지압 암반	심성암	대심도	현지암반응력 지각운동	Squeezing/slabbing Rock burst
		변성암	단층/습곡		
	Swelling rock mass 팽창성 암반	이암/셰일	층리	팽창성 광물	Swelling (capacity/pressure)
	복합 암반 Complex rock mass	화산암	절리 층리	화산활동 (클링커/송이)	Overhang Contrast(Hard/Soft)

암반 특성

김영근의 암반구분(2013) 암석, 불연속면 및 지질특성을 고려하여 분류한 총 10개의 암반으로 분류하고, 각각에 대한 암반특성을 기술하여 표에 나타내었으며 각각의 암반에 대한 지질특성, 공학적 특성 그리고 Geo-Risk와 대책에 대하여 기술하였다.

[표 1-7] 암반구분에 따른 특성

암반구분	암반 특성	비 고
괴상 암반 Massive rock mass	매우 넓은 절리간격을 가지며 절리나 균열을 부분적으로 포함한 괴상의 암반으로, 블록은 부분적으로 형성되어 있고 잘 맞물려 있어 매우 안정한 상태를 유지하는 경우가 많다.	
블록성 암반 Blocky rock mass	다수의 절리군에 의한 블록을 형성하고, 불교란 상태로 완전 분리된 암석으로 구성된다. 블록은 불완전하게 맞물려 있거나 부분적으로 교란되어 있기도 하다. 블록의 크기가 안정성을 좌우하게 된다.	
층상 암반 Stratified rock mass	층리, 편리, 벽개, 층구조에 의한 매우 얇은 층상으로 층경계에서의 저항력이 거의 없는 층으로 형성되며, 층 내에 수직절리가 다수 존재한다. 급속한 풍화 와 열화가 진행되기 쉽다.	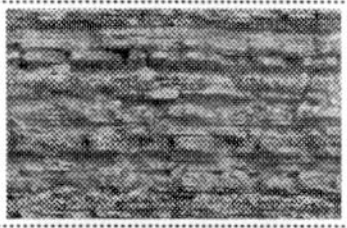
파쇄 암반 Crushed rock mass	완전히 파쇄되어, 암편은 모래입자처럼 작고, 재결합이 거의 없는 암반으로, 강하게 파쇄된 균열과 부스러진 이완 구조를 형성한다. 단층파쇄와 전단대와 연관되어 형성된다.	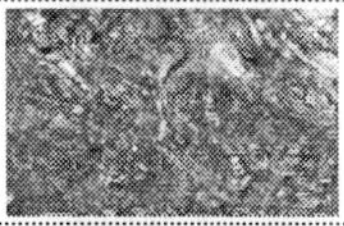
풍화 암반 Weathered rock mass	지표에 노출되어 풍화가 오랫동안 지속되어, 조직은 느슨해지고 강도가 약해지는 암반으로, 광물입자 간 결합력이 약해지고, 지하수와 불연속면을 따라 풍화가 차별적으로 진행된다.	
미고결 암반 Uncemented rock mass	속성작용이 중단되어 충분한 고결작용을 받지 않아 미고결 또는 반고결 상태의 연약한 암반으로, 암석과 퇴적물의 특성을 동시에 보이며 풍화변질이 쉽게 진행되는 특성을 보인다.	
용해성 암반 Soluble rock mass	석회암과 같은 용해성 암석으로 구성된 암반으로 용식작용으로 형성된 석회공동 및 싱크홀 등의 용식구조와 차별풍화에 의한 불규칙한 기반암선이 발달하는 특징을 보인다.	
과지압 암반 Overstressed rock mass	대심도에서 높은 암반응력 상태이거나 또는 암반강도가 지압에 비하여 상대적으로 작은 암반으로 굴착 시 취성파괴(스폴링)와 스퀴징과 같은 지질리스크가 발생하기 쉽다.	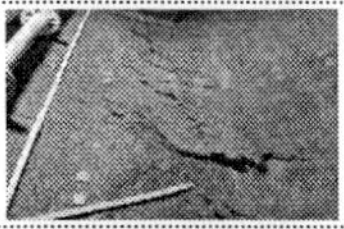
팽창성 암반 Swelling rock mass	점토광물 중 높은 팽창성을 가진 팽창성 광물(montmorillonite)몬을 포함한 암반으로 물과 작용하여 급격히 팽창하여 팽창압을 일으켜 구조물에 심각한 손상을 준다.	
복합 암반 Complex rock mass	매우 근접하여 전혀 다른 암반구조가 불규칙적으로 형성된 암반으로 차별풍화가 발생하기 쉬우며, 암반특성에 판단하기가 어려워 지질리스크가 상대적으로 크다.	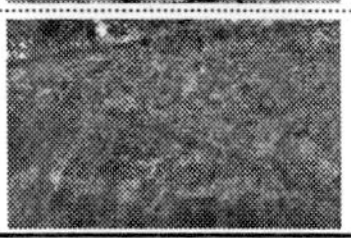

블록성 암반
Blocky Rock Mass

블록성 암반 암반에는 풍화, 응력 등의 영향에 의하여 수많은 불연속면이 존재한다. 이 불연속면의 위치, 심도에 따라 다양한 분포를 지니는데 절리들의 상호관계에 따라 암반은 블록을 이루게 되며, 따라서 블록들도 마찬가지로 매우 다양한 양상과 분포를 이룬다. 대부분의 암반은 아주 작은 크기에서부터 매우 큰 규모의 불연속면을 포함하고 있는데 특히 두 개의 주 절리군이 교차하는 경우의 암반을 블록성 암반(blocky rock mass)이라 하였다(Terzaghi, 1946). 층리, 엽리, 단층 그리고 절리 등과 같은 다양한 불연속면은 다양한 크기와 형태의 암반블록을 형성한다. 특히 블록성 암반에서 암반 터널주위에 거동은 주로 불연속면의 방향과 강도특성에 의해 결정된다. 변위의 크기와 방향은 공동과 절리팽창에 의한 수직변위와 절리면을 따르는 전단변위에 의해 결정된다. 또한 블록의 크기, 모양, 위치 그리고 블록사의 상호작용은 변형특성에 영향을 준다.

블록성 암반거동 불연속체 접근개념(discontinuum approach)으로부터 보다 적절하게 표현할 수 있다. 특히 지하공동주위 암반의 파괴메커니즘에 대한 이해는 지보시스템의 설계에 필수적인 요소이다. 파괴메커니즘은 현지암반응력수준과 주어진 암반의 특성에 따라 결정되는데, 일반적으로 블록성 암반의 경우 안정성 문제는 암반구속이 작아서 발생하는 측벽과 천정면에서의 중력에 의한 암반블록의 낙반과 관련되지만, 지하심부로 감에 따라 암반응력이 증가하여 스폴링, 슬래빙과 록버스트와 같은 암반파괴를 유발하게 된다.

[사진 2-1] 블록성 암반

2.1 암반 블록

Jointing 절리는 일정한 절리패턴을 형성하는 특정 방향으로 나타나는데, 일반적으로 한 개에서 세 개 정도의 주절리군(prominent joint set)과 한 개 이상의 마이너 절리(minor sets)가 발생하며, 추가적으로 몇 개의 랜덤절리(random joints)가 존재한다. 절리는 절리패턴(시스템)을 형성하면서 절리 강도(intensity)를 가지는 절리군의 형태로 나타난다. 절리는 블록을 형성하는데 블록의 크기와 모양은 절리간격, 절리군의 수와 랜덤절리에 의해 결정된다. 암반블록의 크기와 체적은 절리 정도 또는 절리 밀도에 의해 정해진다. 특히 블록크기는 암반거동에 매우 중요한 요소이다.

블록 형태 절리정도는 암반에서 절리양에 대한 용어로 사용된다. 블록의 체적은 절리간격, 절리빈도, RQD의 측정으로 구할 수 있다. 블록형태는 절리에 의해 정해지며, 다양한 형태가 존재한다. 규칙적인 절리패턴에 따라 블록의 형태로 구분하기도 한다.

블록 크기 지하공동과 암반사면에서의 거동에 관련하여 가장 중요한 특성이다. 따라서 블록 크기의 측정은 암반분류시스템과 같은 정량적인 암반공학에 있어 매우 중요하다. 그림은 블록의 크기를 구하는 예를 보여주고 있다. 조사된 절리군의 자료로부터 암반블록을 형성하여 블록의 크기를 구할 수 있다.

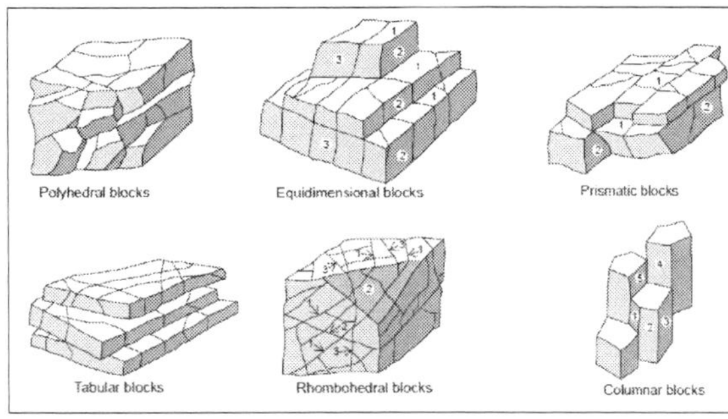

[그림 2-1] 블록의 모양(Dearman, 1991)

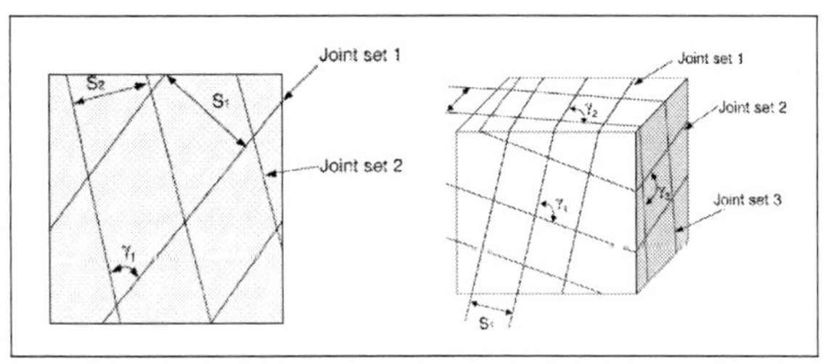

[그림 2-2] 절리군과 암반블록

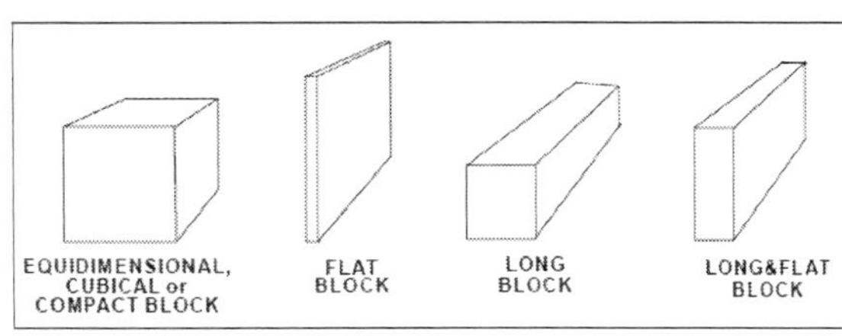

[그림 2-3] 블록의 형태(Palmstrom, 1995)

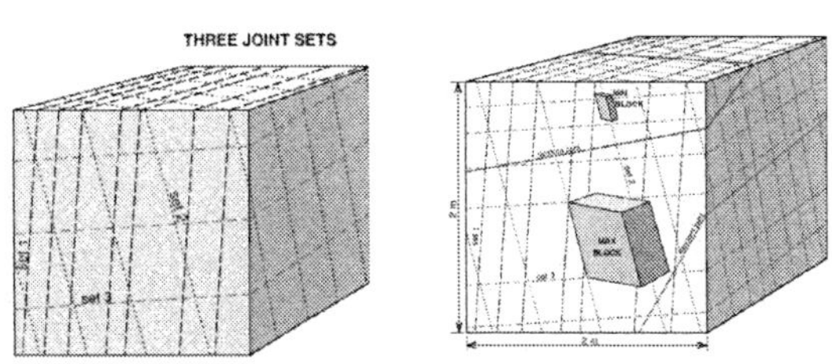

[그림 2-4] 블록의 크기 측정

블록성 암반구분

규칙성(regular blocky) 세 개 이상의 절리군의 일정하고 규칙적인 교차에 의해 직교형의 블록구조이다. 프리즘 또는 컬럼성 구조는 드물지만 두 개의 우세한 절리군에 의해 형성된다. 비교적 강한 퇴적암(사암 등), 절리가 잘 발달된 화성암(화강암, 현무암 등) 그리고 강한 변성암(편마암 등)에서 나타난다. 응력이완에 의한 절리로 인해 균열이 진전된다.

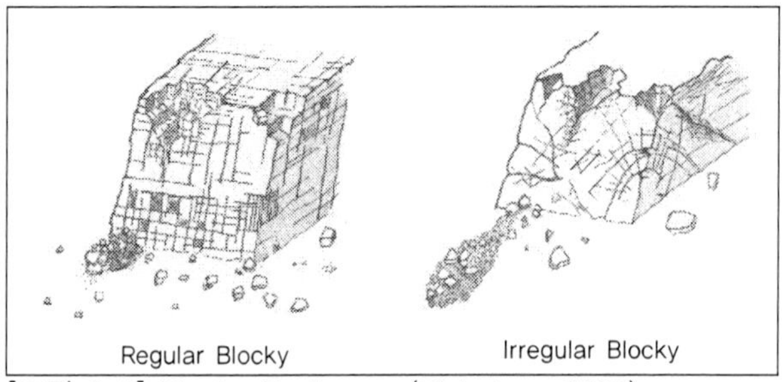

[그림 2-5] Blocky Rock mass(Nicholson 2005)

불규칙성(irregular blocky) 불규칙한 절리의 교차로 인해 불규칙한 형태와 다양한 크기의 블록을 형성하는 암반이다. 응력개방 및 풍화 등으로 흐트러진 암석에서 나타난다. 적당히 비교적 강한 퇴적암(사암 등), 강한 변성암(편마암 등)그리고 규칙적인 절리가 없는 화성암에서 나타난다. 불규칙한 블록의 모양은 인상호맞물림을 유발하고 블록의 이완을 감소시킨다.

블록크기와 암반특성 블록크기는 암반분류에 있어 중요한 요소로 RQD, 절리군(Jn), 절리간격(S), 블록체적 등과 관계된다. 절리간격으로부터 블록체적과(Vb)와 체적절리계수(Jv)의 측정은 블록크기를 결정하기에 유용한 측정방법으로 Palmstrom(2005)는 블록크기를 구하기 위한 다양한 측정방법 간의 상관관계를 제시하였다. 또한 이 값들로부터 GSI 분류상의 암반타입을 쉽게 평가할 수 있다.

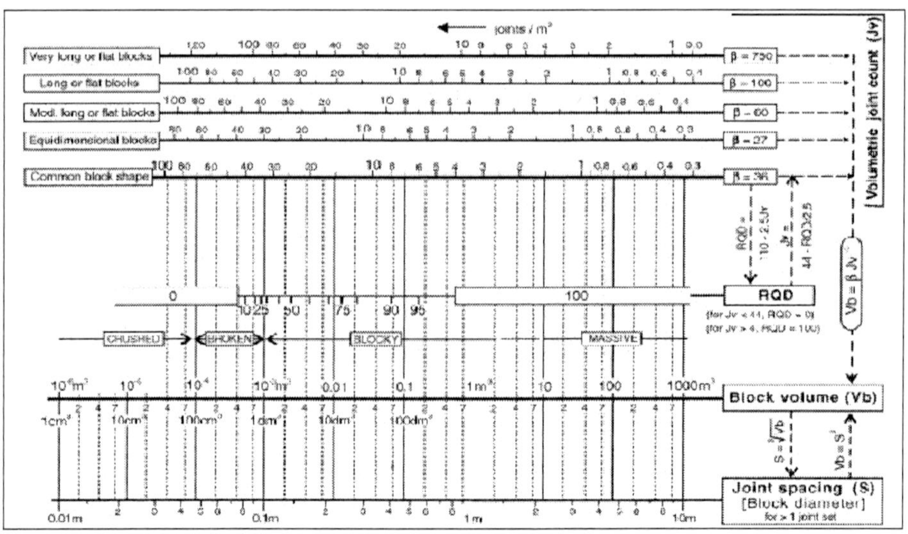

[그림 2-6] 블록크기 측정방법 간의 관계(2005, Palmstrom)

블록성 암반 모델링

절리망 생성 블록성 암반에서의 거동은 주로 불연속면에서 의해 지배되므로 암반시스템의 3차원 표현이 필요하다. 절리방향, 절리간격 및 절리발생 강도를 이용하여 암반을 3차원 절리계를 이용하여 블록성 암반을 표현할 수 있다. 모사범위는 높이(H), 길이(L) 폭(B)로 나타내며, 입력변수는 절리군에 기하학적 특성이다. 절리발생강도는 절리간격분포와 절리간격에 대한 통계량과의 매개변수에 따라 결정된다. 또한 3차원 절리망 생성 결과를 이용하여 원하는 위치에서의 2차원 절리망을 모델링 할 수 있다. 또한 암반 블록의 최대 크기를 샘플링함으로써 예상암반 절리면에 나타나는 암반 블록의 최대 크기에 대한 분포를 얻을 수 있다.

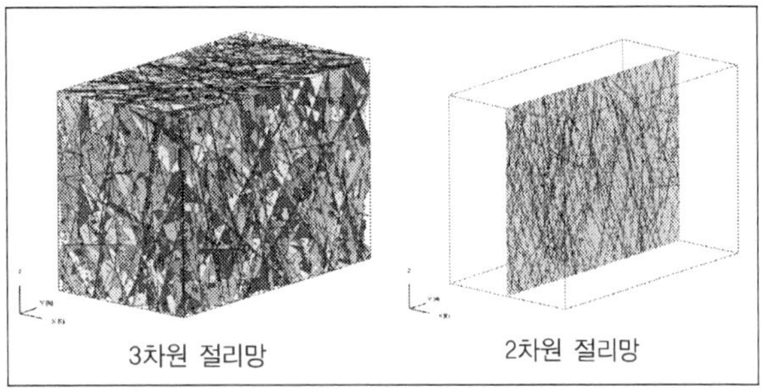

[그림 2-7] 절리망 생성(FracWorks)

Block System 여러 개의 절리군으로 구성된 암반을 모델링하여 하나의 블록시스템을 형성한다. 먼저 계산하고자 하는 영역을 설정하고(a), 절리자료를 바탕으로 절리망을 생성한다(b). 그리고 각각의 블록을 형성한 후 복합블록을 구성한다(d). 이후 지하공동을 굴착하게 되면 블록성 암반에서의 거동을 분석할 수 있게 된다. 암반블록시스템은 대상현장에 대하여 굴착 전에 불연속면 암반과 굴착과정을 단계적으로 가시화하여 분석할 수 있다.

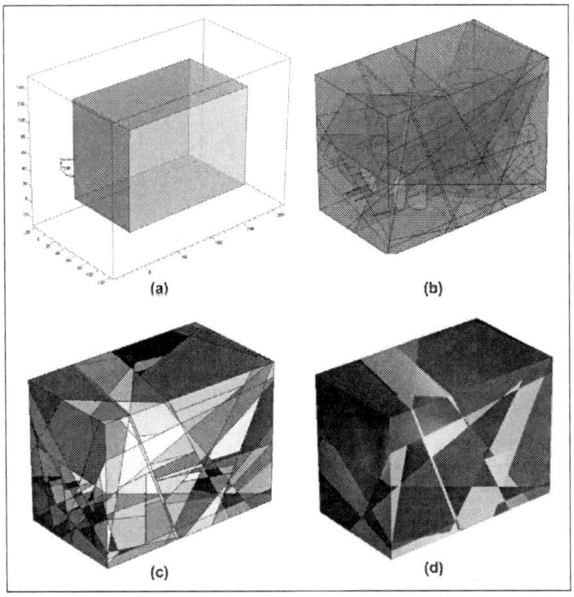

[그림 2-8] Muti-Block System(Zhang, 2013)

[그림 2-9] 블록성 암반 모델링(LMGC90)

2.2 블록성 암반의 공학적 특성

지하공동의 파괴 블록성 암반 내 지하구조물에서 가장 일반적인 파괴모드는 공동 천장에서 떨어지거나 측벽으로부터 미끄러지는 쐐기파괴(wedge failure)와 관련이 있다. 이러한 쐐기들은 절리 등과 교차하는 구조적 특성에 의해 형성되고, 이로 인해 암반은 개별적이지만 서로 맞물린 부분으로 분리된다. 공동굴착으로 자유면이 형성되면, 주변 암반으로부터의 구속이 제거된다. 가두어진 면이 연속적이거나 불연속면을 따라 암석 브리지(rock bridges)가 깨어지면, 이러한 쐐기들 중 일부가 표면으로부터 떨어지거나 미끄러질 수 있다.

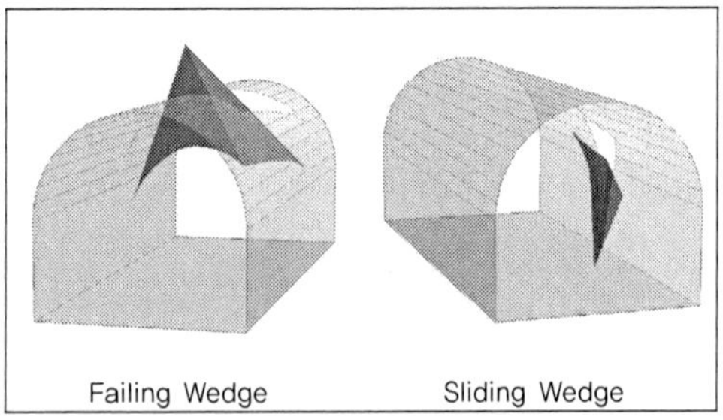

[그림 2-10] 블록성 암반의 쐐기파괴

파괴메커니즘과 보강 블록성 암반에서 지보개념은 암반블록의 탈락을 방지하는 것이다. 대부분의 파괴는 느슨하게 되는 블록으로부터 시작되어, 계속적으로 느슨해지게 되는데, 터널이 붕괴되거나 응력상태가 평형될 때까지 진행된다.

- Step 1- 블록 A 떨어짐
- Step 2- 블록 B와 블록 C 회전과 떨어짐
- Step 3- 블록 D와 블록 E 떨어짐
- Step 4- 블록 F 회전과 떨어짐

따라서 처음 블록이 그 자리에 고정된다면 응력은 스스로 재배열되어 터널 주위의 지반아치로 작용하여 터널은 안정상태를 유지하게 된다. 즉 숏크리트와 록볼트로 블록 A와 C를 고정하면 블록 B가 안정되고, 이어 블록 D, E, F가 안정화된다. 블록성 암반의 지보는 키블록에 대한 보강을 중심으로 이루어진다.

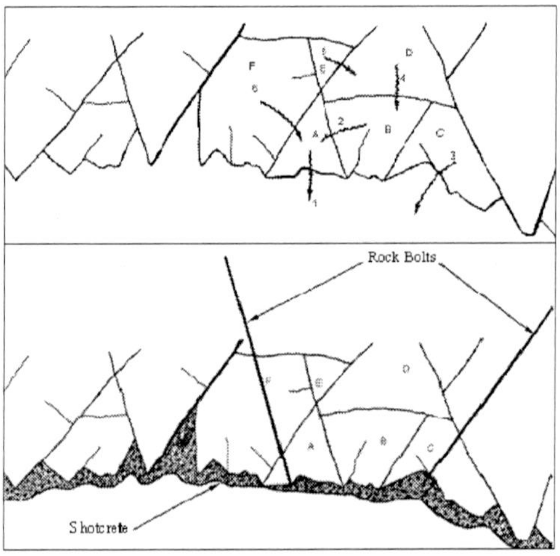

[그림 2-11] 암반블록의 보강(Deere, 1969)

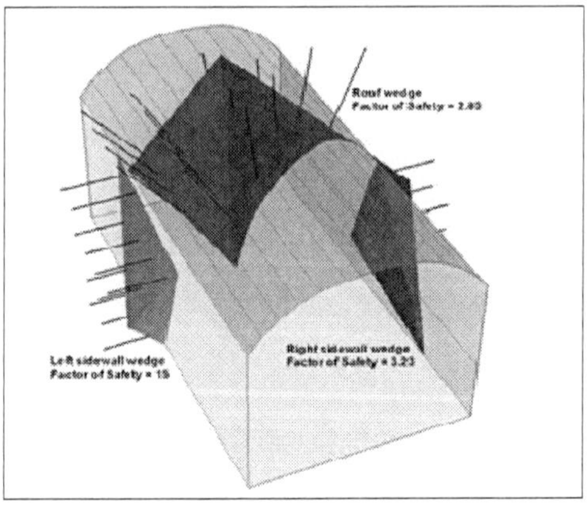

[그림 2-12] 암반블록 보강

블록성 암반 내 터널거동 블록성 암반에서의 지하공동의 굴착은 초기평형상태를 교란하고, 암반에서의 응력은 새로운 평형상태에 도달할 때까지 재조정되며, 하중저항력의 재배열이 일어나서 암반블록의 변위가 발생하게 된다. 절리와 같은 불연속면은 암반의 취약면(weakness)으로서 큰 변위와 회전은 이 불연속면을 따라 발생하게 된다. 파괴는 응력이 안정한 하중저항구조를 형성하는 데 있어 더 이상 재조정할 수 없기 때문으로, 재료의 강도가 초과되거나 암반블록의 움직임으로 인하여 안정한 기하구조가 무너질 때 발생한다. Terzaghi의 암반하중분류에서 블록성 암반의 경우 최대 예상 과굴착 범위는 0.25B~1.1(B+ht)(B: 터널 폭, ht: 터널 높이)로 주어졌지만 정확한 불연속면의 역학적 및 기하특성에 대한 설명은 부족하다. 블록성 암반은 두 가지 형태로 구분되는데 수직절리가 연속성이 있어 규칙적인 블록을 형성하는 경우와 수직절리가 끊어져 캔틸레버 블록을 형성하는 경우이다. 후자는 퇴적암의 층상암반에서 쉽게 볼 수 있는데, 전자보다 아칭효과로 인해 암반변위가 감소하고 안정성이 높다.

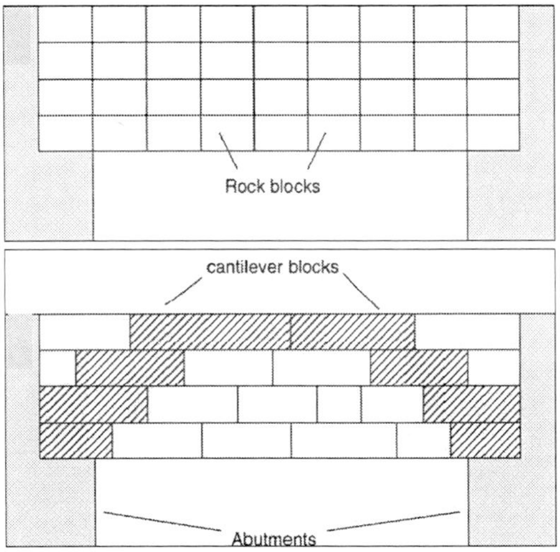

[그림 2-13] 블록성 암반의 기동

블록성 암반에서의 터널거동에 대한 해석결과 터널 천정부에서 일부 진행성 파괴가 발생하고 있으며, 터널 폭이 터널 높이보다 큰 경우에는 보다 큰 진행성 파괴가 발생하였고, 이와 같은 블록성 암반에서는 지하공동의 안정성을 지배하는 주요소는 절리의 마찰력 보다는 수직절리의 간격임을 확인하였다. 또한 이완영역의 크기는 주로 터널 폭에 대한 절리간격에 비(Sj/B)에 의해 결정된다. 또한 불연속면의 방향에 따라 천정부에 슬라이딩과 낙반이 발생하고, 이완영역은 절리군에 의해 결정된다. 응력이 증가함에 따라 전단파괴가 발생한다.

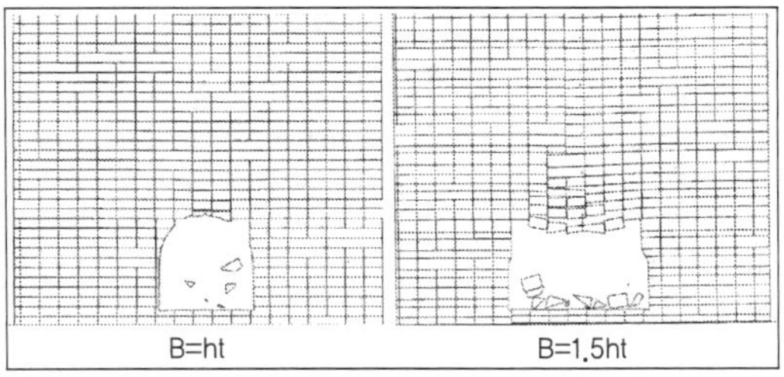

[그림 2-14] 블록성 암반의 터널거동(Tsesarsky,2005)

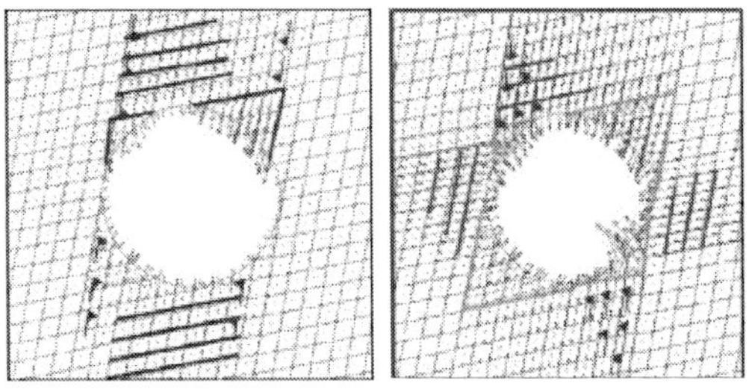

[그림 2-15] 블록성 암반의 터널거동(Solak, 2009)

블록 이론(Block Theory)

정의 블록이론은 암반의 거동이 불연속면의 조합으로 생겨난 블록(block)들의 이동으로 발생한다고 본다. 즉 블록의 3차원적 형상과 크기를 결정하며, 그 블록이 암반으로부터 이동하는지를 판단하는 것이다(Goodman, 1984).

가정 첫째 모든 불연속면은 완벽한 평면을 이룬다. 즉 모든 불연속면은 방향성을 가진 벡터로 표현될 수 있다. 둘째 모든 불연속면은 무한성을 지닌다. 즉 유한한 절리면의 조합일 경우 블록이 생성되지 않을 수 있기 때문이다. 셋째 불연속면과 블록은 단단하다. 즉 블록의 변형과 내부적인 파괴는 고려되지 않는다. 넷째 불연속면은 지질학적 정보에 의해 결정된다. 즉 모든 절리면이 사용되는 것은 아니며, 측정된 정보로 얻어진 불연속면에서 대표적인 불연속면을 사용한다.

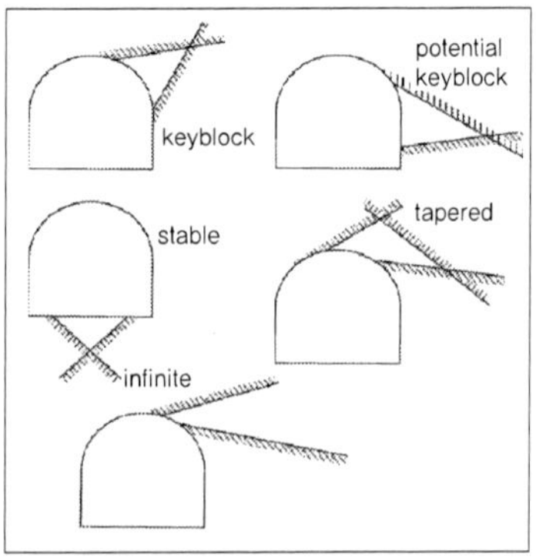

[그림 2-16] 블록의 구분

블록의 분류 블록은 불연속면에 따라 무한블록과 유한블록으로 구분된다.

a 무한블록(infinite block)		특정방향으로 무한한 연장성을 가지는 블록으로 안정한 상태 유지
유한블록(finite blck)		불연속면과 자유면에 의해 경계가 설정되어 일정한 부피의 다면체
거동 불가능	b 테이퍼드 블록	기하학적인 구조로 인하여 자유면으로의 이동이 불가능한 블록(tapered)
거동 가능	c 안정 블록	블록에 작용하는 합력의 방향과 자유면의 방향과 관계없이 안정
	d 잠재적 키블록	자유면으로의 이동이 가능하나 마찰력에 의해 안정이 유지(마찰안정블록)
	e 키블록(key block)	자유면에로의 이동이 가능할 뿐만 아니라 불안정한 상태(지보필요블록)

키블록(key block) 불연속면들의 조합으로 생성된 블록들 중에서 굴착 시 자연적으로 이동가능한 위험이 되는 블록을 말한다. 즉 키블록의 붕괴는 전체적인 블록의 붕괴를 불러온다. 따라서 이러한 키블록의 존재를 파악하여 보강하는 것이 중요하다. 키블록이 형성되기 위해서는 한 개 이상의 자유면을 가지며, 불연속면이나 블록의 평행한 면으로 이동하는 등 한정적인 방향을 갖는다. 불연속면들의 교차에 따라 블록과 블록의 이동양상이 매우 달라지므로 중요한 키블록에 대하여는 충분한 검토가 필요하다. 또한 어떤 블록이 굴착면과 굴착방향에 따라 키블록이 될 수도, 안정한 블록이 될 수 있기 때문에 굴착면에 대한 정보 또한 필수적이다.

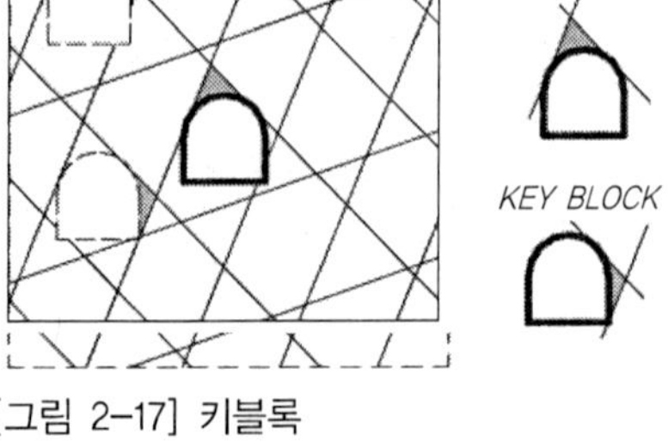

[그림 2-17] 키블록

블록이론의 적용 블록이론을 통하여 암반구조물의 안정성을 해석할 경우 거동가능블록의 발생범위와 거동방향을 제시할 수 있다. 또한 터널의 경우 단면형태와 축방향을 변화시켜가며 다양한 경우에 대해 해석을 실시하면 주어진 절리군의 방향조건에서 블록의 발생범위를 최소화하는 터널구조물의 형상 및 축의 방향을 결정할 수 있다.

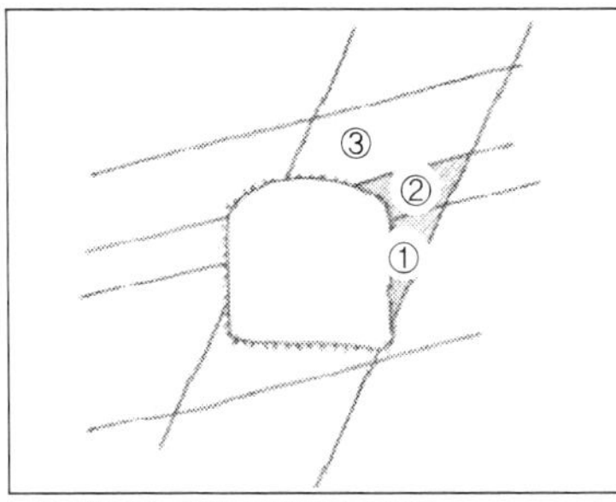

[그림 2-18] 키블록 거동

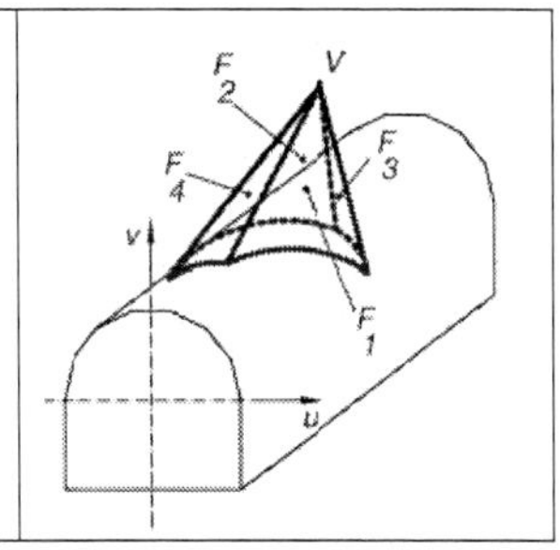

[그림 2-19] 키블록 분석

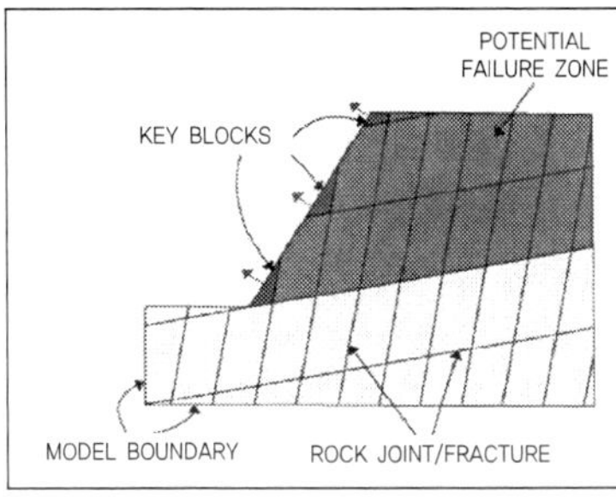

[그림 2-20] 키블록 거동(사면)

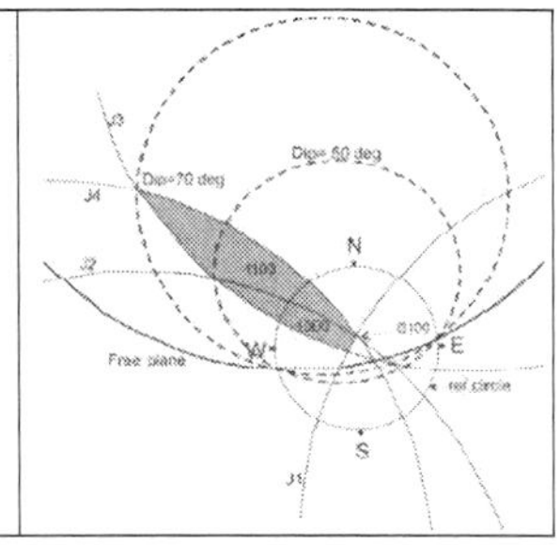

[그림 2-21] 키블록 분석

사면의 경우 주절리군의 해석을 통하여 키블록의 형태와 크기를 파악하여 이로부터 사면의 안정성을 평가한다. 또한 해석을 통하여 얻은 결과로부터 붕락/낙반을 일으킬 수 있는 블록의 형상과 발생위치 등을 대략적으로 알 수 있으므로 공사 시 현장에서 발생하는 사고를 예방하는 데 노움을 줄 수 있다.

블록이론의 한계 암반을 강체로 가정 절리면의 변형을 허용하지 않으므로 암반 내에 작용하는 응력을 무시하며 변형 및 파괴에 의한 거동가능블록의 생성을 고려하지 않으므로 연약암반대나 높은 지압이 작용하는 심부의 환경에서는 적용의 한계를 가진다. 또한 블록의 최대 발생가능범위만을 제시해주기 때문에 블록의 부피가 커지려면 그것을 구성하는 절리면의 암반 내 연장도 커야 하는데 블록이론에서는 절리의 연장을 무한하다고 가정하므로 현장절리의 분포특성에 따라서 달라질 수 있는 블록의 평균적인 크기와 발생빈도에 대하여 알려줄 수 없게 된다. 현장절리의 방향을 몇 개의 특징적인 값만으로 고정시킴으로써 현장절리 방향정보를 처리하는 과정에서 보통 벡터합 계산 등에 의한 각 절리군의 평균방향을 그 절리군의 대표값으로 산정한다. 그러나 절리군 방향벡터들이 같은 평균값을 가지더라도 분산이 다른 경우에는 현장에서 나타나는 절리군의 존재 양상이나 이것의 조합을 통하여 발생하는 블록의 형상과 크기는 서로 차이를 보이게 되다. 따라서 절리 방향 분포의 분산 정도가 커질수록 블록이론에 의한 해석결과는 실제 상황을 제대로 반영하지 못하게 된다.

2.3 블록성 암반에서의 Geo-Risk와 대책

사면 파괴 블록성 암반에서 흔히 관찰되는 사면 파괴형태는 낙석(rockfall)과 쐐기파괴(wedge failure) 등이 있다.

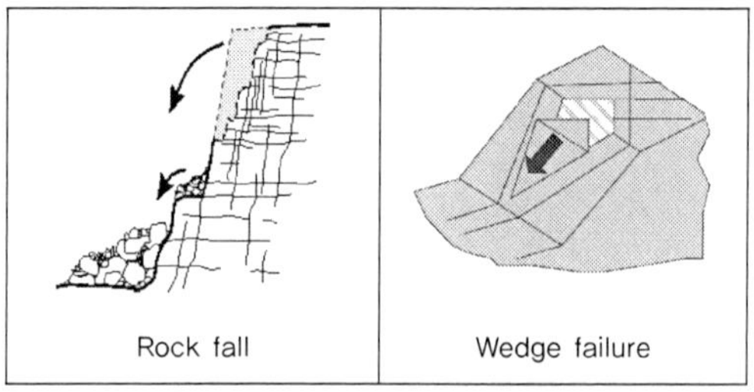

[그림 2-22] 블록성 암반에서의 사면파괴

Rockfall(낙석) 암석에 작용하는 힘의 변화 즉 기후 또는 식생작용에 의해 시작된다. 이러한 작용은 우수침투나 주변 지반의 침식, 암석의 풍화 등에 의한 간극수압의 증가를 포함한다. 실제로 시공과정에서 rockfall에 대한 위험가능성은 커지는데, 특히 경사가 급한 블록성 암반에서는 더욱 증가하게 된다. 암반블록의 움직임은 사면정상에서 시작되고, 이것의 궤적을 좌우하는 중요한 요소는 사면의 경사와 같은 기하형태이다. 또한 풍화되지 않는 경암의 깨끗한 면이 가장 위험한데 이는 낙석 운동이 늦춰지지 않기 때문이다(높은 복원력). 이와는 달리 테일러스로 덮인 경우는 상당한 양의 낙석에너지를 흡수하게 된다. 낙석모델은 낙석의 궤적을 비교적 정확히 예측할 수 있다.

[그림 2-23] 낙석분석

쐐기파괴 두 개의 뚜렷한 취약면이 존재할 때, 두 불연속면사이의 암반은 쐐기 형태로 슬라이드가 발생하게 된다. 즉 두 불연속면이 경사면을 비스듬히 가로질러 존재하고 그 교선이 경사면에 드러나 있을 때, 이 교선의 경사가 마찰각보다 상당히 클 경우 이들 불연속면 위에 놓여 있는 쐐기형 암반은 교선을 따라 아래로 미끄러질 것이다. 두 개 이상의 절리군의 발달한 블록성 암반에서 일어나며, 퇴적암의 경우 층리면과 (수직)절리에 의해 형성된 쐐기파괴가 발생할 수 있다. 평사투영해석에 의하며 쐐기파괴 가능성을 평가하며, 한계평형해석으로 안전율과 보강력을 결정한다.

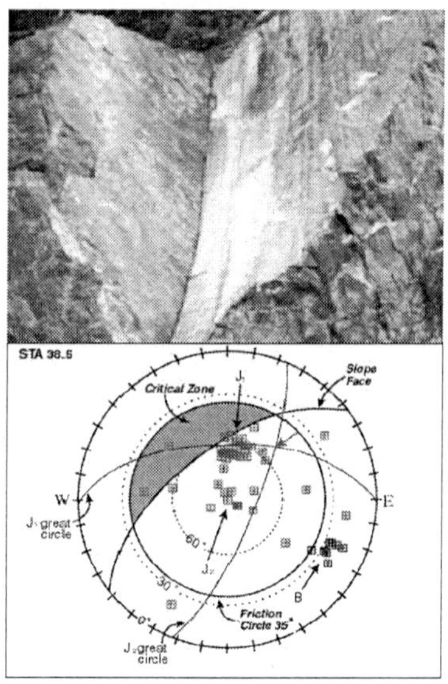

[그림 2-24] 쐐기파괴 해석

[그림 2-25] 쐐기파괴 분석

터널 내 블록파괴 주로 천정과 측벽에서의 쐐기파괴와 관련된다. 쐐기는 절리 등과 같은 불연속면의 교차에 의해 형성되며, 굴착에 의해 자유면이 만들어지면 주변암반으로부터 구속력이 제거되어 낙석이 일어나거나 슬라이딩이 발생하게 된다. 만약 이완된 쐐기를 적절히 지보하지 않으면 터널의 안정성은 급격히 악화된다. 낙석 또는 슬라이딩이 일어나는 각각의 쐐기는 구속력과 상호결합을 감소시켜 계속해서 다른 블록까지 영향을 주게 된다. 이러한 파괴과정은 암반 내 자연아칭이 추가적인 탈락을 막을 때까지 지속된다. 쐐기파괴분석을 위해서 먼저 주절리군의 평균경사방향과 경사를 결정한 후, 터널 내 낙반가능성이 있는 위험블록을 규명한다. 위험블록의 크기와 모양은 불연속면과 터널특성에 따라 결정된다. 그리고 파괴모드에 따른 블록의 안전율을 계산하여 안전율을 확보하기에 필요한 보강량을 계산한다. 위험블록의 크기와 모양은 불연속면과 터널특성에 따라 결정된다.

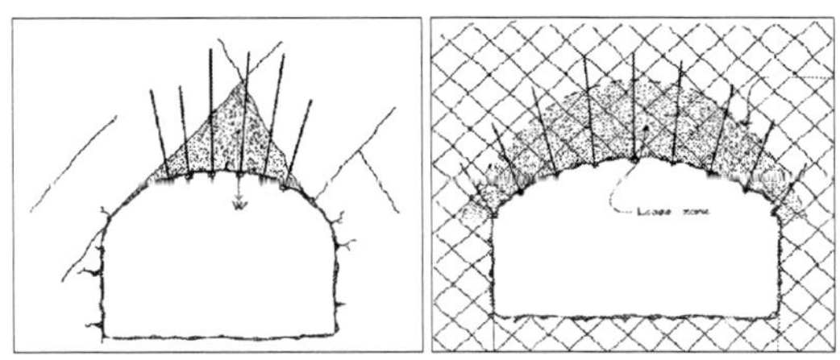

[그림 2-26] 블록성 암반 보강(Stillborg, 1986)

블록성 암반 파괴모드 암반상태에 따라 거동타입(Behavior Type)을 구분하고 각 타입별로 파괴모드와 분석모델을 제시하였다(Schubert, 2000). 먼저 BTI에서는 개별블록의 낙석(rockfall)을 만드는 불연속면에 의해서 균열이 주로 유도된다. BTII에서는 터널벽면 근처에서 불연속면을 따라 발생하는 암반의 전단파괴가 발생한다. 암반이완은 균열발생에 의하며, 수직이완하중으로 라이닝에 작용한다.

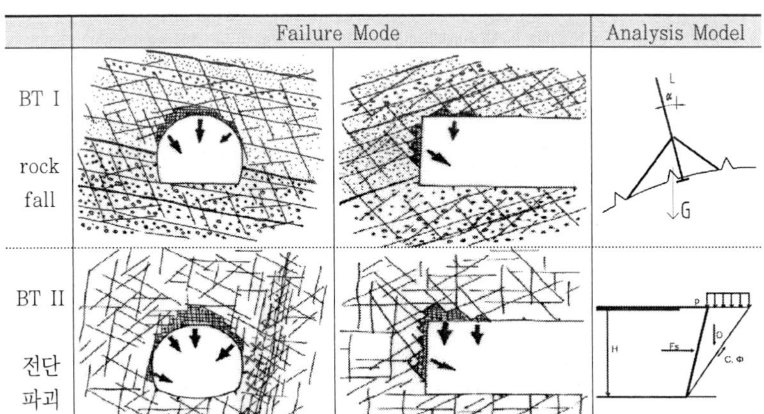

[그림 2-27] 블록성 암반의 파괴모드(Schubert, 2000)

터널 붕락사례 – 쐐기형 붕락

붕락현황 본 터널은 연장 1,400m 2차선 병렬터널로서 붕락지점은 암반이 비교적 양호한 경우로 별다른 보강대책 없이 발파 후 막장면의 버럭을 처리하는 과정에서 입구부 기준으로 223m 지점에서 약 7m 구간에 걸쳐 급작히 쐐기형태의 암반블록 붕락이 발생하였다. 시추조사 결과 붕락구간은 붕적층이 2.0m 내외로 분포하고 터널심도까지는 흑운모 화강암, 각섬석 화강암 등 일부구간을 제외하고는 전반적으로 보통~양호한 암반층이 분포한다. 본 터널의 붕락규모는 낙반량 27.85m³, 여굴깊이 약 4.69m, 폭 10.3m이다.

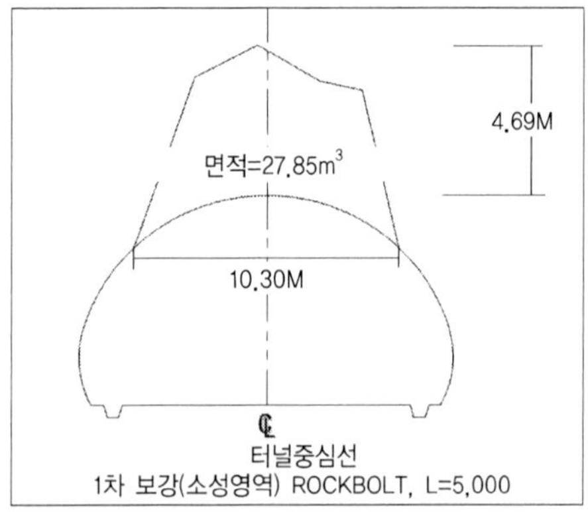

[그림 2-28] 붕락현황 및 규모

붕락 원인분석 붕락발생구간은 전반적으로 암질자체는 대부분 보통~양호 구간으로 지보패턴 II로 굴착작업이 진행되었다. 그러나 일부구간에서 여러 개의 절리교차로 인한 천정부에 쐐기형 암반블록이 형성되었고, 발파진동의 영향으로 암반블록이 이완됨에 따라 암반블록의 무게가 숏크리트의 지보력을 초과함에 따라 붕락이 발생되었다. 이러한 붕락형태는 절리가 불규칙적으로 발달한 경암반에서 전형적으로 관찰되는 쐐기형 암반블록의 낙석(rock fall)의 형태이다.

[사진 2-2] 쐐기형 붕락형태

보강공법 암반상태는 대부분 암질이 양호한 화강암류로 구성되어 있다. 따라서 추가적인 그라우팅 등의 보조공법이 필요치 않으며, 본 붕락구간에 적용된 보강공법은 낙석부분에 대하여 록볼트의 길이를 4m에서 6m로 연장하고 와이어 메쉬와 숏크리트를 순차적으로 시공하여 붕락된 부분을 완전히 채워 보강을 실시하였다. 이는 낙반 채움부를 주변의 견고한 암반에 완전히 메달아 장기적인 안정성을 확보하기 위한 것이다.

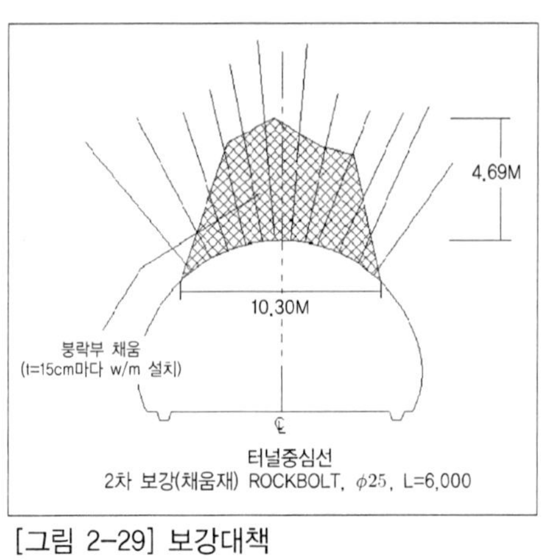

[그림 2-29] 보강대책

터널 붕락사례 - 쐐기형 붕락

붕락현황 본 터널은 3,300m의 2차선 병렬터널로서 붕락지점은 본선터널과 피난연락갱이 접속하는 지점으로 암질상태는 전반적으로 양호하나 부분적으로 파쇄대가 나타났다. 피난연락갱이 먼저 굴진이 완료된 상태에서 본선터널을 굴진하던 중 8m^3 암반붕락 파쇄된 부근에서 급작히 붕락이 발생하였다. 본 터널의 붕락규모는 국부적인 암반붕락 낙반량 8m^3, 여굴깊이 약 3.0m, 폭 8.0m이다.

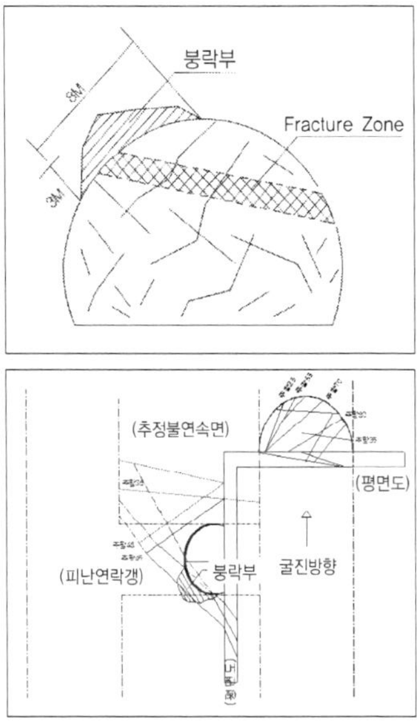

[그림 2-30] 붕락 규모

붕락원인 분석 암질상태는 부분적으로 파쇄대가 존재하는 연암정도의 암석으로 굴진방향 측으로 주향 30°~50° 정도, 경사 40°~70° 정도가 주를 이루고 있으며 굴진 측으로 수직된 주향 및 경사가 다소 발달되어 있다. 절리상태는 불규칙하게 전체적으로 발달되어 있으며 경사면은 기활동(붕락된)된 부분과 예각을 이루고 있고 연속적으로 발생되어 있어 본선 굴진시 발파로 인한 진동의 영향으로 경사 및 절리면을 따라 활동을 일으킨 것으로 조사되었다. 피난연락갱과 상행선(본선)이 만나는 지점에 주향 및 경사와 절리면을 따라 피난연락갱 상부가 붕락되었으며 터널 막장조사결과 주향 및 경사면이 연속적으로 겹쳐 있으므로 보강조치를 하지 않은 상태에서 터널 굴진 시 발파진동으로 인하여 붕락이 발생하였다.

[사진 2-3] 쐐기형 붕락

보강공법 암질상태가 다소 약한 연암 정도의 암반으로 피난연락갱과 본선이 만나는 지점에서 주향 및 경사와 절리면을 따라 피난연락갱 상부가 붕락되었으며 터널 막장 조사결과 주향 및 경사면이 연속적으로 겹쳐 있고 활동부위의 암반이 터널 측과 예각을 이루고 있어 아주 나쁜 영향으로 작용하고 있으므로 지하환기소 접속부 보강을 9m 연장하여 삼각지보를 설치하고 숏크리트, 록볼트 수량을 증가시켜 불연속면이 더 이상 이완되지 않도록 조치하고 붕락이 발생된 측면에 설계 천공간격 사이에 무장약공을 시공하여 발파진동을 최대한 억제하였다.

블록성 암반사면 - 화강암반사면에서의 소규모 파괴

사면 및 지질현황 본 사면은 화강암층에 시공된 혼합비탈면으로 연장은 340m, 높이는 최대 35m 이며 경사/경사방향은 51/120이다. 지질은 암회색을 띠는 화강암으로 석영, 장석류, 운모류로 구성되어있으며, 3개 이상의 절리군이 방향성을 가지고 발달되어 있고, 일부 풍화 또는 완전풍화상태를 보인다.

[사진 2-4] 사면전경

사면 손상원인 굴착 중 전구간에 걸쳐 국부적인 쐐기 및 평면파괴 형태의 암반블록의 탈락현상 발생하였다. 풍화암 구간은 풍화가 심하게 진행되어 부분적인 유실이 나타났으며, 풍화암 구간의 구배는 1:0.7 정도로 지하수 유출흔적이나 전반적인 파괴양상은 나타나고 있지 않으나, 절리교차에 의해 일부 구간에서 부분적으로 암괴가 탈락된 구간이 나타나고 있다. 또한 연암구간은 절리방향 역시 사면방향으로 발달하고 있어 부분적으로 평면파괴가 나타나며, 절리교차에 의한 국부적인 쐐기파괴가 발생하였다. 절리가 발달한 암반에서 풍화 정도와 절리의 위치, 교차정도에 따라 일부구간에서 유실, 탈락 그리고 소규모의 파괴가 나타난 것으로 판단된다.

풍화에 의한 유실 / 일부 구간 블록탈락 / 국부적인 복합파괴 / 국부적인 쐐기파괴

[사진 2-5] 국부적인 사면파괴 및 낙석

사면 보강대책 토사 및 풍화암 구간은 비탈면의 장기적 안정성 확보를 위해서는 최소 1:1.2 이상의 구배를 확보하거나 이를 확보하지 못할 경우 Soil Nail 등으로 보강하고, 반드시 표면보호공을 실시하여 지표수 침투에 의한 표면파괴를 방지하도록 한다. 또한 연암구간은 암반블록의 쐐기 및 평면파괴 방지를 위해 Rock Bolt 등으로 보강한다.

블록성 암반사면 - 퇴적암에서의 대규모 쐐기파괴

사면 및 지질현황 본 사면에서는 굴착이후에 총 4차에 걸쳐 쐐기형의 사면파괴가 발생하였으며, 4차 파괴규모는 폭 25m, 높이 30m, 파괴면 연장 55m이다. 지질은 경상누층군에 속하는 퇴적암층으로 셰일과 사암이 호층으로 구성되어 있다. 셰일층에서는 층리발달이 현저하고, 연장성이 양호한 3개의 절리군이 발달하였다. 평사투영해석결과 층리면과 절리군 J1의 결합에 의해 쐐기파괴의 발생가능성이 있는 것으로 나타났으며, 평면파괴 및 전도파괴의 발생가능성은 없는 것으로 평가되었다.

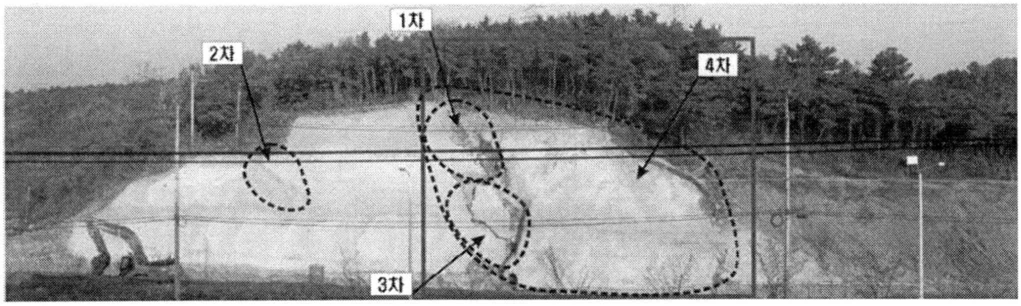

[그림 2-31] 사면파괴 현황(2000, 이창섭)

사면 파괴원인 사면굴착에 의해 응력이 부분적으로 제거되면서 암반이 이완되고, 특히 상부에 풍화도가 높은 지반의 절리면이 이완되고, 층리면과 J1 절리군에 의해 쐐기블록이 형성된다. 이 쐐기블록의 플는지(33°)는 절취사면의 경사각(45°~73°)보다 완만하고 암반의 내부 마찰각이 크므로 사면의 파괴조건을 형성한다. 특히 층리면 내에 점토가 협재되어 포화 시 팽윤되어 전단강도가 급격리 감소하여 활동면으로서의 역할을 할 수 있는 조건을 유지하게 된다. 또한 사면이 장기간 대기에 노출되는 조건에서 강우에 의한 지표수의 유입은 지반을 포화시키고 층리면의 전단강도가 급격히 감소되어 쐐기파괴가 발생하였다. 또한 시간경과에 따라 활동력의 증가로 대규모의 파괴가 발생한 것으로 판단된다.

사면 보강대책 보강공법은 앵카공법, 사면경사완화공법, 억지말뚝공법, 쏘일네일링공법 등을 보강안으로 검토하여 현장여건, 시공성 및 경제성을 고려하여 앵커공법을 선정하였다.

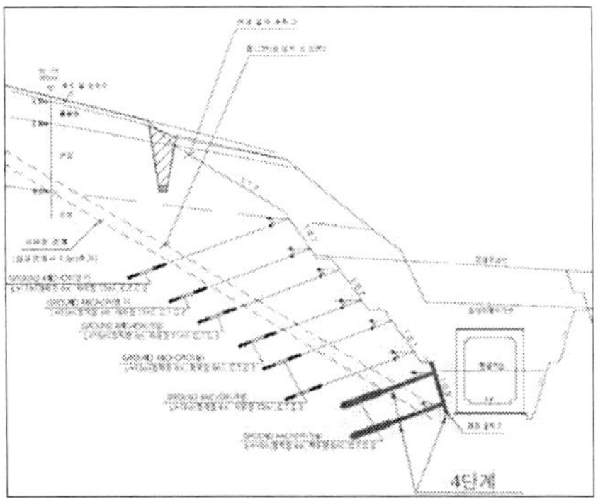

[그림 2-32] 보강대책

층상 암반

Stratified Rock Mass

층상 암반 한 방향으로 발달한 불연속면이 일정한 간격을 가지며, 연장성이 발달한 경우의 암반을 말하며, 암반의 거동은 이 불연속면에 의해 크게 지배되는 암반을 말한다. 일반적으로 화성암 생성과정에서 하중제거로 인해 형성된 판상절리(sheeting joint), 퇴적환경에서 만들어진 층리(bedding plane) 그리고 이질암의 변성작용에서 형성된 벽개(cleavage), 엽리(foliation), 편리(schistosity) 등이 대표적인 판상(planar)의 불연속면이며, 층리와 엽리구조에서는 이 불연속면을 가로지르는 많은 균열과 절리가 발달하여 일정한 형태의 블록을 형성하고 있는 경우가 많다. 또한 이와 같은 불연속면은 전단강도가 현저히 낮거나 불연속 사이에 점토 등이 협재되어 있는 경우가 많아 미끄러짐이 쉽게 발생하고, 우기나 집중강우에 의한 영향을 쉽게 받기 때문에 사면 등과 같은 암반구조물의 연약대로 작용하여 많은 지질재해의 원인이 되고 있다.

층상 암반의 Geo-Risk 일정한 방향으로 불연속면이 주로 발달하여 있기 때문에 이방성(anisotropy)을 뚜렷하게 보인다. 따라서 이러한 층상암반에서는 암석자체의 이방성 특성뿐만 아니라 불연속면의 이방성을 동시에 고려하여 연속체 해석과 불연속체 해석에 반영하도록 하여야 한다. 또한 암종에 따라 풍화변질에 매우 민감하여 굴착 후 잘게 부스러지거나 쪼개지는 특성을 가지는 경우가 많다. 층상암반은 불연속면의 발달 특성상 암반구조물에서의 파괴 및 붕괴 등이 발생가능성이 높으므로(특히 세일, 편암), 암반의 공학적 특성을 파악하여 암반구조물의 설계 및 시공시 반영하도록 해야 한다.

[사진 3-1] 전형적인 층상 암반

3.1 층상 암반의 지질 특성

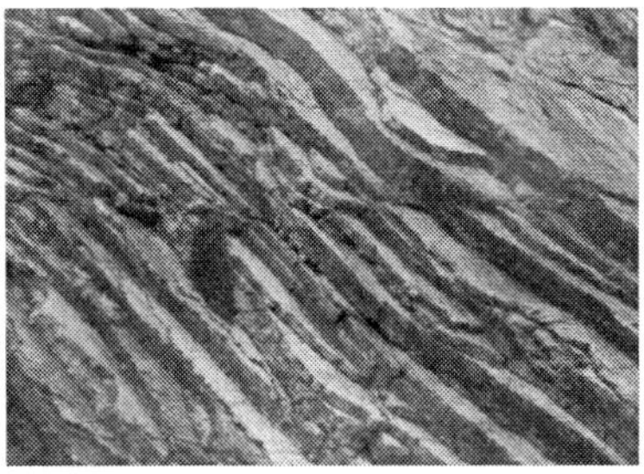
[사진 3-2] 전형적인 층상 암반

층상 암반 주불연속면이 연장성이 매우 발달하여 비교적 일정한 간격으로 불연속면이 형성되어 판상(planar/stratified)구조를 띠는 암반으로서 주로 주불연속면의 거동에 의해 전체 암반의 형성이 좌우된다. 지질적인 형성원인은 크게 화성에서의 판상절리, 퇴적암에서의 층리 그리고 변성암에서의 벽개, 엽리 및 편리구조 등이 있다.

판상절리(sheeting jont)

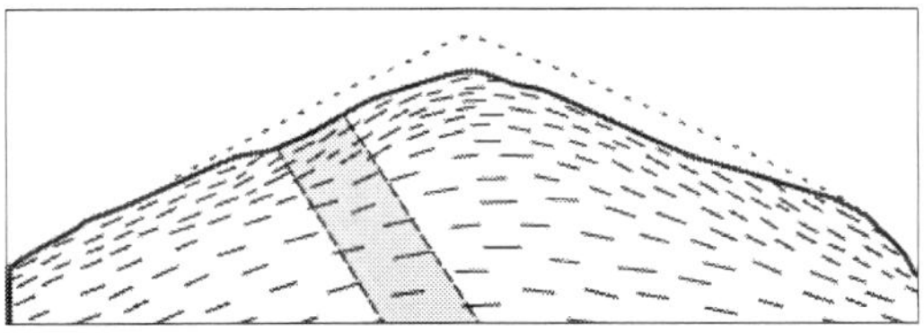
[그림 3-1] 판상절리의 형성

[사진 3-3] 박리(exfoliation)

[사진 3-4] 판상절리

판상절리 하중제거(unloading)로 인하여 지표에 평행하게 발달되는 절리를 말한다. 판상절리의 간격은 팽창률의 차이로 인하여 지표에 가까울수록 좁고 깊을수록 넓어지는데, 지하 70- 100m 깊이까지 나타나는 경우는 드물다. 판상절리가 잘 발달되어 있으면 기반암에서 양파 껍질처럼 떨어져 나오는데 이러한 현상을 박리(exfoliation)라고 한다. 판상절리는 지표나 급하게 경사진 지형에 평행하게 발달하여 나타나고 그 연장성이 수백 m에 이르는 경우도 있다. 판상절리는 하중제거에 의한 인장균열로서 쉽게 빠르게 진행되어 나타나며, 긴 연장성과 rock bridge가 없는 것이 특징이다. 이것은 판상의 형태를 가지는 불연속면인 층리, 벽개 및 편리구조와 구별된다. 판상절리는 일반적으로 화성암 그리고 사암과 역암을 포함한 다른 암종에서 나타나기도 하지만 특히 화강암지형에서 잘 나타난다. 급경사를 가진 판상절리지형에서는 풍화와 침식 등에 의해 판상절리가 더 발달하고 일부 박리가 나타나면서 암반블록의 falling으로 인하여 암반사면에 있어 주요한 재해요소로 작용하게 된다.

퇴적암의 층리

[사진 3-5] 퇴적지층

퇴적층(Stratification) 대부분의 퇴적암에서 나타나는 암석의 겹쳐진 생태를 말한다. 그 두께는 수 mm 서 수 m에 이르기까지 다양하게 나타나며, 외형도 매우 다양하다. 층은 수 km^2는 얇은 판상체에서부터 측방으로 불과 수 m 정도만 연장되는 렌즈상 퇴적체에 이르기까지 다양한 규모로 나타난다. 개개 암층 사이의 분리면들은 층리면이라고 한다. 층리는 퇴적과정 동안 일어나는 조직이나 조성 변화에 의해 형성되며, 또한 퇴적이 잠시 중단될 경우에는 오래된 퇴적층이 새로운 퇴적층에 의해 덮이기 전에 변화를 받아 형성되기도 한다. 따라서 층리는 조립질 입자들과 세립질 입자들의 교호층으로 나타나거나, 광물조성의 차이로 인한 색의 변화를 보이는 연속적인 층으로 나타나며, 확실한 분리면에 의해 분리되기는 하지만 비슷한 특성을 지니는 층들로 나타난다.

[사진 3-6] 층리

층리(bedding plane) 퇴적암 등의 퇴적구조에서 보이는 평행한 줄무늬를 말한다. 침식물이 퇴적될 때 알갱이의 크기, 색, 성분, 퇴적 속도 등의 변화로 층리가 만들어진다. 층리의 종류로는 사층리, 점이층리, 연흔, 건열 등이 있다. 층리는 퇴적암에서 지배적으로 나타나는 파쇄구조이다. 많은 경우에 매우 얇은 층 또는 분리면으로 나타나며, 더 단단한 암석층 사이에 삽입된 셰일층이나 점토층이 나타난다. 또한 깨끗하게 깨진 면 또는 절리면으로 나타나는데, 이것은 퇴적과정에서의 구조작용으로 형성된 것이다.

[사진 3-7] 호층구조(포항)

호층구조 퇴적층이 얇고 연속적으로 반복되며, 서로 다른 암질의 지층이 주기적으로 반복해서 나타나 호층을 이루는 경우를 말한다. 이는 퇴적기원의 차이에 의한 것으로, 강한 지층사이에 약한 지층이 호층으로 나타나는 경우에 이러한 경계면이 주요 취약면으로 작용하여 공학적으로 불안정성이 증가한다.

경상분지 퇴적지층 – 사암과 셰일의 호층

경상분지 경상계가 쌓인 퇴적분지로서 중생대 백악기 경상누층군이 퇴적한 거대한 분지를 가리키는 것이다. 층서는 하부로부터 신동층군, 하양층군, 유천층군, 불국사관입암류로 나누어진다. 경상분지 퇴적암은 층리와 절리가 잘 발달되어 있는 셰일, 이암, 사암, 역암 등의 퇴적암류로 구성되어 있으며, 퇴적환경에 따라 형성된 층리면과 호층구조를 보인다.

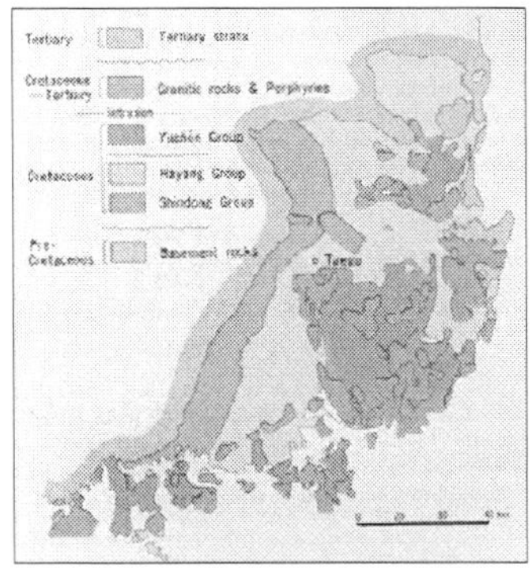

[그림 3-2] 경상분지 퇴적지층

셰일 경상분지 내의 셰일은 지역에 따라 다소 다른 특성을 나타내는데, 암석의 색깔로 보면 의성지역에서는 적색셰일을 띄고 기타 지역에서는 녹색 또는 회색의 암색을 보인다. 셰일은 녹회색 내지 암회색의 셰일 및 사질셰일, 적색셰일로 구성되어 있으며 일부 사암과 호층을 이루며 나타난다. 석영, 장석 및 점토광물로 구성되며 장석류는 사암과 마찬가지로 대부분 고령토화 또는 견운모화되어 나타나며, 전체적으로 적색을 띠나 회록색을 띠기도 하며 층리발달과 박리성(fissility)이 현저하다. 셰일층은 층리면을 따라 잘게 쪼개지며 구성성분에 따라 다소의 차이는 있으나 대기노출 시 건습반복작용에 의하여 고결력이 급격히 떨어져 본래의 조직이 파괴되어 흐트러지는 현상인 Slaking 현상이 나타나고 있다.

[사진 3-8] 셰일/사암(영천)

[사진 3-9] 셰일/사암(영양)

사암 경상분지 내 사암은 다양하게 분포하나 일반적으로 회색~회갈색을 띠며 석영, 장석, 암편 으로 주로 구성되고 석영의 함량이 우세한 석영사암(quartz arenite)으로 분포한다. 또한 회록색 셰일, 아코스질 사암, 응회질 이암 등이 협재되어 나타난다. 적색사암은 석영, 장석으로 구성되나 장석의 함량이 우세하며 장석류는 대부분 고령토화 또는 견운모화되어 나타난다.

[사진 3-10] 퇴적암 지층의 층리구조와 단층(영천)

변성암의 이방성과 층상구조 - 엽리/편리

변성작용 이질암(mudrock/pelite)의 광역변성암은 변성강도에 따라 이암(mudstone)-세일(shale)-점판암(slate)-천매암(phyllite)-편암(schist)-편마암(gneiss)으로 구분할 수 있다. 이암과 같은 이질암(pelite)의 광역변성과정에서 변성강도가 높아질수록 변성광물의 입자크기가 커지며, 벽개(cleavage), 편리(schistosity), 편마구조(gneissosity) 등 이방성 등 암석의 조직이 변한다. 점판암은 비현정질의 미세한 이질 입자로 구성되어 있으며, 저변성 조건에서 압력에 의해 형성된 벽개면(slaty cleavage)이 발달하여 얇은 찬상으로 쪼개지는 암석이다. 천매암은 입자 크기가 육안으로 겨우 식별할 수 있을 정도의 세립 광물로 구성되어 있어 점판암보다 크며, 벽개면과 평행하게 세립의 백운모 및 흑운모 등 운모류가 성장하여 특유의 광택(silky & shiny)을 지닌 천매질 엽리(pyllitic foliation)가 발달한다. 편암은 천매암보다 더 강한 변성 작용이 지속되어 생성된 변성암으로 천매암에 비해 변성 광물의 크기가 크고, 뚜렷한 편리구조를 보인다. 여기서 좀 더 변성 강도가 강해지면, 결정의 입자가 커지며 우흑대와 우백대가 구분되는 편마 구조를 가지는 편마암이 형성된다.

[표 3-1] 이질암의 변성특성(Blatt & Tracy, 1996)

변성 정도	암석명	입자 크기	조직 특징
none	이질암	미립(점토크기)	괴상 조직, 층리
very low	점판암	미립(재결정)	점판암질 벽개, 층리
low	천매암	세립	천매암질 엽리, 층리
moderate	편암	세립-중립	편리, 반정
high	편암/편마암	중립-조립	편리, 편마구조, 반정
very high	편마암	중립-조립	편마구조, 반정, 혼성대

엽리(foliation) 결정편암 등에서 흔히 볼 수 있는 엷게 벗겨지기 쉬운 구조이다. 결정조각에는 운모나 녹니석 등과 같이 편상이나 인상광물이 일정한 방향으로 배열되어 편리를 이루고 있는데, 이것을 따라 암석이 벗겨지는 경향이 있으며, 편리와 일치되지 않는 경우도 있다.

[사진 3-11] Foliation

편리(schistosity) 변성암의 조직에서 면모양의 평행구조를 말한다. 광물이 일정한 방향으로 규칙적으로 배열되기 때문에 쪼개지기 쉬우며, 편리면이라고 한다. 판상·인편상·주상 결정이 일정한 방향으로 배열하여 생긴 선상/면상 구조이다. 결정편암과 천매암에서 가장 뚜렷하다.

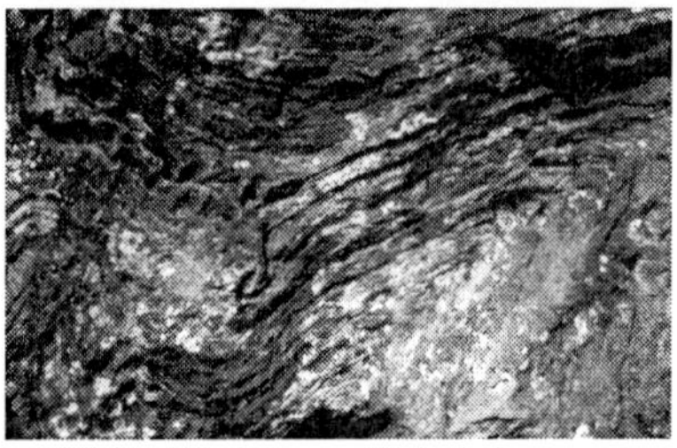

[사진 3-12] Schistosity

점판암과 천매암

- **천매암** 비교적 낮은 온도와 압력의 영향으로 형성된 세립질의 광역 변성퇴적암으로, 주에 옥천대에 분포한다. 암상은 기원암에 따라 이질천매암, 사질천매암 및 함력천매암으로 산출되며, 변형작용의 결과로 인한 단층 및 습곡 구조가 잘 발달해 있다. 일반적으로 광택이 있는 벽개면(shiny cleavage surface)을 가진다.
- **점판암** 벽개면을 따라 쪼개짐이 잘 발달하며, 박편에서 벽개면에 평행한 점토 광물 및 석역입자의 정향 배열을 관찰할 수 있다. 천매암은 광택이 있으며, 연속성이 좋은 뚜렷한 엽리면을 관찰할 수 있으며, 박편에서도 변성과정에서 생성된 세립의 운모류들의 평행 배열이 잘 나타난다.

[사진 3-13] 점판암 노두

[사진 3-14] 천매암 노두

편암과 편마암

- **편암** 강한 엽리상을 보이며 가끔 조립결정으로 띠상의 변성암을 형성하기도 한다. 편리는 통상 흑운모와 백운모에 의해 형성된다. 편암은 세일의 변성작용으로 기인한 것이나 점토물질로부터의 새로운 광물의 성장을 볼 수 있다. 이들은 주루 운무이다. 운모편암에서는 운모의 벽개면이 엽리면에 평행하게 놓이므로, 이를 편리라 부른다. 이질 또는 사질인 퇴적암이 저온에서 변성작용을 받으면 백운모·녹니석·조장석 등을 포함한 사질편암이 생기고, 고온에서는 흑운모·남정석·석류석 등을 주성분으로 하는 결정편암이 된다.
- **편마암** 강한 엽리성암으로 운모와 장석과 같은 서로 다른 광물의 띠로 분리된다. 이러한 암석은 신선할 경우 매우 견고하지만 극단적으로 방향 의존적 거동을 한다. 이질 또는 사질의 퇴적암이 높은 온도 하에서 광역변성작용을 받은 경우에 생성된다. 석영·장석·운모 등 입상광물이 많아 편상구조는 뚜렷하지 않지만 줄무늬상 구조가 있다. 엽리를 가진 변성암의 입자가 크면 그 암석의 평행구조를 편마구조라고 한다.

[사진 3-15] 편암 노두

[사진 3-16] 편마암 노두

3.2 층상 암반의 공학적 특성

평면 등방체 층리면이나 절리면의 존재로 인해 암반은 복잡한 이방성거동을 보인다. 암반거동에 있어 복잡한 이방성을 고려한다는 것은 어렵지만, 암반을 평면등방성(tranversely isotropy)재료로 가정하여 이방성 수치해석을 수행할 수 있다. 층리가 잘 발달한 퇴적암은 층리면상에서 어느 방향이나 역학적 성질이 동일한 평면등방성 매질로 가정하여 해석하는 것이 가능하다. 층리면에 수직한 방향을 z축으로 설정하면 $E_x = E_y = E_t$, $E_z = E_n$, $\nu_{zx} = \nu_{zy} = \nu_{nt}$, $\nu_{yx} = \nu$, $G_{yz} = G_{zx} = G_{nt}$이므로 컴플라이언스 행렬은 다음과 같이 5개의 독립적인 상수를 이용하여 구성된다.

$$\begin{Bmatrix} \epsilon_x \\ \epsilon_y \\ \epsilon_z \\ \gamma_{xy} \\ \gamma_{yz} \\ \gamma_{zx} \end{Bmatrix} = \begin{bmatrix} 1/E_t & -\nu/E_t & -\nu_{nt}/E_n & 0 & 0 & 0 \\ -\nu/E_t & 1/E_t & -\nu_{nt}/E_n & 0 & 0 & 0 \\ -\nu_{nt}/E_n & -\nu_{nt}/E_n & 1/E_n & 0 & 0 & 0 \\ 0 & 0 & 0 & 2(1+\nu)/E_t & 0 & 0 \\ 0 & 0 & 0 & 0 & 1/G_{nt} & 0 \\ 0 & 0 & 0 & 0 & 0 & 1/G_{nt} \end{bmatrix} \begin{Bmatrix} \sigma_x \\ \sigma_y \\ \sigma_z \\ \tau_{xy} \\ \tau_{yz} \\ \tau_{zx} \end{Bmatrix}$$

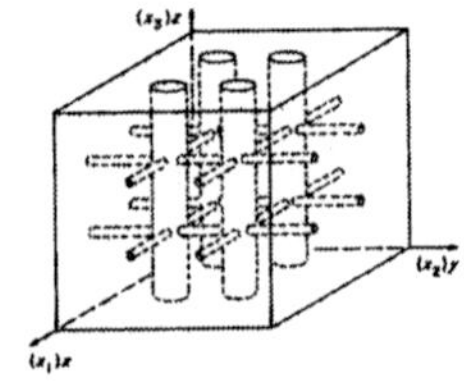

[그림 3-3] 평면이방체

등가 물성 절리면의 수직강성(k_n), 전단강성(k_s), 무결암의 탄성계수(E), 무결암의 포아송비(ν) 등 4개의 상수들과 절리간격(S)를 이용하여 등가의 탄정정수들을 결정된다(Amadei, 1993). n 방향으로 가해지는 수직응력에 의해 발생되는 n방향의 변형은 무결암의 변형과 절리면의 수직변형의 합으로 나타낼 수 있다. 또한 절리면에 평행하게 전단응력 τ_{nt} 가 작용할 때 t방향으로 발생한 변형은 무결암에서$(\tau_{nt}/G)S$, 절리면에서 (τ_{nt}/k_s) 이고 이들의 합은 등가물체에서 발생하는 변형량$(\tau_{nt}/G_{nt})S$ 와 같아야 하므로 등가 전단탄성계수가 얻어진다.

$$\frac{1}{E_n} = \frac{1}{E} + \frac{1}{k_n S} \qquad \frac{1}{G_{nt}} = \frac{1}{G} + \frac{1}{k_s S}$$

규칙적인 간격의 단일 절리군을 포함한 암반을 등가의 평면이방성체로 대체하는 데 필요한 컴플라이언스 행렬은 다음과 같이 구성된다.

$$\begin{Bmatrix} \epsilon_n \\ \epsilon_s \\ \epsilon_t \\ \gamma_{ns} \\ \gamma_{st} \\ \gamma_{ns} \end{Bmatrix} = \begin{bmatrix} (1/E+1/k_n S) & -\nu/E & -\nu/E & 0 & 0 & 0 \\ -\nu/E & 1/E & -\nu/E & 0 & 0 & 0 \\ -\nu/E & -\nu/E & 1/E & 0 & 0 & 0 \\ 0 & 0 & 0 & (1/G+1/k_s S) & 0 & 0 \\ 0 & 0 & 0 & 0 & 1/G & 0 \\ 0 & 0 & 0 & 0 & 0 & (1/G+1/k_s S) \end{bmatrix} \begin{Bmatrix} \sigma_n \\ \sigma_s \\ \sigma_t \\ \tau_{ns} \\ \tau_{st} \\ \tau_{ns} \end{Bmatrix}$$

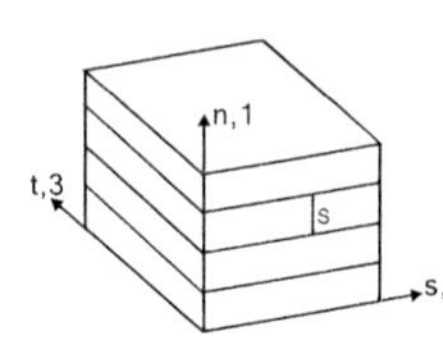

[그림 3-4] 단일절리군

이방성을 고려한 거동해석

층상암반에서의 공학적 거동 매우 다양하게 나타나는데, 파괴메커니즘은 층리 및 편리 등과 같은 주 불연속면의 특성(방향, 연장성 간격 등)에 따라 크게 좌우된다. 이방성 암반의 수치모델링은 연속체 해석과 불연속체 해석방법을 이용할 수 있는데 적정한 해석방법의 선정은 층상암반의 불연속면의 이방성에 의해 결정된다.

불연속체 해석 불연속체 모델에서는 암반을 불연속면에 의해 분리되도록 모델링한다. 결과적으로 불연속체 모델은 불연속면의 교차에 의해 형성된 블록의 집합체가 되며, 각각의 블록은 서로 상호작용하는 연속체로 취급한다. 불연속체 해석의 대표적인 방법이 개별요소법(DEM)과 불연속변형법(DDA)이 있다. 이방성 암반의 모델링에서 이방성의 방향성을 나타내는 하나의 절리군이 만들어지며, 암반거동은 블록과 불연속면의 지배방정식에 의한다. 블록은 유한요소나 유한차분요소로 탄성 또는 탄소성 지배방정식을 따른다. 불연속면은 절리면의 수직 또는 평행한 응력-변형률 관계를 포함하는 전단모델에 의해 표현되며, 가장 간단한 관계는 절리강성(전단강성과 수직강성)으로 나타내는 선형탄성스프링이다. 불연속체 해석에 대한 대표적인 프로그램으로는 UDEC이 사용된다.

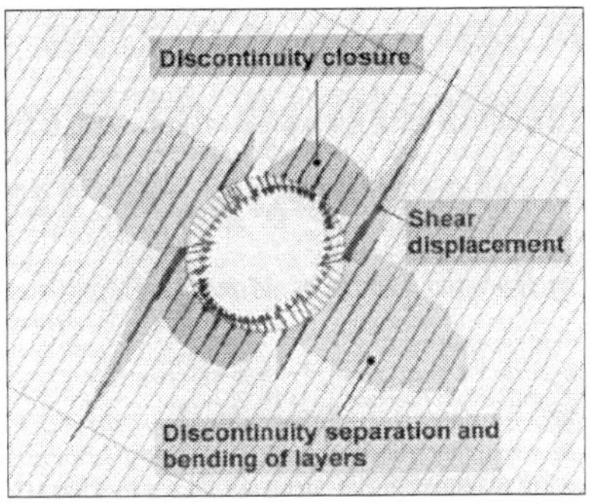

[그림 3-5] 불연속체 해석

연속체 해석 연속체 모델에서는 불연속면의 거동을 포함하는 암반의 응력-변형률 거동을 하나의 지배방정식으로 모델링한다. 불연속면에 의해 일어나는 응력과 변위장에서의 불안정성은 재료법칙에 의해 평균화하여 안정화시킨다. 불연속면의 효과는 암반의 탄성 또는 소성거동에 영향을 준다. 연속체 해석에서 이방성은 방향의존적인 지배방정식에 의해 모델링되는데, 탄성이방성은 영률과 포아송비에 대한 방향의존성 특성치를 필요로 하고, 소성이방성은 방향의존성 절리 특성치(ubiquituous law)에 의해서 모델링된다. 연속체 해석에 대한 대표적인 프로그램으로 FLAC이 사용된다. 암반의 파괴메커니즘이 절리간격에 의해 결정되는 경우에는 불연속체 해석이, 절리간격이 매우 얇은 경우(편암이나 천매암) 연속체 해석이 추천된다.

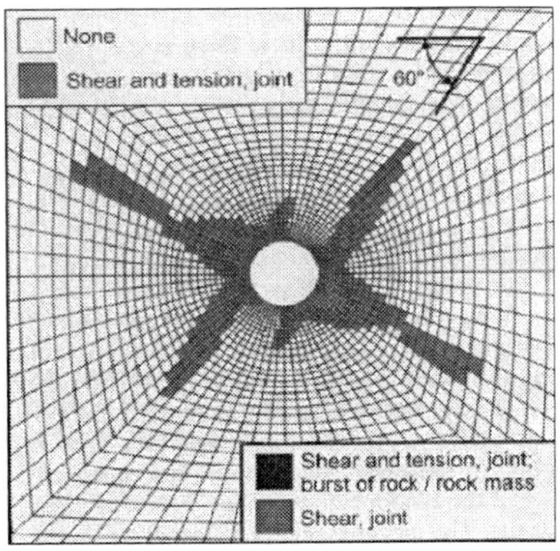

[그림 3-6] 연속체 해석

3.3 층상암반에서의 Geo-Risk

층상암반에서의 터널거동과 리스크

Immediate roof deflection 층상암반은 층리와 같이 두께가 매우 작은 층이 연속적으로 존재하는 암반을 말한다. 이러한 층리는 인장강도가 매우 낮거나 0이며, 낮은 전단강도를 갖는 주요한 역학적 특징을 갖는다. 공동이 이런 암반에 굴착되면 천정부는 낮은 인장강도로 인해 암반으로부터 분리되며, immediate roof를 형성하게 된다. 실제로 대부분의 층상암반에서는 층리면을 가로지르는 수많은 절리(수직절리)로 인하여 개별블록을 형성하게 된다. 이러한 경우에는 층상암반은 암반블록을 형성하게 되며, 블록성 암반과 유사한 거동을 보이게 되지만, 층리면의 특성이 전체적인 거동을 지배한다.

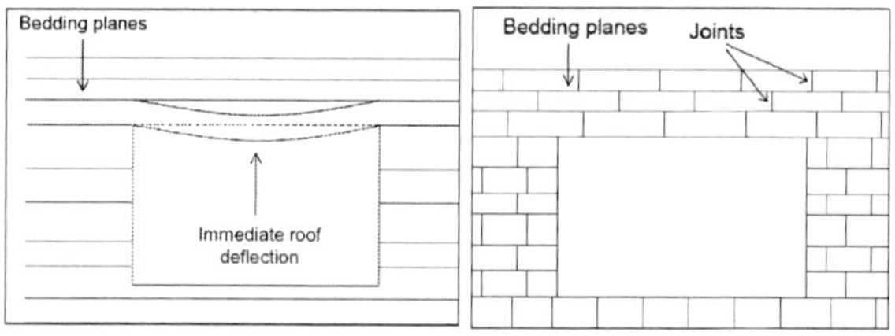

[그림 3-7] 층상암반(Brown and Brady, 1993)

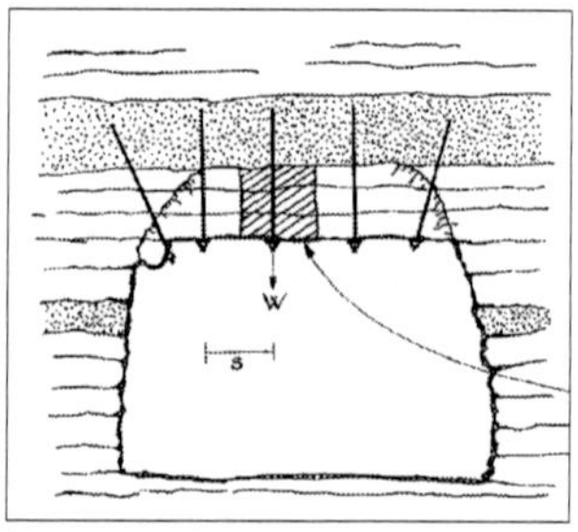
[그림 3-8] 터널 보강방안

Buckling / Sliding 층상암반 내 터널을 굴착하는 층리면의 경사방향과 방향에 따라 막장의 안정성이 달라진다. 경사가 급한 경우에는 bulking, 경사가 완만한 경우에는 sliding이 발생하여 암반블록이 falling된다. Terzaghi(1946)은 다양한 암반조건에서의 암반이완하중을 계산하였는데 층상암반에서의 터널주변의 과굴착을 고려하여 암반하중을 0.25B~0.5B(B:터널 폭)평가하였다. 수평 층상암반의 이완하중이 수직층상암반보다 더 크게 나타남을 알 수 있다.

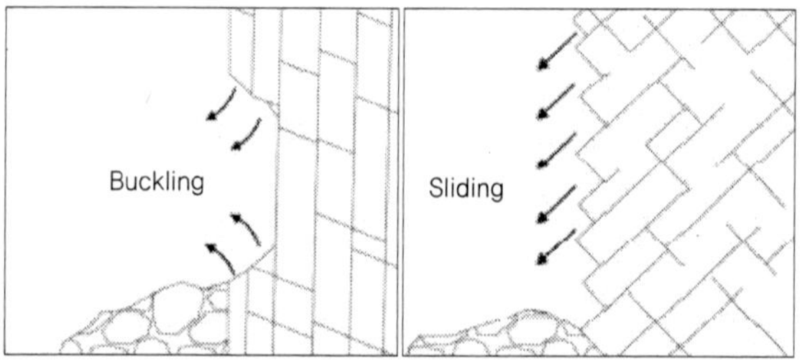

[그림 3-9] 층상암반에서의 막장 불안정성

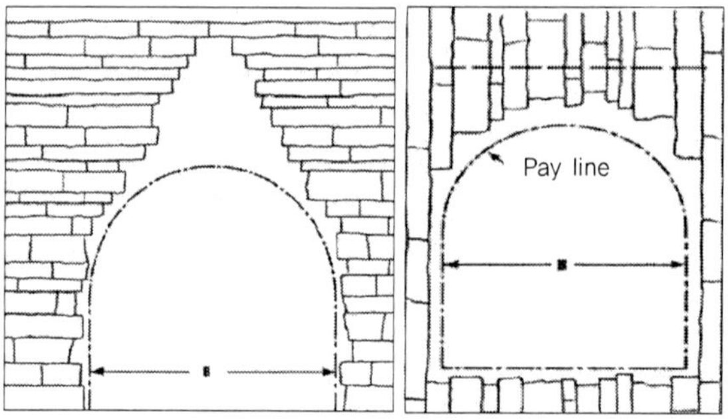

(a) horizontally stratified (b) vertically stratified

[그림 3-10] 층상암반 내 이완하중(Terzaghi,1946)

층상암반에서의 터널거동 Wittke (1983)은 층상암반에서의 터널에 대하여 층리방향에 따른 거동특성을 분석하였는데, 터널주위의 과응력존은 암반의 이방성 그리고 터널주위 미끄럼 거동의 가능성은 불연속면의 이방성에 좌우됨을 확인하였다. 또한 터널벽면에서 변위차는 이방성에 기인함을 보였다.

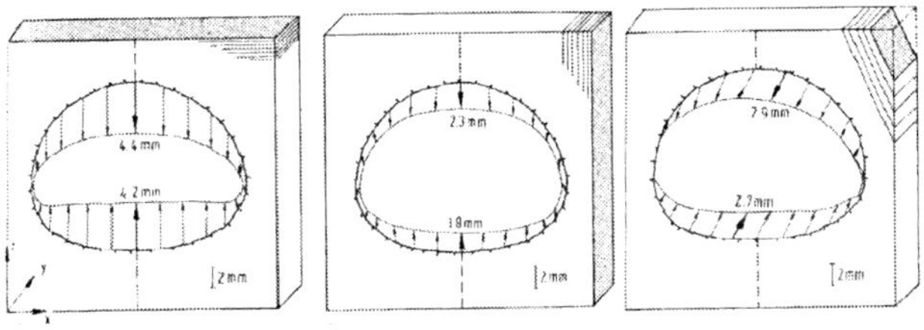

[그림 3-11] 층상암반에서의 터널 변위(Wittke, 1983)

층상암반에서의 터널거동 분류 터널 굴착 시의 층상구조의 영향은 층리면이나 편리의 방향이 일정할 때 확실하게 나타난다. 전형적인 층상암반의 조건과 터널링에 따른 거동특성을 4가지의 경우로 구분하여 정리하였다. 먼저 수평층리를 가진 사암에 이암이 교호하는 경우(A)는 층리면을 따라 슬라이딩이 발생하지 않음으로 안정하여, 단지 2차 절리에 의해 형성된 작은 규모의 웨지가 falling할 수 있다. 만약 같은 지층이 경사진다면(B) 층리면을 따라 failling과 슬라이딩이 발생하여 웨지파괴(wedge failure, 구조적으로 조절된 파괴)가 발생하여 할 수 있다. 이러한 파괴는 보통 사암과 이암의 경계면에서 시작된다. 위의 두 경우에서 층리면의 평행한 방향으로 높은 응력이 작용하게 되면, 취성적인 사암에서 bulking이 일어 날 수 있다. 또한 암반이 낮은 강도의 이암이고 사암이 교호한다면(C) 터널주변에 다양한 변형이 이방성을 특성(anisotropic deformatin)을 보이며 발생하게 된다. 그리고 심하게 전단된 셰일층에서는 암반블록이 완전히 파쇄되어 불균질한 특성을 보이는 경우(D), 암반은 준등방성상태(pseudo-isotripic)로 스퀴징현상을 보이게 된다. 이 경우 과다변위가 발생하게 되며, 일정한 형태로 나타난다.

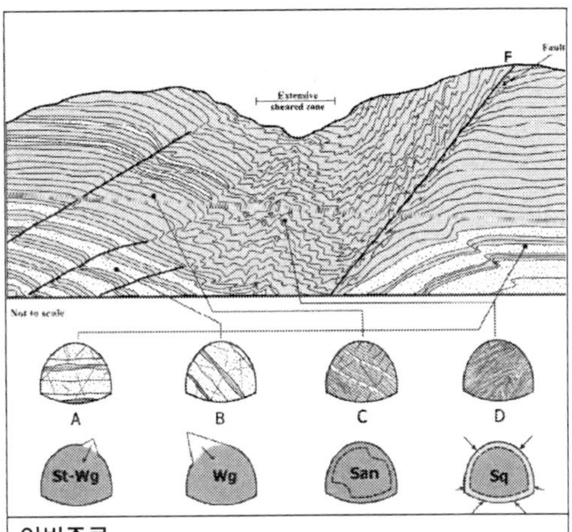

암반종류
- A 수평층리의 이암이 교호하는 사암층
- B 경사층리를 이암이 교호하는 사암층
- C 사암이 교호하는 약한 이암층
- D 심하게 전단된(파쇄된) 셰일층

터널거동
- St Stable 안정하거나 부분적인 블록 falling
- Wg Wedge failure 쐐기파괴나 블록 falling
- San Aniotropic deformation 이방성에 의한 변형
- Sq Squeezing ground 과지압에 의한 과다변형

[그림 3-12] 층상암반의 터널거동분류 (Fortsakis 등, 2012)

층상암반과 사면안정

층상암반에서의 사면 절토에 의한 응력이완의 정도가 크고 사면이 동일한 암종 및 균일한 강도특성을 보이지 않으며 부분적으로 단층과 같은 지질구조를 가질 때 대규모 사면붕괴가 일어나는 경우가 많다. 층상암반 사면파괴 형태는 평면파괴(plane failure), 전도파괴(toppling failure), 버클링파괴(buckling failure)로 구분할 수 있다.

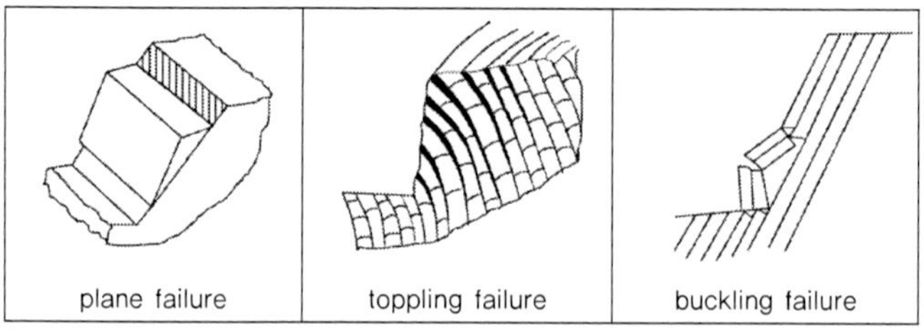

[그림 3-13] 층상암반에서의 사면파괴형태(Goodman,2000)

[사진 3-17] 평면파괴(편암)

[사진 3-18] 평면파괴(셰일)

Plane failure 층리면 등을 따라 암반블록이 미끄러져 내려 파괴가 일어나는 형태로서 층상 퇴적암, 엽리성 변성암, 화산성 용암류(volcanic flow)에서 발생한다. 사면의 미끄러짐 면에 작용하는 수압은 사면의 안정성에 결정적인 영향을 끼친다. 특히 우기시나 집중 호우 시에 지표수는 쉽게 사면내부로 침투하여 인장균열과 층리면에 수압이 작용하여 상대적으로 큰 규모의 평면파괴가 발생한다. 이때 사면 하부에 셰일과 같은 치밀한 암반이 분포하는 경우 치밀한 지층이 불투수층으로 작용하여 경계를 이루는 층리면을 따라 파괴가 발생한다. 층리면에 층간의 점토가 협재 될 경우에는 더욱 그러하다. 층리면에 협재되는 점토는 풍화에 취약하거나 지하수와 쉽게 반응하는 장석이나 방해석등으로부터 형성되는데, 층간점토층이 형성되고 사면파괴는 이 취약면을 따라 발생한다. 평면파괴 해석에서는 암반구조의 평가, 파괴모드 평가 및 암석의 강도를 필요로 한다. 일단 임계파괴모드가 정해지면 연속체 또는 불연속체 해석이 적용될 수 있다.

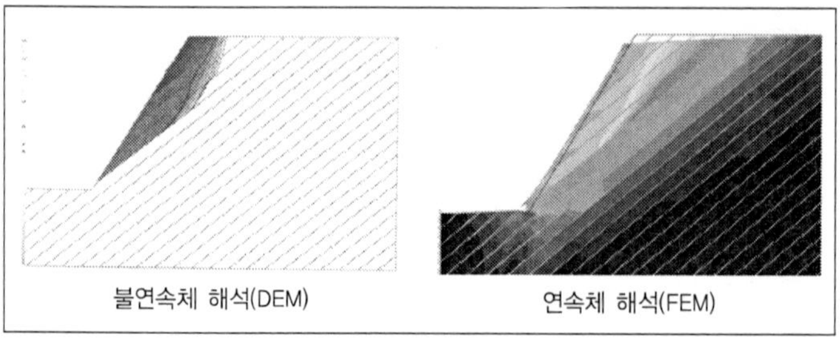

[그림 3-14] 층상암반에서의 평면파괴 해석

[사진 3-19] 전도파괴(편암)

Toppling failure 전도파괴는 층상암반에서의 사면 굴착 시에 쉽게 볼 수 있는데, Goodman 등(1983)은 전도파괴의 형태를 3가지로 구분하였다(flexural(a), block(b), block - flexural(c)). 규칙적으로 평행하게 발달한 층리면을 가진 사면에서 층리면의 경사가 사면에 반대방향으로 급한 경사각을 이룰 때 발생한다. 또한 Cruden(1994)은 주 절리군이 급하게 사면경사만큼 경사진 경우를 underdip(d)로 정의하고, 이 경우에 층리면에 수직인 균열로 인하여 block 또는 block-flexural 형태를 보인다.

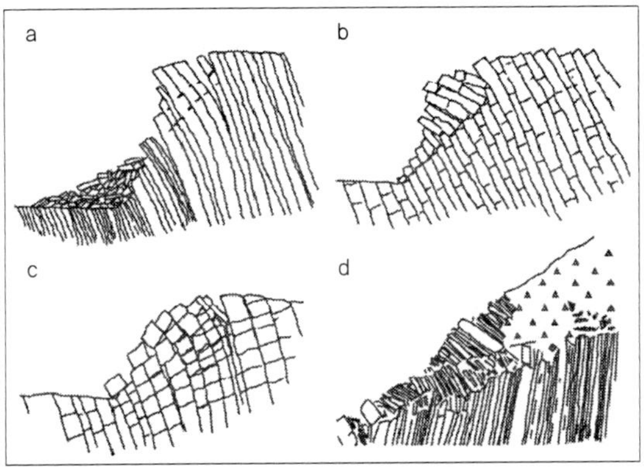

[그림 3-15] 전도파괴의 형태Cruden(1994)

전도파괴에 대한 해석에는 새로운 균열의 생성뿐만 아니라 불연속면의 파괴 진행과정을 쉽게 파악할 수 있기 때문에 불연속면체 해석이 보다 쉽게 적용될 수 있다. 사면의 파단면의 발전은 얇은 급경사층의 변형과 같은 점진적인 새로운 균열의 형태가 필요하다. 따라서 전도파괴의 모델링은 급경사의 불연속면과 수평절리의 개별요소로 파괴형태를 파악하게 된다.

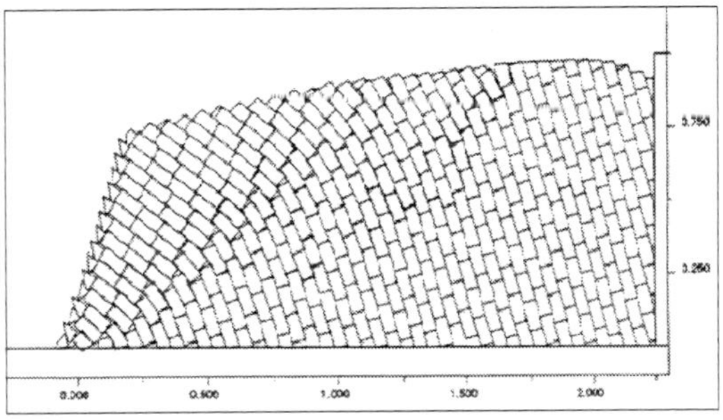
[그림 3-16] 전도파괴해석(UDEC)

Buckling failure 얇고 약하게 결합되어 있으며, 급하게 경사진 층상암반에서 상부 블록의 슬라이딩으로 바닥근처에서 파괴가 발생하는 경우이다. 즉 사면 높이가 높고 층리면이 사면과 평행한 경우에는 사면바닥에서 slab failure와 buckling과 같은 파괴 메커니즘을 보인다.

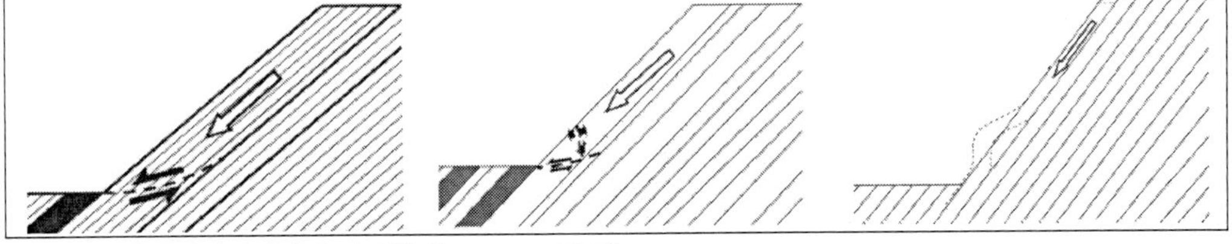
[그림 3-17] 층상암반에서의 파괴형태(Alejano, 2010)

3.4 층상 암반에서의 문제사례와 대책

터널 문제사례와 대책 – 천매암

[사진 3-20] 천매암

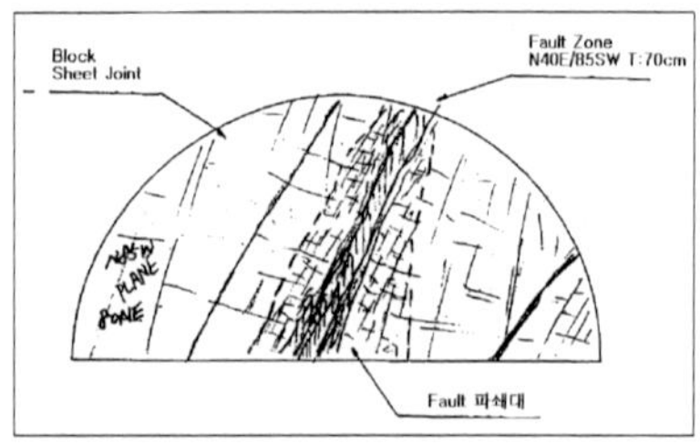

[그림 3-18] 터널막장상태

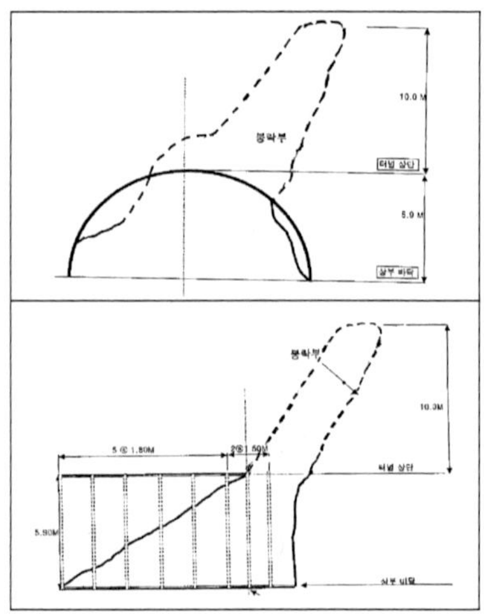
[그림 3-19] 터널 붕락현황

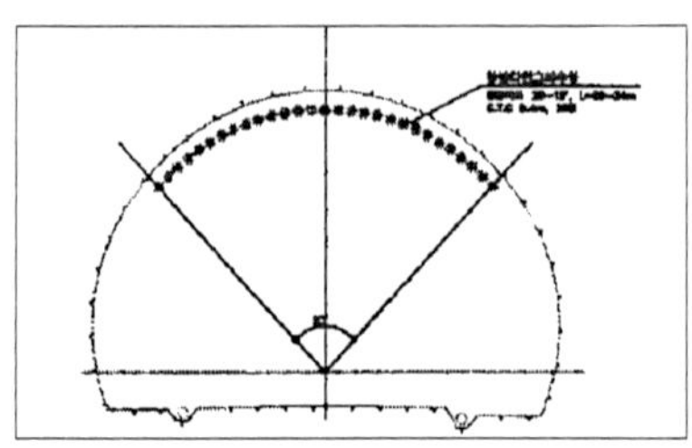
[그림 3-20] 터널 보강단면

지질특성 본 지역은 옥천변성대로 터널구간 전역에 걸쳐 황강리층, 문주리층 등 퇴적기원 변성암이 주로 분포하고 있으며 암상은 천매암, 점판암 등이 분포하고 있다. 터널 내 천매암은 보통 내지 심한 풍화상태로 절리가 발달하고, 일부 방해석 암맥이 관입되어 있고, 점토 충진물이 다량 보이며 절리면은 매끄러운 상태를 보였다.

붕락현황 및 원인 터널입구에서 179m 굴진 후 막장굴착 후 높이 약 10m, 폭 3~4m으로 약 100m^{3}이 붕락되었다. 막장상태는 천매암지역으로 층상암반의 형태를 보이나, 풍화가 심한 상태이며 절리간격이 조밀하고 절리표면이 매끄러운 상태로 수직절리가 많이 발달하여 있다. 본 지점은 천매암의 특징인 엽리와 수직절리가 발달하고, 지하수 유입으로 인하여 풍화변질이 심하게 진행되어 있으며, 단층의 영향으로 파쇄되어 매우 연약한 파쇄대를 형성하고 있다. 본 터널붕락은 절리가 매우 발달한 층상암반에 단층파쇄대가 조우하면서 지하수의 유입 등으로 터널막장이 매우 연약한 상태로 엽리면의 경사방향으로 파괴가 발생하였다.

보강대책 먼저 막장을 되메움하여 추가적인 붕락을 방지하고, 붕락주변 지반에 대한 상세한 지반조사를 실시하여 보강대책을 수립하였다. 보강대책으로는 상반굴착부분에 대구경 강관보강을 실시하고, 붕락부분은 경량기포콘크리트로 채움을 실시하였다. 또한 터널붕락 주변 영향구간에 대해선서는 지보패턴을 상향조정하여 터널의 안정성을 확보하도록 하였다.

터널 문제사례와 대책 – 천매암

지질특성 옥천층군이 기반암으로 되어 있고, 터널의 전구간이 파쇄 및 절리가 발달된 흑색 천매암으로 이루어졌으며 RQD는 0%로 매우 불량한 상태이며 파쇄가 심하여 잘게 부스러진 상태로서 평행한 얇은 판상으로 쪼개진 상태로 있었다. 천매암은 자연상태에서는 비교적 자립도를 유지하나 기계적인 충격이나 지하수를 흡착하게 되면 엽리/절리면의 암편은 결합력을 잃고 엽리/절리면을 따라 쉽게 파쇄된다. 엽리면이 굴착방향과 평행을 이루고 있다.

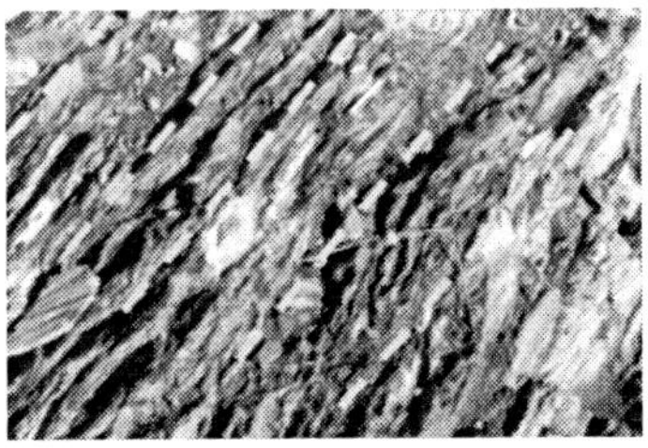

[사진 3-21] 천매암

붕락현황 및 원인 터널 굴착공사 중 3차례 붕락과 함몰이 발생하였다. 1차 붕락은 8m 구간에 걸쳐 발생하여 붕락면을 경량기포 콘크리트로 채우고 pipe roofing 보강을 실시하였다. 또한 하부 굴착 중 2차 붕락이 발생하여 약 500~600m^{2}의 붕락토량이 발생하였다. 붕락의 진전을 막기 위해 양막장을 굴착토로 되메우기를 한 다음 숏크리트로 양 막장부를 폐쇄하였으며 더 이상의 붕락진진을 방지하기 위해 경향기포 콘크리트로 채우고 공사를 중지하였다. 이후 붕락이 계속적으로 붕락단면 직상부 지표에 12m×폭 6m×깊이 5m로 함몰이 발생하였다. 붕락원인은 엽리면과 절리가 발달한 구간에 단층대가 교차하여 매우 연약한 상태로 자립도가 극히 불량하여 기존 지보재로는 지보효과가 부족하였던 것으로 판단되었다.

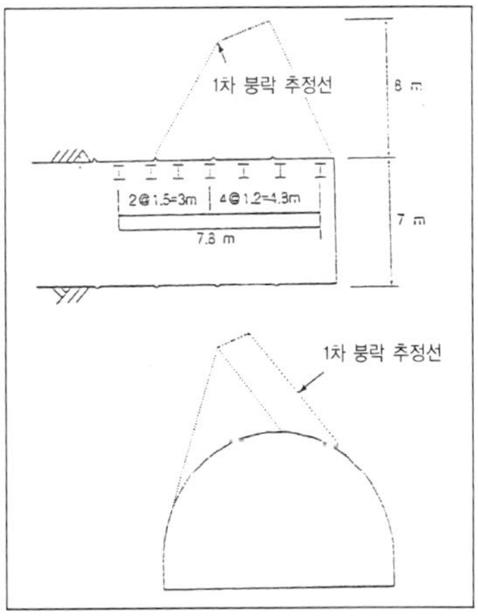

[그림 3-21] 터널 붕락현황

보강대책 지반보강은 지상부와 갱내보강으로 나누어 시행하였다. 지상부에서는 함몰부를 시멘트모르타르로 충진하고 붕괴구간의 주변 지반은 시멘트밀크 주입공법으로 보강한 후 갱내에서는 터널단면의 이완영역범위를 SGR그라우팅 공법으로 먼저 시공한 다음에 터널단면에 가해지고 있는 상재하중, 토압 등의 분산 및 경감효과를 얻기 위해 강관보강형 다단그라우팅 공법으로 보강하였다.

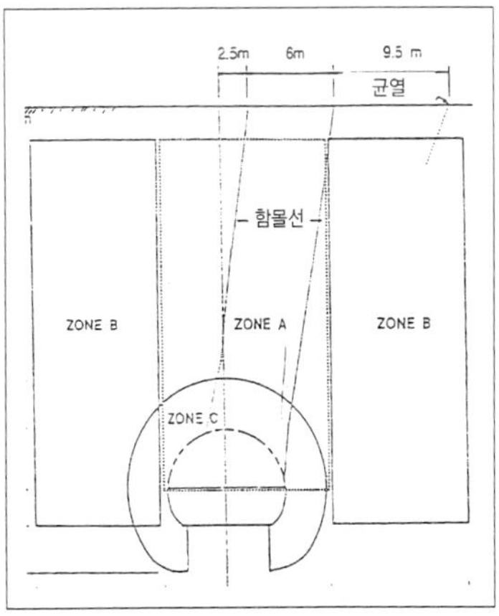

[그림 3-22] 보강대책

암반사면붕괴 사례와 대책 - 사암/셰일

사면현황 및 지질 본 사면의 높이는 약 30m이고, 길이는 250m이다. 지질은 셰일과 사암의 호층구조로 이루어진 퇴적암 사면으로 층리와 수직절리 등이 발달되어 있다.

[사진 3-22] 셰일과 사암이 교호하는 암반사면(대구)

파괴현황 사면의 붕괴는 상대적으로 취약한 셰일과 사암의 경계를 따라 파괴가 일어났다. 절토사면은 굴착초기에 1차 붕괴, 굴착공사 중에 2차 붕괴, 3차 붕괴가 연속적으로 발생하였다. 파괴양상은 모두 평면파괴의 형태로 동일하게 나타났으며, 추가적인 굴착으로 더 광범위한 평면파괴가 예상되어 정밀지반조사와 이에 따른 사면에 대한 보강방안을 수립하였다.

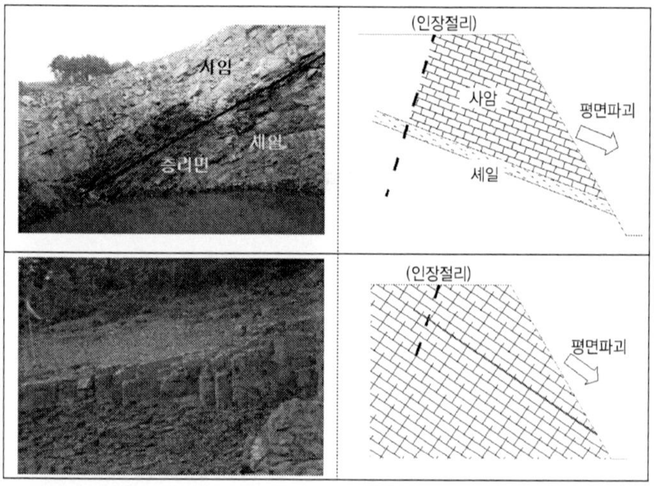

[그림 3-23] 평면파괴

보강대책 사면안정검토로서 평사투영해석과 한계평형해석 등을 실시하여 이 결과들을 토대로 록앵커와 사면구배를 조정한 사면 보강안을 확정하여 시공하였다. 보강방안으로 층리면의 경사(25°)만큼 사면구배를 완화하는 방안, 록앵커와 사면구배(1:1.0)를 완화하는 안, 록앵커와 사면구배(1:0.6)안을 비교·검토하여 최종 선정하였다.

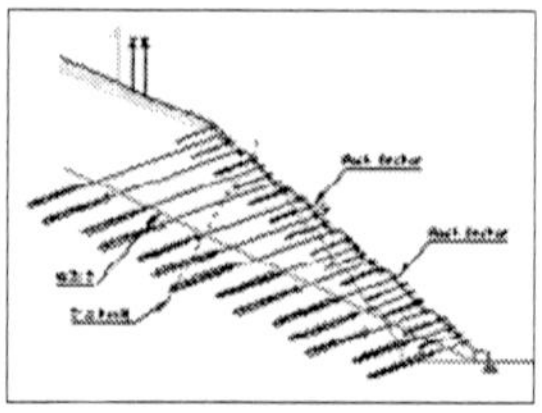

[그림 3-24] 보강대책

[사진 3-23] 사면 보강공

암반사면붕괴 사례와 대책 – 사암/세일

[사진 3-24] 사면

사면현황 및 지질특성 사면길이는 150m, 사면고 30m, 사면 구배는 1:1~1:0.8, 3개의 소단이 개설되어 있으며 사면 좌우측부는 암반사면, 사면중앙부는 토사사면으로 구성되어 있다. 사면파괴는 단층을 중심으로 발달하였으며, 단층을 중심으로 단층선의 좌우암반이 파괴되었다. 지질은 세일 및 사암이 전체적으로 호층을 이루고 있으며 세일은 박리가 발달되고 박리면은 팽윤성 점토광물인 견운모가 협재하여 있으며, 수직방향의 소절리에 의해 파쇄 또는 분리되어 나타난다.

파괴 원인분석 세일은 불투수층의 역할을 하며, 집중호우로 인하여 암반 내로 침투한 지하수는 수직절리 및 층리면을 따라 수압을 발생시킨다. 특히 단층면이 인장균열의 역할을 하고 단층에 의해 분리된 암반블록이 완만한 층리면을 따라 급격하게 이동하면서 사면파괴가 발생하였다.

[사진 3-25] 사면파괴

[사진 3-26] 인장균열

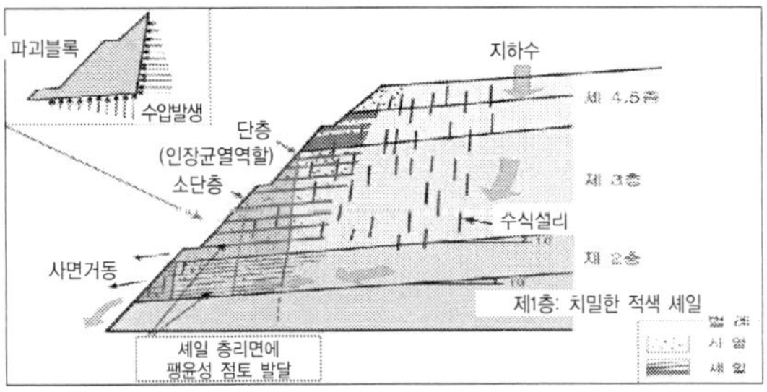

[그림 3-25] 사면파괴현황 및 분석

보강대책 단토사사면과 암반사면을 구분하여 보강대책을 수립하였다. 단층선을 따라 토사사면의 파괴가 발생한 상태로 추가적인 사면파괴를 방지하기 위하여 대책수립이 요망된다. 사면중앙부 토사사면은 심한 세굴 및 침식이 진행 중이므로 적절한 대책수립이 요망된다. 또한 암반사면 좌우측부에서는 단층선을 중심으로 거동이 발생하고 있으므로 단층발달구역을 중심으로 인장균열이 발달한 지점까지 억지공(계단식 옹벽+앙카공+배수공)의 시공이 필요하다.

[사진 3-27] 보강대책

풍화 암반

Weathered Rock Mass

풍화 지표에 노출되면서부터 모든 암석은 풍화작용의 영향을 받는다. 이들 암석에서 분리된 흙이나 암편들은 이동이 간편하여 지표면에 여러 곳을 덮고 있기도 하며 구성하고 있는 암석 위에 그대로 놓여 있기도 하다. 이들 암반에서 분리된 것들을 풍화물이라 하며, 이들 풍화물들로 구성되어 있는 지반은 대개 암반에 비해 매우 연약하다. 암반구조물을 설계시나 시공시, 지반에 이들 풍화물, 즉 암반에서 분리된 흙이나 암편들이 쌓여 있을 때 이 지반은 구조물의 기초로서는 연약하여 이 부분을 걷어내거나 혹은 지반을 보강하는 과정을 반드시 거쳐야 한다. 특히 풍화작용의 영향으로 인해 경암이 연암으로, 연암이 풍화암으로, 풍화암이 풍화토 등으로 변화되면서 조직은 느슨해지고, 강도는 약해지는 과정을 겪게 된다. 또한 암석의 종류에 따른 풍화특성이 매우 다양하기 때문에 현장에서 시추 등의 방법으로 암반의 상태를 파악할 때 세심한 주의가 필요하다.

풍화특성 암반의 풍화 단면은 대체로 심도가 깊을수록 신선해지는 점이적인 풍화 양상을 지형과 유사한 형태로 보이지만 층리, 절리, 단층 등의 불연속면을 통해 유동하는 지하수에 의해 이러한 주요 불연속면 주변에서 불규칙한 풍화 단면을 보인다. 국내의 화강암 지반에서 일반적으로 관찰되는 풍화 단면은 점이적인(gradual) 풍화단면으로서 지표면 상부에서 하부로 갈수록 풍화 정도가 암반선이 뚜렷하게 발달하는 경우이지만 간혹 핵석(corestone) 풍화 단면이 관찰된다. 퇴적암의 경우 단단한 암석 사이에 연약한 층이 불규칙하게 또는 호층으로 협제하는 경우가 있어 이에 대한 주의가 필요하다.

[그림 4-1] 전형적인 풍화단면

4.1 풍화 암반의 지질 특성

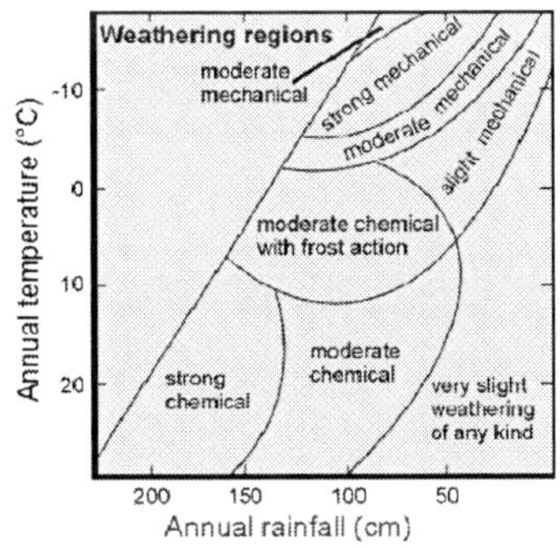

[그림 4-2] 풍화작용

암석의 풍화작용 지표의 암석이 자연적인 요인과 인위적인 행위에 의하여 그 자리에서 부서지는 현상으로서 풍화작용에는 기계적 풍화작용과 화학적 풍화작용이 있다. 대부분의 경우 두 풍화작용은 동시에 진행되며, 암석의 종류 및 자연 조건에 따라 상대적인 중요도가 달라진다. 암석의 풍화는 기계적 풍화에 의해 암반 내의 불연속면의 상태 및 빈도를 악화시키고 암편의 크기를 작게 하며, 화학적 풍화는 절리망에 의해 유동하는 지하수의 영향을 크게 받는다.

[사진 4-1] 기계적 풍화

기계적 풍화 팽창과 수축, 결빙과 융해, 하중의 제거, 식물 뿌리의 성장 등이 중요 요인으로서 팽창과 수축은 비열이 서로 다른 광물 입자로 구성된 암석이 일교차는 온도의 변화에 의하여 팽창과 수축을 반복하여 풍화작용을 일으키며, 절리면에 침투한 지하수나 간극수가 동결과 융해를 반복하여 암편은 탈락시킨다. 또한 심성암 등에서 큰 압력 하에 있었던 암석들이 지반의 융기 및 침식에 의해 지표에 노출될 때 하중의 제거에 의하여 팽창하며, 판상 절리나, 박리를 발달시켜 암편이나, 암괴로 분리된다.

화학적 풍화 열대지방의 습윤한 기후에서 활발하게 일어나며, 지표의 낮은 온도와 압력에 노출되고, 물과 접하게 되면 보다 안정한 광물로 화학적 변화를 일으킨다. 따라서 지표 부근의 상온, 상압 하에서 형성된 쇄설성 퇴적암에서는 화학적 풍화작용이 별로 발생하지 않으며, 화성암과 변성암의 광물들 중에서는 장석과 철-마그네슘 계열의 광물이 가장 쉽게 화학적 풍화작용을 받고 상대적으로 석영은 저항력이 강하다. 화학적 풍화작용은 가수 분해, 산화작용, 탄산염화 작용, 환원 작용, 증발 작용 등에 의해 진행되며, 특히 탄산염 광물(방해석 등)은 지하수 중의 탄산에 의해 비교적 쉽게 용해, 풍화된다. 또한 장석은 풍화되어 고령토를 형성한다.

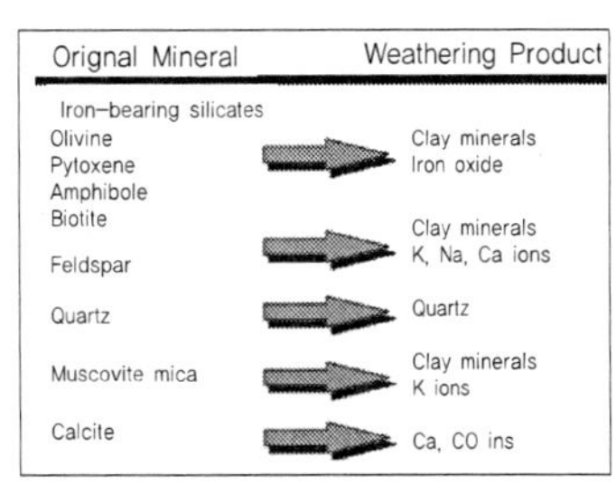

[그림 4-3] 화학적 풍화 산물

화성암의 풍화

심성암의 경우 광물입자가 크고 장석 등이 많이 포함되어 이 암석이 풍화될 경우 일반적으로 사질토의 토층이 형성된다. 그러나 절리들이 규칙적으로 잘 발달하기 때문에 절리를 따른 풍화로 인해 핵석으로 나타나는 경우도 종종 발생한다. 토층과 암반의 경계가 뚜렷하게 나타나는 경우가 일반적이어서 풍화암을 파악하는 건 비교적 용이하지만, 단층 등이 발달한 경우에는 불규칙한 풍화단면을 형성하기도 한다.

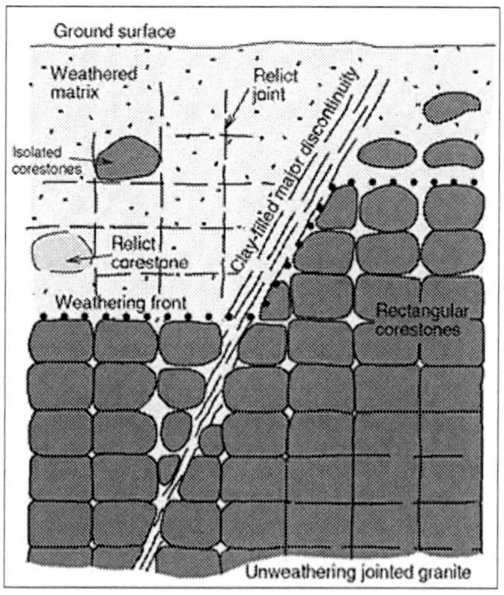

[그림 4-4] 화강암의 풍화작용

화강암의 풍화 장석과 운모는 대부분 카올리나이트나 다양한 점토광물로 변질되고 석영은 가수분해에 대한 저항력이 강해서 모래알 크기의 원형대로 남아 소위 마사토라 불리는 토사로 변한다. 이 과정에서 화강암은 풍화작용을 받으면 지표의 경사와 거의 평행하게 풍화작용이 발생함에 따라 생성되는 박리구조(exfoliation)가 발생한다. 또한 절리나 단층을 따라 풍화면이 지하로 가면서 매우 불규칙하게 발달한다.

핵석(core stone) 수평·수직 절리가 뚜렷한 암석이 땅 속에서 화학적 풍화를 받을 때 지하수와 접하는 부분이 더 빨리 풍화하게 되는데 이때 풍화작용의 영향을 가장 많이 받는 부분은 절리로 분리된 블록의 모서리이다. 풍화작용이 가속화됨에 따라 블록들은 둥근 모양의 암석 덩어리로 변하고 주변부는 암석의 형체를 유지하고 있으나 푸석푸석하여 약한 충격에 의해서도 잘 파이는 풍화층이 된다. 이러한 형식의 풍화작용이 구상풍화이다. 암석이 풍화작용을 받으면 뾰족한 모서리부터 부드럽게 깎이고 결국은 둥근 모양의 암석이 남게 된다. 이처럼 둥글게 변한 암괴를 핵석(core stone)이라고 한다. 핵석은 구상풍화의 전형적인 형태이며, 풍화작용이 더욱 진행되어 암석이 핵석화될 경우 풍화층은 마치 양파껍질 같은 형상을 띠게 된다. 핵석 풍화단면은 절리를 따라서 암석이 심하게 변질된 것으로 지표 탄성파탐사로 암반선 추정이 부정확하다. 핵석풍화인 경우 암반 풍화등급의 적용은 토층과 암석의 구성 비율, 즉 핵석의 체적 비율에 따라 적용된다.

[사진 4-2] 핵석

퇴적암의 풍화

사암이나 셰일 등 쇄설성 퇴적암에서는 모암의 입자의 크기에 따라서 토층의 입도가 결정된다. 만약 역암이나 사암지반에서의 잔류토는 역질 또는 사질토이고 셰일이나 이암인 경우의 지반에서는 실트 이하의 세립질이 토층을 이루게 된다. 일반적으로 상부지층의 풍화가 발달해 있다.

[사진 4-3] 사암/셰일층의 풍화

퇴적지층의 차별풍화 풍화에 대한 암석의 저항성이 달라 풍화 정도가 다른 것을 차별풍화라 한다. 풍화에 대한 저항성은 광물의 조성과 이들의 배열상태, 절리의 밀도 등에 따라 다르게 나타나는데, 특히 퇴적지층의 경우 퇴적암의 특성에 따라 풍화 정도가 달라 매우 뚜렷한 차별풍화구조를 보여주는 경우가 많다. 사암과 셰일, 또는 셰일과 실트스톤의 호층대에서는 층리를 따라 차별풍화가 발생하여 약선대가 발달하므로 가장 유의하여야 한다.

[사진 4-4] 호층의 차별풍화

이암/셰일의 풍화 이암과 셰일의 경우는 매우 작은 입자들로 형성된 암석이어서 공기에 노출되기 전에는 높은 강도를 가지지만 이 암석들을 절취한 후 대기 중에 노출시켜두면 아주 빠른 속도로 풍화현상이 발생한다. 즉 굴착 당시 경암의 강도를 가졌더라도, 이 암석들을 절취한 상태로 몇 개월만 방치해도 풍화암 정도의 강도를 가질 정도로 풍화가 아주 빠르게 진행되는 특징을 갖는다.

[사진 4-5] 셰일의 풍화

석회암의 풍화 $CaCo_3$가 주성분인 방해석으로 구성되어 기계적 풍화보다 화학적 풍화가 우세하게 작용한다. 석회암지역에서는 풍화의 양상이 매우 불규칙하여 신선한 암반이 발달하다가도 갑자기 석회암의 풍화토인 붉은 점토를 가지는 공동들이 지하 깊은 곳에서 발달하기도 한다. 절리에 의한 지하수 유동으로 경암 내부에 풍화암, 풍화토 및 공동까지 존재할 수 있다.

[사진 4-6] 석회암의 풍화

변성암의 풍화

변성암은 그 조성과 조직에 있어 매우 광범위하여 풍화 특성과 풍화단면 역시 매우 다양하다. 또한 조산대(대규모 지각운동)와 수반되어 발달하여 복잡한 습곡 구조를 발달시킬 수 있기 때문에 지반선이 아주 불규칙하게 발달할 수 있다. 풍화는 엽리면을 따라서 진행되며 암반 내의 고유의 취약성을 더욱 악화시키기도 한다. 신선한 환경인 대심도에서 엽리면은 완전히 결속해 있으며 암석은 매우 견고했지만, 풍화대에서는 엽리면에 직각인 절리간격이 수 mm 정도로 작을 수 있고 엽리면은 점토물질로 피복되어 있을 수 있다. 풍화심도는 암석에서의 초기 절리간격에 의존적이며 그리고 풍화심도의 변동은 절리간격의 초기 변동성에 의존적이다.

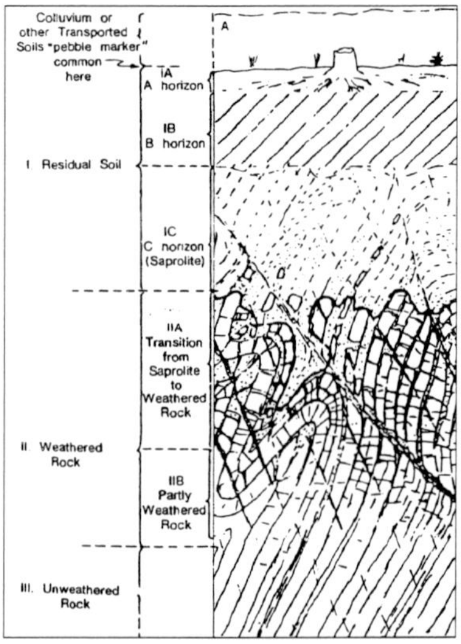

[그림 4-5] 변성암의 풍화

편마암 풍화 편리가 일정한 방향으로 발달하고 있어 편리를 따른 차별풍화가 발생할 수도 있어 암반의 강도를 저하시킬 수 있다. 편마암처럼 입상질, 그리고 석영이 풍부한 암석들, 또한 매우 넓은 간격의 절리를 갖는 암석들은 마치 화강암질 암석처럼 많은 핵석을 포함하는 사질의 잔류토양을 갖는 풍화단면을 보인다. 운모가 밴드상으로 집적한 편마암의 풍화는 대상의 새프롤라이트(saprolite)로 변하거나 입자 모양으로 붕괴되며 결국 토양입자로 변한다.

[사진 4-7] 편마암의 풍화

천매암/편암의 풍화 운모암질이 풍부한 실트질 잔류토를 형성한다. 강한 엽리상 암석은 엽리면에 나란한 날이선 노두를 형성하면서 풍화된다. 이러한 신장성의 신선한 노두는 지표근처 암석의 강도에 대한 잘못된 해석을 불러올 수 있다. 실재적인 암석노두는 불규칙하며 노두상의 판상(slab)은 완전 풍화물질로 와해되어 완전 부수러진 암반상태를 나타내어 가장 취약한 암반조건을 형성하게 된다.

[사진 4-8] 운모편암에서의 풍화

풍화심도와 단층파쇄대의 영향

풍화심도 암석은 그 종류에 따라 풍화에 대한 저항도가 다르다. 이는 암석의 조성광물과 그 조직, 주변의 지중 응력과 지표 노출 상태 및 기간에 따라 서로 다른 풍화 양상을 보인다. 풍화 등급상 잔류토(RS)와 완전 풍화암(CW)을 토상 물질이라 할 때, 암석 종류에 따라서 노출된 암반 사면에서 평균 토층심도율에 상이한 특성을 보인다. 국내 암석의 경우 평균 토층심도율이 퇴적암이 0.09, 변성암이 0.17로서, 0.2 이하의 낮은 토층심도율을 보이지만, 화성암의 경우 0.30으로 그 평균값이 다른 암석에 비해 높을 뿐 아니라 0.4 이상의 토층심도율을 보이는 사면의 빈도수도 다른 암석에 비해 높다(윤운상, 2001).

서로 풍화특성이 다른 두 종류 이상의 암석이 분포하고 있을 경우, 그 풍화심도에 급격한 차이를 보이게 된다. 셰일/사암으로 구성된 퇴적암층 내 관입된 화강암 사례의 경우 퇴적암에서는 극히 작은 풍화심도를 보이며, 주로 쐐기 또는 평면 파괴상의 사면 파괴를 보이는 반면, 그 후에 관입된 화강암의 경우는 풍화심도가 깊어 주로 원호 파괴상의 파괴를 보이는 것을 확인할 수 있다.

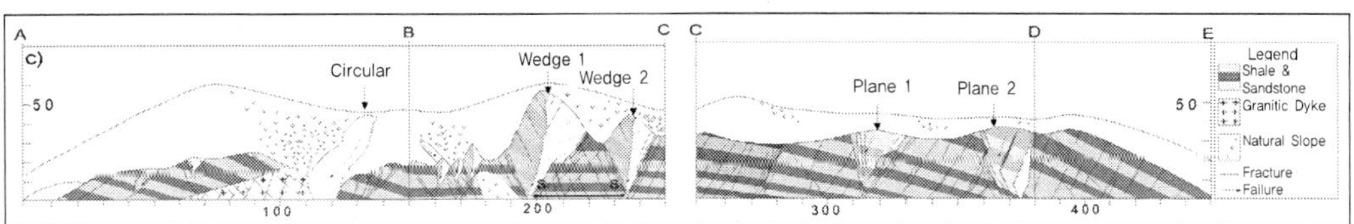

[그림 4-6] 퇴적암과 관입한 화강암의 풍화상태 비교

단층파쇄대의 영향 동일한 암석이 분포한다 하더라도, 단층파쇄대 등에 따라 균열 빈도가 높아지고, 열수 변질대 등에 의해 풍화에 취약한 광물이 생성되었을 경우, 급격한 풍화 상태의 변화가 발생할 수 있다. 화성암 내에 발달한 단층의 영향에 따라 단층주변에서 급격한 풍화심도를 보이는 경우이다. 이와 같이 단층의 발달상태는 급격한 풍화 상태의 변화를 제어하는 주요한 요인이다.

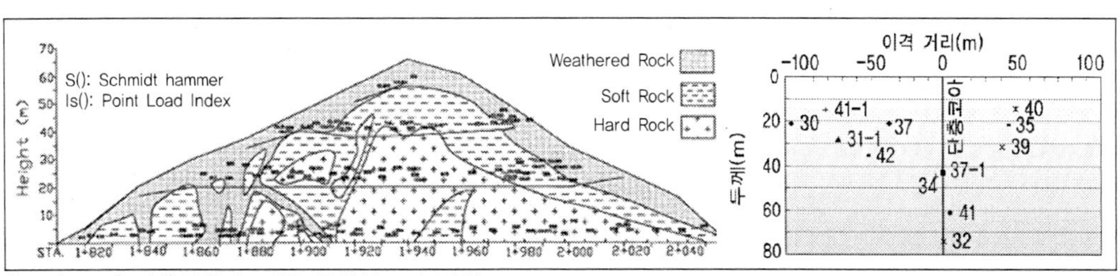

[그림 4-7] 단층영향에 따른 풍화심도의 변화

풍화등급과 분류

풍화 등급 암반의 풍화상태는 암반을 분류하는 중요한 기준이다. 일반적으로 활용되는 암석의 풍화도(풍화등급)에 대한 분류 기준은 신선(fresh)에서 풍화잔류토(residual soil)까지 6단계로 구분할 수 있다. 풍화도에 대한 평가 기준은 조성광물의 변질 상태와 변색 정도 또는 상도 저하 상태 등을 따르며, 각종 강도지수가 포함된 기준은 특정 암석에 대한 평가 기준으로 제공되고 있다. 즉 풍화상태는 암석의 상대적 강도 저하 상태를 반영할 수 있으나, 구체적인 암석의 종류와 연관 없이는 직접 암석의 강도로 환산될 수 없는 요소이다.

[표 4-1] 풍화등급 특징(GSE-GWPR, 1990)

CLASS	TERM	DESCRIPTION
VI	RESIDUAL AND COLLUVIAL SOILS	All rock material is converted to soil. The original rock structure is completely destroyed. The point of geological pick easily indents in depth. When the rock material is struck by the hammer don't emits sound.
V	COMPLETELY WEATHERED ROCK	All rock material is completely discoloured and converted to soil, but the original mass structure is still visible. The point of geological pick easily indents. When the rock material is struck by hammer emits a dull sound.
IV	HIGHLY WEATHERED ROCK	All rock material is discoloured. The original mass structure is still present and largely intact. The point of geological pick not easily indents. The rock material make a dull sound when is struck by hammer.
III	MODERATELY WEATHERED ROCK	The rock material is discoloured, but locally the original colour is present. The original mass structure is well preserved. The point of geological pick produce a scratch on the surface. The rock material make a intermediate sound when is struck by hammer.
II	SLIGTLY WEATHERED ROCK	Discolouration is present only near joint surface. The original mass structure is perfectely preserved. The point of geolcgical pick scratch the surface with difficulty. The rock material make a ringing sound when is struck by hammer.
I	FRESH ROCK	The rock material isn't discoloured and has it's original aspect. The point of geological pick scratch the surface with many difficulty. The rock material make a ringing sound when is struck by hammer.

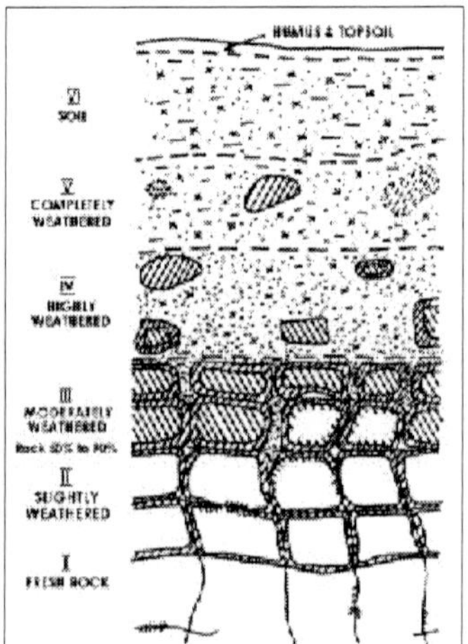

[그림 4-8] 풍화등급구분

풍화와 암반분류 풍화암은 암반의 연경도에 의한 평가상에서 사용하고 있다. 강도기준이 포함되어 있는 건설표준품셈 또는 지질조사품셈상의 풍화암 구분은 풍화등급 평가와 달리하고 있으며, 이는 풍화상태를 주요한 평가인자로 하는 특정목적의 암반분류법상 명칭으로서의 풍화암이다. 대부분의 암반분류안은 암석 강도와 절리상태에 따라 암반을 분류하는데, 풍화상태는 암석의 강도에 반영되는 육안 관찰상의 기준으로 활용되고 있다.

[표 4-2] 암반분류안의 평가항목과 풍화등급(◎: 필수, ○: 참조)

암반분류법	암석 특성			불연속면 특성			
	암석 종류	경도/강도	풍화	RQD	간격	상태	방향
건설품셈	◎	◎	◎		◎		
지질품셈	◎	◎	◎	◎	◎		
RMR		◎	○	◎	◎	◎	○
CRIEPI	○	◎	◎		◎	◎	
EPDC		◎	◎		◎	◎	

풍화암

풍화암 풍화등급에 의하면 약한 풍화에서 심한 풍화까지를 풍화암이라 할 수 있다. 그러나 이러한 분류는 공학적 관점에서 보면 너무 광범하므로 일정한 지수를 이요한 정의가 요구된다. 이는 공학적 암반분류의 개념과 같은 것으로서 건설표준품셈의 암분류와 Lee(1993)의 화강암분류 시에는 암석의 일축압축강도로 분류하고 있다. 즉 건설표준품셈에서는 암을 다섯 등급으로 분류하면서 풍화암, 연암, 보통암, 경암 및 극경암으로 분류하고 있는데, 여기서 풍화암은 '암질이 부식되고 균열이 1-10cm 정도로서 굴착에는 약간의 화약을 사용해야 할 암질로서 일부는 곡괭이를 사용할 수 있는 정도의 암질'로 일축압축강도는 300-700kg/cm^2 범위로 제시하고 있다. 또한 Lee(1993)의 화강암분류에서는 심한풍화(HW)의 일축압축강도는 360-540kg/cm^2이다. 따라서 풍화암의 범위는 풍화등급 중 심한풍화(HW)'에 해당될 것으로 판단된다.

풍화암 특징 여러 풍화등급 분류기준(Dearman, 1974; IAEG, 1979; ISRM, 1981, Lee & de Freitas, 1989)에서 '심한풍화' 등급의 특징들을 정리해 보면, 광물들의 화학적 풍화는 흑운모의 경우 갈색을 띠면서 일부 광물이 떨어져 나가고, 사장석의 경우는 어두운 노란색을, 정장석의 경우는 흰색에서 노란색을 띠게 된다. 슈미트해머의 반발 계수는 10-25 정도, 해머로 타격했을 때 반발이 없이 아주 무거운 소리가 나며, 쉽게 부스러지며 칼로도 잘려나갈 수 있을 정도의 상태를 가진다. 미세단열은 2-5mm 정도의 간격으로 발달하고 있다. 암반물성에 의한 암반의 풍화분류에서도 '심한풍화'를 '풍화암'으로 간주하고 있으며, 일축압축강도의 경우는 30-70Mpa, 슈미트해머의 반발계수는 10-34, Qa(흡수율)는 9.25-1.65%, 지질해머로 타격했을 때 쉽게 부스러지고 가끔은 맨손으로도 부스러지는 상태로 정의하고 있다.

[표 4-3] 풍화등급과 풍화암

풍화등급	암반등급	압축강도 (MPa)	점하중 (MPa)	슈미트 해머	흡수율 (%)	지질 햄머
F	극경암 Very hard rock	〉 180	〉 8.8	〉 60	〈 0.24	hard to break, good rebound
SW	경암 Hark rock	130~180	5.3~8.8	51~60	0.47~0.24	edge break by a strong blow
MW	보통암 Normal rock	100~130	3.7~5.6	44~51	0.08~0.47	break along joints surface by a strong blow
	연암 Soft rock	70~100	1.8~3.7	34~44	1.65~0.80	easy to break by a normal blow
HW	풍화암 Weathered rock	30~70	0~1.0	10~34	9.25~1.65	very easy to break by a normal blow, sometimes break down by hand

4.2 풍화 암반의 공학적 특성

풍화내구성(Slaking Durability)

Slaking 건조 및 포화의 반복작용으로 인해 암석이 부서지는 현상을 말한다. 암석조각이 건조하면 암석조각의 바깥쪽 간극에 공기가 스며들고, 높은 흡입압이 발생하며, 이 암석이 물로 포화되면 물이 모세관 현상에 의해 스며듦에 따라 간극에 갇힌 공기는 압축되면서 암석 내부 입자의 배열에 응력을 유발시킨다. 건조 및 포화가 반복되면서 슬레이킹 현상으로 암석은 결국 잘게 부스러진다.

Slake Durability Index 암석이 환경변화에 의해 건조·습윤상태를 반복하게 되면 급격하게 고결력을 잃어 조직이 파괴되는 풍화민감도를 파악하기 위한 시험으로 셰일 등과 같이 풍화에 민감한 암석에 적용된다. 시험방법은 먼저 10여 개의 암석덩어리(40~60g)를 Test Drum 속에 넣고 수조 속에 수침시켜 모터를 이용하여 200rpm 정도의 속도로 회전시킨 후, 그 후 시료가 들어 있는 Test Drum을 꺼내 건조로에 넣고 건조시킨 뒤 잔류한 시료의 중량을 측정하여 풍화 내구성지수(Slake Durability Index)를 계산하는데, 일반적으로 두 번째 Cycle 후의 지수(Id_2)를 내구성지수로 사용한다.

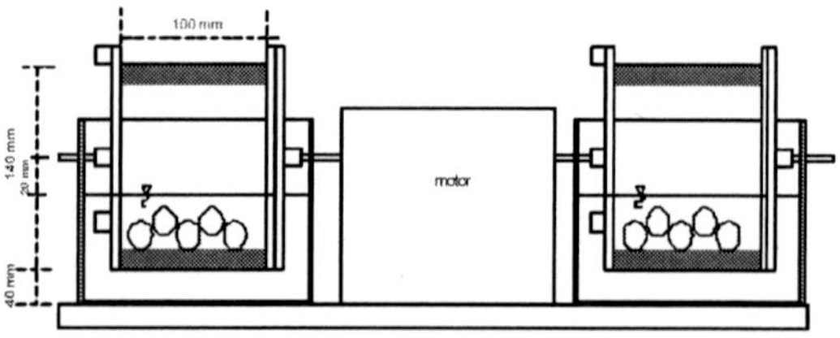

[그림 4-9] slake durability 시험 장치

[표 4-4] Slaking Durability 분류(Franklin,1972)

Durability	Id2(%)	Slaking(100−Id2)
Extremely High	95~100	5~0
Very High	90~95	10~5
High	75~90	25~10
Medium	50~75	50~25
Low	25~50	75~50
Very Low	0~25	100~75

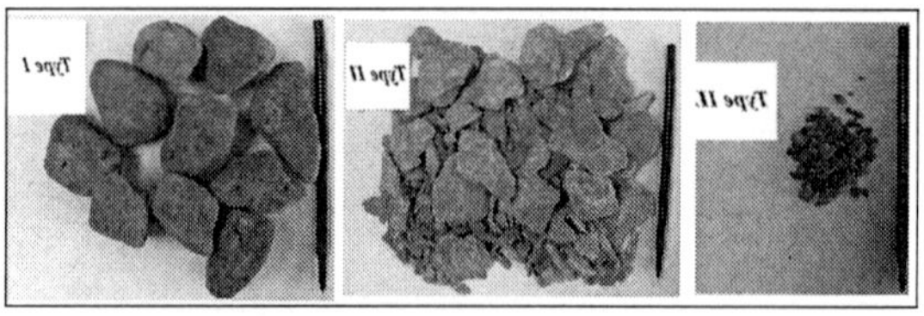

[사진 4-9] 슬레이킹시험 후 암석시료의 형태(ASRM,2001)

$$Id_2 = W_F / B \times 100$$

여기서 B는 1차 사이클 전 건조상태 시료무게, W_F는 2차 사이클 후 건조상태 시료무게이다. 또한 내구성 지수는 자연상태에 노출되어 만들어진 점토나 2차 광물에 따른 암석의 역학적인 거동에 대한 정량적인 정보를 제공하기도 한다. 또한 사이클 후 드럼에 남아 있는 시료의 형태를 세 가지 타입으로 구분하였는데, Type I은 거의 그대로 변하지 않고 남아 있는 경우, Type II는 크고 작은 암편으로 남아 있는 경우, Type III는 완전히 작은 조각으로 잘게 부서진 경우이다.

이질암의 Slaking 이암, 셰일 등과 같은 이질암의 경우에는 점토광물의 특성으로 인하여 자연에 노출되는 경우 쉽게 풍화되어 잘게 부스러지는 특성을 가진다. 즉 시간이 경과함에 따라 심하게 균열이 진행되어 작은 암편으로 부스러지고 결국 수 mm 크기의 입자로 변하게 된다.

[사진 4-10] 이질암의 풍화특성

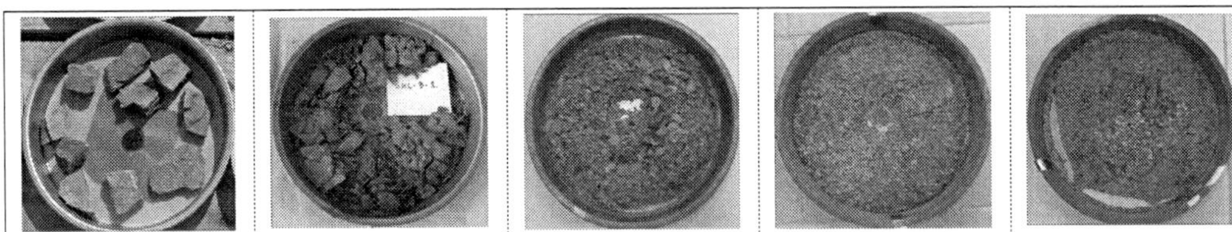

초기상태	1개월 경과	3개월 경과	6개월 경과	9개월 경과
Intact	Highly Fractured 일부 intact 유지	대부분 조각 부서짐 smaller particles	모든 조각 부서짐 smaller particles	모든 조각 부서짐 2-3mm particles

[사진 4-11] 셰일에서의 슬레이킹거동 관찰(Shakoor, 2000)

Jar slake test 이질암과 같은 암석에 대한 내구성을 간단히 그리고 빠르게 평가할 수 있는 시험으로 완전히 건조된 시료를 물 속에 수침시켜 시간의 경과에 따른 슬레이킹 모드를 관찰하여 Slaking Index(Is)를 평가한다.

[표 4-5] Is와 거동 특성

Is	거동
1	Degrades into pile of flakes or mud
2	Breaks rapidly and forms many chips
3	Breaks rapidly and forms few chips
4	Breaks slowly and forms several fractures
5	Breaks slowly and develops few fractures
6	No change

[사진 4-12] Jar Slake test

이질암의 다양한 형태의 풍화거동을 나타내기 위하여 새로운 지수인 disintergration index(D_r)를 도입하였다(Erguler 등, 2009). $D_r = A_C / A_T$

A_C = 슬레이킹 후 입도분포곡선에서의 면적

A_T = 입도(1~25mm)를 포함하는 총 면적

즉 D_r이 1이면 완전한 내구성, 0이면 내구성이 전혀 없는 상태를 의미한다.

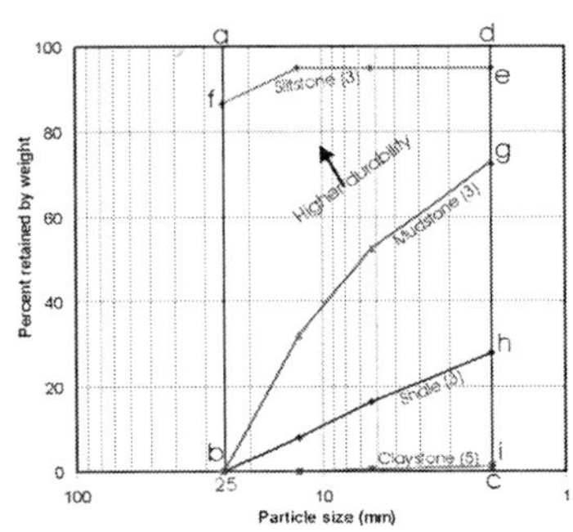

[그림 4-10] 입도분포(Shakoor, 2000)

4.3 풍화 암반에서의 Geo-Risk와 대책

사면 열화(Deterioration)

메커니즘 굴착사면에서 풍화가 진행됨에 따라 암석의 내구성 및 강도저하가 진행되고, 불연속면의 전단력이 약해짐에 사면 불안정성은 증가하게 된다. Nicholson(2003)은 암반사면에서의 풍화와 관련하여 열화진행(deterioration transport) 메커니즘을 분석하였다. **Ravelling** 암이 지속적으로 떨어져 내리는 현상으로 크기에 따라 grain(〈20mm), stone(〈200m), block (〉200mm)으로 구분하였는데 풍화토 및 풍화암에서는 grain ravelling이 많이 나타난다. **Flaking** 셰일과 같은 층상암반에서 급격한 풍화가 진행됨에 따라 나타나는 ravelling의 형태를 말한다. **Wash erosion** 풍화토/암에서 강우 등과 같은 물의 흐름에서 의하여 발생하는 침식 현상으로 사면의 표면에 세굴이 발생한다.

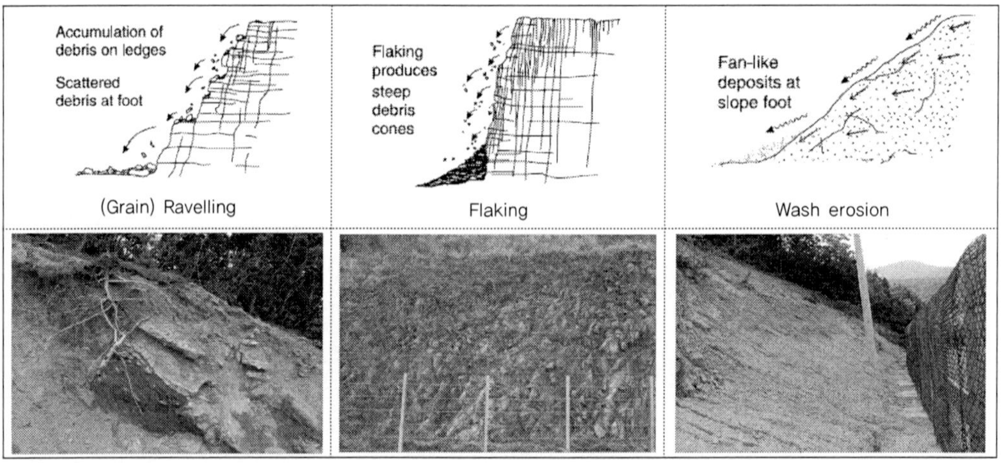

[그림 4-11] 풍화암반에서의 사면의 열화현상(Nicholson, 2003)

이질암-급격한 강도저하로 인한 사면파괴 이암/셰일과 같은 이질암에서 발생하는 암반사면의 불안정성은 절토 후 고결도가 급격히 감소하여 강도 저하로 인하여 발생한다. 즉 사면굴착 후 응력개방으로 인하여 건습작용으로 인한 슬레이킹으로 시간경과에 따라 쪼개지고 부스러지게 되어 사면파괴와 붕락이 발생하게 된다. 따라서 사면굴착 후 표면보호에 대한 조치가 요구된다.

[사진 4-13] 이암-사면파괴

핵석 지반(Corestone ground)

핵석 절리가 교차하는 암괴들이 지하나 지상에서 존재하게 되면 절리틈새로 유동하는 지하수에 의하여 절리 주변의 암석이 변질되고 침식되어 절리부근의 각이 진 모서리 부분이 둥그런 모습으로 형태가 바뀌게 되는데 이를 핵석이라 하며, 이를 포함한 지반을 핵석지반이라고 한다. 즉 비교적 신선한 암석인 핵석이 풍화가 심하여 풍화암 또는 풍화토로 변질된 취약한 풍화층(기질, Matrix)에 의하여 둘러싸인 형태를 의미한다. 핵석지반은 강도나 탄성계수를 포함한 역학적 특성들의 큰 차이로 인하여 시공상의 문제를 발생하는 경우가 많으므로 주의해야 한다.

[사진 4-14] 핵석지반

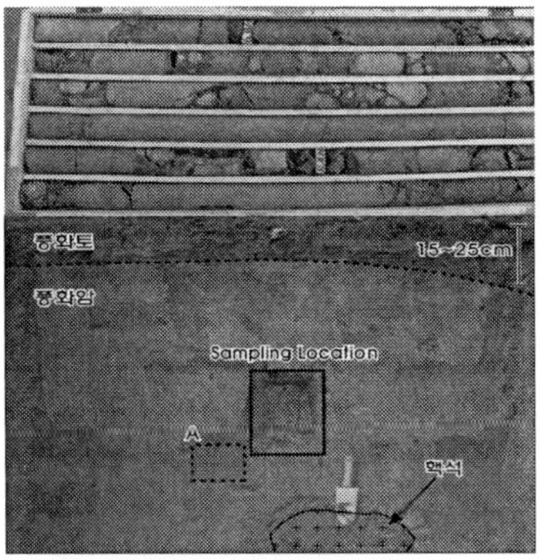

[사진 4-15] 핵석지반 조사

역학적 특성 핵석을 포함한 풍화단면이 경우, 전단강도 등 강도특성은 기질 물질(일반적으로 풍화토)에 의해 지배되나, 핵석분포로 인해 그 특성이 달라지므로 이를 고려해야만 한다. 핵석지반은 지표에서 인지하기 전에는 그 상태를 쉽게 추정하기 어렵다. 핵석 지반에 대한 특성분석을 위해서는 지질구조에 의해 규제를 받아 차별풍화작용으로 형성되는 핵석의 분포비율을 파악할 수 있도록 지표지질조사 및 시험굴 조사와 시추조사를 실시하여야 한다. 따라서 기질을 이루는 토층의 특성과 핵석의 특성(암석의 종류, 핵석의 크기와 형태, 핵석의 빈도) 이 각각 정확하게 기재되어야 한다.

[사진 4-16] 핵석지반-사면

핵석지반에서의 사면안정 사면굴착 시 지반응력의 개방에 의한 급작스런 핵석의 탈락이 발생할 수 있으며, 굴착 이후 풍화변질이 진행되고 우수 등의 영향에 의한 상대적인 역학적 특성 차이로 인하여 사면의 불안정정이 증가하므로, 노출된 핵석에 대한 조치가 요구된다.

암반사면 사례 1

사면현황 및 지질특성 본 절토사면은 시공 중에 길이 40m, 높이 29m 정도의 약 3,419m^3 규모로 붕괴가 발생한 상태로, 연장 260m, 최대사면고 57m의 보통풍화~심한풍화(심한풍화 우세) 상태인 암반사면으로 암종은 흑운모편마암이 주종을 이루고 있으며, 부분적으로 우백질편마암이 관찰되기도 한다.

[사진 4-17] 사면 풍화발달

[사진 4-18] 사면붕괴

풍화특성 절토사면의 1소단(20m) 하부구간은 차별풍화에 의해 각 구간별로 심한 풍화 차이를 보인다. 시점부는 완전풍화로 인해 전반적으로 토사화가 진행 중이다. 이후 구간은 시점부에 비해 풍화 정도가 약해 심한풍화 및 보통풍화(보통풍화 우세)상태를 보이며, 엽리 및 절리 등의 불연속면이 잘 발달되어 있고, 이들 불연속면들도 심한 풍화상태로 사면 안정에 불리하게 작용하고 있다.

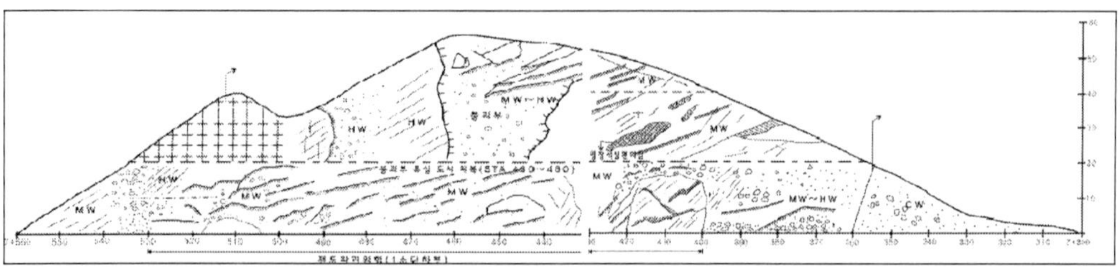
[그림 4-12] 사면 Face Mapping과 풍화특성

붕괴특성 사면붕괴의 원인은 엽리면을 따라 발생한 평면파괴와 엽리면과 절리에 의한 쐐기파괴로 판단되며, 이들의 복합작용에 의해 붕괴가 발생한 것으로 판단된다. 심한 풍화상태로 암반의 강도가 저하되어 있고, 엽리면과 절리의 풍화로 이완이 발생하여 낙석이 진행 중이며, 추가 붕괴가 예상된다.

[사진 4-19] 평면파괴

[사진 4-20] 쐐기파괴

암반사면 사례 2

지질특성 및 현황 본 사면은 연장 120m, 최대 높이 50.0m 정도로 연암, 풍화암, 토사 등 S=1:1.0 구배로 20m와 30m에 소단이 설치되어 있다. 기반암은 편마암이며 부분적으로 장석, 운모의 풍화로 풍화대가 대상을 이루고 있고 편리와 절리의 발달로 암괴/암편의 국부적인 쐐기형 탈락이 발생되어 있는 상태이다.

[사진 4-21] 사면현황

풍화특성 상부사면은 풍화암과 풍화대가 혼재되어 있으며, 풍화진행 정도는 전반적으로 약간 풍화(SW) 내지 완전풍화(CW)된 상태를 보이며, 점토, 실트질 점토 내지 실트질 모래로 나타나고 있다.

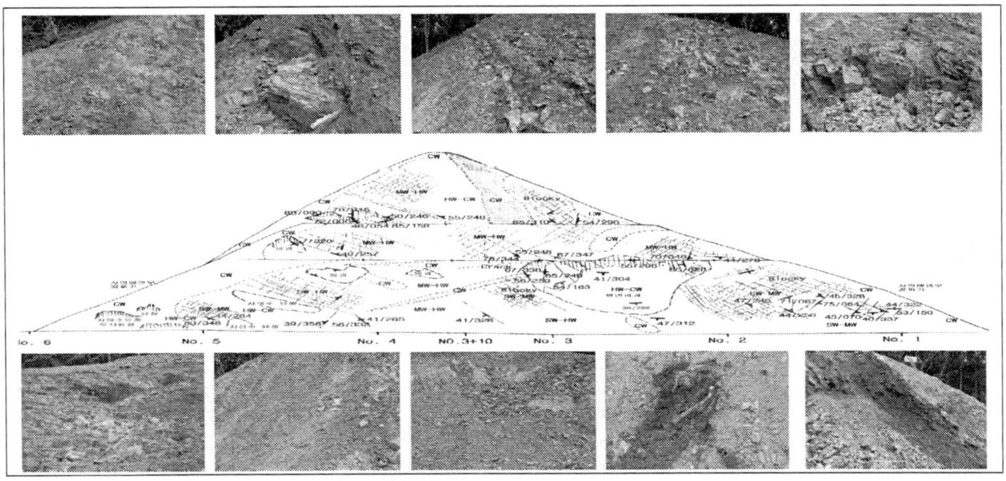

[사진 4-22] 사면 Face Mapping과 풍화특성

붕괴특성 20m 소단을 기준으로 하부는 사면 절취 후 우기로 인하여 중규모 이상의 평면형 원호파괴가 발생되었고 이후 붕괴지역의 좌, 우측으로 추가적인 붕괴가 발생가능성이 있다. 또한 편리를 따르는 풍화의 영향과 다수의 절리 발달로 소규모의 쐐기파괴가 3개소가 발생하였다. 사면 하부 측에는 지하수의 유출로 토사 유실이 진행되고 있다.

[사진 4-23] 상부사면 붕괴

풍화지반 터널 문제사례

지질특성 및 현황 터널시점부에는 불국사 화강암류인 화강섬록암의 풍화토층과 풍화암층이 두텁게 분포하고 있으며, 불연속면을 따라 열수에 의한 변질작용의 영향으로 불규칙 풍화를 보이며, 대규모 핵석이 쉽게 관찰되었다. 특히 풍화토층구간에서 터널 용수가 발생하는 경우에는 풍화토층이 급격히 열화되어 전단강도가 저하되므로 터널 자체의 안정성에 심각한 영향을 미칠 수 있다.

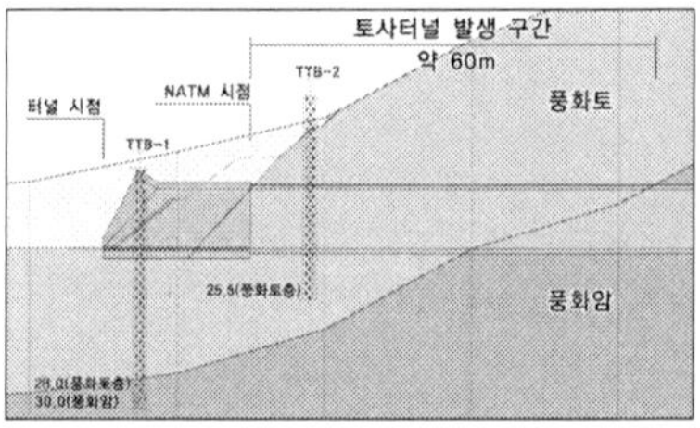

[그림 4-13] 풍화토/암 터널

[사진 4-24] 풍화암과 핵석

터널 시공 터널갱구와 비탈면의 안정성을 확보하기 위하여 토류벽 가시설(H-PILE+토류판+그라운드 앵커)을 설치하였고, 가시설 상부는 S=1:1.5 이상으로 절토 비탈면을 조성하였다. 굴착은 브레이커에 의한 기계굴착으로 0.8~1.2m 사이에서 굴진장을 탄력적으로 적용하였고 상, 하 반단면 분할굴착하였다. 터널의 보강은 Lattics Girder, 숏크리트, 록볼트를 기본보강재로 사용하였으나 굴진면의 암반상태, 지형에 의한 상부 토피고, 계측 변화 추이에 따라 필요 부위에 가인버트를 시공하였다.

문제와 대책 매우 불량한 지반으로 평가된 풍화토구간에 일부 지하수의 과다유입(출수)으로 변위가 지속적으로 발생하였다. 이에 출수구간에 여러 개의 수발공을 시공하여 지속적으로 배수를 실시하고 터널 주변에 강관다단 그라우팅으로 지반을 보강하였다.

[사진 4-25] 터널갱구

[사진 4-26] 터널 막장

[사진 4-27] 터널막장 출수

[사진 4-28] 터널보강

풍화지반 터널붕락사례

현황 및 특징 본 지역은 화강섬록암을 기반암으로 풍화작용으로 인하여 풍화지반이 깊게 발달하였다. 지층구성은 전반적으로 상부로부터 붕적토층, 풍화대층(풍화토층, 풍화암층) 및 기반암층(연암, 경암층)의 순으로 분포하는 것으로 확인되었다.

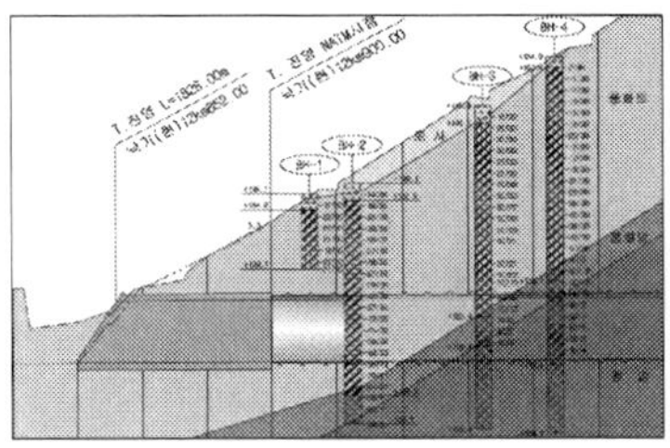
[그림 4-14] 지층현황

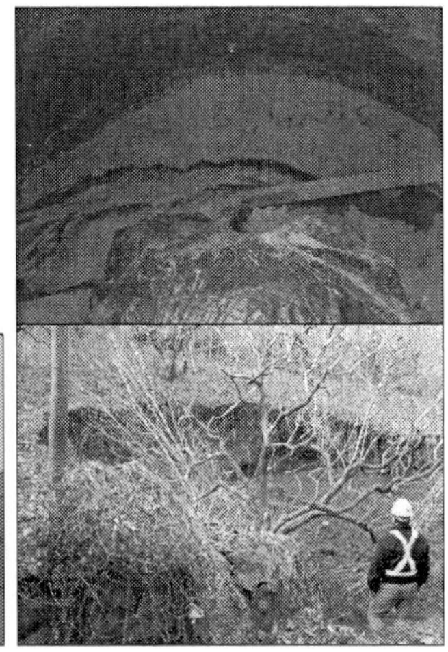
[사진 4-29] 터널붕락현황

붕락현황 및 원인 터널굴진 후 지보설치 작업 중에 NATM 시점에서 25m 지점에서 막장이 붕괴되고 지표까지 함몰되었다(폭 14.5m ×길이 13m×깊이 4m). 붕락원인은 풍화토가 당초설계보다 깊게 발달한 상태에서 갱구부 그라운드 앵커로 보강된 이후의 풍화토지반에서는 지반이완하중이 지보패턴의 지보력을 초과하여 붕락이 발생하였다.

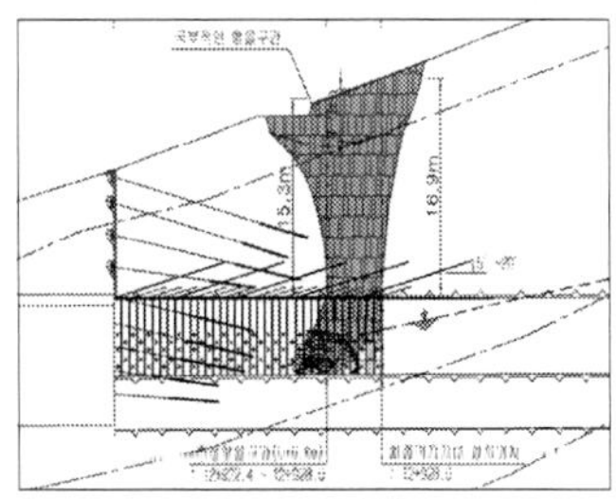
[그림 4-15] 붕락현황

보강대책 함몰구간 터널천단 상부지반이 이완되었을 것으로 예상되어 강성의 천단부 보조공법을 적용하여 안정성 향상이 가능한 보강안을 제시하였다. 또한 시공중 현장계측결과 하반굴착 시 과도한 추가변위발생이 예상될 경우 측벽지지 파일을 추가로 적용하였다. 지상보강공법으로 먼저 1차 보강으로 시멘트밀트 및 LW 그라우팅 시공(유입수 차단, 공극 메움)과 2차 보강으로 강관, 철근 등 보강재를 적용한 그라우팅 시공(지반보강)하도록 하였다. 또한 갱내보강은 대구경 강관보강 그라우팅 적용으로 함몰로 인한 지반이완 영향을 최소화하고 터널안정성을 확보하였다.

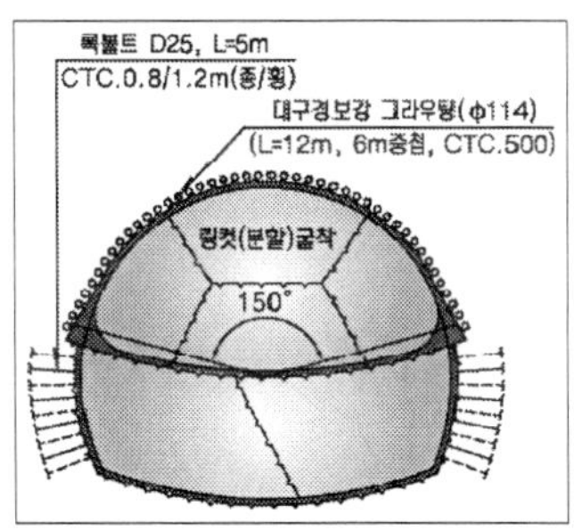

[그림 4-16] 보강패턴

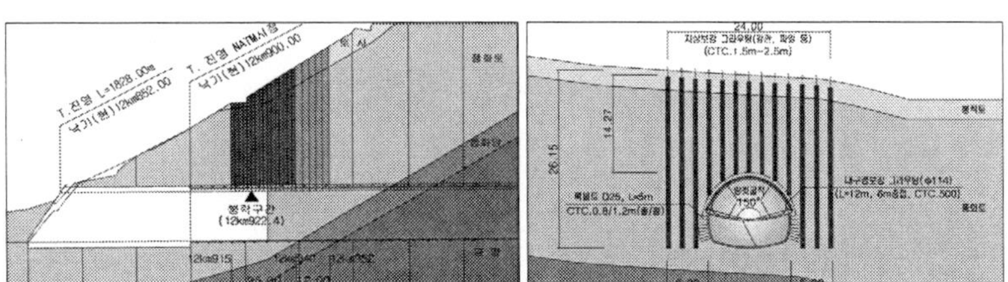
[그림 4-17] 지상보강

파쇄 암반

Crushed Rock Mass

파쇄대 암반은 지질학적인 여러 과정을 통하여 주변 암석에 비해 극히 낮은 인장강도와 대단히 높은 투수계수를 가지는 단층 등 역학적으로 불연속적인 연약대(파쇄대)를 포함하고 있다. 파쇄대는 모암과 뚜렷이 구분되는 역학적, 수리적 특성을 보여 암반의 주요 이상대를 형성하게 되어, 암반구조물의 중대한 공학적 문제를 발생시킨다. 단층대는 수 cm에서 수 km에 이르는 복잡한 변형존으로, 특히 지각에 5~10km에 걸쳐 형성된 취성단층(brittle fault)이 문제가 된다. 이 단층에서는 주응력장의 방향에 따라 전단균열과 인장균열이 발달하게 된다. 파쇄로 인하여 광물입자 크기가 작아지고 전단에 의해 광물입자가 재배열되는 암석의 취성변형으로 점토성분의 단층가우지를 형성하게 되고, 주변에 균열이 심하고 각력상의 입자를 포함한 암반을 형성한다.

파쇄암반 일반적으로 파쇄암반(crused rock)은 암반 중 가장 취약한 상태로 공학적으로 가장 큰 지질리스크를 갖는다. 즉 단층작용에 의해 형성된 단층파쇄대, 열수변질작용에 의해 만들어진 변질대, 관입작용에 의한 암맥 등은 상대적으로 주변 암반에 비해 공학적으로 매우 연약한 특성을 가지며, 풍화 등에 매우 민감하며 심한 풍화상태로 변하기 용이하며, 지하수 및 강우 등에 의해 풍화변질이 급속히 진행되는 특징을 갖는다. 따라서 터널이나 사면 굴착 중에 조우하는 이러한 파쇄암반에서는 과다변형, 붕괴 및 붕락 등이 쉽게 발생하는 경우가 많으므로 굴착 중 이에 대한 적절한 대책이 요구된다. 또한 파쇄암반은 장기적인 소성변형을 일으키는 경우가 있어 시공 중 뿐만 아니라 시공이후의 유지관리 상태에서도 많은 공학적인 문제점을 야기하므로 파쇄암반에 대한 특성을 분석하여 설계 및 시공에 반영하여야 한다.

[사진 5-1] 단층파쇄대

5.1 파쇄 암반과 단층

파쇄 암반 광역지질작용에 의해 암석이 완전히 파쇄되어 암편은 각상 또는 원형의 입자로 부서지고, 재결합이 없는 상태의 암반을 말한다. 파쇄 암반은 매우 취약하고 연약한 상태로 분해암(disintergrated rock), 완전 교란암(very disturbed rock) 등으로 표현되기도 하며, 공학적으로 연약대(weakness zone), 전단대(shear zone), 단층대(fault zone), 파쇄대(fractured zone) 등과 관련된다.

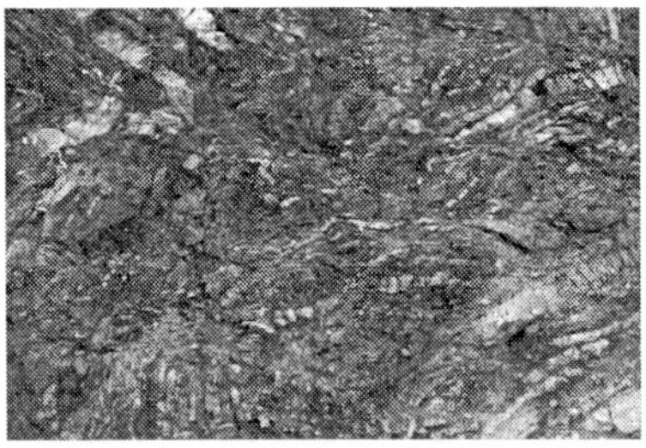

[사진 5-2] 파쇄 암반

단층 어떤 면을 기준으로 양편에서 이동한 흔적이 관찰되는 단열구조(fracture)를 말한다. 일반적으로 0.5mm 이상의 변위가 인지되면 단층이라고 하는데, 그 규모에 따라 연장이 수 미터 이상일 경우를 단층, 수 cm 이하일 경우를 전단단열(shear fracture), mm이하일 경우를 미세단층(micro faults)이라고 한다. 단층은 취성변형의 대표적 산물인 단층은 암체 내에서 변형작용에 의해 만들어진 불연속면으로, 이 불연속면이나 불연속대를 중심으로 두 암체의 블록이 상대적으로 이동한 지질구조이다. 절리와의 차이점은 불연속면을 기준으로 양쪽 암체가 변위를 가진다는 점이다. 단층이 변위를 가짐으로써 단층면 상의 미끌림으로 인해 단층활면(slickenside)이 형성되며, 단층조선(striation)이 발달한다.

[사진 5-3] 단층대

[사진 5-4] 단층대의 성분

단층대 단층은 일정한 폭을 가지게 되는 존(zone)으로 흔히 단층파쇄대라고 한다. 그 구성은 단층핵부(fault core/falut gouge)와 단층영향대(transition zone) 또는 손상대(damage zone)를 구별되며, 단층 코어에서 균열이 매우 발달되어 있으며 점토질의 가우지와 각력질 암편을 함유한다. 또한 단층의 연장과 폭에는 상관관계가 있으며, 연장이 길면 그 폭도 상대적으로 크고, 연장이 작으면 단층폭도 작다.

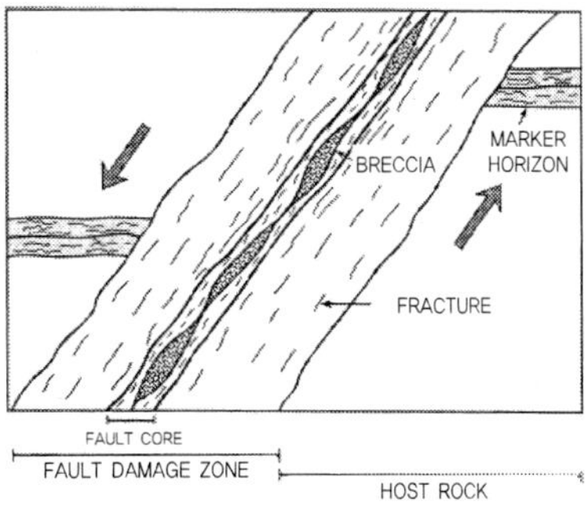

[그림 5-1] 단층대의 구성

5.2 파쇄 암반의 지질 특성

연약대(weakness zone) 주변 암반에 비해 현저히 낮은 역학적 특성을 갖는 층을 말한다. 이것은 일반적으로 단층대(fault zone), 스러스트대(thrust zone), 파쇄층(layers with weak or broken rocks) 등을 말하며, 주변암반과 완전히 다른 수리지질특성을 갖는다. 단층과 연약대는 단층작용(파쇄), 열수작용 등과 같은 지질작용으로 모암(host rock)과 전혀 다른 물질, 즉 충전물 또는 특수한 특성을 가진 재료(swelling or soluble minerals, clay seams 등)를 포함하게 되어 복합적인 구성을 띠게 된다. 연약대의 크기는 수 cm에서 수백까지 다양하며 연약대의 거동에 중요한 영향을 미친다. 연약대는 관입과 풍화 등에 의한 연약층과 단층대로 구분되는데 단층대는 중심으로 주변 암반까지 전이부를 형성하며, 다양한 형태의 연약파쇄대가 존재한다. 연약대는 주변 암반과는 다른 거동을 보이는데 다양한 구조와 복잡한 성분으로 인해 특성화화기가 쉽지 않으므로 부분적인 구조로서 취급하도록 한다.

[사진 5-5] 연약대

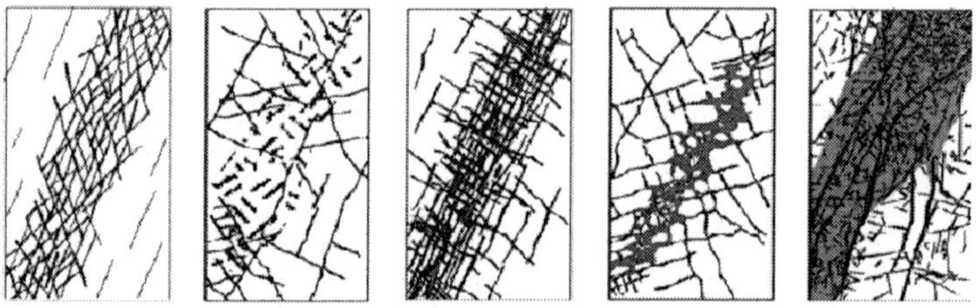

a. no clay b. weathering c. with clay d. clay-rich e. clay seams

[그림 5-2] 연약대(파쇄대)예(ISRM, 1978)

[표 5-1] 연약대의 구분(Selmer-Olsen, 1971)

1. 연약층(zone of weak material)	
a. 약한 광물/암석층	• 층상의 점토, 운모, 클로라이트 • 석탄층 • 심하게 절리가 발달한 관입층
b. 심하게 풍화된 암반층	• 점토 또는 입자화된 광물
2. 단층대(fault zone)	
a. 인장 단층대 - 약한광물로 충진 주변암과 경계 뚜렷함	• 충진물(점토/클로라이드, 방해석, 흙)
b. 전단 단층대 - 완전 파쇄상태로 중앙부는 단층점토화	• 암편화된 파쇄대 • 모래 또는 점토질의 파쇄대 • 엽리전단
c. 변질 단층대	• 점토질 또는 리칭화된 재료

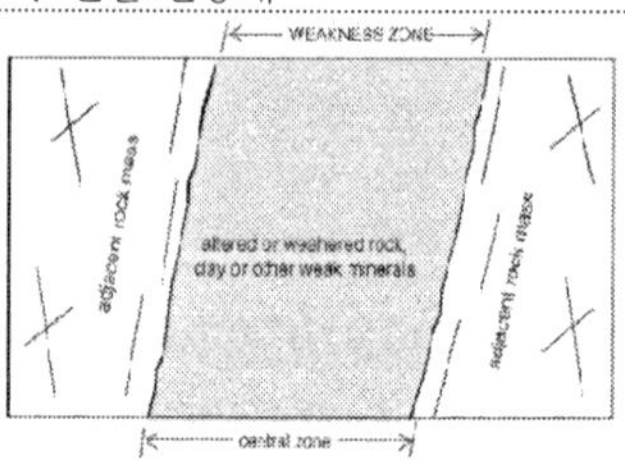

연약층(zone of weak material)

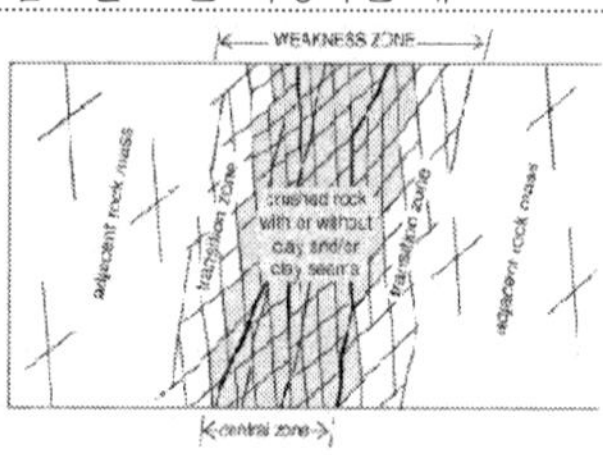

단층대(fault zone)

전단대(shear zone) 단층면을 따르는 변형 형태에 따라, 단층을 다시 취성(brittle)파괴에 의한 단층면을 기준으로, 불연속적인 변위를 보이는 취성단층(brittle fault)과, 연성(ductile)파괴에 의해 일정한 전단영역 내에서 연속적인 변형을 보이는 전단대(shear zone)로 구분할 수 있다. 전단대는 높은 변형률을 가진 강한 변형대로서 폭에 대한 길이의 비가 큰 것(5:1 이상)이 특징이다. 발생깊이가 깊어짐에 따라 취성전단대(단층)에서 연성전단대로 전이되며, 변형폭도 점점 증가하게 되며, 변형폭 내에서도 다양하게 변화한다. 또한 단층변위가 하나의 단층면이 아닌 수조의 밀집한 취성단층면에 의해 연속적인 형태로 발달할 때 이를 단층대(fault zone)라 한다. 전단대와 단층대는 균열이 발달하고 심하게 파쇄된 암반층을 형성한다.

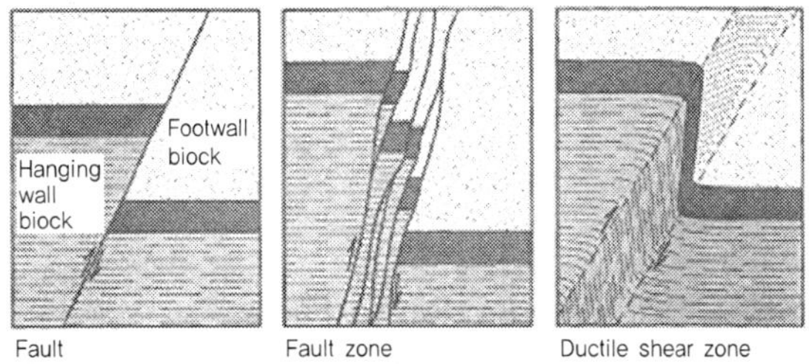

[그림 5-3] 단층, 단층대와 전단대

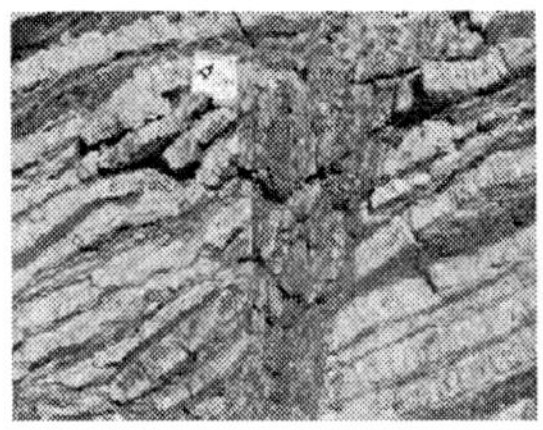
[사진 5-6] 단층대

[사진 5-7] 전단대

열수변질대(hydrothermal alteration zone) 마그마 분화작용의 후기나 화산활동 시 화성암체로부터 기원된 잔류용액은 수증기와 휘발분이 풍부하며, 이로부터 열수용액(hydrothermal solution)이 형성되고 열수는 주변의 암석과 쉽게 반응하여 열수변질작용(hydrothermal alteration)을 진행시킨다. 열수변질작용시 열수의 침입으로 재결정작용이 진행되어 암석의 투수성이 높아지고 탈색과 새로운 광물이 형성된다. 대표적인 열수변질작용으로 이질화 작용, 견운모화 작용, 황철석화 작용, 녹니석화 작용 등이 있으며 이러한 작용은 암석의 색, 조직, 화학적 변화 등을 초래하고 공극을 증가시켜 암석을 약화시킨다. 열수변질작용은 파쇄작용도 동반하므로 열수변질작용이 진행된 곳은 쉽게 풍화되고 다량의 점토광물과 변질광물이 포함되어 낮은 강도정수를 유지하게 되어 파괴에 취약한 파쇄암반을 형성하게 된다.

[사진 5-8] 열수변질대

[사진 5-9] 열수변질작용

단층암(fault rock) 취성단층과 연성 전단대 사이에는 상이한 응력조건이 존재하며, 이러한 응력조건은 단층 생성 심도, 즉 생성 당시의 열과 압력에 지배를 받는다. 일반적으로 심도 10~15km 하부에서는 250~350도가 넘는 온도에서 연성변형의 결과로 발생한 압쇄암(mylonitic rock)이 발달한다. 단층대 영향권 내에서 취성변형작용으로 단층비지, 단층각력암, 단층파쇄암, 단열, 미세단층 및 맥(vein)이 형성된다. 단층암은 단층이나 단층대에서 마찰과 움직임이 일어나는 동안 형성되는 암석으로 성장광물, 상태, 변형기각에 의해 조절되어 발달한다. 또한 단층암은 암석과 광물에 파쇄작용과 분쇄작용이 일어나고 단층이 재발하는 동안 미균열 조직을 따라 재균열작용, 미끄럼작용, 마찰미끄럼작용을 가져온다.

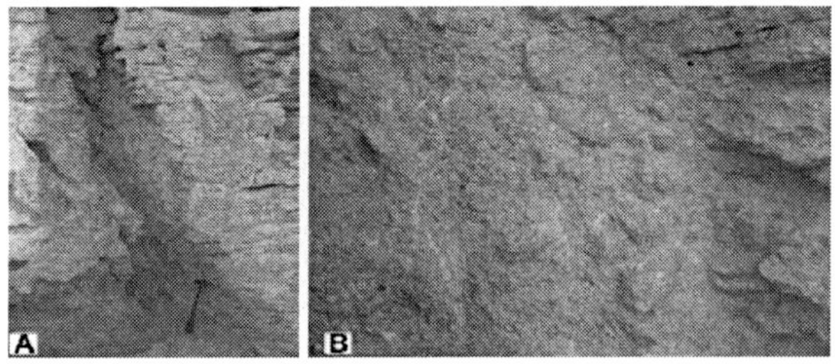

[사진 5-10] 단층코어(A)와 단층암(B)

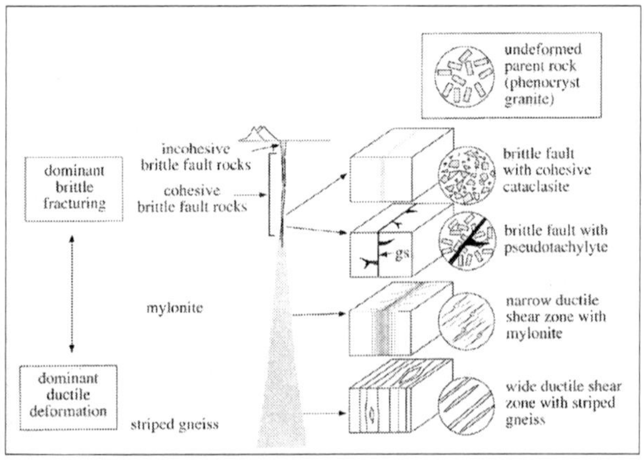

[그림 5-4] 단층암의 분류

단층암 분류 단층암은 다양한 크기의 암석파편과 암편을 포함한 세립의 기질로 구성되어 있다. 단층암 내에 모암의 잔류 흔적이 남지 않을 정도의 변형을 받을 경우에는 약한 엽리, 선구조, 광물의 선택배향 등을 가지기도 한다. 단층암은 기질의 함량, 암편의 고결과 미고결의 정도, 입도와 그 비율 및 세립 기질부의 엽상구조 등의 유무를 기준으로 하여 분류된다. 단층암은 단층의 공학적 특성을 결정하는 주된 물질로서, 단층으로 인한 문제는 불량한 단층물질에 기인한다. 단층물질의 특징은 단층 생성 당시의 단층물질 특징과 이후 열수 및 지표수에 의한 단층물질의 변질상태에 의해 결정된다.

		Non-foliated		Foliated	% Matrix
Incohesive		Fault breccia (>30% visible fragments)			
Incohesive		Fault gouge (<30% visible fragments)		Foliated gouge	
Cohesive		Pseudotachylyte			
Cohesive		Crush breccia (fragments > 5 mm)			
Cohesive		Fine crush breccia (fragments 1-5 mm)			
Cohesive		Crush microbreccia (fragments < 1 mm)			<10%
Cohesive	Cataclasites (Grain size reduction by cataclastic mechanisms)	Protocataclasite	Mylonite series (Grain size reduction by plastic def. mechanisms)	Protomylonite	10-50%
Cohesive	Cataclasites	Cataclasite	Mylonite series	Mylonite	50-90%
Cohesive	Cataclasites	Ultracataclasite	Mylonite series	Ultramylonite	>90%
Cohesive			Mylonite series (Grain size increase by recrystalliz.)	Blastomylonite	

[그림 5-5] 단층암의 분류

단층중첩 각각의 전단단열이 동일한 응력장에서 단층을 구성하거나 단층과 연관된 단열계라 하면, 단층운동이 진행됨에 따라, 지속적인 압축력 또는 전단응력으로 변형을 가중시키고 단층의 경사면을 중첩시켜 형성된 복잡한 단층구조를 단층중첩구조 또는 듀플렉스(duplex)라 한다. 듀플렉스는 특정 위치에서 집중적으로 단층면을 발달시켜, 결과적으로 단층대의 폭을 두껍게 하고 변형을 집중시킨다. 특히 조산대에서 강한 압축력에 의해 발달하는 충상단층(thrust)의 경우, 이러한 듀플렉스 구조의 형성으로 인해 급격한 압력변형을 발생시켜 대규모의 단층파쇄대를 형성하게 된다.

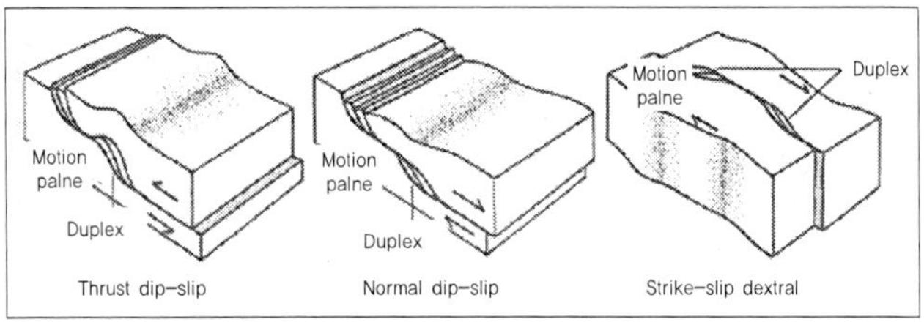

[그림 5-6] 단층중첩구조(duplex)

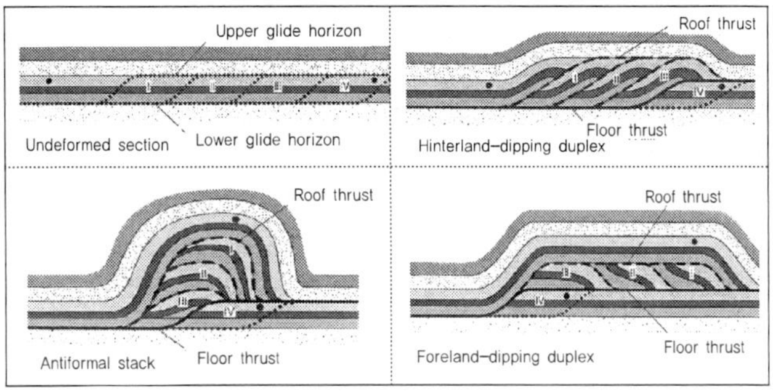

[그림 5-7] 트러스트에서의 듀플렉스

단층 분류 단층의 연장 및 폭, 형성과정, 지하수유동 등의 정량적, 정성적 분류기준에 따라 4~7등급으로 분류한다. 각 등급에서 단층의 연장과 폭의 수치는 다양하게 나타난다. 등급분류의 주요 인자는 단층의 규모에 해당하는 연장과 폭이지만, 등급에 따라 공학적 특성을 구분할 수 있게 한다. 국내의 파쇄대에 대한 특성을 조사하여 길이와 변위 그리고 폭에 따라 4등급으로 구분하였다.

[표 5-2] 단층분류기준

Pusch(1994)	배대석(1996)	이병주(1994)
1.광역단열대 연장 40~60km/폭 200~300km	F1 광역 구조선/지구조경계 연장 수십 km, 폭 수백m이상 대단층	F1 중대규모 단층의 단층대 연장 〉50km/폭 〉100m
2.국지 단열대 연장 : 4~6km/폭 10~100m	F2 국지 구조선 연장 수백 m, 폭 수m의 단층대	F2 소중규모 단층의 단층대 연장10~50km/폭10~100m
3. 소규모 국지 단열대 연장 : 100~1000m/폭 1~20m	F3 연장 십수 m / 폭 수m의 단층	F3 중소규모 단층 연장 1~10m/폭 1~10m
4. 분리단열계 간격 : 2~10m(평균 5m)	F4 중규모 단열(대) 연장 십수 m, 폭 1m 이하의 전단대	F4 소규모 파쇄대 연장 〈1k,m/폭 〈1m
5. 눈으로 식별되는 단열계 간격 : 0.2~1m	F5 연장 수 m규모의 대부분의 절리	
6. 현미경하 관찰되는 단열계 7. 광물입자 내의 불연속면	F6 육안/현미경에서 관찰되는 결정경계	

[표 5-3] 파쇄대의 분류(장태우, 1997)

등급	길이	변위	폭	기타
F_1	> 40km	수천 미터 이상	수십 미터 이상	추가령지구대, 양산단층(1%)
F_2	20~40km	몇 백 m~수천 m	십~수십 m	죽령단층, 십자가단층(5%)
F_3	1~20km	수 m~몇 백 m	수 cm~십 m	중소규모 단층(88%)
F_4	< 1km	수 m 이하	수 cm 이하	노두규모의 소단층(6%)

5.3 파쇄 암반에서의 Geo-Risk와 대책

단층대 터널링 주변암반과 단층파쇄대의 암반특성의 차이는 암반거동에 있어 심한 변형차이와 굴진에 따른 2차 응력의 분배에 영향을 미치게 된다. 또한 수압과 지하수 유동은 단층대를 따라 심하게 변하게 된다. 단층대에서의 터널 굴착 중 만날 수 있는 문제를 해결하기 위해서는 지반공학적인 조사와 단층대의 특성을 바탕으로 한 실제적인 3차원 지질모델링 수행을 통하여 적절한 대책이 수립되어야 한다. 또한 시공 중 암반평가를 실시하여 터널주변에 암반에 대한 구조지질적인 특성을 파악할 수 있도록 하여야 한다. 단층파쇄대 통과시의 터널링 리스크는 단층파쇄대의 특성에 따라 다르게 나타나는데 블록성 단층에서는 중력에 의한 슬라이딩과 낙석이, 각력질 단층에서는 파쇄 암편으로 인한 막장불안정, 점토질 단층에서는 전단파괴가 발생할 수 있다.

[표 5-4] 단층파쇄대 통과시의 터널링 리스크

Blocky Fault	Breccia Fault	Clay Fault
		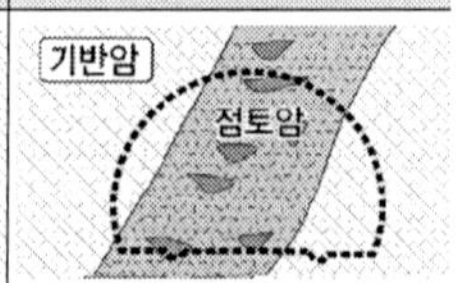
◦불연속면이 매우 많이 교차되어 형성됨 ◦중력에 의한 Block Fall이나 Slide 발생	◦각진/둥근 암편이 느슨하거나 심하게 파쇄 ◦경면을 갖는 충전물로 막장 불안정	◦얇은 판형, 전단파쇄, 경면, 풍화 매우 심함 ◦불연속면과 중력에 의해 전단파괴 발생

파쇄암반에서의 터널파괴모드 파쇄암반에서의 터널 굴착은 굴착중 터널붕괴, 과다변위 발생등과 같은 터널리스크가 가장 크다. Schubert 등(2000)은 암반상태에 따라 터널의 거동타입(Behavior Type)을 구분하여, 각각에 대하여 파괴모드와 해석모델을 제시하였다. 파쇄암반에 해당하는 거동타입으로, BT III은 암반의 지지력(load bearing capacity)이 초과되어 암반은 점차적인 전단파괴를 발생하여 대규모 소성변형이 일어나 과다변형을 발생시킨다. BT IV는 지하수와 관련된 취약한 파쇄암반으로서 다량의 지하수가 함유되어 있어, 굴착 중 지하수의 대량유립으로 터널의 대규모 파괴가 발생하는 경우이다.

[표 5-5] 파쇄암반의 파괴모드(Schubert, 2000)

	Failure Mode		Analysis Model
Behavior TypeIII	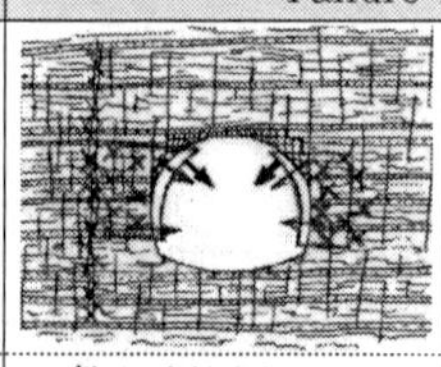	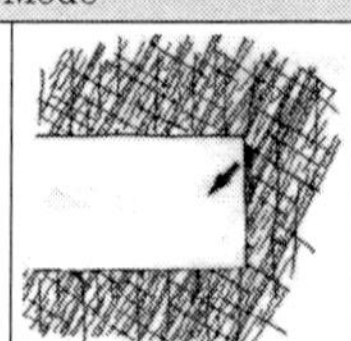	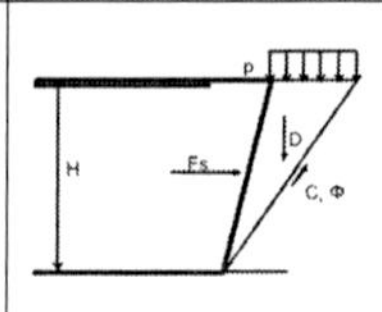
Behavior TypeIV	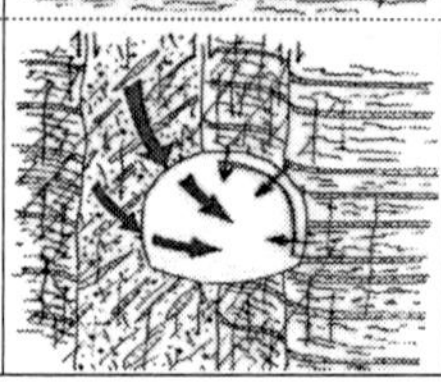	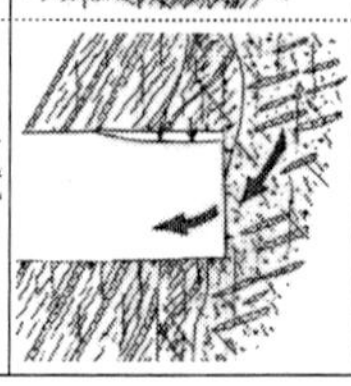	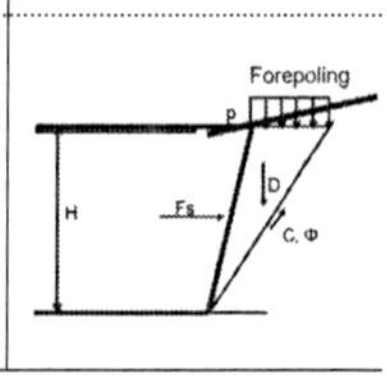

단층대 보강 터널 굴착 중 단층대통과시의 터널안정성은 단층대의 규모(크기)에 좌우된다. 소규모 단층파쇄대는 일반패턴 또는 휘폴링 보강하고 중규모에서는 보조공법으로 강관그라우팅공법을 적용한 별도의 단층대 지보패턴을 적용하고, 수치해석을 통해 지반조건을 고려한 최적 보강범위를 선정한다. 또한 용출수 예상구간에는 선진수평시추를 통해 용수출현 가능성을 예측하고 필요시 차수그라우팅 적용한다.

[표 5-6] 단층대 규모별 보강공법 적용

소규모 단층 1.0m 미만 / 1km 미만	중규모 단층 1~10m / 10km 미만	대규모 10m 이상 / 10km 이상

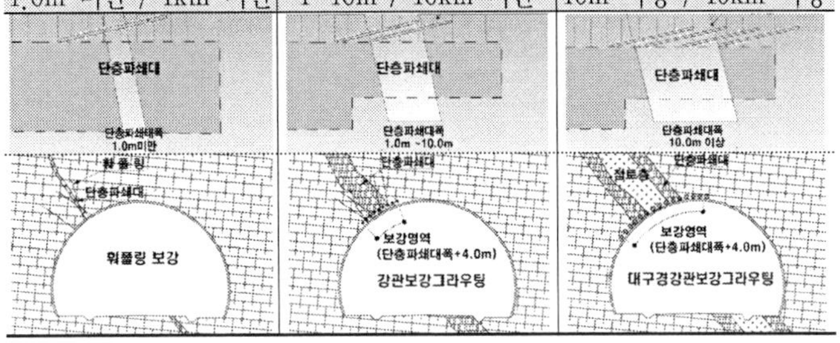

연약대 통과방안 연약대의 폭이 터널크기에 비하여 상대적으로 클 경우에는 일반적인 보강방법으로 터널의 안정성을 확보하는 것이 쉽지 않다. 이러한 경우에는 굴착과 동시에 콘크리트를 타설하고 막장터널천단에 포아폴링 또는 강관보강을 실시하도록 하여야한다. 특히 막장안정을 위하여 압성토를 실시하고 천정부에 거푸집을 설치하여 콘크리트를 타설도록 하고, 이와 같은 과정을 반복적으로 실시하여 연약대를 안전하게 통과하도록 하여야 한다.

[표 5-7] 연약대 통과방안

Step I 굴착전 파쇄대구간에 콘크리트 타설와 볼팅으로 보강	
Step II 굴착후 막장과 천정부, 측벽에 숏크리팅 가능한 포아폴링에 가깝게 시공	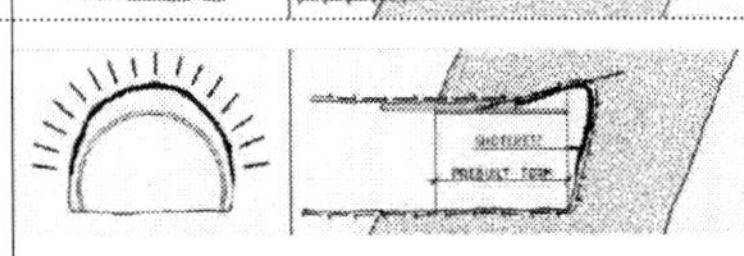
Step III 막장안정을 위한 압성토천정부에 폼을 설치 후 콘크리트 타설	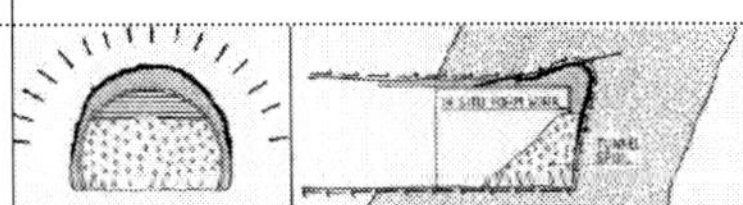
Step IV 폼제거 후 볼팅 천정부 볼팅	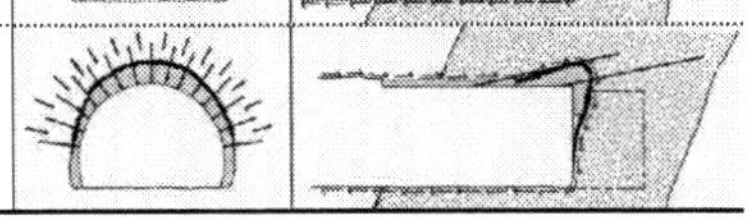

터널내 단층대 확인 터널 굴착 중 단층파쇄대에 정보를 사전에 파악하는 것은 터널의 안정성을 조기에 확보할 수 있어 매우 중요하다. 일반적으로 터널 내 탐사방법(TSP)을 이용하기도 하지만 막장면에서 선진보어링을 실시하거나 탐지공(exploratory drilling)을 실시하여 직접적으로 확인하는 방법이 있지만 시공성 등을 고려하여 결정한다.

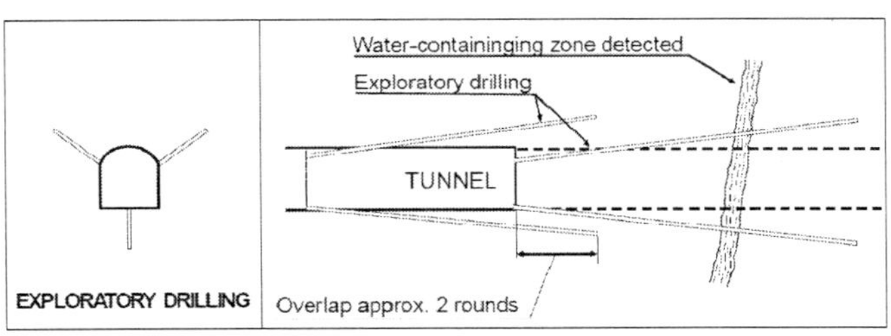

[그림 5-8] 단층대 탐지공

대규모 단층 터널시공 사례

터널현황 및 특징 경부고속철도 경주-울산 간에 위치한 복안터널은 지반상태가 매우 불량한 대규모단층(양산단층)대 구간(700m)을 통과하고 있고, 터널상부로 경부고속국도와 국도 35호선 미호육교를 횡단하게 되어 단층대 통과시의 터널안정성 뿐만 아니라 상부구조물의 안정성 확보가 요구된다.

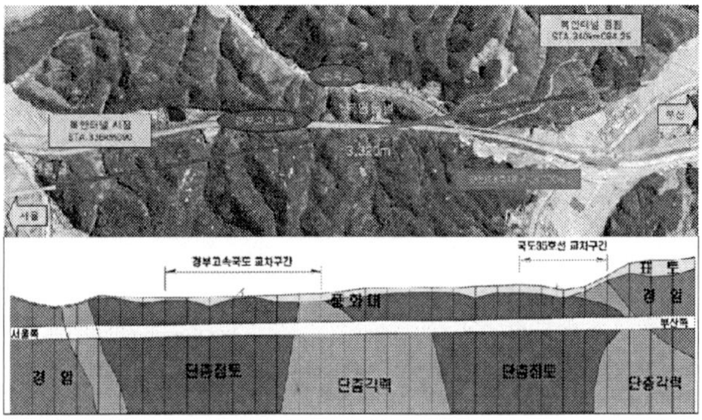

[그림 5-9] 단층분포 현황

단층 분포특성 양산단층은 단층선을 중심으로 동측부에는 퇴적암(셰일)이, 서측부에는 응회암이 분포한다. 양산단층에 사교하여 2차 단층이 발달하며 2차 단층의 주변은 심한 파쇄작용이 진행되어 단층가우지가 발달한다. 양산단층대의 폭은 50~130m이며 최대 시추심도(105m)까지 계속해서 단층대가 분포하는 것으로 확인되었다.

단층대 구분 변질과 파쇄정도에 따라 단층대를 공학적으로 구분하였다. 양산단층대 외곽부에 분포하며 변질작용과 파쇄작용의 영향을 받지 않은 비변질대(unaltered zone), 양산단층대 내에서 파쇄작용은 받지 않고 변질작용의 영향만을 받은 변질대(altered zone), 변질작용과 파쇄작용이 동시에 진행된 변질·파쇄대(altered, fractured zone), 극심한 파쇄작용을 받아 형성된 단층 가우지대(fault gauge zone) 등 4개의 대로 구분할 수 있다.

열수변질작용 구성광물의 분해, 화학성분의 용탈과 반응에 의한 새로운 광물의 형성, 이에 따른 입자 경계의 열림과 결합력의 약화, 미세균열의 증가와 공극의 발달 등은 암석의 물리적 특성을 변화시키고 궁극적으로 암반의 공학적 성질을 약화시킨다. 열수변질작용은 지반의 공학적 특성과 밀접히 관련되며 열수변질대를 기준으로 구분된 4개의 구역은 공학적으로 중요한 의미를 갖는다.

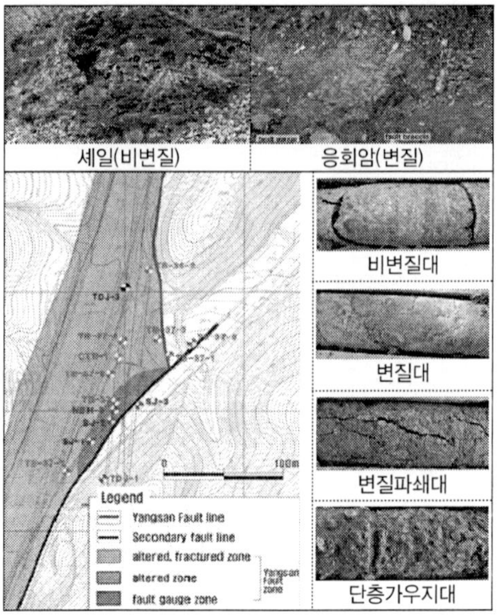

[그림 5-10] 단층대 분포특성(이창섭, 2009)

터널 변상현황 단층대 구간 굴착 중 굴착면 후방 L=30m 지점에서 과다변위가 발생하고, 이후 급격한 변위증가양상(최대 천단침하 398mm)과 숏크리트면 종 횡방향 균열 및 강지보 변형이 발생하였다. 또한 지상부에서는 지표침하(최대 137mm)가 발생하여 터널 직상부 국도35호선 미호육교 부근에서 균열 발생과 농경지 침하가 발견되었다. 응급조치로는 막장면 숏크리트 타설, 압성토 및 천단부 콘크리트 타설을 시행하였고, 지상부에서는 균열부의 그라우팅 시행, 지상충전 그라우팅 및 농경지 우수유입 방지조치를 시행하였다.

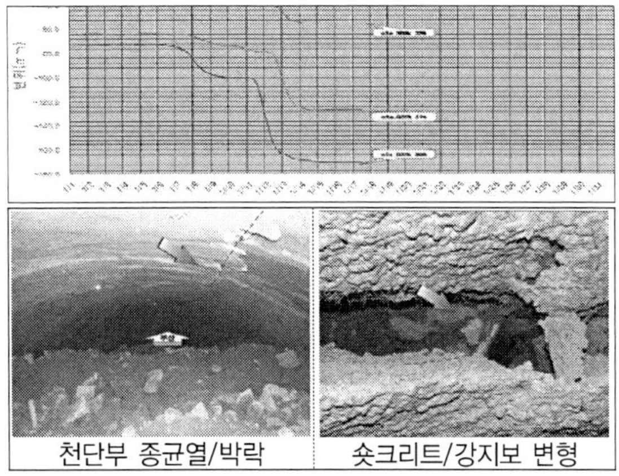

[그림 5-11] 터널변상과 계측변위 측정결과

터널 변상원인 단층대 지반에서 터널 굴착에 따라 소성압이 발생되고 시간경과에 따라 소성영역이 확대되어 종균열과 천정부 압좌가 발생하였다. 단층가우지 내 함수비가 증가함에 따라 고각의 절리와 층리면이 복합적으로 작용하여 터널거동이 점진적으로 발생하고 인버트 열화 후 좌상부 지반침하가 발생되었다.

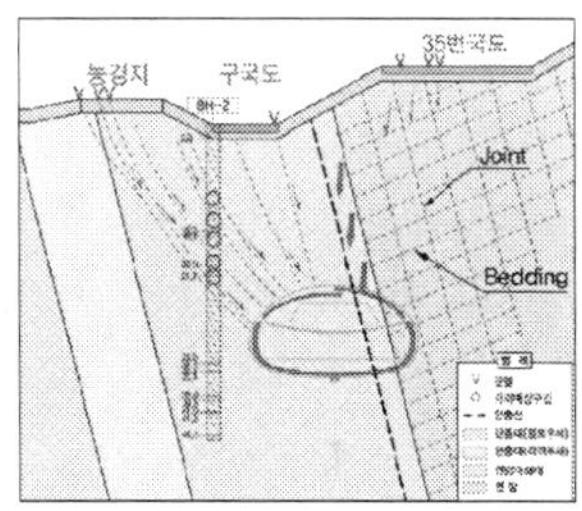

[그림 5-12] 변상발생원인

보강대책 지상부 시공가능 구간은 구조적 보강공법으로 활동방지와 지반보강 효과가 우수한 마이크로파일을 적용하되 보강위치는 지장물을 고려하여 선정토록 하였다. 지상부 지장물(경부고속도로, 국도35호선)간섭구간 터널내 상부는 대구경강관보강, 하부는 마이크로파일공법 적용하여 시행하였다. 표준지보패턴은 숏크리트 25m, 강지보 H-250을, 굴착공법으로 CD분할굴착공법을 적용하였다. 단층가우지내 팽창성 광물을 함유하여 하반굴착의 안정성 확보를 위해 강지보재의 규격보강과 인버트부 폐합으로 보완 시공하였다.

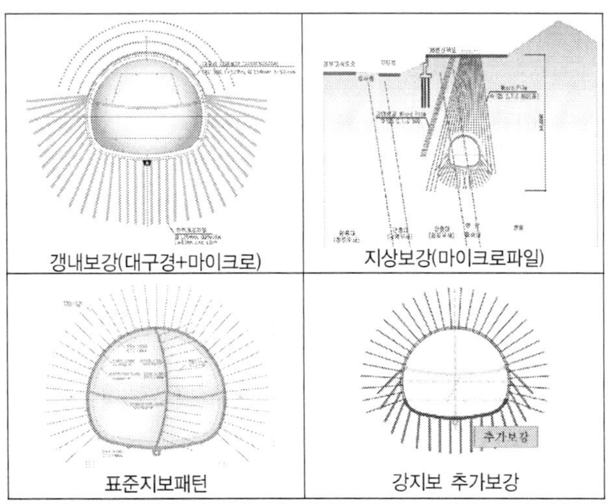

[그림 5-13] 단층대구간 보강대책

단층대 터널붕락사례 1

지질현황 및 특징 경기 편마암 복합체의 변성퇴적암류로 호상 편마암층과 규암층, 흑운모 편마암과 편암으로 구성되어 있다. 또한 터널중간에 백양리 대단층이 지나고 있다.

[사진 5-11] 편암

단층특성 단층대에는 단층점토가 관찰되고, 상대적으로 강한 석영맥에서 코어가 형성되었으며 단층점토는 매우 약한 강도를 보이며, 단층대는 완전 변질되고 매우 심한 파쇄상태를 보였다.

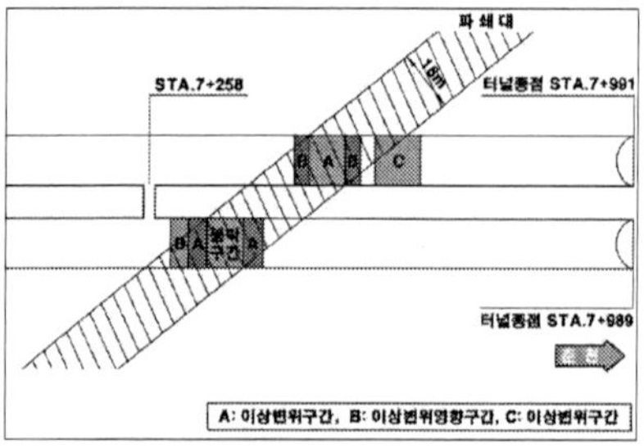

[그림 5-14] 단층특성

붕락현황 굴착 중 변위발생 속도가 급격히 증가하고 과다변위가 발생하여 임시보강작업 준비 중 붕락이 발생하였다. 1차로 붕락구간의 붕락면에 숏크리트를 타설하고, 2차로 붕락구간과 이상변위구간을 암버력 및 토사로 채워 붕락영향으로 터널의 진행성 붕락을 막아 안정성을 확보하였다.

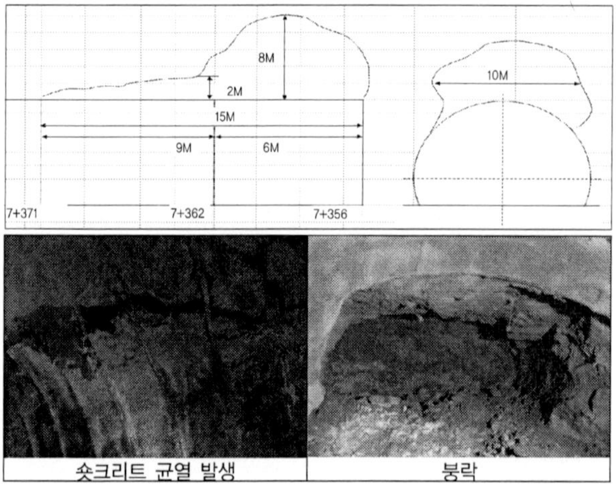

[그림 5-15] 터널붕락 현황

붕괴원인 분석 및 특징 상세 지반조사 결과 수십 m 규모의 단층파쇄대가 터널을 통과하고 있으며, 단층 내 단층가우지와 단층각력들이 터널 굴착 후 이완되면서 소성압에 의한 파괴가 발생한 것으로 판단된다. 본 현장은 굴착 중 발생하는 붕락특성과는 달리 굴착 이후 지보를 완료한 후 발생한 점이 특징이다. 이는 단층가우지 등이 지하수 및 강우 등에 영향을 받아 단층대 내에서 점진적인 소성영역 확장현상과 함께 시간 의존적으로 거동하여, 점진적으로 대형 변위가 장기간에 걸쳐 발생하여, 점차 큰 사하중이 숏크리트 라이닝에 작용하여 과도한 터널변형과 붕락을 초래한 것으로 판단된다.

보강대책 붕락부는 경량기포콘크리트로 채운후 지반과 일체화가 되도록 록볼트를 시공하였다. 강지보를 80cm 간격으로 설치하면서 대구경 강관다단그라우팅을 실시하여 터널붕락부와 주변에 이완된 붕락영향부를 보강하였다.

단층대 터널붕락사례 2

지질현황 선캠브리아기의 호상 흑운모 편마암, 화강암질 편마암, 반상 변정질 편마암 등의 편마암류와 이들을 관입하고 있는 맥암류로 구성되어 있다. 엽리가 발달된 호상 흑운모 편마암은 광역변성작용과 관입활동으로 인해 단층, 압쇄대가 많이 발달하고 심하게 교란된 불량한 암반상태를 보인다. 또한 규질석회암이 협재되어 있고 불연속면은 방해석, 녹리석 등이 피복되어 거의 경면(slicken side)에 가까운 취약한 불연속면상태를 보인다.

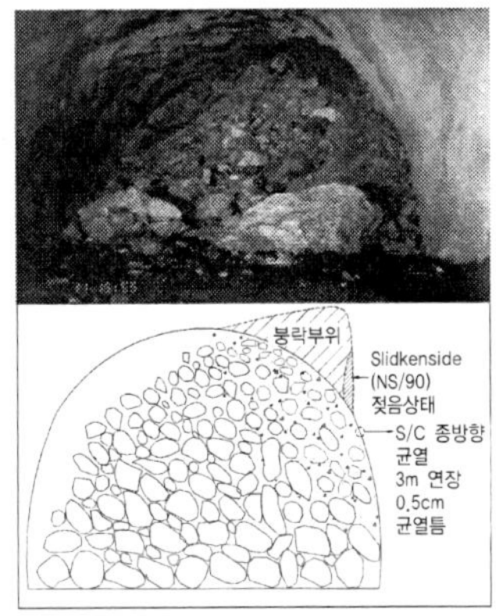

[그림 5-16] 터널 붕락현황

붕락현황 및 원인 터널 시공 중 터널 천단부에서 암반붕락이 발생하였다. 붕락규모는 높이 약 12m, 길이 약 40m 정도인 것으로 나타났다. 현장조사결과 터널붕락원인은 붕락구간을 통과하는 2개의 단층파쇄대(F3와 F4)가 직접적인 원인이 된 것으로 판단되며, 붕락형태는 붕락구간에서 두 단층이 교차하면서 형성된 쐐기형태의 붕락 또는 파쇄대구간의 암괴붕락일 것으로 분석되었다.

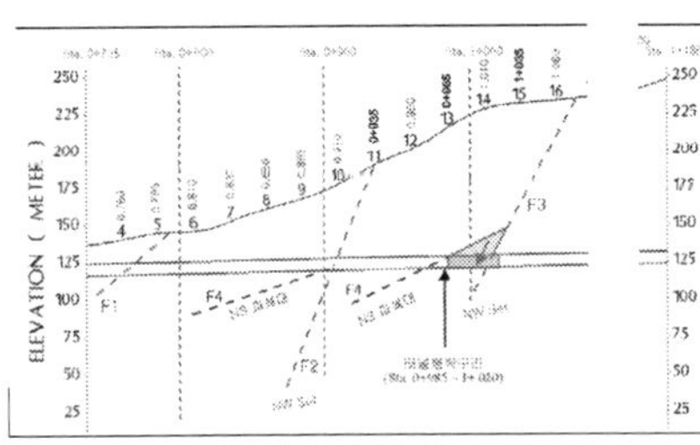

[그림 5-17] 터널붕락원인 분석

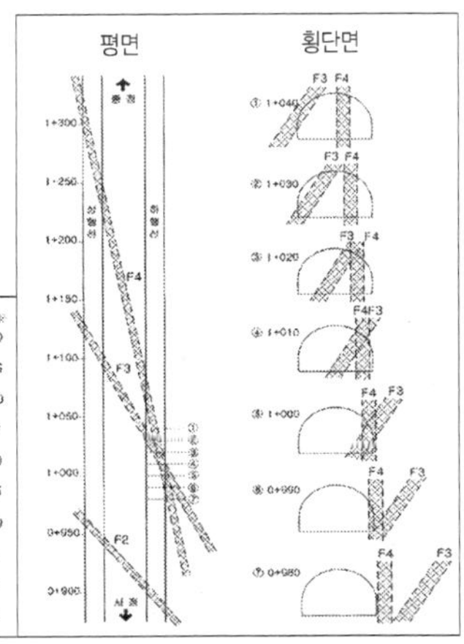

[그림 5-18] 단층분포

보강대책 붕락구간의 단층파쇄대를 고결 강화시키기 위하여 터널 내에서 시멘트 밀크 그라우팅을 실시하고, 이완된 암반하중을 경감시키기 위하여 터널 아치부에 강관보강 다단 그라우팅을 실시하였다. 적용지보패턴은 지보형식 6으로 바꾸어 반단면 굴착에 16cm 숏크리트와 4m 록볼트 및 강지보를 1m 간격으로 설치토록 하였다. 라이닝에는 터널 굴착 후 장기간에 걸친 지반압에 견딜 수 있도록 철근을 배근하였다. 그라우팅 이후 확인천공을 하여 그 효과를 검증하였다.

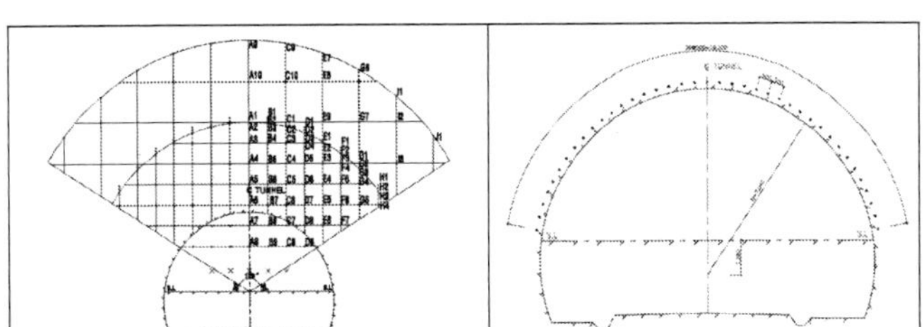

[그림 5-19] 터널 보강대책

파쇄암반(연약대)에서 암반사면 문제

단층대에서의 파괴 단층은 상대적으로 큰 규모의 불연속면으로서 단층면은 대체로 연약하고 풍화가 진전되어 나타나며 지하수의 누수통로가 된다. 단층은 파쇄대를 수반하거나 단층활면, 단층점토, 단층각력암 등이 발달되는데, 단층점토는 단층운동시의 파쇄작용에 의해 형성되거나. 단층면을 따른 열수변질작용 또는 지하수의 작용에 의해 형성된다. 단층면상의 단층점토, 단층활면, 파쇄대등은 강도정수가 낮아 쉽게 활동파괴가 발생하거나 변이가 발생한다.

[사진 5-12] 단층에 의한 사면파괴

관입암맥에서의 파괴 기존 암석중의 틈을 따라 수직으로 관입한 판상의 화성암체로서 판상체라고도 한다. 암맥은 주로 반심성암으로 되어 있고, 다른 암석과의 두 접촉면은 거의 평행하다. 암맥은 그 연장이 수 m~100 km 이상, 두께는 수 cm~수 100m에 이른다. 특히 주변암반과의 특성차이로 인해 연약대를 형성하며 그 접촉부를 중심으로 사면파괴가 발생하는 경우가 많다.

[사진 5-13] 관입암맥과 사면

지층 경계부에서의 파괴 상이한 지층이 접촉하는 경우는 단층, 부정합, 관입 등에 의할 수 있으며, 구조적인 접촉이 아니더라도 단순히 퇴적상의 변화나 퇴적환경의 변화에 의해 다른 종류의 암석이 접촉할 수 있다. 이 경우 접촉하는 암 사이에는 풍화에 대한 저항도나, 강도, 투수성 등의 차이가 있을 수 있으며, 그 결과 취약한 지층에 국한되어 사면파괴가 발생할 수 있다. 상이한 암석이 접촉하는 구간에서 풍화작용이 진전되어 사면 전체가 토사사면으로 분포하는 경우에 단순히 토사사면으로 간주하고 지질분포의 변화를 간과하는 사례가 빈번하다.

[사진 5-14] 관입암맥과 사면

단층대 암반사면 붕락사례

지질 특징 대상사면은 편마암 구간으로 최대높이 35m (소단 4개)로 계획되었으나 사면절취 중 파괴로 인해 3차에 걸쳐 사면경사 조정 및 사면보강이 시행되었다.

[사진 5-15] 사면현황

[사진 5-16] 1차 사면붕괴

붕괴현황 및 원인분석 사면절취 중 사면상부로부터 약 20m 굴착된 상태에서 단차 약 5.0m, 균열폭 2.2m~4.2m의 대규모 사면파괴가 발생하였다. 이는 사면 내 단층파쇄대면이 응력이완된 상태에서 단층면에 협재된 단층점토가 우수 등으로 인해 포화되면서 사면파괴를 초래한 것으로 판단된다. 단층면의 발달방향은 사면 절취방향과 약 30~50° 각도를 이루며 사면굴착에 따라 사면배면에 발달된 단층면 상부의 암괴 및 토괴가 앞쪽으로 이동되면서 사면붕괴가 발생되었다. 또한 기존의 단층면을 따라서 인장균열 및 표면암괴 탈락이 진행되는 양상을 보이는 등 면유실 형태의 2차 사면파괴가 발생하였다. 또한 보강공법으로 Soil Nailing을 적용하여 하단부 사면을 굴착하는 과정에서 인장균열이 크게 발생되면서 3차 사면파괴가 발생하였다. 깊이 4.0m, 폭 0.5m의 인장균열이 진행되어 단차가 발생되었다. 3차 사면파괴는 사면 내에 발달된 단층파쇄대가 완전히 제거되지 않은 상태에서 사면 앞부분이 추가 절취됨에 따라 사면 선단부의 전단저항이 크게 줄어들어 단층파쇄대면을 따라 암괴 및 토괴가 사면 앞쪽으로 활동한 것으로 추정된다.

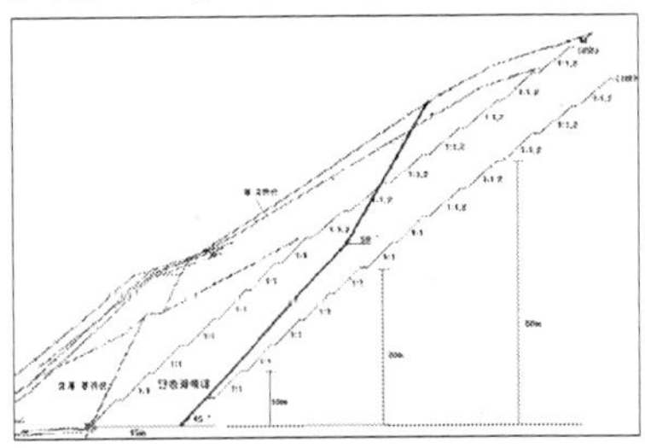

[그림 5-20] 단층파쇄대와 사면

[사진 5-17] 추가 사면붕괴

보강대책 사면파괴가 발생한 구간을 재절취하고, 단층파쇄대가 발달한 구간을 배제하도록 사면경사를 완화하고 3차 파괴가 발생된 사면하부는 옹벽 및 영구 Anchor로 보강하는 방안을 적용하여 소구경 말뚝을 시공하여 안정성을 확보하도록 하였다.

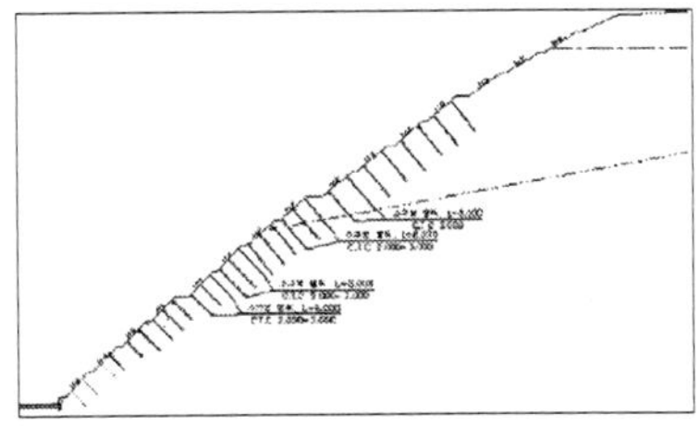

[그림 5-21] 보강대책

대규모 단층 암반사면 붕락사례

지질현황 기반암은 조면암과 이암질 응회암이며, 상부 조면암은 괴상의 암체로 신선한 상태로 보이나, 하부에 이암질 응회암이 층상으로 분포하고 풍화에 약하여 풍화잔류토~풍화암 상태이다.

[사진 5-18] 사면붕괴 현황

사면 현황 및 원인 공사 중 대절취 비탈면에 집중강우로 인하여 다수의 인장균열과 변위가 발생하고 3차의 대규모 붕괴가 발생하였다. 1차 붕괴는 연장 180m 구간에 약 3m의 단차와 인장균열이 발생, 비탈면 완화(1:1.5)와 억지말뚝3열을 보강하였다. 2차 붕괴는 연장 30m 구간이 붕괴되고 인장균열 발생, 억지말뚝 시공부에 Mini 강관말뚝을 추가 시공하여 보강한 상태였다.

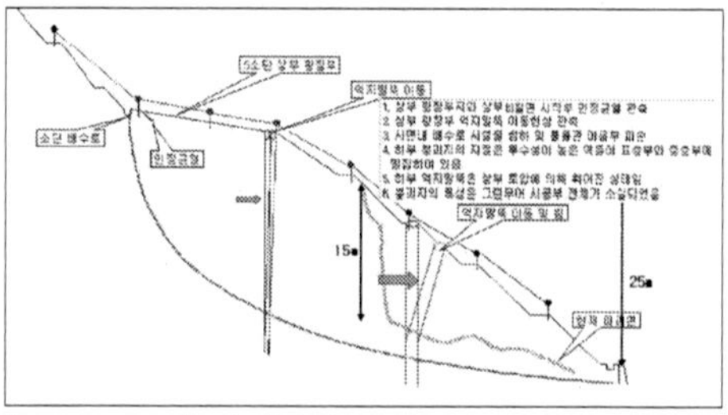

[그림 5-22] 사면붕괴 특성

붕괴 원인은 단층대의 지반교란 및 지하수에 의한 급격한 풍화현상으로 점토된 연약대를 따라 활동이 발생한 것으로 판단된다. 활동면은 지표하 25m의 범위 내에서 형성되었다. 이 활동면은 단층파쇄대 내의 점토성분이 혼재된 층으로 단층면에 수반된 저부의 층리면이 활동면으로 작용한 평면파괴로 판단된다.

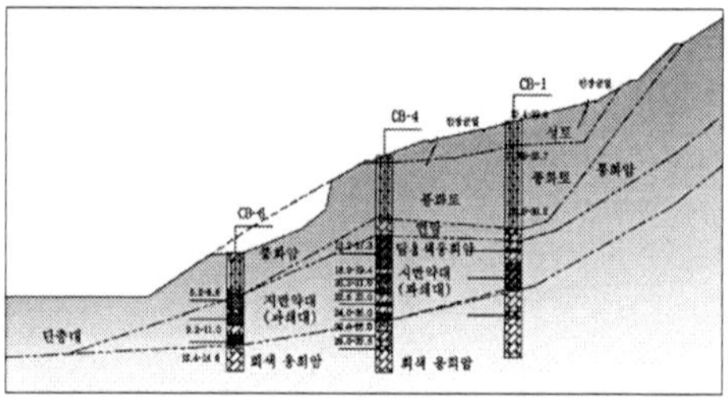

[그림 5-23] 단층 파쇄대 분포

보강대책 비탈면은 기반암 노출에 따른 풍화로 붕괴진행 중 또는 붕괴 위험성을 내포한 구간으로 구분하여 붕괴가 진행 중인 위험구간은 억제공법으로 계단식 옹벽+록앵커+강관파일을 적용하고, 잠재적인 붕괴위험구간은 록앵커+강관파일을 적용하여 장기적인 안전율을 유지하고 절취를 최소화하도록 하였다.

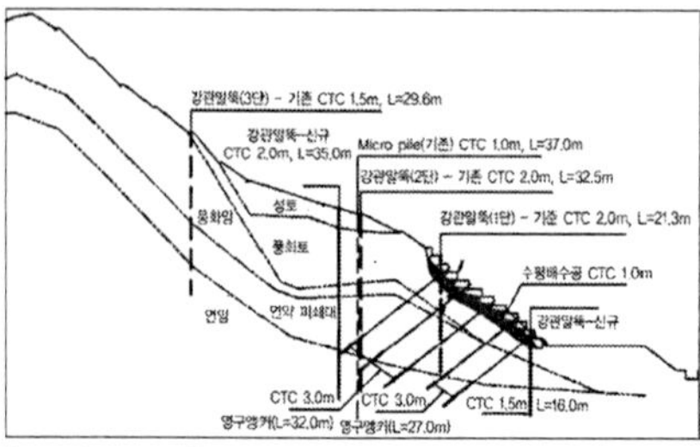

[그림 5-24] 보강대책

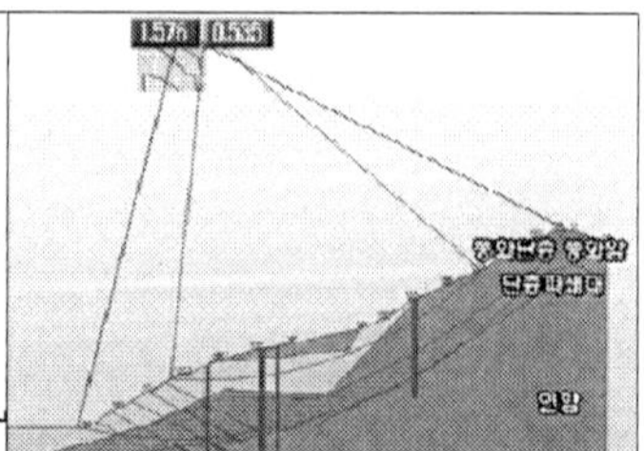

[그림 5-25] 안정성 해석

관입암맥 암반사면 붕락사례

지질 특징 대상사면은 연장 110m, 최대 절취고 약 39.4m의 대규모 암반사면으로 천매암질 변성퇴적암류와 이를 관입한 화강반암(산성암맥)이 분포하며, 엽리 등의 불연속면이 발달하고 있고 전반적으로 암회색~흑색을 띠며, 지표노두에서는 풍화되어 대부분 소규모 판상의 암편으로 분리되어 있다. 화강반암은 상대적으로 풍화에 강한 편이나 부분적으로는 암질 간의 차별풍화양상이 관찰되며 암종 경계부에서는 파쇄대가 발달하고 있다.

[사진 5-19] 관입암의 사면

붕괴 현황 및 원인분석 사면 절취 중 이완된 천매암의 엽리면과 암종 경계면을 따른 평면파괴가 발생하였다. 강우에 의한 절취된 사면에 간극수압이 증가하여 부분적으로 사면 표면부 유실이 시작되면서 대규모 활동으로 진행되었다. 붕괴원인으로는 암종 경계부에 관입 접촉에 의한 단층파쇄대가 발달하고 있으며 파쇄대 내에는 엽리면의 경사방향 및 경사는 사면의 방향성과 거의 유사하여 평면파괴의 가능성이 크며, 관입 파쇄대 또한 파괴면으로 작용했을 것으로 판단된다. 또한 단층파쇄 내 점토물질이 협재되어 있고, 강우에 의한 침투수 등으로 인하여 불연속면의 전단강도 저하가 가중되어 표층부에서 심층부로의 파괴범위 확장된 것으로 분석되었다.

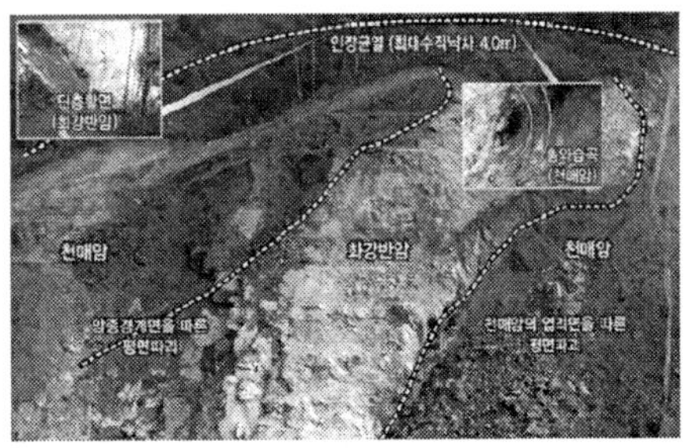

[사진 5-20] 사면붕괴 현황

보강 공법 본 대상사면의 보강공법으로 사면경사 완화, Anchor, 말뚝공 등이 적용 가능할 것으로 검토되었으나 활동에 의하여 이미 이완이 발생한 층을 제거할 수 있는 경사 완화공법(사면구배 : 1:1.7)의 적용이 가장 타당한 것으로 판단되었다. 사면 하부에는 터널 갱구 배면 옹벽과 일체감을 줄 수 있는 PAP 옹벽공법의 적용으로 사면 절취면적을 최소화 할 수 있도록 계획하여 사면 안정성을 확보하였다. 또한 풍화에 의한 사면 안정성 저하 영향이 클 것으로 예상되므로 섬유거푸집 몰탈격자블록에 의한 사면 보호식생공법을 적용하였다.

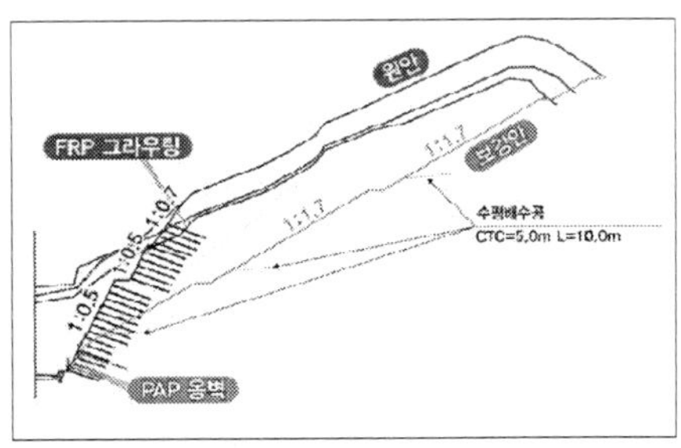

[그림 5-26] 보강대책

미고결 연약 암반

Uncemented Weak Rock mass

미고결 암반 미고결 또는 반고결 상태의 퇴적층과 현무암 또는 안산암 등의 강한 암석이 혼재되어 나타나므로, 충분한 지질에 대한 이해가 없을 경우, 건설 과정에서 많은 어려움을 초래한다. 연약한 충적층 내에 단단한 거력이 존재하는 등 지층 자체의 불균질성뿐 아니라, 단단한 현무암 아래 미고결의 충적층이 존재하는 등 수직적으로 심대한 불균질성이 나타날 수 있는 지질 조건을 가지고 있다. 이러한 지질 특성은 신생대 지층이 비록 국내에 소규모 지역에 국한되어 발달해 있지만, 이에 대한 특성을 고려하지 않을 시에 지반 상태에 대한 오판을 초래하여 설계나 시공에 심대한 차질을 빚을 수 있으며, 더 나아가 재해의 원인이 되기도 한다.

미고결 지층 동해안을 따라 삼척, 영해, 포항, 울산 지역은 신생대 제3기 동안 형성된 미고결 퇴적층이 분포한다. 이 지역의 퇴적암은 제3기 말기의 지반융기로 인해 속성과정이 중단되어 미고결 상태를 보이며 공학적으로 암석과 퇴적물의 특성을 동시에 보이고 있다. 미고결 지층의 연약한 지반특성은 일반적인 암석과 달리 풍화에 의한 것이 아니며 지반의 거동이 풍화암과 상이하므로 암반분류와 지반정수 산정 시 고결된 암반과는 다른 적용기준이 필요하다. 본 지층의 가장 큰 특성은 공간적 불균질성에 있다. 즉 지반의 상위에 단단한 물질이 존재하고 그 하부에 연약한 물질이 놓이는 경우로 충적층 상부에 화산암 분출하는 경우와 연약한 기질에 단단한 역을 포함한 경우이다. 따라서 신생대 지층의 경우, 지반조사 시 주의를 기울이지 않으면 지반 상태에 대해 오판할 가능성이 높다. 또한 상세하게 구분된 지질단위의 분포 및 수리·역학적 특성에 대한 지질공학적 특성화가 수리·역학적 구조물 해석에 활용되어야 한다.

[사진 6-1] 미고결 암반(이암)

6.1 미고결 퇴적층

고결작용 떨어져 있던 퇴적물 입자 또는 광물이 교결물질의 침전으로 공극률 감소와 함께 굳어 퇴적암화되는 작용을 말한다. 퇴적물이 퇴적암으로 되는 과정을 속성작용이라 하는데, 여기에는 퇴적물의 자체 하중에 의해 일어나는 압축작용(compaction)과 교결물질에 의한 교결작용(cemetation)이 있다. 지하수가 공극을 통하여 이동할 때 교결물(cement)이라 부르는 고형물질들이 공극 내에 침전되어 미교결의 퇴적물입자들을 서로 묶어주어 단단한 암석을 형성하도록 한다. 이 교결물은 입자들에 매우 단단히 부착되어 단단한 틀 속에 이들 입자들을 고정시키는 역할을 한다. 교결물이 공극을 부분적으로 채우거나 거의 완전히 충신함에 따라 진체의 공극률은 더욱 감소하게 되어 미교결 입자들이 단단한 퇴적암으로 되는 과정을 교결작용이라 한다. 보통 볼 수 있는 교결물질은 탄산석회·규산·산화철 등으로, 쇄설물과 함께 퇴적하거나 순환수에 녹아서 퇴적물 안에 운반된다. 이 작용 때문에 퇴적물의 공극률은 감소되고 경화되어 간다.

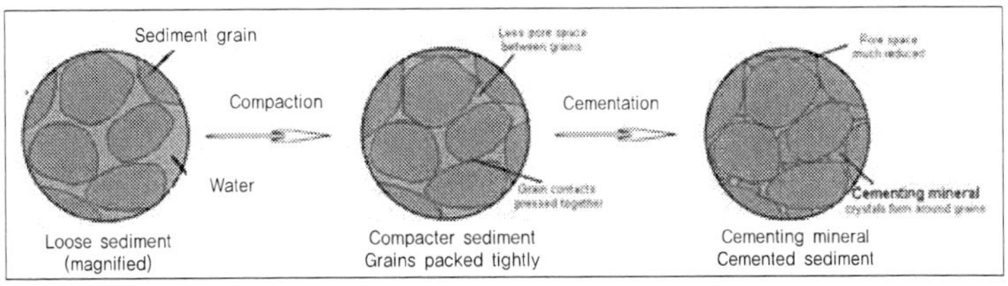

[그림 6-1] 속성작용(compaction and cementation)

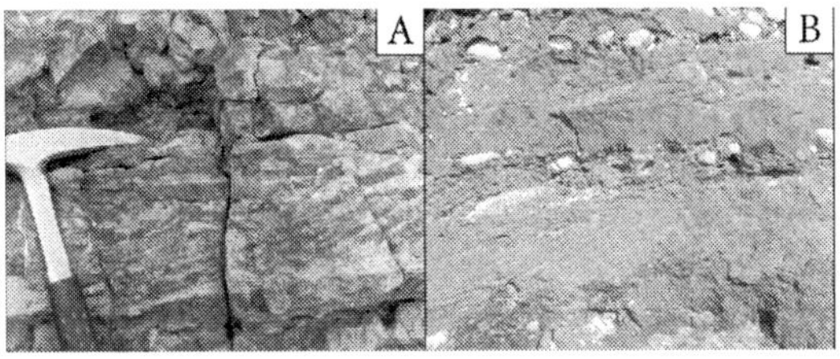

[사진 6-2] 퇴적층(A. cemented B. Unconsolidated)

미고결 퇴적층 퇴적물이 굳어져 암석이 되는 과정에 있는 아직 굳어지지 않은 암석으로 비교적 균열이 적고, 있다 해도 암체의 역학적 성상에서는 그리 영향을 주지 않기 때문에 흙과 같이 연속체에 준한 취급이 가능한 것이고, 암석이나 흙과 달라서 굴착할 때는 암체의 성질이 급속히 변화하고, 그 정도가 큰 것이다. 또 암석과 달리 함수상태의 변화에 대해서 민감하지만, 흙과도 다른 성상을 나타낸다. 따라서 미고결 퇴적층의 성질을 다루는 경우에는 강도, 변형성 등의 특성 이외에 함수상태 및 열화 정도를 종합적으로 평가하는 것이 중요하다.

[사진 6-3] 미고결 퇴적층

6.2 미고결 암반 – 신생대 지층

신생대 지층 국내 분포가 소규모이며, 대부분 동해안을 따라 분지 퇴적층 또는 단구 퇴적층으로 분포하거나, 제주도 또는 전곡 등의 현무암 등 화산암으로 분포한다. 제3기층은 포항-경주 일원의 양남분지와 포항분지에 분포하며, 주로 석영 안산암질 화산암과 응회암 및 응회질 이암 또는 사암, 역암이 이에 해당한다. 제4기층은 산록의 낮은 경사 지역이나, 계곡 및 평야 지대에 미고결 상태의 퇴적층과 현무암 등 화산암 등이 주로 나타난다.

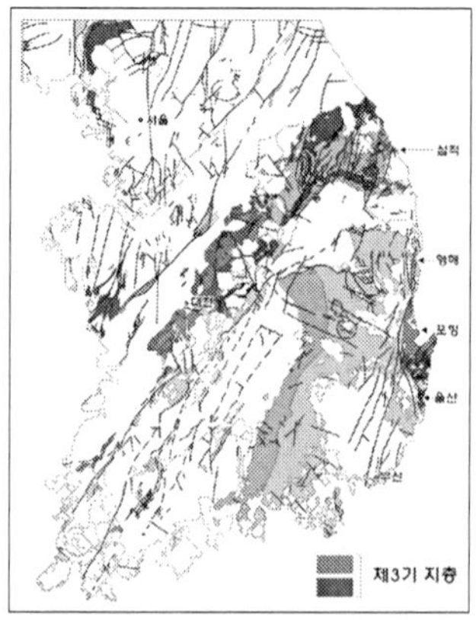

[그림 6-2] 신생대 지층

제3기층 경상분지 동편의 포항-장기 지역 일대에는 퇴적층과 화산암류로 구성된 제3기 퇴적분지가 발달하며, 포항지역은 백악기 퇴적암류, 제3기의 화산암류를 기반으로 우향 및 좌향의 주향이동단층과 정단층들에 의해 구분되는 포항분지, 장기분지, 울산분지 등의 제3기 퇴적분지로 구성되어 있다. 포항분지의 제3기층은 하부로부터 단구리역암, 천고사층, 이동층과 두호층으로 구분되며 이중 상부의 이동층과 두호층은 미고결 이암으로 구성된다.

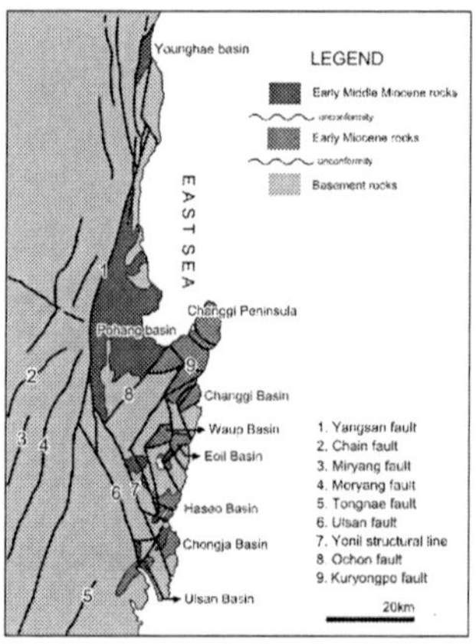

[그림 6-3] 포항분지

제4기층 전곡 한탄강 일대로 선캄브리아기 변성암을 신생대 제4기 퇴적층(백의리층)과 그 상위의 현무암(전곡현무암)이 부정합으로 덮고 있는 지역이다. 백의리층은 제4기 분출현무암 직하부에 반원통형으로 분포하는 고화되지 않은 고기하성층(구하상 퇴적층)으로, 경기변성암복합체를 부정합으로 덮고 있다. 주로 변성암으로 구성된 역은 사질 또는 점토질 물질과 함께 사력층을 이루면서 해발고도 30~90m 구간에 지역에 따라 불규칙적이나 대체로 1~3m 내외 층후로 분포한다. 전곡현무암층은 변성사질암류, 화강섬록암, 퇴적암, 유문암질 화산암, 백의리층을 분출하여 덮고 있으며 한탄강변을 따라 현무암대지 및 수직절벽을 형성하고 있다. 백의리층과의 경계에서 공동을 형성하고 있으며 3~4차례의 분출상을 보인다.

[사진 6-4] 전곡리 제4기층

미고결 이암층(포항) 본 층의 두께는 150~200m 정도이며, 고화된 정도가 상이한 사암과 이암이 호층으로 발달하여 층리 발달이 양호하며 암종의 차이에 따라 공학적 성질이 매우 복잡하다. 또한 점토광물 구성비가 50% 내외이며, 팽윤성의 몬모릴로나이트가 많이 포함되어 있어 슬레이킹 현상이 일어나기 쉽다. 완전히 고화되지 않은 상태에서 지반융기로 인해 지표에 노출되어 암석강도 차가 상이하다. 암회색~담회색의 이암이 우세하며, 구성광물은 석영, 장석 및 카올린, 몬모릴로나이트 등의 점토광물로 되어 있다.

[사진 6-5] 미고결 이암(포항)

미고결 역암층(경주) 본 층은 직경 1m 이상의 거력을 포함하여 다양한 크기의 화강암 또는 안산암의 역과 사질 또는 이질의 연약한 기질부로 구성되어 있다. 기질부는 점토광물이 다량으로 포함되어 있어 팽창성 암반상태를 유지하고 있다. 역암층은 토사의 압밀영역으로부터 교결작용영역에 이르는 과정에 있으며, 역과 기실부 사이의 틈, 역임층 자체의 절리들도 비교적 발달하고 있는 상태로 이들 역암층 사이에는 사암과 박층의 갈탄층들이 협재, 이방성을 보이고 200m 이상의 층후를 가진다. 역이 전체 암석의 50~70%를 차지한다.

[사진 6-6] 미고결 역암층(경주)

미고결 퇴적층(전곡) 본 층은 제4기 분출현무암 직하부에 발달하는 고화되지 않은 고기하성층으로 이의 역은 주로 경기변성암복합체의 구성암석인 편마암, 편암 및 규암, 화강섬록암으로 되어 있고, 원마도는 양호하다. 역들은 분급이 불량한 편이고 사질 또는 점토질 물질과 함께 사력층을 이루며 층후는 지역에 따라 불규칙적이나 대체로 1~3m 내외이다. 거력(boulder)의 지름은 약 1~30cm 정도로 다양하며, 상향 세립화를 보인다.

[사진 6-7] 미고결 퇴적층(전곡)

연약암(Weak Rock)

특성 연약암은 흙과 경암의 중간적인 단계로서 지질학적 과정에 의해서 상호 연결되어 있으며, 그 경계는 명확하지 않다. Sciotti(1990)에 의하면 연약암은 높은 변형성, 물과 온도에 대한 강한 의존성, 변질되기 쉬운 특성을 갖는다고 하였다. 특히 물과 공기 중에 노출되면 짧은 시간 내에 쉽게 부서지는 특성을 가진다.

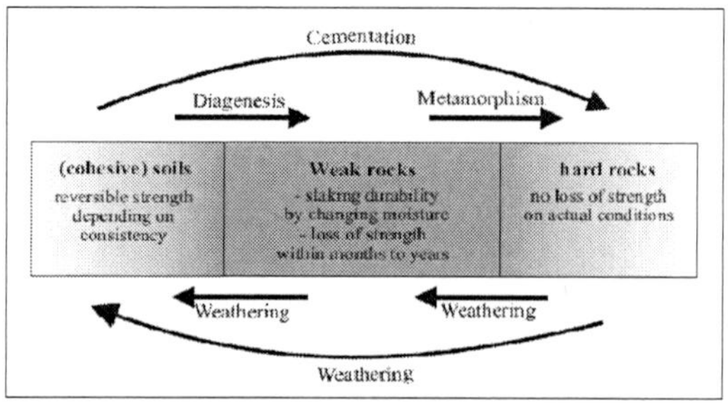

[그림 6-4] 흙과 경암 사이의 연약암(IAEG, 2006)

정의 공학적 관점에서 연약암을 정의하는 가장 일반적인 방법은 암석의 단축압축강도(UCS)를 사용하는 것이다. 국제암반역학회(ISRM)에서는 0.25~25MPa를 extremly weak~weak rock으로 분류하고 있으며, 그 밖의 수많은 분류기준을 정리하면, 연약암의 범위는 일반적으로 0.25~1.2MPa에서 12~25MPa까지이다. 하한치(흙과의 경계치)는 수침 시 점착성 결합의 손실로 정의할 수 있으며, 상한치(연약암과 경암의 경계치)는 15MPa가 적정하지만 해당 암반특성에 따라 달라질 수 있다. 또한 단축압축강도와 영률에 의한 Deere의 분류표에서 weak rock은 강도가 매우 낮고(E, very low) 낮은 변형계수비(low modulus ratio) 해당하는 암반을 의미한다(Martin, 2003). 연약암은 이암, 점토셰일, Marl을 포함하는 퇴적암과 응회암, 각력을 포함하는 일부 화산암 그리고 열수변질작용을 받은 모든 종류의 변질암, 단층이나 전단대에서 나타나는 연약대가 해당한다.

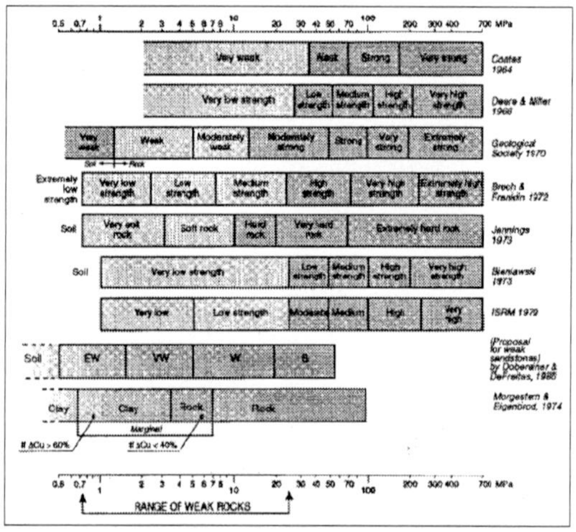

[그림 6-5] 강도에 따른 연약암 분류(Russo, 1994)

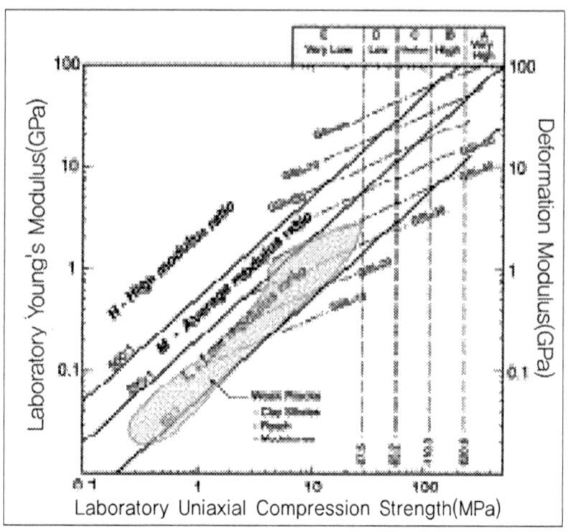

[그림 6-6] Weak Rock(Martin, 2003)

기질 블록암(Block in Matrix Rock, BIM Rock)

특징 다양한 지질학적 기원에 의해 흙과 암석의 혼합상태로서 미세한 입자의 결합된 기질(marix)에 공학적 특성을 갖은 블록(block)의 혼합체(mixture)로 정의한다(Medley, 1994). 이러한 기질암에서는 기질과 블록의 강도, 크기범위 및 체적비 등이 전체적인 암반의 특성을 결정한다. 풍화암반에서의 핵석, 단층대에서의 단층암(단층점토와 각력), 미고결 퇴적층에서의 역암층(점토와 각력)이 대표적인 기질 블록암의 예로 복합암(complex rock)의 특성을 가지므로 공학적으로 특성을 평가하기가 매우 어렵다. 기질 블록암에서 기질 내 블록의 특성을 파악하기 위하여 블록크기를 측정하고 시험을 실시하여 크기와 분포특성 그리고 강도특성을 파악하도록 한다.

[사진 6-8] 기질 블록암(BIM)

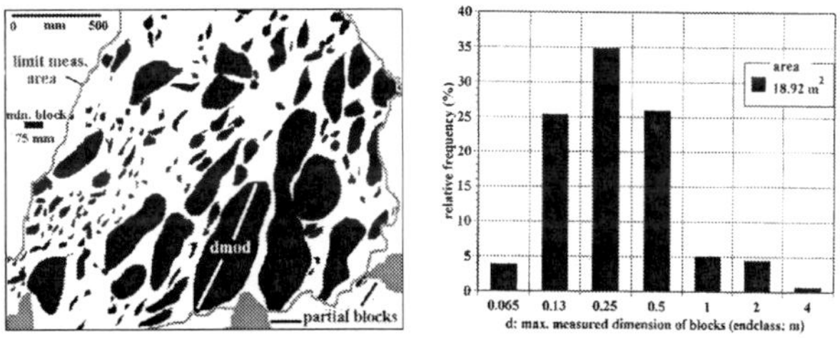

[그림 6-7] 블록사이즈 분포특성(Medley, 1994)

사례 대표적인 기질 블록암은 제3기 지층인 미고결 역암층(송전층)이다. 본 층은 부분적인 균열만 발달하고 있을 뿐 연장성이 있는 절리면의 발달이 거의 없어 절리간격이나 절리면 상태를 평가할 수 없는 괴상의 연약암에 해당한다. 역의 구성은 화강암이 주이고, 역이 전체의 50-70%를 차지하며, 역의 압축강도는 900-2,500kg/cm^2, 기질부의 일축압축강도는 38-485kg/cm^2 조사되었다. 미고결 역암층에 대한 암반분류는 함수상태와 고결도가 따라 구분하였다. 함수상태를 대분류기준(I, II)으로, 고결도를 소분류기준(a, b)으로 정하였다. 고결도는 역과 기질의 결합사태와 분리 정도에 따라 구분하였다. 전체적으로 총 4개의 암반(Ia, Ib, IIa, IIb)으로 분류하였다.

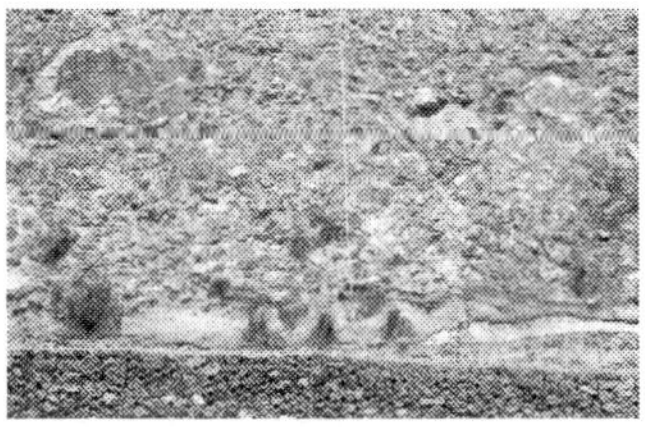

[사진 6-9] 미고결 역암층

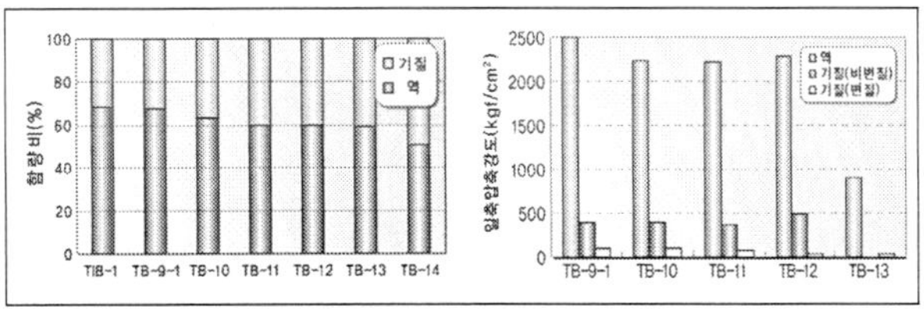

[그림 6-8] 기질과 역의 특성

[표 6-1] 미고결 퇴적층의 암반분류

암반분류	역암 I		역암 I	
	Ia	Ib	IIa	IIb
역 함 량	60% 이상		60% 이상	
강도 특성	30~50MPa		5~10MPa	
함수 상태	건조	건조	습 윤	습 윤
결합 상태	치밀한 결합	약한부분	치밀한 결합	역과 기질분리

6.3 미고결 암반에서의 Geo-Risk와 대책

미고결 퇴적층 터널시공사례(각력암)

터널 및 지질 본 터널은 강원도 동해에 건설되는 연장 512m의 고속도로터널(북평 1터널)로서, 석회암층, 규암층 그리고 신생대 제3기층이 기반암으로 분포하고 있다. 제3기층은 미고결 퇴적층으로 터널구간에 걸쳐 분포하며 대부분 토사/역으로 이루어져 있으며, 절리발달이 거의 없는 상태이며, 고결도 및 강도가 매우 약하여 기계굴착으로 시공하고 있다.

[사진 6-10] 미고결 퇴적층 - 터널 굴착

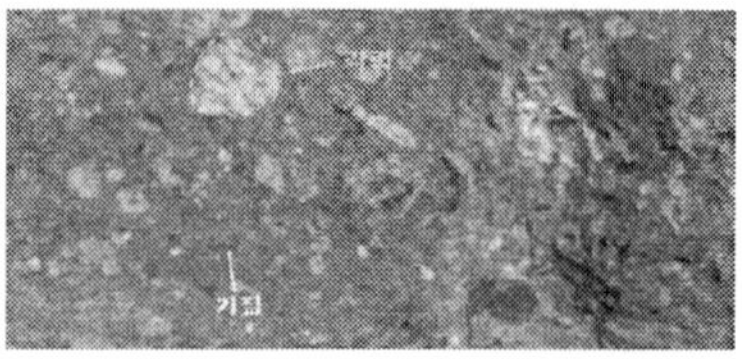
[사진 6-11] 미고결 퇴적층-각력과 기질

미고결 퇴적층 분류 본 층은 각력과 각력의 공극을 채우고 있는 기질(Matrix) 성분으로 구성되어 있어, 공학적 거동은 각력과 기질의 성분 및 강도, 변형특성 등에 의해 좌우된다. 미고결 퇴적층의 고결 정도를 정량화하기 위해 점하중시험 및 슬레이킹시험을 통한 분석을 수행하였다. 각력과 기질의 고결상태와 점하중강도와 슬레이킹 내구성지수(Id3)로부터 미고결 퇴적층을 분류하였다. 먼저 고결도가 매우 불량한 경우와 비교적 양호한 경우로 구분하여 기질 기준 1MPa과 5MPa을 중심으로 미고결 퇴적암 암반을 분류하였다. 슬레이크 내구성 지수의 경우는 기질의 3-cycle 슬레이크 내구성 지수(Id3) 60%를 고결도의 판단기준으로 결정하였다. 또한 본 층은 용출수에 의한 강도 저하가 발생하므로 지하수 상태를 고려하도록 하였다.

[표 6-2] 미고결 퇴적층의 암반분류

암반분류	P-1	P-2	P-3
	양 호		불 량
고결 상태	역과 기질 치밀	역과 기질 치밀	역과 기질 분리
습윤 상태	건조	젖어 있음	물방울 떨어짐
점하중강도(MPa)	〉5	1~5	1〈
슬레이킹지수(Id3)	〉60%	60%〈	60%〈

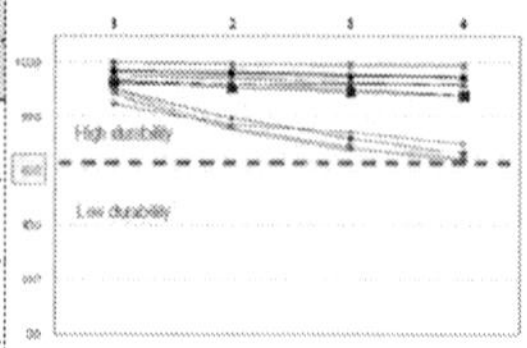

Slaking test 결과

보강대책 불량한 미고결 퇴적층에서의 굴착공법은 기계굴착의 링컷굴착(굴진장 80cm)을 적용하고 가인버트를 설치하였다. 주지보로서 숏크리트 30cm, 강지보 H-150, 보조공법으로 직천공 강관다단그라우팅과 하부 인버트 설치, 하부 그라우팅, Elephant Foot 및 레그파일을 설치하여 터널의 안정성을 확보하도록 하였다.

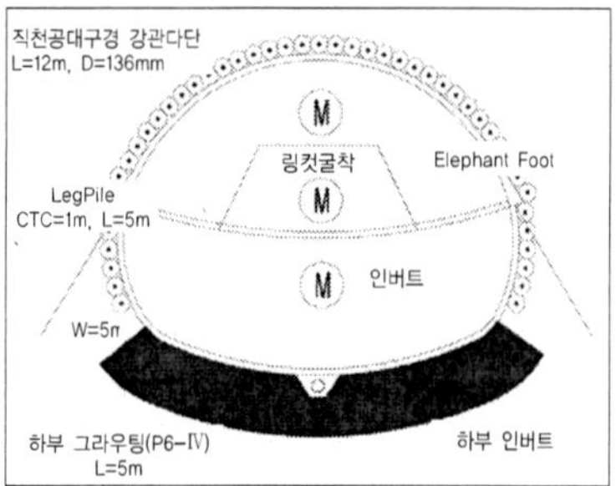

[그림 6-9] 보강대책(P-3)

미고결 이암층 터널시공사례(이암)

터널 및 지질 경북 포항에 건설되는 연장 935m의 2차로 병설의 고속도로터널(다산터널)로서 지질은 중생대백악기 퇴적암류로부터 신생대 제3기의 미고결 퇴적암류에 이르는 다양하고 복잡한 기반암을 이루고 있다. 미고결 퇴적암류는 주로 이암 및 사질이암으로 구성되어 있으며, 고결상태가 불량하고 강도가 매우 낮은 연약암의 특성을 가진다.

[사진 6-12] 미고결 퇴적층 - 터널 굴착

[사진 6-13] 미고결 퇴적층 – 이암

미고결 이암 특성 미고결 이암에서의 점토광물의 특성을 파악하기 위한 X-ray 회석분석(XRD)을 실시하였다. 그 결과 팽창성 광물인 몬트모리로나이트와 석영, 장석, 운모 등이 주요 구성광물로 조사되었다. 또한 팽창성 시험과 슬레이킹 시험 결과, Swelling Strain은 1.0~6.4%, 슬레이킹 내구성지수(Id_2)는 90.12~72.64의 범위로 내구성 등급이 Medium 및 Low에 속하는 것으로 나타났다. 이와 같은 팽창압과 슬레이킹 정도의 차이는 점토의 구성비(함량)에 따라 차이가 나타남을 확인하였다.

[표 6-3] 이암에 대한 Swelling/Slaking 시험결과

종류	구성	팽창압 변형률	슬레이킹 지수(Id_2)	내구성 등급
이암	Clay(70%)+Sand(30%)	1.0	80.21	Medium
이암	Clay(90%)+Sand(10%)	4.5	73.83	Medium
이암	Clay(95%)+Sand(5%)	6.4	62.64	Low
이암	Clay(95%)+Sand(5%)	6.0	64.29	Low

보강대책 미고결 이암을 포함한 연약 암반구간에 대한 별도의 지보패턴을 반영하였다. 먼저 상하반 분할굴착공법(굴진장 1.0m)을 적용하여 상반은 Ring cut 굴착을 하고, 상하인버트를 설치하도록 하였다. 또한 보조공법으로 직천공 대구경 강관보강공법을 적용하고, 장기적인 팽창압에 대비하도록 인버트에 철근 콘트리트를 반영하였다.

[사진 6-14] 미고결 이암층 터널붕락과 보강대책

용해성 암반
Soluble Rock Mass

용해성 암반 석회암 등 용해성 암석으로 구성된 암반은 용식 작용에 의해 형성된 석회공동 및 싱크홀(sinkhole) 등 다양한 용식 구조와 차별풍화에 의한 불규칙한 기반암선 등이 발달한다. 석회동굴 등 대규모 용식 지형들은 터널, 댐, 교량 등 각종 암반구조물의 파괴 또는 손상 요인을 제공하거나, 지하수 오염과 고갈 등 지질재해 유발요인으로 작용하는 등 지질재해의 원인을 제공하기도 한다. 이러한 석회공동 등 용식지형에 의한 재해는 석회 용식 과정의 진화와 관련되어 있다. 석회암 등 용해성 암석의 화학적 풍화에 의한 용식의 진전과 석회암 내 불균질성 및 지하수 유동에 의한 지하의 차별 용식은 하부의 석회공동 또는 동굴의 발달 및 그 붕괴 과정을 거치면서 각종 재해를 유발한다.

석회암 지대 국내에서도 강원도 일대를 중심으로 고생대의 다양한 석회암 층으로 구성된 석회암 지대가 넓게 분포하고 있어, 이러한 지질재해의 발생 가능성이 높다. 석회암 지대에서는 건기 시에는 지하수의 다량 채수로 인하여 지하수위 저하에 따른 공동이 생성될 수 있으며, 연 강수량의 60~70%가 집중하는 우기 시에는 많은 양의 지하수가 유입됨으로써 석회암과 같은 화학적 풍화에 대하여 취약한 지역에서는 지하수에 의해 용식작용이 일어나면서 지반 함몰의 발생 가능성이 높아진다. 이와 같이 석회암 지역에서 지하수를 다량 채수하면 공동이 자라는 것을 촉진할 뿐 아니라 지하수위가 하강함에 따라 상재압력이 증가하여 공동안정성이 위협을 받는 경우가 발생한다. 석회암 지역에서는 상재압력이 증가할 경우 지표면이 함몰되거나 붕괴로 이어지는 경우가 많다.

[사진 7-1] 석회암 공동(영월, 2002)

7.1 석회공동의 형성

석회암 용식 방해석과 대기 중의 이산화탄소가 빗물 등에 용해되어 형성된 탄산(H_2Co_3)의 반응에 의해 진행된다.

$$CaCo_3(\text{방해석})+H_2O+CO_2 \leftrightarrow Ca_2++2HCO_3-(\text{중탄산 이온}) \leftrightarrow Ca(HCO_3)_2(\text{중탄산 칼슘})$$

방해석은 이산화탄소 및 물과 반응하여 용해되는 것으로 몇 가지의 반응과정을 거친다. 이 반응과정에서 토양에 존재하는 이산화탄소와 반응하여 방해석을 용해시킨다.

카르스트 지형(Karst) 석회암 등의 물에 녹기 쉬운 암석으로 구성된 대지가 빗물 등에 의해서 용식되어서 생성된 지형이다.

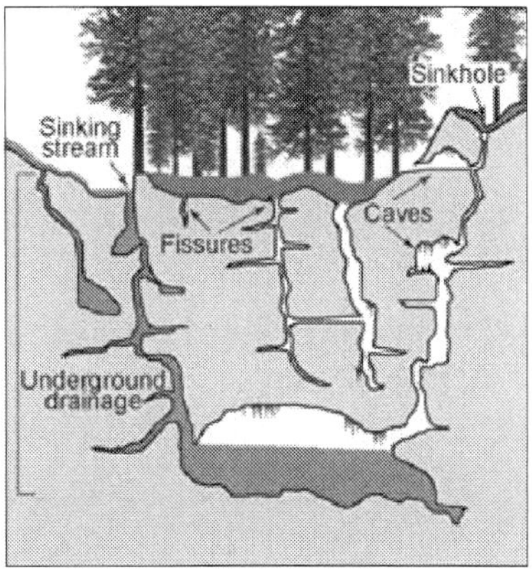

[그림 7-1] 카르스트 시스템

석회공동의 특성 용해성 암석이 분포하고 있는 지역에서는 용식과정에 의해 다양한 용식구조들이 생성, 발전, 소멸되고, 지하수위의 저하에 따라 다시 생성되는 과정을 반복한다. 석회공동은 뚜렷하게 발달한 비교적 고각의 절리 및 단층 등의 지질구조와 관련되어 발달하고 있으며, 특정 구간에서 용식 규모가 확대되어 발달한다. 석회공동의 발달은 일반적으로 암석의 종류, 지질구조 및 지하수위 등에 의해 제어되는 것으로 알려져 있다. 이러한 분포 특성은 석회공동의 규모, 형상, 위치 및 연결 상태 등으로 정의할 수 있으며, 이외 공동 내 충전물의 상태 역시 중요한 특성화의 대상이다. 공동의 충전물은 공동 내 지하수에 의한 퇴적물뿐 아니라 다양한 기원을 가지고 있다. 그 기원에 따라 공동 충전물은 공동 내 지하수에 의한 퇴적층, 싱크홀을 통해 급격히 유입된 충전물, 공동 붕괴에 의한 충전물, 공동 벽면의 풍화층 등으로 구분이 가능하다.

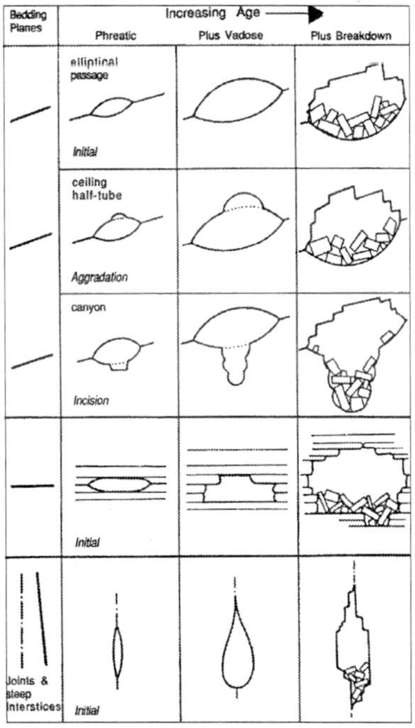

[그림 7-2] 석회공동 형성과정 (Gillieson, 1996)

석회공동의 유형 Fookes and Hawkins(1988)는 결정질 석회암 지역에서의 카르스트 특성을 공동 형성의 단계와 형태에 따라 Class I(Limestone surface)~Class V(Major doline karst)의 5개 등급으로 구분하였다. 석회암의 특성과 석회공동의 유형을 분석하여 석회공동과 관련된 카르스트 특성을 크게 홈과 공동시스템, 싱크홀과 동굴시스템으로 구분하였다.

[표 7-1] 카르스트 지역의 공동템에 대한 분류

Fookes& Hawkins(1988)	Waltham(2000)	주요 형태	
Class I limestone surface	Undeveloped Karst	절리 등 불연속면 주변의 용해	
Class II minor karst	Normal Karst	절리 주변 용해로 인한 pinnacle의 발달과 소규모 고립된 석회공동의 형성	
Class III karst	Mature Karst	지하수위 상부의 다수 절리 주변의 용해 확장과 고립된 석회공동의 연결	
Class IV doline karst	Complex Karst	돌리네 및 싱크홀의 형성과 지하수위 주위의 석회동굴의 발달	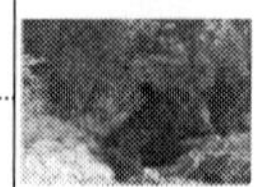
Class V major doline karst	Extreme Karst	돌리네 및 석회동굴의 붕괴 및 지하수위 하강에 따른 새로운 석회공동 시스템의 진전	

공동 내 충전물의 유형 공동 충전물을 충전물의 구성과 분급도 등에 의해 구분한 바 있다. 공동의 충전물은 공동 내 지하수에 의한 퇴적물뿐 아니라 다양한 기원을 가지고 있다. 석회공동은 공동 내 퇴적물에 의해 크게 4개의 유형으로 구분할 수 있다(윤운상 외, 1999). 첫째 퇴적물이 없는 빈 공동(Type I), 둘째 층상의 점토 및 실트로 채워진 공동(Type II, 셋째 비교적 원마도가 좋은 비용해성 암석의 자갈 및 점토질 실트의 혼합물에 의해 채워진 공동(Type III), 넷째 석회암의 각력과 암괴가 자갈, 점토, 실트 등과 혼합되어 채워진 공동으로 구분할 수 있다(Type IV).

[표 7-2] 석회공동 내 퇴적물의 분류(윤운상 외, 1999)

구분	퇴적물 상태	분포 특성	
Type I	빈 공동	지하수의 통로 또는 공동의 상부	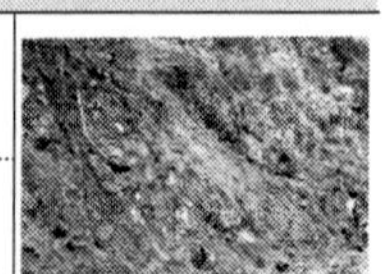
Type II	층상의 적갈색 점토 및 점토질 실트, 비용해성 암석의 작은 암편과 완전 풍화된 석회암편 포함	소규모 고립된 공동 공동 시스템의 최하부	
Type III	비용해성 암석의 원마도가 좋은 자갈과 적갈색 점토 및 점토질 실트의 분급이 되지 않은 혼합물	싱크홀, Type IV의 상부 또는 하부	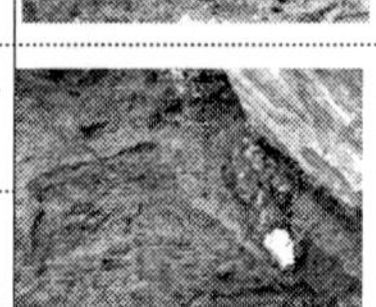
Type IV	석회암의 각력/암괴와 비용해성 암석의 자갈 및 적갈색 점토질 실트 등의 분급이 되지 않은 혼합물	싱크홀, 붕괴된 돌리네에서 큰 암괴 분포	

석회암 분포현황

시생대에서 고생대까지의 지층 내에만 부존하는데 이는 세계적으로 중생대에 석회암의 부존이 광범위한 것과는 큰 차이가 있다.

시생대 및 원생대 지층 내에 부존하는 석회암 대부분 소규모이며, 고생대 내에 부존하는 석회암만이 광범위하며 양질의 석회암으로 채굴되는 것이 많다. 하부고생대층의 조선누층군의 소위 '대석회암통'의 석회암류가 주를 이루며 국부적으로 선캄브리아기 및 상부고생대 층 내에서 일부 석회암층이 분포한다. 대석회암통이 포함된 조선누층군은 두위봉형과 영월형으로 크게 구분되는 층서상의 특징을 보이며, 그 외에도 정선형, 평창형으로 구분되기도 한다.

조선누층군의 하부 셰일 등의 불용해성 암석이 주를 이루는 양덕층군으로 이루어져 있으며, 그 상위에 소위 '대석회암통'이 놓인다. 이 층는 석회암 또는 돌로마이트 등 석회질 암이 주종을 이루며, 셰일 및 사암이 일부 협재한다. 조선누층군의 하부와 상부는 각각 부정합에 의해 선캄브리아기의 변성암류와 상부고생대의 쇄설성 퇴적물이 주를 이루는 평안누층군이 분포한다.

대석회암통의 석회암층 옥천대 내의 북동부 지역에 대상으로 넓게 분포하며, 대표적인 분포 지역은 남쪽에서부터 문경, 단양, 제천, 영월, 평창, 정선 등이다. 대석회암통이 발달된 지역이 옥천지향사 내에 위치함으로써 지구조대를 형성시킨 2차적인 힘에 의하여 발달된 많은 단열대를 포함하고 있다.

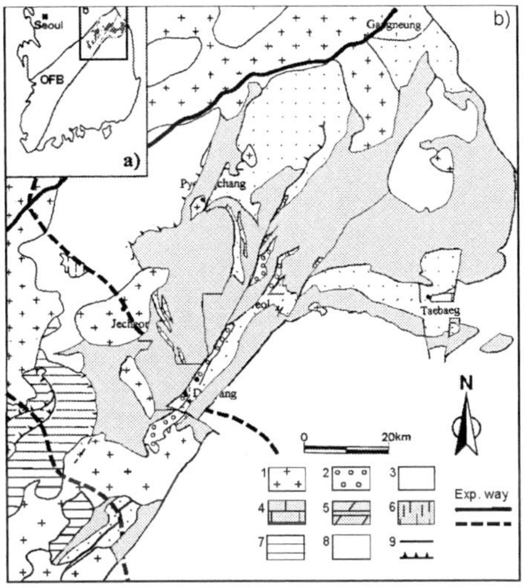

[그림 7-3] 국내석회암의 분포

[사진 7-2] 석회암 노두(제천)

[사진 7-3] 석회암 노두(단양)

[사진 7-4] 석회암 노두(영월)

7.2 용해성 암반의 Geo-Risk

싱크홀(Sinhole) 석회암 지대에서 나타나고 있는 둥근 함몰구조를 doline 또는 sinkhole이라 하며, solution sinkhole은 느린 속도로 지표가 침식되면서 발생한 것으로 직하부에 공동이 존재하는 결정적인 증거가 된다. collapse sinkhole은 하부기반암의 파괴로 인해 발생되는 것으로 지질학적 시간과정에서는 별로 발생되지 않는다. buried sinkhole은 위의 두 종류의 발생 후 상부가 토사층으로 덮인 경우이며 대부분 불규칙한 토사-암반 경계면(rockhead)을 나타내므로 기초공사 설계 시 주의할 요소이다. subsidence sinkhole은 석회암 지반 상부의 토사층 또는 연암의 붕괴로 말미암은 것으로 전 세계적으로 가장 흔하게 발견되는 형태이다. 또한 발생과정이 빠르게 진행되므로 토목공사에 치명적인 영향을 준다.

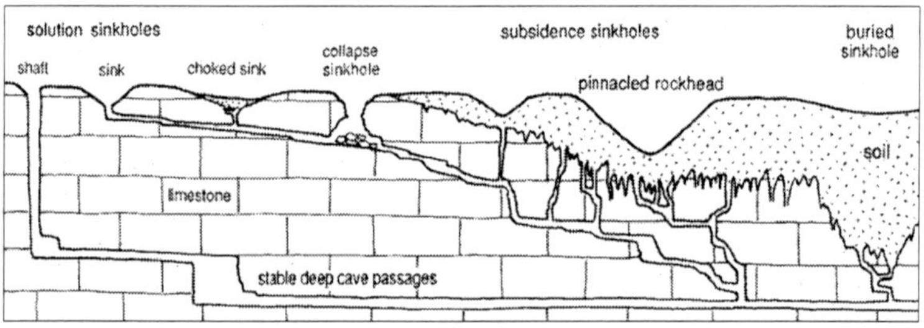

[그림 7-4] 싱크홀의 종류

[사진 7-5] Sinkhole(과테말라, 2007)

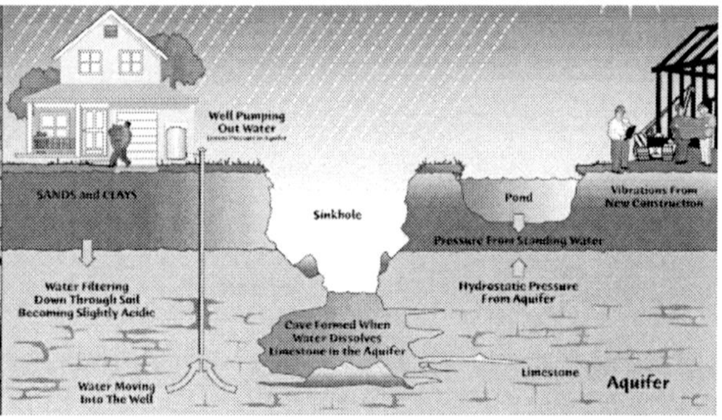

[그림 7-5] Sinkhole의 형성(Saveourswanee, 2006)

Sinkhole 붕괴 상부토사층의 함몰을 동반한 형태가 많으며 이는 주로 지하수위의 변동에 따라 발생한다. 전 세계적으로 이러한 형태의 지반침하 발생이 다수 보고되고 있으므로 지하수위의 계절적 변화, 공사에 따른 급격한 수위변동 등의 자료를 확보하여 영향분석에 사용하게 된다.

불규칙한 기반암(rockhead) 석회암의 차별침식으로 인한 기반암의 깊이가 다르게 형성되어 기초공사의 대상이 되는 기반암의 파악이 어렵게 된다. 따라서 말뚝기초 등 작업의 설계심도 결정과정을 위해 다른 암반지대에 비해 훨씬 더 정밀한 조사가 필요하다. 따라서 프로젝트 수행 시 기본조사에서는 pinnacled rockhead의 존재 여부를 확인해야 하며, 존재할 경우 분포형태를 정량적으로 파악하게 된다.

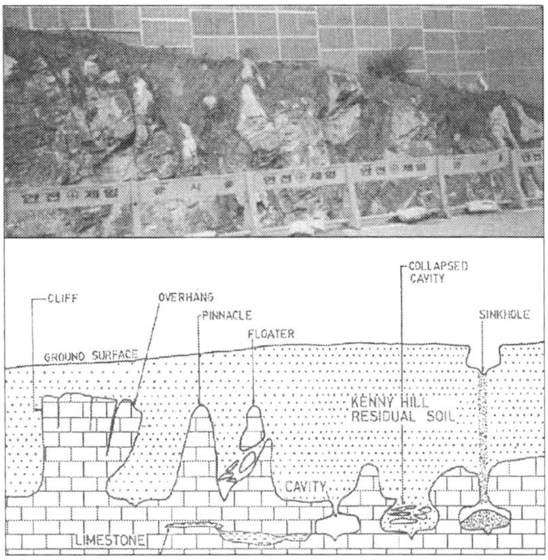

[그림 7-6] 석회암지대의 기반암 분포

석회 공동(cavity) 석회암에 존재하는 공동은 크기 및 하부로의 심도에 따라 위험도가 다르게 나타난다. 석회공동 상부암반의 두께가 10m 이상이면 붕괴의 위험성은 없다. 토목시공 시 시공하중으로 인해 붕괴할 위험이 항상 존재하지만 공동 상부암반의 두께가 30m 이상이면 영향이 거의 없다. 석회공동 상부안반의 두께가 공동의 폭보다 클 경우 붕괴 위험성은 없다(Waltham, 1989). 서로 다른 기준을 제시하고 있는 이상의 경험적인 자료들은 실제 공사 시 적절한 기준인 것으로 보고되고 있으나 석회암 공동의 형성을 좌우하는 용해특성은 지역에 따라 현저히 다르게 나타난다. 석회공동의 제반 특성이 실제 지질재해 발생에 미치는 영향을 분석하기 위하여 가상 석회공동을 발생시켜 수치 모델링을 실시한 결과에 의하면 석회공동은 하중 경계의 중심부로부터의 공동의 심도(D), 이격 거리(E) 등 위치와 규모(W)의 변화에 따라, 주변 암반의 이방성 및 연결 단층, 주단열의 존재 및 특성에 따라 구조물에 미치는 영향이 다른 것으로 분석된 바 있다(임수빈 외, 1998; 윤운상 외, 2003). 석회암 지대의 층리의 간격은 대개 30~60cm 정도로 나타나지만 지역에 따라서는 수 센티미터 이하부터 수 미터 이상이 되는 경우도 흔하게 발견된다. 층리 간격 이외에도 절리 간격, 방향성 등에 의해 석회암 공동의 크기와 분포가 영향을 받는다.

[사진 7-6] 석회암 공동

7.3 용해성 암반에서의 문제사례와 대책

석회암 암반사면

석회암에서의 사면 안정문제는 경사방향 및 급경사각도를 형성하는 층리면에 의한 붕괴발생 문제와 공동형성 및 공동구간에 점토층이 충전되어 굴착 후 사면에 노출되어 불안정한 사면을 형성하는 경우로 구분할 수 있다.

사면과 공동크기 공동이 소규모로 나타나는 경우에는 표면에 대해 물이 침투되거나 토층이 세굴, 침식되는 것을 방지하기 위하여 콘크리트 등으로 표면부를 채워 주는 방식이 효과적이다. 그러나 대규모의 공동이 노출되는 경우에는 암질불량 및 파쇄대를 수반하는 점토층 또는 토층에 의한 대규모의 붕괴 가능성을 가지고 있으므로 이에 대한 적절한 안정대책이 수반되어야 한다. 석회암 공동은 일반적인 공동이 비어 있는 경우는 드물고 대부분의 경우, 점토층 또는 토층이 혼합되어 있거나 암편이 혼재된 상태로 존재한다. 풍화는 매우 불규칙하게 분포하고 풍화 심도가 지역에 따라 차이가 크며, 풍화단면은 매우 불규칙한 양상을 보인다.

[사진 7-7] 석회암 암반사면

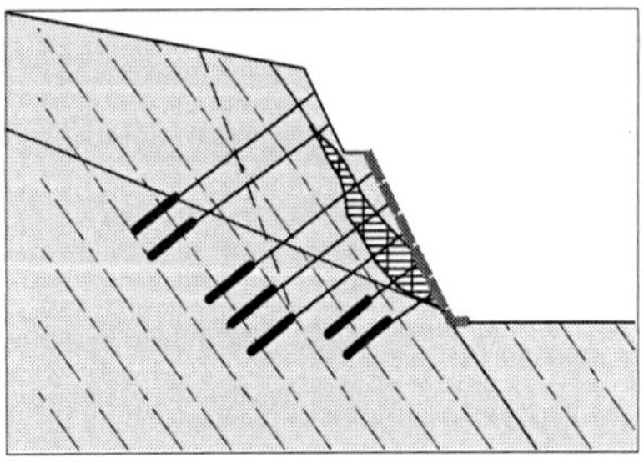

[그림 7-7] 사면 보강대책

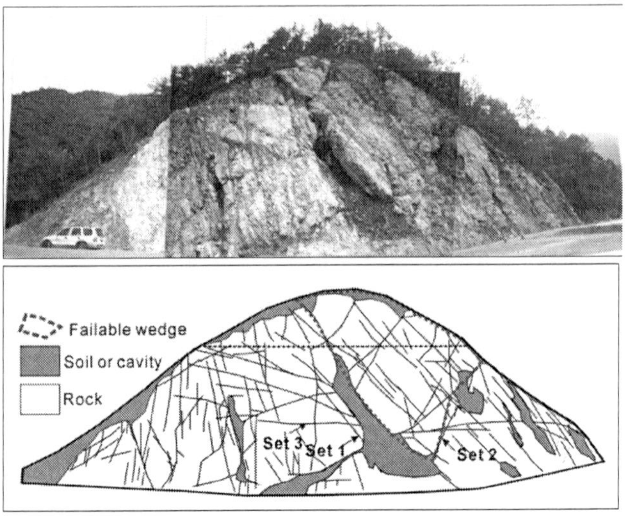

[그림 7-8] 석회암 암반사면의 Face Mapping

석회암 공동이 작은 경우

사면현황 연장 100m, 높이 15m 이내의 소규모 절토사면으로 하부에 점토가 충진된 공동이 관찰되며, 좌측 끝단부도 풍화로 인해 토층이 나타난다. 사면에서의 불연속면은 두 종류의 절리군이 우세하며 평사투영법에 의한 안정 해석을 실시한 결과, 두 불연속면의 교차에 의한 쐐기파괴 가능성이 있는 것으로 나타났다.

대책방안 쐐기파괴를 이루는 두 불연속면의 교선 각도인 45도로 사면의 경사를 완화하는 방안으로 대책안을 수립하고 사면 안정해석을 평사투영법으로 실시한 결과, 사면의 안정성이 확보되는 것으로 나타났다. 또한 사면 경사의 완화 후에도 공동이 관찰될 경우에는 공동의 발생 부분을 버림 콘크리트 등으로 채워 넣어 추가적인 공동의 확대나 지하수 유입 등을 차단해 준다.

[그림 7-9] 석회암 암반사면 보강대책(유병옥, 2002)

석회암 공동이 작은 경우

사면현황 사면 내에 석회암과 공동 내에 토층이 혼재된 사면으로, 토층의 분포면적 50% 이상을 차지하며, CW(Completely Weathered)의 토층에 MW(Moderately Weathered)-SW(Slightly Weathered)의 풍화상태를 보인다.

대책방안 사면 안정성에 가장 크게 영향을 미치는 요인은 사면 내에 분포하는 토층에 지배적인 영향을 받을 것으로 보이지만, 토층의 분포가 일반적으로 지표면에 평행한 풍화단면을 보이지 않으므로 안정대책 방안으로는 사면경사를 1:1.5로 완화하였다.

[그림 7-10] 석회암 암반사면 보강대책(유병옥, 2002)

터널 문제 사례 및 대책

석회암에서의 터널 안정문제는 터널 굴착에 의한 상부 지반의 침하(함몰)문제와 터널 주변 공동의 영향에 의한 터널 안전성 문제로 구분할 수 있으며, 석회암 공동을 통한 지하수 과다유출이 있을 수 있다.

굴착에 의한 지반함몰

[사진 7-8] 상부 싱크홀

현황 석회암 지역을 통과하는 터널로 종점부에서 굴착 중 막장천단부에서 낙반이 발생하여 터널상부의 지표면까지 함몰되었다. 이는 석회암 지대의 돌리네가 발달하여 터널깊이까지 토사층이 연결되어 있는 상태에서 터널 굴착으로 인한 싱크홀 영향으로 붕락되어 지표면에 16m×14m 크기의 함몰을 보였으며, 막장으로 약 10m 정도에 토사가 흘러내렸다.

보강대책 붕락구간에 대한 보강공법으로는 수평JSP보강과 대구경강관보강그라우팅 공법이 선정되었다. 제1단계로 이완된 토체가 막장면으로 밀려나오지 않도록 압성토를 실시하고 숏크리트로 보강하였다. 제2단계는 지표 함몰부를 양질의 토사로 되메우기를 실시한 후 제3단계로 막장면 천단부에서 붕락부로 경사천공하여 마이크로시멘트로 터널천단에서 6m 범위까지 그라우팅을 실시함으로써 붕락부의 이완된 토체에 대해서 채움을 실시한다. 제4단계는 붕락부의 보강을 완결한 후막장면의 터널 굴착을 위해 터널단면 180°까지 수평 JSP 및 대구경강관 보강을 실시하여 굴착 시 안정성을 확보하도록 하였다.

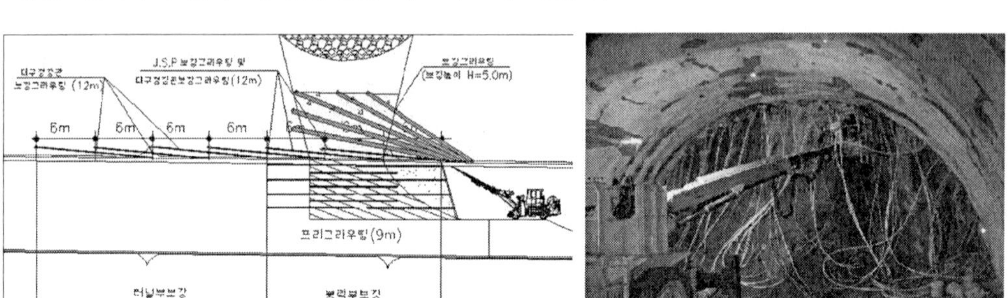

[그림 7-11] 터널 붕락구간에 대한 보강대책

터널주변 공동붕락

특징 터널 주변 석회암 공동은 공동의 크기, 이격거리, 공동 채움물질의 형태에 따라 터널의 안정성이 달라지게 되며, 특히 터널 굴착면과 인접한 공동은 굴착 중 채움물질의 일시적인 붕락을 수반하여 터널 안정성에 큰 문제가 되는 경우가 많다.

보강방안 터널 주변 석회암 공동은 터널의 안정성에 영향을 미칠 수 있으므로 터널로부터 이격거리 및 위치에 따라 보강방안을 적용한다. 터널직경(D)의 0.5D 이내에 경우에는 콘크리트로 채우게 된다. 바닥의 경우 버림콘크리트와 모래채움 벌크 그라우팅으로 공동을 채우게 된다.

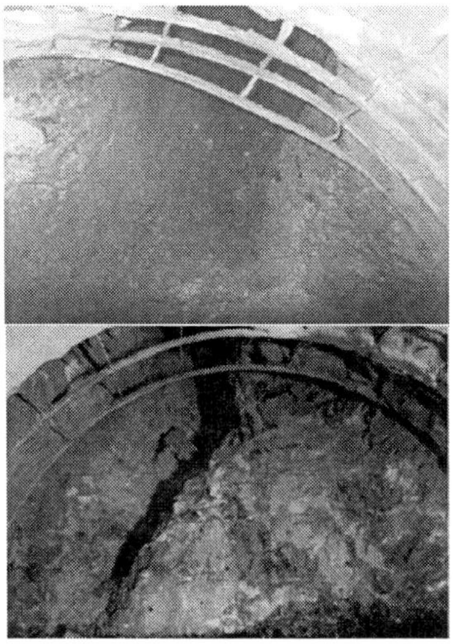
[사진 7-9] 터널주변 석회암 공동

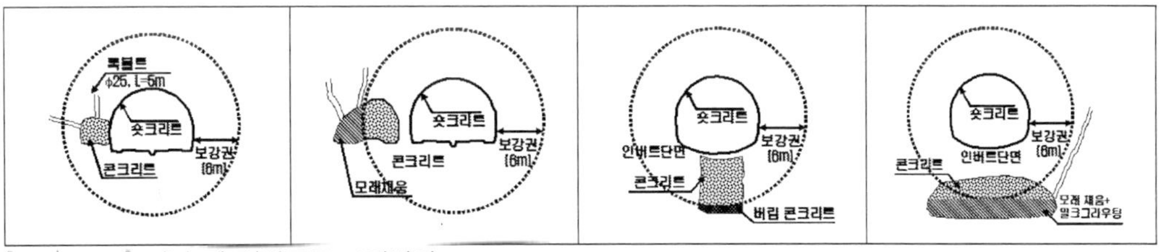

[그림 7-12] 터널 내 석회공동 보강방안

터널내 지하수과다 유출

지하수 유동 석회암 지대는 석회암 공동이 상호 연결되어 있고, 층리 등의 불연속면이 상대적으로 잘 발달하여 지하수의 충분한 유동경로가 확보되어 있는 상태로 터널 굴착에 의해 터널 내로 지하수가 과다 유출되어 시공에 문제가 발생하는 경우가 있다.

보강방안 터널 내로 지하수 유출이 과다할 경우에는 터널 주변 지반에 대한 차수 그라우팅을 실시하는데, 그라우팅의 범위와 방법은 지하수의 유출 정도 그리고 터널 주변에 위치하는 공동의 크기와 분포 형태에 따라 결정하게 된다.

[사진 7-10] 지하수 유출

[사진 7-11] 차수그라우팅

기초에서의 문제 사례 및 대책

공학적 문제 석회암 지역 내 구조물의 기초를 시공하는 경우에 석회암 공동 및 기반암 깊이 차이에 의한 기초의 불안정성, 기반암층의 급경사에 의한 파일 불량시공 등의 공학적 문제요소가 크므로 석회암 지역의 지반특성을 고려한 적절한 보강대책을 수립하여야만 한다.

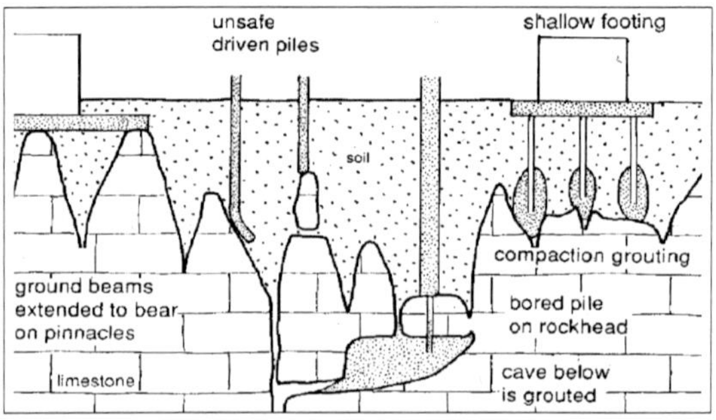

[그림 7-13] 기초의 공학적 위험요소

[사진 7-12] 교량기초지반 석회암공동

석회암 공동조사 석회암 지역 내 기초의 안정성을 확보하기 위해서는 석회암 공동의 분포특성을 정밀하게 조사하여야 한다. 조사방법으로는 전기비저항탐사, 시추공 영상촬영, 탄성파 지오토모그래피 방법 그리고 시추조사 등이 이용되며, 지반조사결과를 종합적으로 평가하여 석회암 공동의 크기, 형상 그리고 충진물 등의 특성을 파악한다. 하도록 한다. 석회암 공동조사는 먼저 개략탐사가 수행되어 개략적인 공동 분포를 확인한 후, 안정성 및 경제성 평가를 하고, 다음으로 보강설계를 위한 정밀조사가 수행되어 보강대책이 수립된다. 그리고 시공단계에서 보강에 대한 검증단계로 확인조사가 적용되어 구조물의 안정성에 대한 최종평가를 실시하여 추가 보강이나 상부구조물 시공의 여부를 판정한다.

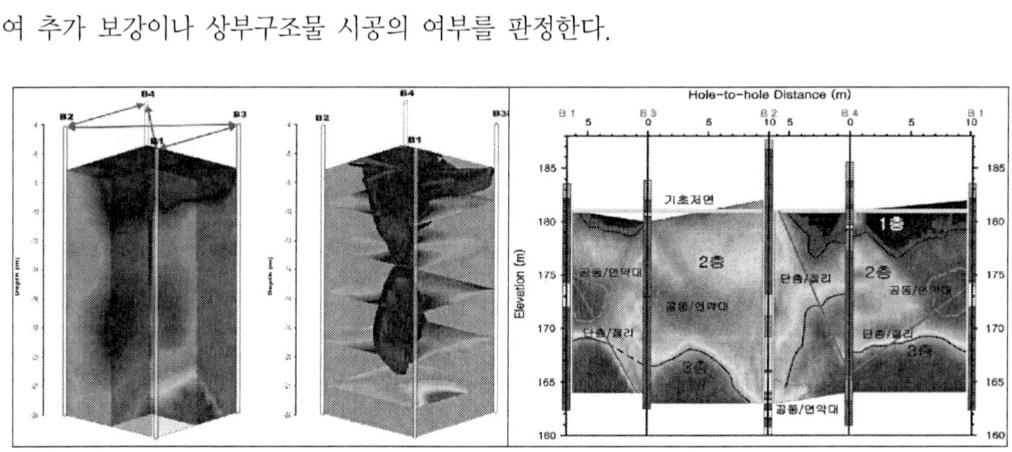

[그림 7-14] 석회암 공동 조사 및 형상화

보강공법 교량기초 보강공법은 지질여건과 상부구조물의 규모 등을 고려한 안전성 평가와 경제성에 의해 선택해야 한다. 석회암 지역 내 기초보강공법으로는 초고압분사공법, JSP공법, 현장타설말뚝공법 및 마이크로 파일공법 등이 적용될 수 있으나, 공동 및 연약대의 점토 퇴적물을 치환·충진할 수 있는 삼중관 초고압분사 주입공법의 가장 많이 적용되고 있다. 이 방법은 공동 내부에 충진되어 있는 점토를 고압수로 절삭해 내고 시멘트 페이스트로 충전하여 주변 암반과 일체화된 복합지반을 형성시킴으로써 구조적으로 장기적인 안정성을 확보할 수 있다.

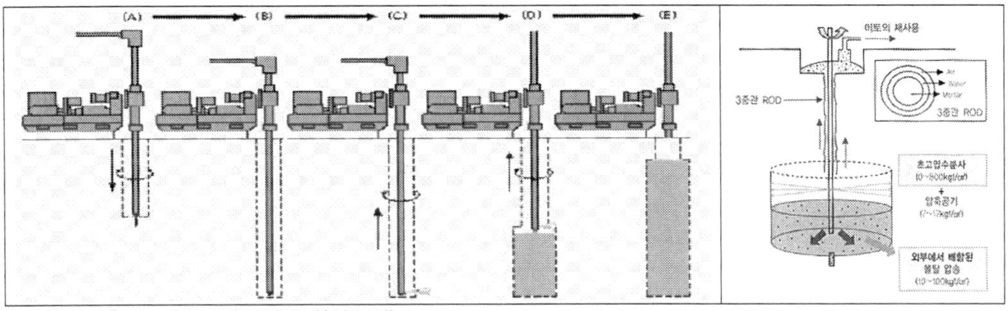

[그림 7-15] 초고압 분사주입공법(삼중관)

교량기초 보강사례

[사진 7-13] 교량기초

기초암반 특성 연장 150m의 교량으로서 하부구조는 말뚝기초로 되어있다. 기반암은 석회암으로서 확인시추 결과 교량기초하부에는 두꺼운 붕적층 및 석회암 공동(최대 5.0m)이 불규칙하게 분포되어있음을 확인하였다. 정밀지반조사를 위해 전기비저항 탐사, 시추공영상촬영, 지오토모그래피 및 시추조사를 실시한 결과, 기초암반은 RQD가 7.4~17% 정도로 파쇄대가 발달하고, 기초저부에는 점토가 협재된 공동이 불규칙하게 형성되어 나타났다.

보강대책 교량기초 구조물의 안정성을 검토한 결과 침하량이 허용범위를 초과하는 것으로 나타남에 따라, 기초지반의 강성을 전반적으로 증가시키는 보강공법을 검토하여 초고압분사공법을 선정하였다. 보강심도는 공동분포 형상의 불규칙성을 고려하여 지반조사 시 확인된 공동의 최하부에 위치하는 공동의 바닥면에서 5.0m를 추가로 보강하였다. 보강 후 보강효과를 검증하기 위하여 시추조사, 고결체의 압축강도시험, 탄성파토모그래피 탐사를 실시하고, 강관말뚝재하시험을 통하여 그 효과를 최종 확인하였다.

과지압 암반

Overstressed Rock Mass

과지압 암반 단순히 암반 내 지압의 크기가 큰 경우를 의미하는 것은 아니며 굴착된 터널 주변의 암반이 지압 수준에 비하여 상대적으로 강도가 작을 경우이거나, 암반이 충분히 강한 경우일지라도 이러한 암반의 파괴를 유발할 정도로 충분히 큰 지압이 작용하는 경우 문제를 야기한다. 이와 관련한 과지압 현상은 크게 Spalling(취성 파괴), Popping(찢어지는 파열음), Squeezing(팽창) 등이 있다.

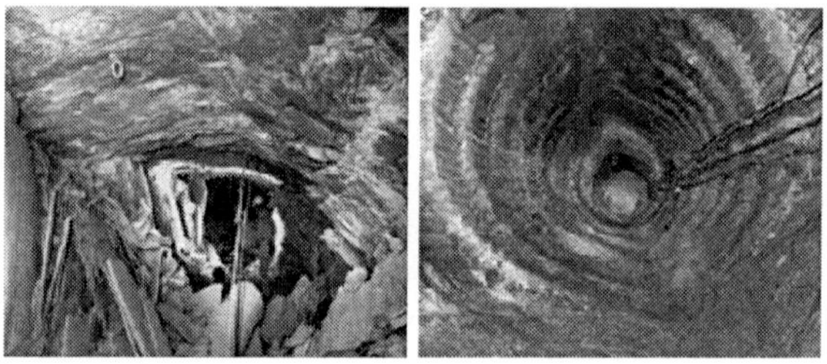

[사진 8-1] 대심도 과지압 암반

대심도 암반 파괴특성 지하공동 주변의 암반은 낮은 반경방향의 구속과 벽면 가까운 곳에서의 접선방향의 재하 및 제하 조건을 초래하는 독특한 응력경로를 받기 쉽다. 그 결과, 굴착공동주위의 암반강도는 낮은 구속압에서 우세한 파괴 메커니즘에 의해 좌우된다. 지하공동의 안정성 문제는 크게 쐐기형태의 파괴를 유발하는 자중에 의한 파괴(structurally controlled gravity failure)와 스폴링(spalling), 슬래빙(slabbing) 형태의 응력에 의한 파괴(stress induced failure) 두 가지 범주로 구분할 수 있다. 전자는 반경 및 접선방향 응력이 낮은 경우에 우세하고, 후자는 낮은 접선방향 응력이 암반파괴를 유발할 때 우세하다. 즉, 구조적으로 조절된 파괴는 낮은 심도에서 매우 빈번하게 관찰되는 반면에, 슬래빙 파괴는 깊은 심도에서 주로 발견된다.

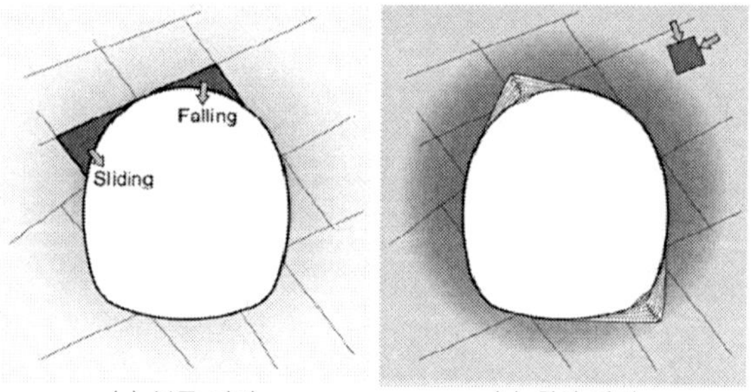

(a) 블록 파괴 (b) 취성 파괴

[그림 8-1] 암반파괴

8.1 과지압 암반의 공학적 특징

취성파괴와 파괴모드

취성파괴 지하공동의 경계응력이 손상개시 한계를 초과할 때 취성암석에서 스폴링이 발생하기 때문에, 파괴포락선을 사용하여 예측할 수 있다. 손상한계(damage threshold, m = 0) 이하에서는 지하공동 주변의 암석이 손상을 받지 않고, 비교란 상태로 존재한다. 손상한계를 넘어서면, 미소균열음(AE)이 관찰되고 손상이 축적되기 시작한다. 만약 구속이 없다면 공동 주변의 표면에 평행한 균열을 가진 스폴링을 유발하고, 현지암반의 강도는 현저히 낮게 된다. 만약 인장이 발생된다면, 암석 브리지의 인장파괴로 인하여 암석은 파괴된다. 따라서 지하공동에서의 응력장은 피해 없음(탄성), 스폴링 파괴, 그리고 인장파괴로 구분된다.

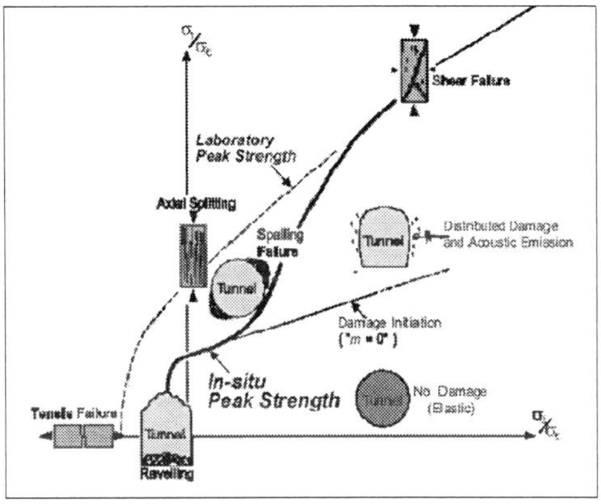

[그림 8-2] 파괴포락선(Diederiches, 1999)

응력경로와 파괴모드 지하공동 주변에는 기본적으로 2가지 뚜렷한 파괴모드와 이러한 파괴모드를 유발하는 다른 응력경로가 존재한다. Martin 등(1999)에 의해 제안된 응력경로와 이에 따른 파괴모드의 개념은 지하공동 주변의 지반조정문제의 가능성을 평가하는 데 사용되었다. 가능한 파괴모드를 평가하기 위해 응력경로를 이용하는 방법의 장점은 만약 응력경로가 바뀔 수 있다면, 그로 인하여 파괴모드 또한 바뀔 수 있다는 것이다. 일반적으로 응력경로는 굴착 단계와 연속성, 굴착형태의 변경, 주응력 방향에 대한 공동배열의 변화 등의 요인들에 의하여 변경될 수 있다. 예를 들면, σ_2에 평행한 원형터널은 천정부의 스폴링을 유발하는 응력경로를 따르기 쉬운 반면, 동일한 방향으로 배치된 사각형태의 터널은 구조적으로 조절된 쐐기형태의 파괴를 유발할 수 있는 천정부의 이완을 가져오는 응력경로를 따르기 쉽다는 것이다.

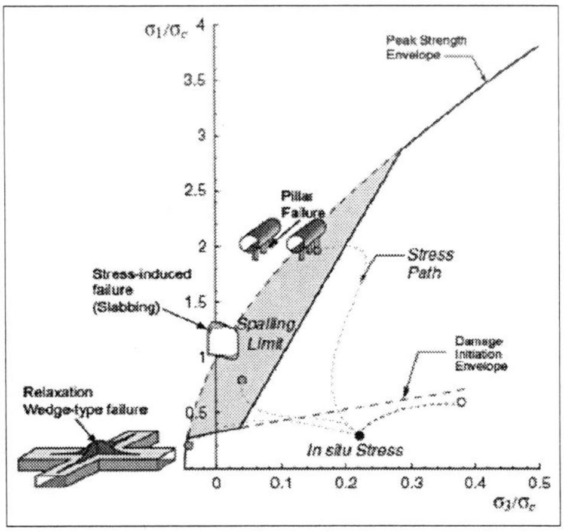

[그림 8-3] 파괴모드(Martin 등, 2001)

지하공동 파괴모드와 형태

지하공동의 파괴모드 Martin 등(2001)은 취성파괴의 가능성을 정량적으로 평가하기 위하여 암반등급(GSI), 현지응력의 크기 및 손상지수(Di)를 이용하여 지하공동의 파괴모드를 정의하였다. 심도가 얕고 낮은 초기응력을 가지는 암반의 파괴과정은 기존 절리의 연속성과 분포에 의해 좌우된다. 이에 반하여 심도가 증가함에 따라(현지응력의 크기가 증가함에 따라), 기존 절리들은 밀착되기 시작하고, 파괴 과정은 취성화되면서 굴착 공동에 평행하게 발달하는 새로운 응력유도균열이 우세해진다. 경암 내 취성파괴를 특징짓는 중요 변수 중의 하나는 신선하거나 단단히 밀착된 절리암반을 통하여 이러한 응력유도 균열들이 시작되고 전달되는데 필요한 응력크기이다. 중간 심도에서는 초기엔 이러한 응력유도균열영역은 터널 주변에 국한되지만, 심도가 깊어짐에 따라 파괴는 굴착공동의 전체로 확장된다.

Martin 등(1999)은 spalling의 가능성을 정량화하고자, 손상지수(Damage Index, D_i)를 제안하였다.

$$D_i = \frac{\sigma_{max}}{\sigma_c}$$

여기서,
σ_{max}는 원형공동 경계면에서의 최대 접선응력, σ_c는 신선암의 일축압축 강도이다.

D_i와 σ_1 / σ_c 비율 간의 상호관계에 의하면, spalling은 $D_i < 0.4$ or $\sigma_1 / \sigma_c < 0.15$의 조건에서 발생하지 않는 것으로 나타났다.

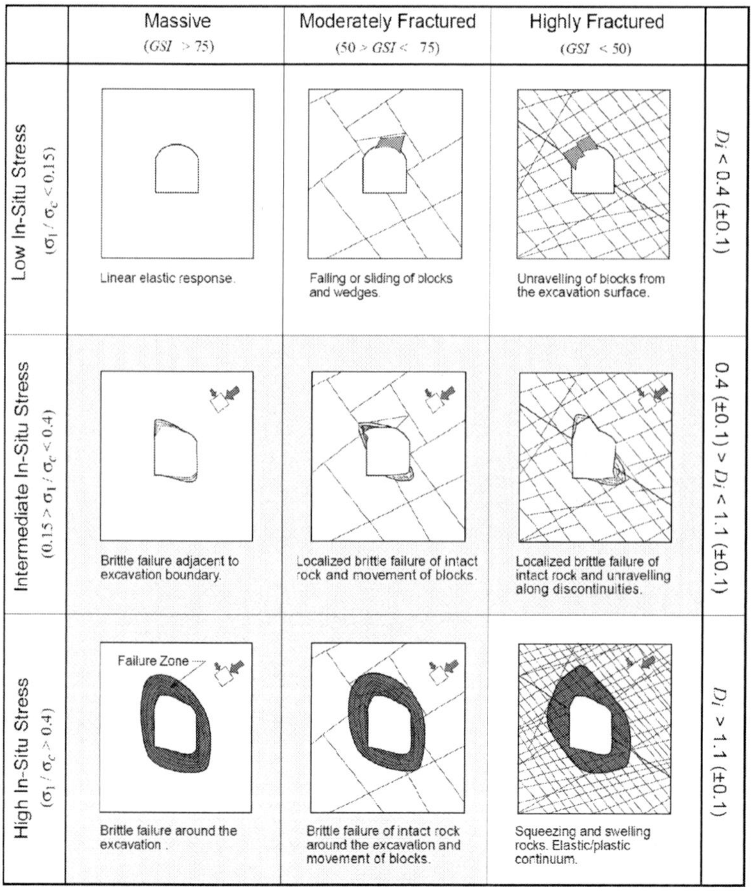

[그림 8-4] 지하공동의 파괴모드(Martin 등, 2001)

파괴 형태 과지압 상태에 있는 터널 주변의 파괴는 터널 벽면 주위의 접선응력이 암반강도에 도달할 때, 국부적인 Spalling 또는 Slabbing에 의해 시작된다. 이러한 스폴링 과정은 응력 상승(stress raiser)으로부터 나오는 균열을 생성하고, 기하학적으로 더욱 안정된 터널 형상이 형성될 때에만 평형 상태에 도달하게 된다. 이러한 안정된 터널 형상은 일반적으로 v-shaped notch로 나타나나, 예리한 모서리를 가진 사각형 터널의 경우엔 보는 바와 같이 baggage 형성이 필연적이다. 만약 새롭게 형성된 터널 주위에서 응력 집중이 암반강도를 초과한다면, 파괴는 새로운 평형에 도달하는 어떠한 파괴심도 (d_f)까지 전파될 것이다.

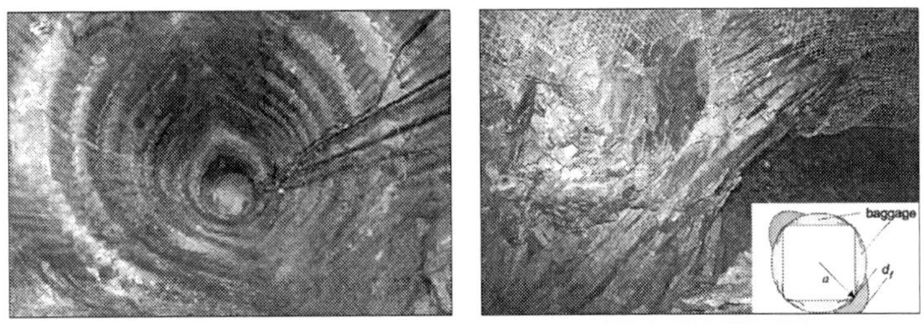

AECL's Mine(원형 터널)　　광산의 직사각형 터널

[사진 8-2] 스폴링 형태

Hoek-Brown 파괴기준에서는 취성강도 포락선의 첫 부분이 취성강도변수(m = 0, s = 0.11~0.25)를 사용하여 맞춰진다. Hoek-Brown 식에 이러한 값을 대입함으로써 주응력 식은 다음과 같다.

$$(\sigma_1 - \sigma_3) = K\sigma_c$$

여기서, K는 암반의 함수(결정질 암반의 경우, K = 1/3)이고, 이 항복기준은 지하공동 주변의 손상을 정의하는 데 적절하다.

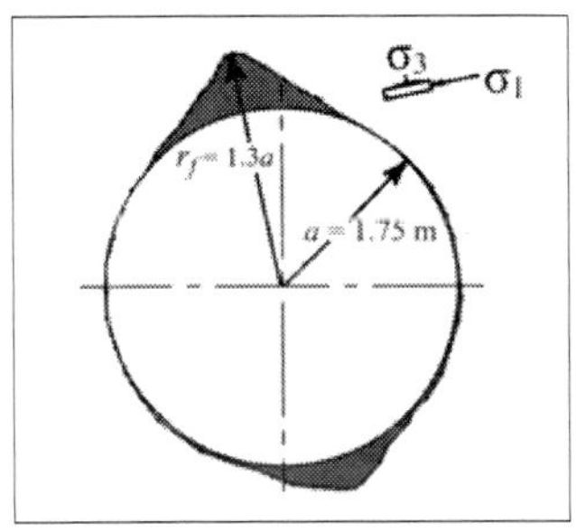

[그림 8-5] 파괴심도

파괴 심도 Martin 등(1999)은 스폴링의 파괴심도(d_f depth of failure)와 응력 크기(stress magnitude) 간의 관계를 제시하였다.

$$\frac{d_f}{a} = 1.25\frac{\sigma_{\max}}{\sigma_c} - 0.5 \pm 0.1$$

여기서, d_f는 파괴심도, a는 터널반경을 의미한다.

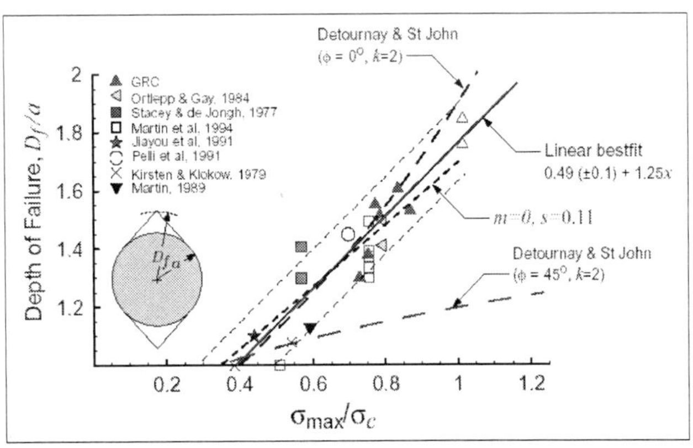

[그림 8-6] 스폴링 파괴심도(Martin 등, 2001)

8.2 과지압 암반에서의 Geo-Risk

록버스트와 스퀴징 과지압 암반에서 지보에 의해 변형을 구속하지 않으면 붕락에 이르게 된다. 만약 변형이 순간적으로 소리를 내면서 발생하면 이런 현상을 Rock burst라고 한다. 만약 변형이 점차적으로 천천히 발생한다면 Squeezing이라고 한다. 록버스트는 화강암이나 규암과 같은 취성 경암반에서 조각이나 슬랩으로 깨지며 발생하며, 스퀴징은 이암, 편암, 운모편암, 파쇄대 또는 심하게 절리가 발달한 연성암반에서 터널 안쪽으로 변위가 이동하여 발생하는 것이다. 따라서 과지압 암반에서 암석의 변형특성 또는 강성이 두 종류의 응력문제를 결정하게 된다.

[표 8-1] 과지압 대심도 암반에서의 Geo-Risk

구 분	ROCK BURST	SPALLING	SQUEEZING
개요도		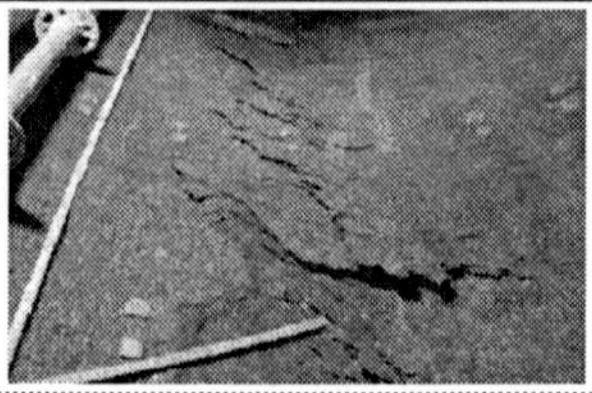	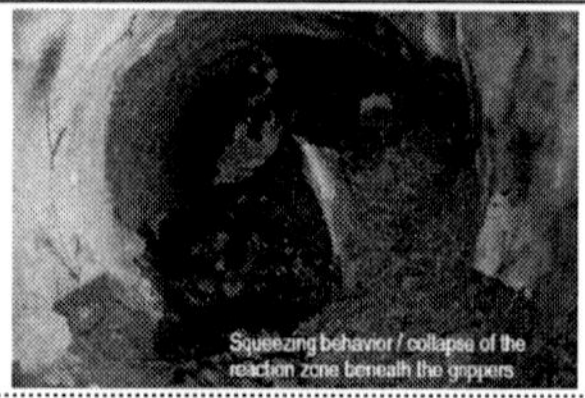
발생원인	암반에 축적된 에너지가 터널 굴착으로 방출되며 파괴	터널 굴착 후 암반이 판상이나 조각상으로 떨어지는 현상	토피가 높고 암반강도가 약한 경우(파쇄대 등)
암반상태	Dynamic Load Low Confinement elastic 암반 폭렬 및 seismic event	Static Load High Confinement elastic → plastic 암반 탈락	Static Load High Confinement elastic → plastic 터널 내로 과다변위 발생
대 책	지보재량 증가 굴진장 축소	지보재량 증가 숏크리트 조기타설	과굴착, 파일롯트 굴착 등 가축성지보재, 인버트 설치 등

Rock Burst

굴착에 의해 주변 암반으로 축적된 에너지가 급작스럽게 방출하면서 파괴가 유발하는 현상이며, 종종 1000m 이상의 대심도에서 발생하지만 높은 수평응력이 작용하는 천부에서도 나타날 수 있는데, 최대 및 최소 주응력의 차이로 기인한다. 록버스트는 작은 암편 또는 수 m 크기의 판상으로 파괴되는데, 이는 천정이나 벽면의 이동과 관련된다. 록버스트는 점차적인 파괴가 아니라 갑작스럽게 발생하기 때문에 굴착 중 심각한 안전상의 문제가 된다.

[사진 8-3] Rock Burst

손상 메커니즘 Kaiser 등(1996)은 Rock busst 손상 메커니즘을 분석하였는데, 진동에 유발된 암반 탈락, 암반강도를 초과하는 정적 동적 응력에 의한 암반파괴 그리고 급격한 에너지 방출에 의한 암반의 분출이다. 또한 손상 정도는 파괴과정에 연관된 암반 크기와 방출된 에너지의 크기에 의해 결정된다. 암반 크기는 공동주위의 과응력존과 에너지는 파괴시의 응력 반응시스템에 의해 결정된다. 손상 정도는 적정한 지보대책을 수립하는 데 있어 매우 중요한 가이드가 될 수 있다.

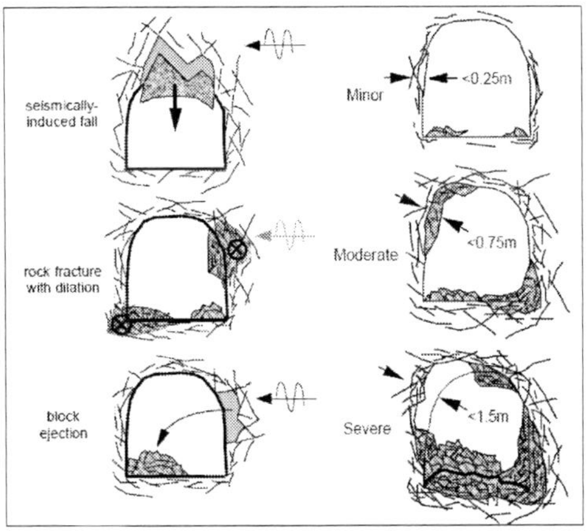

[그림 8-7] Rock burst 손상 메커니즘 (Kaiser, 1996)

Rock Burst 발생가능성 Hoek와 Brown은 남아프리카의 터널현장 사례로부터 터널벽면의 법선응력(σ_θ)와 암석의 강도(σ_c)의 비로부터 rock burst를 구분하였다. 또한 변형에너지밀도($SED=\dfrac{\sigma_c^2}{2E}$), 강도지수($RS_i=\dfrac{3\sigma_1}{\sigma_c}$) 응력지수($S_i=\dfrac{\sigma_c}{\gamma H}$)를 이용하여 Rockburst에 대한 발생 가능성을 평가하는 방법이 제안되기도 하였다.

[표 8-2] Rock Burst의 분류

Hoek과 Brown(1980)	Russenes (1974)	
σ_c/σ_θ〉7 stable	σ_c/σ_θ 〉4 no rock burst	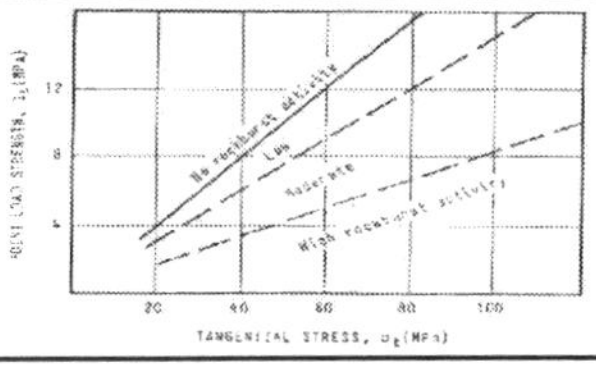
σ_c/σ_θ= 3.5 minor spalling	σ_c/σ_θ 4~3 low rock burst	
σ_c/σ_θ= 2.0 severe spalling	σ_c/σ_θ 3~1.5 moderate rock burst	
σ_c/σ_θ= 1.7 heavy support	σ_c/σ_θ 〈1.5 high rock burst	
σ_c/σ_θ 〈 1.7 severe rock burst		

보강대책 록버스트 문제를 가진 터널에서는 적절한 구속지보로서 숏크리트와 록볼트에 의해 보강된다. 초기에는 와이어메쉬와 스켈링이 사용되었으며, 록버스트 정도와 암반특성에 따라 지보대책이 제시되었다.

[표 8-3] 과지압문제와 대책(노르웨이 터널링, 2002)

구 분	거동특성	지보대책	
high stress	일부 암편의 이완	일부 스켈링과 부분 볼팅	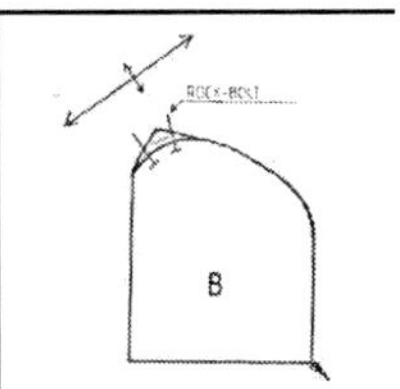
light rock burst	얇은 암편들의 spalling와 falling	스켈링+록볼팅(간격 1.5~3.0m)	
heavt rock burst	판상의 블록과 암편의 갑작스런 탈락과 이완	스켈링+록볼팅(간격 0.5~2.0m) 강섬유 숏크리트(두께 5cm)	

Rock Spalling

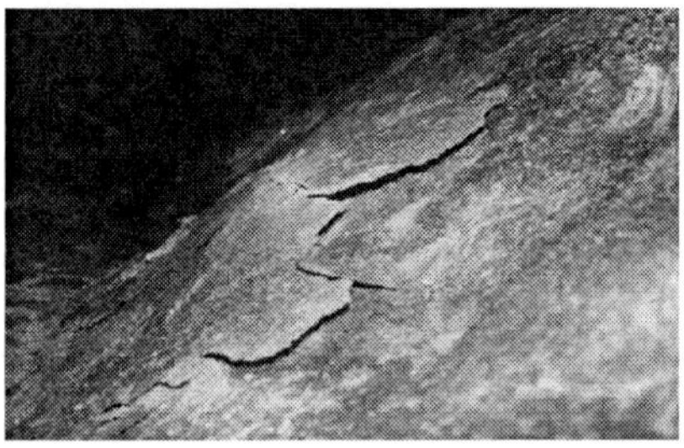

[사진 8-4] Spalling(URL, 1996)

Spalling 과지압 대심도 암반에서 굴착 후 막장이나 천단, 측벽의 암반이 시간에 따라 점차 판상이나 조각상으로 얇게 떨어져 나가는 현상을 말한다. Rock burst보다는 작은 응력범위에서 발생하며 발생규모나 크기도 작다.

Spalling 발생가능성 Q-시스템에서는 응력저감계수(SRF)에서 암석석강도와 법선응력 또는 주응력의 비로부터 Spalling 발생가능성을 구분하였으며, Anderson 등(2000)은 손상지수(D_i)개념을 적용하여 spalling은 $D_i < 0.4$ or $\sigma_1/\sigma_c < 0.15$ 의 조건에서 발생하지 않는 것으로 나타났다.

[표 8-4] Spalling 가능성 평가

Barton(1993)		Anderson 등(2000)		
σ_c/σ_1 5~2.5 σ_c/σ_θ 1.25~2.5	mild spalling	σ_1/σ_c 〈 0.15	D_i 0.4	elastic response
		σ_1/σ_c 0.15~03	D_i 0.4~0.95	minor spalling
σ_c/σ_1 〈2.5 σ_c/σ_θ 〈1.25	heavy spalling	σ_1/σ_c 0.3~0.4	D_i 0.95~1.25	minor slabbing and damage
		σ_1/σ_c 0.4~0.5	D_i 1.25~1.6	major slabbing and damage
		σ_1/σ_c 〉 0.5	D_i 〉1.6	severe damage

발파굴착에서는 공동 주변에 이완대를 형성하게 된다. 발파에 암반의 손상은 응력을 보다 빠르게 재분배시키게 되는데, TBM 굴착보다는 발파굴착에서 록버스트가 덜 발생하는 것으로부터 확인할 수 있다. 발파로 인한 터널주변에 균열이나 절리의 발달증가는 록버스트 문제를 감소시킬 수 있으며, 동일한 응력조건 하에서는 절리암반이 괴상암반보다 록버스트 발생가능성이 적다.

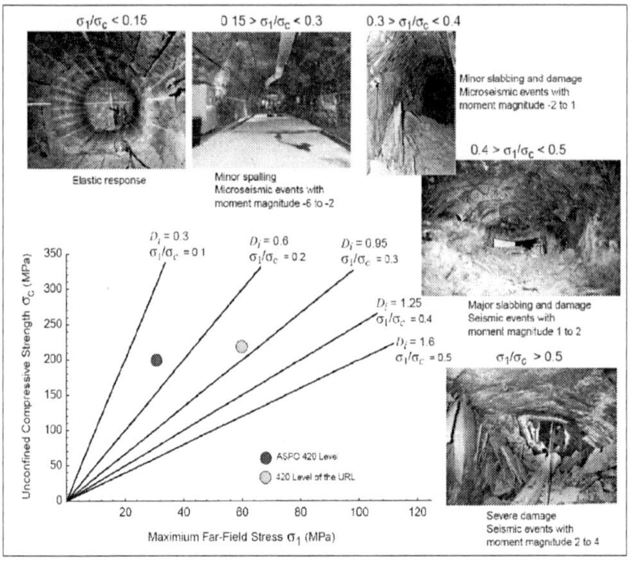

[그림 8-8] Spalling 가능성평가(Anderson 등, 2000)

보강대책 암반에서의 지보시스템은 세 가지 기능으로 구성된다. (1) Reinforce : bulking를 조절하고 강화하기 위한 암반보강 (2) Retain : 키블록 탈락을 방지하고 깨진 암반블록을 묶음 -계속적인 붕락을 방지 (3) Hold : 묶인 요소를 안정한 암반에 잡아둠. 과지압 암반에서는 항상 Retain 기능이 요구되며, bulking 과정을 조절하도록 한다.

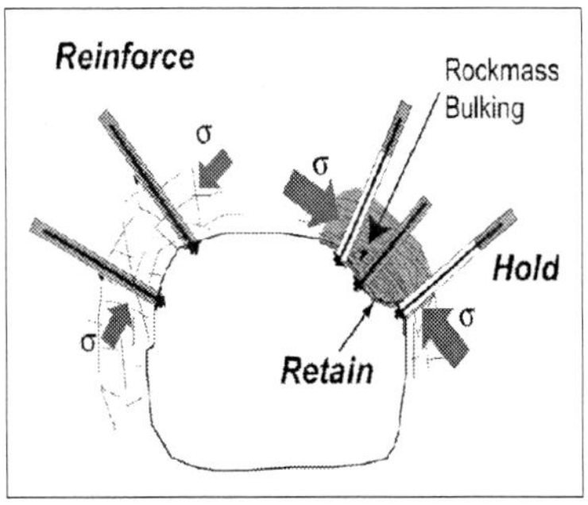

[그림 8-9] 지보시스템(Kaiser, 1996)

[표 8-5] 지보기능과 지보재

Function	Support element
reinforcing	stiff support element : grouted rebars or dowels ductile support element : Split Sets, yielding Swellex, cone bolts,
retaining	strong : cast concrete liner or closed-ring shotcrete membrane, soft : chain link, welded wire, mesh, shotcrete panels
holding	grouted cablebolt, resin grouted dowel

암반의 bulking 과정 Bulking Factor, BF로 정량화할 수 있으며, 이는 파괴심도(d_f)에 대한 내공변형의 비율이다. Bulking의 정도는 지보용량에 의해 특성화된 지보타입에 의해 결정된다(Kaiser, 1996). 전형적인 지보타입은 경량지보(메쉬가 있는 볼팅), 항복지보(메쉬가 있는 마찰볼트) 그리고 중량지보(암반보강을 포함한 강성지보)로 구분할 수 있다. 과지압 암반에서 지보압만으로 Bulking을 조절할 수 없으므로 균열의 오픈을 막을 수 있는 그라우트 철근 등과 같은 암반보강을 통해 Bulking을 효과적으로 줄이도록 해야 한다. 또한 파괴심도(d_f)와 적용된 지보타입으로부터 내공변위를 예측할 수 있도록 하였다. 즉 파괴심도로부터 적절한 지보조건을 예측할 수 있다.

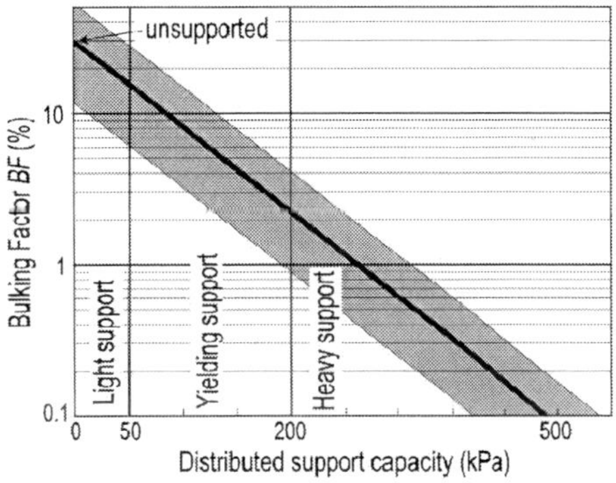

[그림 8-10] BF와 지보량(Kaiser 등, 1996)

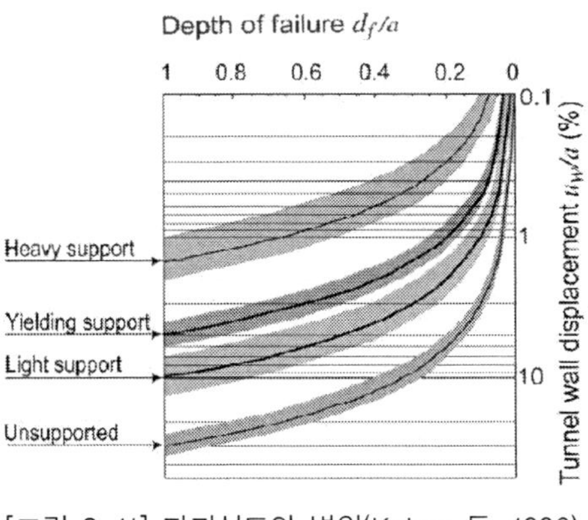

[그림 8-11] 파괴심도와 변위(Kaiser 등, 1996)

Sgueezing

[사진 8-5] Nathpa Jhakri 터널(India)

Squeezing 굴착으로 유도되는 응력이 주변암반의 한계강도를 초과하여 작용하는 경우 내공변위가 크게 발생하여 붕괴 및 지보재 파괴를 유발한다. 스퀴징은 매우 규모가 크게 나타나는데, 인도의 한 터널에서는 터널직경의 17%까지 변형이 발생하는 경우도 보고되었다. 스퀴징은 터널 측벽과 천정뿐만 아니라 바닥에서도 일어나며, 시간에 따른 변형, 즉 전단크리프(shear creep)와 관련된다. 일반적으로 스퀴징은 터널변위가 안쪽으로 진행되는 부피팽창과 연관된다.

스퀴징 발생가능성 평가 Aydan(1993)은 일본의 이암, 응회암, 세일 들과 같은 연성암반(강도 20MPa 이하)에 대한 실제사례로부터 스퀴징 발생가능성을 토피고와 암석강도부터 평가할 수 있는 차트를 제시하였다. 또한 Q 값과 토피고, 터널심도 및 터널직경, 암반계수 그리고 일축압축강도 등을 이용하는 방법 등이 제안되었다.

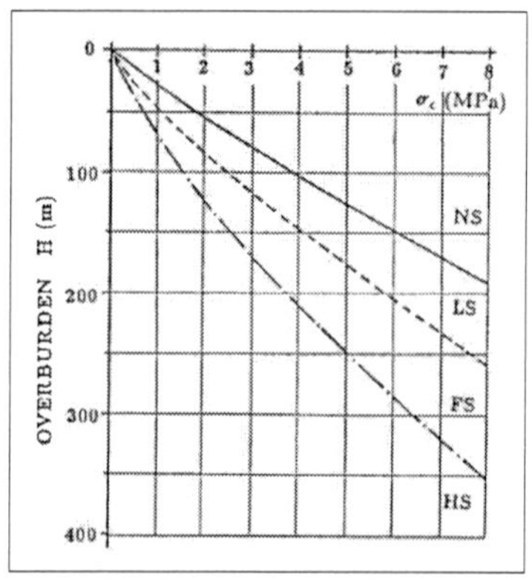

[그림 8-12] 스퀴징 가능성 도표

[표 8-6] 스퀴징 분류(Aydan 등, 1993)

분류		특징
σ_c / H 〉 1/25	NS no squeeze	탄성거동, 터널 안정
σ_c / H 1/25~1/35	LS light squeeze	변형률 경화, 내공변위 수렴
σ_c / H 1/35~1/50	FS fair squeeze	변형률 연화, 변위증가, 수렴
σ_c / H 〈1/50	HS high squeeze	변형률 연화, 과다변위발생
	VHS very heavy	붕괴발생, 재굴착/ 강성지보

[표 8-7] 스퀴징 평가방법

Singh 등(1992)	Goel 등(1995)	Jethwa 등(1984)
39개의 현장사례를 기초로 하여 Q값과 토피고 H의 상관관계 분석	99개의 사례로부터 터널 심도 H, 터널직경 B, 암반계수 N과 스퀴징 관계	Competency Factor(일축압축강도 / 토피고에 따른 응력비)를 이용
$H > 350Q^{1/3}$(m)	$H > (275N^{0.33})B^{-0.1}$(m)	$N = \dfrac{\sigma_{cm}}{P_0} = \dfrac{\sigma_{cm}}{\gamma H}$
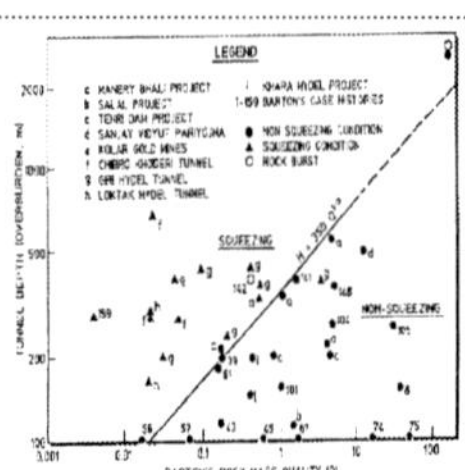	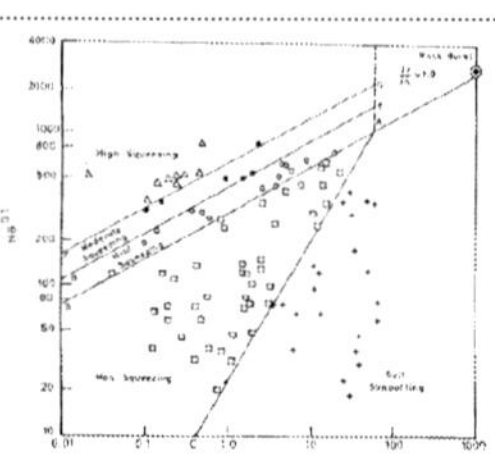	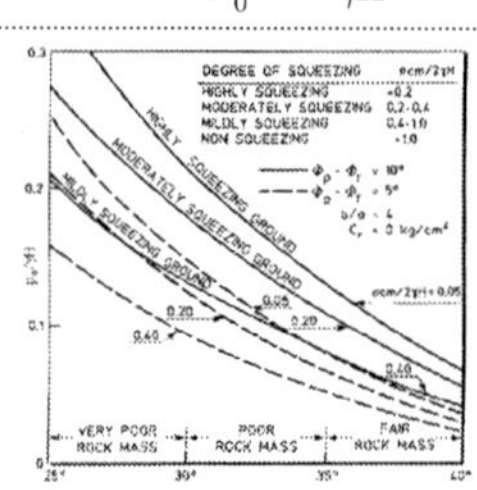

터널 변형과 스퀴징 스퀴징 암반은 공동주위의 소성영역과 심각한 막장 불안정성과 관련된다. 현지 암반 압축강도가 터널주변 암반에 작용하는 유도응력보다 작게 되었을 때 암반은 취약하게 된다. Hoek 등(2000)은 무지보시스템에 기초한 스퀴징 가능성을 예측할 수 있는 차트를 제시하였는데, 변형률이 2.5% 이상이면 심각한 스퀴징 문제가 발생할 수 있음을 보여준다.

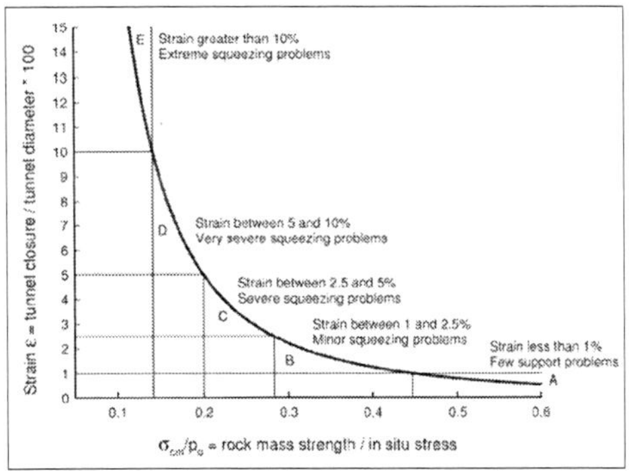

[그림 8-13] 스퀴징 평가(Hoek, 2000)

보강대책 모든 보강대책에는 장단점이 있으며, 지반조건에 적합한 방법을 결정하는 것은 쉽지 않다. Hoek 등(2000)은 분할굴착방법과 스퀴징 정도에 따른 보강대책을 제시하였다. 상대적으로 약한 스퀴징에서는 록볼트와 숏크리트가 주지보재로 사용되며, 스퀴징이 심해질수록 보다 강하고 좁은 간격의 강지보가 사용되며, 심한 스퀴징 조건에서는 막장에 대한 사전보강이 추가된다. 또한 천단보강은 불량한 암반에 록볼트가 효과가 없는 경우에 적용되는데, 그 끝단이 강지보에 지지되도록 해야 한다. 또한 과다변위가 발생하는 경우에는 변형을 허용하는 가축성 지보가 효과적이다.

[표 8-8] 스퀴징 평가(Hoek, 2000)

	Strain(%)	Squeezing
A	ϵ〈1.0	No Squeezing
B	1.0 〈ϵ〈2.5	Minor Squeezing
C	2.5 〈ϵ〈5.0	Severe Squeezing
D	5.0 〈ϵ〈10.0	Very Severe Squeezing
E	ϵ〉10.0	Extreme Squeezing

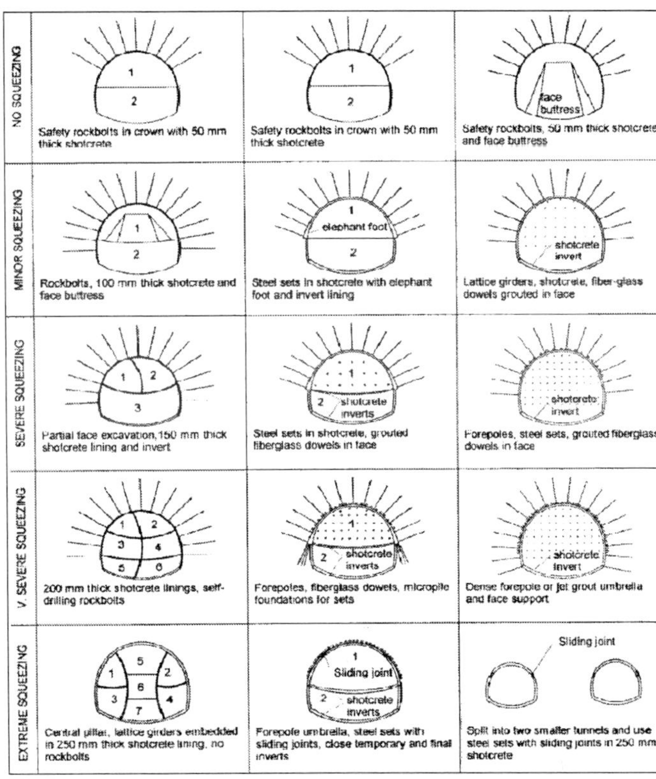

[그림 8-14] 스퀴징 암반에서의 굴착/지보선택(Hoek 등, 2000)

8.3 과지압 암반에서의 문제사례와 대책

Rockburst / Spalling – 지하유류저장공동

취성파괴 발생 저장공동굴착 중 일부구간에서 popping과 spalling 현상이 발생하였고, 굴착이 진행됨에 따라 수직구 인접 지점에서 내공변위와 숏크리트 응력의 급격한 증가와 함께, 몇 개소에서 아치부 숏크리트 균열현상이 관찰되었다. 이러한 취성파괴의 원인은 하부 벤치굴착에 따른 응력변화와 암반 자체의 변형흡수력이 작은 괴상암반에서 측압이 크게 작용하는 경우로 절리의 패턴에 따라 그 안정성이 불리해질 수 있다. 즉 비축기지의 경우 공동형상이 불리해지는 벤치2 굴착 시 수평절리가 발달한 지역의 암반 내 변형에너지가 증가하여 취약부에서 취성파괴가 발생하였다.

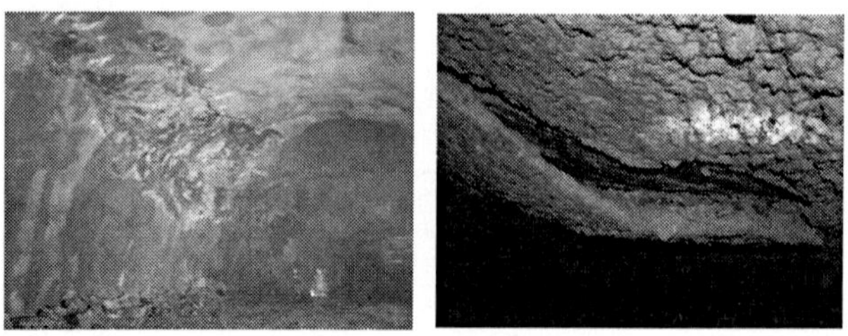
[사진 8-6] 취성파괴 및 숏크리트 균열

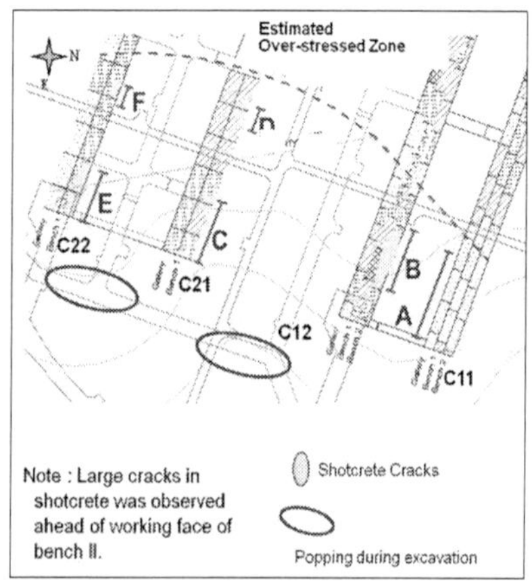

[그림 8-15] 취성파괴과 변상

과지압 특성 수압파쇄법과 Leeman법을 이용하여 초기지압을 측정결과 국내 다른 지역에서의 측정값과 비교하여 과지압 상태이다. 수평지압계수가 2.6 이상이 되는 범위를 추정하여 과지압 구간을 설정하였다. 과도한 수평응력은 C1 및 C2 저장공동 일부 구간에 국한하여 나타나고 있으며, C1 및 C2 저장공동은 N60~70E방향으로 발달한 두개의 구조대 사이에 위치하고 있으며, N20~30W 방향의 구조대가 C1, C2 저장공동 영역을 구분하고 있으며, N70E 및 N100E 방향의 소규모 파쇄대가 존재하였다. 과지압 영역은 지질 구조적인 요인에 의한 것으로서 국부적으로 발생하고 있는 것으로 판단된다.

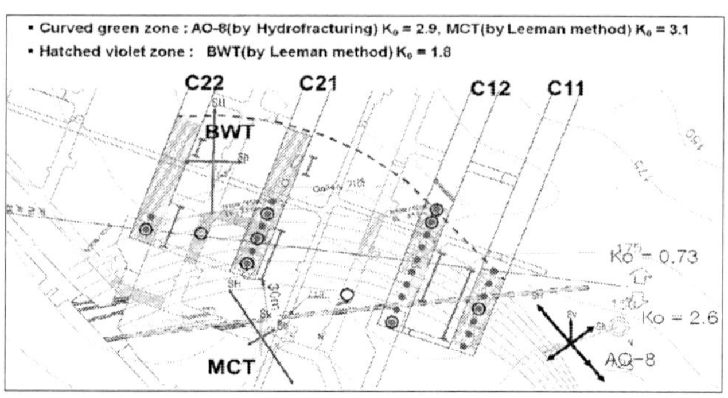

[그림 8-16] 과지압 특성

과지압 구간 보강방안 과지압구간의 전반적인 보강패턴은 응력저감계수(SRF)를 수정하여 Q값을 재적용하여 추가보강량을 적용하였다. 또한 지압의 편하중을 고려하여 남측 헌치부에 대한 록볼트 보강을 강화하였으며, 공동벽면에 매우 큰 록볼트 축력이 작용하므로 9m 장대볼트 사이에 5m 록볼트를 교환시공하여 응력작용에 효과적으로 변위를 제어할 수 있도록 하였다. 또한 강단다단그라우팅을 설치하고 압밀그라우팅을 실시하여 저경사 파쇄대 심도까지 휨강성을 증대하도록 하였다. Bearing plate를 설치하여 천심부의 Skin Bursting를 억제하도록 하였으며, 암파열구간에는 인성을 강화할 있도록 와이어 메쉬를 설치하여 국부적인 하중을 분배하여 균열을 억제하도록 하였다.

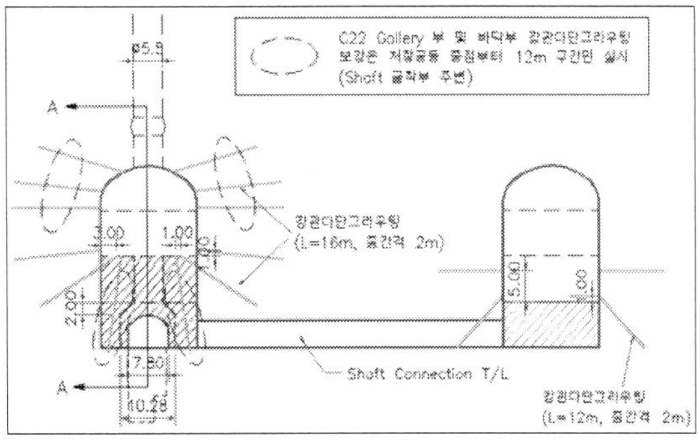

[그림 8-17] 과지압구간 공동보강방안

굴착단면 변경 벤치 1, 2를 굴착하여 누적된 한후 접선응력으로 깨지긴 쉬운 취성상태에서 형상효과 및 측벽변위 안정을 위하여 헌치부를 굴착단면을 축소하여 시공하도록 하였다.

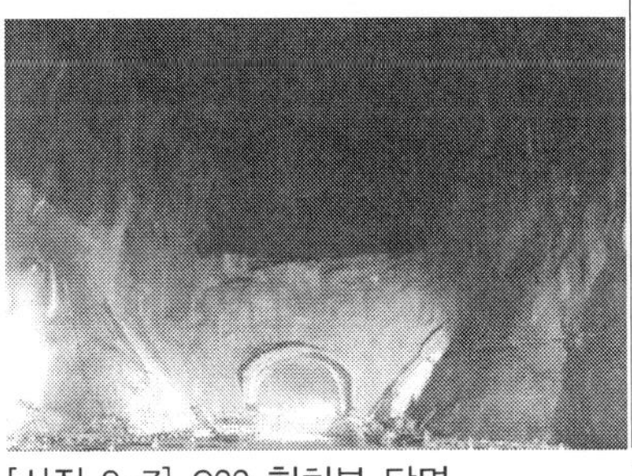
[사진 8-7] C22 헌치부 단면

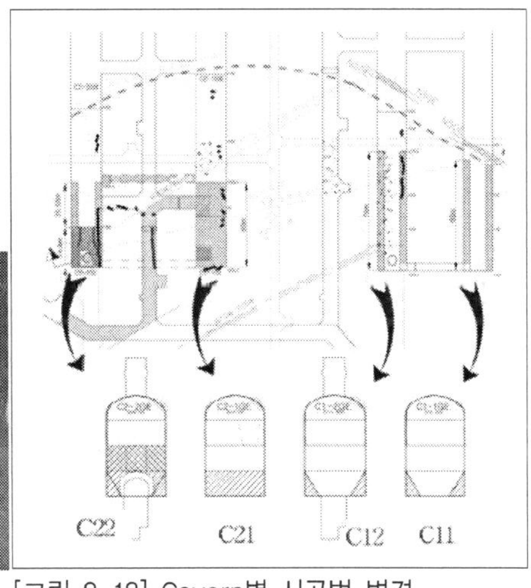

[그림 8-18] Cavern별 시공법 변경

AE/MS 계측 굴착에 따른 불안정성을 사전에 예측하기 위해서는 공동 벽면 암반의 취성파괴 및 암반 블록의 미끄러짐으로 인해 발생하는 미소파괴음을 계측하도록 하였다. 암반의 미소파괴 거동을 측정하기 위해서 미소파괴와 동반되는 미소 탄성파 이벤트(Micro seismic event)를 직접 측정하는 방식으로 생각되어 시추공 내 삽입 가능한 가속도계를 설치하였다.

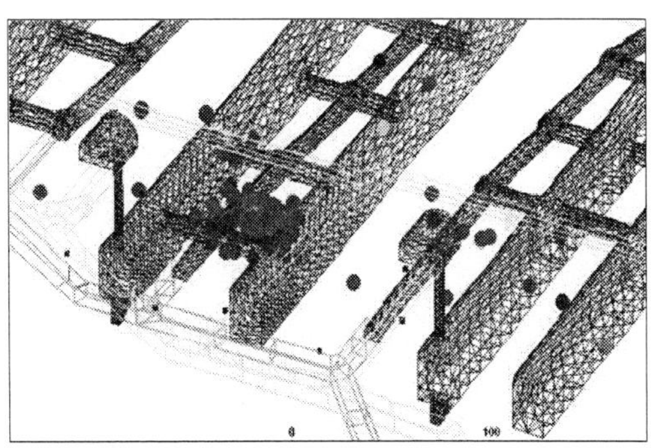
[그림 8-19] 미소파괴음 계측결과

Squeezing – Lyon Turin Base 터널(Barla, 2008)

스퀴징 거동 본 구간은 특징은 단층작용에 의해 심하게 교란되고 파쇄되어 불균질한 상태를 보이며, 토피고는 300~550m의 범위이다. 암질을 평가하기 위하여 자세한 페이스 메핑이 수행되었으며, 터널 내공변위에 대한 체계적인 계측이 수행되었으며, 일부 구간에서 최대 100cm 이상의 과다변위가 발생하였으며, 시간에 따라 변위가 지속적으로 증가하는 전형적인 시간의존적 거동으로 보였다.

[사진 8-8] Lyon-Turin Base Tunnel

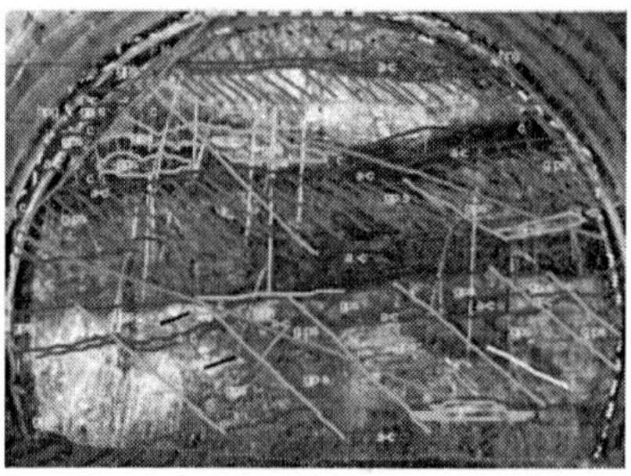
[그림 8-20] Face Mapping

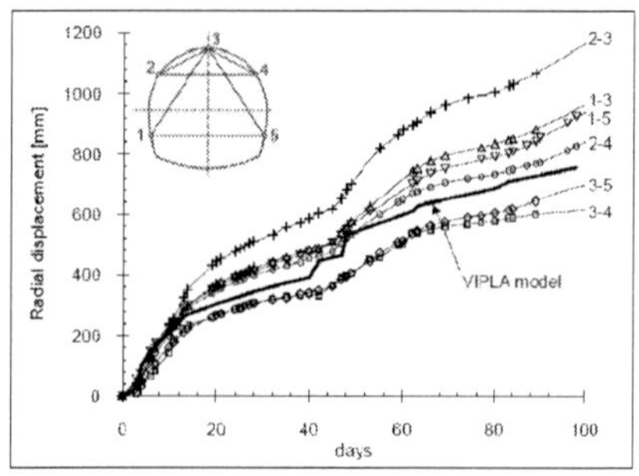

[그림 8-21] 터널 내공변위 계측결과

스퀴징 대책 본 구간에서의 지보시스템으로는 강성지보는 실현성이 없어 슬라이딩 조인트를 가지는 가축성(yielding) 강지보를 적용하여 전단면 굴착에 따른 변위(최대 400mm)를 허용하도록 하였다. 또한 터널 내 과대변형(2m)이 발생하여 재굴착이 요구되는 구간에 원형에 가까운 인버트 단면을 채택하도록 하였다. 보강단계는 먼저 터널주변지반을 사전보강한후, 기계굴착을 실시한 후 록볼트(8m)와 가축성 지보(TH 타입) 그리고 숏크리트(10cm)를 타설한다. 최종적으로 굴착면 80m후방에서 콘크리트 라이닝을 설치하도록 하였다.

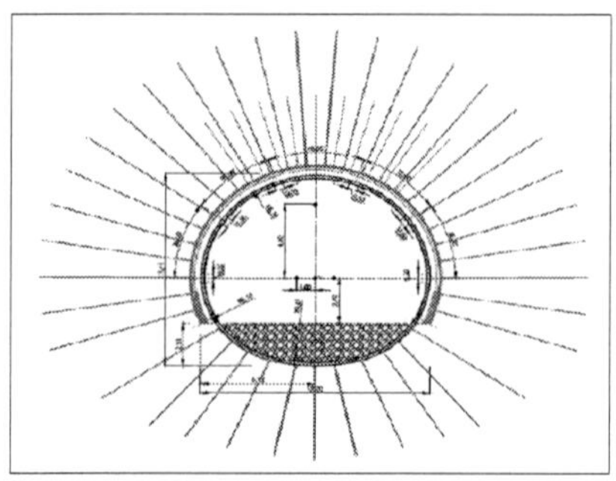
[그림 8-22] 지보시스템

[사진 8-9] 가축성 지보

[사진 8-10] 인버트 시공

스퀴징 문제사례 및 대책 국내를 포함한 세계에서 보고된 Squeezing 사례 정리하였다. Squeezing 가능성이 큰 경우에는 굴착공법 변경(분할굴착), 지보재 증대 및 인버트 폐합 적용하고, Squeezing 가능성이 작은 경우에는 계측을 통해 변위 수렴여부를 monitoring하여 필요 시 보강대책 수립한다.

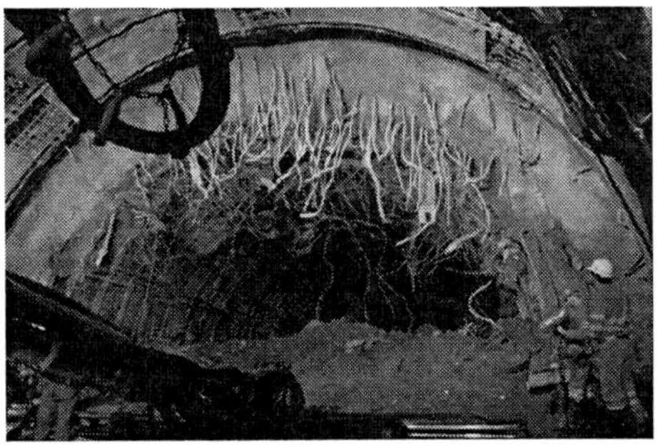

[사진 8-11] 스퀴징 사례

[표 8-8] 스퀴징 사례 및 보강대책

구 분	변상원인 및 특징	보강대책
산골 터널	•2개의 대규모 충상단층 존재 •라이닝 측벽부 및 천단부 균열 및 누수	•라이닝 배면 공동채움(폴리우레탄) •인버트 콘크리트 설치 및 강지보공 설치
원효 터널	•단층파쇄대와 조우(심도 140~450m) •암반강도 부족에 의한 소성변형 가능성이 매우 큼	•인버트 콘크리트 설치 •강지보공 확대 적용
솔안 터널	•함탄층 함유에 따른 터널변형 발생 •함탄층 여부에 따라 최대 20배 정도의 내공변위 발생	•상하 분할굴착 수행 •가인버트 및 인버트 설치 필요
오스트리아 Semmering 터널	•Squeezing으로 인한 지반변형이 2.0m 발생 •과대내공변위 발생으로 인해 라이닝 균열 발생	•추가 굴착 및 인버트 단면 시공
프랑스 Isere-Arc 터널	•지반조건은 압쇄상 셰일 •토피고 500m 간에서 천단변형 발생 후 측벽변위 지속	•전단면 굴착공법 구간을 선진도갱 굴착공법으로 변경
스위스 Gotthard 터널	•시공중 측벽부 최대변위 55cm 발생 •천단부 1차 지보재 변형 유발	•변형여유량을 고려, U형 가축성 지보재 설치 •Expansion Shell Tube Rockbolt 설치
스위스 Gotthard 터널	•지반조건은 연암 70%, 경암 30% •Squeezing 조건 중 extreme에 해당하는 불량한 조건	•변형량 및 단면크기에 따라 록볼트 길이 조정 •가축성 지보재 설치
오스트리아 Strenger 터널	•석영질 편암 및 터널축방향과 평행한 단층파쇄대 다수 존재 •천단 및 내공변위가 각각 400mm, 600mm 정도 발생	•격벽에 종방향으로 홈을 파내어 숏크리트를 세그먼트 개념으로 분할하고 홈 사이에 stress controller (yielding steel tube) 설치
일본 중산 터널	•측벽부 300~800mm 발생으로 30mm 숏크리트 균열발생 •지반강도비(qu/γH)가 매우 작고 팽창성이 심한 암반	•전면접착식 록볼트 + U형 가축성 지보재 •건축한계 초과부분은 제거 후 숏크리트 재시공, 록볼트 추가 시공
일본 배산 터널	•일축압축강도가 현저하게 낮고, 편압으로 인해 측벽부 소성변형 발생 •측벽부 과대변위 발생으로 숏크리트 균열 및 록볼트 플레이트 변형 발생	•윙리브가 부착된 지보공(H-200) 설치 •인버트 조기폐합 실시 •측벽부 록볼트 개수를 증가시키고 인버트+강재스트럿 재시공
일본 찌요시 터널	•시공중 측벽부 200~320mm 발생이 1년여 동안 지속적 진행 •지반강도비(qu/γH)가 매우 작고 팽창성이 심한 암반	•록볼트 길이 6m로 변경 및 추가 설치 •강지보공(H-250)을 추가설치, 숏크리트 두께 증가
일본 미마키라하 터널	•시공중 측벽부 200~450mm발생으로 숏크리트 균열발생 •지반강도비가 2.0이하로 측벽부 편압으로 인해 소성변형 발생	•록볼트 길이 변경 및 인버트 콘크리트 추가 •강지보공(H-150) 추가 설치 및 숏크리트 두께 12.5cm로 증가
일본 나베야마 터널	•시공중 최대변위 약 900m 발생 •Squeezing으로 인해 측벽부 숏크리트 균열발생	•강지보공(H-125) 및 숏크리트 추가 설치 •터널상반에 록볼트(4m, 16본) 추가 설치
대만 핑린 터널	•RMR값, 일축압축강도가 매우 낮아 불량한 지반 •단층파쇄대와 교차하여 시공 중 변위 발생(최대 200mm)	•록볼트 길이 및 숏크리트 두께(20cm) 변경 •강지보공(H-100) 추가 및 인버트 단면 시공

팽창성 암반
Swelling Rock mass

팽창성 암반 점토광물 중 팽창성 광물(특히 smectite계 광물)을 포함하는 암반은 물과 작용하게 되면 팽창하게 된다. 이러한 암반을 팽창성 암반이라 하며 주로 점토광물로 구성된 이암과 셰일 그리고 단층 가우지와 같은 단층물질에서 나타난다. 팽창성은 팽창압을 일으켜 암반구조물에 심각한 영향을 미치게 된다. 지하구조물 굴착 후 시간의존성 변형거동에 의한 내공변위발생은 팽창성 효과로 인한 경우가 많으며, 변위량은 팽창압과 물의 유입과 관계된다. 특히 터널링에서의 팽창성은 바닥부에서 발생하는 경우가 많으며, 높은 팽창압은 인버트 파괴와 라이닝 손상을 유발하여 터널 안정성과 사용성에 있어 중요한 문제가 될 수 있으므로 팽창성 암반에 대한 대책이 필요하다.

[사진 9-1] 팽창성 암반

팽창성 암석 연약대나 단층 내의 충진물 또는 변질 생성물로 나타난다. 팽창성 암석은 몬트모릴로나이트를 포함한 이암, 변질 풍화된 현무암 또는 다른 화성암, 변성암 그리고 경석고를 포함한 퇴적암을 포함한다. 또한 팽창성 광물은 포함한 편암과 셰일은 대기 중에 노출되면 급격히 산화되고 팽창하여 쉽게 풍화된다. 이와 같이 팽창성 암반은 물의 흡착으로부터 높은 팽창압을 일으켜 구조물에 심각한 안정성 문제를 발생시킬 수 있다. 흡수팽창은 일반적으로 점토광물에서 현저하게 관찰되는 성질 중의 하나이다. 암석 간의 흡수팽창량은 암석학적 특징에 의해 큰 차이를 보인다. 상당량의 점토광물을 함유하고 공극률이 높은 퇴적암의 경우가 변성작용을 받거나, 점토광물의 함량이 적거나 또는 공극률이 낮은 암석보다 흡수팽창이 크다. 그러므로 흡수팽창의 이론 전개는 주로 점토광물을 전제로 설명된다.

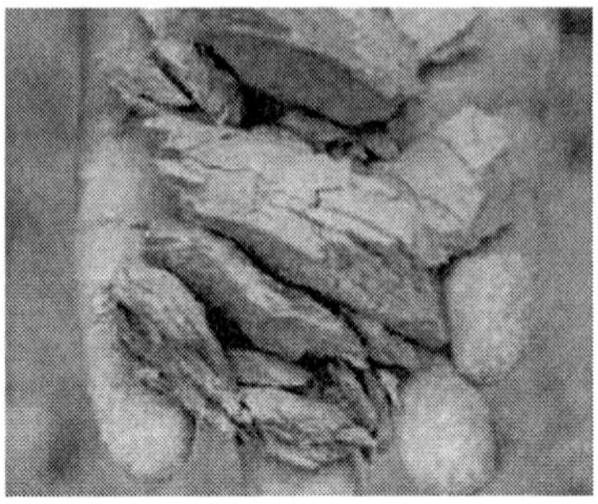
[사진 9-2] 팽창성 암석

9.1 점토광물과 팽창성 암석

팽윤성/팽창성(swelling) 점토광물이나 이질암 등이 물을 흡수하면 전체 체적이 증가하는 현상이 발생하며, 흡수팽창(expansion)과 팽윤성(swelling)이 있다. 흡수팽창은 실질적인 변화는 없고 유효간극만이 물로 채워진 상태로서 물리적 체적 증가를 보인다. 이는 암석의 조직이나 구조에 지배되며, 불포화로 유효간극을 가진 결합력이 약한 암석에 보이는 현상이다. 흡수팽창은 굴착에 의한 응력해방 시 흡수팽창에 의한 문제가 일어나기 쉽다. 팽윤성은 유효간극이 물로 채워져 있는 상태에서 실질 부분을 구성하는 광물이 물을 흡수하여 큰 체적변화를 발생하는 현상으로 상온에서 물과 공존해서 결정학적 성질이 변화하는 광물로 구성된 경우에 일어난다. 특히 점토광물 중 팽창성 광물(일라이트, 몬트모릴라이트)을 포함하는 암반은 물의 흡착(absorption)에 의해 체적이 크게 증가하는 성질을 가진다.

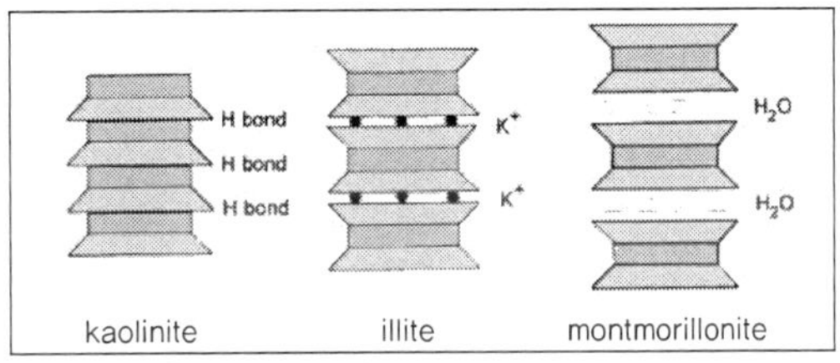

[그림 9-1] 점토광물의 구조

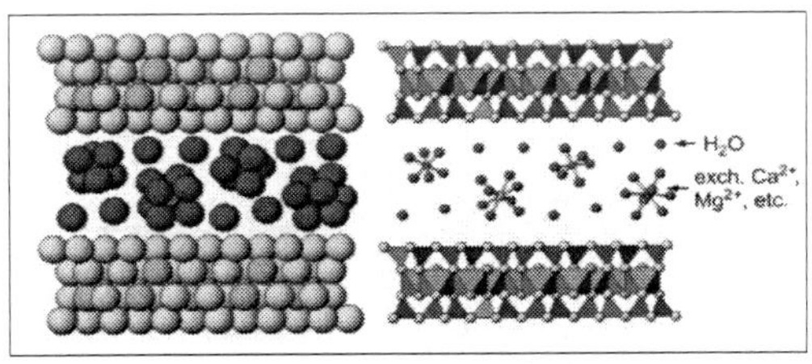

[그림 9-2] 팽창성 광물(smectite)의 구조

팽창성 암석 이질암(clays)과 경석고(anhydrite)로 구분된다. 이질암의 팽창 메커니즘은 잘 알려져 있고, 팽창성 매우 빠르게 나타나며, 팽창압과 팽창변형률(2~8%)이 상대적으로 작다. 경석고의 팽창 메커니즘은 역학적 팽창성과 점토광물의 수화작용 그리고 석고로의 변화($CaSO_4+2H_2O=CaSO_4\cdot 2H_2O$)와 관계된다. 이들은 서로 상호작용을 일으키며, 물의 흡수 정도에 크게 의존한다. 이질암보다 상당히 높은 팽창압과 변형률을 일으키는데, 이는 석고로의 변화가 중요한 역할을 하기 때문으로 체적이 60% 이상 증가하게 되는 경우도 있으며, 팽창은 매우 천천히 발생하여 수년 또는 수십 년에 걸쳐 발생하기도 한다.

[사진 9-3] 팽창성 광물

[사진 9-4] Anhydrite

9.2 팽창성 암반의 공학적 특성

팽창압(swelling pressure) 팽창성 암반에서 가장 중요한 특징은 팽창압이다. 일반적으로 팽창성 광물의 존재 여부와 종류는 X선 회절분석과 DTA(Diifferential Thermal Analysis)를 통하여 정량적으로 평가할 수 있으며, 팽창압은 팽창점토에 대한 Oedometer test에 의해 구한다(Terzaghi, 1968).

팽창성 관계식(swelling rule) 팽창성 시험으로부터 팽창압(swelling pressure, σ)과 변형률(extension, ε)의 관계는 logσ가 증가함에 따라 ε가 선형적으로 감소함을 보여준다(log-normal 관계 t). 그림에서 ε0는 축박향의 비구속상태의 최대 변형량이고, σ*는 변형을 완전 구속할 수 있는 응력(최대 팽창압)으로서 팽창성 암반의 팽창 가능성에 대한 정보를 제공하는 가장 중요한 값이다. 일반적으로 높은 팽창량은 높은 팽창압과 연관되며, 팽창변형률이 제한받게 되면, 최대 팽창압은 증가하게 된다. 따라서 측변형이 구속된 실험결과는 팽창압이 과다 평가될 수 있으므로 현장적용이 유의해야 한다.

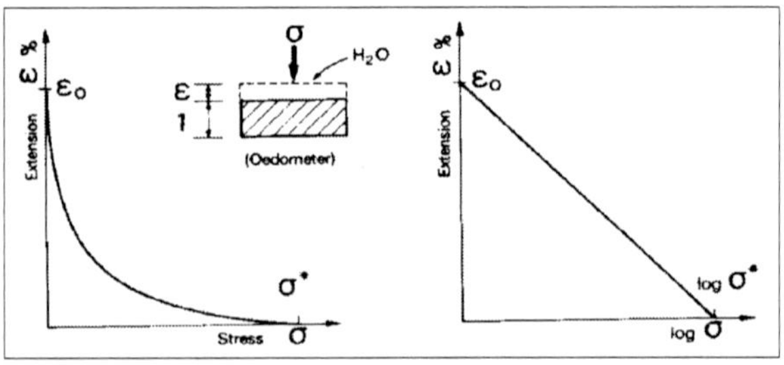

[그림 9-3] 팽창성 관계(Kovari, 1988)

팽창성 곡선(swelling curve) 교란된 시료는 주의 깊은 시료 준비에도 불구하고 불교한 시료보다 더 큰 탄성적인 변형을 보인다. 따라서 현지상태의 순수 팽창성은 측정된 변형량(A)으로부터 표준 탄성변형(B)을 감하여 최종적으로 구할 수 있다. 표준 탄성변형은 팽창성이 없는 점토광물로부터 구한다. 이와 같은 방법으로 팽창압 곡선을 구하며, 팽창성과 탄성력이 하중제거 전까지 축적되었다가 하중제거 시 탄성력은 급격하게 감소되고 물의 영향으로 인한 체적 증가로 팽창압이 발생하게 된다. 팽창압은 초기에 최대(P1)를 보이며, 이후 급격하게 감소하게 된다. 따라서 팽창압은 초기 체적 증가 후에 거동곡선에서 주요 영향요소가 된다. 즉, 팽창성 암반에서 대부분의 탄성변형은 초기에 발생함을 알 수 있다.

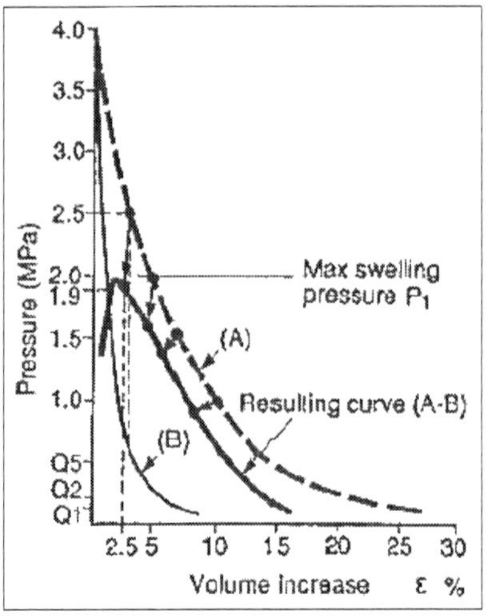

[그림 9-4] Swelling Curve(Olsen,1990)

Swelling test(ISRM, 1999) 팽창성 암석에 대한 팽창응력과 팽창변형률을 구하기 위한 시험 방법으로 국제암반역학회(ISRM)의 표준시험법으로 제안되었다. 먼저 코어 또는 블록모양의 암석시험편을 준비하여 수중에서 직경방향 변형을 구속하여 일정한 축압에 대한 축방향의 변위를 측정하여 변형률(swelling strain)을 계산한다. 또한 같은 방법으로 준비한 시료에 대해 축하중(N)과 축변위(d)를 측정하고 시간의 함수로서 기록하여 응력(swelling stess)을 구한다.

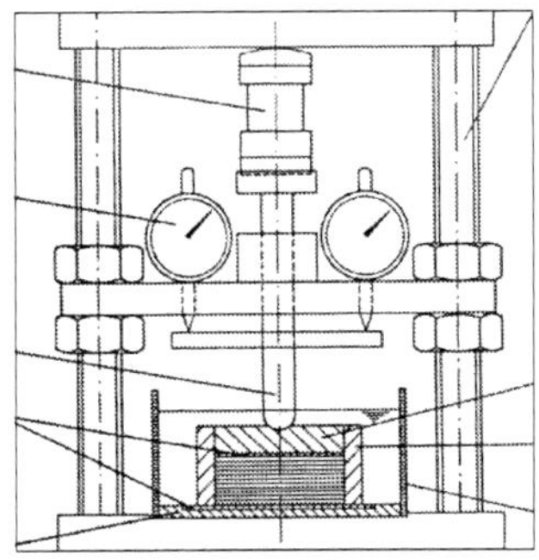

[그림 9-5] Swelling stress 측정장치

[사진 9-5] Swelling strain 측정장치

Odemeter test(Olzen, 1989) 점토의 팽창압을 측정하는 시험으로 일반적으로 사용되고 있다. 점토대는 대부분 이차광물과 다양한 크기의 암편의 혼합물로 구성되어 있어 흙보다 더 느슨한 조직을 가지므로, 불교란 상태의 시료를 얻기는 매우 어렵다. 따라서 시험은 20μm 이하의 건조한 입자상태의 시료로 수행되며, 이 크기는 거의 모든 팽창성 광물을 포함한다. 건조한 시료 20g을 oedometer에 넣고 4MPa로 하중을 가한다(Step1). 수침을 시작한 후(Step2) 시료가 팽창이 완료된 후에 시료의 두께를 측정한다(Step3). 측정된 팽창압과 체적변화로부터 점토의 팽창성 곡선을 구한다.

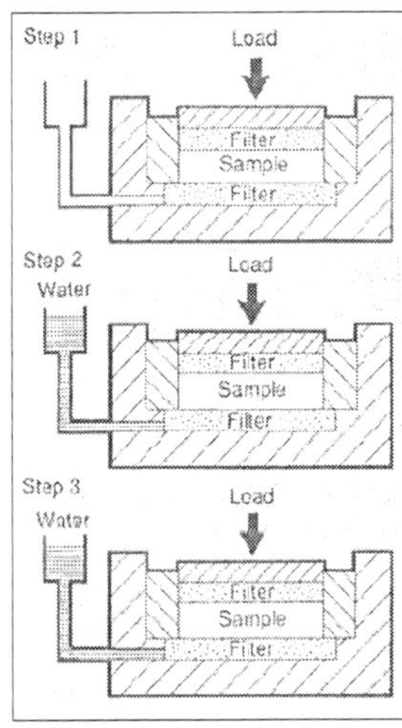

[그림 9-6] Odemeter test

팽창압 시험(NTNU, 2009) 단층가우지 등에 포함된 팽창성 점토에 대한 팽창압을 측정하기 위한 시험 방법이다. 압축, 하중제거, 팽창의 순서로 진행된다. 건조상태의 20μm 이하의 점토 20g을 용기에 넣고 24시간 이상 2MPa 하에서 체적 변화가 없을 때까지 압축시킨 후 하중을 제거한다. 그리고 시료에 물을 넣은 후 팽창시켜 팽창압을 측정한다. 측정된 최대 팽창압이 4MPa 이상도 있으며, 팽창압을 low(<0.1), moderate(0.1~0.3), high(0.3~0.75)로 구분하여 정의하였다(NBG, 2000).

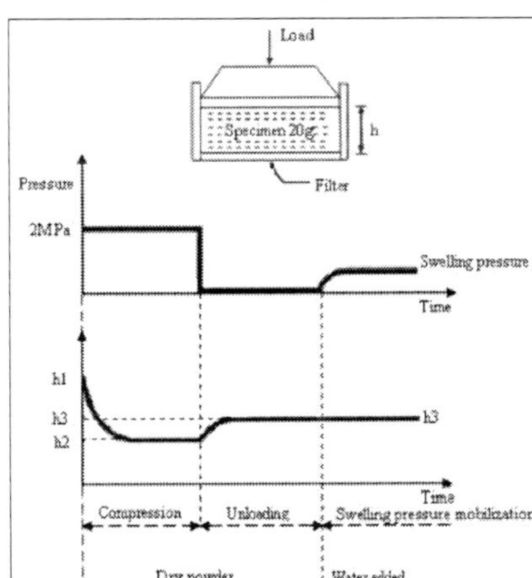

[그림 9-7] 팽창압 시험(Nilsen, 2009).

터널링에서의 팽창압

팽창성 특성 팽창성 암반에서 터널을 굴착하는 경우 인버트에 히빙이 일어나거나 인버트 아치에 팽창압(p)이 작용하게 되며, 바닥부 히빙(U_a)과 천정부 변위(U_F) 모두 상향의 변위가 발생하게 된다. 실제 터널현장에서는 팽창성을 평가하기 위해서 지중변위를 측정하는 데 시간 경과에 따라 변위가 점차적으로 증가하게 된다. 또한 팽창 변형률은 바닥에서 멀어질수록 점점 감소하며 약 1D에서 거의 0이 되며, 팽창압은 비교적 빠르게 발생하며, 배수조건에 따라 다르고, 어떤 경우에는 수십 년 이상 지속적으로 작용하기도 한다(Kovari, 1982).

팽창압의 특성화 곡선 Lombardi(1981)는 인버트 아치와 팽창암 사이의 상호작용을 정량적으로 평가하기 위하여 히빙(U_a)과 라이닝 저항력(P_a) 사이의 관계를 제시하였다. P_a는 라이닝에 의해 주변 암반에 작용하는 압력으로 팽창압에 의해 인버트 아치에 작용하는 힘이다. 이와 같은 관계에는 변형률은 깊이에 함수이며, 로그 팽창압과 변형률과 반비례 관계임을 가정하여 성립된다.

- 변형률 곡선 $U_a = kD\epsilon_a$(k: shape factor)
- 팽창성 관계 $\epsilon = a - b\log\sigma$

따라서 위의 식을 정리하면 다음과 같다.

$$U_a = kD(a - b\log P_a) = A - B\log P_a$$

(여기서 $A = kDa$ $B = kDb$)

이것을 팽창암의 특성화 곡선식이 된다.

이는 Oedometer 시험 곡선과 동일한 거동으로 바닥부 히빙 U_a는 팽창성에 의한 팽창 변형률에 해당하며, 라이닝 저항력의 최댓값은 팽창압과 같다.

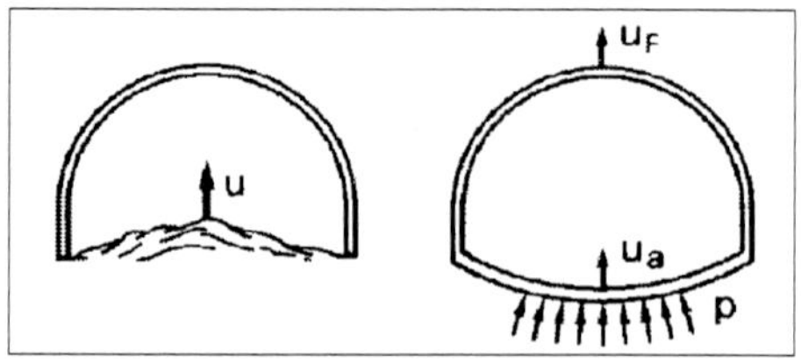

[그림 9-8] 터널링에서 팽창성 효과

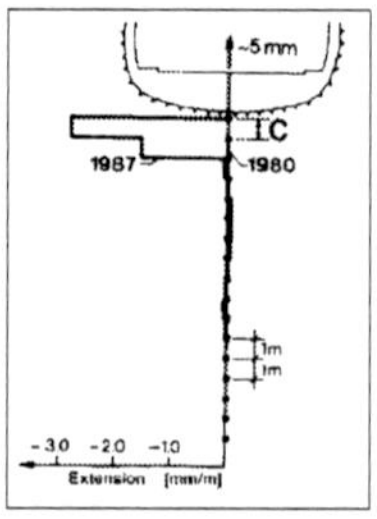

[그림 9-9] 지중변위

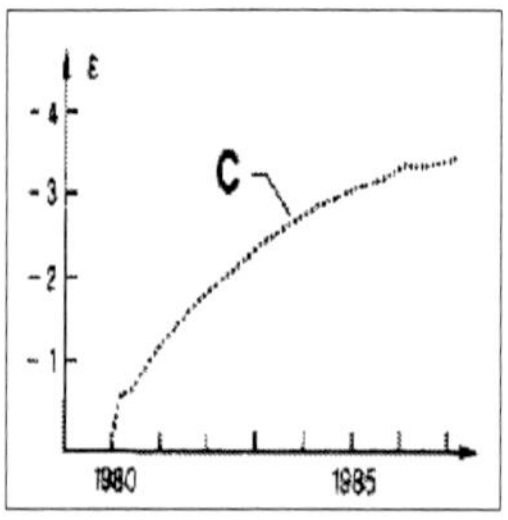

[그림 9-10] 팽창 변형률

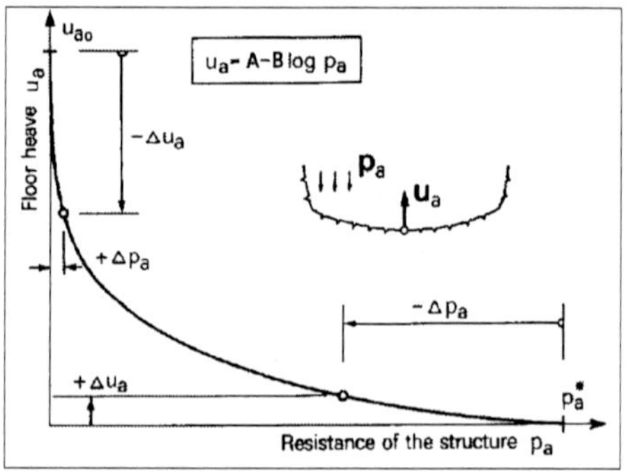

[그림 9-11] 히빙과 지보압에 대한 특성곡선

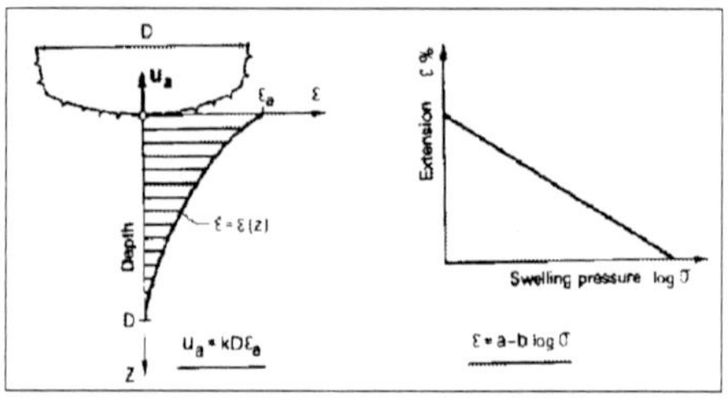

[그림 9-12] 변형률 곡선과 팽창성 관계

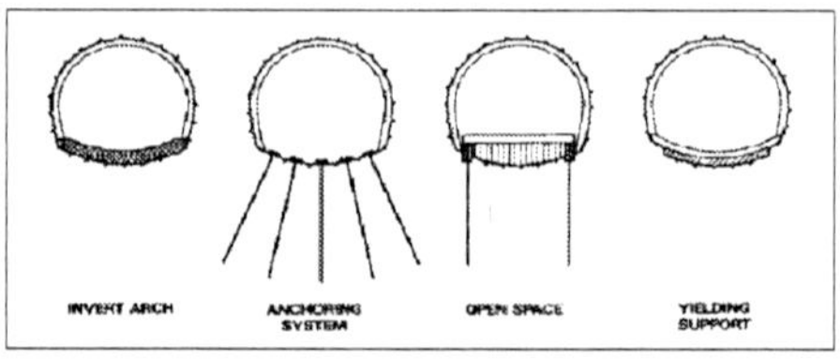

[그림 9-13] 팽창성 암반에서의 보강대책

팽창성 암반에서의 지보

지보설계 팽창성 암반에서의 보강은 히빙을 제한하기 위한 인버트 아치, 앵커시스템을, 팽창압의 발생을 피하기 위한 오픈공간을 적용할 수 있다. 또한 인버트 아치에 가축성 지보를 사용하여 팽창과 팽창압을 허용하면서 조절하는 방법도 있다. 구조재의 크기를 결정하는 설계에는 충분한 지지력(bearing capacity)으로 팽창압에 의한 파괴를 방지하도록 하는 방법과 변형(히빙)을 허용범위 내로 유지하는 방법이 있다.

지보별 특성화 곡선 다양한 지보대책에 대한 라이닝과 암반의 상호작용이 특성화곡선으로 설명되었다(Lombardi, 1984). 인버트 아치의 경우(A) 아치의 강성으로 히빙이 제한되어 결과적으로 팽창압이 아치에 적용하게 된다. 이때 압력은 최대치인 Pa*에 이른다. 오픈공간을 설치하는 경우(B)는 변위를 완전 허용하므로 팽창압이 작용하지 않는다. 가축성 지보의 경우(C) 히빙을 허용하여 적정한 팽창압($\overline{P_a}$)이 필요하게 된다. 인버트 아치는 팽창압이 작은 경우에 적용할 수 있는 단순하고 경제적인 대책으로 두께는 40~50cm이다. 오픈 공간은 최대 히빙이 작을 경우에만 적용하여야 한다. 팽창압이 큰 경우에는 인버트 아치의 가축성 지보가 가장 적정한 대책이 된다. 적용사례로서 Freudenstein 터널의 경우, 팽창압(6MPa)이 작용하는 구간에서 가축성 지보를 적용함으로써 라이닝 두께와 보강량을 줄임으로써 굴착단면적을 20% 이상 줄일 수 있음을 볼 수 있다.

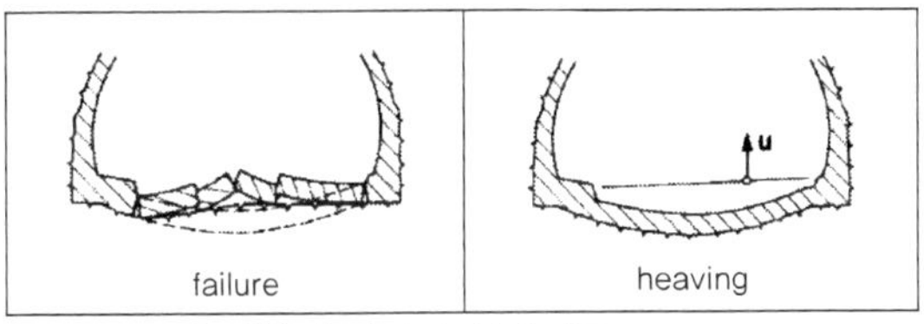

[그림 9-14] 팽창성 암반의 설계기준

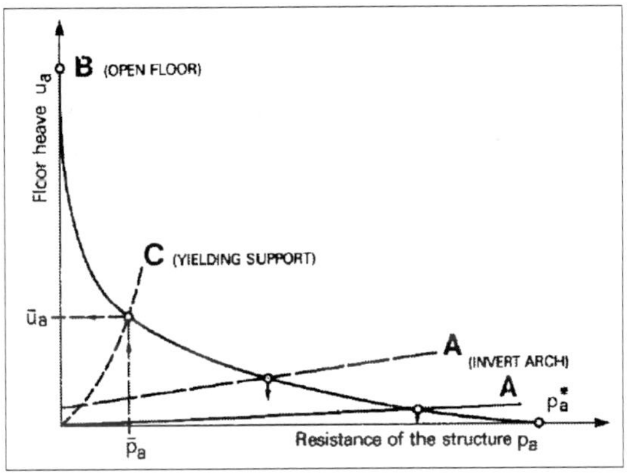

[그림 9-15] 보강대책에 따른 특성화 곡선

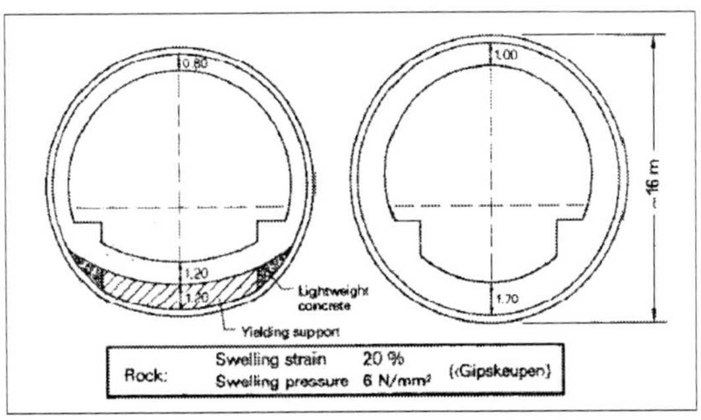

[그림 9-16] 가축성 지보(Freudenstein 터널)

9.3 팽창성 암반에서의 Geo-Risk와 대책

팽창성 암반과 터널

팽창성 암반에서의 터널링 팽창성 암반에서 터널 굴착하게 되는 경우에는 팽창압에 의해 터널에 변형이 발생하거나 구조적 손상이 발생하게 된다. 이는 주로 터널 굴착방법, 라이닝의 강성 그리고 지반 특성에 따라 달라지게 된다. 일반적으로 팽창성 암반에서의 터널링은 바닥부에 히빙을 일으키거나 인버트에 압력으로 작용하게 되어 터널변상이나 인버트의 파괴를 유발하게 되는 경우가 많다. 저토피 또는 터널천단이 소성암반인 경우 대체적으로 변위가 위쪽 방향으로 발생하고 히빙을 일으킨다. 또한 운영 중에 팽창압에 의한 라이닝의 변상으로 보수나 보강이 필요한 경우도 있다. 특히 고속철도와 같은 경우는 작은 손상에도 심각한 문제를 일으킬 수 있으므로 보다 엄격한 기준이 요구된다.

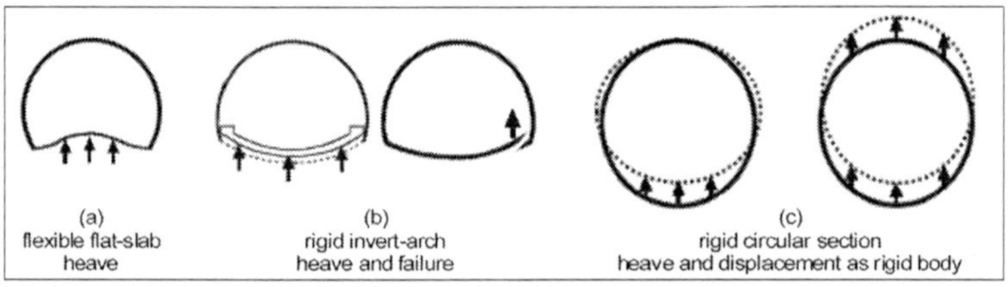

[그림 9-17] Swelling 터널변상(Amstad, 2001)

히빙(heaving) 팽창압에 의해 터널 바닥부(invert)가 부풀러 오르는 현상으로서 인버트가 없거나 연성인 경우에 발생한다. 점차적인 팽창압의 작용으로 히빙은 수 mm/개월 속도로 나타나 굴착 당시에 제대로 파악하지 못하는 경우가 많다.

인버트 파괴(failure) 인버트가 강성인 경우 팽창압으로 인버트가 구조적으로 파괴되는 현상으로 누적된 팽창압으로 갑작스런 파괴를 유발하여 공용 중인 터널에 심각한 영향을 초래하며, 적절한 보강대책으로의 재시공이 요구된다.

라이닝 손상(damage) 팽창압으로 인하여 라이닝 구조물에 균열, 박락과 같은 구조적 손상이 발생하는 경우로 손상규모에 따라 보강방안을 수립하도록 하여야 한다.

Heaving

인버트 파괴(failure)

라이닝 균열

[사진 9-6] Swelling에 의한 손상

보강 대책 초기에는 암반과 라이닝 사이에 가축성 재료를 넣거나 각부에 가축성 기초(yielding foundation)를 설치하는 방법이 고려되었다(Schächterle, 1926). 하지만 이 방법은 바닥에 히빙을 발생시켜 재굴착이 필요하였다. 팽창성 암반에서 터널설계는 발생하는 팽창압에 대해 저항할 수 있도록 지보(resisting support)를 설계하여야 한다. 이러한 경우 팽창성을 조절할 수 있도록 적절한 지보대책이 요구되는데, 충분한 내구력을 가져야 하고 변형을 어느 정도 허용하도록 하여야 하므로, 바닥부에 대한 앵커링(anchoring) 또는 가축성 지보(yielding support)를 설치하는 것이다.

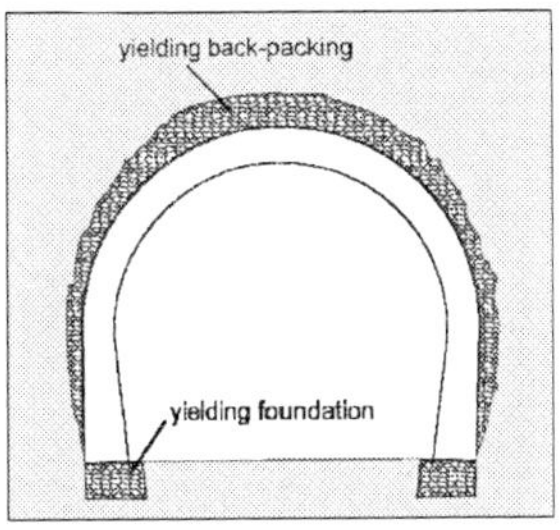

[그림 9-18] 팽창성 암반 대책

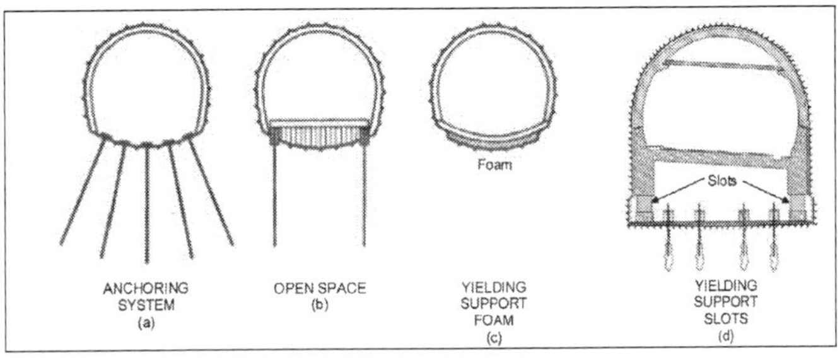

[그림 9-19] 팽창성 지보대책(Kovari, 1988)

가축성 지보 가축성 지보라는 보강개념이 Kovari(1988)에 제시되었다. 이것은 터널구조물에 작용하는 팽창압을 최소화시키고, 지하수를 조절할 수 있도록 한 것이다. 가축성 지보시스템 설계기준은 구조물의 변형과 라이닝에 작용하는 팽창압을 제한하기 위하여 변형과 팽창압 사이에 최적 평형상태를 구하는 것이다. 가축성 지보는 반경방향의 압력을 최소화하기 위해 두 개의 방법(foam과 slot)이 적용된다. 폼(foam)을 이용하여 인버트에 변형 가능한 존을 설치하는 것은 터널천단부에 지하수의 침투를 방지하기 위한 배수시스템과 결합되어 터널 라이닝의 보강과 두께를 줄일 수 있다. 이 방법은 이질암반의 팽창성에 대비하여 1970년대에 터널에 처음 적용되기 시작하였다. 또한 콘크리트나 강제 슬롯(slot)을 인터트 하단에 사용하는 가축성지보(modular yielding support) 방법은 팽창압이 상당히 커서 과다변형이 발생한 구간에 적용된다.

[사진 9-7] reinforced invert arch

[사진 9-8] yielding support-foam

[사진 9-9] modular yielding support

팽창성 암반 터널시공사례 – Pfander 터널

지질 및 터널개요 암반은 역암, 사암, 이암으로 구성된 이질암(molasse rock)으로 각 층이 수 mm부터 수 m 두께를 갖는 상호 호층구조를 보인다. 최대 토피고는 약 350m로 NATM 공법으로 시공되는 도로 터널이다.

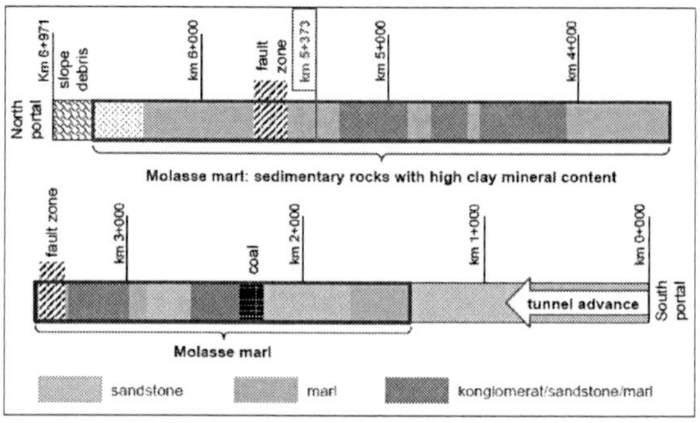

[그림 9-20] 지질특성(Schadlich, 2012)

팽창성 특성 터널시공 중에 인버트에서 히빙이 관찰되었는데, 주로 이암층에서 최대 300mm의 변형이 일어났다. 이는 이암에 포함된 팽창성 광물인 몬트모리노라이트(약 7%)로 인한 것으로 나타났다. 팽창 크기와 팽창압을 평가하기 위하여 이암시료에 대한 팽창압 실험을 통하여 최대 팽창압은 3.5 MN/m^2, 최대 팽창률은 17.8%로 평가되었다.

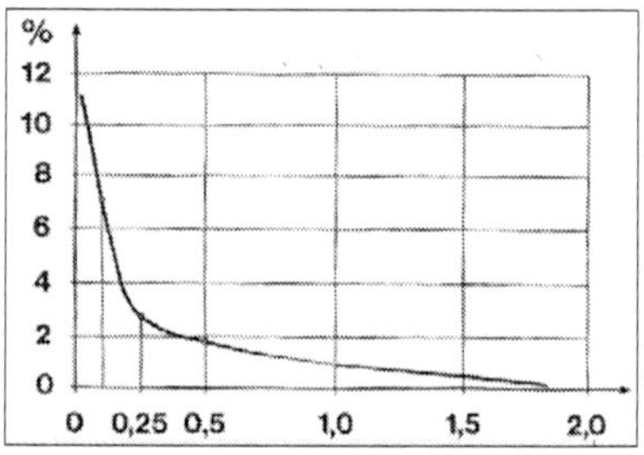

[그림 9-21] 팽압성 실험결과

보강 대책 팽창압의 크기에 따라 인버트에 영구앵커링과 보강인버트 아치를 설치하였다. 팽창성 크기를 결정하기 위하여 각 구간마다 10m 길이의 지중변위계를 설치하여 히빙을 계측하고, 암석시료에 대한 팽창압을 측정하였다. 특히 시공 중 이암구간에의 지하수의 유입에 유의하고, 굴착 즉시 숏크리트를 타설하고 보강인버트 아치(40cm)가 설치되었다. 이와 같은 보강대책으로 히빙은 제어되었으며, 인버트 아치 3m 이하에서는 팽창성이 구속됨을 확인할 수 있었다.

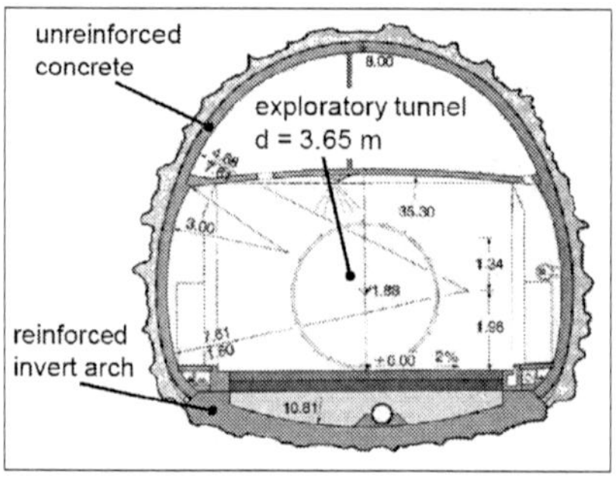

[그림 9-22] 인버트 보강

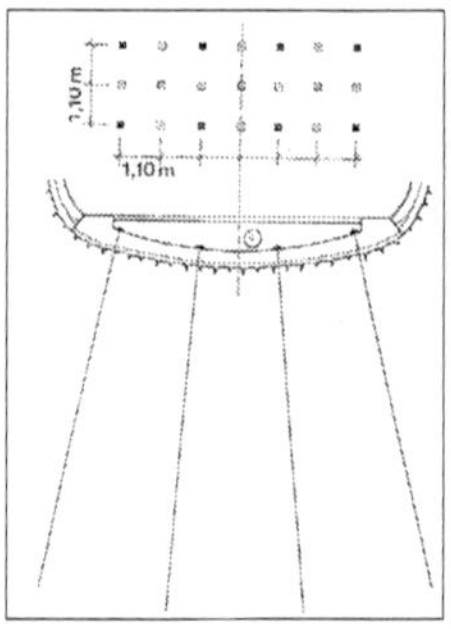

[그림 9-23] 앵커링

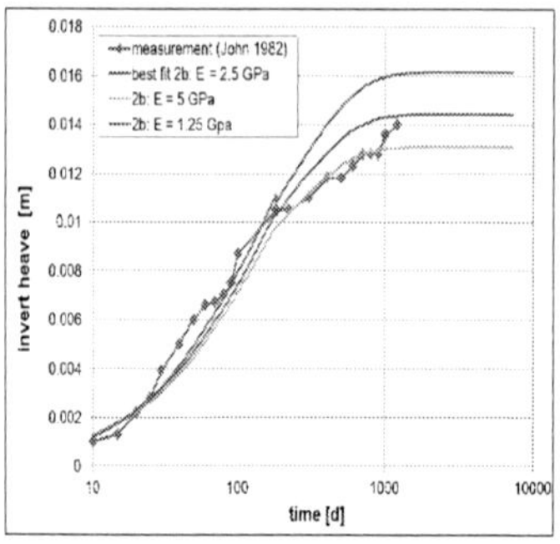

[그림 9-24] 히빙 측정결과

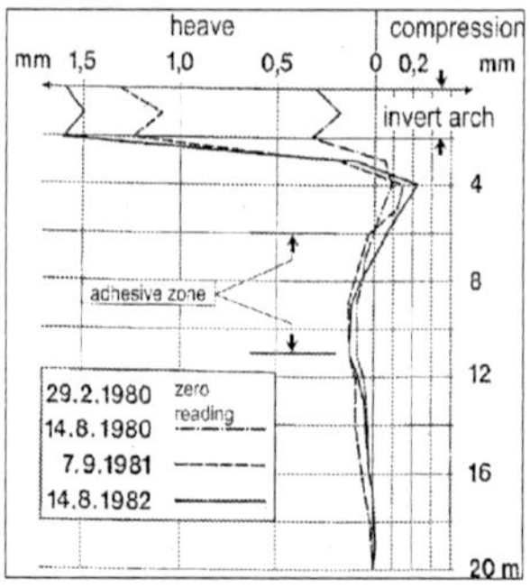

[그림 9-25] 보강 후 측정결과

팽창성 암반 터널시공사례 – Chienberg Tunnel

지질 및 터널개요 2.3km 연장의 도로터널로서 1998년 공사를 시작하였으나 2002년부터 팽창성과 관련된 문제가 발생하여 보강공사를 진행하였다. 암반은 이암(clay stone)으로서 기질(matrix) 내에 맥상으로 다량의 경석고(anhydrite)를 포함하고 있는데 이는 팽창성이 매우 심한 광물로서 상당한 팽창압이 발생한다.

[사진 9–10] Clay stone (anhydrite)

팽창성 특성 터널 굴착 중 상반의 바닥에서 3개월 동안 1.5m의 이상의 히빙이 발생하였다. 이는 이암 내 포함된 경석고의 팽창작용이 서서히 진행되면서 바닥부에 과다변형을 유발한 것으로 조사되었다. 또한 계측결과 팽창압으로 인해 대부분의 구간에서 터널단면도 변형된 것으로 나타났다.

[사진 9–11] 바닥부 히빙

[사진 9–12] 재굴착 공사

보강 대책 다양한 검토를 통하여 팽창성 구간에 대한 보강대책으로 새로 개발된 가축성 요소를 가진 조립형 가축성지보를 적용하였다. 이를 위해서 터널 바닥부를 재굴착하고 평평하게 만든 후 측벽에서 가축성 요소(ø=90cm, H =100cm)를 설치한 후, 마이크로 파일형식의 록앵커(L=25m)를 시공한 후 가축성 앵커(ø=0.9m, 항복력 4.5~7.5MN)를 설치하여 팽창압을 조절할 수 있도록 하였다. 보강공사 이후 광범위하고 장기적으로 발생한 바닥부 히빙은 점차적으로 감소함을 확인하였다.

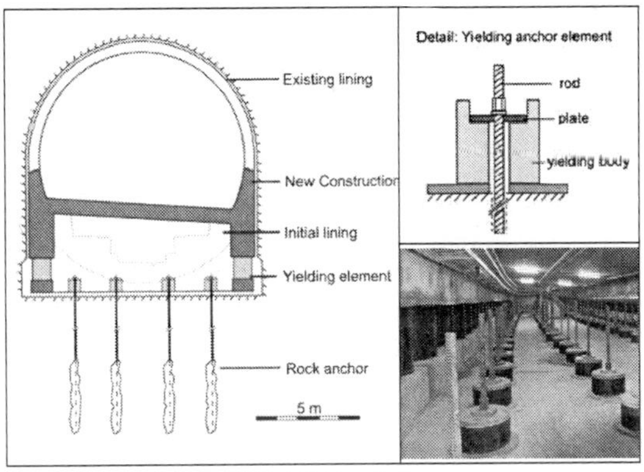

[그림 9–26] 보강대책(가축성 지보)

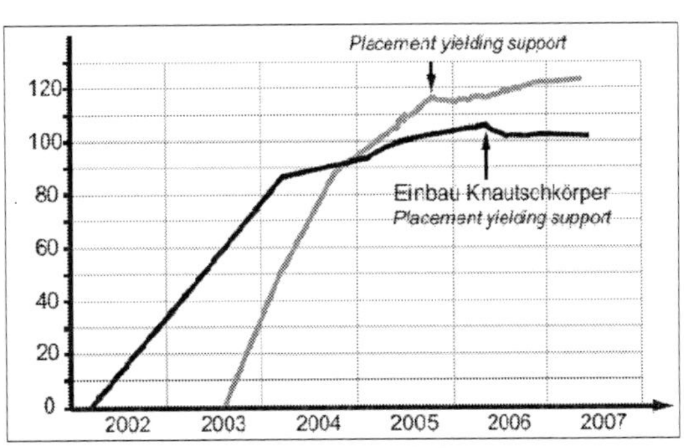

[그림 9–27] 보강에 의한 히빙 제어

Geo-Risk 문제

Geo-Risk Problems

A III.1 싱크홀

Sinkhole(Winterpark, 미국)

Sinkhole(독일)

Sinkhole(과테말라)

Sinkhole(과테말라)

Sinkhole(인천 지하철)

Sinkhole(중국)

AIII.2 산사태

대규모 산사태(Taiwan, 2010)

폭우로 인한 산사태(브라질, 2011)

폭우로 인한 산사태(우면산, 2012)

산사태(미국, 1995)

지진으로 인한 산사태(El Salvador,2001)

AIII.3 터널 붕괴

Squeezing – Lyon–Turin Base Tunnel(Italy–France)

Squeezing – Nathpa Jhakri Tunnel(India)

Squeezing – Yacambú–Quibor tunnel(Venezuela)

Squeezing–Mucha tunnel(Taiwan, 2000)

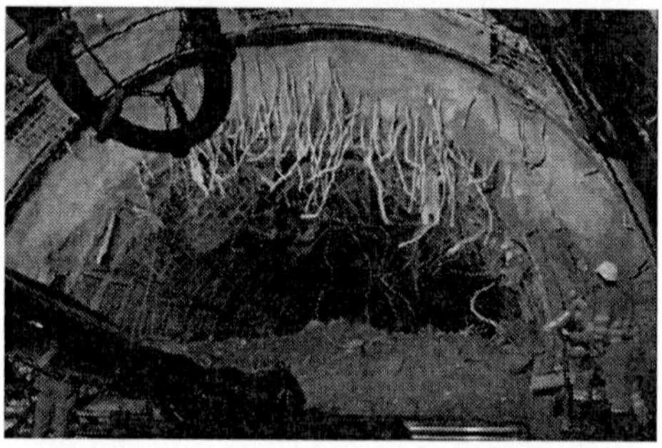

Squeezing – Gotthard basis tunnel(2000)

Collapse – Olbramovice Tunnel(Czech, 2010)

Slabbing and spalling(Ortlepp, 1997)

Crown collapse by fault zone – Hanekleiv Road Tunnel(2006, Norway)

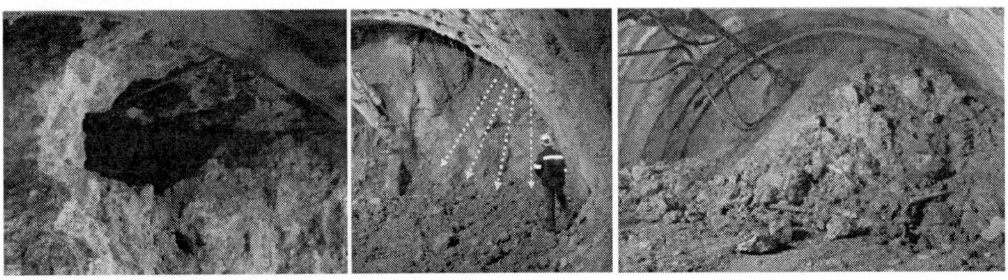
Cavity and collapse in karst rock mass – Gavarres tunnel(2013, Spain)

Collapse – Heathrow Tunnel(1994, London UK)

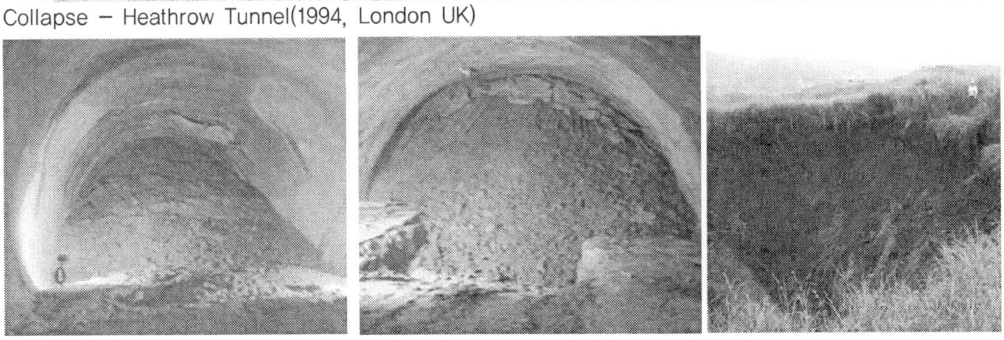
Collapse – Houlung Tunnel(2002, Taiwan)

터널 붕락사례(국내)

터널 붕괴 - 편암층(양지) 천정부 낙반 발생

터널 붕괴 - 셰일층(경주) 완전 파쇄된 흑색 셰일층에서 피난연락갱 시공 중 낙반

터널 낙반 - 화강암층(장수)

터널 낙반 - 화강 편마암층(인제)

터널 낙반 - 편암층(춘천)

터널 막장낙반 - 편암층(춘천)

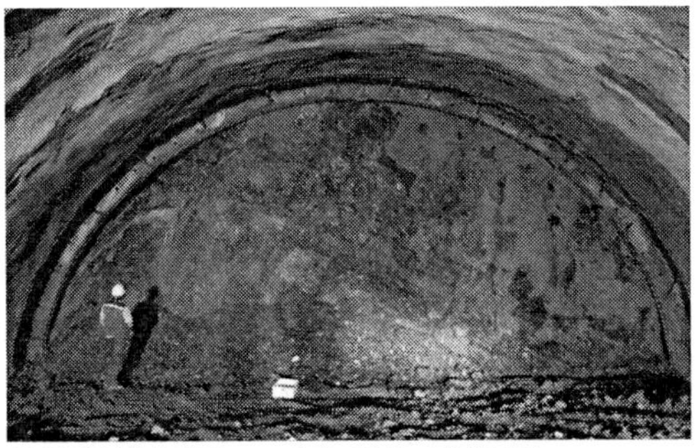

흑색셰일층(경주) - 매우 작은 암반블록

운모편암층(춘천) - 천정부 낙반

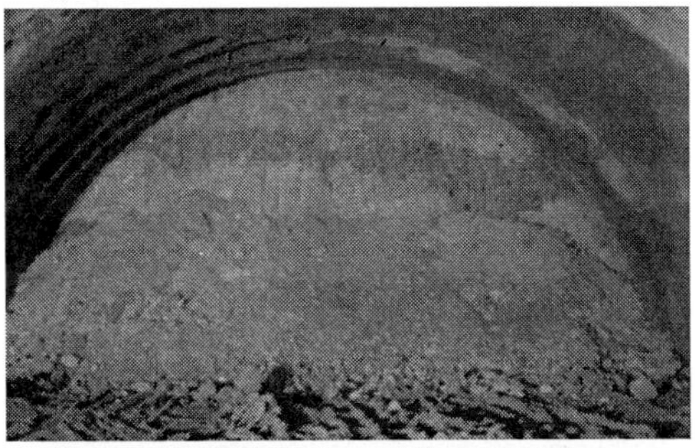

화강풍화토/핵석층(경주) - 막장 흘러내림

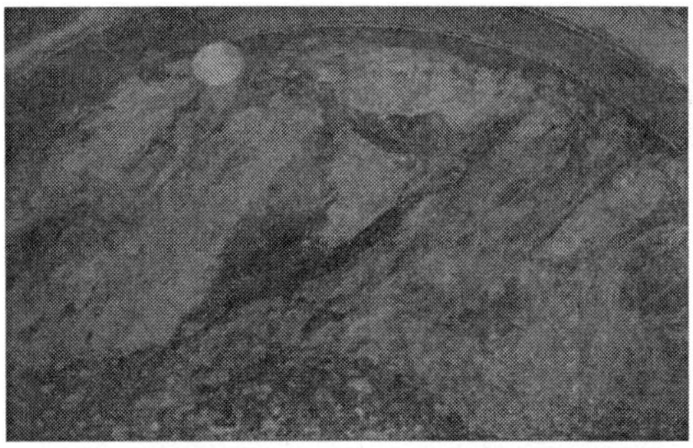

석영편암층(춘천) - 막장 쐐기형 블록낙반

미고결 퇴적층(포항) - 천정/막장 흘러내림

응회암층(광양) - 막장붕락

운모편암층 - 지표함몰에 이르는 터널붕락

AIII.4 암반사면 붕괴

Bukit Lanjan Rock slope failure(2006, Malaysia)

Mine Slope failure(2012, Utah USA)

Mine Slope failure

Slope failure(2012, Malaysia)

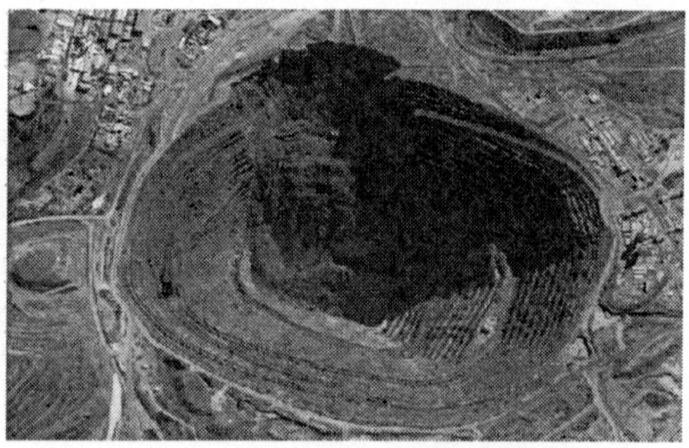

Mine Slope failure

Rock slide(2008, USA)

Slope failure(2012, Malaysia)

Wedge failure

Wedge failure
(Pengshui Hydropower Station)

Rockfall

Rock slide(2008, Canada)

Rock fall(2003, USA)

Rock fall(After, Hoek)

Rock fall(afert Hoek)

Rock fall(2005, Hong Kong)

암반 사면붕괴(국내)

사면붕괴/평면파괴 - 사암/셰일층(울산)

사면붕괴/복합파괴 - 응회암층(완도)

사면붕괴/평면파괴 및 쐐기파괴 - 편암층(오산)

사면붕괴/평면파괴 및 쐐기파괴 - 편마암층(양양)

사면붕괴/평면파괴 및 쐐기파괴 - 사암층(음성)

낙석-이암층(포항)

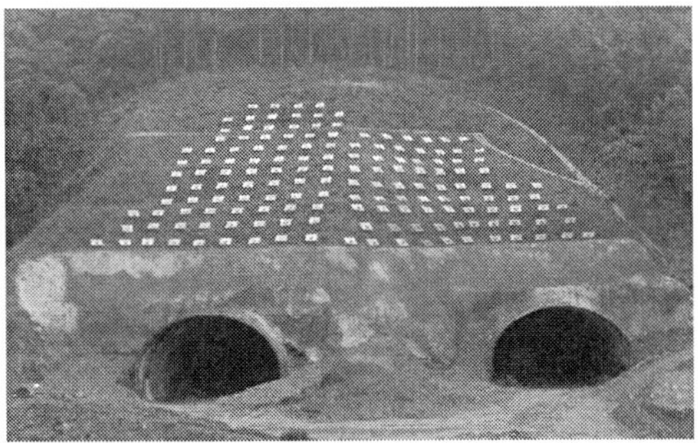

사면 붕괴–복합파괴(편암층, 양양)

사면 파괴(쐐기파괴) - 편암층(춘천)

사면파괴 - 복합파괴(화산암층, 부산)

사면붕괴/복합파괴 – 편마암층(신갈)

사면붕괴/원호파괴 - 응회암층(창원)

사면붕괴/원호파괴 및 평면파괴 - 응회암층(남창)

IV. 암반공학 응용

Rock Engineering Application

암반공학 설계

Rock Engineering Design

암반공학 설계 암반공학의 최종목적은 암반구조물을 설계하고 완성하는 것이다. 지금까지 다양한 설계도구와 방법이 암반구조물의 계획, 설계 및 시공에 적용되어 왔지만, 실제 암반과 지반조건을 나타낼 수 있는 적절한 설계방법을 찾는 것이 중요하다. 설계는 진행과정(ongoing process)이며, 설계에 기초한 의사결정은 공사과정과 평행하게 단계적으로 취해져야 한다. 결정으로부터 대책시공은 탑다운 철학(top-down philosophy)이 권장되며 다음 과정과 같다(Sturk, 1998).

- **1단계** : 모든 공학적 지질/지반자료와 프로젝트와 관련된 정보는 업데이트되고 현재의 단계와 의사결정에 적절하게 사용되어야 한다.
- **2단계** : 정보와 관련된 어떤 불확실성(uncertainity)도 정량화되어야 한다.
- **3단계** : 명시적인 정보는 프로젝트체계를 통하여 충분히 전달되고 이해되어야 하며, 최종적으로 전달상태가 확인되어야 한다.
- **4단계** : 설계과정에서 변수의 불확실성과 관련해서 설계자의 의도가 전달될 수 있도록 시공도면에 나타내어야 한다.

암반공학 설계과정 먼저 지반조사를 수행하여 지질과 지반을 특성화하고, 경험적 분류방법과 수치해석을 통하여 설계를 수행하고, 관찰적 방법을 통하여 시공 중 지반에 적합한 설계를 변경할 수 있도록 하는 것이다. 또한 프로젝트 성격 및 지반특성에 따라 적절한 설계방법을 선택 또는 조합하여 적용할 수 있다.

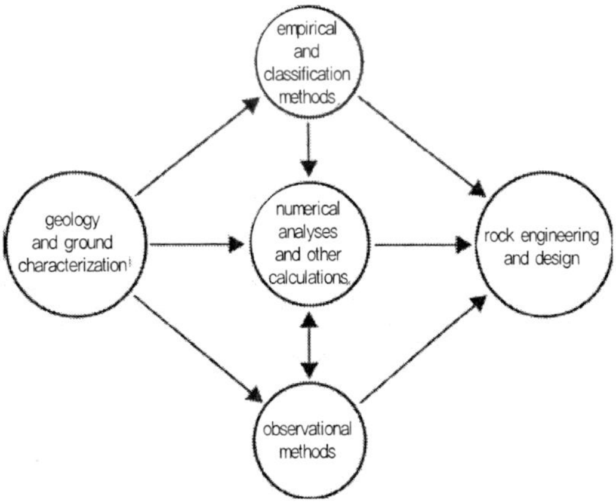

[그림 1-1] 암반공학 설계 과정(Stille 등, 2003)

1.1 암반공학 설계와 절차

암반공학 설계

암반구조물 설계 Hoek 등(1980)과 Bieniawski(1989) 등에 의해 오랫동안 논의되어왔다. 암반구조물 설계 목적은 구조적 저항성(structural resistance), 내구성(durability), 사용성(serviceability)을 확보하는 것이다(EN,1990). 암반공학 설계 목적을 위해서는 여러 가지 다른 종류의 설계방법, 즉 수치모델링(numerical modelling), 분석적 계산(analytical calculation), 경험적 분류시스템(empirical classification system) 또는 관찰적 방법(observational method) 등이 적용될 수 있으며, 최근에는 확률론적 접근방법(probabilistic approach)을 이용되기도 한다. 하지만 실제 지반거동 예측이 매우 어렵기 때문에 관찰적 방법을 적용하는 것이 타당하다고 할 수 있다. 지반거동은 암반조건과 하중작용 그리고 구조물 특성에 대한 지반이 반응하는 방법으로 이에 영향을 주는 주요 요소는 암반 특성, 응력과 지하수이다. 따라서 적절한 설계방법의 선택은 실제적인 지반거동을 나타나는 데 있어 필수적이라 할 수 있다. 암반은 매우 복합적인 재료(material)로서 암반의 역학적인 특성을 정확히 측정하는 것은 쉽지 않아, 신뢰할 만한 입력자료를 얻기가 매우 어렵다. 이러한 경우 암반구조물 설계는 암반분류시스템이 중요한 역할을 하는 관찰과 경험적인 방법에 기초하게 된다.

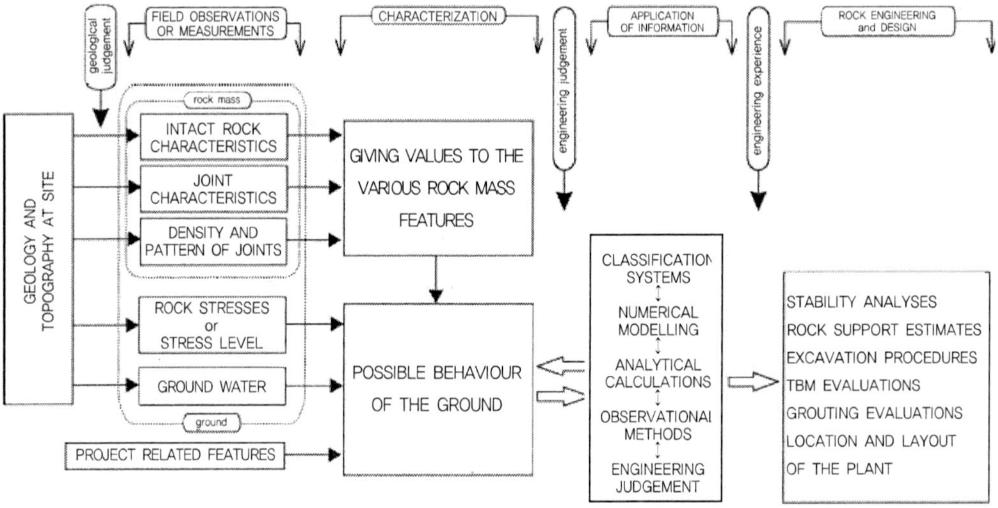

[그림 1-2] 암반공학 설계의 원리(Stille and Palmstrom, 2003)

설계 절차(design procedure)

암반구조물의 안정성 주변 암반의 거동에 좌우되며, 적절한 설계를 위해서는 다양한 지반 거동에 대한 다른 평가 또는 계산방법이 요구되므로 실제 굴착에 따른 암반거동특성을 정확히 이해해야만 한다. Schubert 등은 다양한 터널설계 경험을 통하여 지하구조물 설계방법과 지침을 제시하였다(Austrian Code, 2001).

- **1단계** 암반의 특성화로 암종과 실험실 실험 그리고 현장시험결과로부터 암반타입(Rockmass Type)을 정의하고 가각의 암반타입에 대한 상수를 결정한다.
- **2단계** 터널이나 공동주위의 암반에 대한 거동타입(Behaviour Type)을 결정한다. 이것은 응력조건, 불연속면 조건, 지하수 영향과 구조물의 모양과 크기 등을 종합적으로 고려하여 수행된다. 그 다음으로 블록 슬라이딩 또는 전단파괴와 같은 가능파괴모드를 분석하고 그 크기가 평가하여, 효율적인 굴착방법과 지보방법(Excavation and Support)을 결정하게 된다.
- **3단계** 시공 중 관찰과 계측을 실시하여 지반조건에 대한 보다 많은 정보를 수집하고 설계단계에서의 가정들은 검증한다. 또한 암반과 지보의 상호작용에 대한 분석을 통하여 시스템 거동(System Behaviour, SB)을 결정하고, 결정된 SB를 요구된 프로젝트 목표와 비교한다. 시공 중 설계 검증은 공학적 판단(engineering judgement)이라고 하는 주관적 방법과 경험적 설계(분류시스템) 그리고 수치계산 등에 의해 수행되지만 암반공학에서는 관찰적 방법이 선호된다. 이는 암반의 실제거동이 계측되어 설계과정에서의 불확실성(uncertainty)을 시공 중 다시 평가할 수 있기 때문이다.

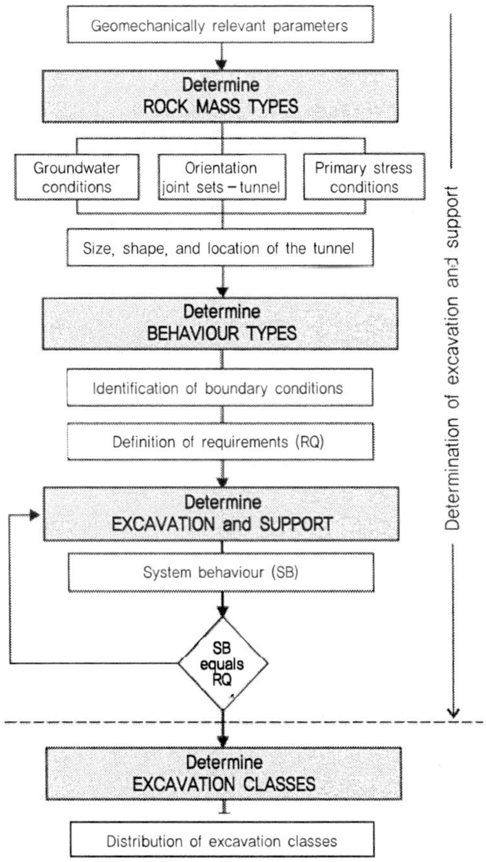

[그림 1-3] 지하구조물 설계 절차
(Schubert 등, 2004)

1.2 설계 방법과 시스템

경험적 방법(Empirical method)

암반의 공학적 분류시스템 암반분류시스템의 폭넓은 사용은 간단한 관찰과 측정을 통하여 암반의 질(Quality)에 대한 정량적인 지수를 쉽게 구할 수 있기 때문이다. 암반의 공학적 분류시스템은 30년 이상 사용되어 왔으며, 분류시스템은 암반을 특성화시키고, 암반물성에 대한 입력치를 제공하여 경험적 설계방법으로 적용되어왔다. 하지만 분류시스템은 오래 전 프로젝트의 경험에 기초한 것으로 암반구조물의 구조 저항성, 내구성 및 사용성에 대한 지침을 제시하지 못한다. 가장 일반적인 경험적 설계시스템은 RMR과 Q-system이며, RMi, NATM 분류, GSI 등이 적용되고 있다. 이 정량적 분류시스템은 많은 실제적인 적용사례에 대한 장점을 가지고 있어 국제적인 공인에 이르게 되었다. Rating 시스템을 이용한 입력파라미터의 평가는 복잡하지 않고 지보설계는 비교적 단순하지만, 모든 암반에 적용되기 때문에 불균질한 연약한 암반에서는 잘못된 결과를 가져올 수 있다는 것이다. 또한 경험적 설계에서는 평균화된 값(averaged value)을 사용하므로 지보선택표의 범위가 상당히 다양하게 나타난다. 따라서 경험적 설계시스템은 훈련과 경험 그리고 지반에 대한 이해를 통하여 적정하게 사용되어야 한다.

계산적 방법(Calculated solution)

수치모델링(Numerical modelling) 암석역학에서 나타나는 복잡한 수치해에 기초한 모든 종류의 계산을 의미한다. 이는 암반을 수많은 작은 요소로 세분하고 반복계산에 의해 수치를 얻게 되는데, 암반응력과 변형에 대한 해석에 사용된다. 수치해석은 기본적으로 암반 내에 실제 굴착과정을 이상화하고 지반조사결과에 따라 암반을 여러 개의 구간으로 세분화하게 된다. 또한 각각의 구간과 지보에 대한 상수를 결정하게 된다. 이러한 모델링과정에는 근본적으로 한계와 불확실성이 포함되어 있음을 유의해야만 하며, 특히 신뢰할 만한 입력파라미터를 구하는 것이 가장 중요하고 어려운 일이다. 수치해석은 설계과정에서 사용될 수 있는 하나의 도구이며, 해답을 구하는 정확한 계산보다는 파라미터 분석에 보다 적용성이 크다고 할 수 있다.

분석적 계산(Analytical calculation) 분석해의 장점은 암반과 구조물의 상호작용에 대한 보다 나은 설명이 가능하다는 것이다. 그러나 등방 응력장에서의 원형터널과 같이 단순화된 경우에만 적용이 가능하다는 단점이 있으며, 풍화 등과 같이 최근 설계코드에서 요구하는 비계산적 하중조건을 반영할 수 없다.

판단적 방법(Judgemental solution)

관찰적 방법(Observational method) 시공 중에 설계를 재검토하는 것으로, 굴착 전에 먼저 암반거동예측에 기반한 초기설계(initial design)가 만들어지는데, 여기에는 모니터링 시스템과 추가지보에 대한 부가설계(contingency plan)가 포함된다. 만약 시공 중에 계측결과가 예상 거동을 초과하게 되면, 부가설계가 적용되게 된다. 특히 지반거동의 예측이 어려운 경우, 관찰적 방법은 매우 유용하지만, 시공 전에 거동가능 범위가 평가되어야 하고 수용 가능한 범위 내에서 실제거동이 일어날 수 있어야 한다. 최근에는 확률론적 방법(probabilistic approach)이 적용되기도 한다.

기술적 판단(Engineering judgement) 경험 있는 설계자나 전문가가 어려운 문제에 대한 기술적 판단을 내리는 것으로 모든 엔지니어링 분야에 적용된다. 특히 계산으로 쉽게 결정할 수 없는 터널막장에 대한 평가에서는 기술적 판단이 반드시 요구된다. 그러나 실제로 설계 및 시공단계에서 모순되게 사용될 수 있으므로 평가확인 작업에서 중요한 툴로서 다양한 경험과 지식에 기반하여 적절하게 사용되어야 하며, 기술자가 사용하는 방법의 한계와 지반에 대한 불확실성을 인식하여야만 한다.

설계접근방법 지반조사를 통하여 얻은 결과로부터 문제조건을 정의하여 적절한 설계방법을 선정도록 하여야 한다. 불안정성조건에 따라 여러 개의 설계방법을 서로 종합적으로 검토함으로써 최적 설계를 수행하도록 하여야 한다.

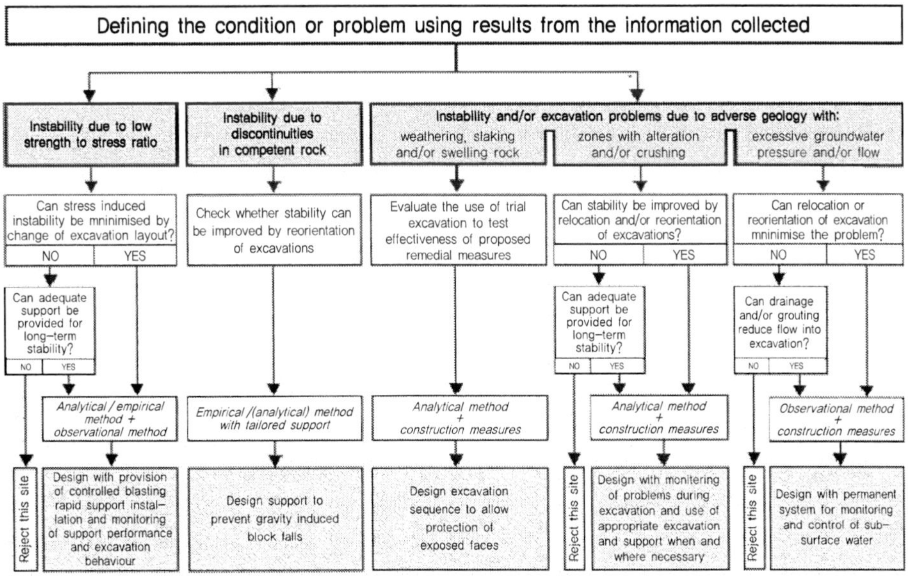

[그림 1-4] 설계방법과 시스템의 선택(Hoek, 1999)

암반터널 설계

Rock Tunnel Design

터널설계는 암반분류에 지보량을 결정하는 경험적 방법을 바탕으로 설계를 수행하고 시공 중 터널의 역학적 거동특성을 관찰/계측하여 암반에 적합한 굴착방법과 지보를 최적화하는 방법이 적용되고 있다.

Observational design 시공과정에서 획득한 계측자료를 분석하여 경험적, 해석적 설계에서 예측된 상황과 비교함으로써 시공 전 작성된 설계안의 타당성을 검토하고 양자의 결과가 상이한 경우 피드백(feed back) 과정을 거쳐 설계를 수정·보완함으로써 이미 시공된 구간에 대한 보완은 물론 계속적으로 진행되는 시공과정에서의 오류를 제거하는 것을 말한다. 이러한 과정은 유사한 암반조건에서 시공이 진행될 때 그 초기 단계에서 이루어지는 것이 보통이다. 따라서 지반조사 과정에서 예측되었거나 또는 예측되지 못한 경우라 할지라도 지질상태가 변화하면 계측에 특히 주의를 기울여야 하며, 시공 중 공학적 암반분류나 공학적 지질도 작성에 주의를 기울여야 한다. 여기에서 얻어진 경험은 이후 경험적 설계 기법을 보완하고 발전시키는 데 중요한 자료가 된다. 이와 같이 계측에 의한 설계 방법은 '굴착하면서 설계하는 방법(design as you go)'이라고 할 수 있으며 다른 방법과 본질적으로 뚜렷이 구분되는 개념을 지니고 있다. 현재까지는 계측에 의한 설계 방법이 방법론적으로 뚜렷한 체계를 갖추고 있지는 않으나 최근 널리 적용되고 있는 NATM 등이 제시되고 있다. 이 방법의 적용성과 암반거동을 분석·판단하기 위해서는 지보와 암반 특성을 이해하는 것이 중요하다.

[사진 2-1] 암반터널

2.1 암반 하중과 아칭효과

암반 하중 Terzaghi(1946)는 터널굴착에 따른 이완대(loosened ground zone)를 파괴된 지반의 사하중, 즉 암반하중(rock load)이라 정의하고, 다른 암반조건에 따라 암반하중을 터널의 크기와 폭에 따라 정량적으로 평가할 수 있도록 하였다. 여기서 지보는 주로 강재지보(steel set)를 사용하였다.

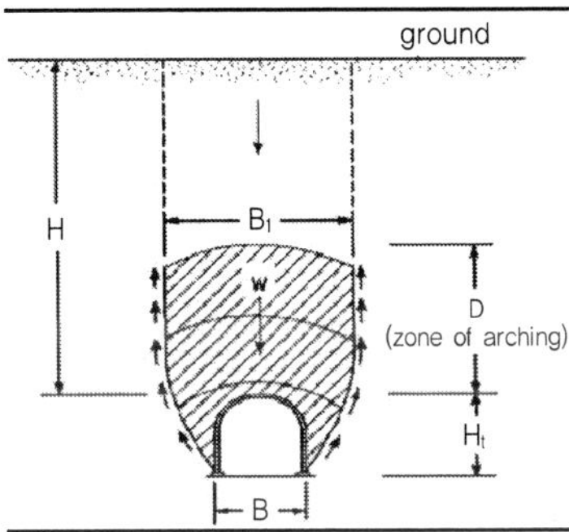

암반분류	암반하중(D)
I 단단하고 양호	0
II 단단한 층상/편암상	0~0.5B
III 괴상, 적당한 절리	0~0.25B
IV 적당한 blocky, seamy	0.25B~0.35(B+Ht)
V 심하게 blocky, seamy	(0.35~1.10)(B+Ht)
VI 완전히 파쇄	1.10(B+Ht)
VII Squeezing암반(중심도)	(1.10~2.10)(B+Ht)
VIII Squeezing암반(대심도)	(2.10~4.50)(B+Ht)
IX 팽창성 암반	80m이상

[그림 2-1] 지반아치 개념과 암반하중(Terzaghi, 1946)

아칭효과(arching effect) 터널굴착 시 굴착면 주변으로 응력이 전이되는 현상으로 터널을 굴착하기 이전의 자연지반은 오랜 시간 동안 정역학적 평형상태를 유지하고 있다. 이러한 안정된 지반은 터널을 굴착하게 되면 새로운 평형을 찾기 위한 응력의 재배치가 이루어진다. 이때 지중응력은 부등변위가 상대적으로 작게 발생하는 곳으로 전이되는 특성을 갖고 있으므로 변위발생이 큰 터널굴착면보다는 상대적으로 변위가 작은 터널 주변의 지반으로 응력이 집중되기 때문에 굴착된 터널은 안정상태를 유지할 수 있게 된다. 터널굴착에 의해 발생된 이완하중은 지반아칭(ground arching) 메커니즘에 의하여 주변 암반에 의해서 지지된다. Chappell(1979)은 터널굴착 중 재분배된 암반변형과 응력은 지반아칭을 유도하여 암반을 안정화시킨다고 하였다. 막장에서의 터널 주위의 응력흐름(stress flow)은 아칭효과에 의해 종방향 및 횡방향으로의 전이형태를 보여준다. Schubert(1994)는 막장전방에 파쇄대가 존재할 때 축방향 하중전이효과에 의해 종방향 변위가 달라질 수 있음을 보여주고 있다. 터널막장 전방에 불연속면이 존재할 시에 하중전이효과에 의해 터널 막장의 응력은 증가한다.

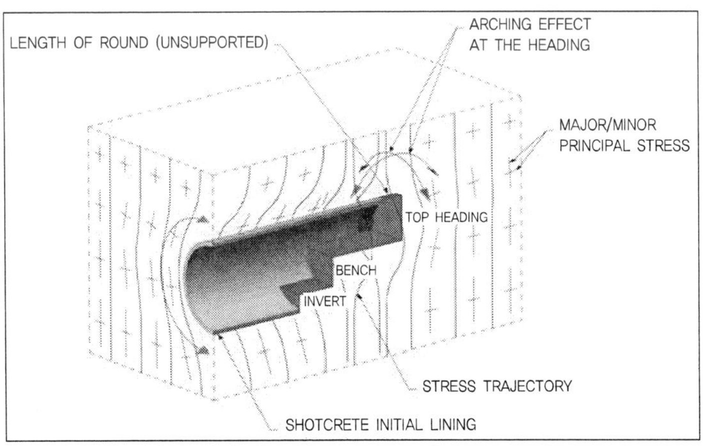

[그림 2-2] 터널 주변 응력흐름(Wittke, 1984)

2.2 지보 원리

터널굴착

터널굴착 Hoek과 Brown(1980)은 발파에 의해 굴착되고 지보가 설치된 경우의 암반반응을 각각의 단계별로 설명하였다.

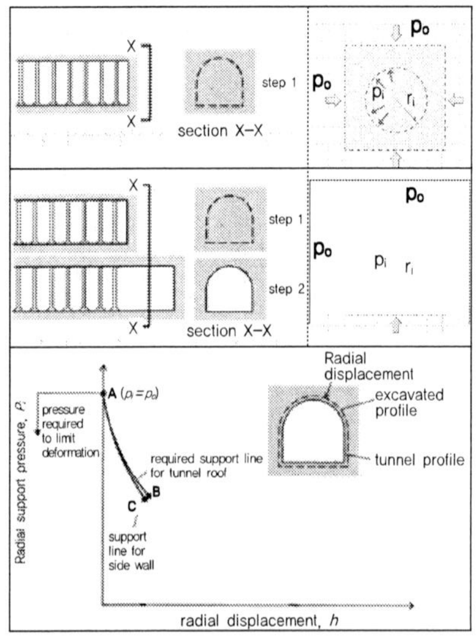

[그림 2-3] 지보원리 - 굴착(step1&2)

- **Step1(굴착이전)** 굴착이 X–X'에 도달 전 단계로 P_i(지보압)가 P_o(초기응력)와 같은 상태이다.
- **Step2(터널굴착)** 굴착이 X–X'을 통과한 단계이다. P_i는 점차적으로 0으로 감소하며, 굴착진행과 내부지보압의 제거로 터널천단(벽면)은 선AB(AC)를 따라 변위가 발생하게 된다. 그러나 근접된 막장이 지보 역할을 한다.
- **Step3(지보설치)** 버력처리 후 강지보가 설치된 단계로 지보에 하중은 작용하지 않다가, 터널변형은 지보에 하중으로 작용하게 된다.
- **Step4(지보평형)** 막장이 X–X'로부터 터널 직경의 1.5배 정도 전진한 단계로 막장의 지보역할이 현저히 감소된다. 지속적인 변위가 선 BE (CE)를 따라 발생하게 된다. 만약 지보가 설치되지 않았다면 변위는 선 FH (EG)를 따라 지속적으로 증가하게 된다. 이때 벽면변위는 점 G에서 평형상태에 도달하게 되고, 천단부는 파괴될 때까지 변형에 이르게 된다(지반반응곡선). 하지만 지보가 설치되어 변위는 지보에 하중으로 작용하게 된다(지보반응곡선). 굴착이 계속 진행됨에 따라 막장이 X–X'로부터 멀리 떨어져 막장의 지보효과가 없어지게 되며 암반과 지보 사이의 평형상태에 이르게 된다.

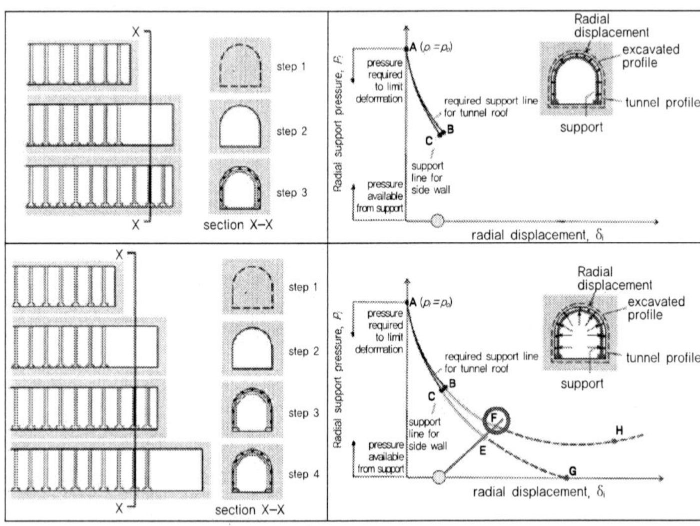

[그림 2-4] 지보의 원리 – Step 3과 Step 4

지반반응곡선(Ground Reaction Curve)

터널굴착 시 암반과 지보시스템 사이의 역학적 상호작용에 대한 개념으로 지보방법과 시기를 지보압과 터널 내공변위로부터 결정하기 위한 것이다.

곡선 P_oCH 암반을 굴착하면 변위가 발생되고, 과도한 변위발생은 소성변형에 의한 이완대를 확장시키며, 확장된 이완대는 사하중으로 작용하므로 다시 변위를 발생시키는 역할을 하게 된다. 따라서 가역작용의 계속으로 터널은 붕괴에 이르게 되며 곡선 CH 구간이 이에 해당된다. 이 경우 지보를 필요로 하는데 지보 설치가 굴착 직후 이루어질 수는 없으므로, 시간지연을 고려하여 변위 OA가 발생한 이후 설치되었다고 하면 A점 이후 지보에 작용한 압력과 발생한 변위는 곡선 AC가 된다. 지반 및 지보 변형곡선은 C점에서 만나며, 여기서 변형은 억제되고 지보와 응력은 평형을 이루게 되어 터널은 안정하게 된다. 그러나 C점에서의 평형상태는 지보가 적절히 설계되고 적절한 시기에 설치된 경우 이루어질 수 있다.

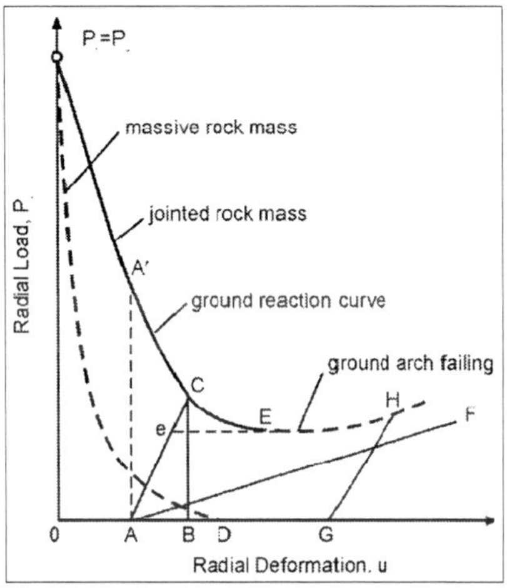

[그림 2-5] 지반반응곡선

지보 강성 강체 지보 AA'는 변위 발생 초기에 평형상태에 이르게 되므로 불필요한 고응력 상태를 유지하여야 하며 항복응력도 높아야 하므로 경제성이 떨어진다. 반면 AF의 경우는 강성이 너무 낮아 지보로서의 역할을 하지 못하고 있음을 알 수 있다. 따라서 지보는 적절한 강성을 지닌 것을 선택하여야 하며, 강성이 높다고 반드시 유리한 것은 아니다.

지보 강도 AC에서 지보의 강도가 낮아 C점의 평형상태에 이르지 못하고 e점에서 항복되었을 경우, 지보가 취성적으로 파괴되면 암반의 변형을 구속하지 못하고 지보의 역할을 할 수 없게 되나, AeE와 같이 연성적인 거동을 보이면 항복 후라 할지라도 E점에서 다시 평형상태를 이루거나, 최소한 일정시간 동안 지지 능력을 발휘하게 되므로 보안상 매우 유리하다.

지보 설치시기 지보 설치가 늦을 경우 동일한 강도와 강성을 지닌 지보라 할지라도 GH와 같이 이완대의 확장이 이루어진 후 설치되면 지보의 효과가 없어지고 불안정하게 된다. 반면 너무 일찍 설치되면 높은 강성의 지보를 사용한 경우와 마찬가지로 항복강도가 높은 지보재를 사용한다. 따라서 적절한 강성의 선택과 함께 지보 설치시기도 지보의 효과를 높이기 위해서 매우 중요하다.

2.3 굴착터널공법

국제터널협회(ITA)에서는 NATM, NMT, SCL 등과 같이 발파/기계를 이용하여 굴착(전단면 또는 분할굴착)하고 숏크리트와 록볼트를 지보재로 사용하는 터널공법을 Conventional Tunneling Method라 하고, Shield TBM 등의 기계식 터널공법과 대응되는 개념으로 사용하고 있다.

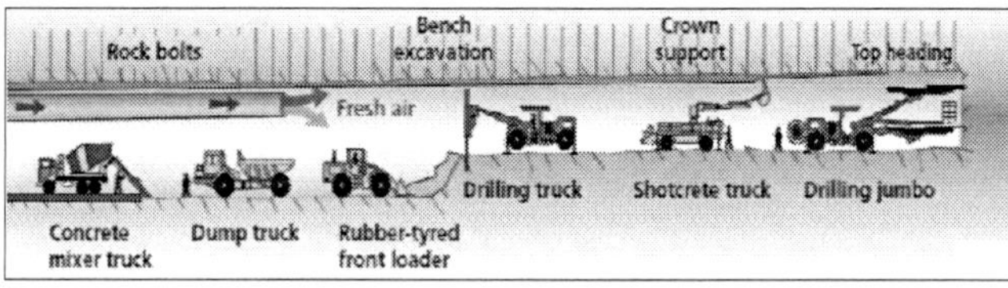

[그림 2-6] Conventional Tunnelling Method

NATM(New Austrian Tunneling Method) 공법

터널 시공 중의 암반 거동에 관한 원리와 계측을 종합적으로 이용하는 접근 방식이라 할 수 있다. 1957년과 1965년에 사이에 오스트리아에서 개발되었으며 이론적인 토대는 Rabcewicz, Muller, Pacher 등에 의해 수립되었다. NATM이란 암반 거동에 대한 지속적인 계측과 이를 바탕으로 이미 정립된 굴착기술과 시공 방법을 적절히 조합함으로써, 가장 안정적이고 경제적인 지보 설치를 구현한다는 시공철학으로 이해되어야 한다. Muller(1978)는 암반에 적절한 하중-변형 특성을 지닌 지보재를 적당한 시기에 설치함으로써 암반의 자체 강도를 유지시켜 암반을 터널 지보의 주된 요소로 이용하도록 하였다.

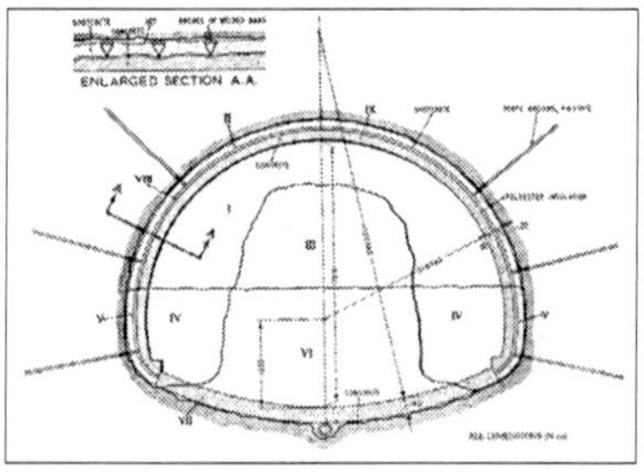

[그림 2-7] NATM 터널
(Rabecewicz, 1965)

암반지지력과 연성지보(flexible) 암반자체지지력을 유지하기 위해서는 암반의 이완과 과도한 변형을 최소화시켜야 한다. 이는 굴착 후 즉시 얇은 숏크리트를 때로는 적당한 록볼트와 함께 암반에 완전히 밀착 타설함으로써 이룰 수 있다.

인버트(Invert)와 링폐합 터널 지보시스템은 주위 암반과 일체화되어 폐합시켜야 하는 것이 매우 중요하므로 터널 바닥에 인버트를 시공하여 완전한 링폐합구조를 형성하는 것이 필수적이다. 또한 암반상태에 따라 분할 굴착을 한다.

계측과 시공변경 암반분류등급에 따른 굴착방법과 지보를 포함한 예비개념의 설계를 실시한다. 또한 시공 중 변형과 지보하중의 변화를 계측할 수 있도록 초기 숏크리트가 설치되는 시점에 계측기 설치가 필요하다. 이것은 터널 안정성에 관한 정보를 제공하고, 지보시스템의 폐합을 최적화할 수 있게 하며, 2차 지보 정도를 결정한다. 즉 암반분류 및 계측결과에 따라 지보와 시공방법 변경이 가능하다.

NATM 특징 NATM공법은 비교적 불량한 암반에도 적용할 수 있으며 시공 중 계측을 통해 지중응력을 측정하여 숏크리트나 록볼트를 적절한 시기에 설치하여 주변지반의 지보능력을 극대화하는 우수한 공법이다. 다만 공정이 복잡하고 암반의 균열과 절리를 따라 발생하는 활동을 판단하여 지보를 설치해야 하므로 시공경험이 풍부한 기술자가 필요하다. 더불어 재래식 터널공법(ASSM)과 같이 발파를 하여 굴착을 하므로 여굴 발생 및 각종 안전문제와 민원 발생 소지가 있다. 지반 자체를 주지보로 이용하여 지보공 경비가 절감되고 계측을 통해 터널 주변지반의 거동을 파악, 불안한 상태를 예측하므로 사전대책을 강구할 수 있고 지보의 과부족을 판단할 수 있어 공사비를 절감할 수 있다. 또 1차 지보에서 대부분의 하중을 지지하므로 2차지보개념인 콘크리트 라이닝은 얇은 두께로 시공할 수 있어 경제적이다.

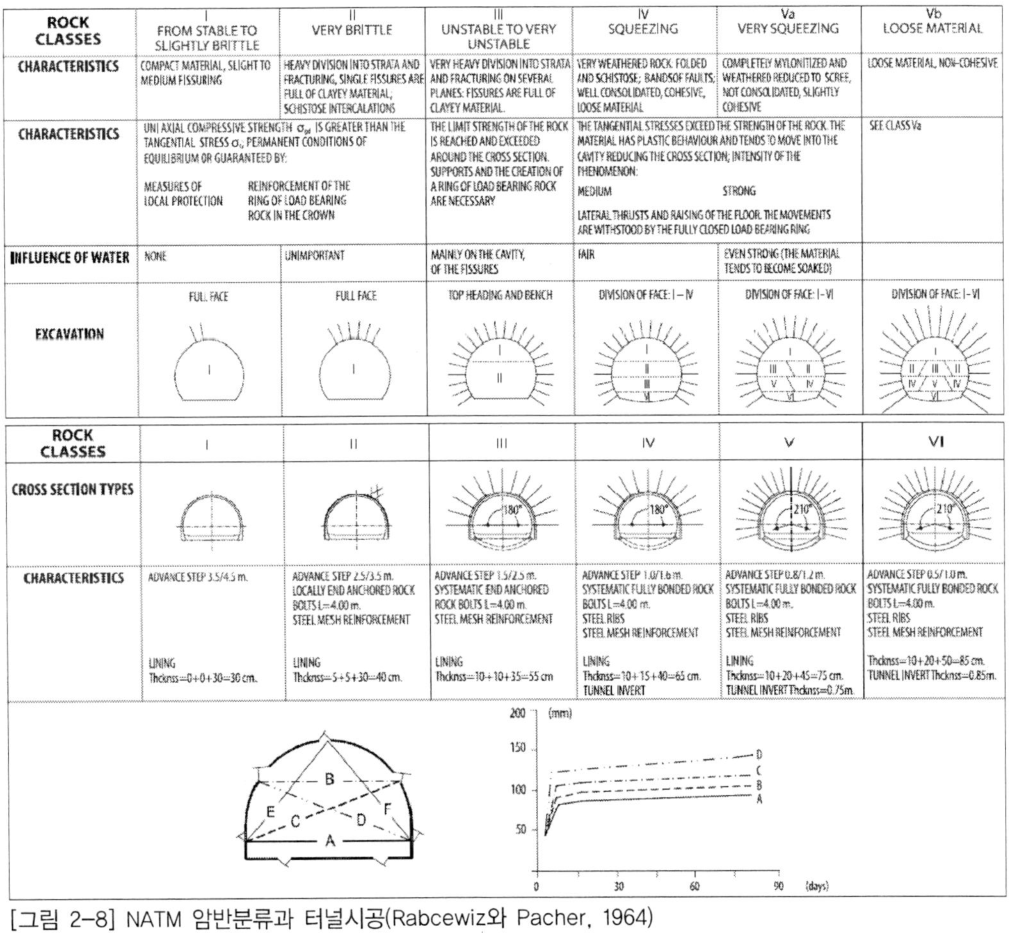

[그림 2-8] NATM 암반분류과 터널시공(Rabcewiz와 Pacher, 1964)

NMT(Norweigan Tunnelling Method)

NMT 비교적 양호한 암반특성을 가진 노르웨이에서 개발한 터널시공법으로 1차 지보재의 영구적인 개념을 도입하여 2차 라이닝을 생략화(무라이닝) 또는 간략화(PC 판넬)함으로써 빠른 굴진으로 시공성 및 경제성을 향상시킨 시공법이다.

[그림 2-9] NMT(Barton, 2000)

Q시스템과 지보설계 NATM이 시공 중 지반조건 및 계측결과에 따라 지보패턴변경을 항시 시행하는 예비설계 개념이라면 NMT는 Q시스템에 의하여 암반분류를 하고 보강방법을 미리 결정하는 확정 설계 개념이라고 볼 수 있다. 1차지보가 영구지보의 역할을 수행해야 하므로 1차지보의 품질이 고품질화되어야 하는데 일반적으로 NMT에서 요구되는 지보재 품질은 NATM에서 일반적으로 사용되는 지보재의 품질을 상회하는 것을 알 수 있다. 숏크리트는 배면공극 등을 최소화하기 위해 고강도의 강섬유보강 숏크리트(Fiber reinforced shotcrete, S(fr))가 사용된다. 또한 여굴이 많이 발생되어 강지보재 적용이 곤란하여 RRS(Reinforced Rib of Shotcrete)를 적용한다.

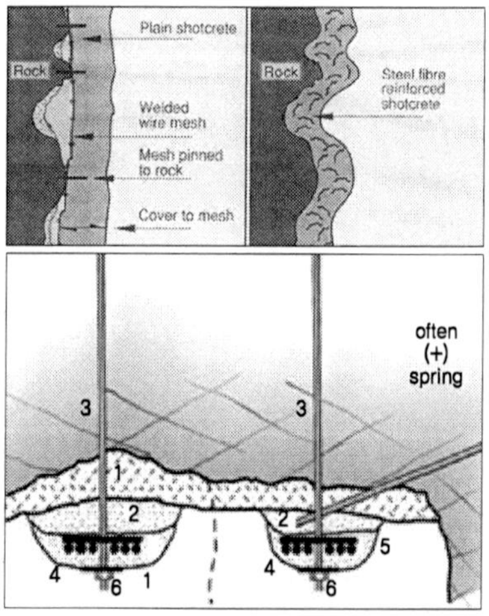

[그림 2-10] S(fr)와 RRS

싱글쉘과 PC 패널 NATM 터널구조는 숏크리트와 라이닝 사이에 방수막의 시공으로 분리층이 형성되어, 양자 간에 전단력이 전달되지 않는 이중구조(double shell)가 일반적이다. NMT는 숏크리트와 라이닝이 일체가 되어 양자 간에 전단력의 전달이 가능한 구조도 가능하도록 하여 지반과 라이닝이 일체가 된 합성구조(single shell)로서 거동하도록 하는 것이 특징이다. 즉, 1차 지보재인 숏크리트와 록볼트를 영구지보로 사용하여 콘크리트 라이닝을 생략 또는 간략화한다. NMT는 별도의 방배수를 고려하지 않지만 누수로 인한 사고방지를 위하여 PC패널 설치하기도 한다.

[사진 2-2] PC 판넬 시공

ADECO-RS(Analysis of controlled deformation in rock and soil)

이탈리아에서 제안된 방법(Lunard 등, 2010)으로 터널변형반응을 3가지 범주로 구분하고 변형제어를 위하여 유리섬유보강재를 이용하여 코어막장(Core-face)을 사전보강하여 터널변형을 제어하는 방법으로 주로 연약한 암반에서 적용된다.

변형반응(deformation response) 코어막장의 응력-변형률 거동특성으로 구분하였다.

범주 A 안정한 상태로 코어막장이 탄성적인 거동을 보이며, 암반에서 나타남

범주 B 단기적 안정상태로 코어막장이 탄소성 거동으로 압출되는 현상을 보임

범주 C 불안정상태로 코어막장이 즉각적으로 파괴되어 보강대책이 요구됨

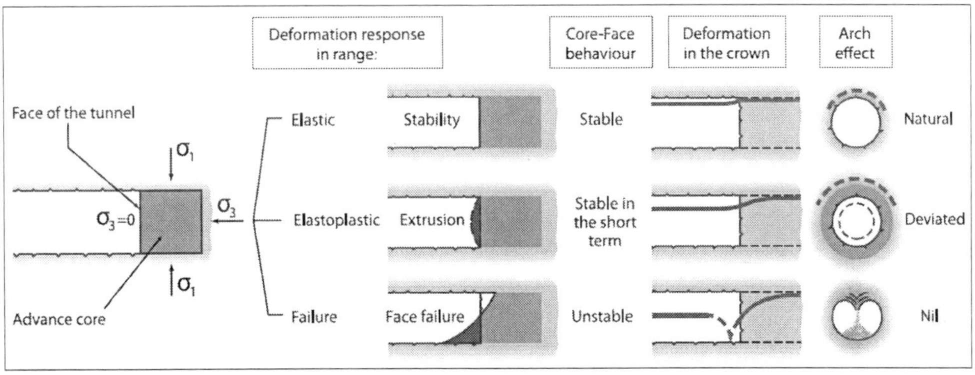

[그림 2-11] 굴착지반의 거동범주의 구분과 특징(Lunard, 2010)

변형반응 제어 터널변형을 제거하기 위하여 막장코어의 강성도를 조절하는 방법, 즉 터널막장을 굴착전에 보강함으로써 사전구속(pre-confinement) 효과 가져오도록 한다. 보강방법으로는 막장면에서 유리섬유보강재(FGT)가 사용되며, 지반조건에 따라 공동주변에 아치형성(pre-arch)을 위하여 기계식 프리커팅, 제트그라우팅 등을 조합하여 변형을 제어하도록 한다.

특징 코어막장과 주변 암반을 굴착 전에 보강하여 터널을 사전 구속한 상태에서 굴착이 수행되기 때문에 점토질 또는 실트질과 같은 토사지반에서의 전단면굴착이 가능하다.

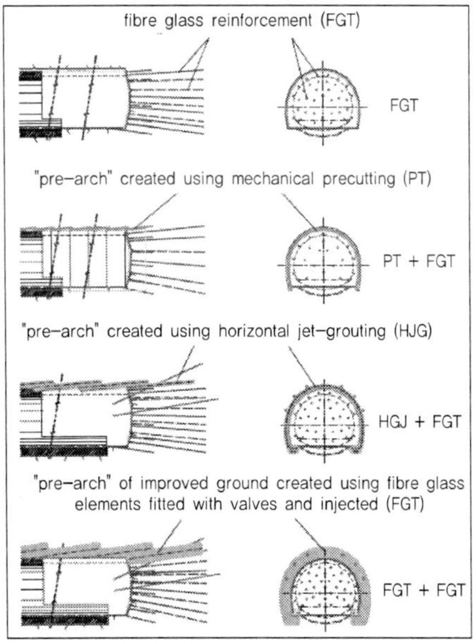

[그림 2-12] 변형반응 제어(Lunard, 2010)

2.4 암반분류를 이용한 경험적 설계

RMR 분류법

RMR Bieniawski(1979)는 많은 광산용 터널 시공에서 경험적으로 얻어진 암반특성과 보강과의 관계에 근거하여 RMR 분류시스템을 개발하였다. 이 분류법은 록볼트와 숏크리트 같은 지보재의 보강량을 정량적으로 결정할 수 있는 기초적인 자료를 제공한다. 또한 암반평점에 따른 터널 무지보 자립시간과 무지보 최대 안정스팬을 추정함으로써 터널설계에 활용한다. 지보하중(P)은 다음과 같다.

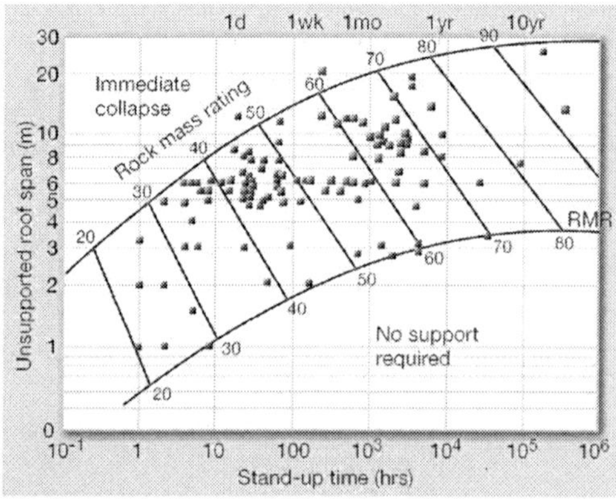

[그림 2-13] RMR과 무지보 자립시간

$$P = \frac{100 - RMR}{100}\gamma B$$

굴착 및 지보지침 Bieniawski(1989)는 발파에 의해 굴착되는 10m 폭의 마제형 터널을 기준으로 수직지압이 25MPa 이하인 조건에서 굴착될 때의 RMR 등급별 굴착 및 지보지침을 제시함으로써 터널설계 시 암반 등급별로 안전성 확보를 위한 지보 선택에 활용하도록 하였다. 그러나 이 지침은 지하심도(현장응력), 터널크기와 형태, 굴착방법과 같은 여러 가지 요인들에 따라 달라짐을 유의해야 한다.

[표 2-1] 터널의 굴착 및 지보지침(폭 10m 기준, Bieniawski, 1989)

RMR	굴 착	록볼트 (직경 20mm, 전면 접착)	숏크리트	강지보재
I 매우 양호 RMR 81~100	전단면 굴착 굴진 3m	일반적으로 무지보, 경우에 따라서 랜덤 볼트		
II 양호 RMR 61~80	전단면 굴착 굴진 1.0-1.5m 막장에서 20m까지 완전지보	길이 3m 간격 2.5m의 부분 볼트(와이메쉬)	필요에 따라 천단부 50mm	없음
III 보통 RMR 41~60	상하 분할굴착 상반 굴진 1.5-3.0m 단계별 발파 후 지보 막장에서 10m까지 완전지보	길이 4m 간격 1.5-2m의 시스템 볼트(와이메쉬) (천단 및 벽면)	천단부 50-100mm 벽면 30mm	없음
IV 불량 RMR 21~40	상하 분할굴착 상반 굴진 1.0-1.5m 굴착동시 지보 막장에서 10m까지 완전지보	길이 4-5m, 간격 1-1.5m의 시스템 볼트(와이메쉬) (천단 및 벽면)	천단부 100-150mm 벽면 100mm	1.5m 간격 설치
V 매우불량 RMR <20	다단 분할굴착 상반 굴진 0.5-1.5m 굴착 동시 지보 발파 후 조기에 숏크리트	길이 5-6m 간격 1-1.5m의 시스템볼트(와이메쉬) (천단 및 벽면)	천단부 150-200mm 벽면 150mm 막장면 50mm	0.5m 간격 forepoling 설치 인버트 폐합

Q 시스템

지보 차트 Barton 등은 (1993) Q값과 등가굴착크기(D_e, Equivalent Dimension)를 이용하여 9개의 범주에 대한 구체적인 지보형식 등을 제시하였다. 이 도표에는 Q값과 터널폭/ESR에 따른 록볼트 길이와 간격 및 숏크리트 두께가 도시되어 있다. 등가굴착크기는 공동의 폭이나 높이를 굴착지보지수(ESR, Excavation Support Ratio)라 불리는 값으로 나눈 값으로 구한다.

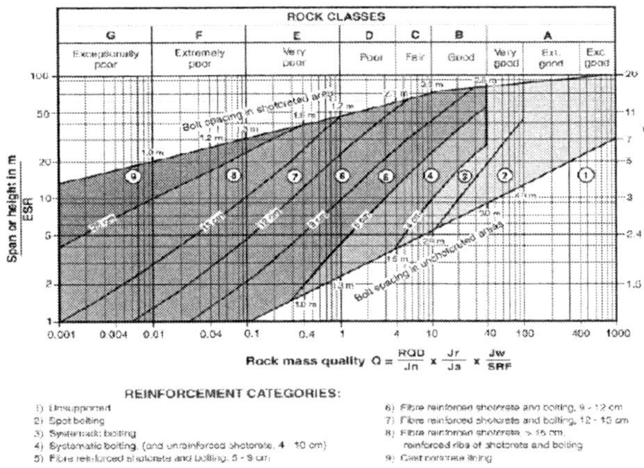

[그림 2-14] Q값에 따른 터널지보차트(Barton, 1993)

$$De = \frac{\text{터널 폭 또는 높이}(m)}{ESR}$$

Barton 등(1993)은 기존의 록볼트와 철망 보강 숏크리트 S(mr) 등의 지보시스템을 개선하여 강섬유 보강 숏크리트 S(fr)와 RRS를 포함한 지보방법을 제시하였다.

지보 설계 Barton 등은 볼트 길이(L)와 최대 무지부 스판(S) 및 천정부 지보압(P_{roof})을 계산할 수 있는 식을 제시하였다.

$$L = \frac{2 + 0.5B}{ESR} \ (B\text{: 터널 폭}) \qquad S = 2ESR\ Q^{0.4} \qquad P_{roof} = \frac{2\sqrt{J_n}\,Q^{-\frac{1}{3}}}{3J_r}$$

설계 절차 터널노선을 따라 지반조사를 실시하여 유사한 지반조건 및 지보형태가 적용되는 구간으로 나눈 후, 각 구간별로 암반분류 입력자료표를 작성한다. 6개의 분류 변수들의 평점을 Q-System 분류표에 의거하여 결정하고, Q값을 결정한다. 굴착지보비(ESR)를 결정한 후 최대 가능한 무지보폭을 추정한다. 터널 지보설계 차트를 이용하여 Q값과 터널폭/ESR의 관계로 지보량을 산출 및 지보설계를 실시한다.

[표 2-2] 터널의 용도와 굴착지보지수(ESR)

굴착목적과 용도	ESR
a) 임시 광산 갱도 등	3~5
b) 수갱 : 원형단면/사각단면	2.5/2.0
c) 광산의 영구갱도, 대규모 공동의 시험갱도, 운반갱도 및 막장, 수력발전소의 수로터널(고압의 수압터널 제외)	1.6
d) 비축 공동, 수처리 공장, 소형 도로 및 철도 터널, 완충공동 출입용 터널 등	1.3
e) 발전소, 대형 도로 및 철도 터널, 민방위용 공동, 터널 입구, 터널교차부	1.0
f) 지하 원자력 발전소, 기차역, 스포츠 및 공공 기관, 공장	0.8

2.5 터널 계측

계측목적 및 항목 터널계측은 계측된 자료를 근거로 터널 안정성 여부를 파악하고 지반 거동정보를 조기에 수집·분석하여, 이를 공사에 반영함으로써 경제적이고 안전한 시공이 될 수 있도록 하는 데 그 목적이 있다. 계측항목은 일상계측(A계측)과 대표단면계측(B계측)이 있으며, 일상계측에는 터널 내 막장관찰조사, 내공변위 측정, 천단침하 측정 등이 있고, 정밀계측에는 지표 및 지중침하 측정, 숏크리트응력 측정, 지중변위 측정, 록볼트축력 측정 등이 있다.

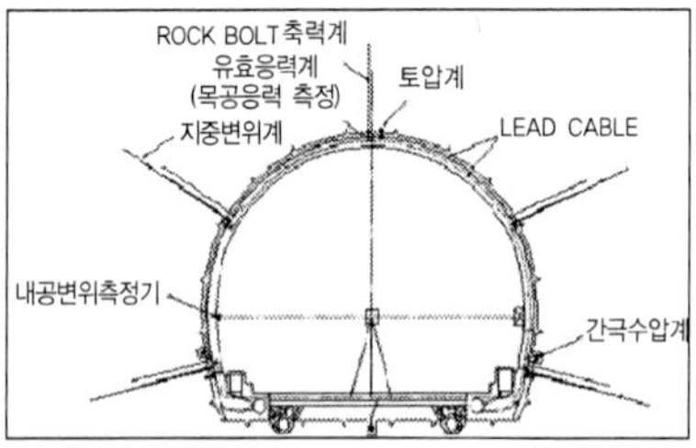

[그림 2-15] 터널 계측단면

[표 2-3] 터널 계측항목 및 목적

계 측 항 목		조사항목 및 활용방안
일상계측 (A계측)	내공변위	•변위량, 변위속도, 변위수렴상태를 파악하여 지반의 안정성, 1차 지보에 대한 설계/시공의 타당성, 2차 시공의 실시시기 등을 판단
	천단침하	•천단의 변위량을 측정하여 터널 천장부의 침하를 판단
	록볼트 인발시험	•록볼트의 인발내력을 확인하여 정착상태 판단하고, 록볼트의 적정길이 판단
대표단면 계측 (B계측)	지표침하	•터널 굴진 시 가장 취약한 갱구부의 거동을 파악하여 침하에 따른 영향력을 파악
	록볼트 축력	•록볼트에 작용하는 축력을 심도별도 측정하여 록볼트의 지보 효과 및 Rock Bolt의 유효설계길이 등을 판단
	숏크리트 응력	•복공의 배면토압 및 내부응력을 측정하여 토압의 크기와 분포, 복공내응력, 2차 복공시기의 판단자료로 이용
	지중변위	•터널 주변의 이완영역의 범위, 지반 안정도를 파악하고 록볼트 길이의 타당성 등을 판단
	라이닝 응력	•터널 내부 라이닝에 작용하는 응력을 파악
	간극수압	•지하수가 터널에 미치는 영향을 파악

계측분석-정성적인 분석방법 시간경과에 따른 수렴 정도에 의해 안정성을 판단하는 방법으로서 터널계측에 유효한 방법이다. 따라서 정량적 분석방법에 의해 안정성여부를 파악하기 곤란한 경우에 적용할 수 있으며, 즉 천단침하 또는 내공변위와 같이 초기 변위량을 구하기 곤란한 경우에 유효한 방법이다.

정량적 분석방법 계측관리기준치와 실측치를 비교·검토하여 현장의 안정성을 판단하는 방법으로서 계측관리기준치를 설정한 후 측정치가 관리기준치에 접근하거나 초과 시 그 원인을 찾아내 대책을 강구할 수 있도록 관리하는 방법이다.

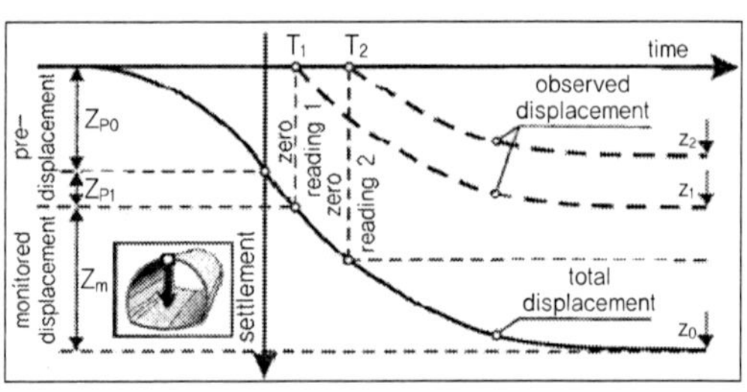

[그림 2-16] 터널의 변형거동 양상(천단침하)

계측관리시스템 계측결과를 설계, 시공에 반영시키는 목적은 시공의 안전성을 확인하고 경제성을 확보하는 데 있다. 이를 위해서는 계측결과를 신속하고 정확하게 반영시켜야 한다. 신속한 반영을 위해서는 터널 전장에 대해 실시하는 일상계측항목을 적극적으로 활용할 필요가 있다. 관리 기준과 이에 대응하는 대책(설계/시공법의 수정)은 이론 해석, 수치 해석 또는 유사 조건하에서 시공된 터널 실적 등을 참고하여 계획 단계에서 준비하는 것이 바람직하다.

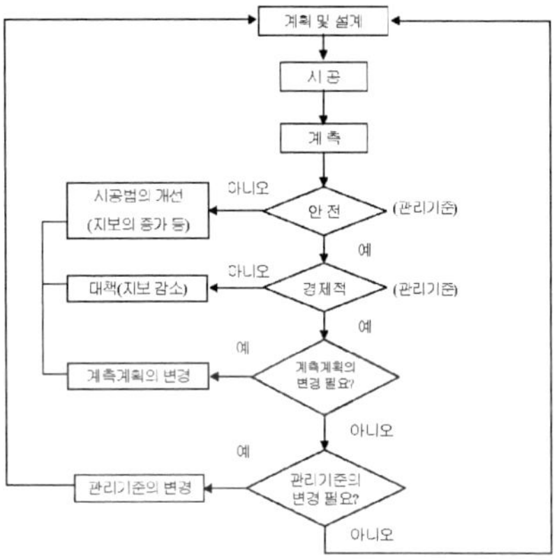

[그림 2-17] 계측관리 흐름도

계측관리기준 지반의 거동상태, 인접구조물의 안전한계와 암반역학적인 조건에 의하여 결정되므로 기준적인 수치를 정확히 제시하기가 어렵기 때문에 이론해석 및 수치해석, 혹은 유사조건 하의 시공실적을 참고하여 초기 시공실적을 토대로 관리기준을 수시로 수정해 가는 방법이 가장 합리적이고 실질적이다. 시공 중 기존 설계와 계측결과의 차이가 클 경우, 실제 막장 관찰 결과를 경험적이고 정량적인 평가 후 시공 전 설계의 입력자료를 수정하고 보완하여 재설계를 시도한다. 또한 시공 중 변화된 지반의 강도특성치 등 조건변화를 고려하기 위하여 필요한 별도의 지반시험을 수행하고 수치해석의 입력자료를 사용한다. 실제로 지반상태나 시공조건 등이 다르기 때문에 엄밀한 관리기준치를 제시하기는 어렵지만 일반적으로 추정할 수 있는 관리기준치로서 천단침하 관리기준(일본토질학회지, 1986)과 ASCE(Franklin, 1976)에서 제시되었던 기준과 처리방안 등이 있다.

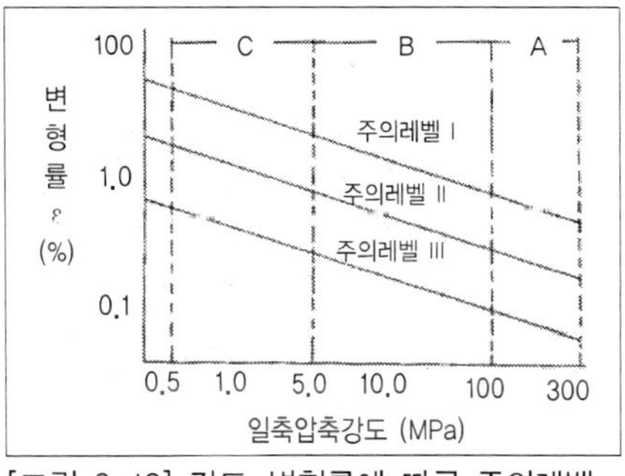

[그림 2-18] 강도-변형률에 따른 주의레벨

[표 2-4] 내공변위 관리기준치(ASCE)

레벨	관 리 기 준
1	내공변위속도 막장 5mm/일 이상 숏크리트에 부분적인 균열이 발생 지하수 침투 발생함
2	내공변위속도 막장 10mm/일, 후방에서 5mm/일 이상. 숏크리트에 상당한 균열이 발생 지하수 침투 발생함
3	변위가 가속. 균열이나 지하수 침투가 레벨 2를 훨씬 더 초과함

[표 2-5] 천단침하 관리기준치(일본토질학회)

	A(경암)	B(연암)	C(풍화암)
주의레벨 I	0.3~0.5	0.5~1	1~3
주의레벨 II	1~1.5	1.5~4	4~9.5
주의레벨 III	3~4	4~11	11~27

· 주의레벨Ⅰ : 지반은 안정하만 이완영역 발생한계로 굴착 주의
· 주의레벨Ⅱ : 이완영역이 발생하는 것으로 간주함
· 주의레벨Ⅲ : 이완영역발생 확실, 굴착방법, 지보재 등의 변경요

터널 문제사례 I-대규모 단층대 구간에서의 터널 붕락

Tunnelling Problem with Large Fault Zone

본 터널은 편암에서의 대규모 단층대를 통과한 대단면 터널로서, 지반조사 및 설계 그리고 낙반 발생 이후의 보강대책수립에 대한 대표적인 사례이다. 본 터널의 문제 사례를 통하여 지질리스크에 대한 지반조사의 중요성과 불량한 암반조건에서 피드백을 통한 시공관리가 필수적임을 확인하였다. 지반조사는 단계별로 효율적인 수행을 통하여 지질리스크를 예상하고 평가하여야 하며, 시공 중에는 추가적인 조사를 수행하여야 하며 이를 확인하여야만 한다. 또한 보다 철저한 계측관리를 통하여 지질리스크를 최소화할 수 있는 적정 보강대책을 수립함으로써 터널 안정성과 경제성을 확보할 수 있어야 한다.

[사진 3-1] 소양댐 보조여수로 현장

지질 리스크 터널공사 중 설계단계에서 예측한 암반조건에 비하여 대규모 단층대와 같은 매우 불량한 암반조건이 나타나 터널붕락사고가 발생하게 되면 설계 및 시공현황분석, 계측자료분석, 암반조건분석 등을 통하여 사고의 원인을 규명하고 피드백을 통한 대책공법을 검토한다. 본 사례를 통하여 편암지층 내 대규모 단층대를 통과하는 대단면 경사터널에 대한 다양한 지질리스크에 대한 암반공학적 대책의 중요성을 확인할 수 있었다.

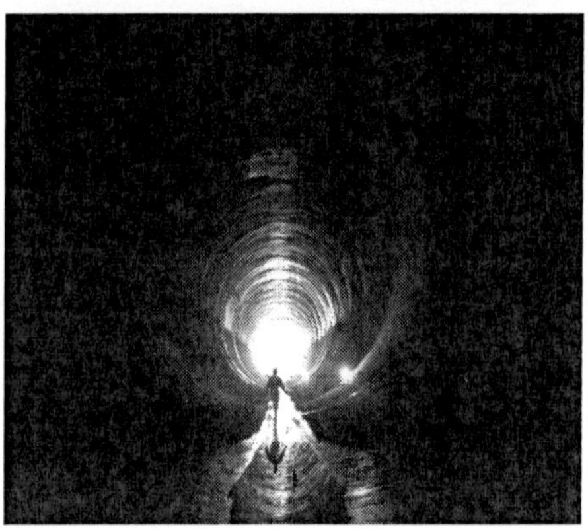
[사진 3-2] 소양댐 보조여수로 터널

3.1 터널개요 및 붕락현황

터널개요

소양댐 보조 여수로 설치공사 보조 여수로 설치를 통한 소양강댐 치수능력 증대 및 수문학적 안정성 확보하고자 하기 위한 것으로 완경사(14°) 터널식 여수로로 계획되었다. 여수로 터널은 총 연장 1276.4m인 T1 터널과 1206.4m인 T2 터널로 이루어져 있으며, 개착터널부를 중심으로 하여 상부터널과 하부터널로 구분된다.

- 상부터널 : 경사 0.2~14.0, 길이 403.9m, 내경 14m(천이부 : 24.9×16.4m)
- 개착터널 : 아치라멘 형식, 길이 170m, 내경 14m
- 하부터널 : 길이 T1 702.5m, T2 632.5m, 내경 14m(천이부 : 19.4×14.0m)

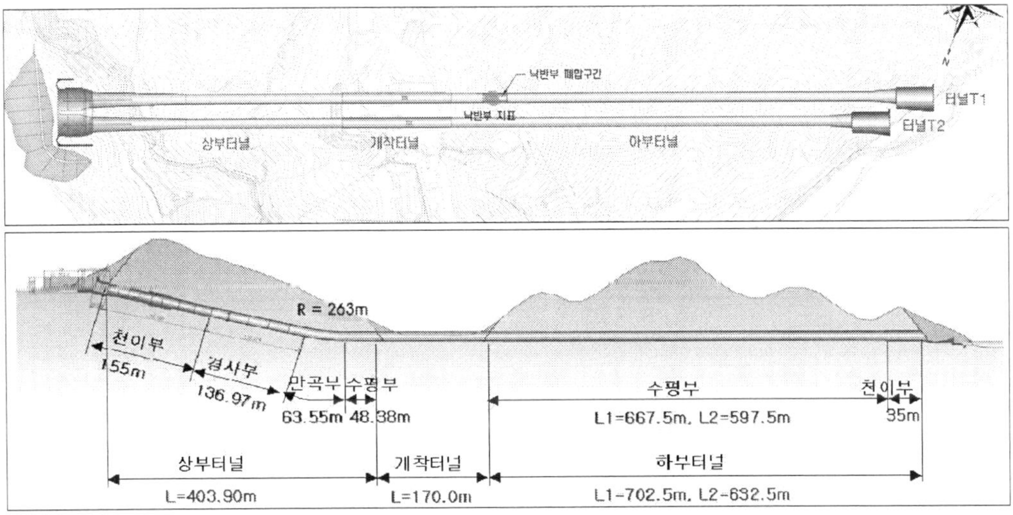

[그림 3-1] 소양댐 보조여수로 터널현황

붕락현황

2005년 3월 2회의 낙반이 발생하여 1차 변경설계 후 굴착 및 보강공사를 시행하던 중, 다시 2005년 9월 3차 낙반이 발생한 바, 2006년 10월부터 2007년 1월까지 정밀안전진단을 실시한 후 시공자료 피드백을 통한 2차 변경설계를 수행하였으며, 최종적으로는 공사를 완료하였다.

[사진 3-3] 하부터널 낙반

3.2 지질 및 지반조사

지질현황 편암 및 편마암류가 주를 이루며 부분적으로 석회규산염암과 화강암류가 분포한다. 가마골 계곡을 축으로 대규모의 습곡구조를 보이며, 2조의 주향이동 단층대(F1, F4)가 발달하여 지질특성을 지배한다. 편암류는 가마골(개착터널구간)계곡을 경계로 상부터널은 흑운모편암이 하부터널은 석영편암이 우세하게 분포한다.

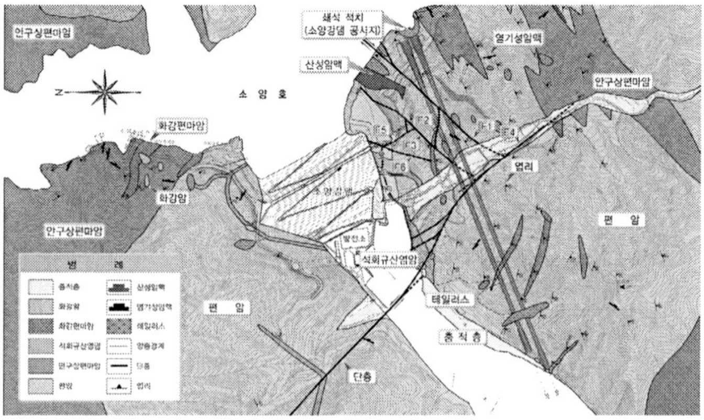

[그림 3-2] 터널구간 지질분포

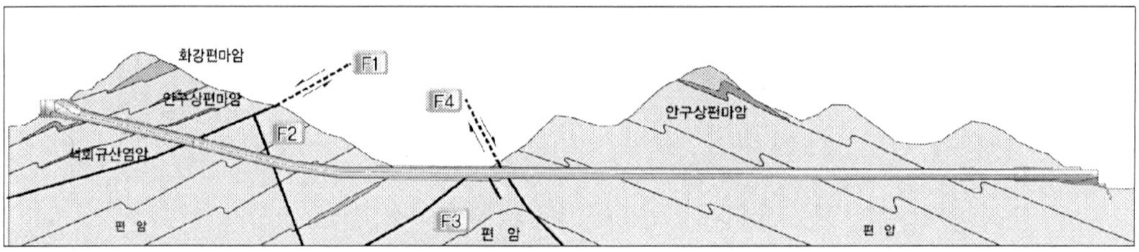

[그림 3-3] 지질종단면도와 단층(실시설계 지반조사 결과)

단층 특성 설계 지질조사에서는 상부터널을 교차하는 F1단층과 하부 터널을 교차하는 F4 단층의 주향 이동단층으로 해석하였다. 시공 중 조사에서는 상부터널에서 동북동 주향으로, 하부터널에서 북서 주향으로 터널을 관통하는 대규모 단층을 습곡작용에 의해 휘어진 동일한 F1 스러스트 단층과 이 단층을 포함하여 총 다수의 단층이 발달하는 것으로 분석하였다. 이들 스러스트 단층들은 연약한 단층 물질로 충전되어 있고, 주 단층과 중소규모 단층의 중첩에 의해 두꺼운 듀플렉스 구조를 형성하고 있다. 그리고 이들 스러스트 단층을 절단하는 중고각의 단층들이 발달하여 있다.

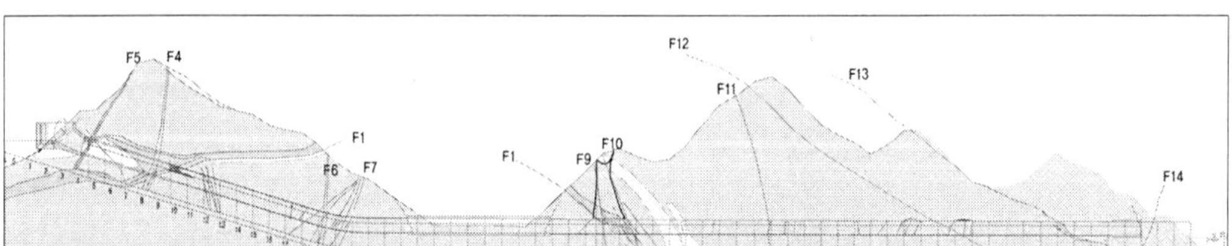

[그림 3-4] 지질종단면도와 대규모의 스러스트 단층(시공 중 조사 결과)

암반 특성(편암) 편암은 판상의 엽리구조가 잘 발달되어 있고, 엽리면은 평탄하며 연속성이 좋고 엽리 간격은 매우 좁고 엽리면이 집중된 구간은 매끄러운 면으로서 전단력이 약한 특성을 보였다. 운모편암은 풍화 정도에 따라 암석강도와 슬레이킹 내구성이 크게 감소되는 특징을 나타내었으며 양호한 상태와 불량한 경우로 구분된다. 석영편암은 운모편암에 비해 상대적으로 밝은 색으로 비교적 양호한 강도특성을 보인다. 편암류는 흑운모 편마암이 우세하고 유입부의 연경암은 암반등급 3~4등급 정도로 예상하였다. 측압계수 1.30~3.20 범위이며 수평방향 최대주응력 방향은 N17°E로 결정하였다.

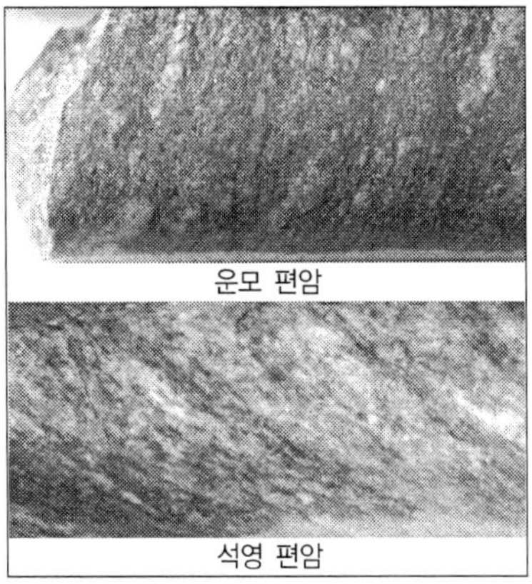

[사진 3-4] 편암의 특성

단층대 특성 본 구간의 단층대는 여러 매의 단층암대가 존재하며 그 두께가 일정하지 않은 것으로 보아 스러스트 듀플렉스 모델 중 배사형 중합과 매우 유사한 것으로 나타났다. 또한 단층운동의 영향으로 인하여 단층 위아래로 단층영향대와 단층암 변질대가 분포하고 있음을 확인하였다. 단층가우지는 구성광물 중 일라이트와 녹니석 광물을 많이 포함하고 있어, 쉽게 부서지고 느슨해지는 광물 및 암석학적 특징을 가지는 것으로 분석되었다.

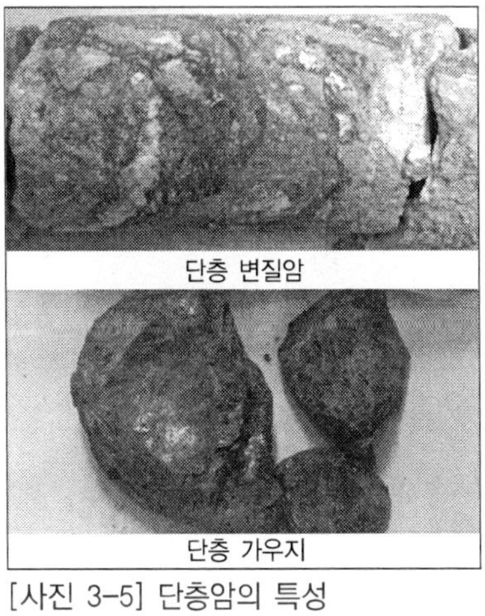

[사진 3-5] 단층암의 특성

암반 등급 RMR을 암반등급 산정기준으로 하였으며, 단층파쇄대가 교차하는 상부터널 경사구간의 중앙부와 하부터널 입구부를 제외하면, 전체적으로 1~2등급 암반에 해당하며, 특히 하부터널은 1등급 암반으로서 양호한 상태이다.

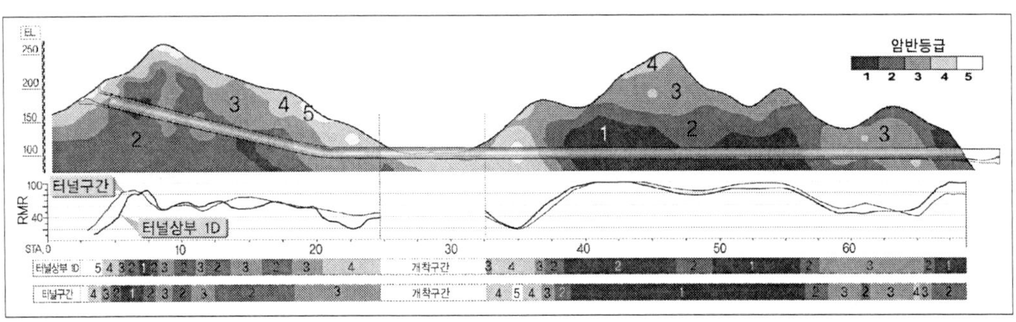

[그림 3-5] 터널구간 암반등급 분포

3.3 터널 설계

유입부 천이구간

여수로 터널의 유입부 155m 구간은 원활한 물의 유입을 위하여 변단면 천이구간으로 계획되었으며 종단경사는 약 14°로 계획되었다.

굴착/지보/보강 설계

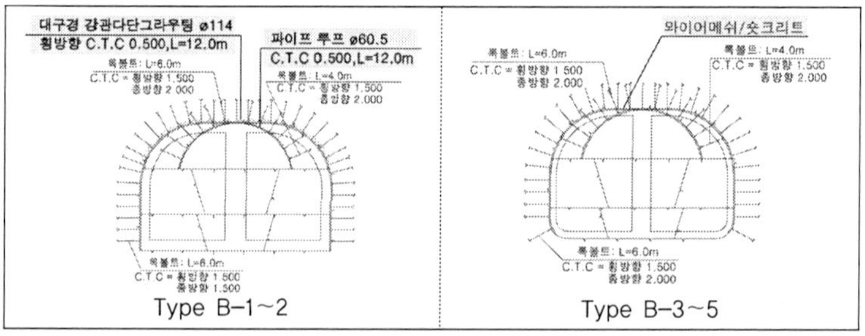

[그림 3-6] 유입부 굴착 및 지보설계

지보재량은 경험적 방법(Q, RMR)에 의한 지보재량과 기존 설계분석에 의한 지보재량을 검토 후 결정하였다. 지보패턴은 Type B-1~5로 계획하였다. Type B-1, 2는 터널상반 1D구간 암반이 3~4등급인 구간에 적용하는 지보패턴이며 중도갱은 파이프루프로 보강하고 록볼트(L = 6m)를 중첩시공하는 것으로 계획하였다. 상반은 대구경 강관다단그라우팅(L = 12m)과 록볼트(6m)를 중첩시공하고 강섬유보강 숏크리트를 사용하는 것으로 계획하였다. 중도갱 굴착단면을 일반터널 단면과 동일하게 적용하여 작업공정을 단순화하고자 하였으며, 굴착공법은 9분할굴착으로 계획하였고 굴진장은 1.5m(B-1)와 2.0m(B-2)로 계획하였다. Type B-3~5는 터널상반 1D구간 암반이 2~3등급으로 비교적 양호한 구간에 적용하는 지보패턴이다. B-3구간은 대구경 강관다단그라우팅(L = 12m)을 보강하고 9분할굴착과 2.0m 이내 굴진장으로 굴착하고, 철망보강 숏크리트를 사용하는 것으로 계획하였으며 천장부는 6m 길이의 록볼트를 보강하여 터널 확폭 시 안정성을 확보하도록 계획하였다.

[표 3-1] 유입부 천이부 지보패턴

지보패턴	B-1	B-2	B-3	B-4	B-5	B-6
암반등급	4	4	2~3	1~2	2~3	1~2
RMR	40~21	40~21	80~41	100~61	80~41	100~61
Q-Value	0.05≤Q<0.7	0.05 ≤ Q<0.7	0.7≤Q<130	9이상	0.7≤Q<130	9이상
굴진장(m)	1.5/1.5/2.5	2.0/2.0/3.0	2.0/2.0/3.0	2.0/2.0/3.0	2.0/2.0/3.0	2.0/2.0/3.0
굴착공법	9분할 선진중도갱	9분할 선진중도갱	9분할 선진중도갱	9분할 선진중도갱	9분할 선진중도갱	3분할
숏크리트(cm)	15(강섬유)	15(강섬유)	15(철망)	15(철망)	15(철망)	15(철망)
록볼트(m)	6	6	6	6	6	6
강지보재	-	-	-	-	-	-
라이닝두께(cm)	120(철근)	70(철근)	70(철근)	70(철근)	70(철근)	70(철근)
보조공법	강관다단	강관다단	강관다단	-	-	가인버트

하부터널 구간

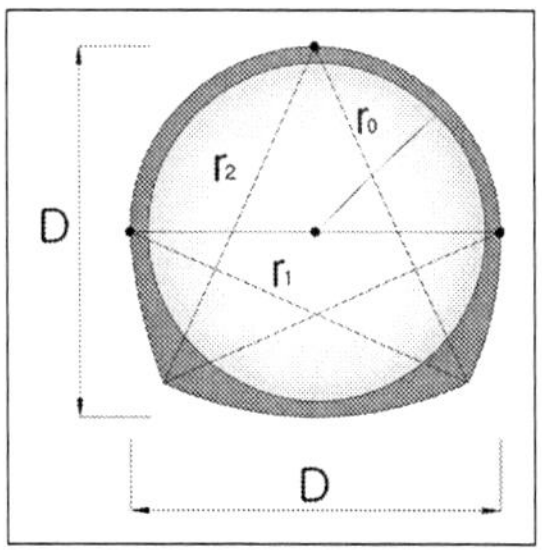

[그림 3-7] 하부터널단면

하부터널 구간 9개소의 시추조사가 바탕으로 터널 종단면도가 작성되었고, 비저항탐사를 통해 하부터널의 단층파쇄대가 예측되어 지보패턴설계에 반영하였다.

터널단면 단면적은 191.61m^{2}인 마제형으로 굴착경은 B=14.9~15.2m이다.

굴착공법 대단면 터널임을 고려하여 3분할 굴착으로 설계되었고, 지보패턴 5 이상에서는 가인버트를 설치하도록 하였다.

지보패턴 적용된 지보패턴은 패턴 I~Ⅳ로 설계되어 있고, 비저항탐사를 통해 예측된 단층파쇄대 구간은 으로 패턴 Ⅴ로 설계되었으며, 강관다단 그라우팅을 보강하도록 하였다.

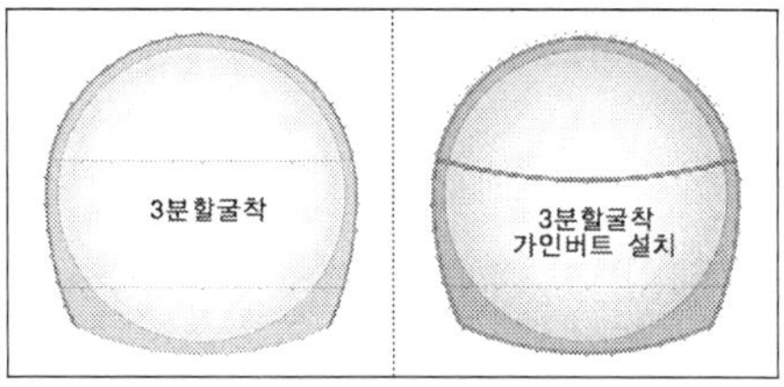

[그림 3-8] 하부터널 굴착 및 지보설계

[표 3-2] 하부터널 지보패턴

지보패턴		1	2	3	4	5(일반)	6
암반등급		1	2	3	4	5	4
RMR		100~81	80~61	60~41	40~21	20이하	40~21
Q-Value		130 이상	9≤Q<130	0.7≤Q<9	0.05≤Q<0.7	0.05 이하	0.05≤Q<0.7
굴진장(m)		3.0/3.0(4.5)	2.5/2.5(4.0)	2.0/2.0(4.0)	1.5/1.5(3.0)	1.2/1.2(2.4)	1.0/1.0(2.0)
굴착공법		3분할	3분할	3분할	3분할	3분할	3분할
숏크리트	종 류	일반	일반	와이어메쉬	와이어메쉬	와이어메쉬	와이어메쉬
	두께(cm)	4	5	10	12	15	15
록볼트(m)	길 이	4	4	5	5	5	6
	종간격	랜덤	2.5	2.0	1.5	1.2	1.0
	횡간격	랜덤	2.6	2.1	1.5	1.2	1.0
강지보재	제원	-	-	-	LG-50×20×30	LG-95×22×32	LG-95×22×32
	간격(m)	-	-	-	1.5	1.2	1.0
콘크리트 라이닝	두께(cm)	40	40	50	50	50	60
	철근보	철근	철근	철근	철근	철근	철근
보조공법		-	-	-			강관다단 가인버트
표준패턴도		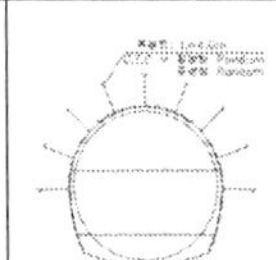	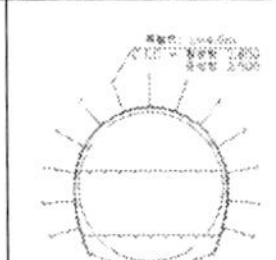	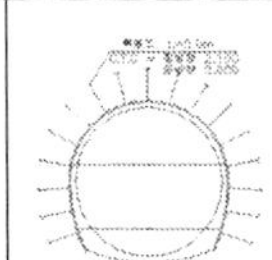	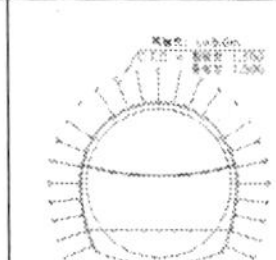	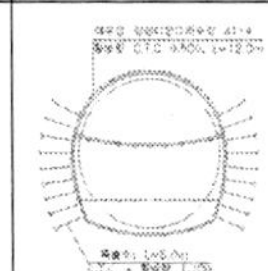	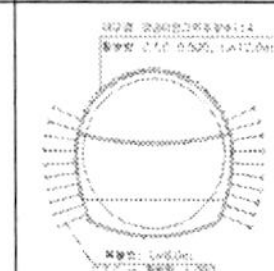

3.4 유입부 구간 붕락 및 변경설계

T1터널 낙반 및 보강대책

붕락현황 상부터널 STA. 10+4.3 위치에서 낙반이 발생하였다(규모 290m^3). 굴착 중 연약단층대가 터널중앙부 및 우측부에서 확인되었고 암반의 함수비 증가로 강관다단그라우팅 시공 후 CD굴착으로 굴착 중 낙반이 발생하였다. 지보재는 강관다단그라우팅(L = 12m, 26공), 강섬유보강 숏크리트(T = 25cm)를 보강하였고 굴진장은 1.5m로 시공하였다. 막장관찰결과 암반등급은 5등급으로 분류되었다.

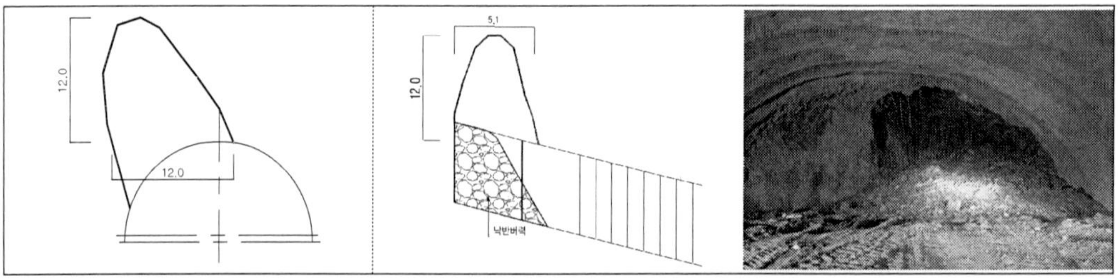

[그림 3-9] 낙반현황 및 규모

긴급 보강 터널 내 보강하는 방법을 적용, 폐합버력 성토 후 전면에 숏크리트(t = 15cm)를 타설한 후 낙반구간에 몰탈 주입호스를 통해 압밀그라우팅을 시행하였다. 낙반부 및 주변 이완부에 강관다단그라우팅을 보강하고 낙반버력부에는 시멘트밀크를 주입하였다.

보강대책 재굴착 시 터널 안정성 확보를 위한 추가 보강대책을 적용, 천단부 보강대책으로는 훠폴링(L=6.0m)을 설치하고, 필요 시 대구경 강관다단그라우팅(L=15m)을 보강하는 것으로 계획하였다. 또한 이중지보(강지보 H-250×2조 설치)와 강섬유보강 숏크리트(t=60cm)를 보강하는 것으로 계획하였다. 굴진장은 1.0m로 축소 조정하고 가인버트(t=30cm, 강지보 H-250)설치를 계획하였다. 막장면 안정대책으로는 막장볼트(L=8.0m)를 필요시 설치하는 것으로 계획하였다.

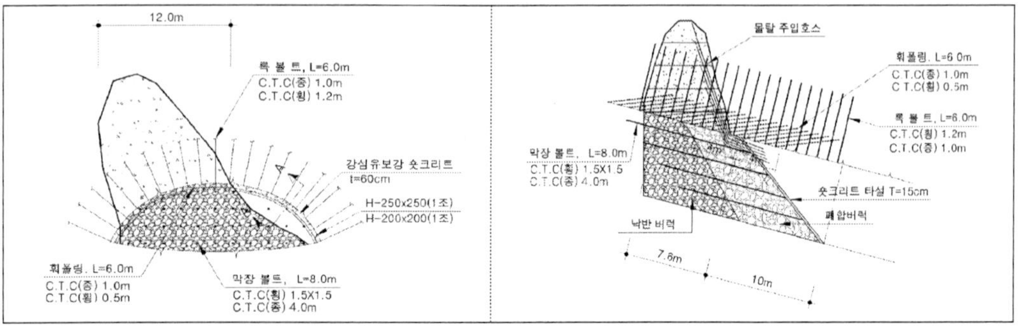

[그림 3-10] T1 터널 낙반부 보강대책

T2터널 낙반 및 보강대책

붕락현황 상부터널 STA. 6+8.5~STA. 7+16.2에서 선진도갱 굴진 중 연약단층대 확인으로 선진도갱 지보보강(6조) 후 굴착작업 중 상부 우측부에서 낙반이 발생하였다. 상반 중도갱 터널에서 좌측부는 13.2m 후방, 우측부는 27.6m 후방에서 시공이 완료된 상태로 낙반규모는 3,300m^{3}로 추정되었다.

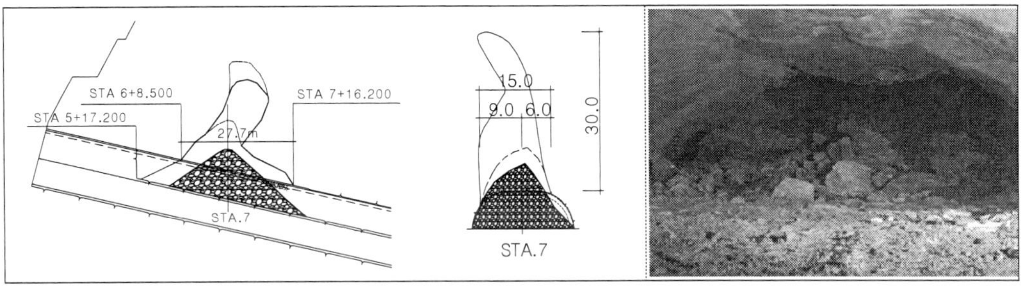

[그림 3-11] 낙반현황 및 규모

긴급 보강 낙반 직후 폐합버력 성토 및 마대쌓기를 낙반부 후방 20m 구간까지 실시하였다. 버력면 숏크리트 타설을 시행하였고, 낙반부 후방 30m 구간은 숏크리트(t=30cm) 타설 및 랜덤 록볼트 설치(L=6.0m)를 실시하였다. 낙반부는 시멘트 몰탈을 주입하였는데 1차로 지상에서 천공홀(φ400)을 통해 주입용 호스 삽입 후 펌프카를 이용하여 몰탈을 주입하였다. 주입용 호스를 올리면서 몰탈 주입 후 채움용 천공홀을 폐합하였다.

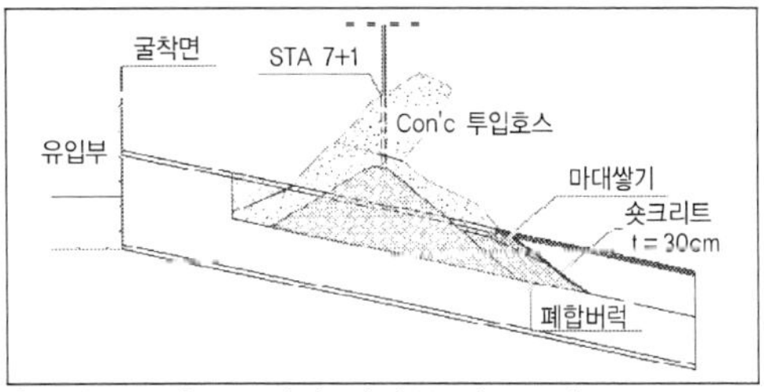

[그림 3-12] T2 터널 낙반부 긴급보강

보강대책 재굴착 시 터널 안정성 확보를 위하여 지상에서 수직으로 5공, 갱구부에서 수평으로 3공을 천공 후 시멘트그라우팅을 추가적으로 실시하고, 또한 갱내 지반보강그라우팅과 낙반부와 원지반과의 경계면 보강을 위하여 경계면에 대구경 강관다단그라우팅을 시공하고, 휘폴링 및 막장볼트를 보강하는 것으로 계획하였다.

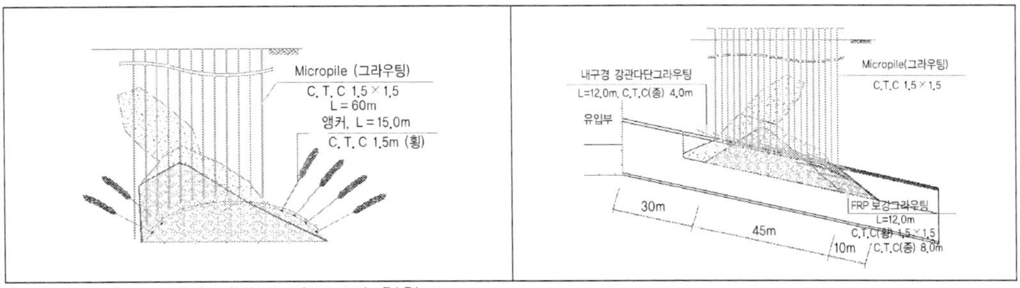

[그림 3-13] T2 터널 낙반부 긴급보강 현황

추가지반조사

Face Mapping 조사 유입부 갱구비탈면에 대한 지질조사를 수행한 결과, 규암 및 석영편암대와 운모편암대로 구분되었다. 운모 편암류의 엽리면은 심한 변형작용의 영향으로 국부적으로 연성 전단대를 형성하고 있었으며 엽리면과 평행한 유사한 방향의 수조의 단층대가 발달하였다.

추가시추조사 수평시추 7개소, 연직시추 4개소를 실시한 결과, 규암 및 석영편암, 운모편암(양호 및 불량), 단층대 및 연약대 등 다양한 암종이 분포하는 것으로 파악되었으며 암반등급분류결과는 II~V등급으로 나타났다.

[표 3-3] 암종별 암반분류 결과

구분		규암 및 석영편암	운모편암 (양호구간)	운모편암 (불량구간)	단층대 및/연약대
암반등급		II~III	III	IV	V
RMR (평균)		38~79 (57)	35~57 (44)	20~40 (31)	11~23 (17)
		Fair~Good	Poor~Fair	-	Very Poor
Q (평균)		2.1~8.8 (4.14)	0.1~1.5(0.73)	-	0.06~0.14 (0.09)
		Poor~Fair	Very Poor~Poor	-	Ext. ~very Poor

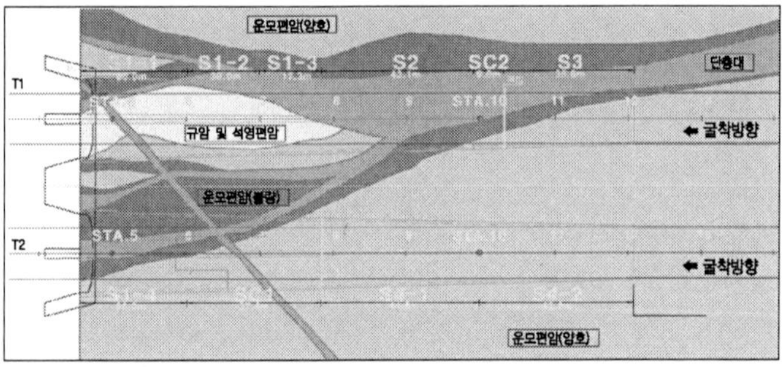

[그림 3-14] 유입부 암반 및 단층특성

단층대 분석 원설계와는 달리 총 5조의 단층대가 광범위하게 분포하는 것으로 확인되었으며 암반등급 및 암반특성 또한 원설계 시와는 달리 4등급 이하가 시점 및 T1 터널에 널리 분포하고 있는 것으로 조사되었다. T1 터널의 경우 전체 터널 천장부에 F3 단층대가 교차하여 분포하고 있으며 F1, F2, F4, F5 단층대는 터널 내 교차 또는 터널 상, 하부에 분포하고 있다. T2 터널의 경우, 시점부에서 F1, F2, F4, F5 단층대가 교차하며 또한 암질상태가 매우 불량한 운모 편암이 기반암을 이루고 있다.

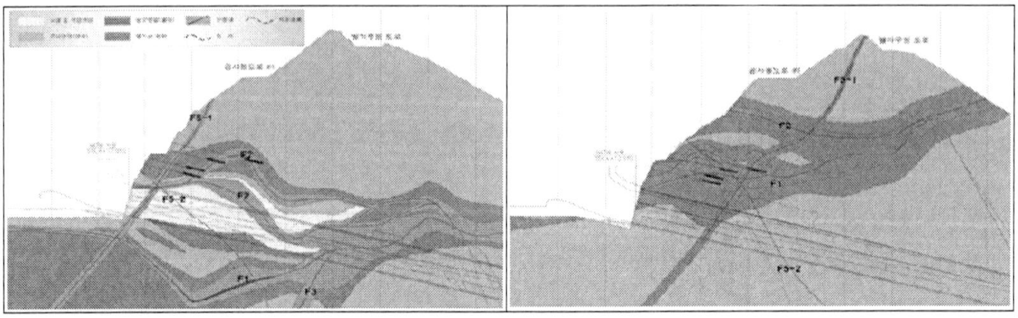

[그림 3-15] 유입부 구간 지질 종단면도(T1터널 및 T2터널)

낙반 원인분석 T1 터널의 경우 F4, F5 단층대가 F3 단층대와 교차하는 지점에서 낙반이 발생하였으며, T2 터널의 경우 F1 및 F2, F5 단층대가 교차하는 지점에서 낙반이 발생하였다. 낙반원인은 단층파쇄대 출현 및 암반불량과 이에 따른 지보 보강량 부족으로 판단된다. 원설계시 시행된 지반조사 결과와 붕락 후 변경 설계 시 수행된 상세지반 조사 결과를 분석한 결과, 낙반구간은 단층대 출현 및 암반등급 불량으로 상당히 불량한 지반조건으로 나타났으며 낙반원인은 단층대 출현에 의한 지보 부족이 그 주요 원인으로 판단되었다.

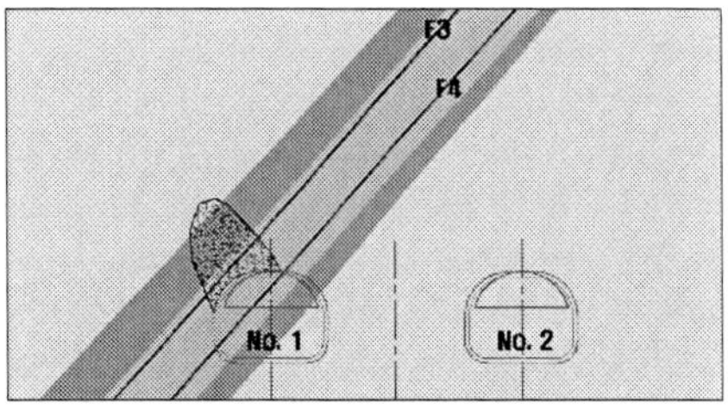

[그림 3-16] T1터널 낙반과 단층

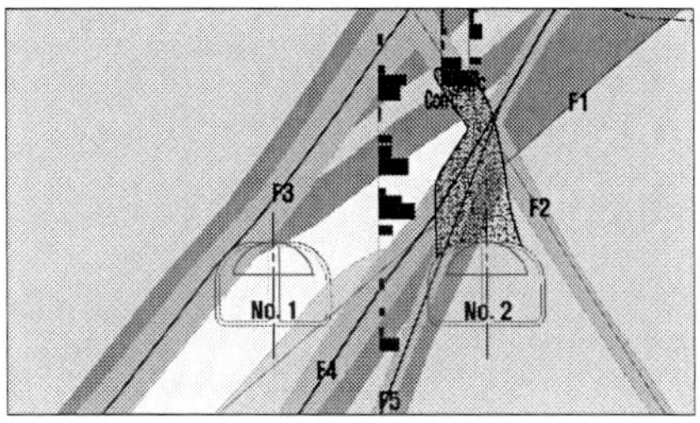

[그림 3-17] T2터널 낙반과 단층

[표 3-4] 원설계와 변경설계 암반평가 비교

구분	원설계 암반평가	변경설계 암반평가
단층대	• 지표지질조사 및 전기비저항탐사, 수직시추조사 결과 상부터널과 교차하는 2조(F1, F2) 단층대 분포 • 단층대 구간은 STA. 12+0~13+0구간으로 유입부 천이구간을 지난 일반구간에 분포	• 유입천이부 구간에 5조(F1~F5)의 단층대 분포 • 갱구부 Face Mapping, 지표지질조사, 수평시추 7개소, 수직시추 4개소 시행으로 단층대 상세조사
암 반 등 급	• 단층대가 교차하는 일반구간을 제외하고 전체적으로 1~2등급의 양호한 암반으로 분류	• 유입천이부 구간의 암반등급은 규암 및 석영 편암구간을 제외하고 3등급 이하 불량한 암반으로 분류
지 반 물성치	• 양호하게 평가 - 변형계수 : 320,000~3,500,000tonf/m^2 - 점착력 : 50~125tonf/m^2 - 마찰각 : 22~50° - 단위중량 : 1.86~2.65tonf/m^3 - 포아송비 : 0.20~0.30	• 원설계에 비해 상당히 저평가됨 - 변형계수 : 400,000~1,500,000tonf/m^2 - 점착력 : 5~195tonf/m^2 - 마찰각 : 25~42° - 단위중량 : 2.1~2.7tonf/m^3 - 포아송비 : 0.24~0.29

설계지반정수 산정 변경설계 시에는 GSI를 활용한 설계지반정수값을 적용하였으며, 암반분류에 의한 경험식으로 도출된 지반정수값을 참조하였다. 단층대구간의 경우, 공내재하시험 결과를 활용하여 산정하였다. 전체적으로 원설계보다 매우 불량한 값을 나타냈다.

[표 3-5] 변경설계 설계지반정수

구분	규암 및 석영편암	운모편암 (양호구간)	운모편암 (불량구간)	단층대 및 연약대
암반등급	II~III	III	IV	V
Basic RMR	38~79(57) Poor~Good	35~57(44) Poor~Fair	20~40(31) Very Poor~Poor	11~23(17) Very Poor~Poor
변형계수(tf/m^2)	1,500,000	600,000	250,000	40,000
점착력(tf/m^2)	195	69	2.4	5
마찰각(°)	42	38	35	25
단위중량(tf/m^3)	2.7	2.5	2.3	2.1
포아송비	0.24	0.25	0.27	0.29

1차 변경설계

기둥유–암반양호구간 지보패턴(S1) 원설계 굴착단면의 경우 천장부가 편평하여 상부지반 이완하중에 대하여 구조적으로 불리한 형상이었다. 따라서 유수단면(터널단면의 75% 면적)이 아닌 단면상부 25% 부분에 대해서 단면형상을 아치형으로 개선함으로써 구조적 안정성 향상을 도모하였다. 또한 상반, 중반, 하반 모두 선굴착하는 중도갱 및 중앙부 굴착면적을 축소 조정하였다. 굴착공법으로는 하부굴착 시 중앙부 선굴착 후 좌우측부 굴착으로 계획하였다. 좌우측 막장이격거리는 10~30m를 적용하였고 가인버트가 설치되는 경우에는 10m 이내의 이격거리를 두고 링폐합을 실시하는 것으로 계획하였다.

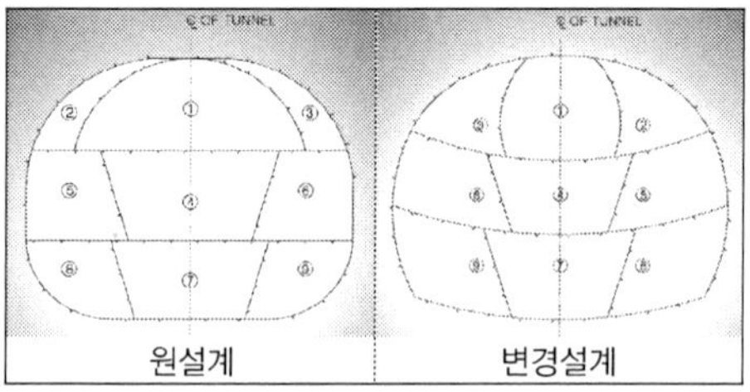

[그림 3-18] 굴착단면 변경

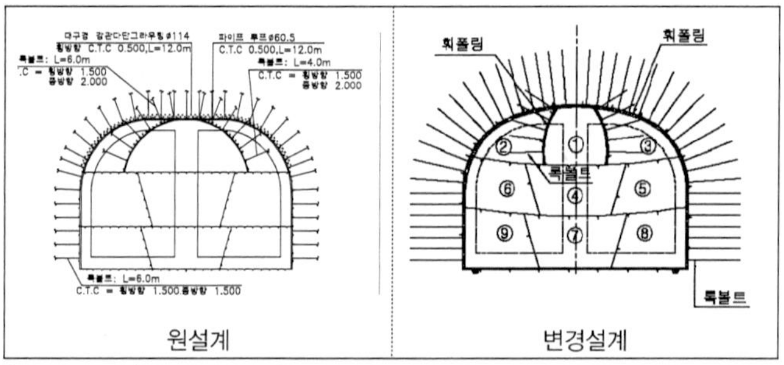

[그림 3-19] S1 구간 지보패턴 변경

기둥무–단층대구간 지보패턴(S2) 단층대에 위치하는 미굴착 상태인 구간은 터널 단면형상을 개선하고 강지보공을 이중으로 설치하여 숏크리트(60cm)와 함께 지반하중을 지지하는 이중지보공법을 적용하였다. 이 보강방법은 보강재로 H형강(2열)+숏크리트(강섬유 보강)를 이용하고 필요시 강관보강 그라우팅 및 휘폴링을 적용하며 바닥부는 인버트를 설치하는 방법이다. 시공된 이중지보 구간의 계측자료를 분석한 결과, 천단 및 내공변위는 수렴되어 있으며, 지보재 응력은 허용값 이내인 것으로 나타나므로, 충분한 지보력을 발휘하고 있는 것으로 판단되었다.

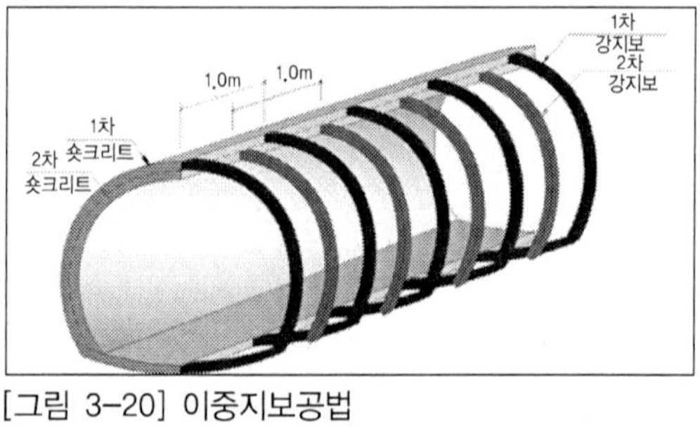

[그림 3-20] 이중지보공법

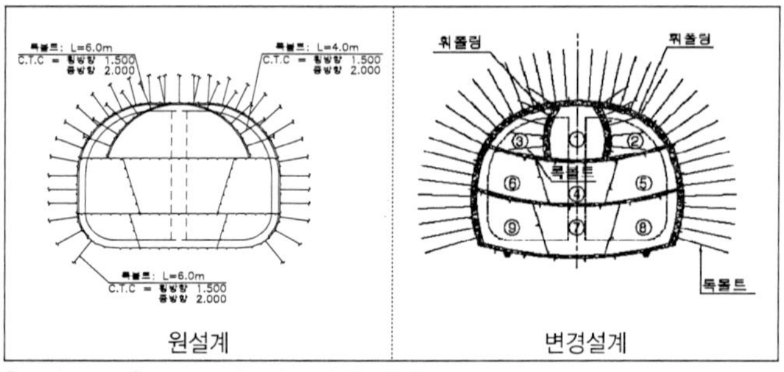

[그림 3-21] S2 구간 지보패턴 변경

기둥무-암반 양호구간 지보패턴(S3) 중앙기둥이 없는 구간 중 상부만 굴착되어 있는 구간으로 좌측에 단층대가 관입되어 있는 구간부터 다소 양호한 지층까지의 구간이다. 지반조건은 단층대 영향에 의하여 안정성 확보에 불리하므로 단층대 방향에 대한 추가 보강으로 터널 안정성 확보가 가능할 것으로 판단되며, 상부 기시공면의 추가 분할 굴착 후 강지보공설치 및 숏크리트량 증가로 터널안정성을 확보하고자 하였다.

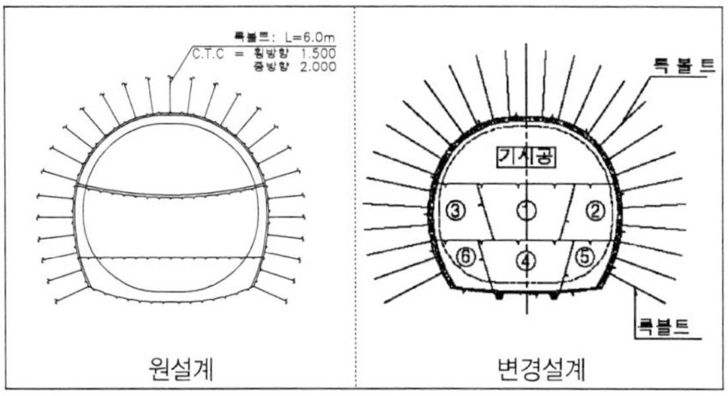

[그림 3-22] S3 구간 지보패턴 변경

[표 3-6] 유입부 변경설계

구분	S1	S2	S3
개요도	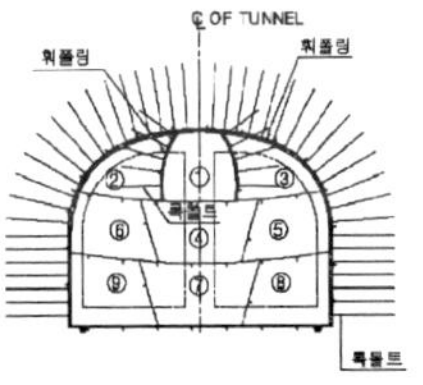	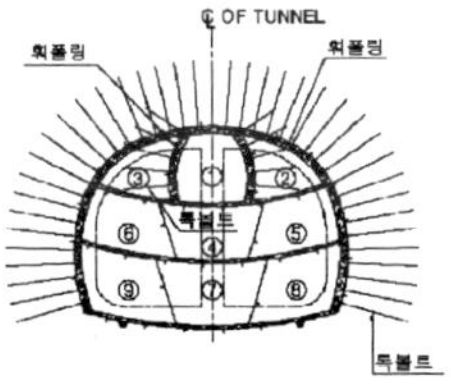	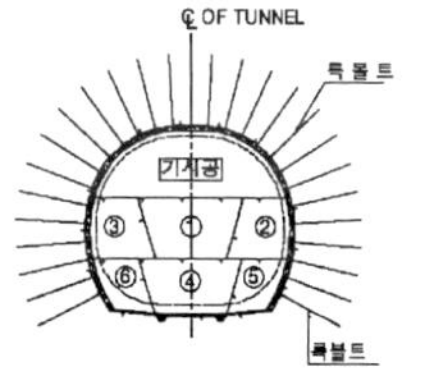
공법개요	중도갱 단면 축소 및 천장부 단면형상을 아치형으로 개선	강지보공을 이중 설치하여 숏크리트와 함께 지반하중을 지지	기시공부 추가굴착 후 지보보강량 증가 계획
굴 신 상	1.0m	1.0m	1.0
숏크리트	25cm(강섬유)	60cm(강섬유)	30(상부 15cm 추가 타설)
강지보재	H-200	H-250 × 2조	6.0m(횡간격 1.2m)
록 볼 트	L = 6m(횡 C.T.C. 1.2m)	L = 6m(횡 C.T.C. 1.2m)	H-150(C.T.C. 0.5m)
보조공법	훠폴링	훠폴링	55(철근)

지상보강공법 그라운드앵커+강관보강그라우팅은 기존 앵커상단 및 하단에 상호간섭이 발생되지 않도록 그라운드앵커와 강관보강그라우팅을 추가로 보강하는 방법이다. 그라운드앵커는 갱구 비탈면의 장·단기적인 안정성을 확보할 수 있는 공법으로 기시공되어 있으나, 터널의 추가적인 굴착에 의한 비탈면 변형이 발생될 경우, 보강계획을 수립하여야 한다. 적용구간은 계측 관리단계 2단계 초과변위 발생 시 그라운드앵커는 갱구부 비탈면에 보강하고 강관보강 그라우팅은 T2 터널 갱구부에 보강하는 것으로 계획하였다.

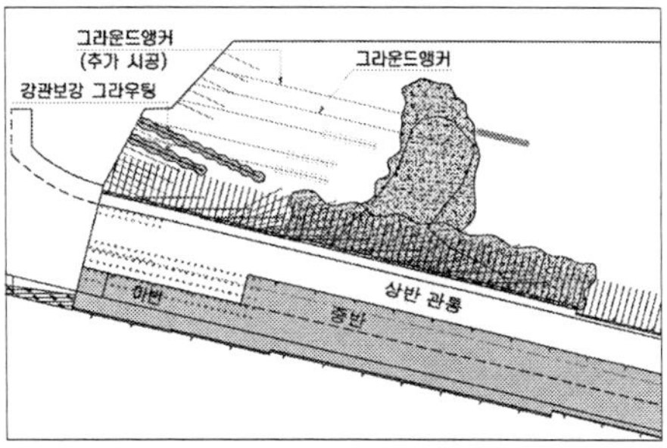

[그림 3-23] 그라운드앵커+강관보강그라우팅

2차 변경설계

2차 변경설계 검토단계에서는 유입부 천이구간(L = 155m)은 1차 변경설계에 준하여 상반이 관통된 후 T1 및 T2 터널 중반 및 하반 굴착 중 T2 터널 갱구부 구간에서 과다변위가 발생하여 시공이 중단된 상태였다.

계측결과 분석 T1 터널 하반이 일부 굴착된 갱구부의 경우 약 45mm의 천단침하가 발생하였으나 계측관리기준치 64.6mm 이내로서 하반을 추가 굴착하여도 천단침하량은 크게 증가하지 않을 것으로 판단되나, T2터널 하반굴착으로 인한 영향으로 추가변위가 예상되므로 계측관리가 필요한 것으로 판단되었다. 단층대 분포폭이 넓은 STA. 8+0 이후에서 천단침하량이 다른 구간에 비해 상대적으로 변위량이 크게 발생하였다.

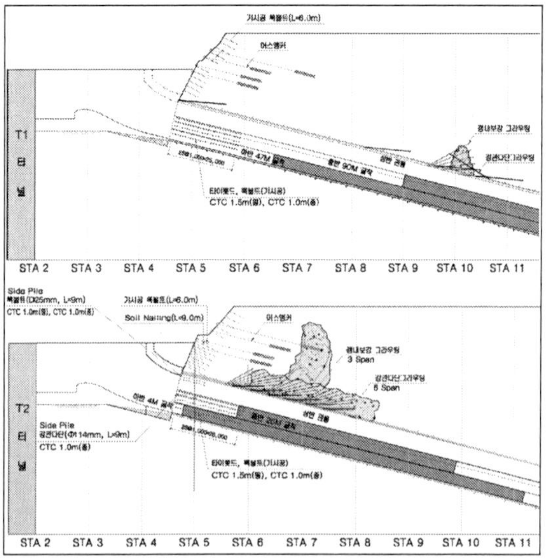

[그림 3-24] 굴착현황

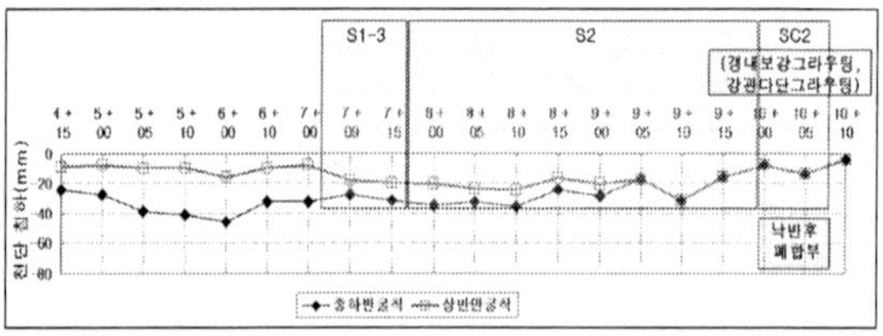

[그림 3-25] T1 터널굴착단계별 천단침하

T2 터널은 하부 4m 굴진 및 T1 터널굴착으로 인하여 현재의 계측관리기준치(64.6mm)를 상회하는 천단침하량(72mm)이 발생하여 하반 되메움 후 굴착작업이 중단된 상태였다. 상재토피고가 낮은 갱구부 천단침하량이 크게 발생한 것으로 볼 때 갱구부 천장부 및 T1 및 T2 터널 사이의 필러부가 상당히 이완된 것으로 판단되었다. 낙반발생 후 지상으로부터의 몰탈채움 및 주입, 갱내에서의 보강이 수행된 STA. 6+0~STA. 8+0 구간은 상대적으로 침하량이 작아 안정성이 확보된 것으로 판단되었다. 반면에 갱구부 약 25m 구간은 상반굴착 시에도 상대적으로 천단침하가 크게 발생하여 필러 두께 부족, 지반조건 불량, 대단면으로 인한 영향으로 하반 추가굴착 시 안정성 확보 여부가 불확실한 실정인 것으로 판단된다.

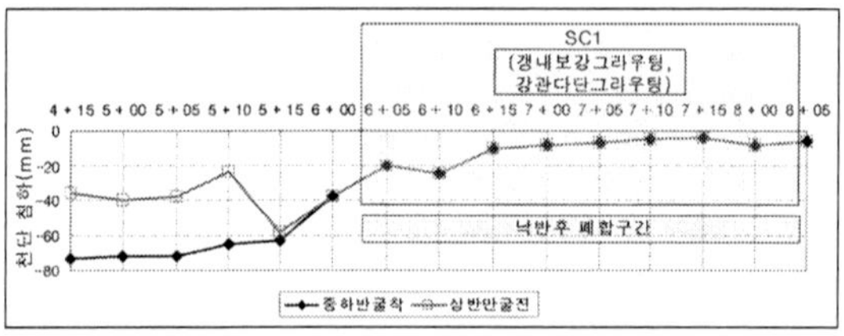

[그림 3-26] T1 터널굴착단계별 천단침하

보강공법 중앙필러 타이로드+그라우팅 방법은 보강재로 강관(φ34)을 이용하여 긴장력 10.0 tonf을 가하고 주입재는 시멘트 밀크를 주입하는 방법이다. 불량한 암반조건에 대단면 터널이 근접하여 계획됨에 따라 터널굴착에 따라 필러부에 변형 및 응력집중이 예상되므로, 타이로드에 의한 필러부 보강을 통하여 전체적인 터널안정성 확보가 필요한 것으로 판단되었다. 강관보강 그라우팅 방법은 보강재로 강관(φ60.5mm)을 이용하고 주입재로 LW를 적용하였다. 추가 시추조사결과, T1 터널 S3 구간은 터널 편측에(아치부~측벽부) 단층 파쇄대가 분포하는 것으로 파악됨에 따라, 장기적인 터널안정을 위하여 단층 파쇄대 영역에 대하여 강관보강 그라우팅의 보강이 필요할 것으로 판단되었다. 가압식 록볼트는 보강재로 중공 강봉형 록볼트(φ29mm)를, 주입재는 시멘트 밀크를 적용하였다. 가압식 록볼트는 그라우팅에 의한 록볼트의 지반보강 및 보형성 효과를 향상시키게 된다.

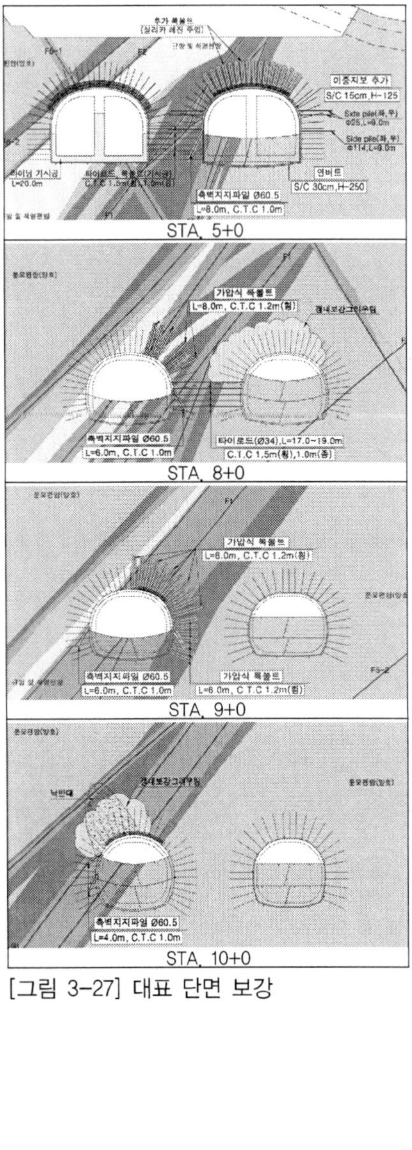

[그림 3-27] 대표 단면 보강

단층대 보강 유입부 단층대구간에 이중지보공법, 강관보강 그라우팅공법, 가압식록볼트 및 측벽지지파일 등을 조합하여 적용하였다.

STA. 5+0 과대변위가 발생한 T2터널은 이중지보 추가(숏크리트 15cm, H-125) 및 인버트 설치(숏크리트 30cm, H-250), 그리고 측벽지지 파일(L=8.0m, φ60.5)을 보강하는 것으로 계획하였다.

STA. 8+0 우측상부에 단층대가 분포하는 T1 터널은 가압식 록볼트 L=8.0m와 측벽지지 파일(L=6.0m, φ60.5)을 보강하고 중앙필러는 타이로드(φ34, t=3.5)를 보강하였다.

STA. 9+0 터널 전체적으로 단층대가 분포하는 T1 터널은 가압식 록볼트 L=8.0m와 측벽지지파일(L=6.0m, φ60.5)을 보강하였다.

STA. 10+0 기낙반부인 T1 터널은 단층대가 분포하는 좌측에 측벽지지파일(L=4.0m, φ60.5)을 보강하였다.

3.5 하부터널 붕락

붕락 현황

- 위치 : 하부1터널 T1 STA. 35+8.0~37+6.5 길이 38.5m, 터널입구로부터 약 70m 지점
- 일시 : 2006년 9월 12일 오전 10:05
- 지표 토피는 약 65m로 추정되며 낙반구간 상부지표에 지반침하 발생
- 하부터널 T2 STA. 36+7.5, 37+17.5에서 숏크리트 균열 발생

[사진 3-6] 터널붕락

응급조치 낙반구간 사면 배수로 정비 및 함몰부 우수 유입 차단막을 설치하였다. 또한 T1 낙반구간의 갱내 막장면을 폐합하고 T1, T2 터널 모두 숏크리트로 보강(t=4~15cm)한 후 되메움 시공하였다. 그리고 암반 내 공동과 이완영역 충진을 위하여 시추공(수직 8공, 경사 2공)과 주입공(4공)을 이용한 공동채움 그라우팅 실시하였다.

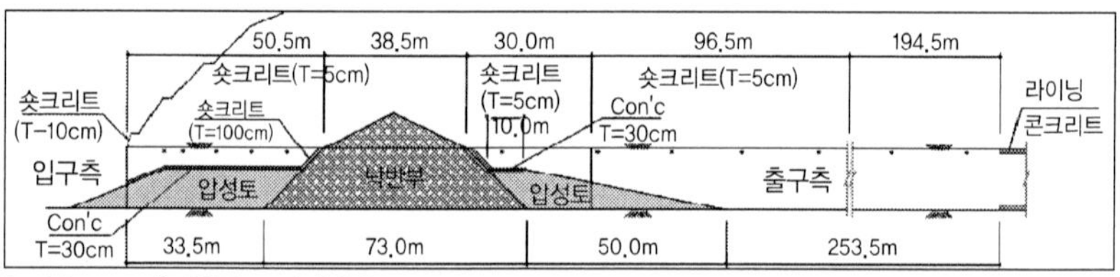

[그림 3-28] 응급조치 현황

시공현황 지보패턴 A2, A3, A4로 설계되었고, 시공 중 막장조사 결과를 반영하여 A4, A5-1, A5-2로 변경하여 시공되었으며, 낙반구간의 일부(지보패턴 A5-1 구간)에 강관다단그라우팅공법이 시공되었다.

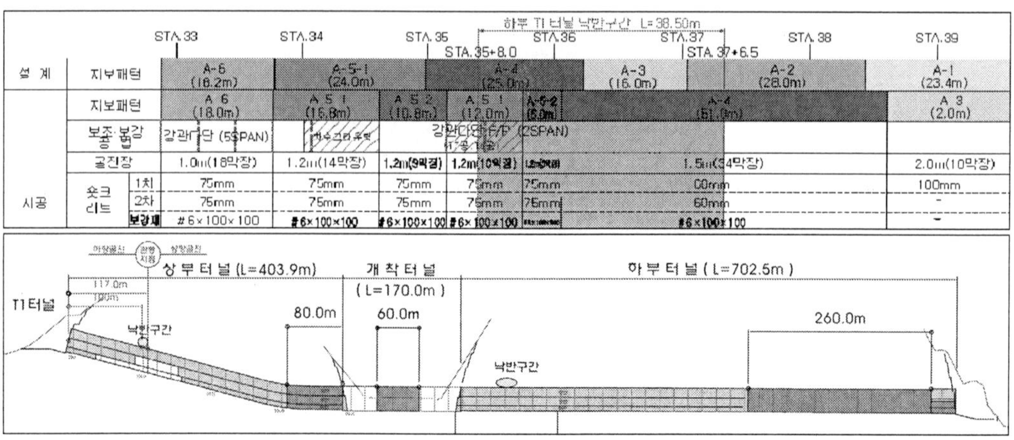

[그림 3-29] 붕락구간 시공현황도

계측 현황

낙반구간에 가장 인접하게 측정된 계측지점은 STA. 34+13.5와 STA. 39+3.5로 상중하반 굴착단계까지 연속하여 계측된 측점 중 낙반구간에 가장 인접한 측점에서의 굴착단계별 누적변위 계측결과이다. 두 측점 모두 하반굴착단계에서 보다 급격한 변위발생경향을 보이고 있으며, 최종 계측치가 15mm 정도로 계측관리 기준치에 대해 안전측의 변위발생 경향을 보이고 있다. 계측관리기준에 따라 다른 측점의 수렴 여부와 막장관찰자료 및 시공현황과 종합 검토하여 계측을 종료하였다.

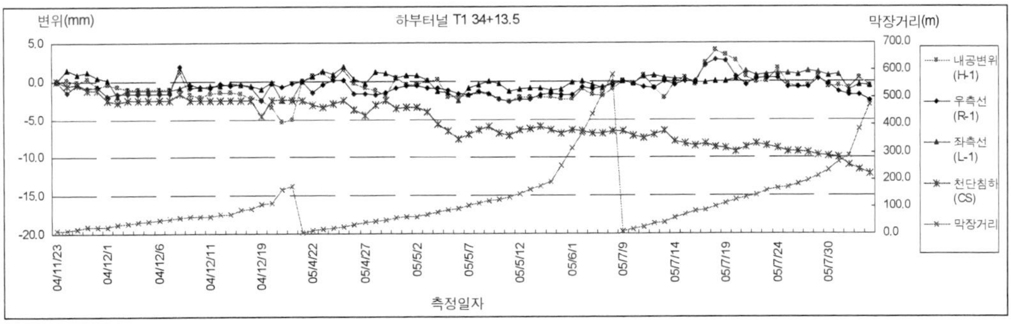

[그림 3-30] 구간 인접지점 계측결과

낙반후 계측 2006년 9월 21일에 내공, 천단 변위계를 낙반부 주변에 설치하여 계측을 실시하였다. T1터널 천단침하는 낙반 후 현재까지 -3.0~-11.0mm로 나타났으며, 낙반부에 인접한 A-26(상반, STA.35+4.0)의 천단침하가 최대 -11mm 발생하였다. T2터널 천단침하는 -7~6mm로 나타났으며, 낙반 영향을 받는 것으로 판단되는 A-26~30에서 천정부가 위로 올라가는 + 값이 발생하였다. T1 터널의 내공변위는 -5.01~5.10mm로 내공축소와 증가가 부분적으로 발생하였으며, T2 터널의 내공변위도 -5.38~5.40mm 발생하였다. 천단 및 내공변위의 경우 낙반 후 응급조치의 일환으로 수행한 압성토에 의해 변위가 수렴하는 경향을 보이는 것으로 판단하였다.

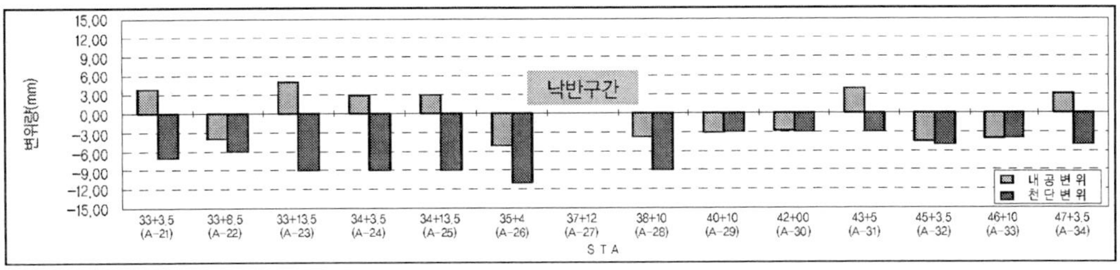

[그림 3-31] 낙반 후 터널계측 결과

3.6 하부터널 상세 지반조사

지질/암반 특성

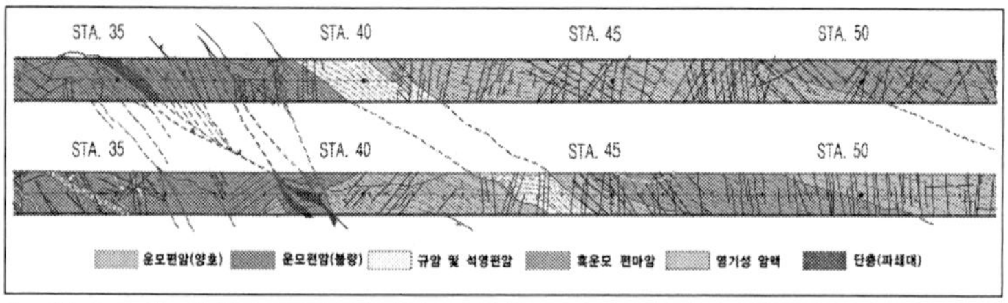

[그림 3-32] 지질구조 및 암석분포 현황

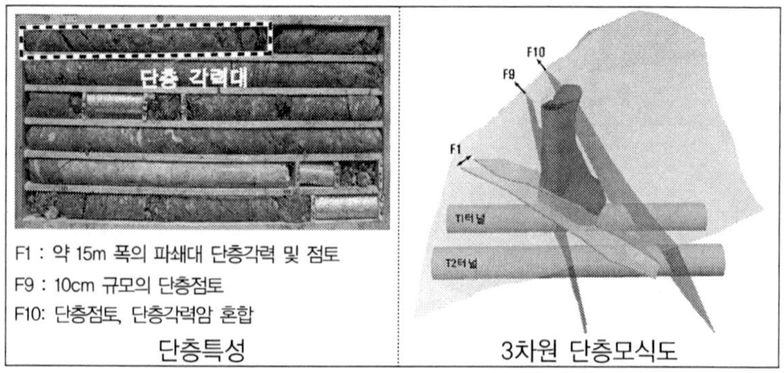

[그림 3-33] 단층 특성과 낙반형상

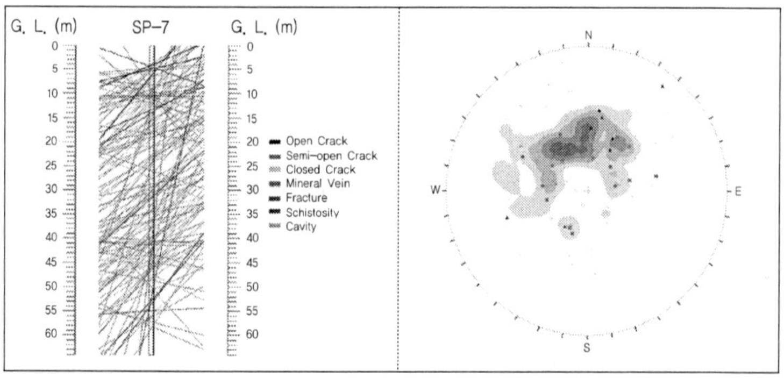

[그림 3-34] 절리방향 분석결과

붕락구간에서 지질구조와 암석분포 특성을 분석한 결과 Sta. 35~Sta. 39 구간에서 저각과 고각의 단층군(F1, F9, F10)이 교차하고 있고, 하부터널 주변 지반 전체적으로 엽리가 매우 좁은 불량 암질의 운모편암이 분포하였다. 단층에 따른 각력대 그리고 좁은 엽리구조가 확인된다. 특히 지반 대부분을 구성하는 운모편암은 운모류가 농집된 매끄러운 엽리면 발달로 낮은 전단강도를 나타낸다. 기 지반조사 결과, RMR이 20~30 정도의 취약한 암반특성을 나타내었다. 시추공(SP-7)의 절리분포와 방향분석 결과 절리 대부분은 Semi-Open crack(절리틈 1~10mm)으로서 암반으로서의 거동을 기대하기 어려운 특성이 있으며, 절리 주방향은 155/44가 우세하였다. 이러한 절리특성은 충격에 의해 쉽게 open crack으로 발전될 수 있는 구조로 판단되며, 큰 변형을 수반하지 않고도 절리 간 결합력이 약화될 수 있는 특성을 가져 낙반 시, 지표까지 쉽게 전파되는 특성을 내포하는 것으로 판단된다. 좁은 엽리를 갖는 암반 특성이 낙반 후 유입된 토사와 소암괴로 확인되었다.

암석의 시간 의존적 특성

흡수율시험 흡수율(%)은 0.2~0.9의 분포범위를 보였다. 높은 흡수율은 불량한 암석에서 나타났다.

Swelling Test 흡수 팽창률(%)은 0.004~0.161의 분포범위를 보였으며, 암석 내의 균열 빈도가 높은 경우 비교적 큰 흡수팽창률 결과를 보였다(최대 0.161% : 흡수팽창성 큼).

Creep Test Creep Test 동안 주로 엽리면에서 변형이 발생하였으며, 엽리면에서의 탄성계수와 점성계수가 비교적 작음을 고려할 때 엽리면을 따른 Creep 변형의 발생을 생각할 수 있으나 현저한 Creep 변형특성을 나타내지는 않았다.

Slaking Test 단층가우지에 대해 130시간 Slaking 시험 결과, 중량의 약 50%가 감소함을 보였다. 신선한 암석과 보통 풍화등급의 암석은 내구성이 높고, 심한 풍화등급의 암석은 중간 정도의 내구성을 나타내었다. 전단강도 상실이 대부분 풍화가 심한 영역에 집중될 수 있음을 보였다.

XRD 분석시험 Slaking 시험 전후 시료로 XRD 분석을 실시한 결과, 물에 의해 Leaching되는 점토광물이 엽리면을 충진할 경우 전단강도가 저하하는 특성이 확인되었다.

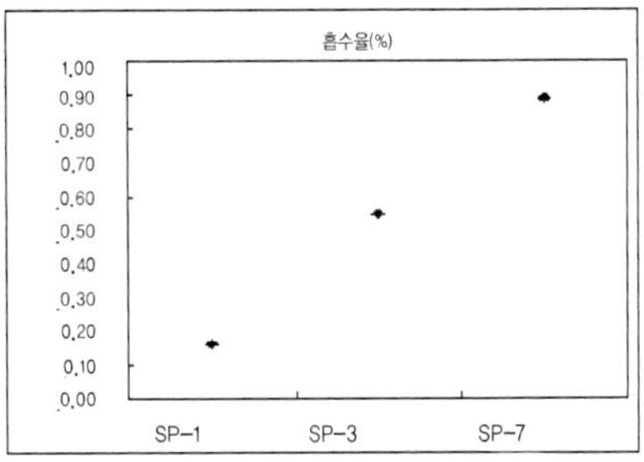

[그림 3-35] 흡수율 시험결과

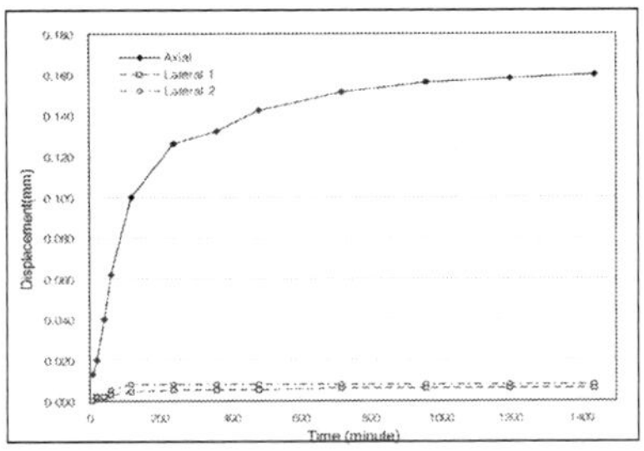

[그림 3-36] Creep 시험결과

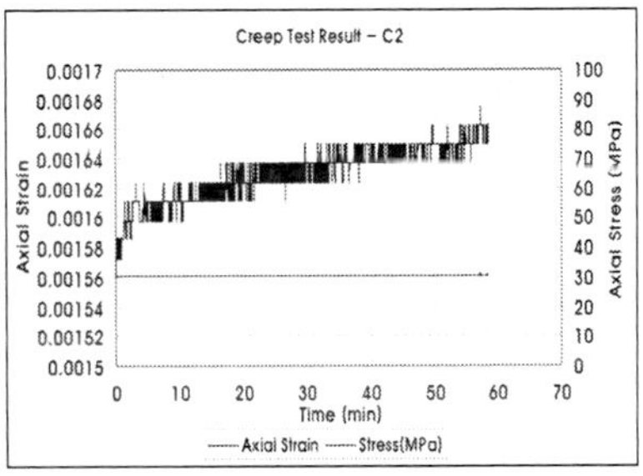

[그림 3-37] Slaking 시험결과

절리면 전단시험 풍화도가 높은 암반 절리면에서 높은 점착력을 나타내었고, 마찰각은 낮게 나타났다. 암반 전체 거동은 취약 강도인 풍화도가 높은 지역의 취약한 강도에 지배 받았을 것으로 추정된다.

단층 가우지 분석 단층 내 가우지 광물성분은 녹니석, 일라이트(50%) 및 석영(40%)으로 구성되었음이 확인되었다. 쉽게 부서지며 느슨해지는 특성을 나타내었다. 단층가우지 간접 Slaking Test(풍화 특성관련 시험) 결과, 시험 전후 중량이 50% 감소되었고, 단층가우지는 느슨하며, 용탈현상을 나타내었다.

지하수 및 우수영향 분석

강우특성 및 지하수위 지하수 거동은 시간 경과 후 낙반 거동과 관련하여 가장 영향 정도가 컸을 것으로 추정되는 요소이다. 전체적인 지하수위 분포 경향은 터널 중간 또는 터널 바닥면 부근이며, SP-6 시추공은 강우에 의한 일시적인 영향으로 판단된다.

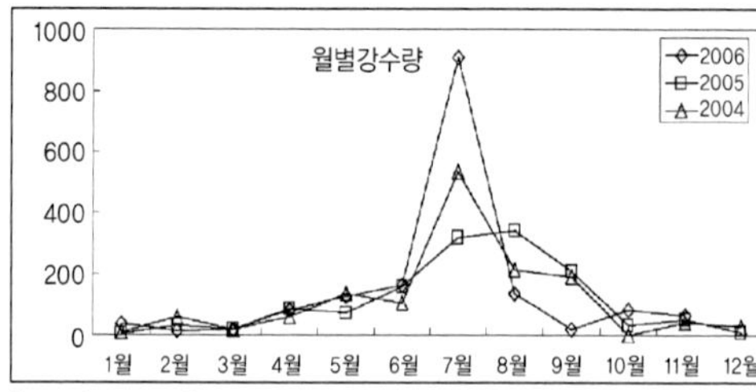

[그림 3-38] 강수량 변화

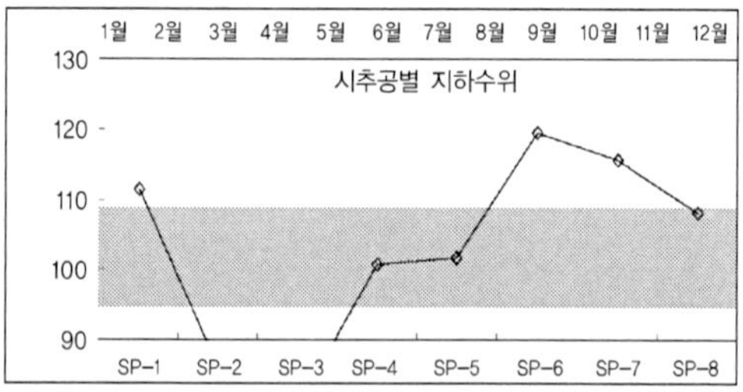

[그림 3-39] 지하수위 변화

2006년 7월 최대 강우발생(900mm 이상), 홍수기와 갈수기 지하수위 변화 최대 14.6m로 확인되었다. 공동 확인공 지하수위는 낙반으로 인하여 터널 하부에 분포하였다. 지하수위, 강수량 및 낙반 시점을 연계표시하면 하반 굴착 이후 두 차례의 우기가 있었다. 낙반은 2006년 7월 최대강우가 있은 후에 발생하였다.

우수침투 특성분석 지하수 유향·유속분석결과 상부터널 암반지역에서 자연유속은 1.73~13.68 cm/day로 분포함을 나타내었다. 즉 단층대에 비교적 점토가 우세한 성분으로 되어 있음에도 투수성은 양호한 것으로 나타났다. F1 단층의 경우 점토, 각력대로서 비교적 투수성이 좋을 수 있으나, F9, F10 단층은 점토가 우세하여 투수성은 크지 않았을 것으로 판단된다. 터널을 향하여 흐르는 유로는 정상부뿐 아니라 단층이 노출되는 측면부에서도 발생하는 것으로 추정된다.

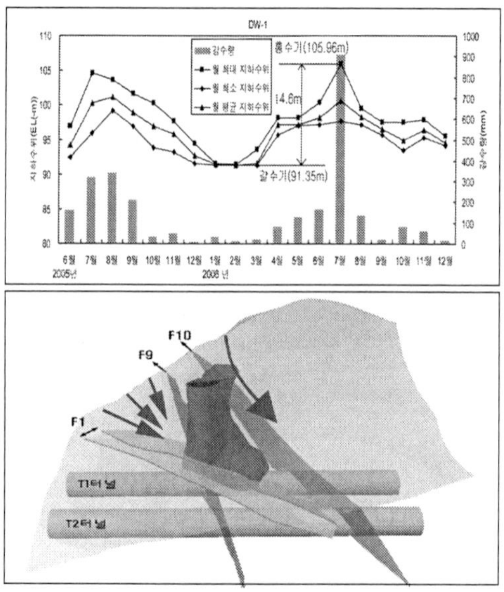

[그림 3-40] 지표수 유동분석

낙반구간의 누수특성 낙반 후 T1 터널 측면에 누수가 집중되는 특성을 보였다. 낙반 후 되메움 성토와 강섬유 숏크리트를 추가 타설한 구간에서 시간경과 후 일부 구간에서 누수 증가 발생하였다. 이는 점토가 협재된 고각의 단층대가 이완영역확대 및 낙반으로 파괴되어 경사로 흐르던 유로가 수직으로 형성되면서 측면으로 유입되는 형상으로 추정된다.

단층 분포특성 분석

단층대 및 변질대 낙반 구간 주변 시추코어 자료를 이용하여 단층대 및 변질대의 발달 양상을 분석하였다. STA. 37의 횡단면도 상에서 시추공 SP-8 쪽에서 SP-1 방향으로 변질영향대(Alteration zone)가 경사져 있다. STA. 37의 SP-3, 6에서는 해발고도 약 120m 이하에서 변질영향대가 분포하며, STA. 36의 SP-4, 5에서는 해발고도 약 140m 이하에서 변질영향대가 분포한다. 단층암과 단층영향대가 비교적 두껍게 분포하며 변질이 많이 진행된 구간을 변질영향대로 설정하였을 때, No. 1 터널에서는 STA. 33+18.932~STA. 37+17. 891에, No. 2터널에서는 STA. 33+18.932~STA. 40+2.813의 구간에 분포한다. 이 단층대 및 변질대는 F1 충상단층대에 해당하며, 하부 터널 낙반의 직접적인 영향을 미친 것으로 판단된다. 특히 F1 단층에 해당하는 단층변질우세대 하부에도 단층대 및 변질대가 관찰되고 있어, 횡단면상에서 예측한 단층 외에 동일한 성격의 충상 단층이 하부에 존재할 가능성이 높다. 이러한 특징은 막장에서 관찰된 F1 단층대가 복잡한 듀플렉스 형태의 중첩된 충상 단층대임을 반증하는 것으로서 T2터널의 시점부로부터 Sta. 40의 구간은 F1 충상 단층대의 직접적인 영향을 받는 것으로 판단된다.

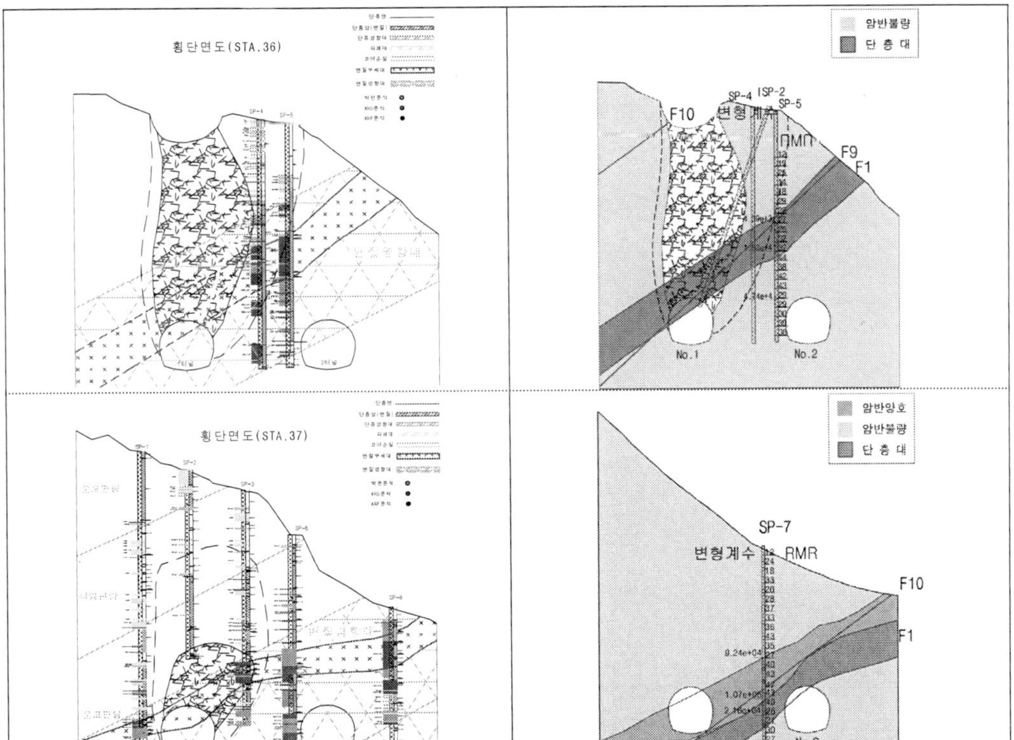

[그림 3-41] 낙반구간 단층대 분포특성

3.7 하부터널 붕락원인 및 붕락 메커니즘

낙반 원인 분석

굴착중 이완영역의 확대 굴착단계마다 발파영역에 의해 어느 정도의 이완영역의 확대가 진행되었을 것으로 판단되며, 확대된 이완영역이 다른 외부영향 및 자체의 시간의존적 변형특성과 더해져 지속적인 강성 및 강도의 감소가 일어나고 이로써 숏크리트 라이닝에 과대하중으로 작용되었을 것으로 추정된다.

지질구조 및 암석특성 이완영역의 확대는 지질구조의 변화를 초래하게 된다. 본 낙반 구간은 엽리가 조밀한 운모편암이 주 구성 성분으로써 큰 변형 없이도 절리부의 강도 손실이 야기될 수 있는 특성을 가지며, 여기에 단층대의 점토적 거동성향 그리고 엽리면의 Creep 변형 등으로 숏크리트 라이닝에 과대한 지압을 발생시켰을 가능성을 배제할 수 없다. 특히 운모편암은 지배적인 시간 의존적 거동을 야기하는 암석이라 할 수 없지만 좁은 엽리면 구조는 작은 변형에도 암반이 Blocky해지는 특성을 나타낼 가능성이 크다. 불량한 운모편암이 이완영역 확대로 암반거동에서 입자적 거동화해 가는 과정으로 추정할 수 있다.

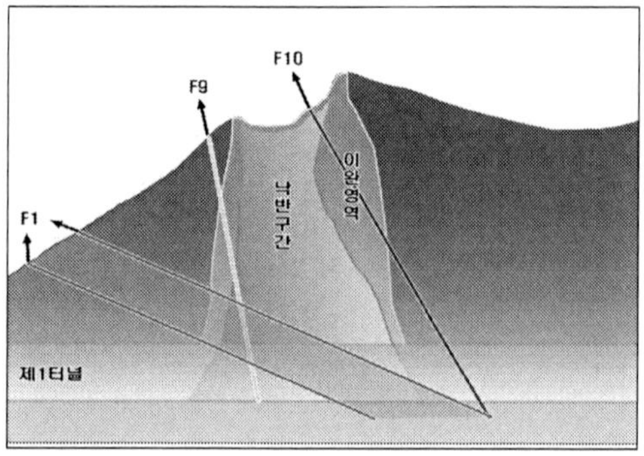

[그림 3-42] 지질구조와 낙반관계

지하수 및 우수의 작용 지하수위가 계절별 변화는 있었으나 여전히 터널 상부 충분한 높이에 있었으므로 터널내부로 지속적인 누수가 있었을 것으로 추정된다. 누수는 주변 이완대 및 단층가우지의 Leaching을 유발하여 Blocky한 암반의 강도를 저하시키고 붕락이 용이한 구조를 야기하였을 것으로 판단된다. 낙반 전에도 지하수위는 터널 상부의 충분히 높은 곳에 위치하고 있었을 것으로 추정되므로 지하수가 터널에 미치는 영향은 크게 누수로 인한 흐름 야기로 암반 결합력 약화 그리고 수압의 작용을 들 수 있다. 단층가우지의 영향으로 지하수의 수평흐름에 제약이 있어 국부적으로 작용수압이 높은 영역이 존재할 가능성도 있다.

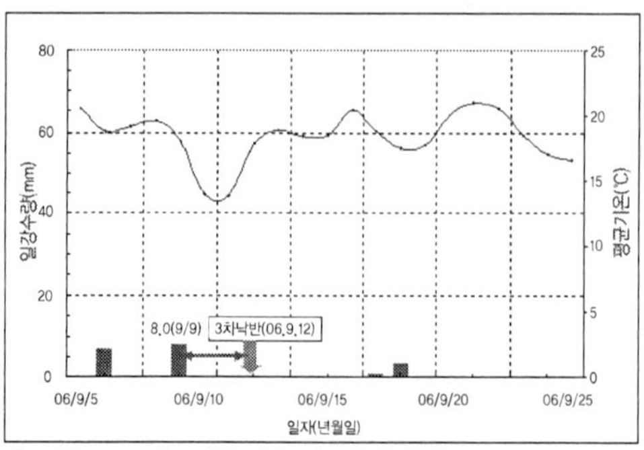

[그림 3-43] 집중강우와 낙반관계

붕락 메커니즘

운모편암 내 단층대의 점진적인 열화가 장기간 지속되고, 이완영역이 점차적으로 확대되어 단층대에 도달하고, 우수의 유입으로 과대지압이 단시간에 숏크리트에 작용하여 붕락이 진행되었을 것으로 판단된다. 굴착 후 상당기간 동안 우수침투 혹은 지하수 이동으로 강도의 상실이 초래되고, 현저한 변형 없이 이완영역을 상부로 전파시켜 스러스트단층이라는 지질구조적 취약대에 도달하였고, 주변 단층암들이 숏크리트에 작용하게 붕락에 이른 메커니즘으로 판단된다.

1 단계	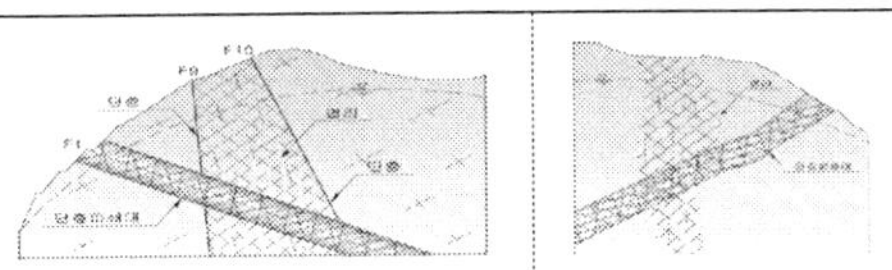	• 단층, 엽리 발달 • 파쇄대 및 암반 균열 • 단층, 엽리면의 slickenside • 터널굴착 전 지하수위는 지표부근에 형성
2 단계	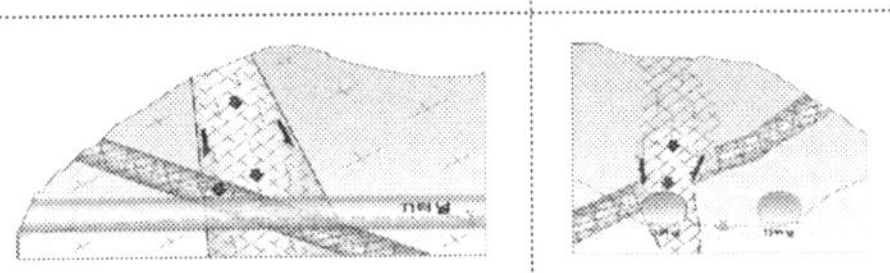	• 터널굴착 후 지하수위 하강 ⇒ 암반 내 압축변위 진행 • 암반-단층 사이에서 전단변위 발생 ⇒ 단층가우지 교란
3 단계	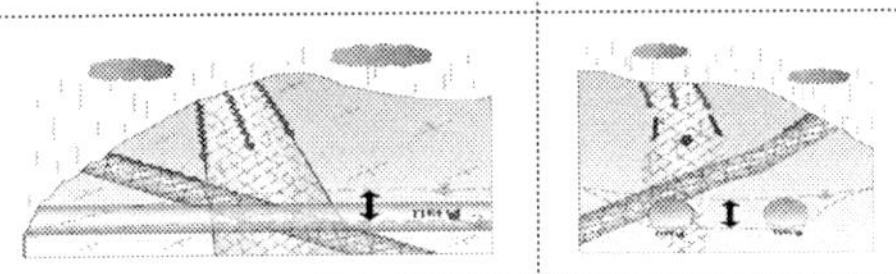	• 교란된 단층점토에 지표수 유입 ⇒ 흡수에 의한 전단강도 저하 • 강우에 따라 지하수위 변동 ⇒ 건습의 반복에 의해 운모 편암 풍화 가속
4 단계	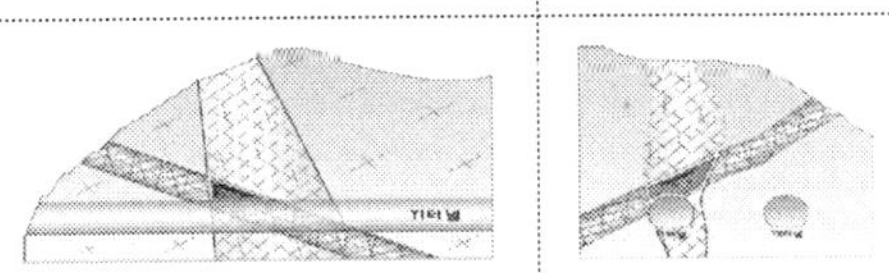	• 단층 교차에 의해 형성된 wedge에서 전단변위 발생 • 이완하중 형성
5 단계	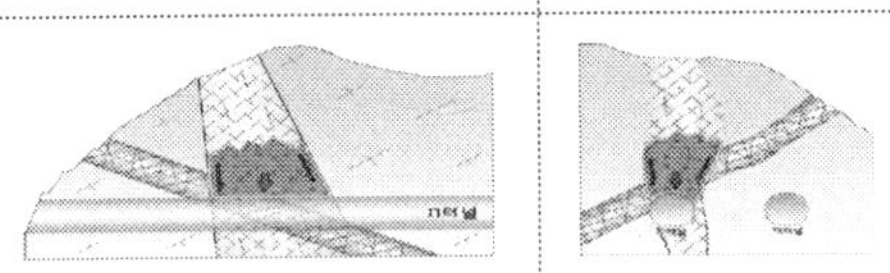	• 단층점토의 단층면을 따라 전단변위 진행 • 불량한 지반상태로 인해 arching 및 interlocking 효과 감소 • 이완하중 증대
6 단계	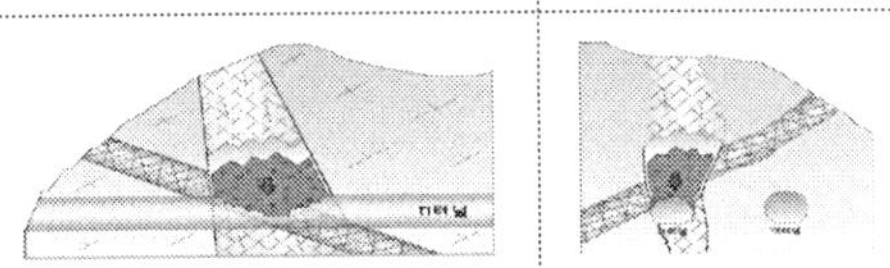	• 이완하중이 지보재 강도 초과 • 지보재 파괴
7 단계	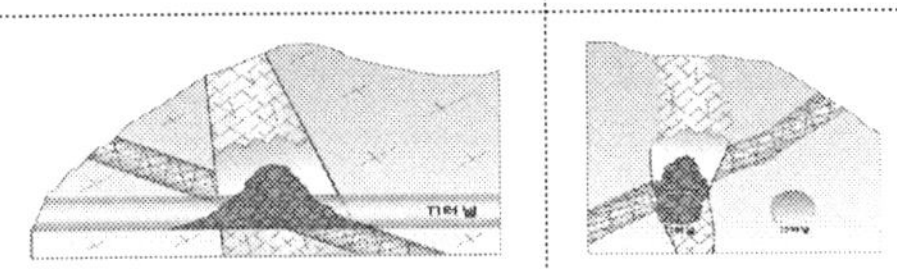	• 낙반발생 ⇒ 주로 소암괴와 토사(단층파쇄대) 형태(원지반의 암반상태가 불량하였음을 반증)
8 단계	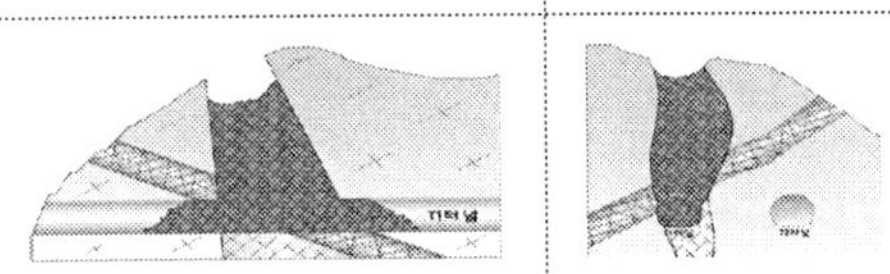	• 낙반 확대 진행 ⇒ 지표함몰 발생

[그림 3-44] 하부터널 붕락 메커니즘

3.8 하부터널 붕락구간 보강설계 및 대책

지상보강 대책 충진, 지반강도 증진 및 강성보강 효과를 거둘 수 있는 충전뿌리말뚝 공법이 추천되며, 터널 내 보강공법으로서 터널주변 충진 및 강도 증진 : 시멘트 밀크 그라우팅, 가압식 록볼트, 그리고 재굴착을 위한 보조공법으로서 강관다단그라우팅 및 강관보강 그라우팅이 추천된다. 또한 복구 후 지반의 내구성 확보를 위해 우수 침투 방지공의 설치가 필요하다. 이 경우 우수의 침투경로는 F1단층과 일치하는 경향이 있으므로 경사방향 침투에 대한 대책이 반영되어야 한다. 보강공사는 그 실효성을 확보하기 위해 확인시험으로 검증되어야 하며, 재굴착 시 계측관리를 통해 보강 및 보조공법의 적절성을 확인하여야 한다.

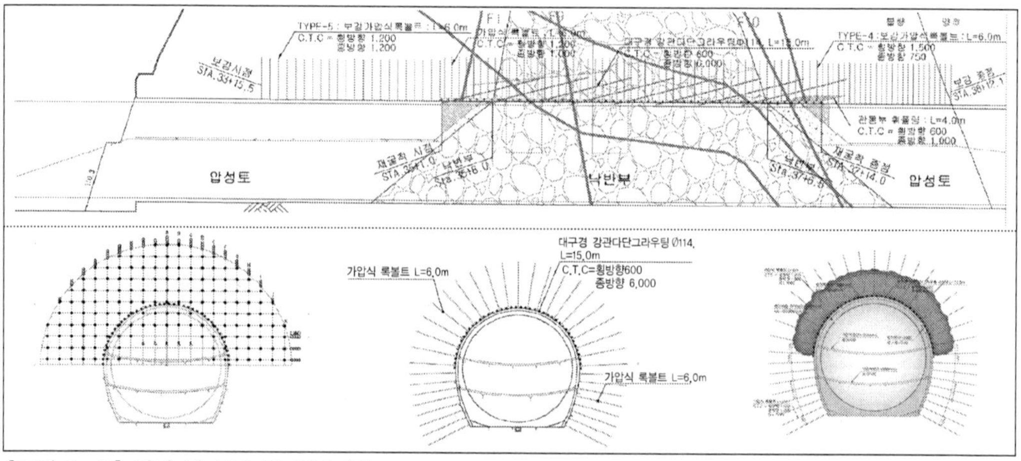

[그림 3-45] 터널 내 보강 및 지보패턴

지상보강공법 대규모단층이 통과하는 구간에 대한 지상보강공법 검토 시, 터널 상부지반의 지하수위 변화에 따른 전단강도 감소를 방지하기 위한 투수성 감소, 터널굴착을 위해 지표까지 발생한 이완대 보강 및 원지반의 활동을 억지할 수 있는 보강공법을 적용하여 터널굴착 및 장기적인 안정성 확보하고자 하였다. 지상보강공법 중 마이크로 파일은 구조적 보강으로 지반 봉합 및 활동 방지 효과가 우수하나 주입을 통한 지반개량 및 일체화 효과를 기대하기 어렵다. 채움그라우팅은 보강 효과 및 시공성이 우수하나 대상구간에 균질한 주입이 곤란하여 취약구간 발생 가능성 및 원지반과 대상구간의 활동억지에 곤란한 문제점을 가지고 있다. 따라서 본 현장에서는 마이크로파일공법(보강재 삽입공법)과 채움그라우팅공법(지상주입공법), 두 가지 공법을 동시에 적용하는 효과를 가지는 충전뿌리 말뚝공법을 검토하였다. 세부보강 대책으로 지상보강으로 충전뿌리 말뚝공법을 적용하였다.

터널내 보강공법 터널 내 보강은 지상보강의 부족사항을 보강하여 지반의 강도를 회복하고, 재굴착을 위한 아칭효과를 복원함을 목적으로 시행되었다. 시멘트 밀크 그라우팅은 재굴착 구간 터널 주변지반의 전단강도 증가를 목적으로, 터널 재굴착 전에 주변지반에서 방사형으로 천공을 실시하고 시멘트 밀크를 압력주입하는 방법이다. 강관다단그라우팅은 보강지반 굴착 시 종방향 아칭에 기여하는 효과적인 보조공법이다. 낙반이 있었던 지반인 만큼, 이의 적용이 바람직하다. 낙반부에 대한 터널 지보패턴으로 숏크리트 두께는 30cm, 록볼트는 길이 6.0m 가압식 록볼트를 적용하였으며, 콘크리트 라이닝은 60cm 두께의 철근콘크리트 라이닝이 반영되었다.

보강구간 선정 단층 및 변상구간을 참고하여 터널 보강구간을 선정하였으며, 보강량 및 보강형태는 지반조건에 따라 차별화하였다. 터널재굴착 구간은 지반이완이 발생한 구간으로, 낙반구간에서 약 0.5D 범위까지 선정하였으며, 낙반영향 보강구간은 낙반구간에서 1.5D 범위까지 선정하였으나, 지보패턴 및 지반조건을 고려하여 갱구측 약 10m, 출구부측 약 3m 보강구간을 확장하였다. 또한 낙반영향으로 인해 변상이 발생한 T2 터널에는 변상구간과 단층구간으로 구분하여 추가적인 보강을 실시하였다.

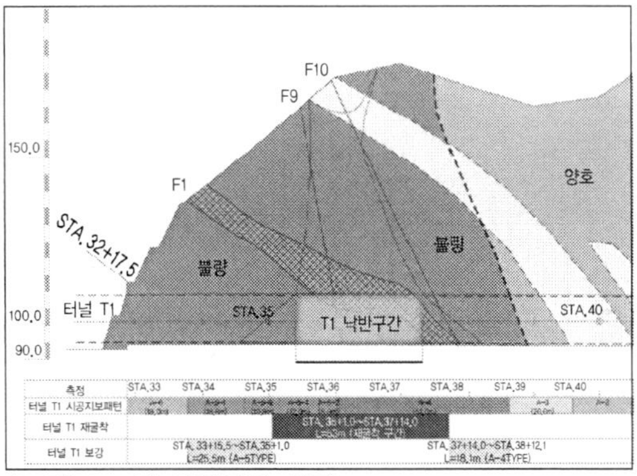

[그림 3-46] 보강구간 선정

보강대책 지상보강으로 충전뿌리말뚝과 터널 내 보강방안으로 갱내그라우팅과 강관보강그라우을 적용하여 보강방안을 수립하였다.

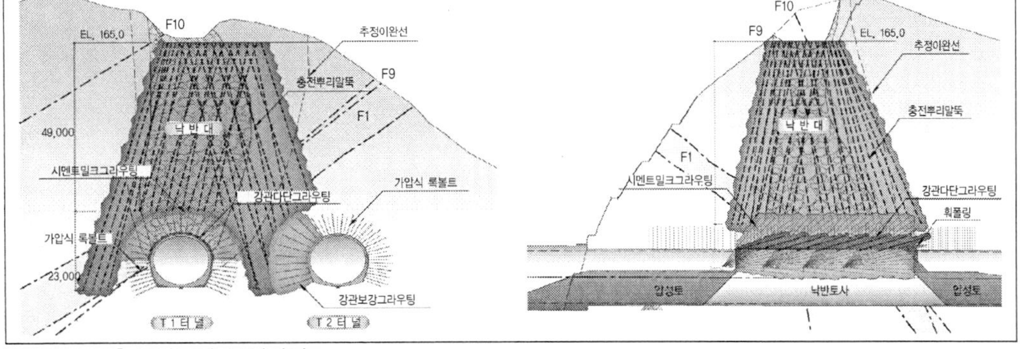

[그림 3-47] 붕락구간 보강방안

하부터널 붕락 및 보강

하부터널 붕락 – 입구

하부터널 붕락 – 지표함몰

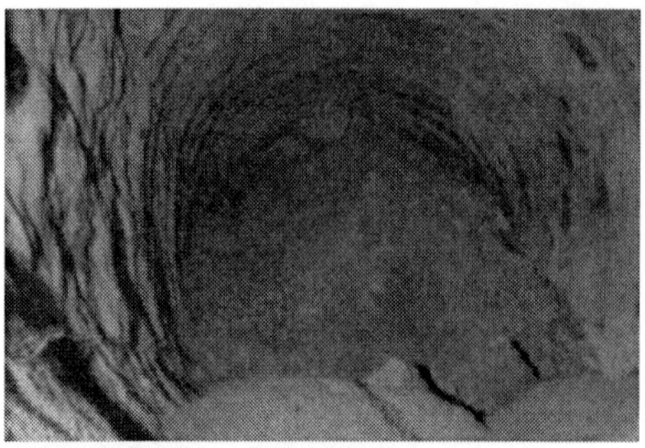
하부터널 붕락 – 유출부방향

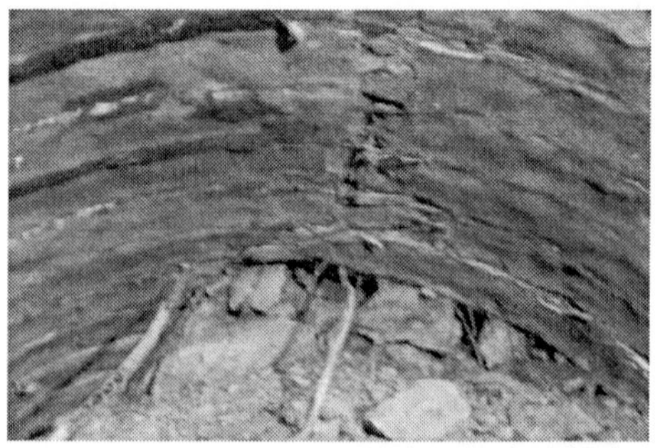
붕락구간 지보재 파괴

붕락구간 응급보강

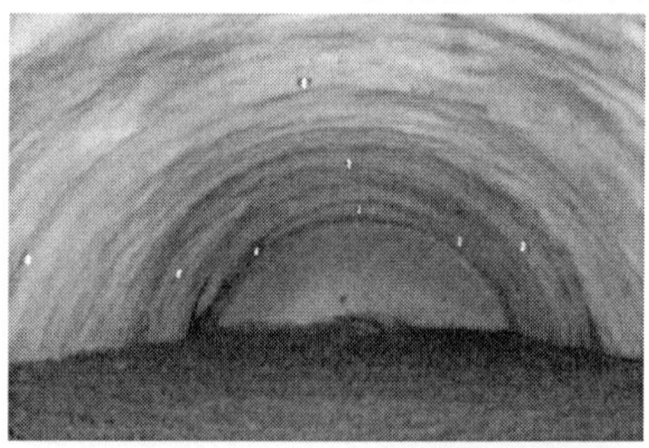
붕락구간 응급보강

T2터널 숏크리트 추가보강

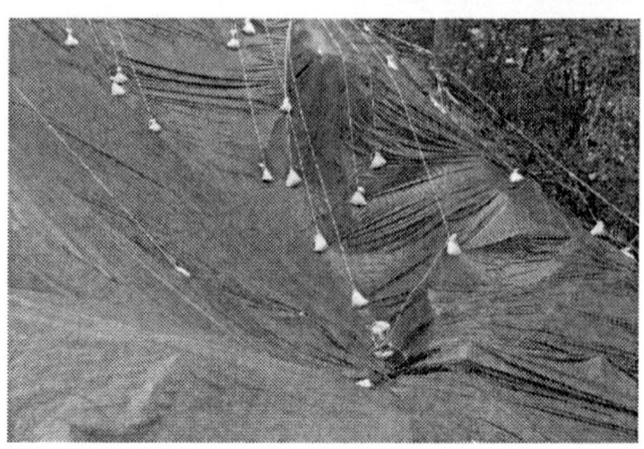
지표붕락부 응급대책

붕락구간 보강공사 - 보강그라우팅

붕락구간 보강공사 - 보강그라우팅

보강 그라우팅

붕락구간 지보재 파괴

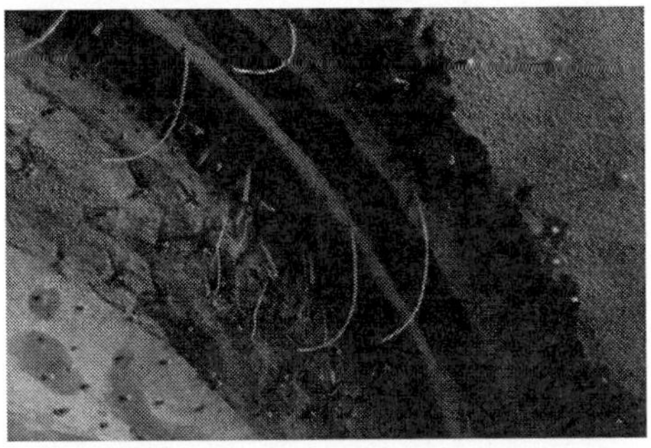
강지보 설치

숏크리트 타설

천단부 대구경 강관 그라우팅

붕락부 굴착 - 그라우팅채와 붕락된 암편

유입부 터널 시공

유입부 터널 - 상반 분할굴착

유입부 터널 - 상반 분할굴착

유입부 터널 - 중반 분할굴착

유입부 터널 - 하반 분할굴착

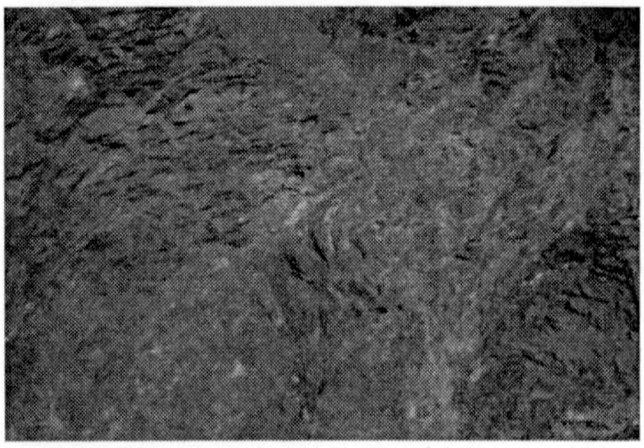

유입부 터널 - 열화변질된 운모편암

유이부 터널굴착 - 상반, 중반, 하반

유입부 T1터널과 T2터널

유입구 구간 구조물 시공

하부 터널 시공

하부터널 갱구

하부터널 T1터널과 T2터널

하부터널 상반굴착

터널막장에서 확인되는 단층파쇄대

하부터널 하반굴착

하부터널굴착완료

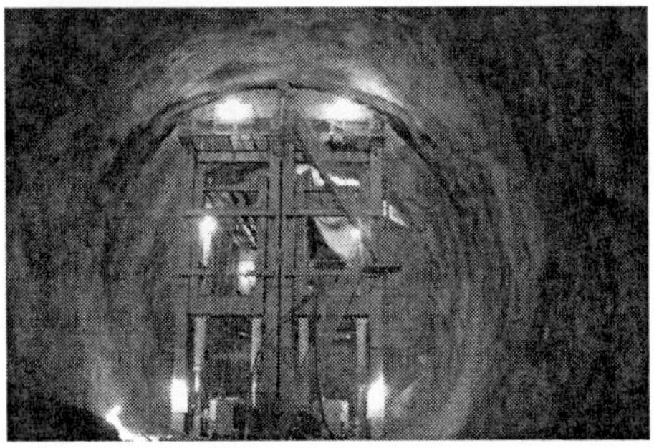
터널 라이닝 공사 – 강제거푸집

원형 라이닝 시공

터널 문제사례 II – 셰일 파쇄대 구간에서의 터널 붕락

Tunnelling Problem in Crushed Blocky Rock Mass

본 장에서는 국도 건설공사 구간 내 양북터널굴착공사 중 종점부 지질이상 구간에서 발생한 낙반사고 원인규명과 보강에 따른 안정성 확보방안, 재굴착 구간에 대한 대책수립과 터널의 장기안정성 확보를 위해 합리적인 터널공사를 수행하기 위한 개선방안을 검토하였다. 본 낙반사고는 파쇄가 매우 심한 흑색 셰일지반에서 막장조사결과를 바탕으로 횡갱시공 중에 단층점토를 포함한 단층면이 터널축과 평행한 주절리면 방향으로 순간적으로 활동하여 발생한 사고로 판단된다.

지질리스크 양북터널 종점부 구간은 화강암의 관입으로 인한 열변성작용을 강하게 받아 소성변형도가 높은 혼펠스화 흑색 셰일이 발달하는 구간으로서 Hoek & Brown의 암반분류기준으로 극심한 파쇄도를 보이는 전형적인 파쇄 내지 분쇄암반으로 평가되었다. 또한 막장관찰결과로부터 주절리면이 터널축과 평행하게 발달하고 있으며, 단층 인근에서는 파쇄정도가 급격히 증가하여 지하수에 의해 쉽게 열화되거나 변질되기 쉬운 지질조건임을 확인할 수 있었다.따라서 낙반발생구간은 취성변형도가 매우 높은 흑색 셰일에 단층 영향으로 전단강도가 거의 상실된 파쇄 내지 분쇄암반의 특성을 보여 터널굴착 시 막장자립성이 매우 불량하고 절리 및 단층발달상태가 터널 굴진에 매우 불리한 지반임을 확인할 수 있었다.

[사진 4-1] 양북터널

4.1 터널 개요

경주–감포2 국도건설공사 왕복 4차로 도로로서 공사구간 내에는 당초 총 연장 2.38km의 양북터널이 계획되었다. 본 구간 내에는 미고결 역암층이 분포하고 있어 터널시공시의 안정성을 확보하기 위해 미고결 역암층에 대한 공학적 특성을 파악하여, 그 결과를 터널설계에 반영하였다. 그러나 미고결 역암층을 지나지 않고, 문화재인 장항리사지를 최대한 이격하는 노선으로 변경되어 터널연장이 4,345m로 증가하였다.

변경설계 당초 경주와 감포를 연결하기 위하여 토함산을 통과하는 터널로 계획된 설계는 문화재청과의 협의하는 과정에서 종점부 문화재를 우회하고, 시점부 민원을 최소화할 수 있도록 기존노선 우회를 바탕으로 변경설계를 수행하였다. 주요 변경사항으로는 터널연장이 2,380m에서 4,345m로 증가하였으며, 또한 당초에는 터널중간부의 미고결 역암층을 통과하는 것으로 계획되어 종단을 하향 조정하여 회피하였으나, 후반부에서 종점부 구간에서 셰일층 통과구간이 발생하였다. 셰일층은 국내 지반분류기준 및 굴착특성에 대해 뚜렷하게 정립되지 않아 지보패턴 설계 시 국내의 터널설계 일반기준에 의한 지보재량만으로는 안정성에 문제가 있을 수 있으므로, 국내외 시공사례를 조사하여 굴착 및 보강방안을 검토하였다.

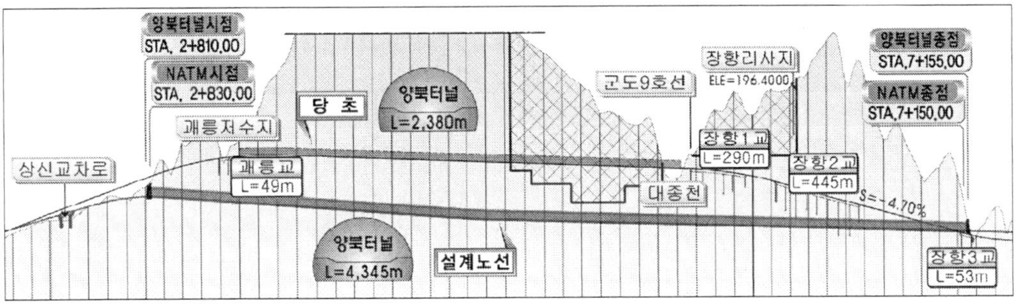

[그림 4-1] 터널 종단면도

[표 4-1] 양북터널 현황

구 분	터널연장	평면선형	환기방식	갱문형식	부대시설
경주방향	4,300m	Rmin=1,000	제트팬 Φ1250×20대	•시점: 벨마우스형 •종점: 아치면벽형 (직광시설겸용)	•관리사무소, 부변전소 •비상주차대 : 5개소 •피난연락갱 : 17개소 (차량 5개소, 대인 12개소)
감포방향	4,345m	Rmin=1,310	제트팬 Φ250×20대		
낙반위치 : 비상주차대-차량용 피난연락갱 접속부(STA.6+445.0(감포 방향))					

4.2 붕락현황

양북터널 감포 방향 STA. 6k+450 지점에서 비상주차대 설치를 위해 확대 굴착된 단면에 대해 변위수렴 여부 확인 후 차량용 피난연락갱 굴착공사 중 발생한 낙반현황과 낙반과 이에 따른 영향으로 발생한 본선 전후구간에 대한 변상현황을 정리하였다.

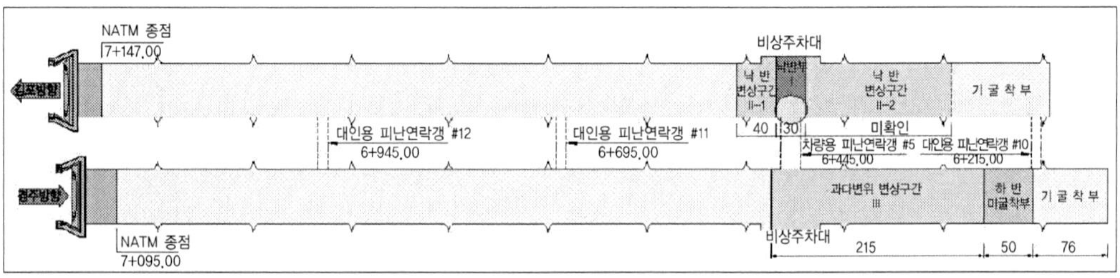

[그림 4-2] 낙반부와 과다변위 변상구간

낙반발생 현황 현장에서 차량용 피난연락갱 굴착위치(감포방향 STA. 6k+450)의 변위수렴 여부를 최종 확인 후 차량용 피난연락갱 굴착공사를 수행하던 중 피난연락갱과 접속되는 본선 비상주차대 단면의 숏크리트 및 강지보의 어깨부의 전단파괴 발생으로 약 500m^{3}의 갑작스러운 낙반이 발생하였다. 낙반이 발생하면서 발생구간 전후의 일정구간에서 숏크리트 타설면에 균열이 발생하였으며, 경주 방향의 경우, 낙반 이전에 기 타설된 숏크리트 면에 균열이 발생하여 감포 및 경주 방향에 되메움을 실시하였다.

응급복구 감포 방향 낙반부 차량용 피난연락갱 굴착공사를 수행하던 중 차량용 피난연락갱과 접속되는 비상주차대 숏크리트 및 강지보의 어깨부가 파괴되면서 약 500m^{3}의 낙반이 발생하였다. 낙반발생 후 낙반부의 종점 측 변상구간에 대하여 하반 되메우기 작업을 실시하였으며, 이어 상반 되메우기 작업을 완료하였다.

경주 방향 변상부

현황 경주 방향의 경우는 감포 방향 낙반발생 후 추가변위가 확인되어 차량용 피난연락갱 구간의 하반을 추가로 되메우기하였다.

[표 4-2] 응급복구 현황

구분		토공량(m^3)	작업날짜	비고
되메우기	①	5,500	10/07	굴착 중 변위발생으로 되메우기 시행
	②	800	12/10	낙반 후 추가 변위 발생으로 되메우기 시행
	③	8,100	12/14	③ -1 : 400m^3 / 400m^3
			12/15	③ -2 : 2,620m^3 / 3,020m^3
			12/16	③ -3 : 2,980m^3 / 6,000m^3
			12/17	③ -4 : 2,100m^3 / 8,100m^3

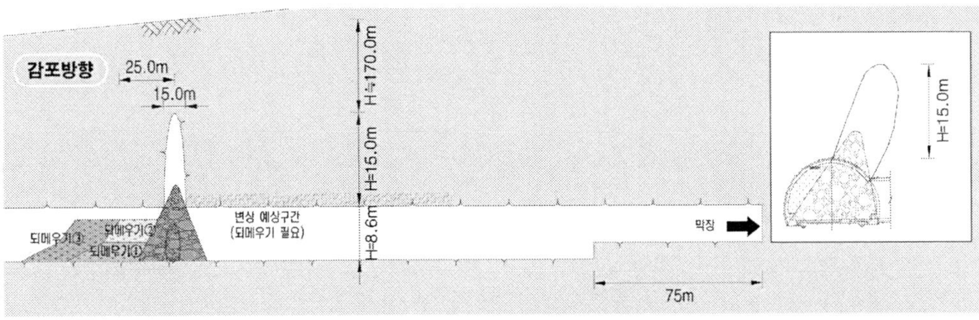

구분	작업날짜	비고
되메우기	① : 10일06 : 30(완료) / ②, ③ : 11일03 : 00(완료)	
되메우기 전면 숏크리트실링	11일08 : 00(완료)	

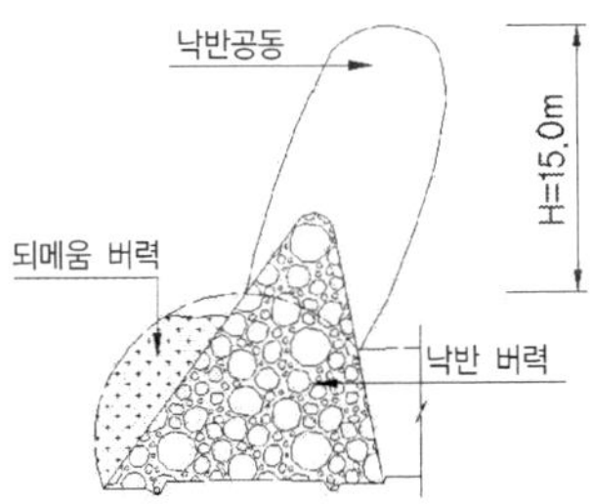

[그림 4-3] 감포 방향 낙반 및 응급복구 현황

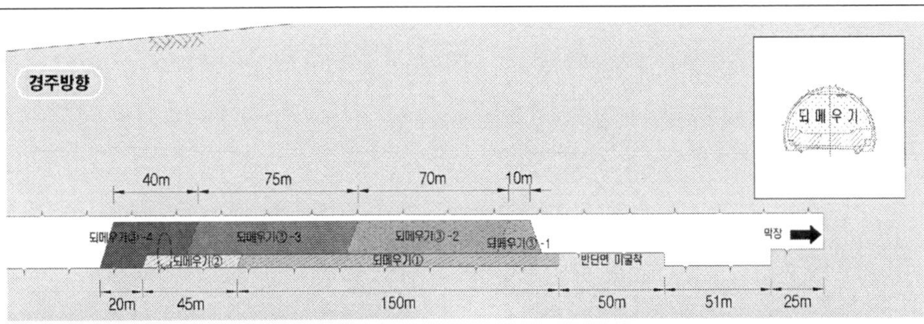

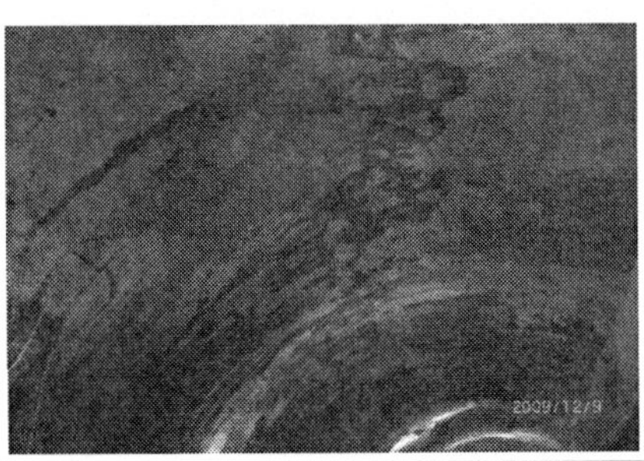

[그림 4-4] 경주 방향 변상구간 응급복구 현황

4.3 설계 및 시공현황 분석

설계현황 분석

실시설계 도서에 제시된 낙반구간에 대한 터널설계 현황을 간단히 정리하였다. 실시설계 시 약 4.3km의 터널구간의 주요 분포 암종은 화강섬록암과 흑색셰일이 주 기반암으로 확인되었으며, 낙반이 발생한 셰일층 구간에 대한 터널 보강대책을 별도로 검토하였다.

[사진 4-2] 흑색셰일 노두

지질특성 본 구간은 하위로부터 백악기 경상누층군 하양층군에 속하는 암회색 셰일 및 실트암과 이들을 관입하고 있는 제3기의 화강암류 및 화산암류(암맥류 포함)로 구성되어 있으며, 상기 암석을 마이오신 말(약 17Ma–13Ma)에 생성된 미고결 퇴적암(역암층)이 피복하고 있다. 이 중 낙반이 발생한 터널 종점부에 분포하는 주 암종은 하양층군에 속하는 흑색셰일과 실트암으로서 후기 화강암체에 의해 열변성작용을 받아 혼펠스화되어 있다. 셰일층은 코어회수 직후 퇴적각도에 따라 파쇄강도가 다르게 나타나고, 강도가 비교적 크게 나타났다. 또한 수침 시 입자가 분해되어 팽윤적 특성을 보이고, 입자 간 점토 등이 혼재되어 쉽게 파쇄되며, 이방성 강도특성을 나타내었다. 인접 셰일층 비탈면 구간도 강우 및 풍화로 표면이 열화되어 있는 상태로 관찰되었으며, 점하중 시험 및 슬레이킹(내구성) 시험 결과 고결도가 medium~low에 해당되었다.

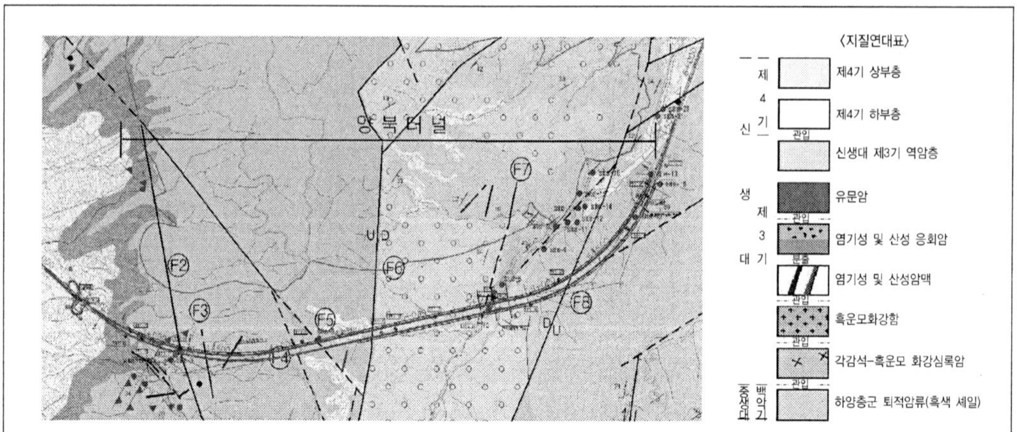

[그림 4-5] 지질 평면도

지반조사 결과 화강암류의 관입에 의하여 열변성 작용을 받은 하양층군의 혼펠스화된 흑색 셰일은 가소성이 매우 큰 상태로 파쇄되는 특성을 가진다. 이러한 특성으로 인해 혼펠스화된 흑색 셰일은 일반적으로 불연속면의 발달이 극심하고, 파쇄면을 따른 풍화의 진전으로 각형의 소규모 암편화 현상이 발생하며, 파쇄면으로 후기 충전물이 주입되어 전단강도의 저하를 야기시킬 가능성이 높다. 실시설계 지반조사 결과에 의하면, G.L(-) 70~80m 심도에서도 RQD 0%이며, 변형계수는 약 500MPa, 일축압축강도는 23~48MPa로서, 본 구간의 암반은 극심한 파쇄암반상태임을 확인할 수 있고, 설계도서에 제시된 구간별 암반등급도는 그림과 같다.

[사진 4-3] 혼펠스화 흑색 셰일

[표 4-3] 혼펠스화 흑색 셰일의 공학적 특성

구분	시추공번	심도(m)	지층	TCR/RQD	변형계수 (MPa)	일축압축강도 (MPa)
양북터널	TTB-14	80.0	연 암	100/0	499.0	23.0~48.0
		87.0	연 암	100/0	478.1	
	TTB-15	60.0	연 암	67/0	576.0	-
		70.0	연 암	45/0	502.4	
	TTB-16	10.0	연 암	13/0	84.6	-
		16.0	연 암	48/0	516.4	
		23.0	연 암	20/0	400.0	

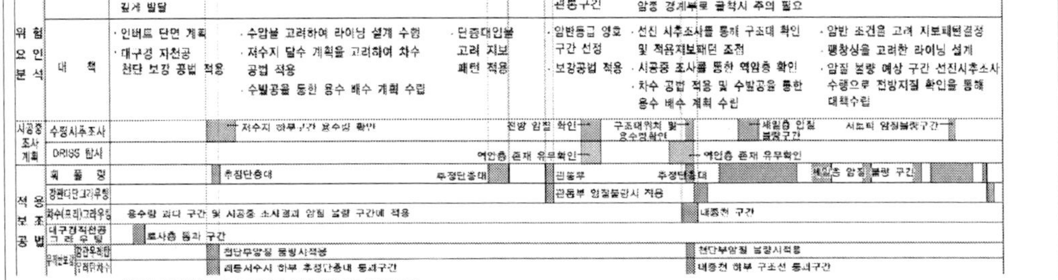

[그림 4-6] 위험요인 분석 및 대책

셰일층 구간 표준지보패턴

보강방안 셰일층에서의 안정성을 확보하기 위한 보강방안을 검토하기 위하여 다양한 설계 및 설계사례를 검토하였다. 국내의 경우 고결상태가 불량한 팽창성 이암층에서는 수분흡수 시 급격히 약화되어 토사화하는 특성을 가지므로 이암층에 대한 지보패턴 및 굴착방법은 연약암반에 적용 가능한 방법 등을 별도로 추가하여 설계하였다. 또한 일본의 경우 굴착공법은 발파/기계굴착을 혼용 적용하고 있으며, 보조공법의 적용도 다양하게 조사되었다. 본 설계에서는 셰일층의 공학적 특성을 반영하여 암반이 비교적 양호한 화강암 구간과 다른 별도의 지보패턴을 선정하고 이를 설계에 반영하였다.

[표 4-4] 셰일층 구간 표준지보패턴

지보TYPE	S-1	S-2	S-3
지보패턴	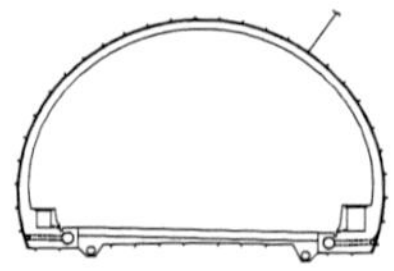	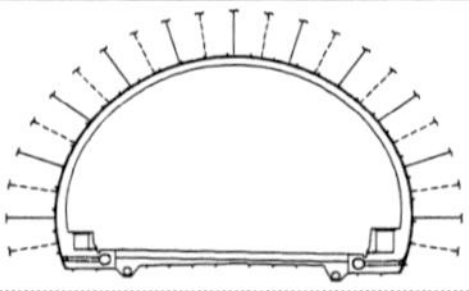	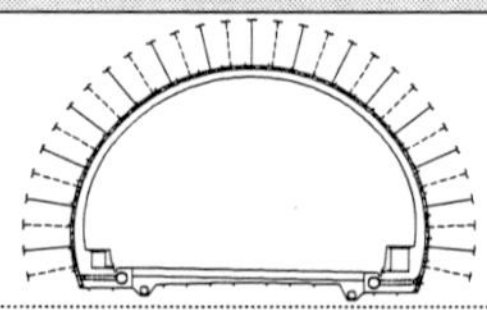
RMR/Q	81 이상/100 이상	61~80/10~40	41~60/1~10
굴착공법/굴진장	전단면 굴착, 3.5m (발파)	전단면 굴착, 3.0m (발파)	전단면 굴착, 2.0m (발파)
숏 크 리 트	50mm	80mm	120mm
록 볼 트	3.0m (종, 횡 Random)	3.0m (종3.0m, 횡2.0m)	4.0m (종2.0m, 횡1.5m)
격 자 지 보	-	-	50×20×30(종2.0m)
콘크리트라이닝	30cm (무근)	30cm (무근)	30cm (철근보강)
보 조 공 법	-	-	Fore-poling (L = 3.0m/C.T.C.500/θ = 120)

지보TYPE	S-4	S-5	S-6
지보패턴	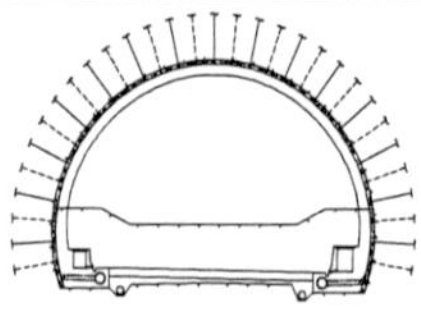	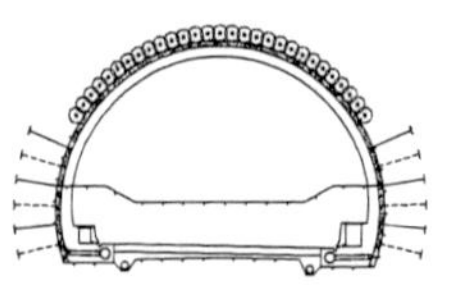	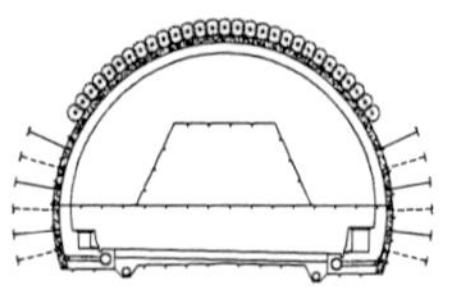
RMR/Q	20~40/0.1~1	20 이하/0.1 미만	-
굴착공법 /굴진장	상하반 분할굴착, 1.5/3.0 (발파/발파)	상하반 분할굴착, 1.2/1.2 (발파/발파)	상하반 분할굴착, 1.0/1.0 (기계/발파)
숏 크 리 트	160mm	200mm	250mm
록 볼 트	4.0m(종 1.5m, 횡 1.5m)	4.0m(종 1.2m, 횡 1.5m)	4.0m(종 1.0m, 횡 1.5m)
격 자 지 보	70×20×30(종 1.5m)	H-100×100×6×8(종 1.2m)	H-125×125×6.5×9(종 1.0m)
콘크리트라이닝	40cm(철근보강)	40cm(철근보강)	40cm(철근보강)
보 조 공 법	Fore-poling (L = 3.0m/C.T.C.500/θ = 120)	강관다단 그라우팅 (L = 12.0m/C.T.C.500/θ = 120)	강관다단 그라우팅 (L = 12.0m/C.T.C.500/θ = 120)

[표 4-5] 비상주차대 및 차량용 피난연락갱 표준지보패턴

구분		비상주차대 - E2 패턴	차량용 피난연락갱 - V2패턴
단 면 도		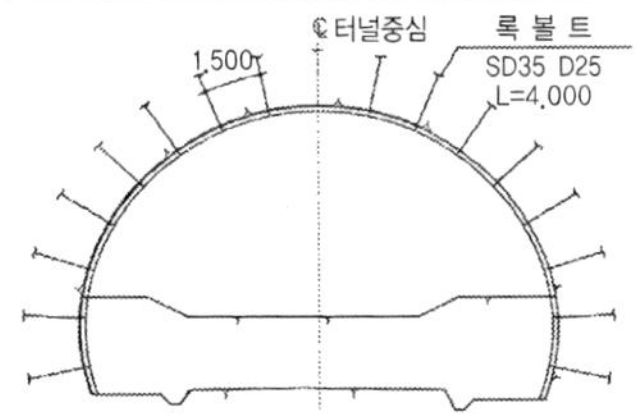	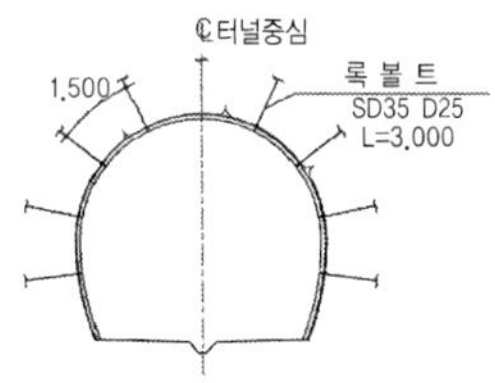
굴 진 장		1.2m(상·하 반단면 굴착)	1.2m(전단면 굴착)
숏크리트 두께		160mm	120mm
록볼트	길이	4.0m	3.0m
	종/횡	1.2 / 1.5m	1.2 / 1.5m
강지보재		LG-70×20×30	-
라이닝(mm)		400(철근)	300(철근)

터널 전 구간에 걸쳐 주요 위험요인을 분석하고 이에 대한 대책을 수립하여 설계에 반영하였다. 또한 시공 중 터널굴착 시 예상치 못한 현장상황에 대비하여 막장전방 지질조건의 사전예측이 필요할 것으로 판단하여 DRISS시스템을 기본으로 선진수평시추를 적용하였다. 그리고 시공 중에는 계측에 의한 변위 및 응력관리기준을 설정하여 계측결과에 대해 지보량을 재검토하여 안정성을 확보하며, 운영 중 주기적 계측을 통한 유지관리방안을 수립하였다.

낙반부 안정성 검토 현황 실시설계 해석보고서 검토결과, 낙반이 발생한 비상주차대(횡갱구간)에 대한 안정성 해석을 수행하였다. 해석조건은 암반등급 III 등급, 지보패턴 E2로, 해석결과는 터널 변위 및 지보재 단면력이 크지 않아 안정한 것으로 평가하였다.

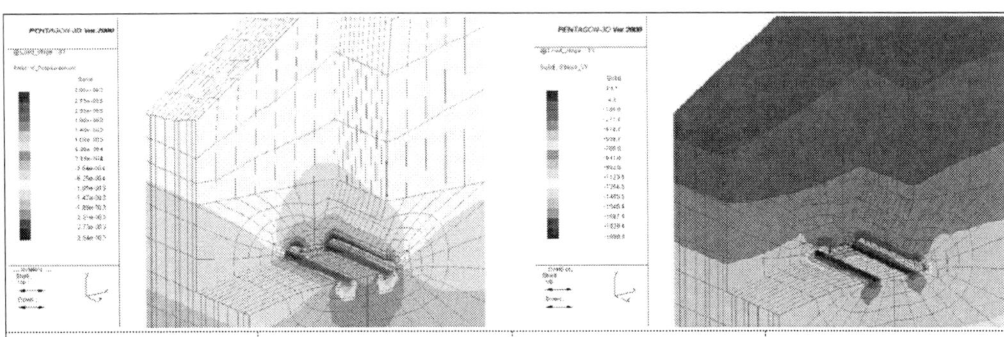

천단침하	내공변위	S/C 응력	R/B 축력
2.94mm	2.76mm	5.74MPa	19kN

[그림 4-7] 실시설계 시 낙반부 터널안정성 검토 결과

시공현황 분석

NATM 공법에서는 한정된 지반조사결과를 바탕으로 지보패턴 설계를 수행하므로 반드시 시공 중 막장관찰(face mapping)을 통하여 지질 및 지반조건을 평가하고, 이에 적합한 지보패턴을 시공하여야 한다. 또한 시공된 지보공은 계측을 통한 모니터링을 지속적으로 실시하여 터널 안정성을 판단하게 된다. 본 검토에서는 현장에서 제공된 막장관찰도, 시공일지 및 계측결과를 근거로 본 현장의 시공현황을 종합적으로 분석하였다. 본 현장은 본선터널굴착 중 매 막장별로 막장관찰을 실시하였으며, 실시된 막장 관찰결과 터널 종점 측의 지반상태가 설계 시 예상한 것보다 상당히 불량한 것으로 판단되어, 현장에서는 감리단과의 협의 후 암반상태에 따른 다양한 추가 보강공법을 적용하여 지보패턴 변경과 보조공법 병행을 통한 터널굴착을 실시한 것으로 확인되었다.

막장관찰결과 분석 낙반이 발생한 감포 방향 STA. 6k+440~450 구간을 포함한 전·후 L = 30m 구간 및 과다변위에 의해 숏크리트 변상이 발생한 경주 방향 STA. 6k+400~410 구간을 포함한 전·후 L = 30m 구간의 막장관찰도를 분석함으로써, 시공 중 확인된 지반조건을 검토하였다.

감포 방향 막장관찰도 분석 감포 방향 STA. 6k+430~455 구간(낙반발생구간 포함)은 터널 굴진(N52E)과 평행한 방향(N47E)의 단층이 터널 중심축부에 국한하여 관통한다. 단층의 하반, 즉 막장의 우아치는 습윤한 풍화 잔류토 상태로서, 이는 단층의 손상영역에 해당할 것으로 판단된다. 또한, 단층의 영향으로 터널 천단부에 0.1m 미만의 간격으로 조밀한 불연속면이 밀집되어 파쇄대를 형성하고 있으며, 단층 및 불연속면의 틈새는 연약한 점토로 충전되어 있는 상태이다. 특히, STA. 6k+455~465 구간 및 STA. 6k+430~417 구간은 터널 중심축부 및 우측 아치부에 국한되어 발달하는 단층 손상대 및 풍화토 상태의 지반이 막장 전단면에 걸쳐 확장되는 경향을 보인다.

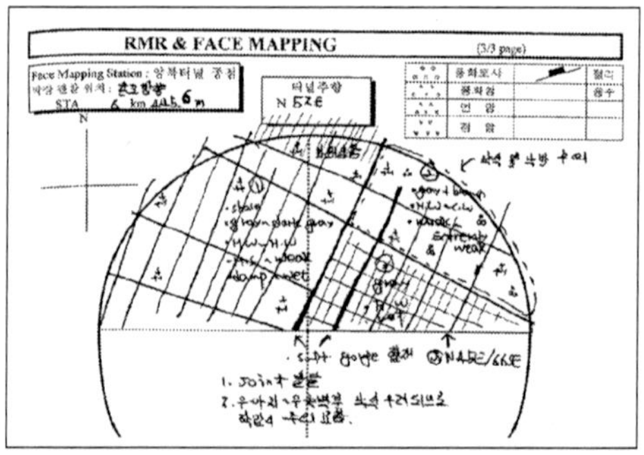

[그림 4-8] 막장관찰도(STA. 6k+445)

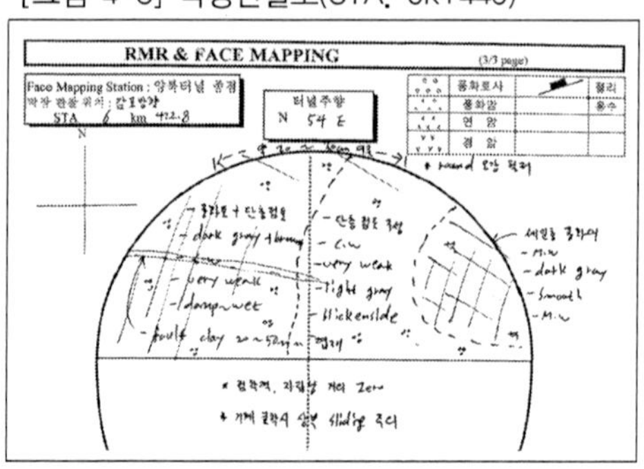

[그림 4-9] 막장관찰도(STA.6k+422.8)

본 구간은 막장관찰도 검토 결과, 극히 일부 구간을 제외하면 대부분 막장에서 RMR rating이 15 내외의 매우 불량한 암질상태로 평가되었다. 이에 반해, 낙반구간에서 멀어질수록 터널 중심축부에 국한되어 단층이 확인되며, 특히 갱구부로 갈수록 상대적으로 단층 발달이 미약해지는 경향을 보이는 것으로 판단된다. 그러나 낙반발생 이격구간 역시, RMR rating이 25 내외의 IV등급으로 평가되는 불량한 암반으로 관찰되었다.

경주방향 막장관찰도 분석 직접적인 낙반발생은 없지만, 과다변위에 의한 숏크리트 변상이 발생한 경주방향 STA. 6k+400~370 구간은 터널굴진방향과 평행한 방향의 토사 및 단층점토(fault clay)를 수반한 단층이 우세하게 발달한다. 본 단층의 코어부(fault core)는 막장방향으로 갈수록 우측벽부로 이동하는 경향을 보인다. 갱구부방향의 STA. 6k+425~440 구간은 동일한 단층의 코어부가 좌측벽부에서 출현하여 우측벽부로 이동하는 경향이 뚜렷이 인지된다. 이를 평면상에 도시한 결과, 본 구간에 발달하는 단층의 방향은 N10~20°E 방향으로 추정된다.

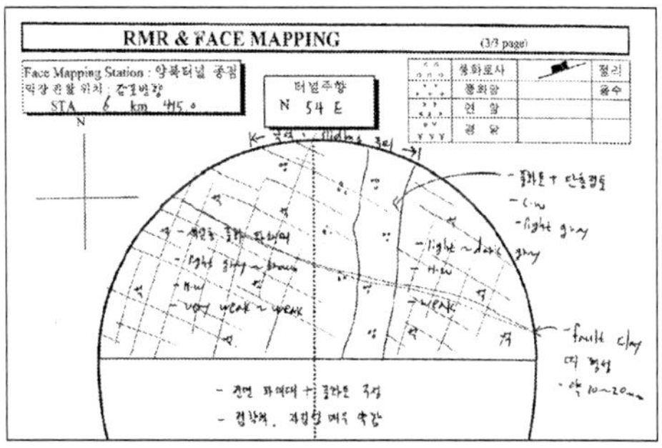

[그림 4-10] 막장관찰도(STA. 6k+415)

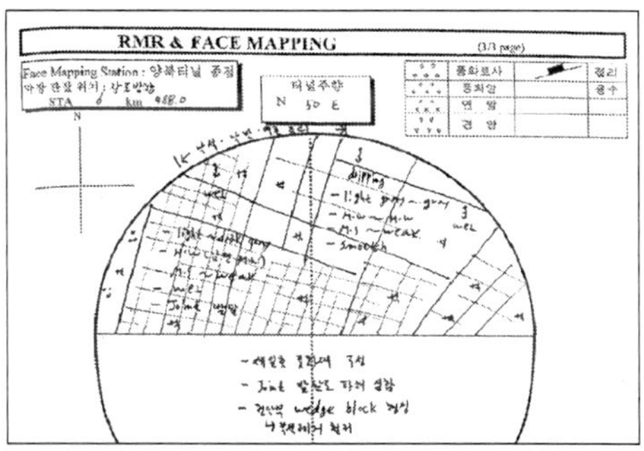

[그림 4-11] 막장관찰도(STA.6k+488.8)

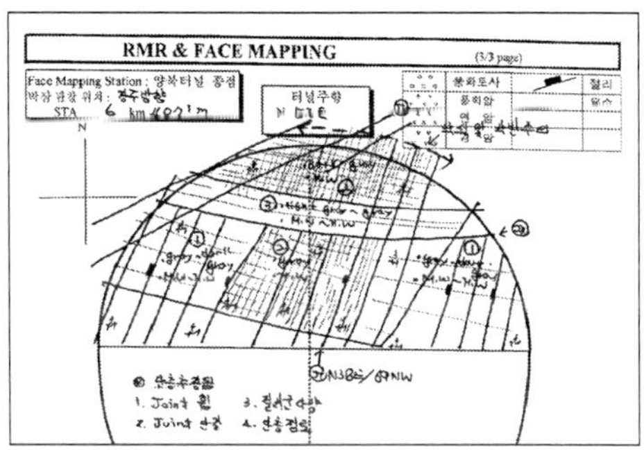

[그림 4-12] 막장 관찰도(STA.6k+407

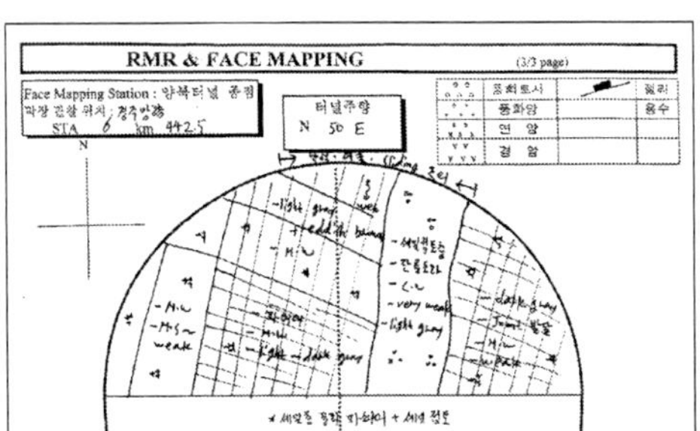

[그림 4-13] 막장관찰도(STA.6k+442.5)

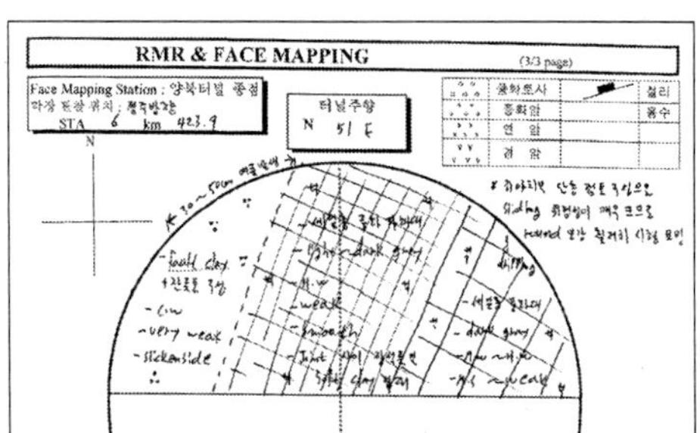

[그림 4-14] 막장관찰도(STA.6k+423)

본선구간 지보 및 보강현황 분석

본 현장에서는 실시설계 지보패턴을 실제 굴착 중에 확인된 막장관찰결과에 따라 변경 시공하였으며, 지질 및 암반조건에 따라 굴착 및 보강을 적용하였다. 그림에는 감포 방향의 설계지보패턴과 시공지보패턴이 나타나 있다. 특히 종점부의 경우 실시설계 시는 암반등급을 양호한 2등급부터 불량한 5등급까지 구분하여 지보패턴을 설계하였으나, 굴착 중 막장관찰 결과 전반적으로 4등급 이하로 불량한 것으로 평가되어 강지보 규격을 LG-70, H-100, H-150 등으로 구간별로 차등 적용하였으며 필요에 따라 압입볼트, 강관다단그라우팅, 훠폴링, 가인버트 등의 보강공법을 적용하였다. 그림에는 낙반구간을 포함한 종점부 구간에서의 설계 및 시공지보패턴의 현황을 나타내었다.

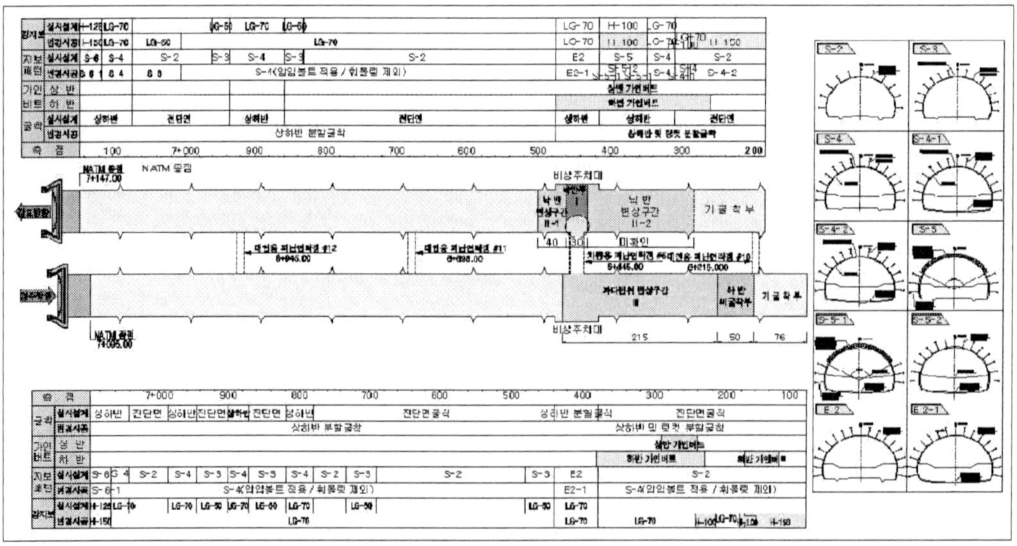

[그림 4-15] 종점부 실시설계 및 시공 현황 비교

[표 4-6] 본선구간 실시설계 및 변경시공 굴착 및 지보보강 현황

구분		실시설계	변경시공 현황
굴착 공법	본 선	전단면굴착(S-2, 3패턴) 굴진장 : 2.0~3.0m	• 상·하반 및 링컷분할 굴착(S-4, 5패턴) • 굴진장 : 1.2~1.5m로 축소 • 비상주차대 통과 후 상반 가인버트 설치
	비상주차대 (L = 60m)	상·하반 굴착	• 상·하반 및 링컷분할 굴착 • 감포방향 하부 인버트 설치(H = 1.0~2.0m) • 암반조건에 따라 굴진장 축소 (s = 1.2m → 0.8~1.2m)
지보 보강	본선	S-2 및 S-3 패턴	• S-4 및 S-5 패턴
	비상주차대 (L = 60m)	E2 패턴	• E2패턴 • 암반조건에 따라, 부분적으로 시멘트, 강관다단 및 강관우레탄 그라우팅 적용 • 보강 록볼트(자천공) 및 압입볼트(주입용) 적용

시공현황 분석 낙반부 비상주차대의 경우 실시설계 시 예측한 지반조건보다 불량하여 하반 인버트 설치, 강관다단그라우팅 보강 등 추가 보강을 실시하였다. 암반 5등급 구간의 경우 내공변위가 크게 발생하여 하반 인버트 t=200mm를 적용하여 시공하였다. 암반 4등급 구간의 경우 지보패턴을 세분화하여 막장관찰 결과에 따라 압입볼트에 의한 지반보강, 하반 인버트 설치, 강지보 규격을 LG-70, H-100, H-150로 지반조건에 따라 차등 적용하였다. 실시설계 시에는 천장부를 훠폴링으로 보강토록 계획하였으나 현장 지반의 절리면이 밀실하여 훠폴링으로는 주입이 곤란하여 중공압입볼트로 변경하여 막장관찰 결과에 따라 취약부에 대해 주입을 실시하였다. 이상과 같이 낙반부 비상주차대 구간, 암반 4등급 및 5 등급 구간에 대한 실시설계 및 변경시공 현황을 검토한 결과, 변경시공은 실시설계 시 계획된 것 이상으로 추가 보강을 실시한 것으로 파악되었다.

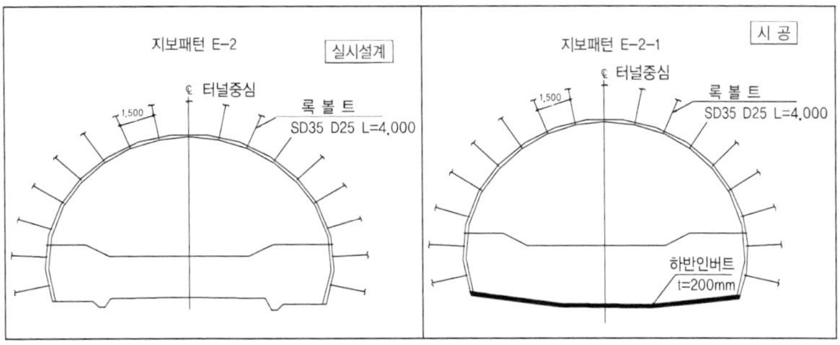

[그림 4-16] 낙반부 비상주차대구간의 설계 및 시공현황

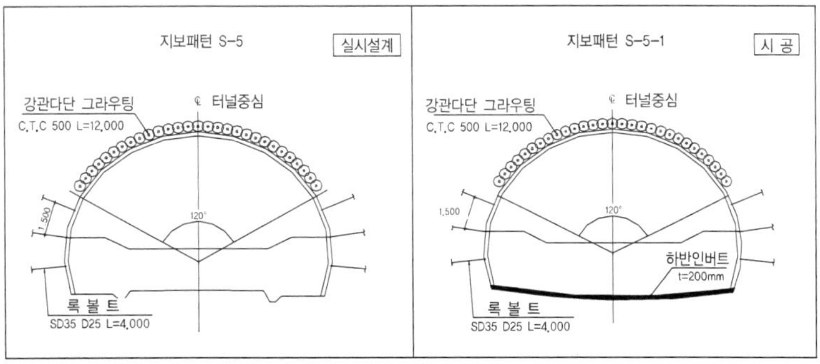

[그림 4-17] 5등급 구간 실시설계 및 시공 현황

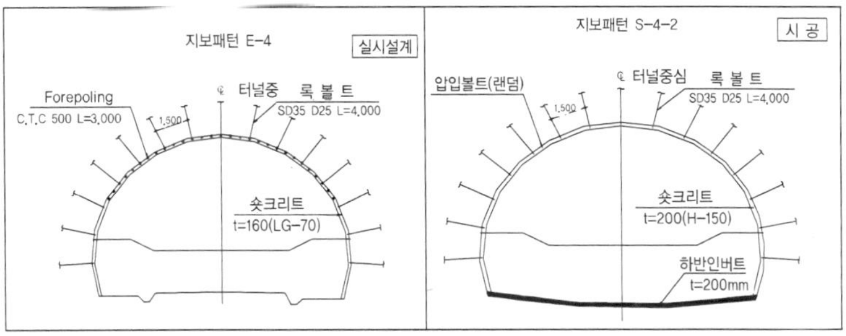

[그림 4-18] 4등급구간 실시설계 및 시공 현황

[사진 4-4] 터널시공

횡갱구간 시공현황 분석

본 터널에서는 차량용(5개) 및 대인용(12개) 피난연락갱이 계획되어 있으며, 별도의 지보패턴 및 접속부 보강계획이 수립되어 있다. 본 터널의 종점부 구간에서의 차량용 피난연락갱 시공 시 먼저 본선구간의 비상주차대 및 주변구간의 계측 결과를 확인하여 터널 안정성을 확인한 후, 비상주차대 구간의 지질 및 지반상태를 고려하여 설계조건과는 달리 본선지보를 보강하는 록볼트를 추가시공하고, 천단부에 소구경 강관다단그라우팅을 시공하여 횡갱굴착에 의한 터널의 안정성을 최대한 확보하고자 하였다.

[표 4-7] 횡갱구간 설계 및 변경시공 굴착 및 지보보강 현황

구분		실시설계	변경시공 현황
굴착공법	피난연락갱	전단면 굴착	• 전단면 굴착
지보보강	피난연락갱	V2 패턴	• V2패턴 • 소구경 강관다단 그라우팅 15공 추가 보강 (θ = 120°, L = 12.0m, C.T.C. = 6.0m) • 지보보강 록볼트 추가 시공(L = 6m, 2EA, L = 5.0m, 3EA) • 앵글 추가 보강

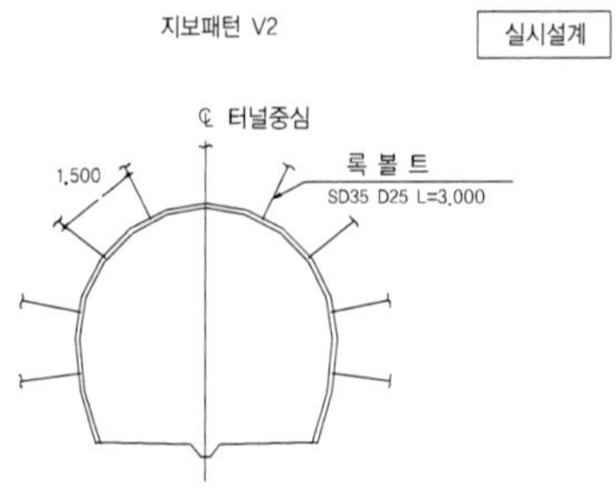

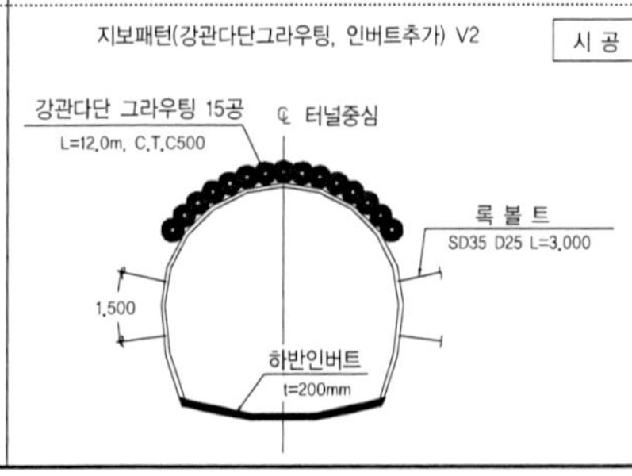

계측결과 분석

일상계측에 의한 계측간격은 10m~50m로 계획되었고 계측빈도는 1~2회/일(0~15일), 1회/2일(15~30일), 1회/1주(30일 이상)로 설정되었다. 실제 시공 시 본선구간에서는 일정간격으로 설정된 계측지점에서 측정빈도에 따라 계측이 실시되었음을 확인하였으며 그림에 제시된 현장 계측자료는 비상주차대 구간에서 측정한 터널 변위이며, 낙반구간에 가장 근접하여 계측된 자료로 피난연락갱 굴착 중 발생한 낙반 이전까지 계측된 자료를 도시한 것으로, 터널변위는 상·하반 굴착 단계까지 분석한 결과이다.

낙반구간 감포 방향 STA. 6k +43 지점의 천단 및 내공변위는 심하게 파쇄된 암반상태의 영향으로 천단침하와 내공변위 모두 지속적인 증가 양상을 띠다가 10월 말을 정점으로 하여 점차 수렴하며 안정화되는 경향을 볼 수 있다. 전반적으로 지속적이며 장기적인 소성이 발생하고 있음을 확인할 수 있으며, 변위량이 200mm 이상의 과다변위를 보이는 것으로 나타났다.

낙반변상구간 감포 방향 STA 6k+315 구간의 경우 초반 지속적인 변위증가 형태를 보였으며, 불량한 지반 영향으로 하반 굴착 직후 80mm 이상의 변위 발생하고, 굴착 이후 시간 경과에 따라 지속적인 변위 발생하나는 것으로 나타났다.

과다변위구간 감포 방향 STA 6k+335 구간의 경우 초반 하반 굴착 이후 지속적인 변위가 발생하고(천단침하: 283mm, 내공변위: 352mm), 하반 되메움 이후 수렴함을 알 수 있다.

터널 변위발생 경향은 심한 파쇄암반상태로 인하여 장기적이고 과다한 변위가 나타나므로 이에 대한 보다 대책이 요구된다.

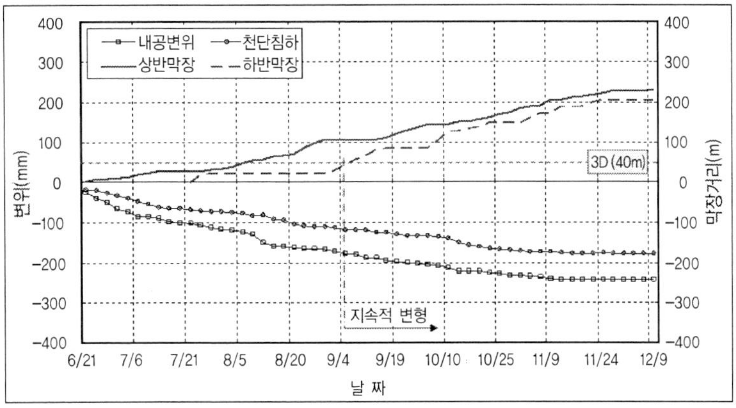

[그림 4-19] 낙반구간 계측결과(감포 방향 STA.6+435.0)

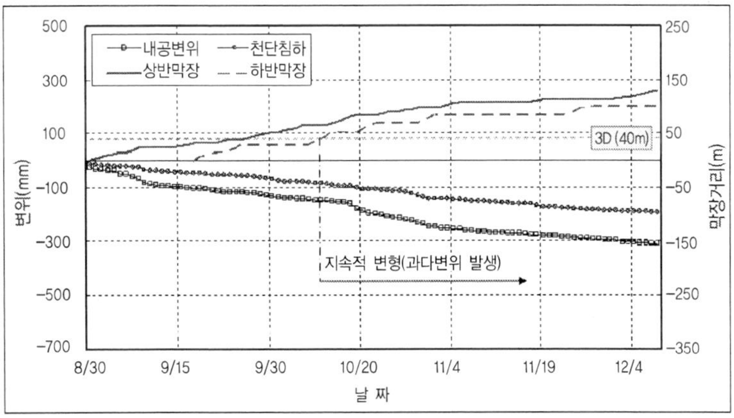

[그림 4-20] 낙반변상구간 계측결과(감포 방향, STA. 6+315.0)

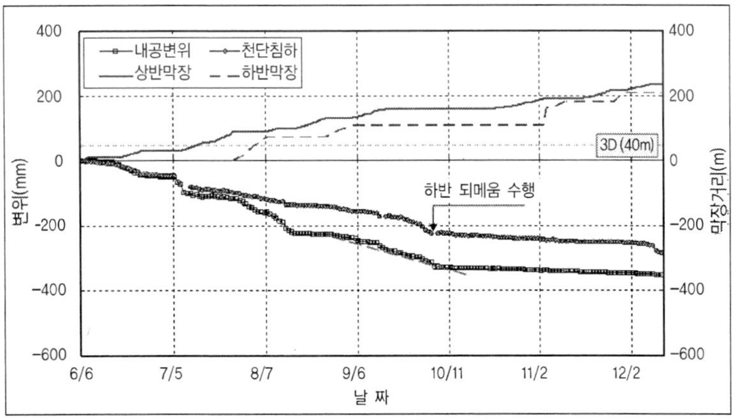

[그림 4-21] 과다변위구간 계측결과(경주 방향, STA. 6+315.0)

4.4 낙반원인 및 메커니즘 분석

본 장에서는 터널 낙반부의 낙반 원인 및 메커니즘에 대해 검토하였다. 실시설계 시 제시된 설계도서(지반조사보고서, 터널 표준 및 구간별 적용지보패턴)와, 터널 시공 중 막장관찰 일지, 낙반 전 현장계측내용, 굴착 중 설계제시 내용과 상이한 지반에 대해 추가 보강한 지보패턴 등을 면밀히 검토하여 수행되었고, 추가지반 조사내용은 현재 수행 중임으로 포함되지 않았음을 밝혀둔다. 본 검토의 주된 관심사는 본선 굴진이 완료되고, 횡갱굴착 중 발생한 낙반사고에 대해 터널공사의 모든 요인을 포괄하는 설계, 시공, 지질구조 및 지반특성 등을 분석하여 원인을 파악하였다.

지질구조 및 지반특성 분석

양북터널 종점부에 발달하는 단층은 제3기의 미고결 역암층이 퇴적된 분지의 경계단층으로 정단층계열로서, 실시설계 시 조사결과에 의하면 F8 단층에 해당한다. F8 단층은 북북동–남남서 방향(N10∼25°E)의 고각 경사를 가지는 정단층으로서 단층 파쇄대의 폭이 20m 이상 되는 대규모 단층으로 파악되었다. 손상대는 단층가우지 및 후기 충전물의 주입 등 전단강도가 상실된 단층물질로 주로 구성되어 있다. 불연속면은 4조의 절리군이 발달하며, 특히, 낙반구간 전후에 나타난 단층은 터널노선과 평행한 방향의 절리가 우세하다. 절리간격은 4조의 절리군 모두 20cm 미만으로 소규모 암편(블록) 형태로 파쇄되는 양상을 보이며, 전단강도 저하를 야기하는 충전물이 확인되었다.

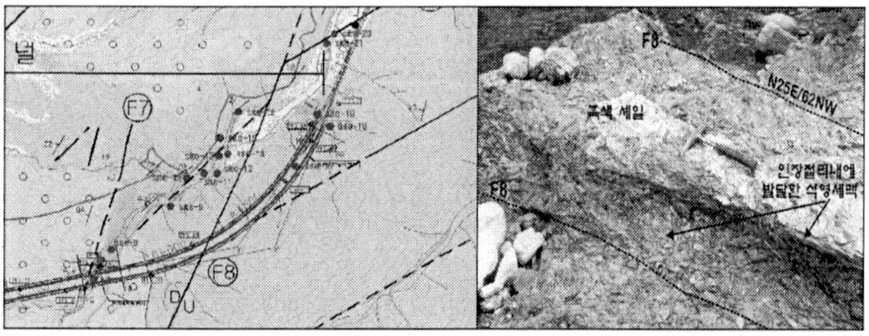

[그림 4-22] 단층의 평면분포 특성 및 노두상태

[표 4-8] 양북터널 종점부구간 불연속면 특성

방향분포(Contour Map)	방향성(Rose Diagram)	절리군 방향(Dipr/Dip)
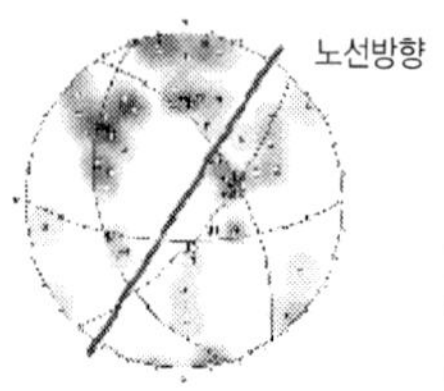	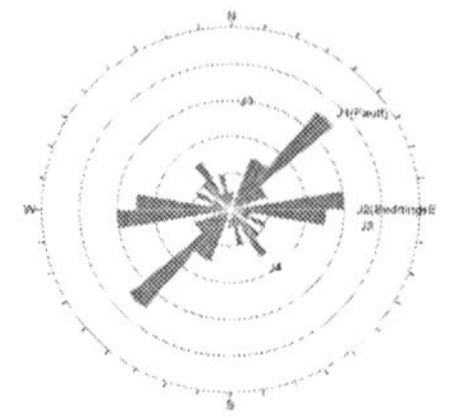	• Set 1 : 150 / 65 • Set 2 : 236 / 40 • Set 3 : 199 / 74 • Set 4 : 065 / 62 • 절리간격 : 8∼18cm

단층파쇄대 낙반발생구간 및 과다변위에 의한 변상 구간에 넓게 분포하며, 막장 전단면에서 단층점토(fault clay)와 풍화토 등 단층 코어(fault core)부의 전단강도가 상실된 매우 불량한 지반과 연속적으로 터널중심축부와 우아치부에 국한되어 발달하는 조밀한 간격의 2차 절리군에 의한 암편을 수반하는 이중적인 양상을 보여주는 것으로 시공 중 막장관찰일지를 통해 확인할 수 있었다. 따라서 본 낙반 및 과다변위에 의한 변상 발생구간은 화강암이 관입하면서 심한 열변성 작용에 의한 취성(brittle)변형이 강한 혼펠스화된 셰일층에 단층 교차영향으로 전단강도가 거의 상실된 파쇄 내지 분쇄암반을 형성하였고 풍화토와 단층점토가 협재되어 터널 굴진에 매우 불리한 조건이 되었을 것으로 판단된다.

구 분	정 의	지 질 특 성	절리간격	RMR
Zone1	파쇄암	HW~MW 풍화도 취성변형에 의한 심한 절리대 단층영향 적음	20~60cm (평균 30cm)	평균 35
Zone2	단 층 파쇄대	HW 풍화도, 일부 HW~MW 단층손상대 주변 심한 파쇄구간	평균 20cm 내외	21~30 평균 22
Zone3	단 층 손상대	CW~HW 풍화도 Soft Clay, 일부 토사화 단층중첩에 의한 극심한 파쇄	1~10cm 내외	11~20 (15 이하)
Zone4	단 층 (코어)대	불연속면 인지 불가 단층점토, 전단저항력 상실	–	10 이하

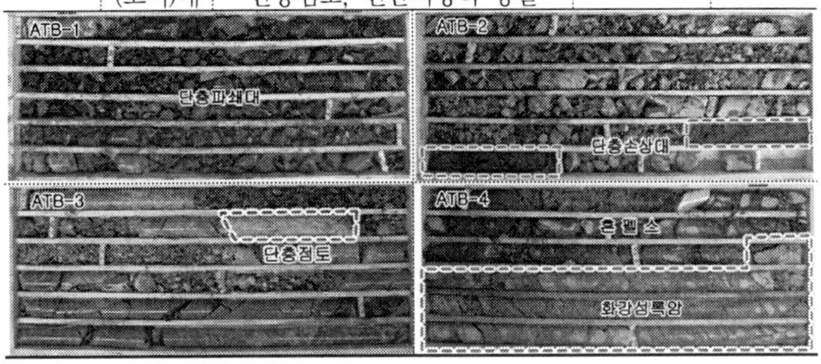

[그림 4-23] 단층대 구분

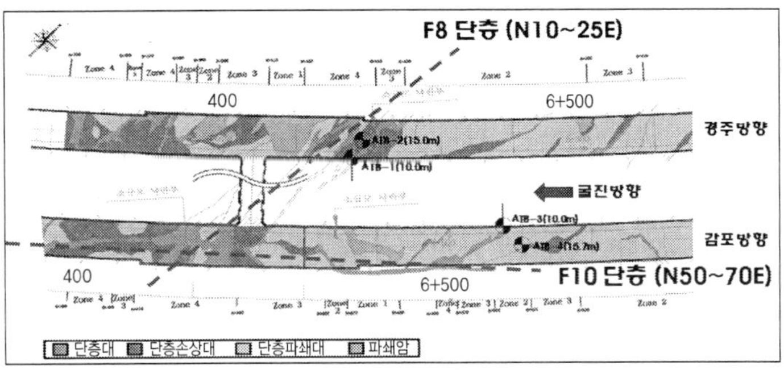

[그림 4-24] 터널지질도

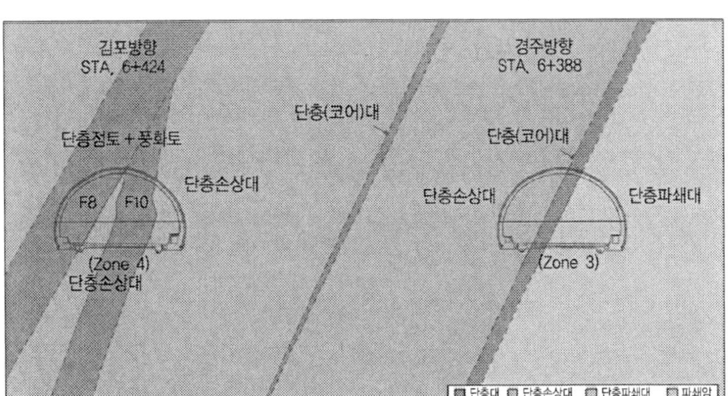

[그림 4-25] 단층대 구간 터널

낙반 원인 및 메커니즘 분석

낙반 원인 본 낙반사고는 막장 굴착중 발생된 것이 아니며, 본선굴착 후 상당기간 동안 안정화가 이루어진 상태(현장 계측자료 참조)로, 심한 열변성 작용에 의한 취성변형이 강한 혼펠스화된 셰일암반 특성상 굴착당시 형성된 이완영역확대와 절리면이 매끄러우며 점토가 충전된 상태인 고각의 주 절리면과의 상호영향으로 과대지압이 순간적으로 작용된 것으로 확인되었다. 또한 굴착중 막장 관찰일지를 분석하면 지하수 유출은 없었던 것으로 보이나, 지하수위가 계절별 변화에도 불구하고 터널 상부의 충분한 높이에 있음을 감안할 때, 터널 내부로의 지속적인 지하수 영향이 있었을 것으로 추정되며, 이러한 영향은 암반강도 저하 주변 이완영역 내에 분포하는 파쇄 암반사이의 단층점토의 결합력을 더욱 상실하게 하여 낙반이 용이한 구조를 더욱 야기하였을 것으로 추정된다. 실제 낙반구간 주변 변상구간에서 숏크리트 균열사이로 지하수가 조금씩 유입되어 나오는 것으로부터 이를 확인할 수 있었다. 이러한 사항 등을 종합하면 횡갱굴착 시 주절리 간격이 국부적으로 조밀하게 형성된 곳으로 이완영역이 순간 확대되어 과도한 지압이 집중됨에 따라 낙반에 이르게 된 것으로 판단된다.

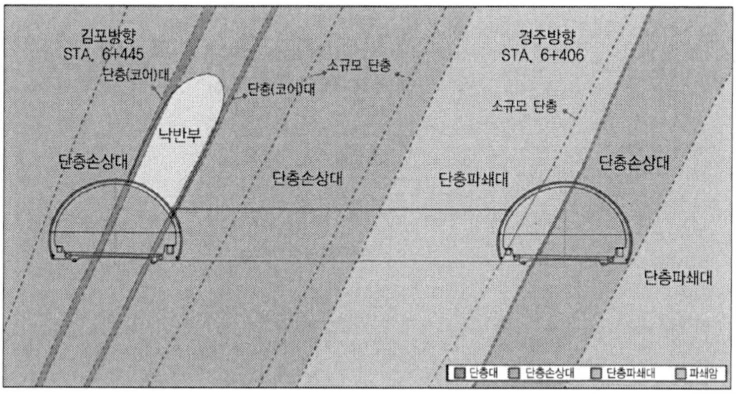

[그림 4-26] 낙반구간 지질단면도

구분	낙반원인		대책
지반 조건	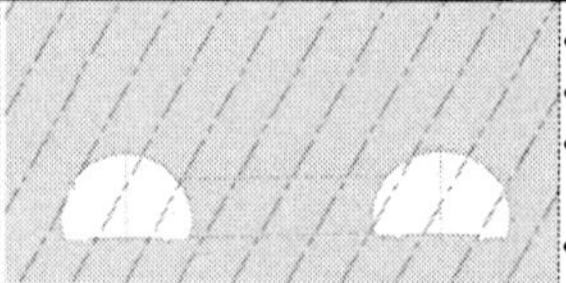	•열변성을 받은 흑색셰일분포 •단층 및 매우 심한 파쇄암 •점토충전된 고각의 주절리군 분포 •막장관찰일지에 지반불량 기록	•종점부 터널 전구간 막장 관찰일지와 상세 지표지질 조사를통해 지질RISK 도출 •지반정수 재평가 → 변경설계에 반영
설계 (계측)	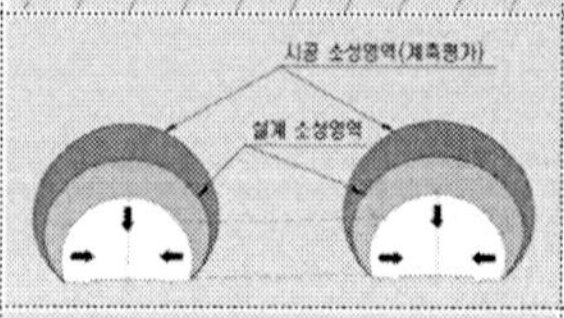	•설계시 평가된 변위보다 과대변위발생 →지반이완과다 •횡갱굴착시 낙반구간 장기 소성변위 진행 중	•계측자료 정밀분석하고 역해석으로터널 안정확보 •계측관리 기준 및 시공순서 변경설계 명시 현장지반 조건에 맞게 라이닝 재설계
시공	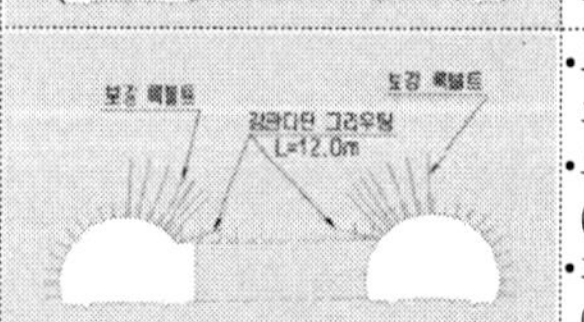	•본선터널 안정 대책 미수립 횡갱 추가 보강 •본선 절단 지보 보강 록볼트 (L=5.0m) •피난연락갱강관다단그라우팅 (∅60.5, L=12.0m)	• 지반조건에 상응하는 본선 선보강(변경설계) - 숏크리트 두께 증가 - 강지보 추가 - 가인버트 및 인버트 설치 - 터널 주변지반 그라우팅

[그림 4-27] 낙반원인 및 대책

낙반 메커니즘 본 터널에 발생한 낙반의 메커니즘을 분석하였으며, 크게 터널굴착전과 본선터널 굴착, 횡갱굴착 그리고 낙반날생 단계로 구분하여 설명할 수 있다.

- **1단계** 화강암 관입에 따른 강한 열변성으로 혼펠스화된 흑색세일층과 단층대의 영향에 의한 심하게 파쇄된 암반상태를 형성하고 있으며, 특히 두 개의 단층이 교차면서 단층파쇄대와 손상대가 확인된다.
- **2단계** 상하반 굴착 시 굴착에 의한 이완영역이 터널 주변으로 확대되고, 국부적인 주절리면을 따라 장기간 지하수 유입에 의한 암반 결합력 약화된다. 굴착이후 터널 주변에 장기적인 변형이 지속적으로 발생하여 소성영역이 점차적으로 확대된다.
- **3단계** 횡갱굴착 시 주절리 방향으로 국부적으로 조밀하게 형성된 단층면으로 이완영역이 확대되어 순간 과대지압 집중적으로 형성된다.
- **4단계** 단층파쇄면을 따라 이완영역이 지속적으로 확대됨에 따라 지보압을 초과하고 국부적으로 집중된 고각의 단층면을 따라 순간적으로 낙반이 발생한다.

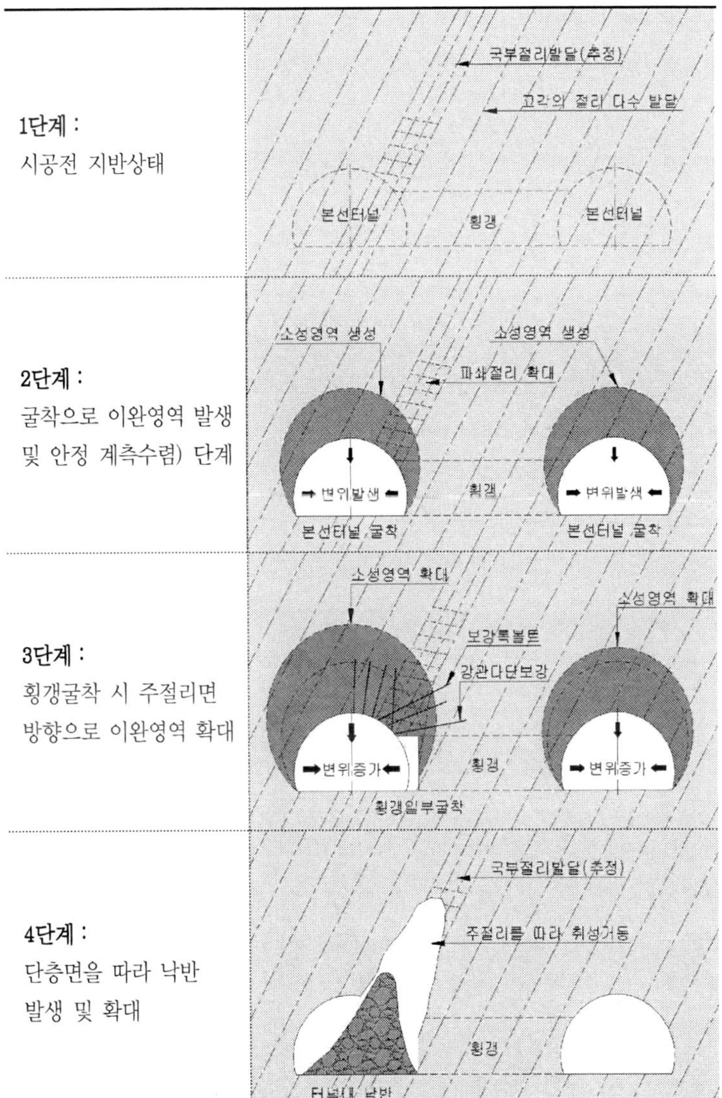

[그림 4-28] 낙반 메커니즘

4.5 보강설계 및 대책

본 터널에서 보강설계를 수행하기 위하여 낙반부 및 변상구간을 암반상태와 변상정도 그리고 과다변위발생 정도에 따라 낙반부, 단층대 구간, 손상대 구간으로 구분하여 각각에 따른 보강방안을 제시하였다.

낙반부 재굴착 및 보강 낙반부 재굴착을 위하여 먼저 경량기포콘크리트로 낙반부를 채운후, 낙반으로 인한 이완부 보강을 위한 직천공 대구경강관보강그라우팅(L=12.0m, Φ114mm C.T.C 6.0m, 180도)계획하고 굴진장 1.0m로 이중지보공법과 인버트 강지보 폐합(H-200, 숏크리트 20cm)을 적용한 분할굴착을 적용하였다.

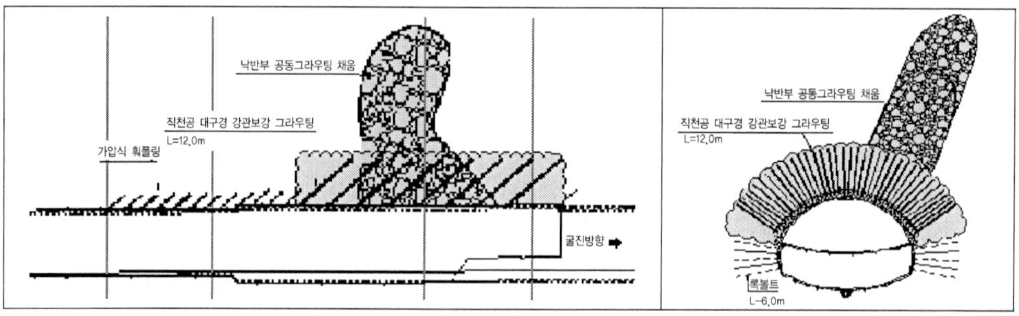

[그림 4-29] 낙반부 굴착 종단 및 횡단면도

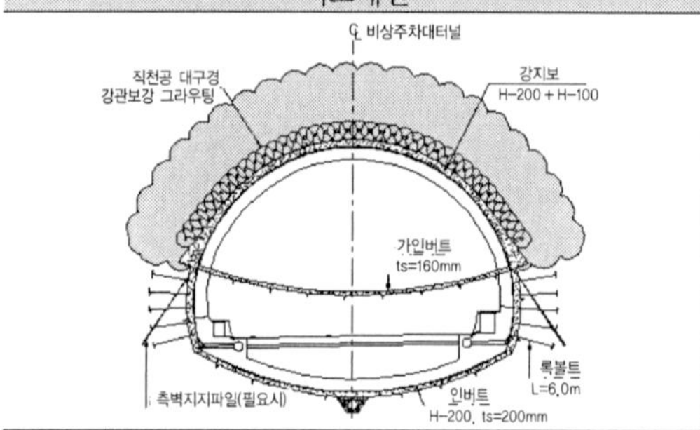

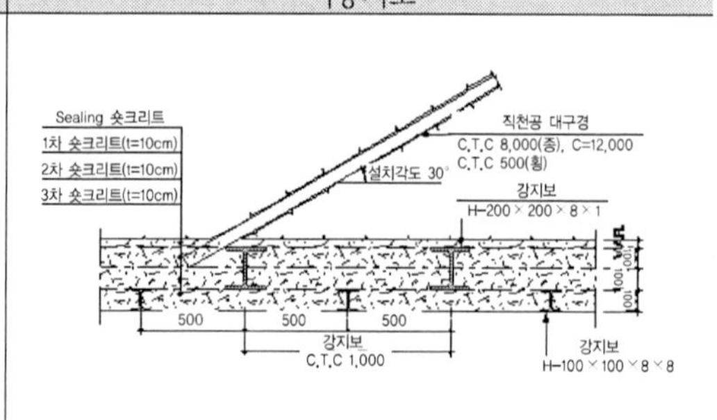

지보패턴		이중지보	
굴진장	1.0m	공법특징	H-200 + H-100(이중지보), 숏크리트300mm
주지보	H-200 + H-100(이중지보), 숏크리트300mm	개략공기	78일
보조공	강관보강 그라우팅 상반 180°(C.T.C=6.0m)	개략공사비	18.2억/45m
인버트	상반가인버트 SC150mm, 하반인버트H-200+SC200mm	장단점	일차지보 설치 후 필요에 따라 추가보강 가능 이차지보 불필요 시 공사비 절감 가능
기 타	측벽지지파일(필요 시), L=5m, 2EA		

[그림 4-30] 낙반부 재굴착 및 보강방안

단층대 보강 단층대 구간에서는 지보량 부족으로 인한 과다변위 발생으로 재굴착이 불가하였다. 가압식 훠폴링으로(L=4.0m, C.T.C 4m, 120도)계획하고 굴진장 1.0m로 이중지보공법(H-200+H-100)과 인버트 강지보 폐합(H-200, 숏크리트 20cm)을 적용한 분할굴착을 적용하였다.

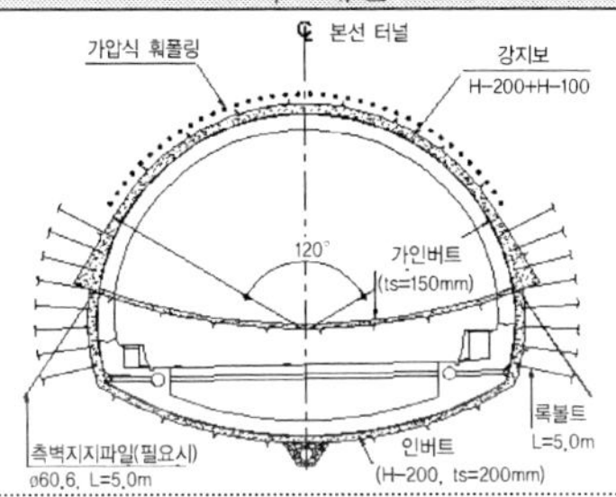

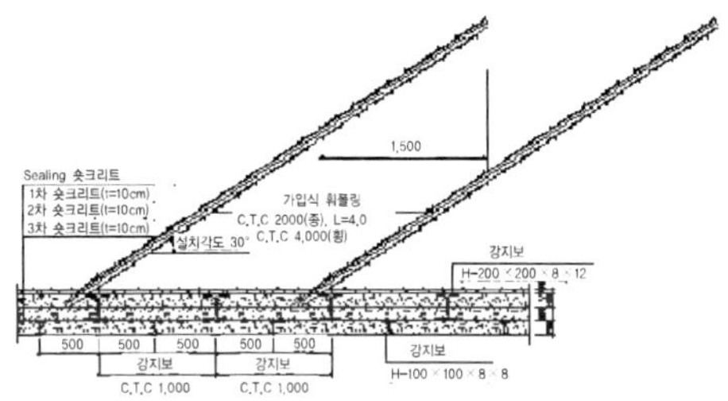

지보패턴		이중지보	
굴진장	1.0m	공법특징	H-200 + H-100(이중지보), 굴진장 1.0m 가압식 훠폴링 L=4m, C.T.C(종)=2.0(1.5m중첩)
주지보	H-200 + H-100(이중지보), 숏크리트300mm		
보조공	가압식 훠폴링(120°, L=4m, C.T.C=2.0)	개략공기	186일(감포방향), 325일(경주방향)
인버트	상반가인버트 SC150mm, 하반인버트H-200+SC200mm	장 단 점	일차지보 설치 후 필요에 따라 추가보강 가능 이차지보 불필요시 공사비 절감 가능
기 타	측벽지지파일(필요시), L=5m, 2EA		

[그림 4-31] 단층대 굴착 및 보강방안

손상대 보강 낙반영향구간인 손상대 구간은 가압식 훠폴링으로(L=4.0m, C.T.C 4m, 120도)계획하고 굴진장 1.0m로 단일지보공법(H-200)과 인버트 강지보 폐합(H-200, 숏크리트 20cm)을 적용한 분할굴착을 적용하였다.

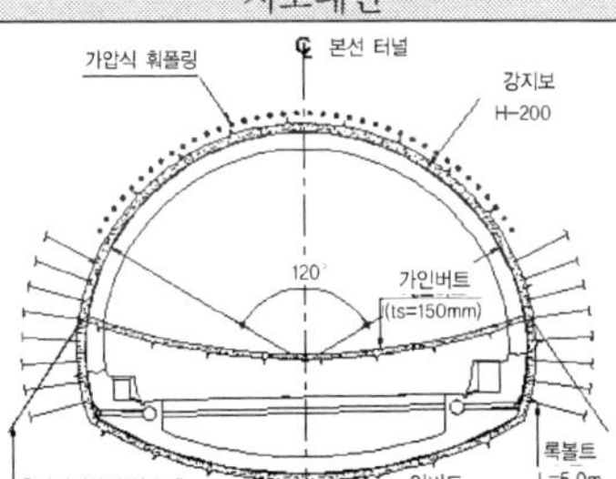

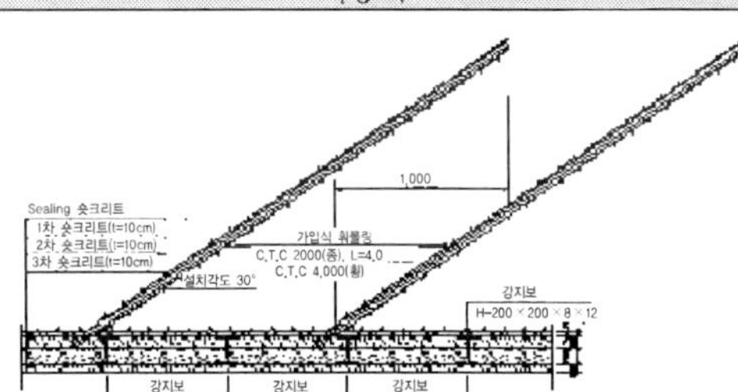

지보패턴		이중지보	
굴진장	1.0m	공법특징	H-200(단일지보), 굴진장 1.0m 가압식 훠폴링 L=4m, C.T.C(종)=2.0
주지보	H-200(단일지보), 숏크리트 250mm		
보조공	가압식 훠폴링(120°, L=4m, C.T.C=2.0)	개략공기	265일(감포 방향), 286일(경주 방향)
인버트	가인버트 SC150mm, 하반인버트 H-200+SC 200mm		
기 타	측벽지지파일(필요 시), L=5m, 2EA	장단점	가압식 훠폴링 설치 간격 2.0m

[그림 4-32] 손상대 굴착 및 보강방안

터널 시공

터널갱구부 보강

갱구부에서의 흑색셰일

흑색셰일 - 터널막장

상반 천공

상반 기계굴착

하반 굴착

흑색 셰일 - 터널막장

완전 파쇄된 흑색셰일

터널붕락 및 보강공사

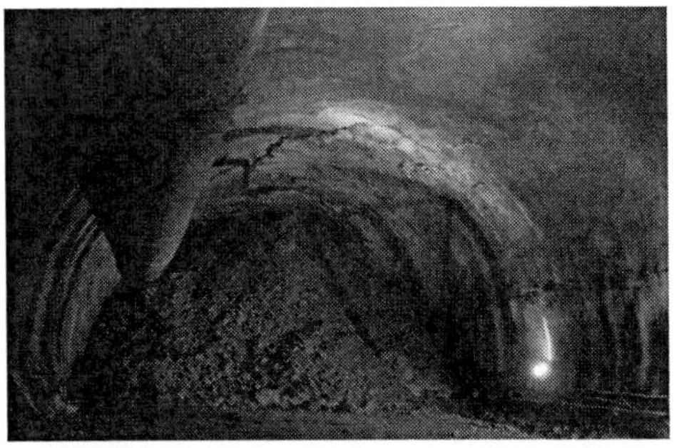

터널 붕락

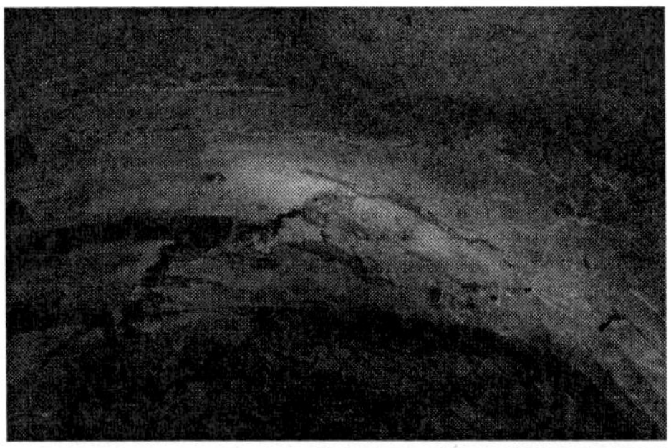

천정부 숏크리트 박락 및 균열

붕락부 주변 숏크리트 변상 발생

터널붕락부 응급보강

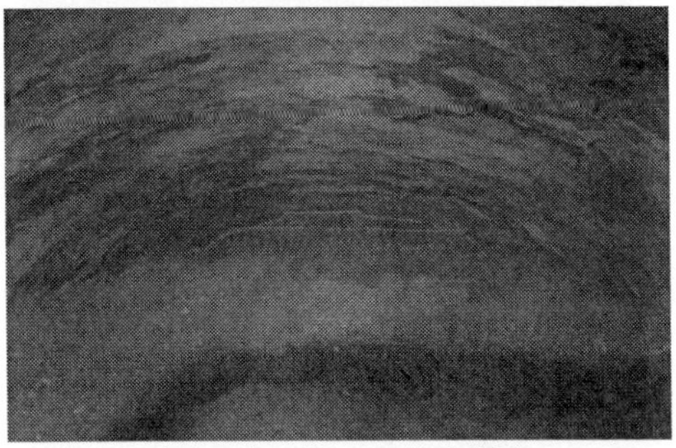

과다변위 변상구간 - 응급보강(되메움)

추가지반조사-갱내시추

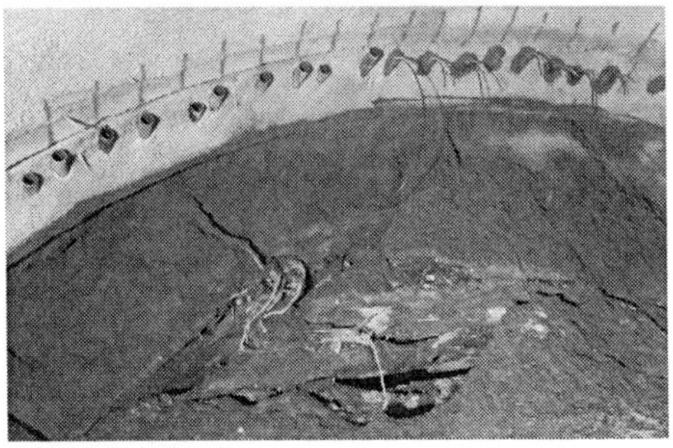

붕락부 보강공사

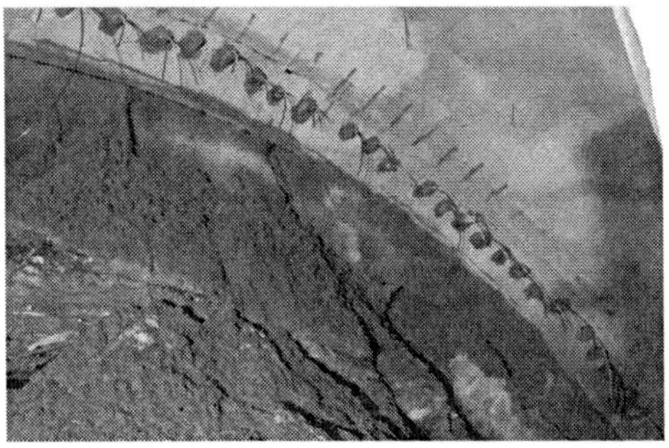

붕락부 보강공사

암반사면 문제사례 I
-단층 파쇄대 구간에서의 대절토 사면 붕괴

Engineering Problem of Rock Slope with Fault Zone

본 사례는 흑운모 편마암 및 편암이 교호된 호상구조의 지층에서 2006년 4월 8일에 비탈면 절취작업을 시작한 이후 2006년 4월~2008년 7월에 걸쳐 총 3회의 붕괴가 발생한 사례로 보강된 비탈면 상부에서 약 100m 상단까지 파쇄대가 발달해 있어 이 부분의 활동으로 대규모 붕괴가 발생한 사례이다. 이와 같은 대규모 붕괴는 연암층 내에 기설계에서 예상하지 못했던 파쇄대층이 비탈면 정상부에서 하부까지 존재하여 이 층을 따라서 강우로 인한 침투수가 파쇄대층의 전단강도를 저하시켜 대규모 붕괴가 발생한 것으로 판단되었다. 본 사례현장에 적용한 비탈면 보강공법은 비탈면경사 완화(1:1.5)+억지말뚝+영구앵커의 공법을 적용하였으며, 비탈면하부의 압성토 효과를 위하여 개착터널을 연장하는 방안이 적용되었다. 또한 연암층 내의 파쇄대층을 따라 비탈면활동이 발생한 것으로 판단되어 파쇄대층에 대한 보강그라우팅이 실시되었으며 터널의 토피고가 낮은 구간은 터널안정을 위하여 보강그라우팅이 실시되었다.

지질리스크 엽리와 절리가 매우 발달한 흑운모 편암층(층상암반)에서 풍화심도가 상대적으로 깊고(풍화암반) 암반 내 사면방향으로 발달한 상당 폭의 파쇄대가 협재되어 있는(파쇄암반) 다양한 지질리스크가 복합적으로 작용하여 대규모 사면붕괴를 유발한 것으로 판단된다.

[사진 5-1] 사면붕괴

5.1 현장개요 및 붕괴현황

동산2터널 개요

- 사업명 : 춘천-양양(춘천~동홍천) 간 고속도로 건설공사(제2공구)
- 위　치 : 강원도 춘천시 홍천군 동산면 북방리 일대

동산2터널 현황

구 분	위 치		연장(m)	조단구배(%)
	시점	종점		
서울방향	3km 893.00	5km 118.00	1,220	-1.6702
양양방향	3km 909.00	5km 017.00	1,108	-1.6787

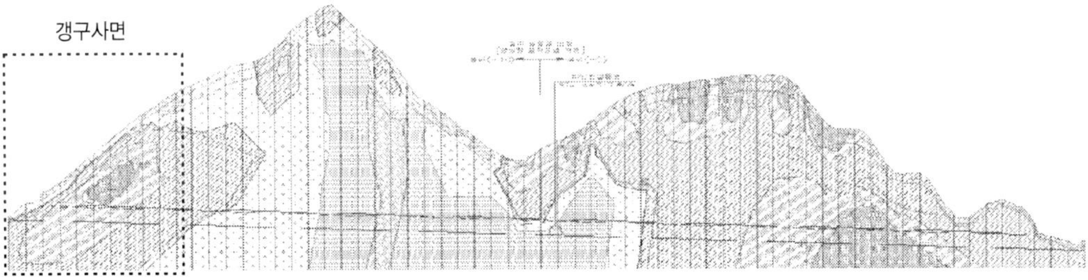

[그림 5-1] 지질종단면도 및 갱구사면

붕괴현황

일시	내용	비고
○'05.03	• 사전 확인보링 실시	
○'06.04	• 갱구사면 절취작업 착수	
○'06.04.21	• 갱구사면 슬라이딩(서울 방향) 발생	1차 붕괴
○'06.04.24	• 확인 보링 실시	
○'06.06.	• 동산2터널 시점부 갱부사면 안정성 검토서 제출	
○'06.08.	• 갱구부 보강작업 착수 - S/N : 205공(L=6m), E/A : 158공 등	
○'07.08.10	• 갱구사면 슬라이딩(서울, 양양 방향) 발생	2차 붕괴
○'07.08.20	• 추가 슬라이딩 발생예방 긴급공사 시행 - 인장균열부 우수차단 및 현장 폐쇄시설 등	
○'07.10	• 갱구사면 보강작업 착수 - E/A : 402공(L=32~40m, CTC 2.5~3.0m)	
○'08.7	• 갱구사면 슬라이딩(서울, 양양 방향) 발생	3차 붕괴
○'08.9	• 갱구사면 보강작업 착수 - 억지말뚝 및 영구앵커	
○'09.10	• 갱구부 보강공사 완료 및 준공	

5.2 지질 및 지반특성

지질 특성 본 현장의 지질은 흑운모 편마암 및 편암류, 결정질석회암 등으로 구성되는 의암층군 내의 창촌리층으로 이러한 흑운모 편마암 및 편암은 석영과 장석을 주성분으로 하는 우백대와 운모류를 주성분으로 하는 우흑대에 의해 서로 교호된 호상구조에 의한 엽리가 발달하며 이 엽리면을 따라 절리가 발달하는 것이 특징이다. 또한 의암규암층은 주로 회색 내지 회백색의 규암으로 구성되어 풍화와 침식에 강한 것이 특징이며, 창촌리층은 춘천분지의 내측 외륜에 따라 넓게 분포하며, 흔히 춘천화강암과 관입접촉관계를 이루고 있다. 이 층은 호상흑운모편마암이 주를 이루며, 부분적으로 결정질 석회암, 각섬암, 규암 등을 협재하고 있다.

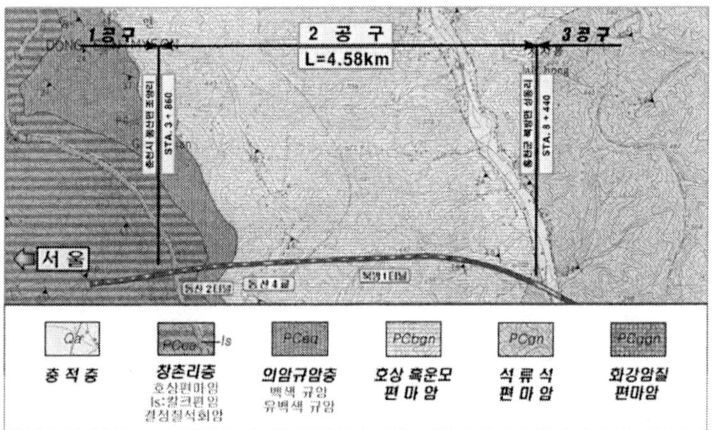

[그림 5-2] 지질도 및 주요 암종

암반 특성 주로 엽리가 발달하는 흑운모 편암이 분포하며, 대체로 NW 방향의 엽리가 우세하게 나타났다. 흑운모 편암은 풍화에 약한 암석으로 본 조사지역 역시 풍화대가 비교적 깊게 나타나고 있는 것으로 조사되었다. 특히 편암은 엽리면을 따라 풍화가 급속도로 진행되며 이러한 엽리면의 풍화는 낮은 전단강도를 갖게 된다.

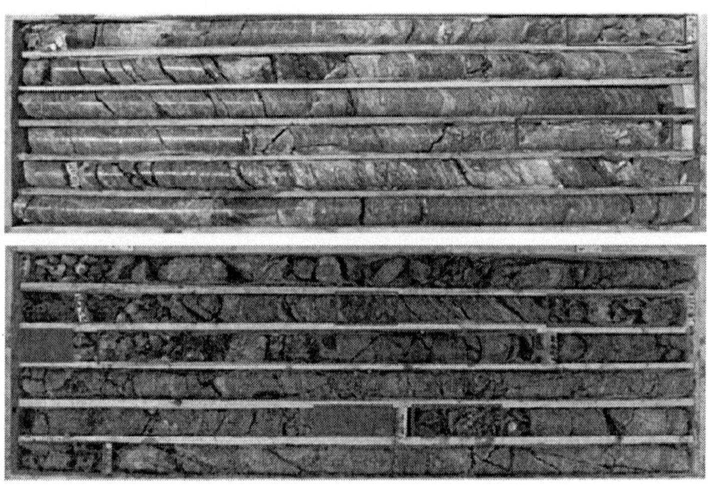
[그림 5-3] 흑운모 편암

절리 특성 엽리가 발달하는 흑운모 편암으로 엽리면을 따라 절리가 매우 발달해 있으며, 풍화토 내지 풍화암의 풍화상태를 보이고 있다. 주절리(엽리) 방향 J1은 N40W/60S~80S, J2는 N30E/48N을 가진다. Swelling 시험 결과, axial swelling strain은 0.011%, lateral swelling strain은 0.002~0.004%로 나타났으며 이는 붕괴부 사면의 지반이 점토 광물을 포함하고 있지 않아 흡수팽창률이 아주 미미함을 보여주고 있다. 또한 XDR 분석 결과 방해석, 백운모, 일라이트, 녹니석, 사문석 등을 함유하고 있으며 이 중 팽창성 점토광물은 없는 것으로 나타났다. 단, 사문석의 경우 풍화되어 분해되면 미끄러운 성질의 토질로 변하는 성질을 갖는다. 절리군의 주방향은 29/214으로 대표되며 부방향은 51/337 분포를 보이며 전체적으로 Hair Crack이 우세하게 나타났고 절리간격은 각 Set의 평균치는 14.4 및 22.8cm 정도로 나타났다.

[사진 5-2] 암반 특성

지층 특성 연암 심도의 경우 절취부 지반은 약 17m를 보이며 사면 상부 지반은 약 13m로, 사면 하단으로 갈수록 대체적으로 풍화토와 풍화암 분포 심도가 깊게 나타나고 있다. 엽리면과 대체로 평행한 단층대 및 파쇄대가 곳곳에 나타나고 있으며, 25m 심도에서 폭 4m의 파쇄대가 형성된 것으로 나타났다. 이러한 파쇄대의 방향은 대체로 사면의 경사 방향과 비슷한 경향을 보이고 있다. 이는 사면안정성에 가장 불리한 조건을 형성하는 것으로 사면붕괴의 주요 원인이기도 하다.

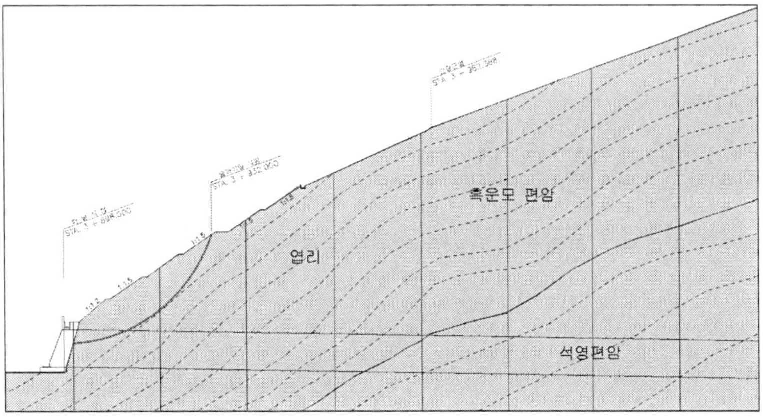

[그림 5-4] 지층 특성

5.3 대절토 사면 붕괴특성 검토

1차 사면붕괴

붕괴현황 시점 갱구부 비탈면 절취작업은 2006년 4월 8일에 착수하였으며 2006년 4월 21일에 갱구부 비탈면에 붕괴가 발생하여 시공 중 비탈면 보강을 시행하였다. 갱구부 비탈면 활동이 발생함에 따라 확인 보링 및 안정성 검토를 실시하였고 갱구부 보강작업을 2006년 8월 3일에 지반조사를 실시하여 갱구부 비탈면에 각 1개씩 총 2개의 시추공조사를 실시하였으며 시추주상도 자료를 근거하여 지층단면을 설정하고, 각 단면에 대한 활동면을 추정하였다.

붕괴원인 풍화심도가 깊고 엽리와 절리가 발달한 흑운모 편암 내 사면방향으로 발달한 단층대가 분포하고, 이 단층대에 1 이내의 점토가 충전되어 있어, 이 불연속면이 주활동면으로 작용한 것으로 판단된다. 이는 시추조사에 의한 지층단면도에서도 점토충전 불연속면이 확인되었다.

[사진 5-3] 1차 붕괴 발생전경

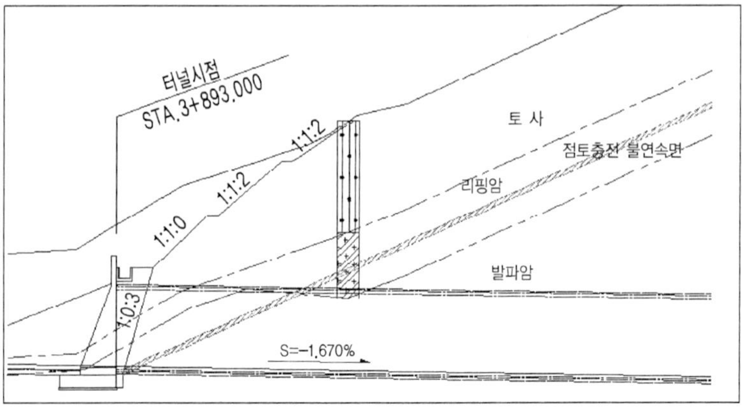

[그림 5-5] 시추자료에 의해 확인된 지층단면도

보강 대책 갱구부 비탈면에 대한 보강 방안으로 터널 진행방향으로 5m 이동 후 예상되는 특정 파괴면에 의해서 붕괴가 발생될 가능성이 있으므로 앵커를 보강하였다. 또한 표면부의 세굴 및 유실에 대비하기 위해 전면부에 암취부 녹화공을 실시하였다. 갱구부 비탈면에 대한 보강 방안으로 터널 진행방향으로 5m 이동 후 예상되는 특정 파괴면에 의해서 붕괴가 발생될 가능성이 있으므로 앵커를 보강하였다. 또한 표면부의 세굴 및 유실에 대비하기 위해 전면부에 암취부 녹화공을 실시하였다. 한계평형 해석결과, 특정파괴면 해석에서 우기 시와 건기 시의 안전율이 기준 안전율보다 낮은 것으로 평가되어 이에 대한 적절한 대책이 필요한 것으로 나타났다.

[표 5-1] 보강 전 한계평형해석결과

해석조건	서울 방향		양양 방향	
	건기	우기	건기	우기
안전율	1.24 < 1.5	0.74 < 1.2	1.36 < 1.5	0.82 < 1.2
평 가	불안정	불안정	불안정	불안정

[표 5-2] 보강방안에 대한 한계평형해석결과

해석조건	서울 방향		양양 방향	
	건기	우기	건기	우기
안전율	1.91 > 1.5	1.21 > 1.2	1.85 > 1.5	1.21 > 1.2
평 가	안정	안정	안정	안정

갱구 보강 갱구사면뿐만 아니라 터널에 대한 보강대책을 수립하였다. 서울 방향은 FRP 보강그라우팅 180°, C.T.C 500, L=16.000m, 1열, 양양방향은 FRP 보강그라우팅 180°, C.T.C 500, L=16.000m, 2열로 변경하였다.

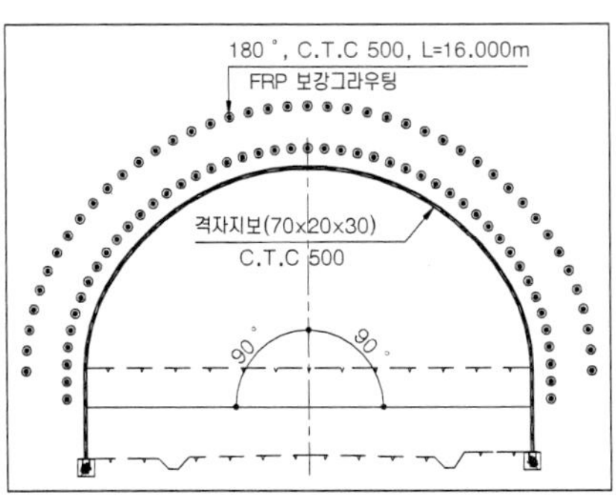

[그림 5-6] 터널보강

[사진 5-4] 1차 붕괴 후 보강공사

2차 사면붕괴

붕괴 현황 2007년 8월 10일 7시 20분경에 동산2터널 시점 갱구부(서울, 양양 방향)에서 사면붕괴가 발생하였다. 발생규모는 연장 21m, 높이 27m, 깊이 10m(체적 약 5,700m^3)로 터널 갱구사면 붕괴(어스앵커 외 30m 매몰)되고, 양양방향에서 B/H(1.0㎥)1대가 매몰되었다. 본 사면은 1차 붕괴 후 보강공사가 완료된 사면으로 터널 갱구부 녹화(식생기반재취부공 T=5cm : 1,500m^2)가 완료된 상태로 숏크리트 시공 종류 후 8개월 후 붕괴에 발생하고, 2개의 갱구사면과 터널이 동시에 집중강우 시에 붕괴되었다.

[사진 5-5] 2차 붕괴발생 전경

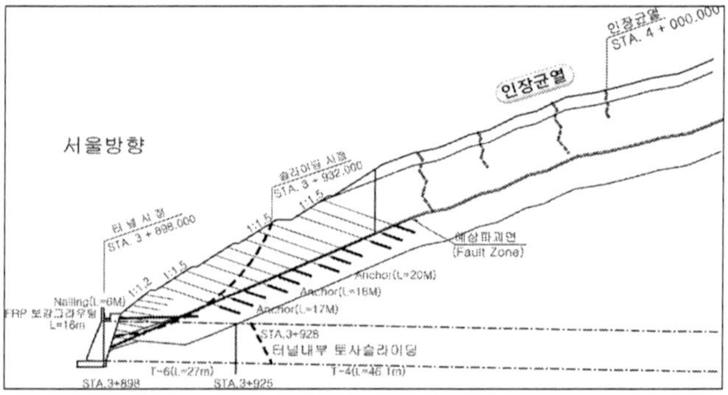

[그림 5-7] 2차 붕괴발생 특성

지반 특성조사 갱구부 붕괴지역 일대에 대한 지층 분포 및 사면 상단의 인장균열 현황을 파악하기 위해 지질조사를 실시한 결과, 엽리가 발달하는 흑운모 편암이 분포하며, 대체로 NW 방향의 엽리가 우세하게 나타났다. 흑운모 편암은 풍화에 약한 암석으로 본 조사지역 역시 풍화대가 비교적 깊게 나타나고 있는 것으로 조사되었다. 특히 편암은 엽리면을 따라 풍화가 급속도로 진행되며 이러한 엽리면의 풍화는 낮은 전단강도를 갖게 된다. 동산2터널 시점 갱구부 일대는 엽리가 발달하는 흑운모 편암이 분포하고 있으며 엽리와 평행하게 발달하는 주절리군은 N40W의 주향을 가지며 20~80S의 경사를 가진다. 또한 폭 4m 정도의 파쇄대를 포함하여 엽리 방향과 대체로 평행한 파쇄대 및 단층대가 다수 분포하고 있는 것으로 나타났다.

[사진 5-6] 어스앵커 함몰

[사진 5-7] 법면 배수로 절단

붕괴 원인분석 엽리의 방향성 및 파쇄대, 단층대의 분포 방향은 사면 및 터널 굴진을 고려해볼 때 대체로 불리하게 작용할 것으로 판단되며, 갱구부 사면의 지반은 풍화토 및 풍화암이 17m 깊이까지 분포함에 따라 비교적 깊은 풍화대를 보이고 있어 불연속체보다 연속체적인 파괴를 일으킬 가능성이 더 큰 것으로 판단된다. 파쇄대층이 설계추정치보다 약 10m 하부 심도에서 비탈면 경사방향과 평행하게 비탈면 전체에 발달하고 파쇄대 두께는 비탈면 상부에서 최소 2m, 비탈면 하단 갱구입구부에서 최대 6~7m로 넓어지는 형태로 두텁게 분포되어 있어 앵커와 분리된 상태이므로 장시간 집중호우 시 유입수 등에 의해 파쇄대층의 전단저항력이 상실되어 터널에 하중으로 작용하였을 가능성이 가장 높으며, 이러한 현상이 붕괴의 주요인으로 추정된다. 터널이 동시에 붕괴된 상황은 주요 유수경로인 파쇄대층이 터널천단에 상호 수평적으로 연결되어 있어 집중호우에 의한 파쇄대의 전단저항력 상실현상이 발생하여 초래된 것으로 추정된다.

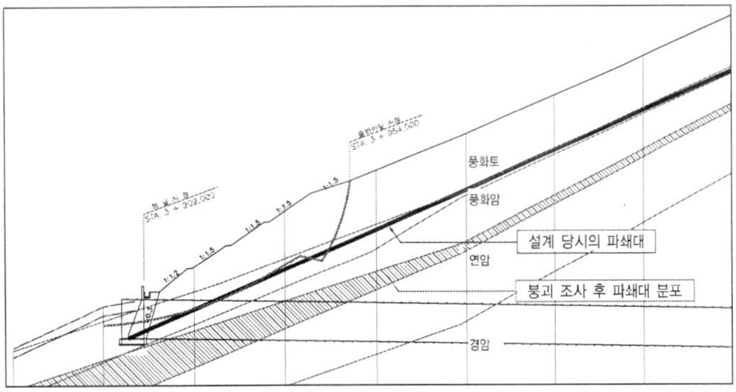

[그림 5-8] 파쇄대 분포 특성

보강 대책 붕괴된 암토사를 걷어내고 암반을 보강하기 위하여 어스앵커(CTC 2.5~3.0, L=32~40m, ∅12.7×5, 총 402개소)를 적용하고, 지반조사에 의해 파악된 하부 파쇄대를 보강하기 위하여 지반보강 그라우팅(총 154공)을 계획하고 우수에 의한 풍화를 방지하기 위하여 비탈면 녹화(총 9단)를 계획하였다. 사진은 사면에 시공된 어스앵커의 모습이다.

[사진 5-8] 어스앵커시공

[사진 5-9] 2차 붕괴 후 보강공사 중

3차 사면붕괴

3차 붕괴현황 갱구부 비탈면에 5일 간(2008. 7.13~25)지속된 집중호우(총 강우량 414.2mm)로 인해 비탈면 활동이 발생하였다.

- 발생 일시 : 2008년 07월 25일 06시 18분경
- 시공현황 : 어스앵커(총 402개소 중 375개 시공 완료), 지반보강 그라우팅 (총 154공 시공 완료), 비탈면 녹화(총 9단 중 6단 취부공 완료)
- 붕괴규모 : 연장 70m, 폭 60m, 깊이 7m(체적 약 29,400m^3)

또한 비탈면 산마루 측구 최상단에서 50~100m 떨어진 상부 자연 비탈면에 인장균열이 발생한 상태이며, 인장균열은 폭 80cm, 깊이 150cm 정도로 발생하였다.

지질 특성 흑운모 편암은 석영과 장석을 주성분으로 하는 우백대와 운모류를 주성분으로 하는 우흑대에 의해 서로 교호된 호상구조에 의한 엽리가 발달하며 이 엽리면을 따라 절리가 상당히 발달되어 있으며, 특히 2차에 걸친 붕괴로 주변 지반이 심하게 느슨해진 상태이다.

[사진 5-10] 3차 붕괴 발생 전경

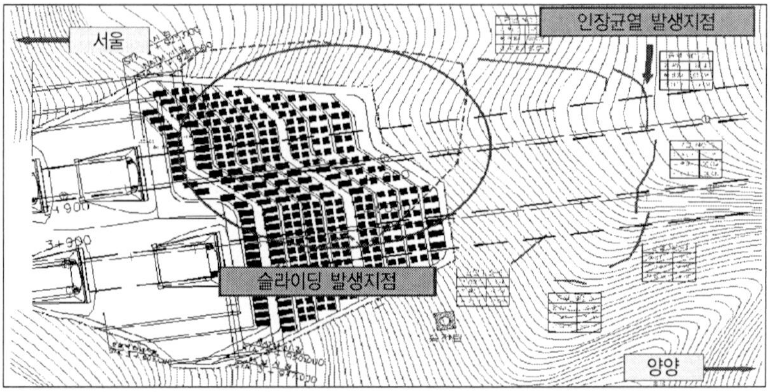

[그림 5-9] 3차 붕괴 발생 현황

[사진 5-11] 3차 붕괴로 인한 어스앵커 파괴 및 인장균열 발생

붕괴 원인분석 갱구사면의 연암층 내 붕괴활동이 가능한 파쇄대가 갱구사면에서 사면정상부까지 전반적으로 분포하고 있다. 즉 슬라이딩 발생원인은 갱구사면 하부의 연암층내에 존재하는 파쇄대층을 따라서 강우로 인한 침투수가 파쇄대층의 전단강도를 저하시켜 비탈면 붕괴가 발생한 것으로 판단된다. 본 사례 비탈면의 대규모 붕괴는 기 설계에서 예상하지 못했던 비탈면 상부에서 하부의 연암층 내에 존재하는 파쇄대층을 따라서 강우로 인한 침투수가 파쇄대층의 전단강도를 저하시켜 붕괴가 발생한 것으로 판단된다.

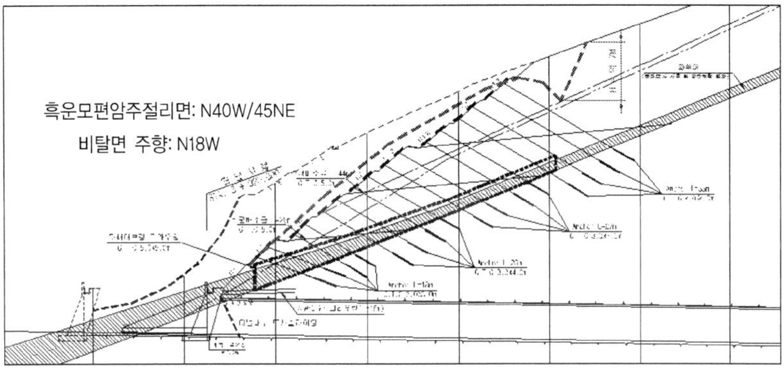

[그림 5-10] 파쇄대 분포특성

보강 계획 비탈면 보강을 위하여 비탈면경사 완화(1:1.5) + 억지말뚝 + 영구앵커의 공법을 적용하였으며, 비탈면하부의 압성토 효과를 위하여 개착터널을 계획하였다. 갱구부 비탈면의 활동이 연암층 내에 존재하는 파쇄대층을 따라 발생한 것으로 판단되어 파쇄대층에 대한 보강그라우팅을 계획하였으며, 터널의 토피고가 낮은 구간은 터널안정을 위하여 그라우팅을 촘촘하게 시공하도록 계획하였다. 지반보강 그라우팅 평면도 및 단면도는 그림과 같다.

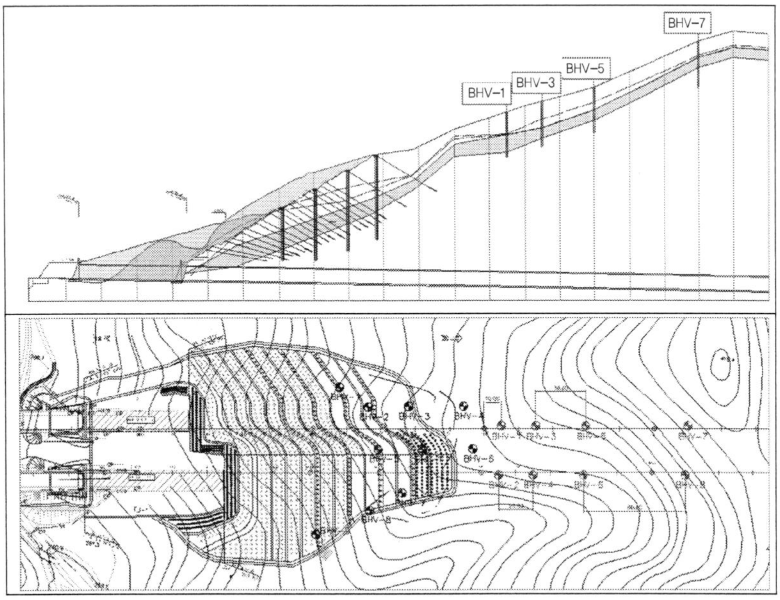

[그림 5-11] 갱구사면 보강계획(단면도 및 평면도)

5.4 안정성 검토와 보강대책

보강 방안

비탈면경사를 1:1.5로 절취하고 억지말뚝(L=29~46m, C.T.C 2.5m) 및 영구앵커(L=32~40m, C.T.C 2.5m)로 보강하는 방안으로서 사면보강과 터널 록볼트의 간섭을 피하기 위하여 하부앵커의 경사를 다양하게 하였으며, 하부에 압성토 효과를 위하여 개착터널(L=45.8m)을 계획하였고, 파쇄대를 따라 흐르는 지하수를 배제하기 위하여 수평배수공을 설치하였다.

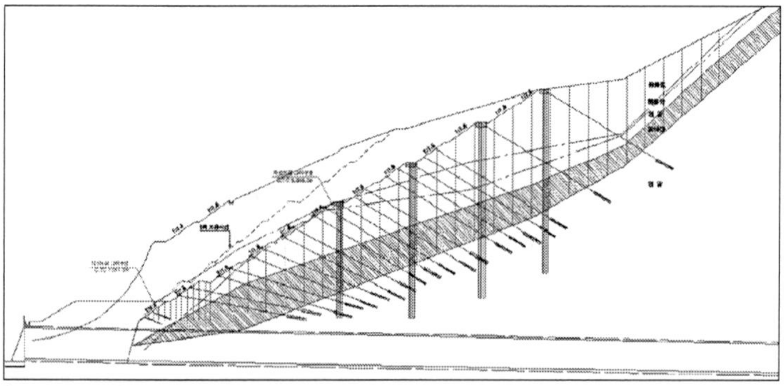

[그림 5-12] 사면 보강대책

한계평형해석 검토

해석을 위한 억지말뚝 및 영구앵커의 제원 및 지반 강도정수는 표와 같다. 파쇄대의 점착력 및 내부마찰각은 활동파괴가 발생한 붕괴구간은 최대 전단강도의 2/3 정도에 해당하는 잔류 전단강도 개념으로 강도정수를 감소시켜 해석에 적용하였으며, 활동파괴가 발생하지 안은 미붕괴구간은 최대 전단강도를 적용시켜 해석에 사용하였다.

[표 5-3] 해석에 사용한 지반특성치

지 층		단위중량 (tf/m^3)	점착력 (MPa)	내부마찰각 (°)	비 고
풍 화 토		1.78	0.018	24	
풍 화 암		2.10	0.021	31.4	
연 암		2.64	0.23	41	
파쇄대	인장균열 내측 사면부	1.90	0.0127	19.5	붕괴구간
	인장균열 외측 사면부	1.90	0.019	28	미붕괴 구간

S = c* + $\sigma \tan\phi^*$ 에서 지반의 전단강도(S)를 2/3로 낮춤.
※ 파쇄대층의 c* = 0.019MPa × 2/3 = 0.0127MPa
※ 파쇄대층의 ϕ^* = tan−1(tanϕ × 2/3) = 19.5°

[표 5-4] 억지말뚝 및 영구앵커의 제원

구 분	억지말뚝	영구앵커
보강재	강관(ϕ508mm, t=12mm) + H−300×300×10×15	영구앵커(ϕ12.7×5)
길 이	29~46m(C.T.C 2.5m)	32~40m (C.T.C 2.5m, 정착장 5.0m)
설계력	$S_{pile} = \tau_{sa} \times A_s = 800 \times 306.8 = 245.4$ tf 여기서, τ_a : 허용전단응력(= 800kgf/cm^2) A_s : 억지말뚝의 단면적(=306.8cm^2)	설계인장력, T_d = 50.0tonf

공사 중 단기안정성 비탈면 안정해석에 있어서 억지말뚝의 저항력은 지반이완이 발생된 현지반 비탈면에 보강이 이루어지므로 전단력만을 고려하였으며, 개착터널 및 압성토 시공 중 갱구사면의 공사 중 단기 사면안정해석결과 안전율은 상부 자연사면의 경우 현 상태에 대해서 우기 시 1.36~1.45로 장기안정 시 설계기준안전율 1.2 이상을 만족하고 있어 추가 보강은 필요치 않을 것으로 판단되며 하부사면의 경우 우기 시 1.15~1.19로 단기안정 시 설계기준안전율 1.0 이상을 만족하고 있는 것으로 평가되었다. 또한 최정상부를 파괴시점으로 하는 활동면에 대해서는 우기 시 1.02로 단기안정시의 설계기준안전율 1.0 이상을 만족하고 있는 것으로 평가되었다.

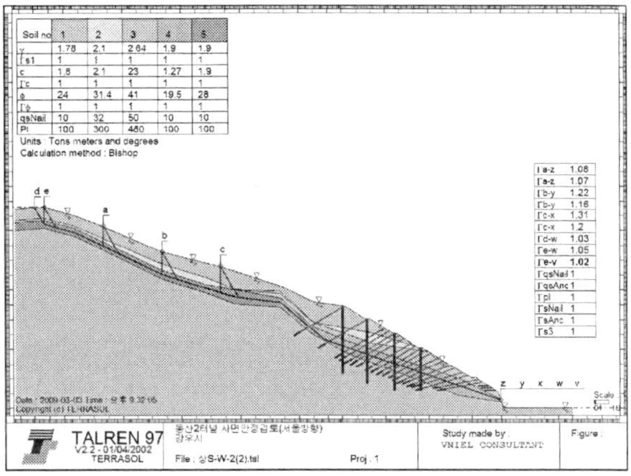

[그림 5-13] 공사 중 단기사면안정성 검토결과

압성토 완료 후 장기안정성 압성토 완료후 갱구사면에 대한 장기 사면안정성 검토를 위해 압성토부 성토사면에 대한 사면안정성을 해석한 결과 우기시의 안전율이 1.22로 설계기준안전율(1.2 이상)을 만족하여 안정한 것으로 나타났으며, 압성토부 상부사면에 대한 사면안정 및 압성토부를 포함한 전체 사면에 대한 사면안정 해석결과 우기시의 안전율이 각각 2.01 및 1.27로서 설계기준안전율(1.2 이상)을 만족하여 안정한 것으로 나타났다. 압성토 이후 압성토면 아래에 위치한 앵커의 경우 앵커력 상실에 따른 유지관리가 불가능한 상태이므로 압성토면 아래에 위치한 앵커력을 0으로 하여 사면안정해석을 검토한 결과 우기 시의 최소 안전율이 1.20으로 설계기준안전율(1.2 이상)을 만족하여 안정한 것으로 나타났다.

보강방안에 대한 한계평형해석결과 설계기준안전율을 만족하는 것으로 검토되었으며, 수치해석에 의한 억지말뚝 구조검토결과 억지말뚝의 발생응력이 허용응력 이내로서 구조적으로 안정한 것으로 검토되었다.

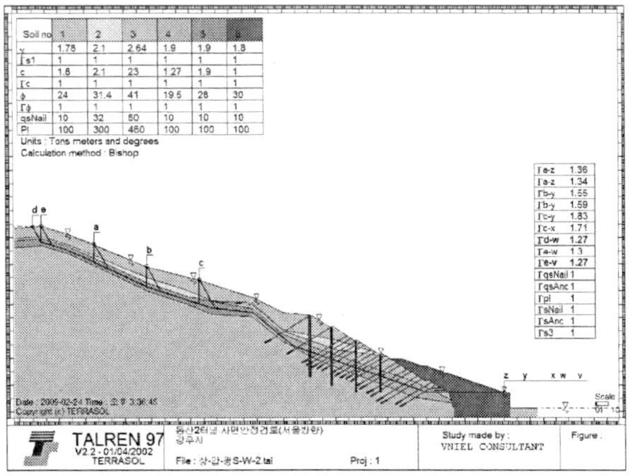

[그림 5-14] 장기 사면 안정성 검토 결과

대절토 갱구사면 붕락

호층구조를 보이는 편암

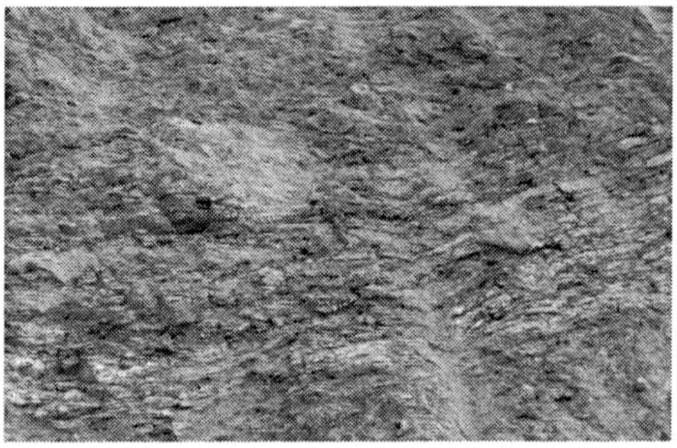
풍화 열화된 엽리구조

완전 풍화된 암반상태

풍화 열화된 엽리구조

풍화 열화된 엽리구조

풍화 열화된 엽리구조

사면붕괴와 어스앵커파괴

사면붕괴와 어스앵커파괴

인장균열과 단차 발생

인장균열과 단차 발생

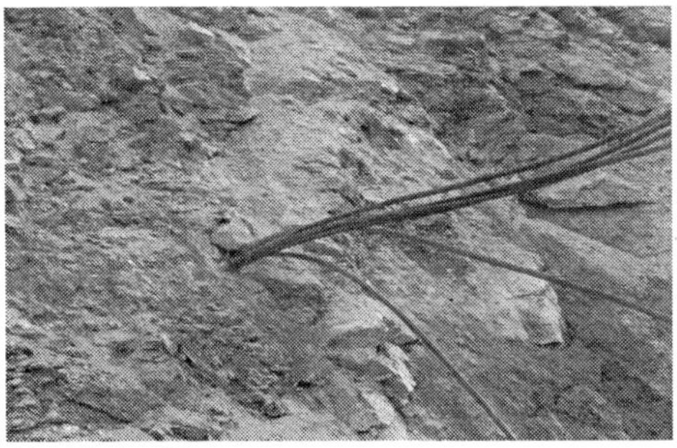

어스앵커 파단

어스앵커 파단

붕괴면에 걸쳐져 있는 앵커

붕괴면에 걸쳐져 있는 앵커

산정상부에 발생한 인장균열

산정상부에 발생한 인장균열

암반사면 문제사례 II
-풍화대 구간에서의 대절토 사면 붕괴

Engineering Problem of Slope in Weathered Rock

본 사례는 풍화대 발달한 편마암지층에서 갱구사면 굴착이후 터널 상부 반단면 굴착 중 예측하지 못한 파쇄대 출현으로 터널내부 과다변위 및 사면에 대규모 인장균열이 발생, 이에 따른 보강대책을 수립하여 안전한 시공이 이뤄지도록 적정공법을 검토하여 사면의 장기적인 안정성을 확보한 사례이다. 엽리와 편리가 발달하고 풍화대가 발달한 지층에서 국부적인 강우에 의한 영향으로 내부에 발달되어 있는 파쇄대가 열화 변질이 진행됨에 따라 2009년 5월 터널굴착작업 터널에 숏크리트 탈락 및 측면변위가 급격하게 증가하고 갱구사면에 상당한 규모의 인장균열이 관찰됨에 따라 터널공사를 중단하고 임시보강조치를 취한 후, 기존 양지터널에 대한 심각한 영향을 차단하고 안전한 터널공사를 위하여 상세지반조사를 실시하여 변상의 원인을 파악, 갱구사면 및 터널에 대한 보강대책을 수립하였다. 본 터널은 갱구사면 붕괴이전 2008년 112월에 파쇄대의 출현으로 인한 붕락사고를 경험한 바 있는 지질리스크가 큰 특성을 가지고 있다.

지질리스크 편리와 절리가 발달한 편마암층(층상암반)에서 풍화심도가 상대적으로 깊고(풍화암반) 암반 내 사면방향으로 발달한 여러 개의 파쇄대가 협재되어 있는(파쇄암반) 다양한 지질리스크가 복합적으로 작용하고 있으며, 이러한 지질 취약요소가 대단면 터널굴착과 집중강우에 의하여 점차적으로 영향을 받아 대규모 사면 변상과 터널 변상을 일으킨 것으로 판단된다. 특히 운행 중인 터널의 안정성에 미치는 영향을 고려해야 하는 경우이다.

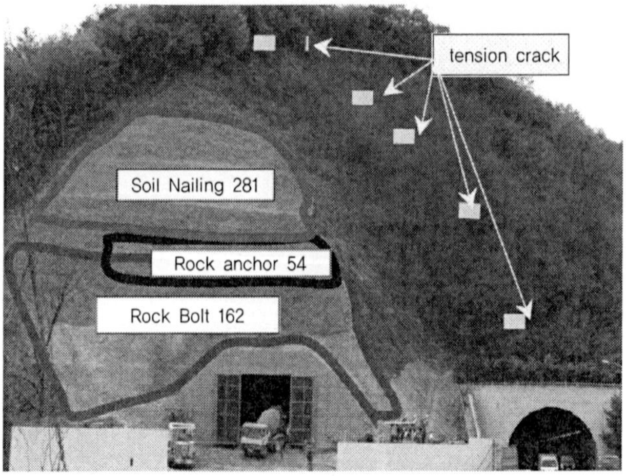

[그림 6-1] 양지터널 갱구사면

6.1 현장개요 및 변상현황

양지터널 개요

신갈~호법 간 확장공사 제2공구에 위치한 양지터널로서 기존 양지터널 옆에 신설되는 4차로 대단면 터널이다. 위치는 경기도 용인군 양지면 일대이다.

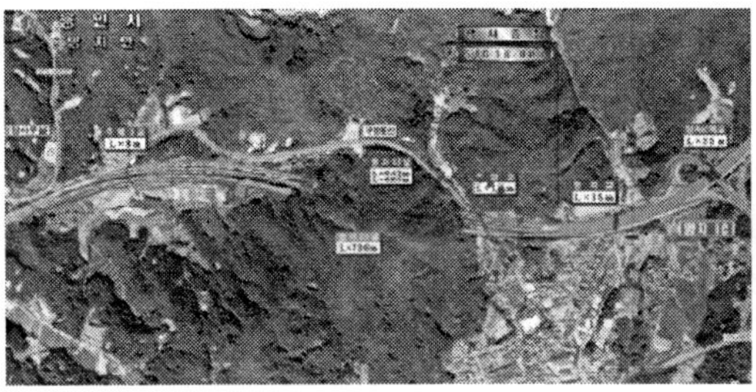

[그림 6-2] 양지터널 위치도

[사진 6-1] 신설 양지터널과 대절토 갱구사면

지질 특성

지질은 경기복합체 편마암인 흑운모 화강암과 흑운모 편마암으로 구성되어 있으며, 흑운모 편마암은 엽리와 편리구조가 잘 발달되어 있으며, 절리 등이 매우 발달하여 상대적으로 풍화변질에 취약한 층을 형성하고 있다. 또한 여러 매의 단층과 관련된 파쇄대가 발달되어 있음을 확인할 수 있다.

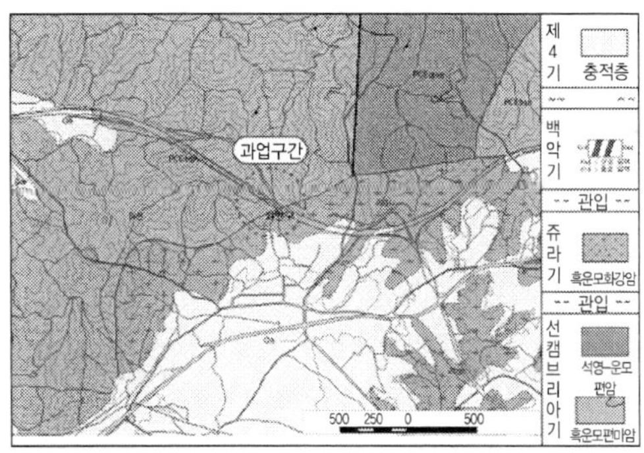

[그림 6-3] 지질도

갱구사면

터널 종점부에 형성된 갱구사면은 연장 약 40m, 최대 높이 약 65m로서 사면경사는 1:0.8~1:1.0의 구배로 이루어져 있다. 지층상태는 주로 풍화토와 풍화암으로 구성되어 있어 네일링과 록앵커 그리고 롤볼트로 보강하여 갱구사면을 보강하였다. 본 사면은 인접하여 기존 양지터널의 갱구사면이 형성되어 있어 신설 양지터널 갱구사면의 안정성 확보가 특히 중요하다고 할 수 있다.

[사진 6-2] 갱구사면

6.2 대절토 갱구사면 변상특성

변상 발생 현황

터널 시공중 국부적인 사면변상이 발생한 것으로 터널 입구부 사면 절취 후 보강공사(록볼트 및 Nailing) 및 숏크리트 타설 후 우측사면부의 균열이 최초에 발생하였다. 터널굴착 후 1개월 경과 후에 터널 전면부 절취사면부에 균열이 발생 하였는데 이는 터널 상부지반인 편마암이 매우 심한 풍화상태의 연약대로 터널굴착의 영향이 상부로 전이되어 사면에 균열이 발생되었다. 대책 공법으로 사면 전면부에 압성토 보강이 시공되었다. 갱구 사면구간은 화강편마암과 석영-운모편암, 화강암이 접하는 경계부 지역으로 3개의 단층 파쇄대 발달로 지반교란이 심하고 단층과 편리의 방향이 사면절취방향과 동일하게 분포하여 지질적으로 불리한 여건을 형성하고 있다. 갱구위치가 지형적으로 능선부에 위치하나 기존 터널이 위치하는 북측은 급경사이고 피복두께가 낮아 편토압으로 하중 불균형이 발생하고 남측은 기반암, 북측은 토사층이 분포하는 복합지층구간이다. 지층경계면에 파쇄대가 발달하여 터널굴착으로 지반이완이 지표에 전이되어 사면과 터널 내부에 균열 및 변위가 발생된 상태이다.

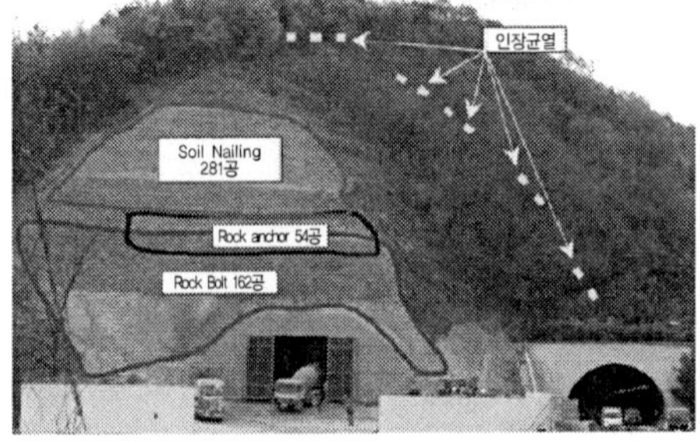

[그림 6-4] 대절토 갱구사면 변상

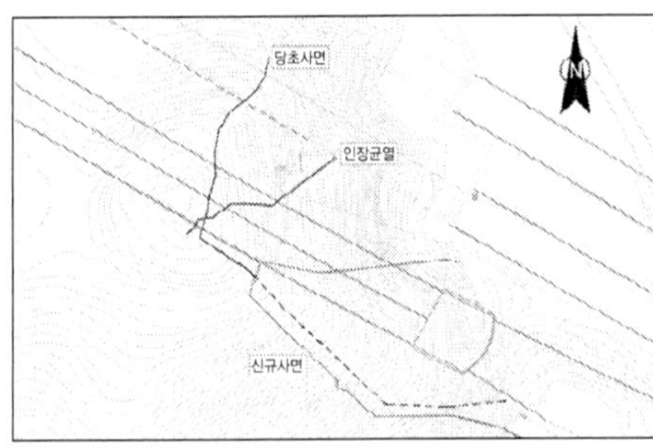

[그림 6-5] 대절토 갱구사면 균열발생

[사진 6-3] 사면 및 터널 변상

상세 지반조사

전기비저항 조사 사면 내 균열상태와 지질구조대 분포 파악을 위하여 탐사가 가능한 사면소단을 이용하여 5측선을 탐사하였다. 편마암은 심부(지표 하 20~30m)까지 풍화가 진행된 상태이고 편마암 내 2,000 Ω-m 이상의 고비저항을 보이고 있는 것은 단층대 내에 관입한 암맥으로 판단된다. 지표상에 관찰되는 인장절리와 고비저항대가 일치하고 있으며 측선 L-1인 능선 상부지역은 터널과 직교하는 구조대와 사면부는 신설터널과 기존 터널 사이에 사교하는 2매의 구조대가 발달하는 것으로 분석되었다.

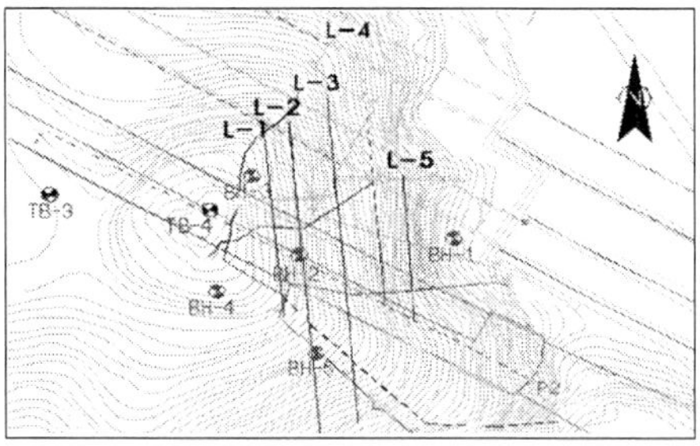

[그림 6-6] 조사위치도

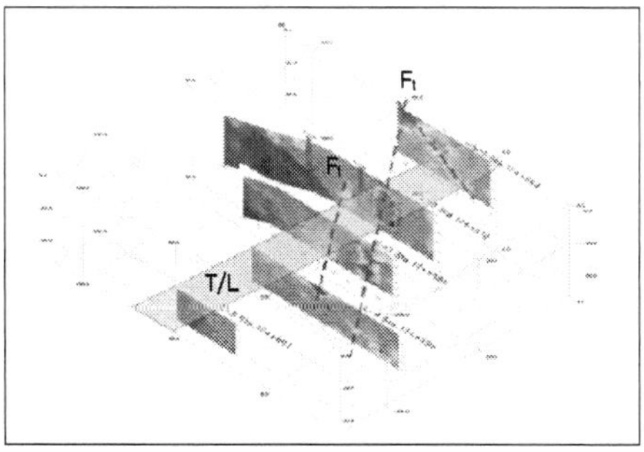

[그림 6-7] 전기비정항 조사결과

불연속면과 파쇄대 분석 주절리인 J1은 편리의 방향성이 일정하지 않고 위치에 따라 다소 불규칙적으로 분포하며 이는 터널종점부에 분포하는 화강암체의 관입과 암체 경계부에 발달하는 남-북 방향의 단층대의 영향으로 편마암의 교란에 따른 것으로 조사되었다. 전기비저항탐사에서 나타난 단층대와 동일하게 발달한 지표부의 인장균열을 기준으로 시추공 조사결과, 편리와 평행한 절리면 J1은 43~74/ 032~078의 방향성을 가지므로 지표상에 관찰되는 노두의 방향성과 일치하고 있는 것으로 분석되었다. 인장균열에 인접한 시추공은 주절리의 방향이 불규칙적이나 부절리의 방향성은 인장균열외측의 주절리와 동일한 방향성을 나타내고 있다. 대규모 파쇄대의 방향성은 터널종점부와 기존터널 방향으로 발달하고 연장성이 양호한 3개의 파쇄대가 발달하며, 이는 주편리 방향과 동일하며 사면절취 및 굴착터널의 변위발생으로 인하여 사면내 수직으로 발달하는 지질구조대에 영향을 주어 터널내 균열이 발생된 것으로 분석되었다.

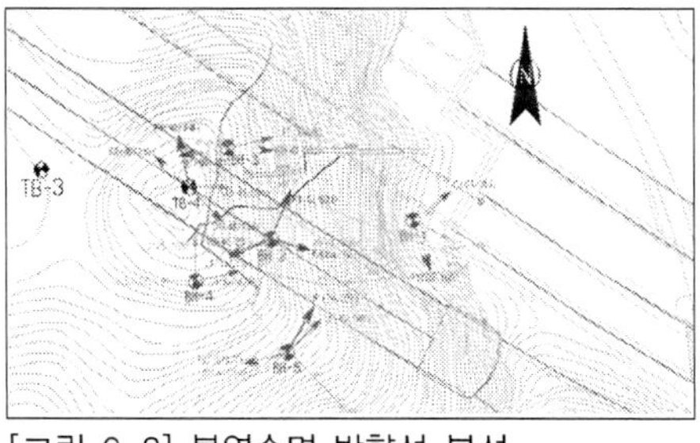

[그림 6-8] 불연속면 방향성 분석

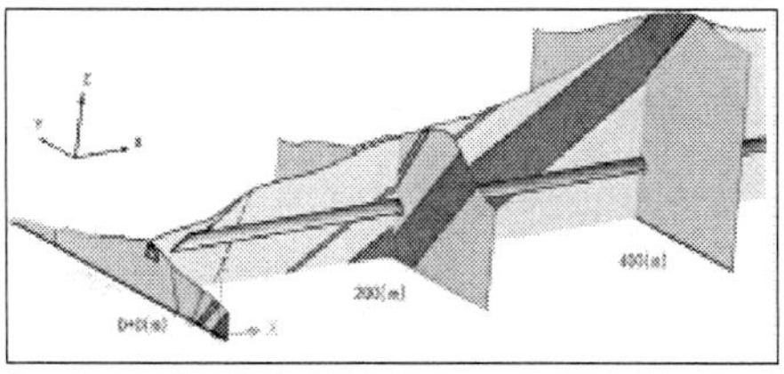

[그림 6-9] 파쇄대 분석

6.3 변상원인 분석

계측 결과 분석

사면 변위 사면 내부의 변위 발생과 파쇄대와의 연관성을 파악하기 총 3개의 지중경사를 측정하였다. 변위의 발생은 파쇄대를 중심으로 사면의 경사방향으로 발생하고 있음을 확인하였다.

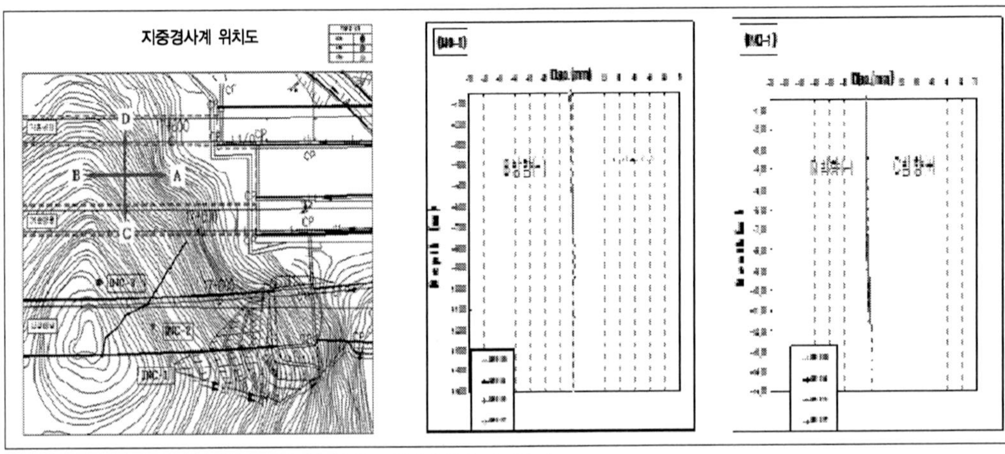

[그림 6-10] 지중경사계를 이용한 사면 지중변위측정 결과

터널 변위 보강작업으로 인하여 계측기 대부분이 망실되어 STA.17+620 지점의 계측기를 중심으로 계측을 실시하였다. 그림에서 보는 바와 같이 사면균열 발생 후 지속적으로 변위가 증가하였으나 터널 내 응급보강 후에 변위가 수렴하는 경향을 보였다. 천단변위와 좌측선 내공변위보다 우측선의 내공변위와 수평변위가 상대적으로 크게 발생한 것은 파쇄대의 방향에 따른 편토압의 영향으로 분석되었다. 계측결과 분석을 통하여 사면 내부변위와 터널변위 발생은 사면내 발달한 파쇄대의 분포특성과 밀접한 연관성이 있음을 확인하였다.

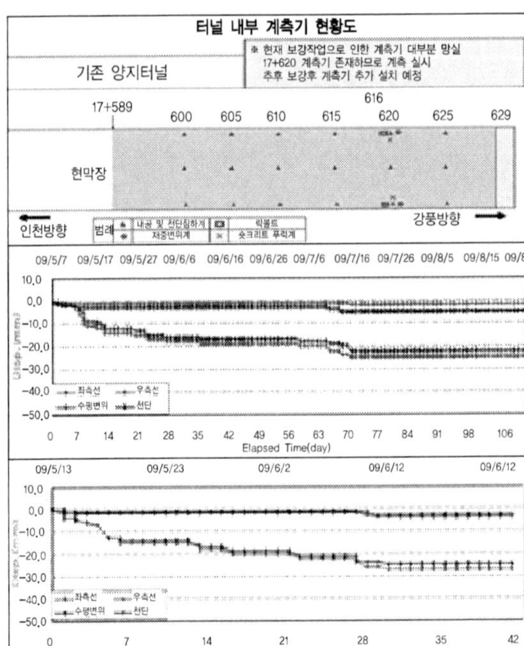

[그림 6-11] 터널 계측결과

변상발생원인 분석

단층 파쇄대 분포 지반조사결과 결과 다수의 파쇄대가 신규 터널과 기존 터널 사이에 고각(70°)으로 분포하고 현재 인장균열 발생위치와 동일한 것으로 분석되었다. 시추조사와 시추공 영상촬영에서 확인된 파쇄대와 터널굴착 시 확인된 막장면 불량구간과 일치하는 것으로 분석되었다.

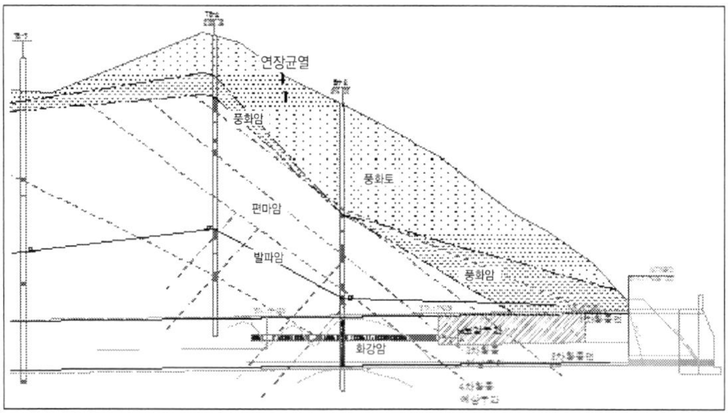

[그림 6-12] 지반조사결과에 의한 지층 및 파쇄대분포특성

[사진 6-4] 터널내 확인된 파쇄대

강우 영향 국지성 강우(시간당 최고 강우량이 최초 13.4mm이고 2일후 26.5mm, 4일후 34.1mm) 지속되는 동안에 사면변상과 터널과다변위를 발생시키는 주요 원인으로 분석되었다. 즉 국지성 강우 발생 전 안정화된 상태를 유지하다가 국지성 강우 발생 직후, 시간당 강우량의 증가와 더불어 추가적인 변위가 강우와 일치하여 발생하였다. 터널굴착 후 내부변형이 발생하고 사면 능선부 및 전면에 대규모의 인장균열이 발생한 것은 편마암 내에 발달하는 단층파쇄대를 따라 강우가 침투하면서 사면활동이 발생한 것으로 조사되었다. 또한 시추조사결과 지하수위가 파쇄대 상위에 사면방향으로 동수경사를 유지하고 있었고 강우발생 이후에 급격한 변위가 나타난 것은 수위가 증가하면서 파쇄대 내 간극수압 증가에 따른 영향으로 분석되었다.

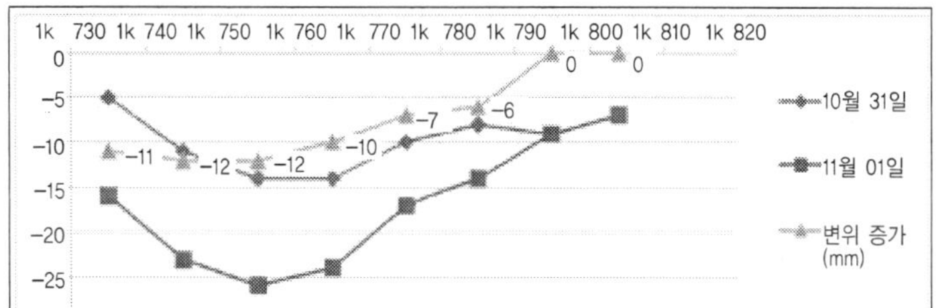

[그림 6-13] 강우 전후의 변위 발생 특성

6.4 터널 안정성해석 및 보강

터널 안정성 해석

터널 미굴착 구간에 천단부 대구경 강관보강그라우팅을 시공하고 측벽은 록볼트로 보강하는 조건상에서 안정성 검토 결과, 사면 절취 전 터널 시공 시 변위 및 록볼트 축력이 허용치를 만족하지 못하는 것으로 해석되었다. 터널굴착 전 터널 상부토괴를 절취로 인한 사면의 안정성을 증가시키고 하중을 경감에 따른 터널 안정성을 검토하였다. 사면 10m 굴착시의 안정성 검토결과 상반굴착시 안정성은 확보되나 최종 굴착은 록볼트 축력이 허용치를 만족하지 못하며, 최종 사면 절취면인 연직고 20m 절취 후에는 전단면(최종) 굴착 후에도 변위 및 부재력이 허용치 이내로 안정성을 확보 할 수 있을 것으로 해석되었다

[표 6-1] 터널 2차원 안정성 해석

현상태		사면 10m 절취 시		사면 20m 절취 시	
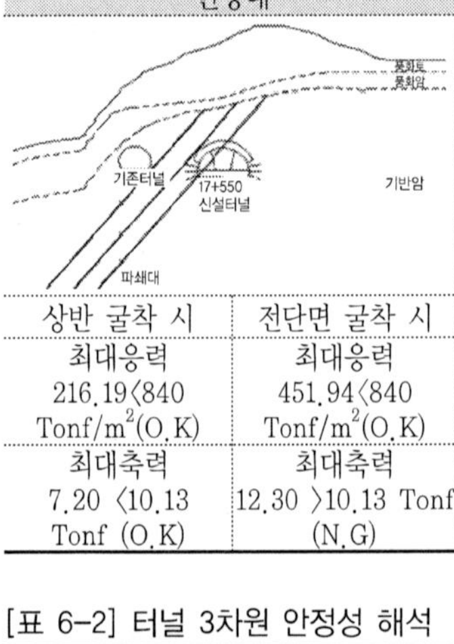		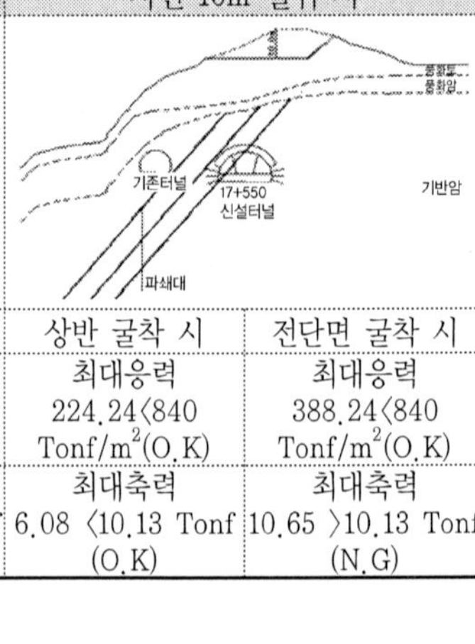			
상반 굴착 시	전단면 굴착 시	상반 굴착 시	전단면 굴착 시	상반 굴착 시	전단면 굴착 시
최대응력 216.19〈840 Tonf/m^2(O.K)	최대응력 451.94〈840 Tonf/m^2(O.K)	최대응력 224.24〈840 Tonf/m^2(O.K)	최대응력 388.24〈840 Tonf/m^2(O.K)	최대응력 242.82〈840 Tonf/m^2(O.K)	최대응력 324.26〈840 Tonf/m^2(O.K)
최대축력 7.20 〈10.13 Tonf (O.K)	최대축력 12.30 〉10.13 Tonf (N.G)	최대축력 6.08 〈10.13 Tonf (O.K)	최대축력 10.65 〉10.13 Tonf (N.G)	최대축력 5.54 〈10.13 Tonf (O.K)	최대축력 9.56 〈10.13 Tonf (O.K)

[표 6-2] 터널 3차원 안정성 해석

현상태(사면 미굴착)		사면 굴착 완료 후		지표면 변위	
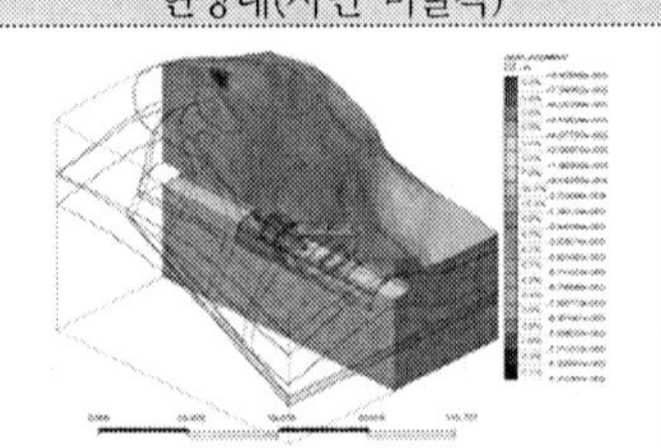		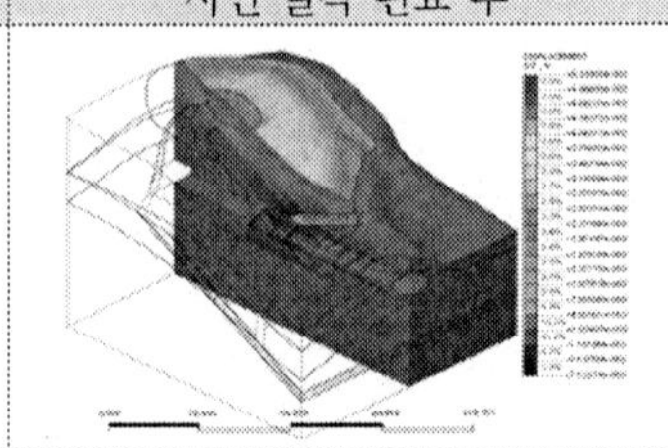		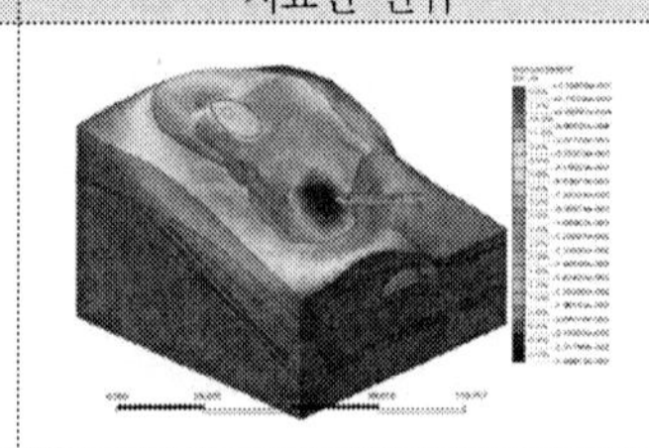	
상반 굴착 시	내공변위	전단면 굴착 시	내공변위	사면 굴착 전	사면 굴착 후
최대응력(S/C) 1,043 〈840.0 Tonf/m^2(N.G)	수평변위 1.78〈30.0mm	최대응력 (S/C) 818.86〈840 .0 Tonf/m^2(O.K)	수평변위 2.13〈30.0mm	수평변위 12.04mm	수평변위 24.56mm)
최대축력(R/B) 3.29〈10.13 Tonf(O.K)	연직변위 11.24〈20.0mm	최대축력 (R/B) 1.51 〈10.13 Tonf(O.K)	연직변위 7.27〈20.0mm	연직변위 13.33mm	연직변위 6.08mm

터널 보강방안

종점부 기굴착 구간에 대한 보강방안 강지보재(H100×100×6×8)와 측면부 록볼트(L=7.0m)를 추가하고, 각부하부에 Foot Pile(강관다단그라우팅, L= 6.0m) 추가하도록 하였다. 또한 잔여 미굴착 구간(36m)중 암질이 양호한 18m 구간은 상부 반단면 굴착하고, 파쇄대를 포함한 암질 불량한 18m 구간은 강단그라우팅으로 보강후 CD 분할 굴착을 적용하였다.

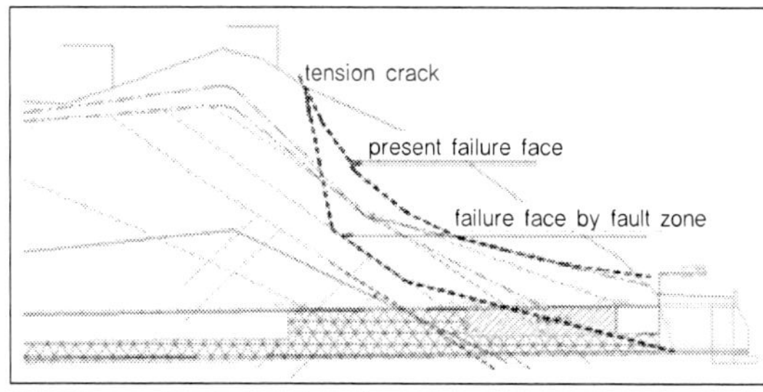

[그림 6-14] 터널보강구간

파쇄대 구간 통과방안 복합시공으로 보강력을 확대하기 위하여 터널 양쪽방향에서 대구경 강관다단그라우팅을 교차하도록 보강하였다. 표에서 보는 바와 같이 대구경강관의 길이 및 시공각도에 따른 방안을 검토하였으며, 최종적으로 L=15와 L=12를 15°로 시공하는 방안을 선정하였다.

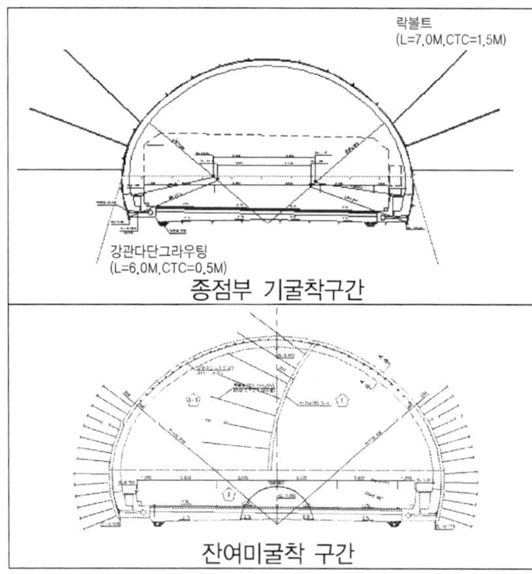

[그림 6-15] 터널 보강방안

[표 6-3] 파쇄대 구간 통과 방안

1안 / 대구경 다단 (L=15m, ∠=15˚, L=10m, ∠=15˚)	2안 / 대구경 다단 (L=15m, ∠=15˚, L=12m, ∠=5˚)	3안 / 대구경 다단 (L=10m, ∠=15˚, L=6.5m, ∠=15˚)
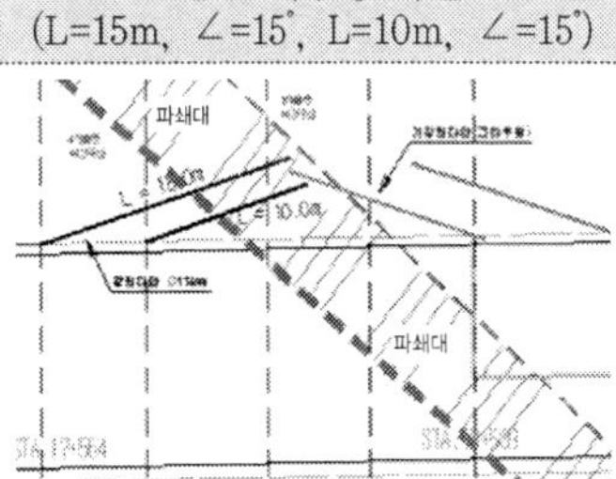	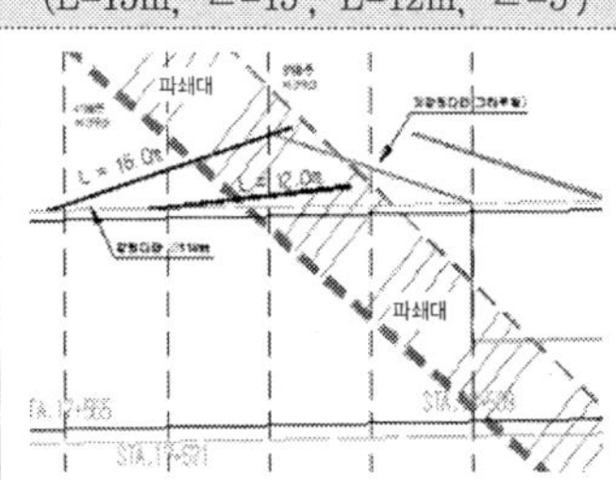	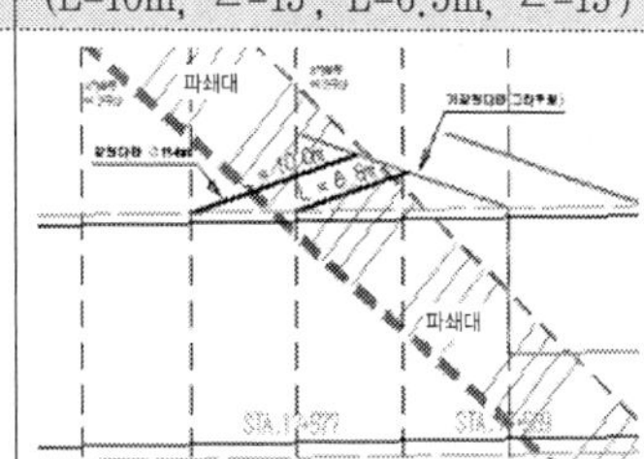
◦터널 외부 보강과 천단부 붕락방지를 위한 복합시공으로 보강력 확대 ◦시공성 양호 ◦STA.17+571부터 분할 굴착 시 천단부 추가 보강 불필요	◦터널 외부 보강과 천단부 붕락방지 위한 복합시공으로 보강력 확대 ◦저각(5˚) 시공에 따른 시공성 불리 ◦STA.17+571부터 분할 굴착 시 천단부 추가 보강이 불필요	◦파쇄대 구간 강관다단그라우팅 중첩 시공으로 보강 효과 양호 ◦강관 길이 짧아 안정성 확보 다소불리 ◦ STA.17+571부터 분할 굴착 시 추가 보강 필요

6.5 대절토 갱구사면 보강대책

안정성 해석

갱구사면에 분포하는 풍화토는 원호형 활동에 의한 인장균열이 발생하였으므로 강도정수 산정 시 현재 파괴된 인장균열부를 가지고 역해석을 실시하여 강도정수 값을 산정하였다. 역해석시 현사면의 붕괴활동면은 풍화대에서 형성되어 해석시의 기준안전율을 0.90~0.99의 범위로 보아 산정하였으며, 해석적용된 물성치는 다음과 같다.

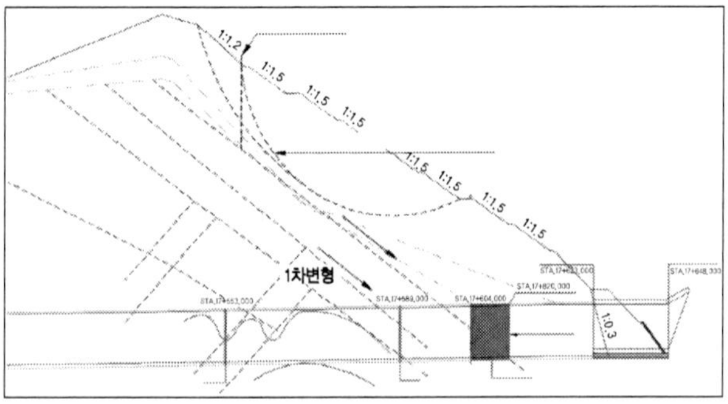

[그림 6-16] 풍화토의 원호파괴

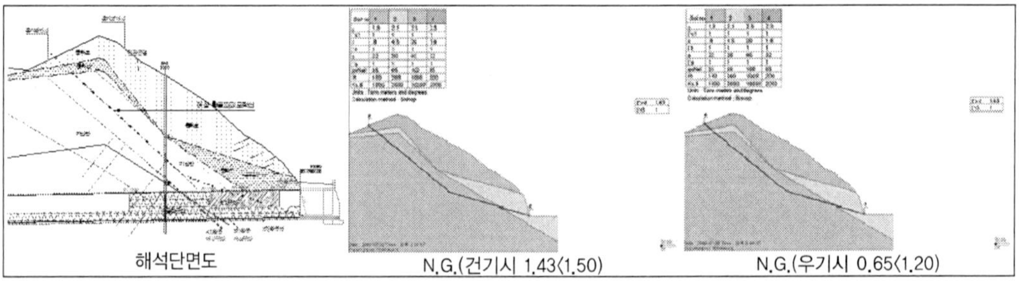

[그림 6-17] 현상태 해석결과

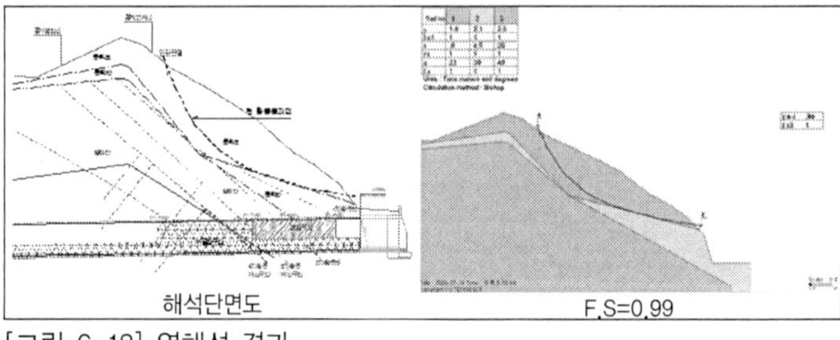

구분	$\gamma_t(tf/m^3)$	$C(tf/m^2)$	$\phi(°)$	비 고
풍화토	1.9	0.8	23	역해석
풍화암	2.1	4.5	30	지반보고서
연 암	2.5	2.0	40	지반보고서
불연속면	2.3	1.8	32	역해석

적용지반강도 정수

[그림 6-18] 역해석 결과

대규모 변상이 발생한 갱구사면에 대한 보강방안으로 사면구배를 완화(1:1.5)하고 영구앵커와 마이크로 파일로 보강하는 대책안을 수립하였다. 보강된 갱구사면에 대한 안정성 해석 결과, 건기 및 우기 시 모두 안정성을 확보하는 것으로 분석되었다.

보강 대책

균열이 발생하여 지지력을 상실한 갱구사면에 대한 보강방안으로 먼저 상재하중을 제거하여 사면 활동력 감소을 감소시키고, 길이 17~29m(16열)의 영구앵커로 사면 안정성 확보하였다. 또한 갱구사면의 원호파괴예방을 위한 수직보강으로 L=15m(2열)의 마이크로파일을 적용하였다.

[표 6-4] 갱구사면 보강방안 비교

1안 구배완화(1:1.5)+Anchor +Micro Pile	2안 구배완화(1:1.5)+억지말뚝 +Anchor+Micro Pile	3안 활동면완전제거+사면구배(1:1.2) +Anchor+Rock Bolt
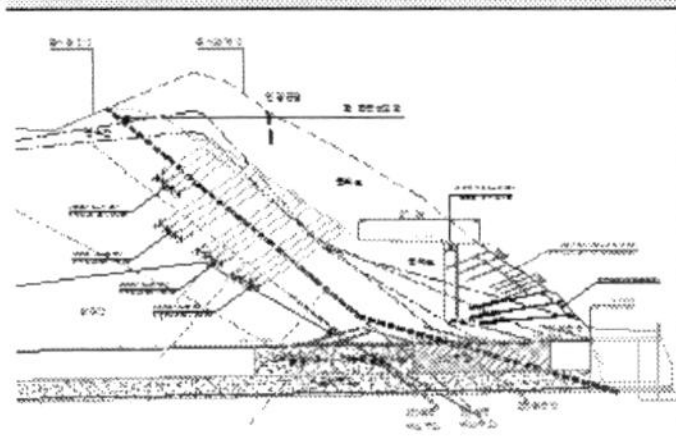	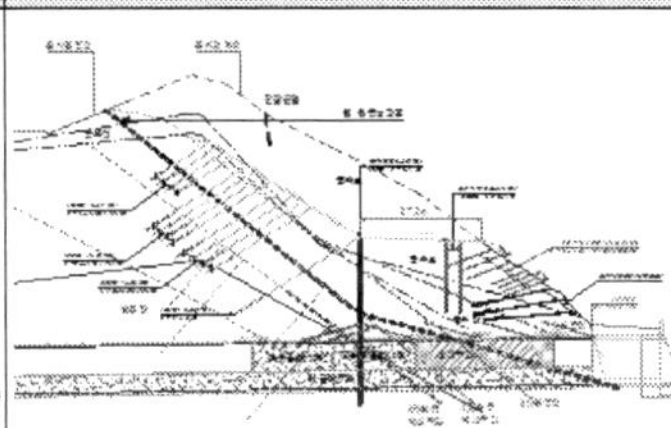	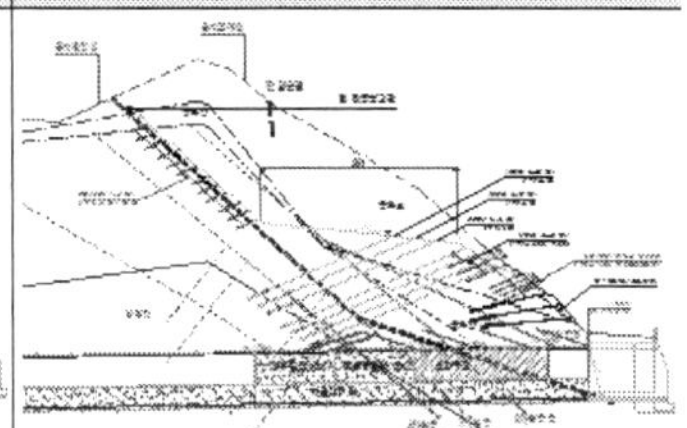
· 상재하중 제거로 사면 활동력 감소 사면구배 :1.5, 절취량 38,587m^3 · 영구앵커로 사면 안정성 확보 앵커길이 17~29m(16열) · 원호파괴예방을 위한 수직보강 마이크로파일 L=15m(2열)	· 상재하중 제거로 사면 활동력 감소 사면구배 :1.5, 절취량 38,587m^3 · 억지말뚝/영구앵커로 사면안정성 앵커길이 17~35m(13열) 말뚝길이:L=35m · 원호파괴예방을 위한 수직 보강 마이크로파일 L=15m(2열)	· 상재하중 제거로 사면 활동력 감소 사면구배 :1.2, 절취량 65,000m^3 · 록볼트로 상부사면 안정성 확보 록볼트:L=5m(12열) 네일:L=8~10m(7열) · 하부 사면은 영구앵커 시공 앵커:L=35~45m(7열)

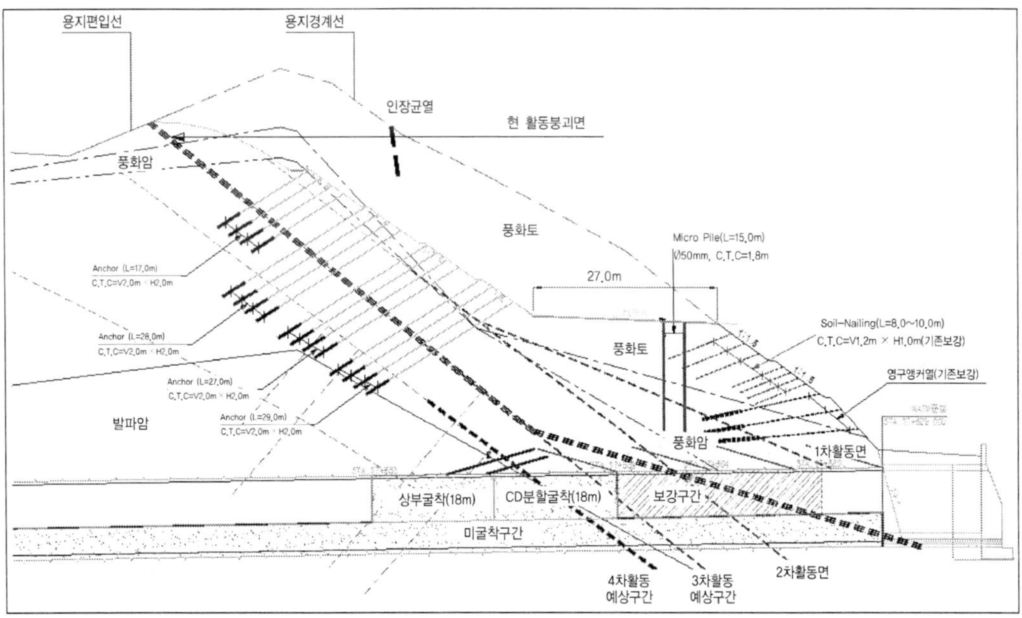

[그림 6-19] 갱구사면 보강방안

대절토 갱구사면 붕락 및 보강

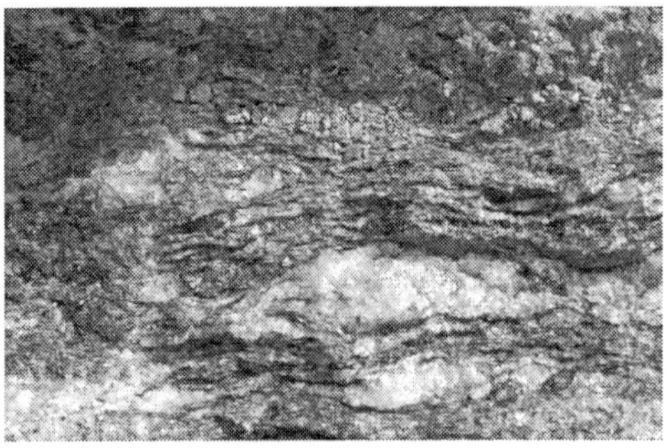
편리구조를 보여주는 편마암

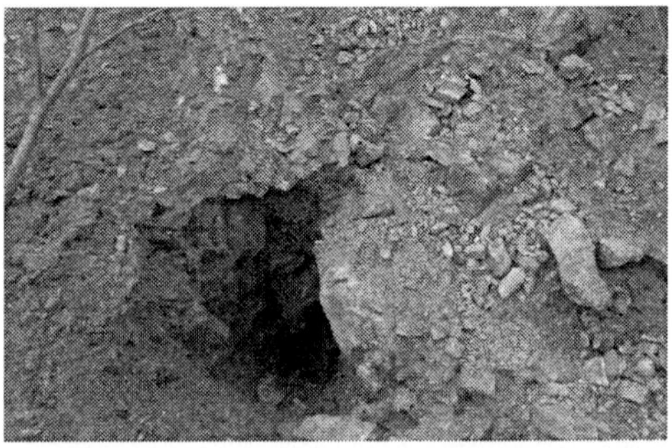
풍화변질된 편마암

시공 중 터널붕락

층상구조를 보이는 편마암

앵커로 보강된 갱구사면

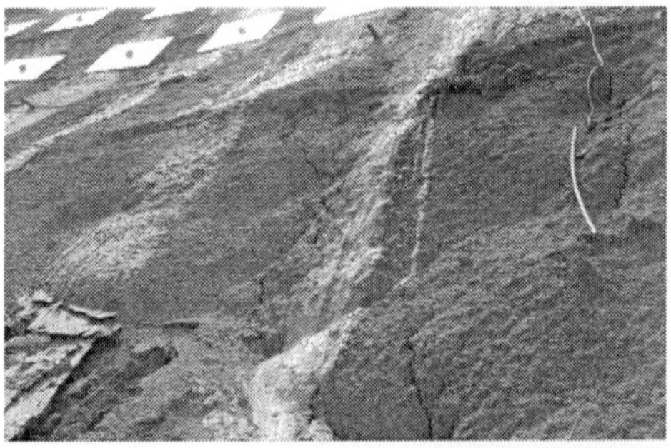
갱구사면에 발생한 변상(균열)

갱구사면에서 관찰된 인장균열

갱구사면에서 관찰된 인장균열

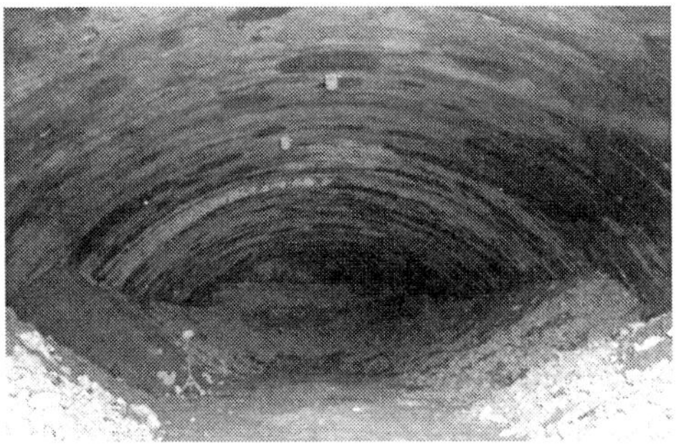
인장균열과 단차 발생

인장균열과 단차 발생

앵커시공을 위한 절취

영구 앵커시공

앵커시공을 위한 천공(많은 공동이 관찰)

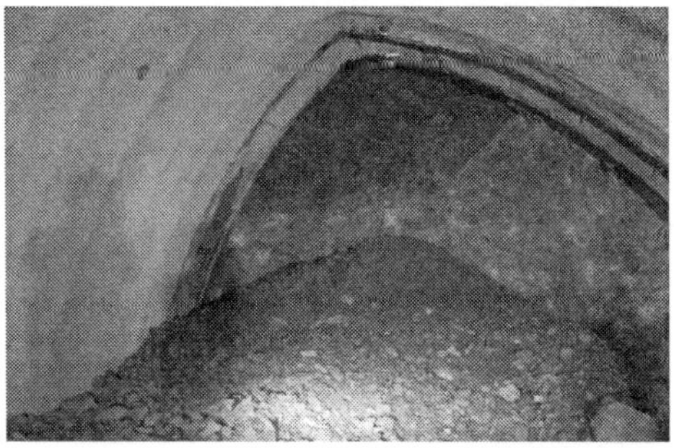
터널막장에서 관찰된 파쇄대

기존 양지터널과 신설 양지터널

산정상부에 바라본 신갈안산고속도로

대규모 지하공동설계 및 시공사례

Large Underground Space with Fracture Zone

경북 경주시 양북면 봉길리 일원 약 210만m^2에 중·저준위 방사성 폐기물 총 80만 드럼을 처분하기 위한 시설 중 현재 1단계 사업으로 10만 드럼을 처분하기 위한 시설을 지하에 건설 중에 있다. 이러한 지하공간에 건설 중인 동굴처분시설은 EL(-)80m~(-)130m에 사일로 형태의 6개의 처분고를 건설하여 총 10만 드럼을 처분할 수 있으며 지하에 시공 중인 사일로(처분동굴)는 상부 직경이 30m 정도인 Dome 형상의 대규모 지하공동이다. 2008년 8월 방폐장 공사가 시작된 후 30개월의 공기연장을 거쳐 현재 모든 동굴과 사일로의 굴착공사가 완료된 상태이다.

[사진 7-1] 경주 방폐장 조감도

지질 리스크 본 공사는 당초 지반조사와는 달리 굴착 중 다수의 연약파쇄대가 확인되고, 동굴굴착 중 다량의 지하수가 용출됨에 따라 불량한 암반 중에 방폐장이 건설된다는 안전성에 대한 우려가 제기되기도 하였으나, 체계적인 지반그라우팅으로 지하수를 차단하고 불량 암반에 대한 보강공사를 통하여 대규모 지하공동의 안정성을 확보하였다.

[사진 7-2] 사일로 형태의 대규모 지하공동

7.1 현장개요 및 현황

현장 개요

경주 방사성 폐기물 처분장 지하처분시설의 개요는 다음과 같다.

- 사업명: 중저준위 방사성폐기물 처분시설 1단계 건설사업
- 위　치: 경북 경주시 양북면 봉길리
- 면　적: 약 210만m^2
- 시설규모: 1단계10만 드럼(총 80만 드럼)
- 처분방식: 동굴처분
- 주요시설: 지상시설-인수저장건물, 폐기물건물, 지원건
  지하시설-건설동굴, 운영동굴, 처분동굴(사일로)등

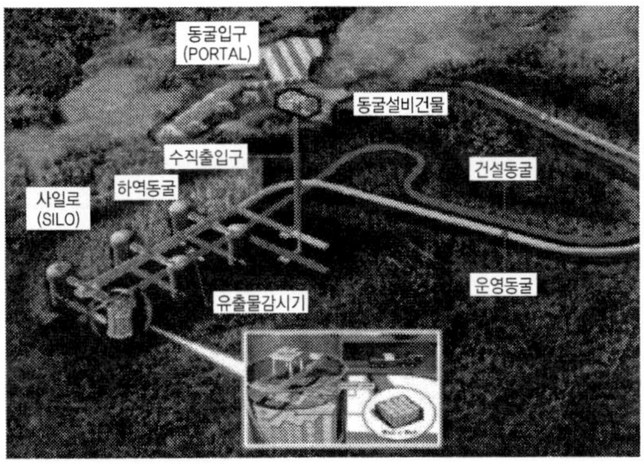

[그림 7-1] 방폐장 구성

지하시설 현황 방사성 폐기물 처분장 지하처분시설은 크게 처분시설 및 처분시설 공사를 위한 건설동굴, 방사성폐기물을 처분고에 운반하기 위한 운영동굴 및 방사성폐기물이 최종으로 처분되는 처분고로 이루어져 있다. 건설동굴은 처분장 건설을 위한 터널로 총 연장 1,950m이며, 가로 8m, 높이 7.5m의 마제형의 터널로 공사장비와 차량이 교행할 수 있는 공간을 확보하여 효율적으로 공사를 진행할 수 있도록 하며 비상시에는 탈출로로 이용된다. 운영동굴은 총 연장 1,415m로 방사성폐기물을 지상으로부터 지하처분장으로 운반하기 위한 통로이며, 건설동굴과 같은 크기로 각종 시설물 설치 및 처분용기 수송차량의 원활한 주행을 위한 공간을 확보하고 있다.

[그림 7-2] 방폐장 입구

[사진 7-3] 방폐장 현장

7.2 대규모 지하공동의 특징

지하 대공동 지하 저장공동, 지하발전소, 방사성 폐기물 처분시설 등의 대규모 지하공간은 공동의 크기가 일반터널의 10~20배 정도로 대규모이기 때문에 기존 중·소규모 터널에서 적용해 온 설계 시공방법을 그대로 적용하는 것은 바람직하지 않다. 굴착단면이 상대적으로 큰 대규모 지하공동은 일반적으로 공사기간이 길며 장기간에 걸쳐 공동 상부로부터 단계별로 굴착시공이 이루어지며 굴착 단계마다 공동 주변 암반에서 응력재분배가 발생되어 굴착이 종료한 후에도 변화하는 경향이 있다. 공동의 안정성은 굴착규모와 파쇄대, 절리 등 불연속면 특성에 주로 영향을 받으며, 공동의 응력해방 거동으로 인해 불연속면의 방향·연속성에 따라 지하공동의 안정성이 큰 문제가 되는 경우도 있으므로 암반 초기응력, 불연속면 특성분석과 병행하여 응력해방 메커니즘을 충분히 고려해야 한다.

[사진 7-4] 지하대공동

대규모 지하공동 공동의 안정성 측면에서는 기존 중·소규모 터널에 비해 불리하지만 상대적으로 밀도가 높은 상세지질조사를 통해서 이러한 문제점을 극복할 수 있다. 개략적인 공동의 위치가 결정되면, 시추조사나 물리탐사 이외에도 조사갱을 굴착하여 상세조사를 수행하는 경우가 많다. 파쇄대 등 불연속면 우세방향 등의 정보는 사전분석이 가능하며 외력으로 작용하는 초기 지압의 크기와 방향도 측정되는 것이 일반적이다. 이들의 정보에 따라서 단면의 형상이나 공동의 축방향이 검토된다. 대규모 지하공동은 기본적으로 지질조건이 양호한 곳에 위치를 선정하는 것이 원칙이며, 주변에 대규모 파쇄대나 용수대가 존재하고 있는 경우에는 가능한 한 이들과 조우하지 않도록 하고 주변 구조물과의 조화를 고려하여 공동 위치를 조정하는 것이 바람직하다.

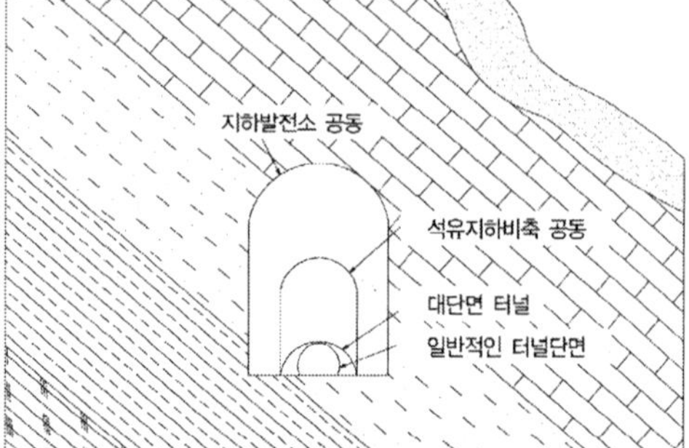

[그림 7-3] 지하공동의 규모와 암반의 상호관계

지하공동의 단면형상 지하발전소의 경우와 같이, 필요한 내공으로부터 세로로 긴 형상이 일반적이기 때문에 측벽부의 안정이 중요한 요소이다. 일반적인 형상은 응력재분배를 고려하여 측벽부에 곡률을 준 난형, 불필요한 공간을 적게 하기 위해 측벽을 수직으로 한 버섯형, 탄두형 등이 있지만, 지하공간이 건설되는 위치에 대한 지질, 지압 등의 원지반 특성을 고려하여 역학적, 경제적으로 가장 유리한 단면을 선정하여야 한다.

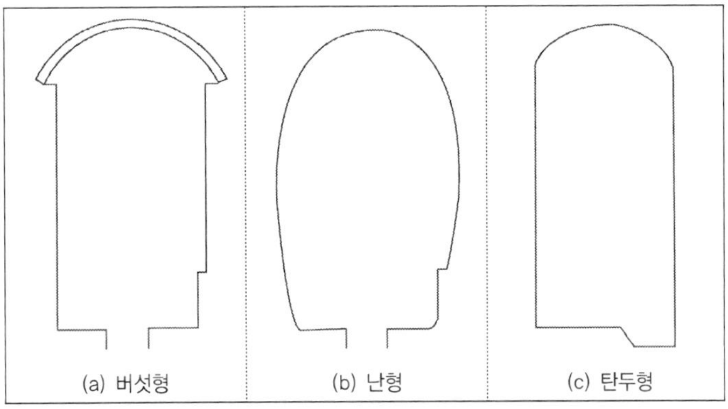

[그림 7-4] 대표적인 지하 공동형상

보강설계 및 시공특성 굴착시 공동의 안정성을 확보하는 방법으로는 주변암반을 보강하여 안정성을 확보하기 위한 지보재인 록볼트와 숏크리트가 주로 이용되고 있으며 대단면의 경우에는 PS 앵커 및 케이블볼트가 추가 시보새로 직용된다. 암반 보강공의 설계방법으로 연속체해석을 적용하는 경우에는 FEM 굴착안정해석, 슬립라인 해석, 공동 이론해 등을 적용할 수 있으며 불연속체해석을 적용하는 경우에는 개별요소해석, 키블록 해석 등을 수행한다. 대규모 지하공동의 시공방법은 천단의 아치부분을 굴착한 후 본체부분을 벤치컷으로 단계별로 굴착해 내려가는 것이 일반적이다. 공동의 높이가 클수록 하부 굴착 진행시 공동 하부의 안정성에 문제가 생기지 않도록 각 벤치마다 필요한 대책을 수립하여야 하며 주변지반의 거동에 세심한 주의를 기울일 필요가 있다. 따라서 시공의 각 단계에 있어서 지질, 지반거동을 관찰·계측하고 그 결과를 분석하여 설계 및 시공에 반영시키는 정보화 설계 및 시공이 중요한 요소이다. 분석결과를 토대로 필요에 따라 적절한 대책을 강구함으로써 대규모 지하공동의 굴착 안전성 및 경제성 확보가 가능하게 된다.

[사진 7-5] 대규모 공동 굴착

7.3 대규모 지하공동의 설계방법

설계 고려사항

대규모, 대심도 조건의 구조물 설계 및 시공은 그 사례가 적기 때문에 대규모 지하구조물의 안정성은 경험적인 방법에 의한 평가의 적용성이 매우 제한적이며 대심도, 대규모 건설 부지에 대한 상세한 3차원적 지질정보를 사전에 확보할 수 없는 문제점을 안고 있다. 또한 다수의 벤치 및 분할 굴착에 의해 대단면을 단계적으로 굴착하는 공법을 적용하기 때문에 시공의 진행과 함께 단면형상이 변화하므로 이미 굴착이 완료된 영역에 재접근이 어렵게 되고 필요시 지보공을 추가하는 경우에는 많은 비용과 대폭적인 공기연장을 필요로 한다. 이러한 문제점을 극복하고 대규모 지하공동을 합리적으로 시공하기 위해서는, 시공단계별로 지반 상황을 정확하게 파악하고, 지반거동을 정밀하게 예측함으로써, 지보공의 규모와 굴착방법을 재검토해야 할 필요가 있다. 이와 같은 일련의 과정을 고려한 대규모 지하공동의 설계 및 시공은 정보화 시공관리의 적용이 필요하다. 우선 조사와 시험에 의해 지하공간이 개발될 위치의 다양한 조건이 분석되고, 지하공간 개발 계획과 관련한 설계조건이 제공되면 이에 근거하여 공동의 단면형상이나 지보의 규모가 결정되고 설계가 수행된다. 조사결과는 설계에 적용하는 해석의 정밀도에 충분히 대응 가능한 신뢰성을 가지고 있어야 하며 설계단계에서는 지하공동의 시공방법이나 원지반의 역학적 특성, 지반 형상 등을 충분히 반영하여야 한다. 시공단계에서는 원지반이나 지보의 거동을 체계적으로 계측·관찰하여 안정성을 확인함과 동시에 해석이나 계측의 결과와 대비할 수 있는 정도의 정밀도를 가지고 있어야 한다. 또한 추가조사나 시험의 필요성, 설계·해석의 타당성 등을 검토하고 공사 중 안전관리를 위한 관리기준치를 설정하여야 한다. 특히 계측에서는 원지반이나 지보의 상황 및 거동을 시공단계별로 분석하고 설계 피드백이 가능해야 한다.

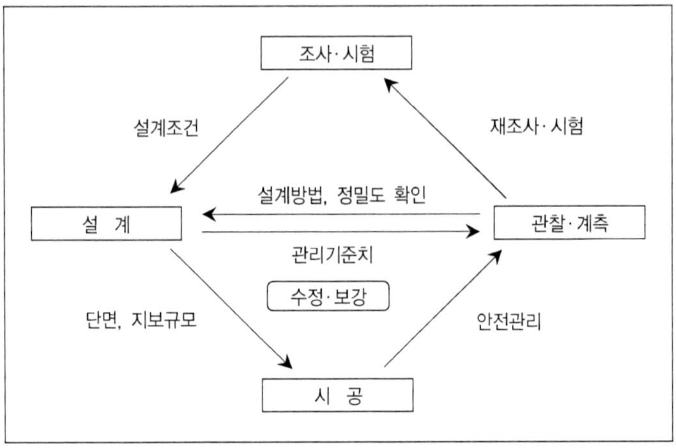

[그림 7-5] 정보화시공관리의 개념

설계 종류와 방법

대규모지하공동의 계획에서부터 완성에 이르기까지의 흐름을 고려할 때 설계는 기본설계, 실시설계(상세설계) 및 시공 중 설계로 구분할 수 있다.

기본설계 지하공동 설계의 기본은 배치계획과 단면을 결정하는 것으로, 지하공동의 용도(발전소, 저장시설, 거주 등)를 감안하여 경제성(개략공사비, 공기) 및 구조적 안정성을 만족시킬 수 있도록 결정하는 것이 기본설계이다. 이 단계에서는 예비조사에 의해 얻어진 지질정보와 간단한 설계방법(경험식, 굴착단계를 고려하지 않은 선형 유한요소법 해석 등)이 이용되며 배치계획과 단면형상은 한 번 결정되면 나중에 크게 변경할 수 없는 기본요소이기 때문에 지질정보에 불확실성이 있는 경우에는 추가조사를 행하는 등 신중한 대응이 요구된다. 또한 이 단계에서는 사회적 또는 환경상의 문제점 및 영향에 대해서도 검토할 필요가 있다.

실시설계 기본요소의 결정 후에 상세한 지질조사와 시험을 수행하고, 그 결과에 근거하여 공사발주를 위해 실시설계 혹은 상세설계가 시행된다. 실시설계에서는 원지반의 안정을 저하시키지 않고 안전한 시공을 위한 시보공과 시공법이 결정된다. 지하공동에는 일반적인 터널의 경우와 달리 표준화된 지보패턴이 없기 때문에 암반의 역학특성을 고려한 수치해석을 수행하여 원지반의 안정성을 확인함과 동시에 지보의 규모를 결정하기 위한 안정해석을 수행한다.

시공 중 설계 시공 중 설계는 계측·관찰의 결과에 근거하여 실시설계를 재검토하고 보다 합리적이고 안전한 시공을 목표로 수행한다. 시공 중에는 설계 결과의 타당성이 철저히 조사 분석되며, 필요에 따라서는 추가 검토가 수행된다. 실시설계의 타당성 검증 방법에는 실시설계에서 이용한 해석방법(순해석)을 이용한 시공 중 계측결과 및 굴착단계를 반영한 역해석에 의한 방법이 있다. 설계 및 시공단계의 안정성해석 결과가 현 시공 조건에서 합리적이며 타당한 것인가를 판단하는 것은 매우 중요하다. 현재 상용화된 다양한 수치해석 프로그램을 기술자가 모두 이해하는 것은 어려움이 있으므로 프로그램 사용법을 미숙지하거나 사소한 실수 등으로 인해 잘못된 결과가 도출되는 경우가 있다. 계산결과가 명백하게 이상하거나 수렴하지 않는 등 간단하게 판단할 수 있는 경우에는 문제가 없지만 그렇지 않은 경우에는 해석결과의 신뢰성을 확보하기 위해 복수의 기술자에 의한 데이터 체크, 복수의 해석방법에 의한 해석결과의 크로스체크 등 경험적인 지식에 근거하여 종합적으로 판단할 필요가 있다.

7.4 대규모 지하공동 사례

국내의 대규모 지하공간 개발 동향은 스웨덴, 노르웨이, 일본, 미국, 캐나다, 네덜란드, 홍콩 등 해외 선진국에 비해 상대적으로 뒤떨어진 실정이며 국내 대형 지하공간 건설기술은 유류비축기지, LNG저장소, 농수산물저장소 등 소수 특수 목적시설에 국한되고 있으며 국내 일반 중·소규모 터널의 설계 및 시공능력의 성장에 비해서도 부진한 실정이다. 외국의 대단면 대규모 지하공간 개발사례는 유럽 및 일본에서의 사례가 다수를 차지하며 대심도 지하공간 시설물의 용도는 지하 발전소, 저장소, 연구·문화·체육시설 등이 대부분이다.

[표 7-1] 국내외 대규모 지하공동 사례

구분	사례	특징
지하 저장 시설	짐바브웨 Fuel Storage	• Silo 직경 : 36m / Dome 직경 : 21.5m, 높이 : 10m
	여수 원유비축기지	• 저장동굴 : 18m(W)×30m(H) 516m2(저장용량 : 226만 톤)
	울산 원유비축기지	• 저장동굴 : 18m(W)×30m(H) 516m2(저장용량 : 89만 톤)
	U-2원유 지하비축기지	• 저장동굴단면 : 18m(W)×22.5m(H) 저장용량 : 682,000톤
	인도 망갈로 유류비축기지	• 저장동굴 : 20m(W)×23.8~31m(H) 저장용량 : 1,200만 배럴
	평택 LPG 비축기지	• 저장동굴 : 320m2 자장용량 : 프로판(15만 톤), 부탄(4만 톤)
	인천 LPG 비축기지	• 저장동굴 : 16m(W)×26m(H)장용량 : 프로판(416m^2), 부탄(416m^2)
	스웨덴 핵폐기물(LML) 저장시설	• 저장동굴 : 69m(W), 직경 30m
지하 시설	일본 Super KAMIOKANDE	• 직경 40m, 높이 42.4m 원통부/ 15.2m 높이의 타원형 돔부
	일본 Art Museum	• 연장 70m Cavern Type 전시공간 / 직경 40.5m의 타원형의 공연장
	노르웨이 요빅 올림픽홀	• 15~20m(W)×7.35m~13.2(H)
지하 발전소	이란 지하발전소	• 30m(W)×50m(H), 연장 150m
	대만 Mingtan Pumped Storage	• 22m(W)×46m(H), 연장 170m
	태국 Khiritharn Pumped Storage	• 17.5m(W)×42m(H), 연장 95m
	인도 Powerhouse Cavern	• Surge tank : 직경 20m, 높이 95m
	아르헨티나 Rio Grande project	• 25m(W)×44m(H),
	일본 玉原(東電) 지하발전소	• 26.6m(W)×49.5m(H), 연장 116.3m
	일본 今市(東電) 지하발전소	• 33.5m(W)×51m(H), 연장 160m
	일본 大河内(東電) 지하발전소	• 24m(W)×46.7m(H), 연장 134.5m
	청평 양수발전소	• 22.5m(W)×46.6m(H), 연장 86m
	삼랑진 양수발전소	• 20m(W)×42m(H), 연장 90.5m
	산청 양수 발전소	• 25m(W)×54.3m(H), 연장 116m
	양양 양수 발전소	• 20m(W)×43m(H), 연장 120m
	청송 양수 발전소	• 25.5m(W)×55.7m(H), 연장 114.6m
	예천 양수 발전소	• 53.5m(W)×25.8m(H), 연장 129.1m

[표 7-2] 대표적인 대규모 지하공동 사례

구분	The Gjøvic Olympic Mountain Hall (노르웨이)	삼랑진 양수 발전소(한국)
단면 제원	• 수영장 - 폭 20m×연장 37m×높이 7.35m • Sports hall - 폭 25m×연장 45m×높이 13.2m • Locker Rooms - 폭 15m×연장 98m×높이 8.5m • 심도 : 17~20m	• 지하발전소 - 규모 : 42.0m(H)×20.0m(B)×90.5m(L) • 발전수로 - 도수터널 : L = 1,198m, D = 5.0m, 7.6m - 수압철관 : 수직(L = 303m, D = 6.2m)
개요도	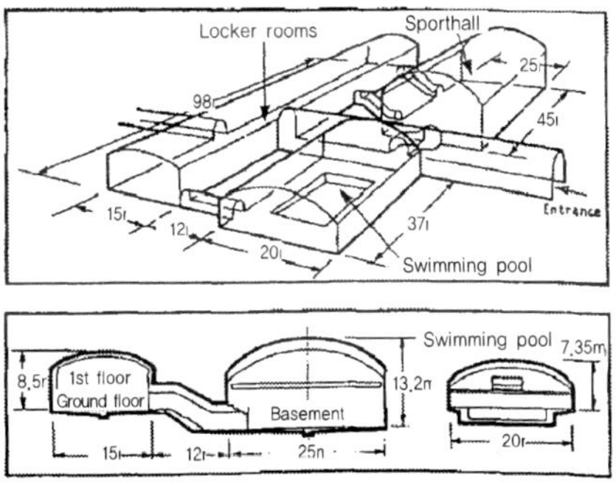	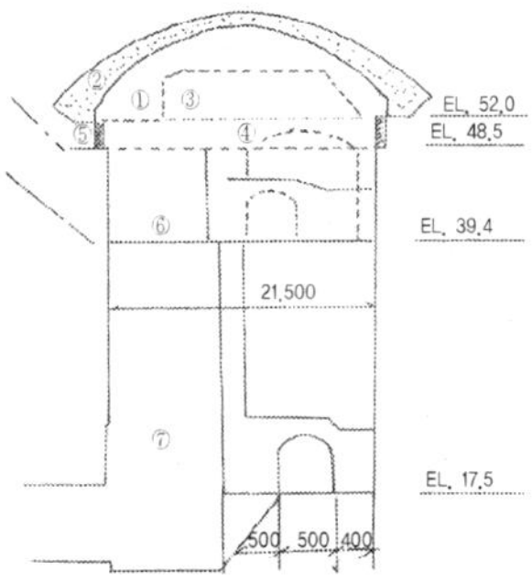
시반 조건	• 편마암(석영섬록암) • RQD 70 이상, Q값 1~30(평균 12) • 수평응력 : 3~5MPa(심도 25~50m) • 수직응력 : 1MPa	• 응회각력암, 섬록암 • 일축압축강도 : 166~246MPa • 변형계수 : 54~66.5GPa
굴착 공법	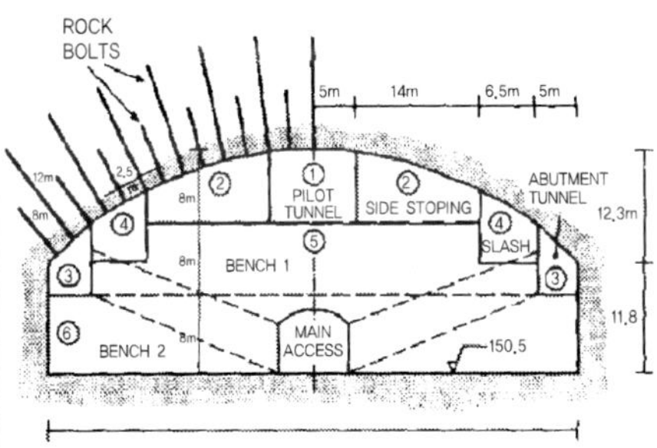	• Arch Ring 굴착 • Arch 콘크리트 타설 • Core 굴착(EL.50 이상) • Main Body(1) 굴착(EL.52~EL.48.5) • Skirt Wall 콘크리트 타설 • Main Body(2) 굴착(EL.52~EL.48.5) • Main Body(3) 굴착(EL.52~EL.48.5) • Wall 콘크리트 타설 • 기계기초 및 Slab 콘크리트 타설
지보 패턴	• 케이블볼트 - L = 12m, C.T.C. 5.0×5.0m • 레바볼트(25mm) - L = 6m, C.T.C. 2.5×2.5m • 숏크리트 - t = 100mm, 강섬유보강 : 50kg/m^3	• 록볼트 : L = 3~10m, C.T.C. : 2.0~2.5m • 콘크리트 : t = 0.75~1.0m

7.5 방폐장 지질 및 지반특성

지질 특성

지질 하부로부터 백악기 퇴적암류, 이를 분출 또는 관입한 제3기 관입암류, 이들을 모두 최상부에서 부정합으로 피복하고 있는 제4기 충적층으로 크게 구분할 수 있다. 백악기 퇴적암류는 경상층군 상부 층군에 대비되는 것으로 알려지며 주로 이암과 사암의 호층으로 구성된다. 부분적으로 퇴적암류가 혼펠스화되어 분포하는데 이는 제3기 관입암류의 관입에 기인한 열변성 작용에 의한 것으로 해석되며, 이러한 요인들로 인하여 상대적으로 높은 암석 강도를 보이는 반면 심한 파쇄를 수반한다. 제3기 관입암류는 크게 화강암류, 유문암, 반정질 조면 안산암으로 구분되며, 화강암류는 중립질의 흑운모화강암과 화강섬록암 내지 섬록암으로 대개 염기성의 특징을 띠며, 대상 부지를 비롯해 동쪽 해안까지 넓게 분포하고 있다.

지질 조사 중·저준위 방사성 폐기물 처분 지하공동의 설계를 위해 1차, 2차에 걸쳐 상세 시추조사가 수행되었으며 전기비저항탐사, 굴절법 탄성파탐사, 공대공·공대지 탄성파 토모그래피탐사 등 고해상도 물리탐사 및 공내재하시험 등 현장 원위치시험이 수행되었다.

암반 등급 하역동굴은 대부분 구간에 암반등급 II~IV등급의 암이 분포하고 일부구간에만 V등급 암반이 분포하는 것으로 나타났다. 사일로의 경우 대부분의 구간에 III~IV 등급이 암반이 분포하며 일부구간에 V등급의 암반이 분포하는 것으로 나타났다.

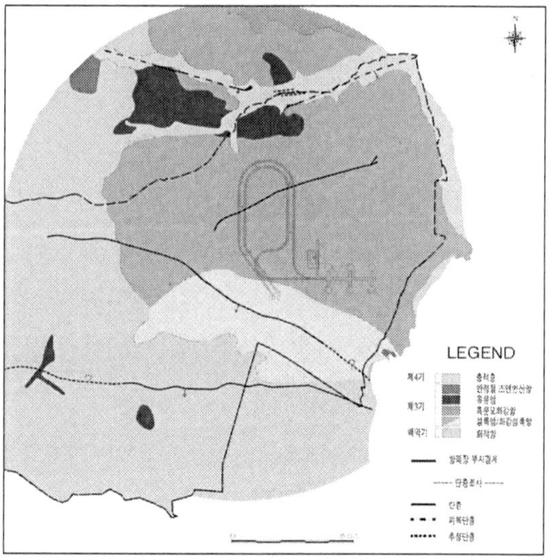

[그림 7-6] 방폐장지역의 지질도

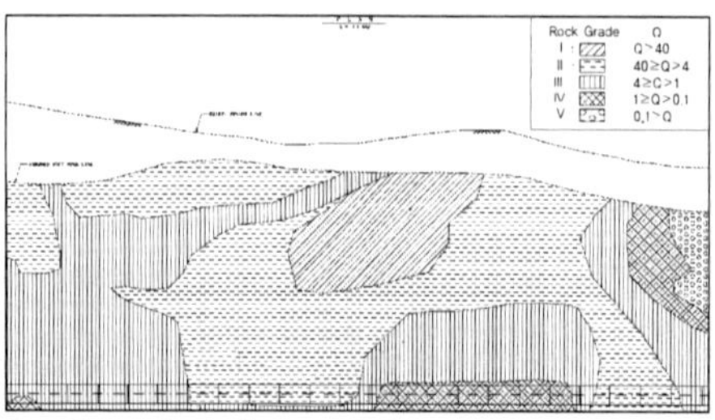

[그림 7-7] 하역동굴 암반등급도

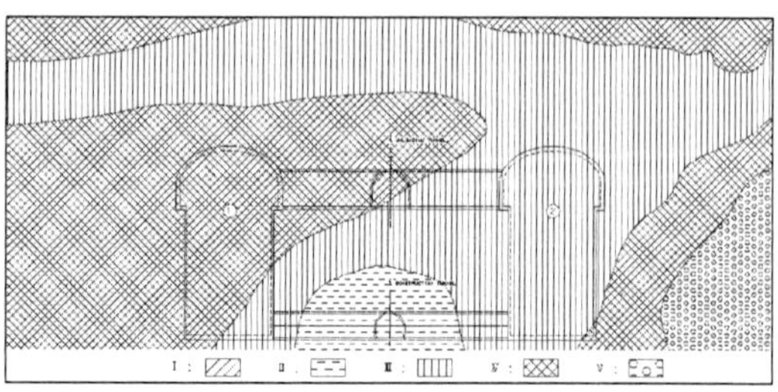

[그림 7-8] 사일로(#1과 #2) 암반등급도

추가지질조사 및 지질구조 분석

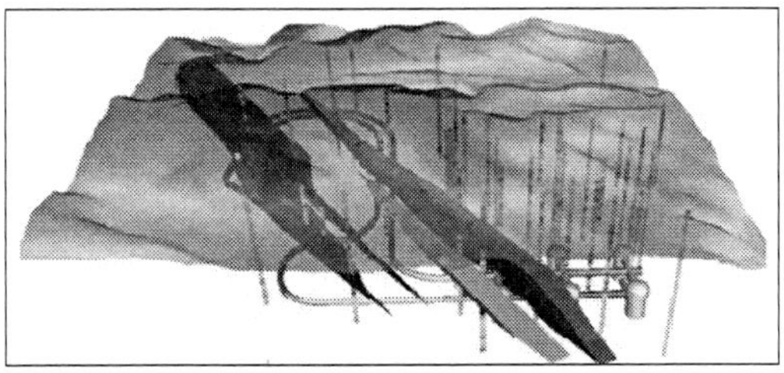

[그림 7-9] 3차원 지질모델도

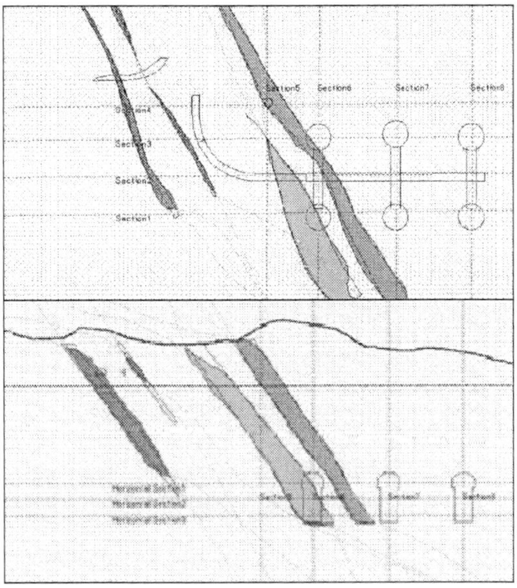

[그림 7-10] 지질평면도 및 종단도

사일로 지역주변의 지질조건을 보다 상세히 확인하기 위하여 14공의 시추조사를 포함한 물리탐사 등의 추가 지질이 수행되어 3차원 지질모델이 작성되었다. 그 결과 진입동굴에 1조의 단열대(Fracture zone)가 발달하고 운영동굴과 사일로 1사이에 1조, 사일로 1과 2 사이에 1조 등 3개조의 단열대가 NNW 방향의 주향과 NE 방향의 경사로 발달된 것으로 나타나고 있어 당초에는 파쇄대가 예상되지 않았으나 암질이 불량할 것으로 예상되었던 사일로 1과 2 사이에 파쇄대가 분포하는 것으로 나타났다. 이 단열대는 폭 3~10m 폭을 포함한 단층가우지를 포함한 10~20m 폭의 파쇄대로서 그 규모나 암반등급을 확인할 수 있다. 또한 당초 암질이 불량할 것으로 나타난 사일로 6은 단열대가 발달하지 않는 것으로 나타났다.

암반 등급평가 물리탐사 및 시추조사결과를 바탕으로 사일로 부지에 대하여 실시한 암반분류결과 RMR의 경우 전반적으로 2-4등급으로 분류되어 대체로 양호~불량 암반으로 평가되었으며, Q시스템 분류 경우 양호 암반과 불량 암반이 전체적으로 분포하는 것으로 조사되었다. 풍화상태는 대체로 신선-약한 풍화상태로 암반은 전반적으로 풍화가 진전되지 않는 양호한 상태로 나타났으며, 절리간격이 5cm 이하로 불연속면이 발달한 암반으로 평가되었다.

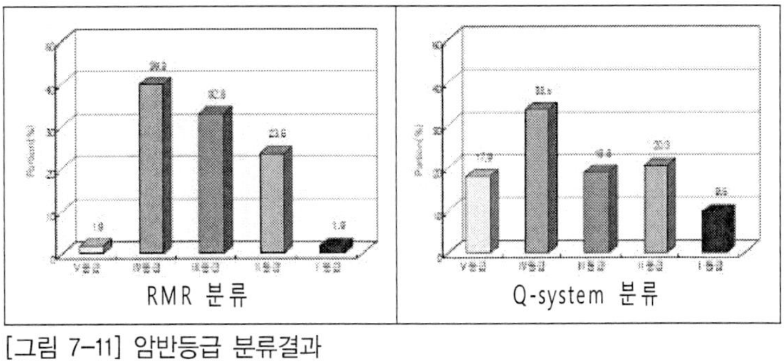

[그림 7-11] 암반등급 분류결과

7.6 방폐장 구조 및 지하처분동굴

지하방폐장 구조

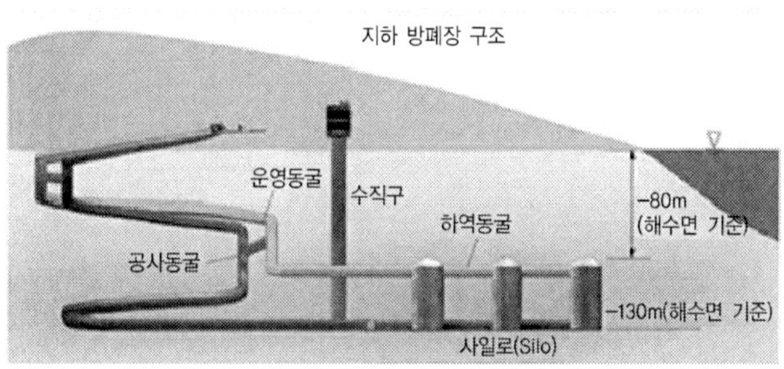

[그림 7-12] 지하 방폐장 구조

방폐물을 처분하는 핵심 시설로 지하 80~130m에 위치하는 사일로라 불리는 처분동굴과 진입동굴로서 건설 동굴 및 운영동굴이 있으며, 운영 및 건설 동굴과 사일로를 연결하는 하역동굴 유지 보수용 장비 등의 진입을 위한 원통형 수직 출입구로 구성되어 있다.

건설동굴과 운영동굴 건설동굴은 사일로 굴착을 위한 것으로 폭 7.2m, 높이 6.5m의 마제형 터널단면과 총 연장 1,950m이다. 운영 동굴은 총연장 1,415m로서 건설동굴과 같은 크기의 단면을 가지며 각종 공조덕트와 설비들이 설치된다. 또한 운영/건설 동굴과 사일로를 연결하는 하역동굴은 폭 9.5m, 높이 9.5m의 마제형 터널 단면을 가진다. 건설동굴, 운영동굴, 하역 동굴은 발파에 의한 굴착과 숏크리트와 록볼트에 의해 지보되는 NATM공법으로 설계되고 시공되었다.

[그림 7-13] 운영동굴과 건설동굴

수직구 유지보수용 장비 등의 진입을 위한 수직구는 높이 207m, 직경 10m의 원형단면으로 구성되어 있으며, 공조덕트와 급배수관이 설치된다. 굴착공법은 먼저 RBM공법으로 천공한 후 발파에 의한 하향굴착으로 시공한 후 라이닝을 타설하게 된다.

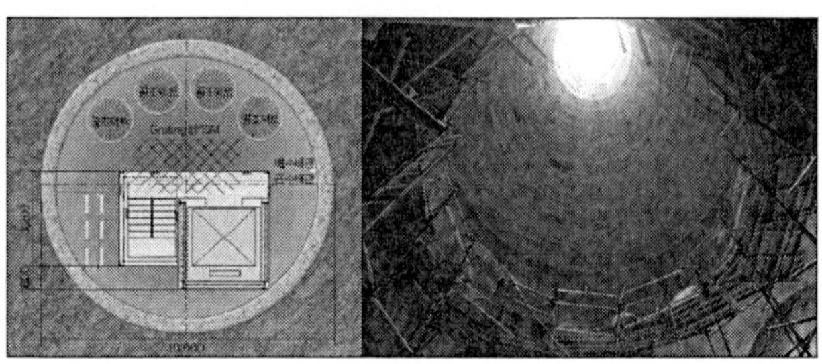
[그림 7-14] 수직구 단면과 시공

지하 처분동굴(사일로)

지하 80m~130m 에 위치하는 사일로라 불리는 처분 동굴는 높이 50m, 상부 직경 27.3m, 하부 직경 23.6m의 대형 지하공동이다. 그림에서 보는 바와 같이 사일로는 돔부와 바디부로 구성되어 있으며, 바디부에 콘크리트처분용기가 적재된다. 굴착방법은 사일부 돔부에 운영동굴을, 하부에 건설동굴을 접속한 후 돔부에서 RBM공법을 이용 소구경 수직구 천공한 후 하향발파를 실시하여 하부로 암버력을 낙하시켜 건설동굴을 이용하여 암버력을 반출하게 된다. 이후 사이로의 바닥부에서부터 바디부 그리고 돔부에 콘크리트 라이닝을 타설하게 된나. 사일로는 콘크리트 처분용기를 적재한 후 쇄석을 이용 밀실하게 채우게 된다.

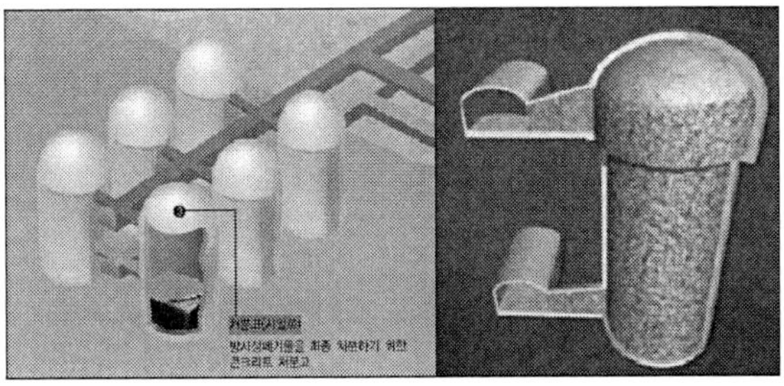

[그림 7-15] 사일로 구성과 굴착방법

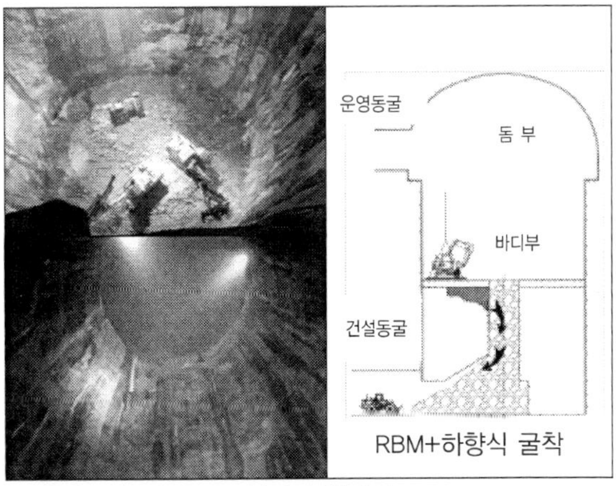

[그림 7-16] 사일로 구성과 굴착방법

지하 처분동굴 지하에 건설되는 처분동굴은 중·저준위 방사성 폐기물이 최종 처분되는 곳으로 해수면 이하 80~130m의 지하공간에 건설되는 높이 50m, 직경 30m 크기의 원통형 콘크리트 구조물이며, 이 처분고의 공학적인 방벽은 최소 300년 이상 자연환경으로부터 충분히 격리될 수 있도록 설계되었다. 처분고가 설치되는 지하공간은 폐기물을 안전하게 격리하기 위한 자연방벽 기능을 담당한다.

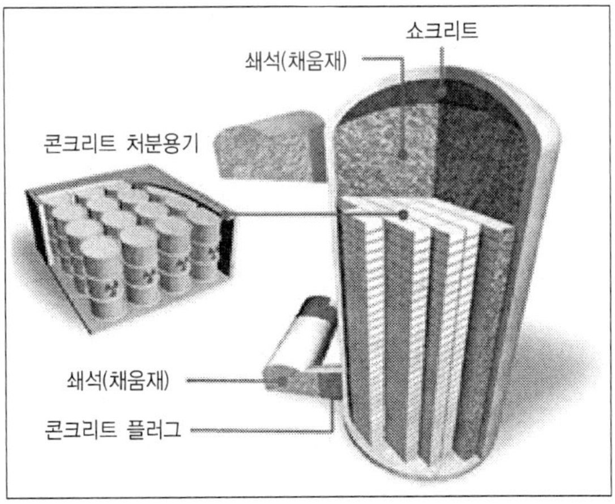

[그림 7-17] 사일로 형식의 지하처분시설

7.7 지하처분동굴 지보패턴 및 굴착공법 검토

지보량 검토

RMR에 의한 지보량 검토 숏크리트 두께는 150mm 이상, 록볼트 길이와 간격은 각각 5m 이상, 1.0m 이하로 평가할 수 있으나 RMR을 이용한 경험적 지보량 산정에 대한 예는 구조물의 규모를 고려할 수 있는 굴착지보비(ESR)와 유효크기(ED)가 고려되지 않아 대규모인 지하공동의 지보량 산정에는 적합하지 않으며 지보량 검토를 위한 참고자료로만 활용이 가능하다.

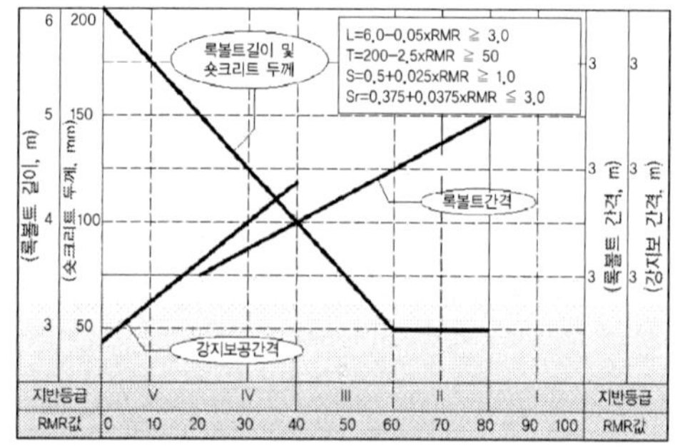

[그림 7-18] RMR에 의한 지보량

Q-System을 이용한 지보량 산정 암반등급 Ⅳ, Ⅴ의 경우는 적용이 어렵지만(N/A) 숏크리트 두께는 250mm 이상, 록볼트 길이와 간격은 각각 8m 이상, 1.3m 이하로 적용할 수 있을 것으로 판단된다.

[표 7-3] Q-시스템에 의한 지보량

Q		40 이상	40~4	4~1	1~0.1	0.1 이하
암반등급		Ⅰ	Ⅱ	Ⅲ	Ⅳ	Ⅴ
숏크리트(mm)		50	50~90	90~150	150~250 이상	250 이상
록볼트	길이(m)	8.0	8.0	8.0	8.0	8.0
	간격(m)	2.5 이상	2.5~2.3	2.3~1.7	1.7~1.3	1.3 이하

지보패턴 검토안 대규모 지하공동의 지보패턴은 Q-시스템에 의한 지보량, 기존 사례조사 결과, 예비 안정성 해석, 패턴별 적정성 검토 등 종합적인 분석을 통해 표준지보패턴을 산정하여야 한다. 일반적으로 대규모 지하공동의 지보재는 숏크리트, 록볼트 및 케이블볼트가 적용되고 있으며 취약구간은 강관보강그라우팅으로 추가보강이 계획되고 있다. 각 지하공동의 지질 및 지반조사를 통한 지질구조모델 및 암반등급별로 하나의 지하공동에서도 위치별로 상이한 지반조건을 고려하여 지보재를 구분하여 적용하는 안이 검토되었으며 지반조건이 급격히 변화하는 구간과 소규모 단층대나 국부적인 취약구간에는 안정성 확보를 위해 케이블볼트 및 강관다단보강 그라우팅 적용 등 별도의 보강공법이 검토되었다. 굴착 굴진장은 0.8~3.0m, 숏크리트 두께는 150~450mm, 록볼트의 길이는 7m의 적용이 검토되었으며 상대적으로 암반조건이 불리한 4등급 이하의 구간은 10~20m의 케이블볼트가 돔부 및 바디부 적용이 검토되었다.

굴착공법 검토

대규모 지하공동의 굴착에 있어서는 과다변위 발생과 응력집중을 최대한 억제하기 위해 일반적으로 소규모의 분할굴착 공법이 적용된다. 따라서 양호한 조건의 암반인 경우에도 국부적으로 취약한 암반조건과 조우가 불가피하므로 대규모 공동의 Dome 부분 굴착 시공 시 안정성 확보에 주안점을 두고 시공 효율성이 우수한 굴착공법을 선정하는 것이 중요하다. 또한 각 단계별 굴착단면은 장비 작업공간과 록볼트 등 지보재의 시공을 고려하여 결정하여야 한다.

수치해석 지하 대규모 공동 시공 시 안정성 및 시공성 측면에서 우수한 굴착공법 선정을 위해 굴착공법별 안정성 검토가 수행되었으며, 정성적 해석모델링 및 검토 결과는 다음과 같다. 안정성 검토 결과에 따르면, 접속부는 천단보강공법 적용조건으로 휨압축응력 발생이 감소하였으며, 전체적으로 벤치형 굴착공법에 비해 파이형 굴착공법이 응력집중 구간이 현저하게 감소하고, 천단변위 및 휨압축응력이 작게 발생되므로 Dome부 굴착 안정성 확보에 유리할 것으로 검토되었다.

[표 7-4] Dome 굴착공법 개요

구분	벤치형 굴착공법	파이형 굴착공법
단면도	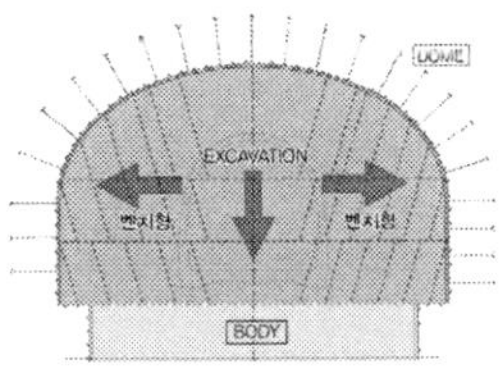	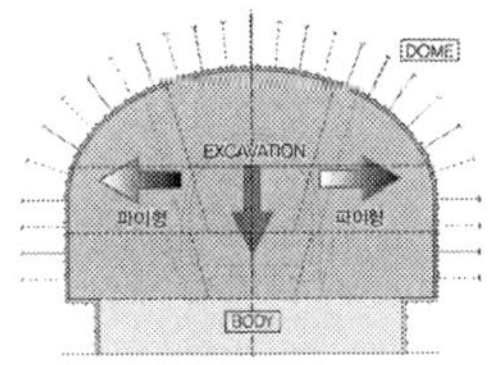
평면도	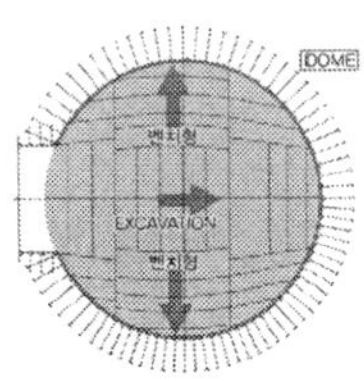	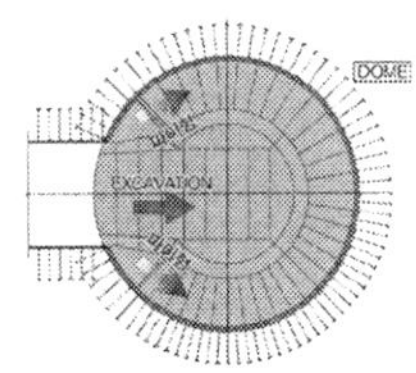
해석 결과	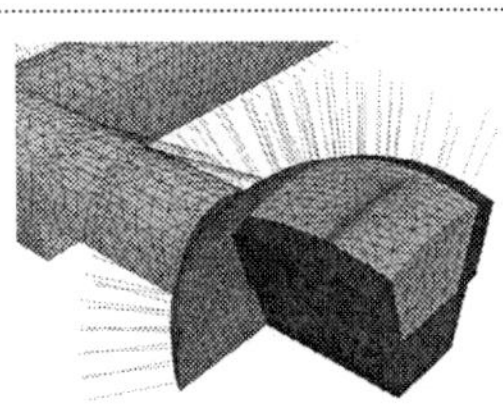	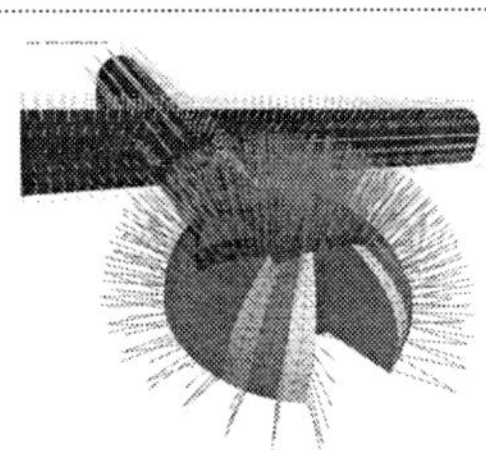

7.8 지하처분동굴 안정성 검토

기본 방향 및 모델링

지하공동의 안정성 터널변위, 지표침하, 소성대의 분포양상, 숏크리트 응력, 록볼트 축력 등 여러 평가요소 중, 어느 특정 결과만으로 평가하기보다는 모든 해석결과를 종합적으로 분석하여 안정성을 판단하는 것이 합리적이다. 지하공동의 시공 중 안정성 검토를 위해 지질구조 분석 결과 및 현장 지질구조를 반영한 3차원 연속체 해석 모델을 구축하고 굴착공법 및 지보패턴 검토안을 반영하여 안정성 검토가 수행되었으며, FLAC 3D를 사용하고 3차원 Volume 모델을 이용하여 지질모델이 반영되었다.

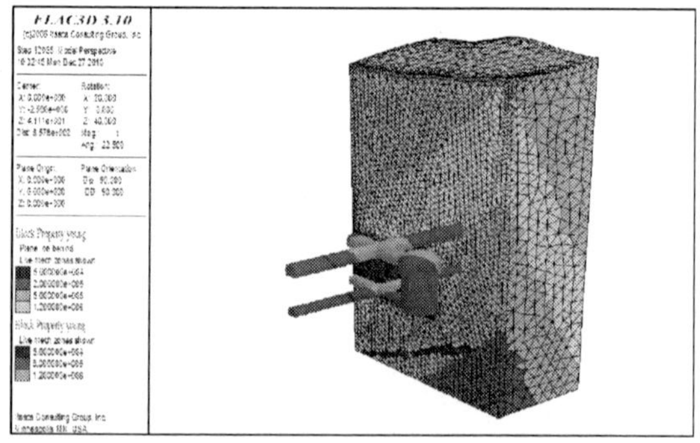

[그림 7-19] 해석 모델링

해석모델링 지질구조와 3차원 시공 과정의 상세한 모사를 위하여 공동 및 주변 전체 지반 모델링에 포함되었으며, 경계조건에 있어서 측면부 경계는 수직변위만을 허용하는 롤러를 설치하여 설정되었고 바닥면 경계는 힌지를 설치하여 설정되었다. 경계부 위치로 인한 영향을 최소화할 수 있도록 좌·우측 측벽부 및 하부 경계의 위치를 설정하였으며 상부 토피는 실제 지반조건을 고려하여 전 토피가 모델링에 반영되었다. 일반적으로 대체로 신선한 암반이나 불연속면이 발달하였으나 그 규모가 대상구조물보다 커서 대상구조물의 안정성에 영향을 미치지 않을 것으로 판단되는 경우에는 연속체 모델을 적용한다. 소수의 절리 및 단층대 등의 불연속면을 포함하는 지반, 절리 등의 방향성이 명확하여 그 정보에 따라 대상구조물의 안정성에 지배적인 영향을 미칠 것으로 판단되는 경우에는 불연속체 모델을 적용하며 다수의 불연속면이 군을 이루며 형성된 경우에는 연속체 모델에 방향성을 고려한 의사연속체 모델을 적용하는 것이 일반적이다.

[표 7-5] 안정성 검토 기본방향

항목	세부검토내용
지질조건이 고려된 3차원 해석 모델 구축	• 지질구조가 반영된 해석 모델 작성 • 현장 조건이 반영된 모델링
굴착(시공) 순서 및 지보 패턴이 고려된 3차원 해석 모델링	• 굴착(시공)순서 검토안 반영 • 록볼트, 케이블볼트 등 지보/보강부재 모델링
각 지하공동별 안정성 검토	• 과다변위 발생 여부 및 암반주변 소성영역 검토 • 지보재 안정성 및 설계 검토안 적정성 검토

안정성 검토

안정성 검토에 있어서 변위는 지하공동 천단 및 내공변위를 기준으로 검토되었으며 숏크리트 및 록볼트/케이블볼트 등 지보재 검토안에 대한 각 굴착단계별 최대치 및 발생위치를 고려하여 지하공동 안정성이 검토되었다.

[표 7-6] 시공단계 검토안을 반영한 해석단계

구분	굴착 단계	지보재 설치 단계
공동 돔부 굴착 및 지보	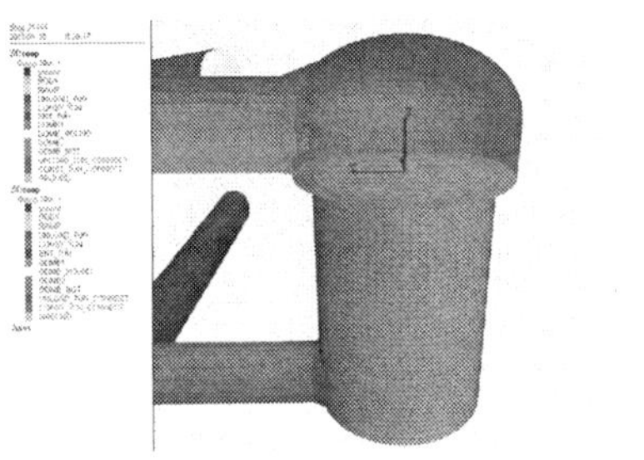	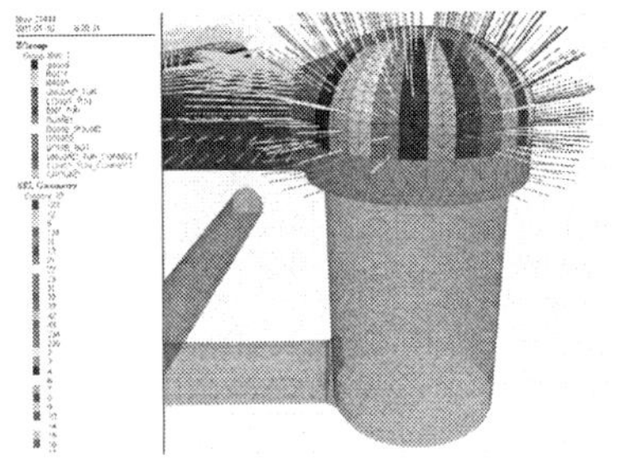
공동 바디부 굴착 및 지보	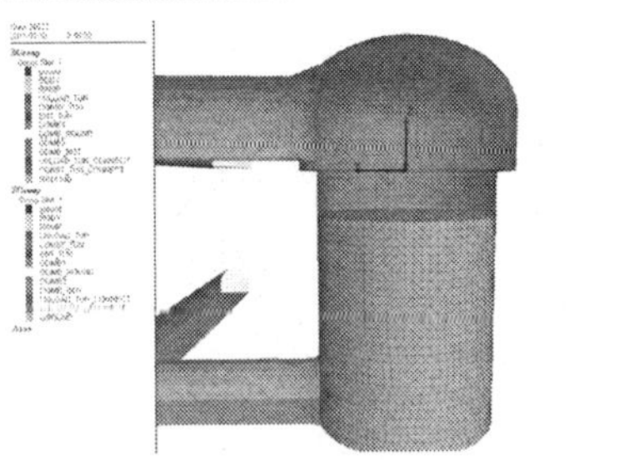	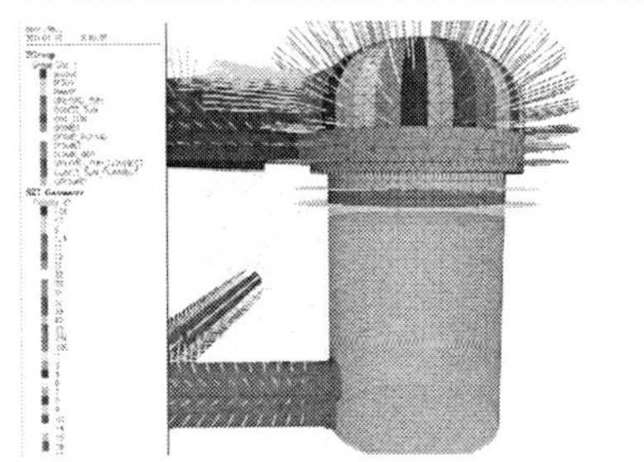
굴착완료	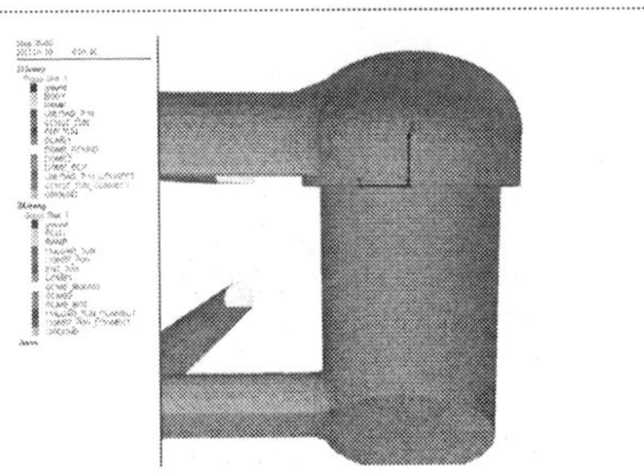	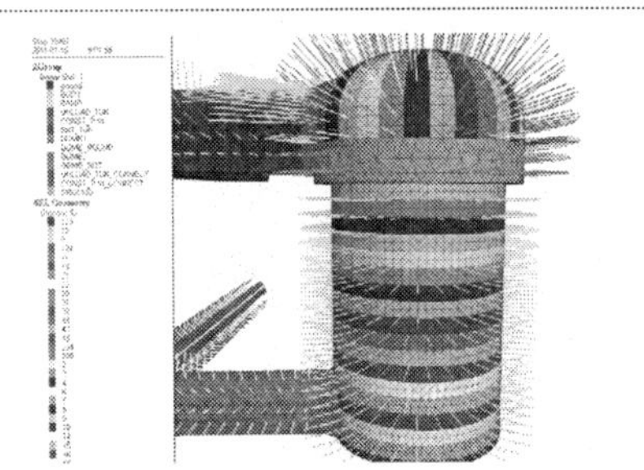

지하공동 계획 시 시공순서 및 지보패턴 검토안 등을 반영한 예비 안정성 검토 결과는 다음과 같다. 접속부는 상대적으로 큰 단면인 돔과 바디부 굴착으로 인한 응력집중이 크므로 안정성 확보에 민감한 요소임이 확인되었다. 특히, 공동 돔 접속부 구간은 상이한 단면이 접속되는 조건으로 이로 인해 변형이 다소 크게 발생하는 경향을 보이지만 변위, 소성영역 분포양상 및 지보재 응력을 종합적으로 분석한 결과 지보패턴 및 보강공법 검토안으로 지하공동의 안정성 확보가 가능한 것으로 검토되었다.

방폐장 시공

건설동굴 굴착

운영동굴 라이닝

사일로 돔부 굴착 및 보강

사일로 굴착용 RBM

사일로 하향 천공 및 발파

사일로 바디부 굴착

사일로 바디부 굴착

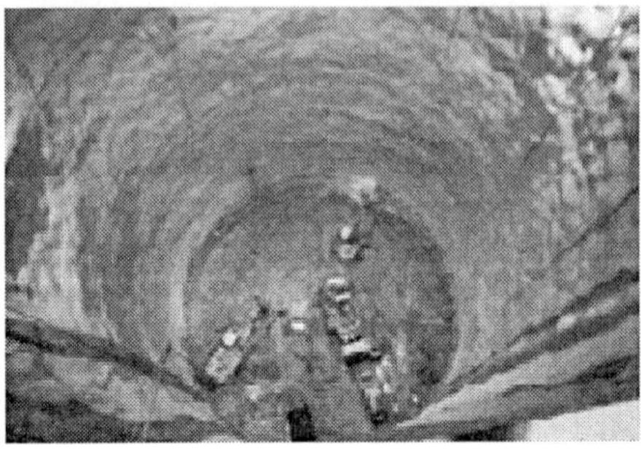

사일로 바디부 굴착

사일로 바디부 바닥굴착

사일로 바디부 라이닝 타설

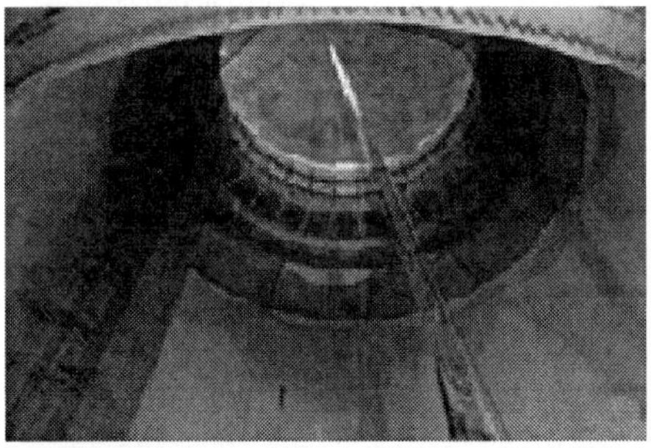
사일로 바디부 라이닝

사일로 돔부 라이닝

사일로 바디부

사일로 돔부 라이닝

하역동굴 굴착

수직구 굴착

암반 구조물

Rock Structures

A IV.1 세계의 터널

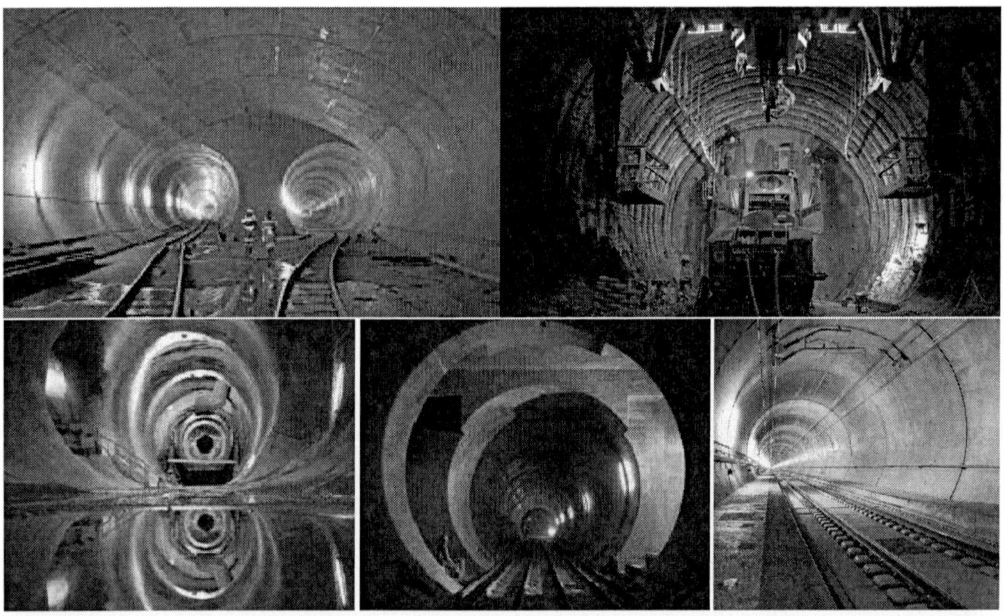

Gotthard base tunnel(Swiss, 50.5km) - 세계 최장터널 NATM + TBM

Laedral tunnel(Norway, 24.5km) - 세계 최장 도로터널 NMT(무라이닝)

Niagara Tunnel(Canada, 10.2km) – TBM 굴착(직경 14.4m)+콘크리트 라이닝

Euro Tunnel(UK+France, 50.45km) – Shield TBM 공법(도버해협통과 하저터널)

AⅣ.2 국내 주요터널

금정터널 - 국내 최장대 터널(고속철도, 20.2km)

원효터널 - 천성산 통과로 환경문제 이슈화(고속철도, 13.28km)

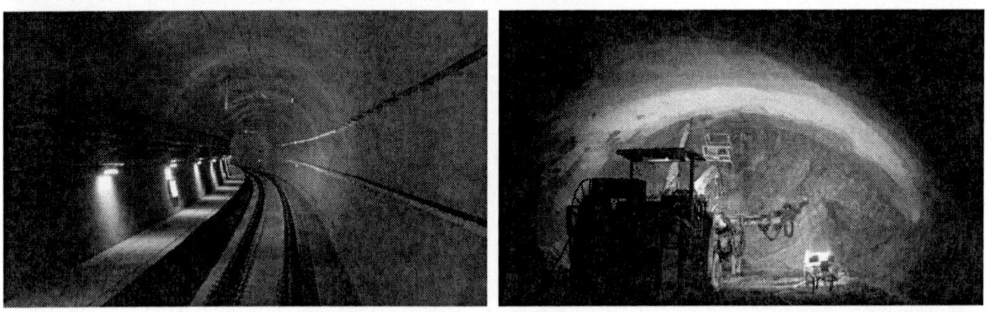

솔안터널 - 국내 최장 철도터널(일반철도, 16.2km, 함탄층 통과)

마래 터널 - 국내 최초 터널(640m, 무라이닝)

인제터널 - 국내 최장대 도로터널(고속도로, 10.96km)

죽령터널 - TBM굴착+NATM 확폭터널(고속도로, 4.60km)

배후령 터널 - 양방향 2차로 도로터널(횡류식 환기방식+서비스터널, 5.10km)

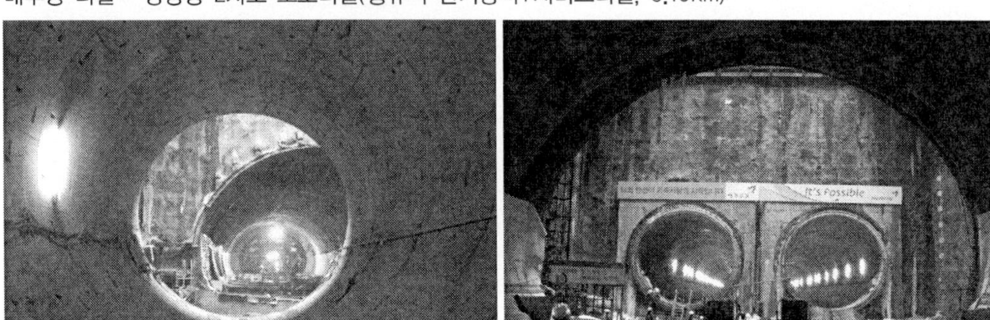

분당선 하저터널 - Shiel TBM 공법(1.5km, 한강 하저구간 통과)

AIV.3 암반사면

Rock slope(Colorado)

Rock Slopes(Hong Kong)

Rock Slopes(Albania highway)

Open Pit Mining

Open Pit Mining

대절토 암반사면(포항)

친환경 암반사면

사면보강대책-계단식옹벽

사면보강대책-계단식옹벽

사면보강대책-격자블록

사면보강대책-격자블록

사면보강대책-영구앵커

사면보강대책-SAP

AIV.4 대규모 지하공동

The Worlds Largest Rock Cavern(Norway, 61x25x91m)

Underground Power House(India, 20mx 42.5m)

Underground rock cavern(Japan)

Jurong Rock Cavern(Singapore)

ATLAS cavern(35m span, USA)

Storage cavern(USA)

Underground power station(Japan)

유류지하비축 Cavern(여수, 폭 18m x 높이 30m)

유류지하비축 Cavern(거제, 폭 18m x 높이 30m)

유류지하비축 Cavern(울산, 폭 18m x 높이 30m)

지하 LPG 저장소(평택, 폭 17.5 x 높이 22 x 길이 1070m)

지하 양수발전소(예천, 폭 25.8 x 높이 54.5 x 길이 129.1m)

참고문헌

건설공사 비탈면 설계기준, 국토해양부, 2011.12.

김기석, 최호식, 조두희(2002), "설계·시공 일괄입찰 방식에서 지반조사의 역할과 방향", 2002년 한국지반공학회, 지반조사위원회 세미나, pp.35-46.

김성균 외(1994), 지질공학원론, 교학연구사, pp.1~46.

김승렬(2005), 도시철도기술자료집(3) : 터널, 서울특별시 지하철건설본부.

김영근, 백기현, 김성운(2001), 석회암 공동지역에서의 터널 붕락사고 및 보강사례, 공사중 터널의 사고사례 발표회 논문집, 한국지반공학회, pp.27~36.

김영근, 터널에서의 암반분류/평가와 적용사례, 한국지반공학회 토목공사에서의 암판정기술 논문집, pp.47~80, 2000.

김용필 외(1997), 이론과 실무 지반공학 시험, 세진사, pp.11~163, pp.203~234, pp.455~502.

김은섭, 인현진, 허종석, 한병현, 김영근(2007), 터널 붕락 유형에 따른 보강 대책 분석 :국내외 터널 붕락 및 보강 사례를 중심으로, 한국터널지하공간학회.

김정환외 16인(1998.6), 한국의 지질, 대한지질학회, pp.254~258.

대우건설 기술연구소, 터널 합리화 시공을 위한 암반평가시스템 연구, 1995.

대우건설 기술연구소, 터널 암반분류·평가 지침서, 1995.

넥스지오(2007), OO댐 보조여수로터널 설치공사 유입부구간 지반조사 보고서.

박남서(2001), 암반구조물에서의 불연속면에 의한 붕락 붕괴 문제, 한국지반공학회.

박남서, 이치문, 김은섭(2003), 한강 하저터널에서의 암반분류 및 평가사례, 한국지반공학회.

박남서, 하은룡, 김은섭(2001), 00터널 붕락에 따른 보강설계 및 시공사례, 공사중 터널의 사고사례 발표회 논문집, 한국지반공학회, pp.15~26.

박혁진(2007b), 확률론적 해석기법, 한국암반공학회(저), 사면공학, 건설정보사, pp.261~286

민경덕, 서정희, 권병두(1987), 응용지구물리학, 우성, pp.229-347.

배규진, 박혁진(2002), 불연속면의 확률특성을 고려한 암반사면의 평면파괴 확률 산정, 한국지반공학회지, 제18권 2호, pp.97~105.

백승한, 문현구, 1998, 터널링에 의한 암반-지보 반응거동에 관한 연구, 한국암반공학회지, 터널과 지하공간, Vol. 8, No. 4, pp.321-331.

사면안정, 지반공학시리즈 5, 한국지반공학회, 구미서관, 1994.

서경원, 백기현, 김수정(2011), 국내최초의 중저준위 방사성폐기물 지하공동 처분장 건설프로젝트, 자연, 터널 그리고 지하공간, Vol.13, No.5, pp.16~23.

선우춘, 이병주(2010), 한국의 암석과 지질구조, 씨아이알.

손호웅 외(1999), 지반환경물리탐사, 시그마프레스, pp.305-412.

신영완(2008), 경사터널 강지보재 설치방향, 한국터널공학회, 제1회 터널기술토론회 발표집, pp.67~74.

신희순, 선우춘, 이두화(2000), 토목기술자를 위한 지질조사 및 암반분류, 구미서관, pp.375~391.

신희순, 2000, 지반조사 및 시험결과 활용과 문제점, 한국암반공학회, pp.105~110.

유영권, 윤운상, 김영근, 김창용, 배규진(2009), 수로 터널의 시공 중 터널지질도 작성 사례 연구, 한국터널공학회 학술발표회 논문집.

윤운상, 김정환, 김학수(1998), 공학적 지질조사와 암반분류, 지질공학연구회.

윤운상, 최원일, 박형동, 김창용(2006), 터널 시공 중 지반 조사와 지질 모델링, 터널기술, 8(4)

윤지선(1996), 암반역학, 구미서관, pp.1~5.

윤지선 역, 1992, 토목지질공학, 구미서관, pp.184~189.

윤지선 역, 1991, 암석·암반의 조사와 시험, 구미서관, pp.116~120.

윤지선, 박종관(2003), 토목기술자를 위한 암반역학, 구미서관, pp.1~12.

이정인, 조태진, 이연규(2000), 암석역학을 이용한 터널설계, 구미서관, pp.43~68.

이병주, 정장용(2007), 단층이란 무엇인가?, 한국지반공학회 학술발표회.

이희근, 양형식(1997), 응용암석역학, 서울대학교출판부.

조태진, 윤용균, 이연규, 장찬동(2008), 21C 암반역학, 건설정보사.

이근상(2008), 지하수 수리와 환경, 구미서관.

이인모(1999), 터널에서 지하수 문제 고찰, 대한토목학회지, Vol.47, No.6, pp.5~14.

박의섭, 선우춘(2009), 대심도에서의 암반역하저 문제, 한국지반공학회 2009 세계 도시지반공학 심포지엄, pp.413~423.

이대혁, 이희석, 박연준(2009), 과지압 암반 내 대규모 지하공동 안정성 문제 및 대책, 한국지반공학회 2009 세계 도시지반공학 심포지엄, pp.462~480.

정치광, 정명근, 김영근, 심재범(2009), 대심도 암반특성을 고려한 터널 위험도 분석 및 설계사례, 한국지반공학회 2009 세계 도시지반공학 심포지엄, pp.445~461.

조남각, 신성호, 정용진, 송한찬(2009), 대심도 암반특성의 모델링 및 해석에 대한 고찰, 한국지반공학회 2009 세계 도시지반공학 심포지엄, pp.431~444.

신희순 외(2002), 토목기술자를 위한 지질조사 및 암반분류, 구미서관, pp.79~174, pp.201~262.

천대성, 박찬, 신중호, 전석원, 2006, 취성파괴에 대한 고찰, 터널과 지하공간, V16, pp.437-450.

최성웅, 1997, 현지암반 초기지압의 분포특성 및 암반터널설계에의 적용, 한국암반공학회지, 제7권, 제4호, pp.323-333.

하경엔지니어링(2005), 소양댐 보조여수로 설치공사 상부터널 유입부구간 변경설계 보고서.

한국건설기술연구원((2010), 2009년도 도로절토사면 유지관리시스템 운영

한국도로공사(2002), 도로설계요령, pp.212~218.

한국도로공사 도로교통연구원(2004), 고속도로 절토사면 유지관리 시스템 개발연구(V).

한국방사성폐기물관리공단 홍보자료(2012) http://www.krmc.or.kr.

한국암반공학회(2010), 암석 표준시험법.

한국암반공학회, 1998, 건설기술자를 위한 지반조사 및 시험기술, p.558.

한국자원연구소, 1997, 지하 저장공동의 최적 형상과 규모에 관한 모델 연구.

한국지반공학회, 2003, 지반조사결과의 해석 및 이용, 구미서관, pp.613~616.

한국지반공학회 암반역학기술위원회(2009). 지반기술자를 위한 지질 및 암반공학

한국지반공학회 암반역학위원회(2011), 지반공학 특별간행물 5, 지반기술자를 위한 지질 및 암반공학 II, 씨아이알. pp.287~310.

한국수자원공사(2004), 소양댐 보조여수로 설치공사 실시설계 보고서.

한국방사성폐기물관리공단 홍보자료(2012) http://www.krmc.or.kr.

한국철도시설공단(2004), 철도설계기준(노반편), pp.26~39.

한국터널공학회(2002), 터널공학시리즈1 : 터널의 이론과 실무, 도서출판 씨아이알.

한국터널공학회(2007), 터널공학시리즈2 : 터널의 이론과 실무-도심지 천층 및 근접터널, 도서출판 씨아이알.

한국터널공학회(2007), 터널설계기준.

한국터널공학회(2009), 대형·대단면 지하공간 창출을 위한 지하공간 건설기술(연구보고서), 국토해양부·한국건설교통기술평가원.

한국터널공학회(2009), 지하 대공간 구조물 설계 및 시공가이드, 도서출판 씨아이알, pp.1~158.

한국터널공학회(2009), 한국의 터널과 지하공간, 도서출판 씨아이알.

Anon. 1977. Description of rock masses for engineering purposes.Geological Society Engineering Group Working Party Report. *Q. J. Engng Geol.* **10**, 355-388.

Bandis, S.C. 1980. *Experimental studies of scale effects on shear strength, and deformation of rock joints.* Ph.D. thesis, University of Leeds.

Bandis, S.C. 1990. Mechanical properties of rock joints. In *Proc. Int.Soc. Rock Mech. symp. on rock joints*, Loen, Norway, (eds N. Barton and O. Stephansson), 125-140. Rotterdam: Balkema.

Barton, N.R. 1973. Review of a new shear strength criterion for rock joints. *Engng Geol.* **7**, 287-332.

Barton, N. 1998. NMT support concepts for tunnels in weak rocks. In A. Negro Jr., A.A. Feirreira (eds.), Tunnels and Metropolises: *Proc. intern. symp.*, Sao Paulo: 273-279. Balkema.

Barton, N.R. and Bandis, S.C. 1982. Effects of block size on the the shear behaviour of jointed rock. *23rd U.S. symp. on rock mechanics*, Berkeley, 739-760.

Barton, N.R. and Bandis, S.C. 1990. Review of predictive capabilities of JRC-JCS model in engineering practice. In *Rock joints,proc. int. symp. on rock joints*, Loen, Norway, (eds N. Barton and O. Stephansson), 603-610. Rotterdam: Balkema.

Barton, N.R. and Choubey, V. 1977. The shear strength of rock joints in theory and practice. *Rock Mech.* **10**(1–2), 1–54.

Barton, N., Løset, F., Lien, R. and Lunde, J. 1980. Application of the Q–system in design decisions. In *Subsurface space*, (ed. M. Bergman) **2**, 553–561. New York: Pergamon.

Barton, N.R., Lien, R. and Lunde, J. 1974. Engineering classification of rock masses for the design of tunnel support. *Rock Mech.* **6**(4), 189–239.

Bieniawski, Z.T. 1976. Rock mass classification in rock engineering. In *Exploration for rock engineering, proc. of the symp.*, (ed. Z.T. Bieniawski) **1**, 97–106. Cape Town: Balkema.

Bieniawski, Z.T. 1989. *Engineering rock mass classifications.* New York: Wiley.

Bieniawski, Z.T. 1973. Engineering classification of jointed rock masses. *Trans S. Afr. Inst. Civ. Engrs* **15**, 335–344.

Bieniawski, Z.T. 1974. Geomechanics classification of rock masses and its application in tunnelling. *Adv. in rock mech. 2(A).* 27–32.

Bieniawski, Z.T. 1989. Engineering Rock Mass Classification, Wiley, New York.

Bieniawski, Z.T. 1979. The geomechanics classification in rock engineering applications. *Proc. 4th. congr., Int. Soc. Rock Mech.*,Montreux **2**, 41–48.

Brady, B.H.G. and Brown, E.T. 1985. *Rock mechanics for underground mining.* London: Allen and Unwin.

Brown, A. 1982, The influence and control of groundwater in large slopes. In *Stability in Surface Mining* (ed. C.O. Brawner), pp. 19–41. New York: Society of Mining Engineers, AIME.

Brown, E.T. 1987. Introduction. *Analytical and computational methods in engineering rock mechanics*, (ed. E.T. Brown), 1–31. London: Allen and Unwin.

Brown, E.T., Bray, J.W., Ladanyi, B., and Hoek, E. 1983. "Ground response curves for rock tunnels." *J. Geotech. Engrg., ASCE*, 109(1), 15–39.

Brown, E.T. and Hoek, E. 1978. Trends in relationships between measured rock in situ stresses and depth. *Int. J. Rock Mech. Min. Sci. & Geomech. Abstr.* **15**, pp.211–215.

Cai, M., Kaiser, P.K., Tasaka, Y. and Minami, M. 2006. Determination of residual strength parameters of jointed rock masses using GSI system, International Journal of Rock Mechanics and Mining Sciences, 44(2), pp. 247–265.

Carter, T.G. 1992. Prediction and uncertainties in geological engineering and rock mass characterization assessments. *Proc. 4th. int. rock mechanics and rock engineering conf.*, Torino. Paper 1.

Carranza–Torres, C. and Fairhurst, C. 1999. The elasto–plastic response of underground excavations in rock masses that satisfy the Hoek–Brown failure criterion. *Int. J. Rock Mech. Min. Sci.* **36**(6), 777–809.

Carranza–Torres, C. 2004. Elasto–plastic solution of tunnel problems using the generalized form of the Hoek–Brown failure criterion. In proc. ISRM SINOROCK2004 symposium hina, (Eds. J.A. Hudson and F. Xia–Ting). *Int. J. Rock Mech. Min. Sci.* **41**(3), 480–481.

Chern, J.C., Yu, C.W., and Shiao, F.Y. 1998. "Tunnelling in squeezing ground and support estimation." *Proc. Reg. Symp. Sedimentary Rock Engineering*, Taipei, 192–202.

Coates, D. 1966. *Rock Mechanics Principles.* Ottawa: Dept. Mines and Technical Surveys.

Cook, N.G.W., Hoek, E., Pretorius, J.P.G., Ortlepp, W.D. and Salamon, M.D.G. 1966. Rock mechanics applied to the study of rockbursts. *J. S. Afr. Inst. Min. Metall.* **66**, 436–528.

Cook, N.G.W. 1965. The failure of rock. *Int. J. Rock Mech. Min. Sci. Geomech. Abstr.* **2**, 389–403.

Coulomb, C.A. 1776. Essai sur une application des regles de maximis et minimis a quelques problemes de statique, relatifs a l'architecture. *Memoires de Mathematique & de Physique* **7**, 343–82.

Cording, E.J. and Deere, D.U. 1972. Rock tunnel supports and field measurements. *Proc. North American rapid excav. tunneling conf.*, Chicago, (eds. K.S. Lane and L.A. Garfield) **1**, 601–622. New York: Soc. Min. Engrs, Am. Inst. Min. Metall. Petrolm Engrs.

Cundall, P.A. 1971. A computer model for simulating progressive large scale movements in blocky rock systems. In. *Rock Fracture, Proc. symp. ISRM, Nancy* **1**, Paper 2–8.

Deere, D.U. 1989. *Rock quality designation (RQD) after 20 years.* U.S. Army Corps Engrs Contract Report GL–89–1. Vicksburg, MS: Waterways Experimental Station.

Deere, D.U. and Deere, D.W. 1988. The rock quality designation (RQD) index in practice. In *Rock classification systems for engineering purposes*, (ed. L.Kirkaldie), ASTM Special Publication 984, 91–101. Philadelphia: Am. Soc. Test.Mat.

Deere, D.U. and Miller, R.P. 1966. *Engineering classification and index properties of rock.* Technical Report No. AFNL–TR–65–116. Albuquerque, NM: Air Force Weapons Laboratory.

Deere, D.U., Hendron, A.J., Patton, F.D. and Cording, E.J. 1967. Design of surface and near surface construction in rock. In *Failure and breakage of rock, proc. 8th U.S. symp. Rock mech.*, (ed. C. Fairhurst), 237–302. New York: Soc. Min.Engrs, Am. Inst. Min. Metall. Petrolm Engrs.

Diederichs, M.S., Carvalho, J.L. and Carter, T.G. 2007. A modified approach for prediction of strength and post yield behaviour for high GSI rock masses in strong, brittle ground, 1st Canada–U.S. Rock Mech. Symposium, pp. 249–257.

Diederichs, M.S., Kaiser, P.K. and Eberhard, K.E. 2004. Damage initiation and propagation in hard rock and influence of tunnelling induced stress rotation, International Journal of Rock Mechanics and Mining Sciences. 41, pp. 785–812.

Diederichs, M.S. 2003. Rock fracture and collapse under low confinement conditions, Rocha Medal Recipient, Rock Mechanics and Rock Engineering., 36(5), pp. 339–381.

Duncan Fama, M.E. 1993. Numerical modelling of yield zones in weak rocks. In *Comprehensive rock engineering*, (ed. J.A. Hudson) **2**, 49–75. Oxford: Pergamon.

Einstein, H.H. 1996. Tunnelling in difficult Rock swelling behaviour and identification of swelling rocks, Rock Mechanics and Rock Engineering, 29(3), pp. 113–124.

Engelder, T. and Sbar, M.L. 1984. Near–surface in situ stress: introduction. *J. Geophys. Res.* **89**, pp.9321–9322. Princeton, NJ: Princeton University Press.

Ewy, R.T. and Cook, N.G.W. 1990. Deformation and fracture around cylindrical openings in rock. Parts I & II. *Int. J. Rock Mech. Min. Sci. Geomech. Abstr.* **27**, 387–427.

Fairhurst, C. and Cook, N.G.W. 1966. The phenomenon of rock splitting parallel to a free surface under compressive stress. *Proc. 1st. congr. Int. Soc. Rock Mech.*, Lisbon **1**, 687–692.

Fenner, R. 1938. Untersuchungen zur Erkenntnis des Gebirgsdruckes. *Glukauf* **74**, 681–695, 705–715.

Fenner, R. 1938. "Undersuchungen zur erkenntnis des gebirgsdruckes". *Gluckauf*, 74, 681–695 and 705–715.

Freeze, A.R. and Cherry, J.A. 1979. *Groundwater*. Englewood Cliffs, NJ: Prentice–Hall 604 pages

Gane, P.G., Hales, A.L. and Oliver, H.A. 1946. A seismic investigation of Witwatersrand earth tremors. *Bull. Seism. Soc. Am.* **36** , 49–80.

Goel, R.K., Jethwa, J.L., and Paithankar, A.G. (1995). "Tunnelling through the young Himalayas – a case history of the Maneri–Uttarkashi power tunnel". *Engrg. Geol.*, 39, 31–44.

Goricki, A. 2003. Classification of Rock Mass Behavior based on a hierarchical Rock Mass Characterization for the Design of Underground Structures. Doctoral thesis, TU–Graz

Goricki, A., Schick, K.J., Steidl, A., 2002. Quantification of the Geotechnical and Economic Risk in Tunneling. *Probabilistics in Geotechnics: Technical and Economic Risk Estimation*, pp. 483–490. VGE.

Grimstad, E. and Barton, N. 1993. Updating the Q–System for NMT. *Proc. int. symp. on sprayed concrete – modern use of wet mix sprayed concrete for underground support*, Fagernes. 46–66. Oslo: Norwegian Concrete Assn.

Haimson, B.C. 1978. The hydrofracturing stress measuring method and recent field results. *Int. J. Rock Mech. Min. Sci. & Geomech. Abstr.* 15, 167–178.

Herget, G. 1988. *Stresses in rock*. Rotterdam: Balkema.

Hoek, E. 2001. Big tunnels in bad rock, 2000 Terzaghi lecture. *ASCE Journal of Geotechnical and Geoenvironmental Engineering*, Vol. 127, No. 9, pages 726–740.

Hoek, E. 1968. Brittle Failure of Rock, In Rock Mechanics and Engineering Practice, John Wiley and Sons Ltd. London, pp. 99–124.

Hoek, E. 2007. Practical rock engineering, 2nd ed. Rocscience Inc.

Hoek, E. 1983. Strength of jointed rock masses, 23rd. Rankine Lecture. *G otechnique* **33**(3), 187–223.

Hoek, E., 1999. Support for very weak rock associated with faults and shear zones. Proc. *Int. Symp. Rock Support and Reinforcement Practice in Mining*, Kalgoorlie, Australia, 14–19.

Hoek, E. 1998. Tunnel support in weak rock, Keynote address, *Symp. On sedimentary rock engineering*, Taipei, Taiwan, 20–22.

Hoek, E. and Bray, J.W. 1981. Rock Slope Engineering, London: Institution of Minerals and Metals.

Hoek, E., and Brown, E.T. 1980. "Empirical strength criterion for rock masses". *J. Geotech. Engrg., ASCE*, 106(9), 1013–1035.

Hoek, E., and Brown, E.T. 1997. "Practical estimates of rock mass strength." *Int. J. Rock Mech. Min. Sci. & Geomech. Abst.*, 34(8), 1165–1186.

Hoek, E., and Brown, E.T. 1980. *Underground excavations in rock*. London: Instn Min. Metall.

Hoek E, Carranza–Torres CT, Corkum B. Hoek–Brown failure criterion–2002 edition. 2002. In *Proceedings of the Fifth North American Rock Mechanics Symp.*, Toronto, Canada, **1**: 267–73.

Hoek, E., Wood, D. and Shah, S. 1992. A modified Hoek–Brown criterion for jointed rock masses. *Proc. rock characterization, symp. Int. Soc. Rock Mech.: Eurock '92*, (ed. J.A.Hudson), 209–214. London: Brit. Geol. Soc.

Jaeger, C. 1972. *Rock Mechanics and Engineering*. Cambridge: at the University Press. 417 pages.

Jaeger, J.C. and Cook, N.G.W. 1969. *Fundamentals of Rock Mechanics*. London: Chapman and Hall.

John, K.W. 1968. Graphical stability analyses of slopes in jointed rock. *Proc. Soil Mech. Fndn Div.*, ASCE , SM2, paper no. 5865.

Laubscher, D.H. 1977. Geomechanics classification of jointed rock masses – mining applications. *Trans. Instn Min. Metall.* **86**, A1–8.

Londe, P., Vigier, G. and Vormeringer, R. 1970. Stability of slopes – graphical methods. *J. Soil Mech. Fndns Div., ASCE* **96**(SM 4), 1411–1434.

Løset, F. 1992. Support needs compared at the Svartisen Road Tunnel. *Tunnels and Tunnelling*, June. 222 *Support of underground excavations in hard rock.*

Lunardi, P. 2000. "The design and construction of tunnels using the approach based on the analysis of controlled deformation in rocks and soils." *Tunnels and Tunnelling International special supplement,ADECO-RS approach*, May 2000.

Martin, C.D., McCreath, D.R. and Maybee, W.G. 2000. Design approaches for hard-rock pillars, 53rd Canadian Geotechnical Conference, Bitech Publishers Ltd., Richmond 1, pp. 291-298.

Martin, C.D., Kaiser, P.K. and McCreath, D.R. 1999. Hoek-Brown parameters for predicting the depth of brittle failure around tunnels, Canadian Geotechnical Journal, 36(1), pp. 136-151.

Martin, D. 1997. The effect of cohesionloss and stress path on brittle rock strength. Canadian Geotechnical Journal, 34, pp. 698-725.

Morgan, D.R. 1993. Advances in shotcrete technology for support of underground openings in Canada.In Shotcrete for underground support *V, proc. engineering foundation conf.*, Uppsala, 358-382. New York: Am. Soc. Civ. Engrs. References 223

Nguyen, V. U. and Chowdhury, R.N. 1985. Simulation for risk analysis. *Geotechnique* **35**(1), 47-58.

Kaiser, P.K. 2007. Rock mechanics challenges and opportunities in underground construction and mining, Keynote lecture, 1st Canada-U.S. Rock Mechanics Symposium, on CD, 47 p.

Kaiser, P.K.2006. Rock mechanics consideration for construction of deep tunnel in brittle ground, Keynote lecture, Asia Rock Mechanics Symposium, Singapore, 12 p., on CD.

Kaiser, P.K. 2006. Tunnel stability in highly stressed, brittle ground Rock mechanics considerations for Alpine tunnelling, Geologie und Geotechnik der Basistunnels, Keynote lecture at GEAT-05 Symposium, Z rich, Switzerland, pp. 183-201.

Kaiser, P.K., Diederichs, M.S., Martin, C.D., Sharp, J. and Steiner, W. 2000. Underground works in hard rock tunnelling and mining, GeoEng 2000, Technomic Publ. Co., pp. 841-926.

Kaiser, P.K., McCreath, D.R. and Tannant, D.D. 1996. Canadian Rockburst Support Handbook, Mining Research Directorate, Sudbury, Canada, 314 p.; see also Drift support in burst-prone ground, CIM Bulletin, 89(998),pp. 131-138.

Kendorski, F., Cummings, R., Bieniawski, Z.T. and Skinner, E. 1983. Rock mass classification for block caving mine drift support. *Proc. 5th congr. Int. Soc. Rock Mech.*, Melbourne, B51-B63. Rotterdam: Balkema.

Ortlepp, D.W. 1992. The design of the containment of rockburst damage in tunnels - an engineering approach. In *Rock support in mining and underground construction, proc. int. symp. On rock support*, Sudbury, 593-609. Rotterdam: Balkema.

Pacher, F., Rabcewicz, L. and Golser, J. 1974. Zum der seitigen Stand der Gebirgsklassifizierung in Stollen–und Tunnelbau. *Proc. XXII Geomech. colloq.*,Salzburg, 51–58.

Palmstr m, A. 1982. The volumetric joint count – a useful and simple measure of the degree of rock jointing. *Proc. 4th congr. Int. Assn Engng Geol.*, Delhi **5**, 221–228.

Palmstrom, A. and Broch, E. 2006. Use and misuse of rock mass classification systems with particular reference to the Q–system. *Tunnels and Underground Space Technology*, **21**, 575–593.

Rabcewicz, L.V. 1969. Stability of tunnels under rockload. *WaterPower* **21**(6–8), 225–229, 266–273, 297–304.

Rose, D. 1985. Steel fibre reinforced shotcrete for tunnel linings: the state of the art. Proc. North American rapid excav. *Tunnelling conf.* **1**, 392–412. New York: Soc. Min. Engrs, Am. Inst.Min. Metall. Petrolm Engrs.

Sakurai, S. 1983. "Displacement measurements associated with the design of underground openings." *Proc. Int. Symp. Field Measurements in Geomechanics*, Zurich, **2**, 1163–1178.

Salamon, M.D.G. 1974. Rock mechanics of underground excavations. In *Advances in rock mechanics, proc. 3rd congr. Int. Soc. Rock Mech.*, Denver **1B**, 951–1009. Washington, D.C.: Nat.Acad. Sci.

Sauer, G., Gall, V., Bauer, E and Dietmaier, P. 1994. Design of tunnel concrete linings using limit capacity curves. in *Computer Methods and Advances in Geomechanics*, Eds.: Siriwardane & Zaman, page 2621 – 2626 Rotterdam, NL.

Schubert, W.1996. Dealing with squeezing conditions in Alpine tunnels." *Rock Mech. Rock Engng.* **29**(3), 145–153.

Schubert, W., Moritz, B., Sellner, P.2000. Tunnelling Methods for Squeezing Ground. *GeoEng 2000*, Melbourne, CD ROM.

Schubert, W. et al., 2001. Method for a Consistent Determination of Excavation and Support for Design and Construction of Tunnels. In P. Särkkä (ed.), *Rock mechanics: A challenge for society*. Balkema. 383–388.

Schubert, W., Grossauer, K., Button E.A., 2004. Interpretation of Displacement Monitoring Data for Tunnels in Heterogeneous Rock Mass. Paper 3B 19; SINOROCK 2004 Symposium, *Int. J. Rock Mech. Min. Sci. Vol. 41, No 3, CD ROM*, Elsevier.

Serafim, J.L., and Pereira, J.P. 1983. "Consideration of the geomechanical classification of Bieniawski." *Proc. Int. Symp. on Engineering Geology and Underground Construction, Lisbon* 1(II), 33–44.

Sheory, P.R. 1994. A theory for in situ stresses in isotropic and transversely isotropic rock. *Int. J. Rock Mech. Min. Sci. & Geomech. Abstr.* **31**(1), 23–34.

Singh, B., Jethwa, J.L., Dube, A.K. and Singh, B. 1992. "Correlation between observed support pressure and rock mass quality". *Tunnelling Underground Space Tech*, 7(1), 59–74.

Terzaghi, K. 1946. "Rock defects and loads in tunnel supports." *Rock tunneling with steel supports.* R.V. Proctor and T.L. White, eds., The Commercial Shearing and Stamping Co., Youngstown, Ohio, 17–99.

Terzaghi, K. and Richart, F.E. 1952. Stresses in rock about cavities. *Geotechnique* **3**, 57–90.

Tyler, D.B., Trueman, R.T. and Pine, R.J. 1991. Rockbolt support design using a probabilistic method of key block analysis. In *Rock mechanics as a multidisciplinary science*, (ed. J.C. Roegiers), 1037–1047. Rotterdam: Balkema.VSL Systems Ltd. 1982. Slab post tensioning. 12p. Switzerland.

Whitman, R.V. 1984. Evaluating calculated risk in geotechnical engineering. *J. Geotech. Engng, ASCE*, **110**(2), 145–186.

Wickham, G.E., Tiedemann, H.R. and Skinner, E.H. 1972. Support determination based on geologic predictions. In *Proc. North American rapid excav. tunneling conf.*, Chicago, (eds K.S. Lane and L.A. Garfield), 43–64. New York: Soc. Min. Engrs,Am. Inst. Min. Metall. Petrolm Engrs.

Wittke, W. 2000. *Stability analysis for tunnels.* Geotechnical Engineering in Research and Practice publication, WBI Print 4, Verlag Gl ckauf GmbH, Essen.

Wood, D.F. 1992. Specification and application of fibre reinforced shotcrete. In *Rock support in mining and underground construction, proc. int. symp. on rock support*, Sudbury, (eds.P.K. Kaiser and D.R. McCreath), 149–156. Rotterdam:Balkema.

Wood, D.F., Banthia, N. and Trottier, J–F. 1993. A comparative study of different steel fibres in shotcrete. *In Shotcrete for underground support VI*, Niagara Falls, 57–66. New York: Am. Soc. Civ. Engrs.

저자소개

김영근 Kim Young Geun

babokyg@hanmail.net / babokyg@kunhwaeng.co.kr

1983년 서울대학교 자원공학과를 입학, 1993년 동대학원에서 암반공학 박사학위를 취득하였다. 대우건설, 삼보기술단, 삼성물산 등의 현업에 재직하면서 설계와 시공에 대한 다양한 실무를 경험하고 화약류 관리 기술사 및 지질 및 지반기술사를 취득한 후, 전문학회 이사와 공공기관의 자문위원 및 평가위원으로서 활동하였다. 서울대학교와 호주 UNSW대학을 거쳐 글로벌 설계사인 Parsons Brinckerhoff에서 터널 전문가로서 컨설팅 업무를 수행하였으며, 현재 엔지니어링사인 (주)건화에서 설계업무와 기술개발업무를 담당하고 전문엔지니어로서 활동하고 있다.

경력 CAREER

1983-1993	서울대학교 자원공학과 암반공학 전공(공학박사) Seoul National University, Dept. Mineral and Petroleum Engineering(Ph.D.)
1993-2002	대우건설 토목연구팀 DAEWOO Engineering and Construction, Civil Research Team
2002-2006	삼보기술단 지반사업부 SAMBO Engineering, Geotechnical Engineering Division
2006-2012	삼성물산 토목엔지니어링팀 SAMSUNG C&T Corporation, Civil Engineering Team
2012-2012	서울대학교 에너지자원공학과 겸임교수 Seoul National University, Dept. of Energy Resources Engineering, Adjunct Professor
2012-2103	호주 UNSW 대학 마이닝 스쿨 객원연구원 The University of New South Wales, School of Mining Engineering, Researcher
2013-2015	PB싱가폴 토목부 터널전문가 PARSONS BRINCKERHOFF, Singapore Office, C&S Division, Tunnel Specialist
2015-현재	(주)건화 기술연구소 연구소장 / 지반터널부 전무 Kunhwa Engineering & Consulting, Director of Reaserch Instiutute of Technology
2020-현재	명지대학교 토목환경공학과 유지관리대학원 겸임교수 Myongji University, Dept. of Civil and Environmental Engineering, Adjunct Professor

자격 CERTIFICATES

1996	화약류 관리기술사 (No. 96147100022V)
1997	지질 및 지반기술사 (No. 97150100042L)

저서 PUBLICATIONS

2003	터널의 이론과 실무-터널공학시리즈 1 (공저)	한국터널공학회
2007	터널의 이론과 실무-터널공학시리즈 2 (공저)	한국터널공학회
2007	터널기계화 시공 -설계편 (공저)	한국터널공학회
2008	터널 표준시방서 (공저)	국토해양부/한국터널공학회
2009	지반기술자를 위한 지질 및 암반공학 I (공저)	한국지반공학회
2010	대단면 TBM 터널 설계 및 시공 (공저)	삼성물산
2011	지반기술자를 위한 지질 및 암반공학 II (공저)	한국지반공학회
2011	터널설계시공 (공역)	씨아이알
2012	지반기술자를 위한 지질 및 암반공학 III (공저)	한국지반공학회
2013	응용지질 암반공학	씨아이알
2015	글로벌 터널 설계 엔지니어링 실무	씨아이알
2017	터널 라이닝 설계 가이드	씨아이알
2018	선진국형 터널공사 건설시스템	한국터널지하공간학회
2019	터널공사 시방서	씨아이알
2020	터널맨 이야기	씨아이알

대외활동 ACTIVITIES

2000-현재 한국암반공학회 이사
2002-현재 한국지반공학회 기술위원회 위원장 및 총무 전담이사
2002-현재 한국터널지하공간학회 이사 및 부회장
2016-현재 국토교통부 중앙건설기술심의위원 (토질 및 터널)
2000-현재 국토교통과학기술진흥원 R&D 및 신기술평가위원
2015-현재 과학기술정보통신부 기준수준평가 전문가 (건설교통분야)
2002-현재 한국도로공사 설계자문위원 (토질 및 터널)
2018-현재 한국철도시설공단 설계자문위원 (토질 및 터널)
2018-현재 한국광해공단 평가위원 및 출제위원
2015-현재 산업기술혁신평가단 자문위원
2016-현재 국가기준위원회 위원 (터널)

수상 AWARDS

2001 한국암반공학회 일암논문상
2008 국토해양부 장관상
2008 한국터널공학회 논문상
2009 한국암반공학회 공로상
2011 한국암반공학회 기술상
2012 한국지반공학회 기술상
2017 (주)건화 개인 우수상
2018 한국지반공학회 기술상
2018 한국터널지하공간학회 학회장상
2020 한국도로공사 사장 표창

응용지질 암반공학(제2판)

초판발행 2013년 10월 23일
2판 1쇄 2020년 10월 8일

저 자 김영근
펴 낸 이 김성배
펴 낸 곳 도서출판 씨아이알

책임편집 박영지
디 자 인 윤지환, 윤미경
제작책임 김문갑

등록번호 제2-3285호
등 록 일 2001년 3월 19일
주 소 (04626) 서울특별시 중구 필동로8길 43(예장동 1-151)
전화번호 02-2275-8603(대표)
팩스번호 02-2265-9394
홈페이지 www.circom.co.kr

I S B N 979-11-5610-887-0 (93530)
정 가 35,000원